国家出版基金项目
NATIONAL PUBLICATION FOUNDATION

智能工程前沿丛书

群体智能系统协同控制及应用

温广辉　周佳玲　吕跃祖　赵　丹　著

科学出版社
北　京

内 容 简 介

近年来，二分一致性、编队控制和包含控制等与群体智能系统协同行为涌现密切相关的研究课题，已经成为当前研究热点．本书系统性地阐述了群体智能系统协同控制的研究成果，给出了其在多卫星编队控制、多无人制导武器系统时空一致性协同控制及水面无人艇集群护航控制中的典型应用．全书共九章，涵盖群体智能协同控制的主要内容及典型案例应用，具体包括群体智能协同控制理论的数学基础、技术架构及其在编队控制和弹性协同控制中的典型应用．

本书可作为控制科学与工程、应用数学、人工智能及其相关专业的研究生和高年级本科生的参考书，也可供系统与控制、人工智能、应用数学及相关领域的广大工程技术人员和科研工作者参考．

图书在版编目（CIP）数据

群体智能系统协同控制及应用 / 温广辉等著．-- 北京 ：科学出版社，2025. 2.（智能工程前沿丛书）. -- ISBN 978-7-03-079041-5

Ⅰ. TP273

中国国家版本馆 CIP 数据核字第 2024TU6821 号

责任编辑：惠 雪 曾佳佳 李 策 / 责任校对：郝璐璐
责任印制：吴兆东 / 封面设计：许 瑞

科学出版社 出版
北京东黄城根北街 16 号
邮政编码：100717
http://www.sciencep.com
北京中科印刷有限公司印刷
科学出版社发行 各地新华书店经销
*
2025 年 2 月第 一 版 开本：720 × 1000 1/16
2025 年 4 月第二次印刷 印张：21 1/2
字数：430 000

定价：139.00 元

（如有印装质量问题，我社负责调换）

“智能工程前沿丛书”编委会

主　编　黄　如

副主编　尤肖虎　金　石　耿　新

编　委（按姓名汉语拼音排序）

李世华　刘澄玉　任　刚　宋爱国　汤　奕

王　浩　王海明　王禄生　温广辉　许　威

杨　军　张　宏

秘　书　王海明　汤　奕

“智能工程前沿丛书”序

按照联合国教科文组织的定义, 工程就是解决问题的知识与实践. 通信、电子、建筑、土木、交通、自动化、电力、机器人等工程技术通过长期深入研究, 已经在人民生活、经济发展、社会治理、国家管理、军事国防等多个领域得到了广泛而全面的应用. 智能工程可定义为工程技术领域引入人工智能来解决问题的知识与实践. 工程技术和人工智能交叉融合后诞生的智能工程毫无疑问是近年来工科领域最为活跃的研究方向, 同时也代表了当代学科综合、交叉融合、创新发展的全新态势.

自 20 世纪 70 年代以来, 计算机技术飞速发展, 在工程技术的相关领域发挥越来越重要的作用, 使得工程技术不断创新, 持续取得突破, 新产品层出不穷. 在计算机辅助下, 传统的工程技术虽然已经获得了长足进步, 但是仍然难以满足或适应这些新场景和新需求. 一方面, 产品的应用场景越来越复杂, 功能的诉求越来越综合, 性能指标的要求越来越高; 另一方面, 大规模产品的“零缺陷”要求显著提升, 从设计到上市的时间窗口越来越短, 产品研发生产和使用向高能效、低能耗和低碳排放转变. 进入 21 世纪, 工程技术领域的研究人员通过引入人工智能, 采用学科综合、交叉融合的方式来尝试解决工程技术所面临的种种难题, 诞生了智能工程这个新兴的前沿研究方向.

近期, 东南大学在原有的“强势工科、优势理科、精品文科、特色医科”学科布局基础上, 新增了“提升新兴、强化交叉”, 在交叉中探索人才培养、学科建设、科学研究新的着力点与生长点. 在这一重要思想指导下, “智能工程前沿丛书”旨在展示东南大学在智能工程领域的最新的前沿研究成果和创新技术, 促进多学科、多领域的交叉融合, 推动国内外的学术交流与合作, 提升工程技术及相关学科的学术水平. 相信在智能工程领域广大专家学者的积极参与和全力支持下, 通过丛书全体编委的共同努力, “智能工程前沿丛书”将为发展智能工程相关技术科学, 推广智能工程的前沿技术, 增强企业创新创造能力, 以及提升社会治理等, 做出应有的贡献.

最后, 衷心感谢所有关心支持本丛书, 并为丛书顺利出版做出重要贡献的各位专家, 感谢科学出版社以及有关学术机构的大力支持和资助. 我们期待广大读者的热情支持和真诚批评.

“智能工程前沿丛书”编委会

2023 年 3 月

序 言

2021 年 5 月 14 日, 国际著名期刊 *Science* 发布增刊《125 个科学问题: 探索与发现》(*125 Questions: Exploration and Discovery*), 其中 "群体智能是如何涌现的?" 被列为人工智能领域最具挑战性的八个科学难题之一. 尽管人们至今仍未能给出群体智能的严格定义, 甚至难以对群体智能形成共识性理解, 但这并未影响人们对其涌现机制的研究热情, 并使其成为众多学科领域中的研究热点. 事实上, 群体智能难以被严格定义也恰恰体现了复杂性科学研究的挑战性和美妙之处. 值得欣慰的是, 人们逐渐共识性地意识到群体智能的涌现与协同行为的实现有着千丝万缕的关系, 且这些关系正在被揭示. 典型的群体智能系统协同行为包括一致性 (同步)、二分一致性、编队控制和包含控制等. 一定程度上来讲, 群体智能系统协同行为的实现是群体智能涌现的前提和基础, 如速度一致性是群体智能系统蜂拥行为涌现的前提. 在这一背景下, 群体智能系统协同控制成为群体智能研究领域的关键问题, 且具有重要意义. 针对群体智能系统协同控制问题展开深入研究, 理论上将有助于解决群体智能行为涌现的可解释性难题, 工程上将有助于为诸如海上无人集群系统分布式编队控制、智慧城市建设中的分布式通信基站部署、军事作战领域的多制导武器系统协同拦截与突防等提供技术支撑.

从系统与控制这一学科领域来看, 群体智能系统是指由多个智能体 (自主体) 以信息通信等方式耦合而成的集群系统. 人们通常利用图论中的工具并结合微分或差分方程理论中的一些方法建立其数学模型, 主流的数学模型包括多智能体系统模型和复杂网络模型. 事实上, 这两种建模方式并无本质区别, 这也是本书采用群体智能系统模型这一称谓的原因之一. 近年来, 将图论中的工具引入群体智能系统建模中已成为一种基本的建模方式, 并为设计分布式 (控制) 协议提供了便利, 使群体智能系统协同控制 (尤其是一致性控制) 研究取得了长足发展. 值得一提的是, 在相当广泛的范围内, 这种数学模型可以反映群体智能系统的本质特性, 并为明晰通信拓扑图的代数特征与协同行为之间的内蕴关系奠定基础. 在群体智能系统一致性控制这一研究领域, 部分作者与合作者在 2023 年出版了专著《分布式安全协同控制与优化: 一致性理论框架》, 阐述了一致性理论框架下分布式安全协同控制与优化领域的一些研究成果. 然而, 针对与群体智能行为涌现更为密切的一些研究成果, 如二分一致性、包含控制和弹性协同控制等并未在已出版的专著中体现. 鉴于此, 在综合群体智能系统协同控制领域大量国内外文献的基础上,以作者多年来的研究成果为主, 本书系统性地阐述群体智能系统协同控制的研究成果. 在撰写过程中, 作者在介绍群体智能系统协同控制理论研究成果的基础上, 给出了其在多卫星编队控制、多无人制导武器系统时空一致性协同控制及水面无人艇集群护航控制中的典型应用. 本书可作为控制科学与工程、应用数学、人工智能及其相关专业的研究生和高年级本科生的教材或参考书, 也可供系统与控制、人工智能、应用数学及相关领域的广大工程技术人员和科研工作者自学和参考.

全书共九章. 第 1 章为绪论, 首先阐述群体智能系统协同控制的研究背景, 并概述群体智能系统一致性控制问题、时空协调一致性控制问题、二分一致性控制问题、包含控制问题和弹性协同控制问题的研究现状. 第 2 章给出与群体智能系统协同控制研究密切相关的矩阵论、代数图论和稳定性理论中的一些基础知识. 第 3 章阐述一般线性群体智能系统完全分布式自适应协同一致性控制的研究成果. 第 4 章阐述群体智能系统协同自适应抗饱和一致性控制的研究成果. 第 5 章给出间歇通信下一阶、二阶积分器型和一般线性群体智能系统一致性控制及其应用方面的研究成果. 第 6 章以多无人制导武器协同打击为背景, 给出群体智能系统时空协调一致性控制的研究成果. 第 7 章给出符号通信拓扑图下群体智能系统二分一致性控制及其应用方面的研究成果. 第 8 章阐述群体智能系统包含控制的研究成果. 第 9 章阐述面向合谋虚假数据注入攻击、隐蔽攻击和通信连边攻击的群体智能系统弹性协同控制的研究成果.

本书得到了国家自然科学基金项目 (62325304, U22B2046, 61722303, 62088101, 62306071)、装备预研教育部联合基金项目 (8091B022114)、江苏省自然科学基金优秀青年基金项目 (BK20170079)、江苏省数学科学研究中心资助项目 (BK20233002)、江苏省 “六大人才高峰” 项目 (DZXX-006)、中国科协青年人才托举工程项目 (YESS2023 0592) 的支持, 在此表示感谢. 此外, 感谢有关专家对本书出版的推荐和鼓励, 并向本书所引用参考文献的作者表示感谢.

在撰写本书过程中, 香港城市大学的陈关荣教授、北京大学的段志生教授、美国得克萨斯农工大学卡塔尔分校的黄廷文教授、东南大学的曹进德教授、北京大学的杨剑影教授给予了支持与帮助, 东南大学的黄如院士、金石教授和王海明教授也给予了积极鼓励和大力支持, 在此表示感谢. 此外, 特别感谢科学出版社的责任编辑惠雪女士在本书撰写与出版过程中给予的帮助与支持.

由于作者水平有限, 书中难免存在不足之处, 我们诚恳地希望广大专家和读者不吝赐教, 以期今后改进.

温广辉　周佳玲　吕跃祖　赵　丹

2024 年 2 月 26 日

目　录

第 1 章

绪　论

1998 年, J. H. Holland 教授在其出版的图书 *Emergence: From Chaos to Order* [1] 中提到: “基于智能体的模型所涉及的范围之广, 以及它与涌现研究之间的明显联系, 都提醒着我们在为涌现研究提供一个普适架构以处理其复杂性时就应当认真考虑基于智能体的模型.” 由于无论是蚁群、鸟群、蜂群、鱼群等生物群体智能行为的涌现, 还是人工智能大模型能力的涌现等挑战问题均未被完美解决, J. H. Holland 教授的这句话在某种程度上仍在激励着从事群体智能系统 (含多智能体系统和复杂网络) 协同控制研究的科研人员. 另外, 自 1988 年 M. Minsky 教授提出智能体 (agent) 的概念用来刻画一个存在于特定环境中并能够感知和改变环境的实体以来 [2], 智能体的内涵不断得到深化、丰富和发展, 人们对智能体的理解日益深入. 同时, 智能体的外延也在不断扩展和延伸, 涵盖了越来越多的研究领域和应用场景, 使得相关研究方兴未艾. 粗略地讲, 一组具有一定自主性的智能体以信息交互等方式互相协同便形成了群体智能系统.

进入 21 世纪以来, 感知、通信和嵌入式技术的快速发展对系统分析与调控方式产生了变革性影响. 从大规模基础设施到无人集群协同作战系统, 现代工程系统日益呈现出网络化的结构特征和智能化的单元特性. 在此背景下, 人们越发共识性地意识到将形形色色的工程系统建模为群体智能系统模型成为对系统进行分析和综合研究的先决条件. 群体智能是群体智能系统中智能体通过某种形式的相互协作进而涌现出的能力, 该能力不为单个智能体所拥有, 甚至于对单个智能体无从谈起. 例如, 针对单个无人制导武器, 我们无法定义其协同攻击能力; 再如, 一个神经元的活动无法产生意识. 事实上, 在群体智能系统涉及的众多研究课题中, 协同控制是最为基本和核心的问题. 该问题的深入研究不仅有望解决群体系统协同行为实现的可解释性难题, 而且对更为丰富多彩的智能行为涌现研究有重要的促进作用. 群体智能系统一致性控制是一类基本的协同控制问题, 该问题可以描述为通过对单个智能体设计仅依赖于邻居智能体间相对信息的一致性控制策略, 使得群体智能系统中人们感兴趣的某些状态量趋于相同. 这里, 待设计的一致性控制策略称为一致性协议或者算法 [3]. 除非特别说明, 本书中的群体智能系统一致性均是指智能体的全状态一致性. 研究表明, 各式各样的群体智能系统协同控制任务大都蕴含着一致性控制问题, 如水面无人艇集群协同编队任务中的速度一致性问题、小卫星集群对地协同观测任务中的姿态一致性问题、无线传感器网络对目标进行协同定位与跟踪中的时钟同步问题等. 综上所述, 一致性行为的实现是群体智能系统实现丰富多彩的协同行为的基础. 实际中, 一致性的实现通常需要考虑智能体的个体动力学特性、通信网络的拓扑结构、内外环境不确定性和信息-物理攻击等因素, 并且需要在分布式架构下进行控制策略的部署 [4,5].

1.1　群体智能系统一致性控制

在群体智能系统一致性控制的研究中, 单个智能体只有有限的感知与通信能力, 每个智能体可利用的反馈信息只是其自身和测量范围内的邻居智能体的相对状态或输出信息, 这给一致性控制策略的设计带来了挑战. 同时, 智能体的有限通信能力往往导致通信拓扑图呈现出间歇连通特性, 以及全局信息难以获取导致分布式控制策略难以设计和部署等因素使得解决群体智能系统一致性控制问题面临诸多难题.

1.1.1　一致性控制问题概述

1995 年, Vicsek 等 [6] 提出了一个离散时间群体智能系统模型用来模拟一组具有生物性动机相互作用的智能体 (粒子) 的自组织运动. 模型中, 每个智能体具有相同的运动速率. Vicsek 模型的核心规则是: 每个智能体的运动方向为以自身为中心, 半径为 r 的邻域内所有智能体的平均运动方向, 并在此基础上添加一些随机扰动. 仿真结果表明, 当智能体在平面上的分布密度较大且扰动较小时, 所有智能体的运动方向最终趋于一致. 2003 年, Jadbabaie 等 [7] 运用图论和矩阵论为线性化无噪声 Vicsek 模型中的智能体运动方向一致性提供了理论解释, 证明了最近邻规则能够使所有智能体的运动方向最终趋于一致, 并给出了连续时间群体智能系统中智能体的运动方向实现一致的条件. 2004 年, Olfati-Saber 和 Murray[8] 提出了研究一阶积分器型群体智能系统一致性控制问题的一般性框架. 他们利用代数图论知识和频域分析的方法, 分别给出了通信拓扑图为定常强连通平衡图、切换通信下每一个可能的通信拓扑图为强连通平衡图, 以及具有单一定常通信时滞和定常无向连通通信拓扑图的群体智能系统一致性的实现条件. Jadbabaie 和 Olfati-Saber 等的工作使得越来越多的学者投入到一致性控制问题的研究中, 促使群体智能系统一致性控制逐渐成为系统与控制领域的研究热点之一.

一致性控制问题的研究重点在于一致性协议的设计, 即利用智能体之间的局部交互信息设计更新规则使群体智能系统中所有智能体的状态向量趋于相同. 考虑由 N 个智能体组成的群体智能系统, 其中, N 为不小于 2 的正整数. 连续时间下的一阶积分器型群体智能系统模型 [8-10] 如下:

$$\dot{\boldsymbol{x}}_i(t) = -\sum_{j=1}^{N} a_{ij}(t)(\boldsymbol{x}_i(t) - \boldsymbol{x}_j(t)), \quad i = 1, 2, \cdots, N, \tag{1.1}$$

其中, $\boldsymbol{x}_i(t) \in \mathbb{R}^n$ 为智能体 i 在 t 时刻的状态向量, $\mathbb{R}^n$ 为 n 维实列向量空间; $a_{ij}(t)$ 刻画智能体 i 和智能体 j 在 t 时刻的通信情况, $a_{ij}(t) > 0$ 表示智能体 i 在 t 时刻可以收到来自智能体 j 的信息, $a_{ij}(t) = 0$ 表示智能体 i 在 t 时刻无法获取智能体 j 的信息. 此外, $a_{ii}(t) = 0, \forall i = 1, 2, \cdots, N$, $\forall t \geqslant 0$. 事实上, 矩阵 $\boldsymbol{\mathcal{A}}(t) = [a_{ij}(t)]_{N\times N}$ 为群体智能系统 t 时刻通信拓扑图的邻接矩阵. 对应地, 离散时间下一阶积分器型群体智能系统模型可描述为 [9-11]

$$\boldsymbol{x}_i(k+1) = \sum_{j=1}^{N} a_{ij}(k)\boldsymbol{x}_j(k), \quad i = 1, 2, \cdots, N, \tag{1.2}$$

其中, $\boldsymbol{x}_i(k) \in \mathbb{R}^n$ 为智能体 i 在第 k 个时间步的状态向量; $a_{ij}(k)$ 刻画第 k 个时间步智能体 i 和智能体 j 的通信情况, $a_{ij}(k) > 0$ 表示智能体 i 在第 k 个时间步可以收到来自智能体 j 的信息, $a_{ij}(k) = 0$ 表示智能体 i 在第 k 个时间步无法获取智能体 j 的信息. 此外, $a_{ii}(k) > 0$, $\forall k = 1, 2, \cdots$, $\forall i = 1, 2, \cdots, N$. 需要说明的是, 为了实现离散时间下一阶积分器型群体智能系统的一致性, 需要保证群体智能系统的通信拓扑图所对应的非负邻接矩阵 $\boldsymbol{\mathcal{A}}(k) = [a_{ij}(k)]_{N\times N}$ 是行随机的 (即非负矩阵 $\boldsymbol{\mathcal{A}}(k)$ 的每行元素之和均为 1). 直观上讲, 在离散时间下的一阶积分器型群体智能系统模型演化中, 每个智能体的状态更新实际上是其当前状态和邻居的当前状态的加权平均. 若 $\lim\limits_{t\to\infty} \|\boldsymbol{x}_i(t) - \boldsymbol{x}_j(t)\| = 0$ ($\lim\limits_{k\to\infty} \|\boldsymbol{x}_i(k) - \boldsymbol{x}_j(k)\| = 0$), $\forall i, j = 1, 2, \cdots, N$ 成立, 则称连续时间 (离散时间) 下的一阶积分器型群体智能系统实现了一致性. 在固定通信拓扑图下 (即式 (1.1) 和式 (1.2) 中, $a_{ij}(t)$ 和 $a_{ij}(k)$ 均为不随时间变化的常值), 群体智能系统 (1.1) 和 (1.2) 实现一致性的充要条件是: 无向通信拓扑图是连通的或有向通信拓扑图至少包含一棵有向生成树 [12]. 在时变通信拓扑图下, 群体智能系统 (1.1) 和 (1.2) 实现一致性的必要条件是: 无向通信拓扑图是联合连通的或有向通信拓扑图联合包含至少一棵有向生成树 [10]. 针对离散时间下的一阶积分器型群体智能系统, 若在任意时间步 k, 非负邻接矩阵 $\boldsymbol{\mathcal{A}}(k)$ 均为行随机矩阵且其每一个非零元均隶属于闭区间 $[e_{\min}, e_{\max}]$, 其中 $e_{\max}$、$e_{\min}$ 为定常实数且 $e_{\max} \geqslant e_{\min} > 0$, 则离散时间下的一阶积分器型群体智能系统 (1.2) 实现一致性的充分必要条件为有向通信拓扑图联合包含至少一棵有向生成树 [10,11].

考虑到大量实际智能体的动力学行为需要同时用位置和速度变量进行刻画, 人们进一步研究了二阶积分器型群体智能系统的一致性控制问题 [13-15]. 典型的连续时间二阶积分器型群体智能系统的动力学模型为

$$\dot{\boldsymbol{x}}_i(t) = \boldsymbol{v}_i(t),\ \dot{\boldsymbol{v}}_i(t) = \boldsymbol{u}_i(t), \quad i = 1, 2, \cdots, N, \tag{1.3}$$

其中, $\boldsymbol{x}_i(t) \in \mathbb{R}^n$、$\boldsymbol{v}_i(t) \in \mathbb{R}^n$ 和 $\boldsymbol{u}_i(t) \in \mathbb{R}^n$ 分别为智能体 i 在 t 时刻的位置向量、速度向量和控制输入向量, 其一致性协议可描述为 [12]

$$\boldsymbol{u}_i(t) = -\sum_{j=1}^{N} a_{ij}(t)[(\boldsymbol{x}_i(t) - \boldsymbol{x}_j(t)) + \gamma(\boldsymbol{v}_i(t) - \boldsymbol{v}_j(t))], \quad i = 1, 2, \cdots, N,$$

其中, $\gamma > 0$ 为标量; 矩阵 $\boldsymbol{\mathcal{A}}(t) = [a_{ij}(t)]_{N\times N}$ 为群体智能系统 t 时刻通信拓扑图的邻接矩阵. 若 $\lim\limits_{t\to\infty} \|\boldsymbol{x}_i(t) - \boldsymbol{x}_j(t)\| = 0$ 且 $\lim\limits_{t\to\infty} \|\boldsymbol{v}_i(t) - \boldsymbol{v}_j(t)\| = 0, \forall i, j = 1, 2, \cdots, N$, 则称二阶积分器型群体智能系统 (1.3) 实现了一致性. 进一步地, Ren 等 [16] 研究了固定有向通信拓扑图下的高阶积分器型群体智能系统的一致性控制问题.

需要指出的是, 在积分器型群体智能系统一致性控制研究中, 人们关注的是智能体之间的耦合作用 (信息交互) 对一致性实现的影响, 忽略了实际群体智能系统中单个智能体的固有非线性动力学特性. 实际中, 几乎所有群体智能系统中的个体均具有自身的非线性动力学行为, 典型的例子包括耦合单摆系统 [17]、多车辆系统 [18]、水面无人艇集群系统 [19,20] 和耦合弹簧振子系统 [21] 等. 考虑到非线性动力学特征可以用线性化模型进行近似, 人们在关于积分器型群体智能系统一致性控制问题研究的基础上, 进一步研究了具有一般线性动力学行为的群体智能系统的一致性控制问题 [22-25]. 一般线性群体智能系统的动力学模型为

$$\dot{\boldsymbol{x}}_i(t) = \boldsymbol{A}\boldsymbol{x}_i(t) + \boldsymbol{B}\boldsymbol{u}_i(t), \boldsymbol{y}_i(t) = \boldsymbol{C}\boldsymbol{x}_i(t), \quad i = 1, 2, \cdots, N, \tag{1.4}$$

其中, $\boldsymbol{x}_i(t) \in \mathbb{R}^n$、$\boldsymbol{u}_i(t) \in \mathbb{R}^m$ 和 $\boldsymbol{y}_i(t) \in \mathbb{R}^p$ 分别为智能体 i 的状态向量、控制输入向量和测量输出向量; 矩阵 $\boldsymbol{A}$、$\boldsymbol{B}$、$\boldsymbol{C}$ 为具有相容维数的定常实矩阵. 一般线性群体智能系统的一致性控制旨在利用智能体及其局部邻居智能体的相对状态信息或相对输出信息实现一致性. 此外, 具有 Lipschitz 非线性动力学的群体智能系统 [26,27]、异质群体智能系统 [28-30] 的一致性控制问题也被广泛地研究. 特别地, 当群体智能系统中存在一个领航者, 其他智能体的状态需要与领航者的状态趋于一致时, 称其为领从一致性控制问题 [31-33] 或一致性跟踪问题 [27,34,35]. 为了方便叙述, 在本书后续部分章节中, 将一阶积分器型群体智能系统、二阶积分器型群体智能系统分别简称为一阶群体智能系统、二阶群体智能系统, 将一般线性群体智能系统简称为线性群体智能系统.

1.1.2　群体智能系统一致性控制研究现状

1.1.1 节回顾了群体智能系统一致性控制问题的基本概念. 本节重点从一致性协议参数是否依赖于全局信息、通信时间是否受限两个方面对已有文献中的研究工作进行总结.

1) 基于自适应增益的群体智能系统完全分布式一致性控制研究现状

群体智能系统一致性控制的核心在于控制协议的分布式设计. 大部分的分布式一致性控制协议仅考虑了信息传输架构上的分布式, 在控制增益设计上往往需要使用通信拓扑图的全局信息, 如无向连通拓扑图的代数连通度 (无向连通拓扑图的 Laplace 矩阵的第二最小特征值). 具体地, Li 等 [23] 针对无向通信拓扑图下线性群体智能系统设计了分布式一致性协议, 其中控制增益要求大于连通拓扑图代数连通度的倒数. Movric 和 Lewis [36] 指出, 通过引入自适应增益来估计通信拓扑图的代数连通度, 从而建立非线性的分布式自适应一致性协议可以解决上述控制增益对全局信息的依赖问题. Li 等 [37] 针对无向通信拓扑图下的线性群体智能系统提出了基于连边自适应的完全分布式一致性协议, 实现了增益设计不依赖通信拓扑图的代数连通度这一全局信息, 并进一步提出了针对具有 Lipschitz 非线性动力学的群体智能系统的完全分布式自适应一致性协议 [26]. Wen 等 [38] 提出了适用于无向通信连边存在一致有界扰动的群体智能系统的完全分布式一致性协议. 基于自适应增益的完全分布式一致性协议具有本征非线性特性, 给一致性分析带来了本质困难. 当通信拓扑图是无向图时, Laplace 矩阵具有半正定性, 降低了 Lyapunov 函数选取和分析的难度; 在有向通信拓扑图情形下, Laplace 矩阵的非对称性与一致性误差系统闭环反馈后的非线性耦合使得 Lyapunov 函数设计与无向通信拓扑图情形完全不同. Wang 等 [39] 通过设计积分形式的 Lyapunov 函数, 解决了有向通信拓扑图下的一类非线性积分器型群体智能系统的完全分布式领从一致性控制问题. Li 等 [40] 提出了适用于有向通信拓扑图的线性群体智能系统完全分布式领从一致性协议. 为提高有向通信拓扑图下完全分布式一致性控制的鲁棒性, Lü 等 [41] 设计了一种基于加性增益的完全分布式自适应一致性协议, 并建立了基于高阶类二次型 Lyapunov 函数的一致性分析方法. 基于上述加性增益的完全分布式一致性控制架构, Lü 等进一步研究了输出反馈下的完全分布式领从一致性控制 [42]、输入饱和下的完全分布式一致性控制 [43] 和纯输出测量下的网络攻击免疫完全分布式一致性跟踪控制问题 [44].

2) 具有通信时间限制的群体智能系统一致性控制研究现状

通信时间是否受限对群体智能系统一致性协议发挥作用具有重要的影响. 粗略地说, 群体智能系统中的通信时间受限模式可以分为间歇通信和采样通信. 间歇通信是指邻居智能体之间只能在一系列不连续的时间区间上感知彼此并进行信息通信; 采样通信是指邻居智能体之间只能在一些离散的时刻点处感知彼此并进行信息通信. Wen 等 [45] 研究了间歇通信约束下具有非线性动力学和外部干扰的一阶群体智能系统的一致性控制问题, 并分析了闭环一致性误差系统的 $\mathcal{L}_2$-增益性能. 进一步地, Wen 等 [46,47] 研究了具有间歇通信的二阶群体智能系统的一致性控制问题, 并指出有向通信拓扑图的广义代数连通度与容许通信率对实现一致性至关重要. Huang 等 [48] 研究了具有间歇通信和二阶非线性动力学的群体智能系统的领从一致性控制问题, 设计了一类仅依赖于局部相对间歇信息的分布式一致性协议, 并给出了其在固定通信拓扑图下实现一致性跟踪的充分条件. Wen 等 [49] 研究了具有间歇通信的一般线性群体智能系统的分布式一致性控制问题, 提出了一种基于间歇相对信息的一致性协议, 并进一步解决了基于间歇相对信息的近地空间中参考卫星轨道为圆形轨道的小卫星集群编队控制问题. Wen 等 [27] 进一步研究了具有 Lipschitz 非线性动力学特征和间歇通信的群体智能系统领从一致性控制问题. 在文献 [50] 中, Wen 等通过将间歇通信分为同步间歇通信和异步间歇通信, 梳理了间歇信息通信下群体智能系统一致性控制的部分研究进展. 针对具有采样信息通信的群体智能系统一致性控制问题, Cao 和 Ren [51,52] 研究了二阶积分器型群体智能系统的采样一致性问题, 给出了有向通信拓扑图下一致性实现的充分条件. Wen 等 [53] 研究了具有 Lipschitz 非线性动力学行为的一阶群体智能系统的采样一致性控制问题, 给出了有向固定通信拓扑图下实现采样一致性控制的充分条件, 并进一步设计了容许采样间隔下界的优化求解算法. Liu 等 [54] 采用运动规划方法, 分别研究了有向固定通信拓扑图和切换通信拓扑图下一阶和二阶积分器型群体智能系统的采样一致性控制问题, 实现了控制协议增益的设计与采样周期和通信拓扑图的解耦, 为控制协议设计提供了更大的自由度. Sun 和 Wang [55] 利用数据采样控制方法研究了具有间歇通信的群体智能系统的一致性控制问题, 并利用时变 Lyapunov 函数推导出了具有最大可容许非通信间隔的一致性准则.

1.2 群体智能系统时空协调一致性控制

在群体智能系统协同控制研究领域中, 有一类面向时间敏感型任务的协同控制问题, 其以运动体为对象, 通过分布式控制方式协调使多个运动体到达目标位置的终端时间相同. 此类问题对运动体提出了时间和空间上的双重一致性要求. 在空间上, 要求各个运动体都能到达目标位置; 在时间上, 要求各个运动体到达目标位置的时刻相等. 因此, 这类问题也被称为时空协调一致性控制问题. 群体智能系统时空协调一致性控制研究主要源自军事作战需求 [56]. 在饱和攻击作战样式中, 协调多导弹同时命中目标, 可大幅压缩航母战斗群多层防御系统的应对时间, 充分发挥对敌航母战斗群相控阵雷达多目标跟踪与制导能力、指控中心决策计算处理能力、武器平台连续火力发射能力等的饱和效用, 提高综合效费比. 此外, 时空协调一致性控制问题研究还可扩展至分时协调问题研究, 支撑机器人依次到达工作点、无人车自主有序通过匝道等任务实现, 在智能制造、智能交通等领域具有潜在的应用价值.

1.2.1 时空协调一致性控制问题概述

在群体智能系统时空协调一致性控制问题中，研究对象为运动体．群体智能系统动态由各个运动体与其目标之间的相对运动方程描述，通常具有非线性特性，可表示为如下形式：

$$\dot{\boldsymbol{x}}_i(t) = f_i(\boldsymbol{x}_i(t), \boldsymbol{u}_i(t)), \quad i = 1, 2, \cdots, N, \tag{1.5}$$

其中，$\boldsymbol{x}_i(t) \in \mathbb{R}^n$ 为刻画运动体 i 与其目标位置相对运动的状态向量，通常包括相对距离、相对速度、视线角等；$\boldsymbol{u}_i(t) \in \mathbb{R}^m$ 为运动体 i 的控制输入向量．若考虑运动体的制导环节，则 $\boldsymbol{u}_i(t)$ 为运动体 i 的加速度；若进一步考虑制导与控制一体化，则 $\boldsymbol{u}_i(t)$ 为运动体 i 的执行机构变量 (如飞行器的舵偏角等)．需要说明的是，与其他群体智能系统一致性控制问题不同，时空协调一致性控制问题中待协调控制的变量并非式 (1.5) 中的状态向量 $\boldsymbol{x}_i(t)$，而是运动体抵达目标位置的终端时间 $t_{\mathrm{f},i}$ 或剩余时间 $t_{\mathrm{go},i}$．终端时间 $t_{\mathrm{f},i}$ 与剩余时间 $t_{\mathrm{go},i}$ 存在如下关系：

$$t_{\mathrm{f},i} = t + t_{\mathrm{go},i}, \quad i = 1, 2, \cdots, N. \tag{1.6}$$

显然，群体智能系统的终端时间一致和剩余时间一致是等价的，即如下两种描述等价：

$$\begin{aligned} t_{\mathrm{f},i} - t_{\mathrm{f},j} &= 0, \quad \forall i, j = 1, 2, \cdots, N, \\ t_{\mathrm{go},i} - t_{\mathrm{go},j} &= 0, \quad \forall i, j = 1, 2, \cdots, N. \end{aligned} \tag{1.7}$$

值得注意的是，终端时间和剩余时间均为表征未来的量，其值取决于控制输入 $\boldsymbol{u}_i(t)$ 的设计．在控制输入 $\boldsymbol{u}_i(t)$ 给定之前，终端时间和剩余时间的数学表达式难以给出，这与“以终端/剩余时间作为协调变量，给出其相关的状态变量的表达式，设计控制协议使其达到一致”形成逻辑上的矛盾．在一定假设条件下可以得到剩余时间的表达式，但由于协调过程中假设条件不一定满足，人们将在一定假设条件下得到的剩余时间表达式称为剩余时间估计，记为 $\hat{t}_{\mathrm{go},i}$．需要指出的是，剩余时间的估计值实现一致并不能说明真实剩余时间也可达成一致．因此，控制输入设计是一个多目标问题，既要使剩余时间估计达成一致，又要使对应的假设条件最终得以满足．在总结当前相关文献的基础上发现，除了基于剩余时间估计的协调控制设计方法外，还可选择剩余距离作为协调变量来设计群体智能系统时空一致性协调控制协议．剩余距离是指运动体 i 与其目标的相对距离，为式 (1.5) 中状态变量的分量．然而，由于剩余距离一致不是实现终端时间一致的必要条件，从控制能耗的角度来看，该方法相对于基于剩余时间估计值一致的方法可能更为保守．在目标具有未知机动能力时，基于剩余时间估计值的设计方法难以实现精准时空协调．此时，基于剩余距离的设计方法则是不错的选择．

1.2.2　群体智能系统时空协调一致性控制研究现状

1.2.1 节给出了群体智能系统时空协调一致性问题的基本概念, 本节重点介绍该问题的研究现状. 该问题的研究主要以弹群系统为对象开展, 研究方法主要可归纳为基于剩余时间估计的协调控制、基于剩余距离的协调控制两类.

1) 基于剩余时间估计的群体智能系统时空协调一致性控制方法研究现状

在群体智能系统时空协调一致性问题研究中, 多导弹同时打击一个静止目标的末制导问题是一个重要的课题. 在文献 [57] 中, 假定导弹的速度大小保持不变, 在比例导引的框架下, 以定导航比的比例导引下的剩余时间作为协调变量, 设计变化的导航比使协调变量渐近达到一致. 文献 [57] 中的信息交互是集中式的, 但是文中基于比例导引和剩余时间的设计框架给研究者带来了很多启发. 在此基础上, Zhou 等 [58] 将集中式的控制协议推广到分布式并将渐近一致收敛性进一步提高到有限时间收敛. 此外, Zhou 等还针对弹目相对运动的非线性模型证明了前置角的收敛性, 从而去掉了前置角为小角度这一假设 [58]. Zhang 等 [59] 利用剩余距离与接近速度之比来估计剩余时间, 提出了无向连通通信拓扑图下的分布式协同导引律, 确保剩余时间估计值达到一致. 需要指出的是, Zhang 等 [59] 所提出的方法可适用于目标匀速运动的情况, 但要求导弹的速度大小可调节. 在此基础上, Zhou 和 Yang [60] 提出了基于剩余时间协调的普适性控制设计策略, 指出了实现真实终端时间一致的关键不在于得到整个飞行过程中可精确估计剩余时间的表达式, 而在于构造控制协议, 使得推导剩余时间的假设条件在一致性实现后能够成立. 基于此策略, Zhou 和 Yang 采用两种不同的剩余时间估计方法, 设计了精确实现终端时间一致的分布式协同导引律, 并对导弹速度大小可调节和不可调节两种情况下的控制效率进行了比较分析 [60]. Wang 等 [61] 指出, 当目标静止、导弹采用比例导引律且速度大小不变时, 命中时间完全取决于导航比、距离与速度大小之比及前置角的初值. 基于此, Wang 等将剩余时间估计协调一致问题转化为距离与速度大小之比和前置角这两个变量的一致性控制设计问题, 并在上述两个变量达成一致时, 将制导律切换为比例导引律, 从而实现剩余时间真实值的一致性 [61]. 相关结果进一步扩展到切换通信拓扑图 [62] 及最速一致性收敛 [63] 等情形. 在上述协调控制方法的基础上, 一些学者进一步引入其他约束条件, 如考虑视场角受限 [64]、指定终端角度 [65]、输入饱和约束 [66] 等, 并给出了相应的理论分析方法. 从通信网络的角度来看, 以上研究均在连续时间通信或分段连续时间通信的假设下开展. 为了适应实际通信的离散采样特性, 同时减小通信压力, Zhou 等 [67,68] 分别在一般有向固定通信拓扑图和切换通信拓扑图下提出了基于采样信息交互的终端时间协调控制律. 同时, 针对一般有向固定通信拓扑图和切换通信拓扑图给出了实现终端时间同步的充分必要条件和低保守性充分条件, 为控制参数的选取提供了指导方案.

2) 基于剩余距离的群体智能系统时空协调一致性控制方法研究现状

值得注意的是, 基于剩余时间的控制协议设计方法目前仅能处理目标静止或匀速运动的情况. 当目标机动时, 未知的目标加速度引入了不确定性, 此时无法保证剩余时间估计值在最终时段的精确性. Zhou 等 [69] 选择弹目距离作为协调变量, 避开了如何保证剩余时间估计值在最终时段精确性这一难点, 进而解决了针对机动目标的同时命中问题. Zhou 等 [70] 进一步将研究模型推广至三维空间情形.

1.3 群体智能系统二分一致性控制

群体智能系统协同控制的大部分研究工作仅考虑智能体之间的合作关系. 例如, 群体智能系统的一致性是通过智能体间的彼此合作来实现的, 具体表现在智能体之间的通信拓扑图具有非负的连边权重. 然而, 实际大多数情况下智能体之间不仅存在合作关系, 还可能存在竞争关系. 例如, 体育比赛中两个参赛队伍之间存在体育竞争关系、双头垄断市场中厂商之间存在一定的竞争关系等. 受社交网络领域相关研究的启发 [71-73], 人们将其中 "竞争" 的概念引入群体智能系统中, 采用符号图来建立智能体之间的合作-竞争关系. 在此背景下, 群体智能系统二分一致性的概念应运而生. 群体智能系统的二分一致性是指具有合作关系的智能体的状态向量趋于相同, 任意两个隶属于相互竞争的群体中的智能体的状态向量趋于两个对应分量绝对值相等、符号相反的向量. 事实上, 当群体智能系统中任意两个智能体之间均为合作关系时, 二分一致性协议将退化为传统的一致性协议. 不难发现, 一致性可以视为二分一致性的一种特殊情形. 总的来说, 二分一致性问题比一致性问题的适用范围更广, 其研究也更具有挑战性.

1.3.1 二分一致性控制问题概述

当群体智能系统中同时存在合作-竞争关系时, 其合作-竞争交互关系可用带有正、负邻接权重的符号图来建模. 符号图所特有的对合作与竞争关系的刻画, 可用于实际中形形色色的群体智能系统控制问题. 例如, 在分布式机器人集群避碰问题中, 距离较近的机器人之间的排斥作用可通过具有负的邻接权重的连边来刻画, 并据此进行规避碰撞策略设计, 这是保证机器人不发生相互碰撞的重要手段. 符号图也可以用来刻画社会网络领域中个体对其他个体的信任或不信任等关系. 在研究符号图上的群体智能系统二分一致性控制问题时, 人们往往假设通信拓扑图满足结构平衡 (structural balance)[74,75] 条件. 结构平衡是社会网络理论中的一个重要概念, 满足此条件的符号图可以划分为两个子图,使得子图内部只包含正的连边, 而连接两个处于不同子图的智能体的连边权重都是负的 [76]. 结构平衡条件源于 Fritz Heider 在 1946 年提出的人们对事物态度的平衡模型 [77]. 受到 Heider 结构平衡条件的启发, "合作" 和 "竞争" 的概念在群体智能系统研究领域中得以应用, 进而将群体智能系统协同控制的研究拓展到一些更一般的情形.

二分一致性与群体智能系统对应的符号通信拓扑图的结构平衡性有密切联系. 如果说符号图是研究群体智能系统二分一致性问题的基础性假设, 那么结构平衡条件则是解决群体智能系统二分一致性问题的核心. 在二分一致性控制问题中, 控制目标是使任意两个合作的智能体的状态向量趋于相同, 任意两个竞争的智能体的状态向量趋于两个对应分量绝对值相等、符号相反的向量, 即

$$\begin{cases} \lim\limits_{t\to\infty} \boldsymbol{x}_i(t) = \boldsymbol{c}, & \forall i \in \mathcal{V}_q, \\ \lim\limits_{t\to\infty} \boldsymbol{x}_i(t) = -\boldsymbol{c}, & \forall i \in \mathcal{V}_{3-q}, \end{cases} \tag{1.8}$$

其中, $\boldsymbol{x}_i(t) \in \mathbb{R}^n$ 为智能体 i 在 t 时刻的状态向量; $q = 1,2; \mathcal{V}_q \cup \mathcal{V}_{3-q} = \{1,2,\cdots,N\}$, 且来自同一个集合 $\mathcal{V}_q(q = 1,2)$ 中的所有智能体均具有非负的连边, 而来自两个不同集合的智能体若存在交互, 则其具有负的通信连边. 显然, 相较于一致性控制问题, 二分一致性控制问题更具有挑战性.

2013 年, Altafini [78] 研究了合作-竞争关系并存的群体智能系统的一致性控制问题. Altafini 采用将结构平衡符号图下的群体智能系统的二分一致性问题转化为无符号图下的群体智能系统一致性问题的思路, 提出了无向通信拓扑图和有向通信拓扑图下一阶积分器型群体智能系统实现二分一致性的充分条件. 2013 年, Hu 和 Zheng [79] 研究了有向符号图下群体智能系统的二分一致性问题, 在有向符号图具有生成树的弱连通性假设下, 给出了群体智能系统在结构平衡图下实现二分一致性的充分条件. 2014 年, Valcher 和 Misra [80] 将 Altafini 的结果 [78] 推广到一般线性群体智能系统中. 此后, 群体智能系统二分一致性问题的研究受到了人们的广泛关注, 一批理论研究结果如雨后春笋般涌现. 类似于非负通信拓扑图下群体智能系统的一致性跟踪问题, 符号通信拓扑图下的群体智能系统也存在二分一致性跟踪问题. 具体地, 二分一致性跟踪问题是指设计控制协议, 使得

$$\begin{cases} \lim\limits_{t\to\infty} \|\boldsymbol{x}_i(t) - \boldsymbol{x}_0(t)\| = 0, & \forall i \in \mathcal{V}_q, \\ \lim\limits_{t\to\infty} \|\boldsymbol{x}_i(t) + \boldsymbol{x}_0(t)\| = 0, & \forall i \in \mathcal{V}_{3-q}, \end{cases} \tag{1.9}$$

其中, $q = 1,2$; $\boldsymbol{x}_0(t) \in \mathbb{R}^n$、$\boldsymbol{x}_i(t)(i \in \mathcal{V}_q \cup \mathcal{V}_{3-q})$ 分别为群体智能系统中领航者和跟随者在 t 时刻的状态向量. 目前, 二分一致性控制问题和二分一致性跟踪问题

均已被深入研究.

1.3.2 群体智能系统二分一致性控制研究现状

1.3.1 节回顾了群体智能系统二分一致性控制问题的基本概念. 本节重点针对无领航者的二分一致性控制和有领航者的二分一致性跟踪问题的研究进展进行分类总结.

1) 无领航者的二分一致性控制研究现状

Altafini [78] 首次探讨了符号图下一阶积分器型群体智能体系统的二分一致性控制问题, 通过基于图的分析方法对固定 (强) 连通符号图的 Laplace 矩阵的特征值分布进行了讨论, 并证明了在给定符号图 (强) 连通性的条件下, 群体智能系统能够实现二分一致 (稳定) 当且仅当符号图是结构平衡 (结构不平衡) 的. Zhang 和 Chen [81] 研究了有向符号图下具有连续时间动力学的一般线性群体智能系统的二分一致性控制问题, 设计了一类二分一致性控制协议, 并揭示了在有向符号图结构平衡的条件下, 闭环线性时不变群体智能系统的二分一致性问题等价于传统的一致性问题. Meng 等 [82] 研究了有向符号图下的区间二分一致性问题, 证明了若所有智能体所关联的有向图都具有生成树, 则可以实现区间二分一致. Qin 等 [83] 研究了有向通信拓扑图下具有输入饱和限制的一类齐次线性群体智能系统的二分一致性控制问题, 提出了一种基于低增益反馈的分布式控制协议, 实现了半全局二分一致性. Zhu 等 [84] 分别针对一阶积分器型和二阶积分器型群体智能系统提出了基于对数量化信息的分布式控制协议, 利用非光滑分析技术, 证明了在连通且结构平衡的通信拓扑图下, 智能体状态能够实现二分一致性; 在连通但结构不平衡的通信拓扑图下, 所有智能体的状态都趋向于零. Zhang 和 Chen [85] 研究了有向符号图下连续时间一般线性群体智能系统的二分一致性控制问题, 分别在状态反馈和输出反馈控制方法下建立了二分一致性控制问题与传统一致性控制问题的等价性, 并利用已有的状态反馈和输出反馈一致性协议来解决二分一致性控制问题. 此外, 人们还针对离散时间群体智能系统的二分一致性控制问题开展了相关研究. 具体地, Shao 等 [86] 采用连续模型离散化方法研究了时变通信拓扑图下离散时间二阶积分器型群体智能系统的二分一致性问题, 设计了一种异步分布式控制协议来实现二分一致性. Xu 等 [87] 研究了事件触发通信机制下离散时间群体智能系统的二分一致性问题, 提出了基于相对输出观测器的动态二分一致性协议.

2) 有领航者的二分一致性跟踪控制研究现状

针对符号通信拓扑图下领航者具有非零控制输入且其输入不为任何跟随者所知的情形, Wen 等 [88] 提出了一种基于相对状态信息的分布式非光滑二分一致性跟踪协议, 并进一步设计了具有自适应控制参数的完全分布式协议. Ning 等 [89]

研究了有向符号通信拓扑图下二阶积分器型群体智能系统的二分一致性跟踪问题, 提出了一种基于时变函数的预设时间跟踪控制协议, 使群体智能系统在预设时间内实现二分一致性跟踪. 针对具有匹配不确定性的一般线性群体智能系统, Liu 等 [90] 研究了领航者具有有界输入的鲁棒二分一致性跟踪问题, 设计了连续时间分布式控制协议, 使得二分一致性跟踪误差最终有界. Zhang 等 [91] 研究了一类线性异质群体智能系统在联合连通符号图下采用异步连边事件触发通信的自适应二分输出一致性跟踪问题, 通过设计观测器来估计跟踪对象的状态, 以及通过设计动态补偿器来估计非零输入领航者的状态, 提出了一种完全分布式连边事件触发控制协议. 为了提高收敛速度, Zhao 等 [92] 设计了有限时间和固定时间控制协议, 并提出了一种基于 M 矩阵的方法来估计 Lyapunov 函数中的参数, 从而解析地确定了系统收敛的时间上界. Shao 等 [93] 研究了时变符号通信拓扑图下离散时间一般线性群体智能系统的二分一致性跟踪问题, 为了应对通信拓扑图切换引发的 Laplace 矩阵动态变化这一问题, 其采取了将原系统的二分一致性跟踪问题转化为次随机矩阵乘积的收敛性问题的处理方法.

1.4 群体智能系统包含控制

根据系统中领航者的个数可将群体智能系统的协同控制问题大致分为三类: 无领航者的一致性控制问题、具有单个领航者的领从一致性控制问题、具有多个领航者的包含控制 (containment control) 问题. 近年来, 随着关于无领航者的一致性控制问题和具有单个领航者的领从一致性控制问题的研究逐步深入开展, 相关研究结果逐步趋于完善. 作为领从一致性控制的拓展问题, 具有多个领航者的包含控制问题逐渐成为群体智能系统分布式协同控制领域中的一个重要研究方向, 受到人们越来越多的关注. 对包含控制问题的研究受揭示自然界中生物群体某些集群行为形成机制和解决社会实践过程中无人集群系统协同控制问题的双重驱动. 例如, 揭示自然界中公蚕蛾通过探测母蚕蛾间歇性释放的信息素停留在由母蚕蛾形成的凸包内这一集群行为的形成机制 [94]; 设计水面无人艇集群协同护航策略使待保护的无人艇航行于多个护航无人艇形成的凸包中. 包含控制问题作为一致性问题的延伸, 具有重要的理论研究意义和工程应用价值.

1.4.1 包含控制问题概述

粗略地说, 群体智能系统的包含控制是指在系统中存在多个领航者的情况下, 为每个跟随者设计分布式控制协议, 使每一个跟随者的状态最终进入由所有领航者状态形成的凸包中. 假设群体智能系统中存在 $M\,(1 < M < N)$ 个领航者和 $N-M$ 个跟随者. 不失一般性, 将编号为 $1,2,\cdots,M$ 的智能体记为领航者, 编号为 $M+1,M+2,\cdots,N$ 的智能体记为跟随者, 并分别用 $\mathbb{L}=\{1,2,\cdots,M\}$ 和 $\mathbb{F}=$

$\{M+1, M+2, \cdots, N\}$ 表示领航者和跟随者集合. $\boldsymbol{x}_i(t) \in \mathbb{R}^n$ 为智能体 i 在 t 时刻的状态向量, $i \in \mathbb{L} \cup \mathbb{F}$. 令 $\operatorname{dist}(\boldsymbol{y}, Y)$ 表示向量 $\boldsymbol{y} \in \mathbb{R}^n$ 与集合 $Y \subseteq \mathbb{R}^n$ 的欧几里得距离, 集合 Y 的凸包 $\operatorname{Co}(Y)$ 定义为 $\operatorname{Co}(Y) = \left\{ \sum_{i=1}^{k} a_i \boldsymbol{y}_i | \boldsymbol{y}_i \in Y, a_i \in \mathbb{R}, a_i \geqslant 0, \sum_{i=1}^{k} a_i = 1, k = 1, 2, \cdots \right\}$. 若 $\lim_{t\to\infty} \operatorname{dist}(\boldsymbol{x}_i(t), \operatorname{Co}(\boldsymbol{x}_j(t), j \in \mathbb{L})) = 0, \forall i \in \mathbb{F}$, 即所有跟随者的状态最终收敛于由领航者的状态形成的凸包中, 则称群体智能系统实现了包含控制. 考虑到实际中领航者总是扮演着指挥者的角色, 为跟随者提供指令信号, 因此人们往往假设每个领航者的状态演化不受其他任何一个领航者及跟随者的影响, 即每个领航者在通信拓扑图中没有邻居. 在上述假设条件下, 群体智能系统通信拓扑图的 Laplace 矩阵可以写成如下分块矩阵形式:

$$\boldsymbol{L} = \begin{bmatrix} \boldsymbol{0}_{M\times M} & \boldsymbol{0}_{M\times(N-M)} \\ \boldsymbol{L}_1 & \boldsymbol{L}_2 \end{bmatrix}$$

其中, $\boldsymbol{L}_1 \in \mathbb{R}^{(N-M)\times M}$, $\boldsymbol{L}_2 \in \mathbb{R}^{(N-M)\times(N-M)}$. 若群体智能系统中的任意一个跟随者都能够直接或间接地被至少一个领航者影响, 即对于任意一个跟随者, 都能找到至少一个领航者使得存在一条从该领航者出发到该跟随者终止的有向通路, 则矩阵 $\boldsymbol{L}_2$ 的所有特征值都具有正实部, 矩阵 $-\boldsymbol{L}_2^{-1}\boldsymbol{L}_1$ 的所有元素均为非负, 且矩阵 $-\boldsymbol{L}_2^{-1}\boldsymbol{L}_1$ 的每行元素之和都等于 1 [95]. 在上述条件下, 令 $\boldsymbol{x}_L(t) = [\boldsymbol{x}_1^{\mathrm{T}}(t), \boldsymbol{x}_2^{\mathrm{T}}(t), \cdots, \boldsymbol{x}_M^{\mathrm{T}}(t)]^{\mathrm{T}}$, $\boldsymbol{x}_F(t) = [\boldsymbol{x}_{M+1}^{\mathrm{T}}(t), \boldsymbol{x}_{M+2}^{\mathrm{T}}(t), \cdots, \boldsymbol{x}_N^{\mathrm{T}}(t)]^{\mathrm{T}}$, 其中上标 T 代表转置, 若有

$$\lim_{t\to\infty} \boldsymbol{x}_F(t) + (\boldsymbol{L}_2^{-1}\boldsymbol{L}_1 \otimes I_n)\boldsymbol{x}_L(t) = \boldsymbol{0},$$

则称群体智能系统实现了包含控制.

Dimarogonas 等 [96] 研究了一类非完整 (具有欠驱动特性) 群体智能体系统的包含控制问题, 提出了一种基于领航者的多独轮车包含控制策略, 使每一个跟随者的位置都收敛于领航者最终位置形成的凸包中. 2009 年, Dimarogonas 等 [97] 研究了无向通信拓扑图下具有多个静态领航者的多刚体系统姿态包含控制问题. 2010 年, 在假设跟随者之间的通信拓扑图为无向图的前提下, Meng 等 [98] 研究了多刚体系统的分布式有限时间姿态包含控制问题. 具体地, 针对存在多个静态领航者的情形, Meng 等 [98] 利用一跳和二跳邻居的信息设计了有限时间包含控制律, 使跟随者的姿态在有限时间内收敛于由领航者姿态形成的静止凸包中. 针对存在多个动态领航者的情形, Meng 等 [98] 设计了一种分布式滑模估计器, 在有限时间内准确估计领航者角速度的加权平均, 基于所设计的滑模估计器提出了包含控制协议, 使跟随者的姿态在有限时间内收敛于由领航者姿态形成的

动态凸包中. Lou 和 Hong [99] 研究了马尔可夫随机切换通信拓扑图下二阶积分器型群体智能体系统的包含控制问题, 给出了使每一个跟随者的状态几乎必然渐近收敛于由多个领航者形成的凸包中的充要条件. Cao 等 [100] 研究了固定和切换有向通信拓扑图下二阶积分器型群体智能系统的包含控制问题, 考虑了领航者速度相同和速度不同的情况, 分析了保证渐近包含实现的通信拓扑图条件和控制增益条件.

值得注意的是, 前面所介绍的包含控制概念及相关研究是基于群体智能系统的非负通信拓扑图所提出的. 然而, 由 1.3 节关于二分一致性控制问题的介绍可知, 相较于传统的非负通信拓扑图上的协同行为, 符号通信拓扑图下的群体智能系统会涌现出更丰富的行为. 因此, 对于符号通信拓扑图下具有多个领航者的群体智能系统, 在某些拓扑条件下适当地设计控制器可以使其涌现出二分包含行为. 二分包含行为, 是指系统中的跟随者收敛到由领航者状态轨迹及其对称状态轨迹所形成的凸包中. 需要说明的是, 在任意时刻, 领航者对称状态轨迹上的点与其状态轨迹上的点模长相同, 但符号相反. Meng[101] 将包含控制的概念推广到有向符号网络下具有多个动态领航者的一阶积分器型群体智能系统.

1.4.2　群体智能系统包含控制研究现状

1.4.1 节介绍了群体智能系统包含控制和二分包含控制问题的基本概念, 本节分别介绍这两个问题的研究现状.

1) 群体智能系统包含控制研究现状

Liu 等 [102] 研究了有向通信拓扑图下存在多个静态或动态领航者的一阶群体智能系统的包含控制问题, 分别给出了基于连续时间通信和采样数据的包含控制协议. 随后, Liu 等 [103] 进一步研究了有向通信拓扑图下具有非周期采样数据的连续时间线性群体智能系统的包含控制问题. Haghshenas 等 [104] 设计了一类动态分布式控制协议, 解决了有向通信拓扑图下具有异质跟随者的线性群体智能系统的包含控制问题. Zuo 等 [105] 提出了一类自适应包含控制协议, 解决了具有多个未知领航者的线性异质群体智能系统的自适应输出包含控制问题. Qin 等 [106] 研究了固定和切换有向通信拓扑图下线性异质群体智能系统的输出包含控制问题. 针对具有非线性动态的群体智能系统, Wen 等 [107] 提出了一类基于神经网络逼近技术的鲁棒自适应包含控制协议. 此外, Lü 等 [108] 还研究了受扰动情形下一类非线性群体智能系统的有限时间包含控制问题.

2) 群体智能系统二分包含控制研究现状

Meng [101] 研究了多个领航者之间存在信息交互下的一阶积分器型群体智能系统的二分包含跟踪控制问题, 通过分析结构平衡和结构不平衡的领航者子图中智能体的状态演化特性, 证明了跟随者的状态轨迹可以收敛到由领航者状态轨迹及其对称状态轨迹所形成的凸包中. Fang 等 [109,110] 通过设计降阶观测器将 Meng [101] 的工作推广到了连续时间和离散时间线性群体智能系统的包含控制问题中. Zhu 等 [111] 进一步考虑了有向符号图上线性奇异群体智能系统的二分包含控制问题. Zhang 等 [112] 采用自适应分布式观测器来估计领航者的系统矩阵, 提出了基于输出反馈的二分包含控制协议, 解决了部分跟随者无法获知领航者系统矩阵情形下的群体智能系统二分包含控制问题. Zhou 等 [113] 针对一类具有不可测状态和输入的非线性群体智能系统的二分包含控制问题, 利用模糊逻辑系统逼近群体智能系统中的未知函数, 设计了基于量化输入的非线性模糊状态观测器来估计系统的不可测状态, 并将估计误差嵌入事件触发机制, 进而提出了基于事件触发的模糊自适应二分包含控制协议解决此类二分包含控制问题. Meng 和 Gao [114] 研究了时变符号通信拓扑图下离散时间高阶群体智能系统的二分包含控制问题. 此外, Liu 等 [115] 和 Liu 等 [116] 分别研究了线性和分数阶群体智能系统的有限时间二分包含控制问题, Wu 等 [117] 和 Guo 等 [118] 进一步研究了群体智能系统的固定时间二分包含控制问题.

1.5 群体智能系统弹性协同控制

群体智能系统中智能体动力学演化相互影响, 局部微小异常可能通过通信网络级联传播至整个系统, 引发全局协同任务失效甚至系统崩溃, 增加整体运行风险. 相比于单系统, 群体智能系统对通信网络的依赖性更强, 因此面临的安全风险问题更多. 从系统本身来看, 设计者往往无法准确描述被控对象的结构和参数; 从系统运行环境来看, 各种扰动、噪声、信息的不可靠传输等因素均会给系统的稳定运行带来影响; 从系统运行过程来看, 执行器、传感器等物理层面发生的故障会导致系统的部分功能失效; 从通信网络架构来看, 开放的网络环境和更加智能的黑客技术给攻击入侵群体智能系统带来了丰富的渗透路径, 攻击者可以在物理层面的执行器、传感器端注入坏数据攻击, 也可以在通信层面注入拒绝服务 (denial of service, DoS) 攻击、欺骗攻击等破坏信息的正常传输, 智能化攻击还可以在多个物理个体或通信链路之间形成合谋, 增强隐蔽性, 对系统造成更大的破坏. 2015 年底, 乌克兰电力系统遭遇黑客攻击, 导致 140 万户居民家中停电 [119]. 2021 年, 美国克洛尼尔的输油管系统受到病毒攻击, 引起东部沿海各州油气输送关键网络的全线停运 [120]. 因此, 加强群体智能系统的安全协同控制机制研究, 提高其在复杂环境中的弹性和抗毁性, 对促进群体智能系统分布式协同控制技术在军事及民用领域的深入应用和持续发展具有重要意义.

1.5.1 弹性协同控制问题概述

本节给出弹性协同控制问题涉及的几个基本概念.

定义 1.1 (弹性协同)　对于具有某种动力学模型的群体智能系统, 在任意可能的异常信号或恶意攻击下, 若通过设计一定的安全控制协议能够使得所有 (正常) 智能体完成既定的协同任务, 则称该群体智能系统实现了整体 (部分) 弹性协同.

由定义 1.1 可知, 群体智能系统弹性协同控制的核心在于设计安全协同控制协议来降低或者抵消异常对群体智能系统完成协同任务的不利影响. 根据异常前后控制协议形式是否发生变化可以将安全控制方法分为两类: 被动弹性控制和主动弹性控制. 被动弹性控制利用鲁棒控制理论的思想, 事先设计控制协议使得闭环系统对某些预判的异常不敏感 [121,122]. 但随着群体智能系统规模的扩大、运行环境的瞬息万变, 异常的类型越来越多、形式千变万化, 被动弹性控制方法已经无法满足系统安全控制的要求, 由此发展了主动弹性控制方法. 主动弹性控制方法利用传感器感知并采集异常的相关信息, 通过控制协议重构的方式来补偿或排除异常造成的影响 [123,124], 主要分为补偿式容错协同控制和删除式弹性协同控制两种. 补偿式容错协同控制方法利用系统的状态信息对不确定动态、故障等异常的部分信息进行估计, 并在控制协议中补偿其造成的影响. 这种方法可以确保所有智能体都能完成协同任务, 但对异常有较强的先验知识假设. 随着黑客技术的发展, 攻击逐渐智能化, 其可能将系统中的某些智能体或者链路 "策反", 使得这些智能体或链路以破坏系统协同任务为目的, 此时攻击造成的影响将无法补偿. 对于这种情况, 系统需降级运行, 以确保正常智能体不受攻击的影响, 继续执行协同任务.

1.5.2　群体智能系统弹性协同控制研究现状

1.5.1 节给出了群体智能系统弹性协同控制问题的基本概念. 本节对补偿式容错协同控制和删除式弹性协同控制两种典型安全协同控制方法的研究现状进行简要总结.

1) 补偿式容错协同控制方法研究现状

补偿式容错协同控制方法以系统的状态信息为依据构造观测器, 利用观测器与系统状态之间的误差来估计、检测与隔离异常智能体或链路, 并在控制协议中补偿异常造成的影响, 确保群体智能系统的稳定运行. 观测器、异常隔离及容错控制协议设计是这种方法的三个核心技术. 首先, 按照是否需要使用其他智能体的信息可以将观测器分为集中式 [125-127]、分布式 [128] 和分散式 [129,130] 三种. 集中式观测器的构造方法延续了传统单系统观测器的思想, 将整个群体智能系统看成一个大型集中式系统, Pasqualetti 等 [125]、Lan 和 Patton [126,127] 分别设计了集中式龙伯格观测器、滑模观测器和未知输入观测器来完成异常检测、估计与容错控制. 随着群体智能系统规模的扩大, 这种集中式方法导致观测器的阶数呈爆炸式增长, 远远超过系统所能承受的计算能力. 分散式观测器的构造思想是忽略个体间的耦合特性, 将智能体看成独立个体, 仅利用智能体自身的信息构造观测器. Khalili 等 [129] 和 Liu 等 [130] 分别提出了分散式龙伯格观测器和未知输入观测器以辅助容错控制协议的设计. 基于邻居相对测量信息构造分布式观测器可以降低通信网络上的信息传输量, 从而降低系统遭受网络攻击的可能性 [44,131], 因此被广泛应用于群体智能系统的观测器设计. Barboni 等 [132,133] 进一步提出了分布式未知输入观测器与分散式龙伯格观测器的双耦合设计方式, 以完成对隐蔽攻击的检测. 此外, 异常隔离为群体智能系统的容错协同控制与决策提供了基础. 群体智能系统的高度耦合使微小异常在系统中进行快速级联传播, 增加了异常个体或链路的隔离难度. Pasqualetti 等 [125] 和 Kim 等 [134] 将异常隔离问题转化为栈向量范数的最小化问题, 采用枚举法搜索所有可能的异常个体集合, 进而完成线性和非线性群体智能系统的精准异常隔离. 为了降低枚举法的计算复杂度, Fawzi 等 [135] 利用压缩感知方法将异常隔离转化为凸优化问题进行求解. 考虑到异常的传播途径与系统的通信拓扑结构密切相关, Pasqualetti 等 [136] 设计了分布式未知输入观测器, 使得智能体的检测残差可以同时反映自身及其邻居的异常, 通过限制异常个体在拓扑结构上的距离来完成隔离. 实际上, 异常个体的位置无法预知. Zhao 等 [137] 提出了基于相对输出有限时间观测器的分布式隔离算法, 引入了图的可隔离性概念, 进而给出了系统完成零漏报零误报异常隔离的充要条件, 克服了限制异常个体位置的要求. 容错控制协议是提高群体智能系统安全性的重要途径. 针对被控对象存在未建模动态的情形, Wen 等 [107] 提出了神经网络最优权重的自适应学习方法, 完成了对未建模动态的渐近估计, 进而实现了群体智能系统的鲁棒协同控制. 此外, 自适应控制通过设计自适应调节律在线估计不确定参数, 具有控制增益快速响应参数变化的特点, 因此被广泛应用于执行器、传感器异常下群体智能系统的容错控制 [138,139]. 滑模控制是一种非线性控制策略, 滑动模态的设计与被控对象参数和外界扰动无关, 具有对象参数变化及扰动不灵敏等优势, 经常应用于运行环境中带有扰动、噪声等群体智能系统的容错控制 [140,141]. 此外, 通信链路上的丢包、DoS 攻击等可能导致系统的通信网络结构发生切换. Kar 和 Moura [142] 考虑了间歇链路攻击导致系统通信拓扑图随机切换下的一致性控制问题. Wen 等 [27,143] 建立了切换通信拓扑图下群体智能系统协同控制的分析框架: 多重 Lyapunov 函数分析法, 并通过直接求解 Lyapunov 不等式的方法降低了对切换通信拓扑图驻留时间的要求. Wen 等 [144] 进一步借助多重 Lyapunov 函数分析法给出了系统的安全一致控制与 DoS 攻击时长和频率之间的关系.

2) 删除式弹性协同控制方法研究现状

删除式弹性协同控制方法的主要思想是在已知遭受攻击智能体 (链路) 上限的前提下, 每个智能体删除若干最大和最小的极值邻居, 仅使用剩余邻居进行状态更新, 称为平均序列删减 (mean-subsequence-reduced, MSR) 算法 [145,146]. 在

MSR 算法中, 智能体不使用部分邻居的信息, 从某种程度上改变了系统的通信拓扑结构, 因此需要探究利用这类算法实现群体智能系统弹性协同任务与其通信拓扑结构之间的关系. LeBlanc 等 [147] 提出了图的鲁棒性概念, 并分别在一阶群体智能系统中最多存在 F 个遭受攻击的智能体和每个智能体最多有 F 个邻居遭受攻击的情况下, 提出了加权平均序列删减 (weighted-MSR, W-MSR) 算法, 并给出了该算法实现弹性一致所需的拓扑图的鲁棒性条件. Dibaji 和 Ishii [148] 提出了基于位置的二阶积分器平均序列删减 (double-integrator position-based MSR, DP-MSR) 算法, 给出了二阶群体智能系统实现弹性一致所需的拓扑图的鲁棒性条件. 自此以后, 拓扑图的鲁棒性成为分析 MSR 类算法实现弹性协同的重要工具. Zhang 等 [149] 研究了拓扑图的鲁棒性与连通性之间的关系, 并指出, 在没有攻击的情况下, 拓扑图的鲁棒性等价于拓扑图的连通性, 从某种程度上来看, 拓扑图的鲁棒性是对拓扑图的连通性的扩展. 考虑可信结点不会遭受攻击的情形, Abbas 等 [150] 提出了拓扑图的强鲁棒性概念, 通过增加可信结点的方式降低系统实现弹性协同所需的拓扑图的鲁棒性条件. 随后, Wang 等 [151,152] 和 Fu 等 [153] 分别考虑了系统的通信代价、攻击的移动特性、通信链路攻击等情况, 对 MSR 类算法进行了改进. 针对切换通信拓扑图下的弹性一致控制问题, Saldaña 等 [154] 提出了基于滑动窗口的平均序列删减 (sliding-weighted-MSR, SW-MSR) 算法, 其中每个智能体储存并结合 T 步以内的邻居信息进行状态更新, 并提出了 $(T,\ 2F+1)$-鲁棒性的概念为 SW-MSR 算法实现一阶群体智能系统的弹性一致提供充分条件. Huang 等 [155] 进一步研究了二阶群体智能系统在切换通信拓扑图下的弹性一致性问题. Usevitch 和 Panagou [156] 研究了具有领航者的群体智能系统的弹性一致控制问题, 并提出了图的强 $(T,\ 2F+1)$-鲁棒性的概念. Wen 等 [157] 提出了图的联合鲁棒性概念, 给出了 W-MSR 算法和 DP-MSR 算法实现切换通信拓扑图下一阶/二阶群体智能系统弹性一致的充要条件, 并指出了遭受攻击时拓扑图的联合鲁棒性与无攻击下拓扑图的联合有向生成树之间的关系.

1.6 本书内容安排

本书基于一致性理论的基本思想研究了群体智能系统协同控制及应用问题. 全书共 9 章.

第 1 章, 绪论. 首先阐述一致性理论, 并分别从群体智能系统的一致性、时空协调一致性、二分一致性、包含控制、弹性协同控制五个方面介绍群体智能系统协同控制的研究现状.

第 2 章, 基础知识. 首先介绍矩阵论和代数图论的基本概念及相关引理, 然后给出线性定常系统和非线性系统稳定性理论的相关内容.

第 3 章, 群体智能系统完全分布式自适应协同一致性控制. 分别提出基于状态反馈和基于输出反馈的线性群体智能系统完全分布式自适应控制协议, 通过引入自适应参数以完全分布式的方式实现线性群体智能系统的一致性. 进一步针对线性异质群体智能系统, 设计完全分布式比例-积分 (proportional-integral, PI) 自适应协议以实现一致性控制任务.

第 4 章, 群体智能系统协同自适应抗饱和一致性控制. 首先, 引入抗饱和补偿器, 将自适应非线性与饱和非线性进行解耦, 设计分布式观测器, 提出无向通信拓扑图下基于相对输出信息反馈的分布式自适应抗饱和协同控制协议, 并进一步研究有向通信拓扑图下的抗饱和协同自适应控制方法及异质群体智能系统完全分布式抗饱和协同控制方法.

第 5 章, 间歇通信下群体智能系统一致性控制及其应用. 首先, 针对具有非线性动力学行为的一阶群体智能系统, 提出一种仅依赖于邻居智能体间歇相对状态信息的分布式一致性协议, 并分别给出无外部干扰时群体智能系统的一致性协议和存在外部干扰时群体智能系统的有限 $\mathcal{L}_2$-增益一致性控制方法. 然后, 提出具有固定有向通信拓扑图和同步间歇通信约束的二阶群体智能系统的一致性协议, 并进一步提出一般线性群体智能系统基于智能体间歇相对状态信息的静态一致性协议和基于智能体间歇相对测量输出的动态一致性协议. 最后, 给出间歇通信下一致性控制方法在卫星系统编队控制中的应用.

第 6 章, 群体智能系统时空协调一致性控制. 首先, 针对静止目标和匀速目标, 采用剩余时间协调机制, 提出基于假设演绎的弹群时空协调一致性控制设计框架, 克服了剩余时间难以准确表征的技术瓶颈, 并分别在无向图、领从图、一般有向图下进行收敛性分析, 证明了弹群系统在满足一定条件下能够实现同时命中目标. 其次, 针对机动目标, 采用剩余距离协调机制将同时命中目标问题转化为便于处理的子问题, 基于滑模控制方法设计协同导引律, 对目标的未知机动能力上界采用自适应控制方法进行估计, 从而提出自适应协同导引律, 实现同时命中目标.

第 7 章, 符号通信拓扑图下群体智能系统二分一致性控制及其应用. 首先, 研究符号通信拓扑图下线性群体智能系统中存在动态领航者的分布式二分一致性跟踪控制问题, 允许领航者的控制输入非零且其控制输入对每个跟随者都是未知的, 分别设计了基于相对状态信息的分布式非光滑协议和基于自适应控制参数的完全分布式控制协议. 然后, 将其应用于水面无人艇集群系统的二分时变编队跟踪问题中, 分别针对水面无人艇模型参数已知和未知的情况设计了二分时变编队控制协议. 最后, 研究符号图建模方法在水面无人艇集群领航者护航中的应用, 分别提出了模型参数已知情况下的指定时间护航控制协议和模型参数未知情况下的鲁棒自适应护航控制方法.

第 8 章, 群体智能系统包含控制. 首先, 研究有向通信拓扑图下连续时间线性多领航者群体智能系统的分布式包含控制问题，提出一种新的基于分布式观测器的包含控制协议，得到了保证跟随者状态渐近收敛到由动态领航者状态组成的凸包的充分条件．然后，对于有向符号图下离散时间线性群体智能系统的包含控制问题，提出基于分布式降阶观测器的包含控制协议，证明了所有跟随者的轨迹最终都能进入由领航者及其对称轨迹组成的凸包中．最后，考虑存在未知非线性动力学和外界干扰的多领航者群体智能系统的鲁棒包含控制问题，设计了一种由线性局部信息反馈项、神经自适应逼近项和非光滑反馈项组成的新型渐近包含控制协议．

第 9 章，群体智能系统弹性协同控制．首先，针对智能体遭受合谋虚假数据注入攻击，设计基于内邻居残差栈向量的分布式隔离算法，给出确保攻击零漏报的拓扑图的可隔离性条件，进一步提出基于攻击隔离的弹性一致性控制算法．然后，针对智能体遭受合谋隐蔽攻击，引入双层有限时间观测器，克服了隐蔽攻击难以检测的关键问题，并提出基于邻居残差的抗合谋攻击隔离算法，进而设计了基于攻击隔离的弹性稳定性控制算法．最后，针对通信链路遭受合谋攻击，通过改变通信拓扑结构并观察链路相关智能体的残差变化来隔离链路攻击，提出基于链路攻击隔离的弹性一致性控制算法，并分析了引入攻击隔离对系统实现弹性一致性所需通信拓扑条件的降低作用．

第2章

基础知识

本章首先给出一些常用的记号与概念, 并简单回顾矩阵论的相关知识和引理; 其次, 介绍图的基本概念, 包括图的连通性、图的邻接矩阵和 Laplace 矩阵及其相关性质; 再次, 给出系统稳定性理论的一些基本结果; 最后, 介绍比例导引法并给出比例导引法下导弹命中目标的剩余时间计算方法.

2.1 矩阵工具描述

2.1.1 常用记号与概念

若无特殊说明, 本书使用如下记号及含义: $\mathbb{R}$、$\mathbb{N}$ 和 $\mathbb{C}$ 分别表示实数、自然数和复数集合; $\mathbb{R}^n$ 和 $\mathbb{C}^n$ 分别表示 n 维实数和复数列向量空间; $\mathbb{R}^{n\times m}$ 和 $\mathbb{C}^{n\times m}$ 分别表示 $n\times m$ 维实数和复数矩阵空间. 对于给定的矩阵 $\boldsymbol{A}\in\mathbb{R}^{m\times n}$, $\boldsymbol{A}^{\mathrm{T}}$ 表示其转置, $\boldsymbol{A}^{\mathrm{H}}$ 表示其共轭转置. $\mathbf{1}_n=[1,1,\cdots,1]^{\mathrm{T}}\in\mathbb{R}^n$ 和 $\mathbf{0}_n=[0,0,\cdots,0]^{\mathrm{T}}\in\mathbb{R}^n$ 分别表示所有元素均为 1 或 0 的 n 维列向量, 当向量维数未明确给出时, $\mathbf{1}$ 和 $\mathbf{0}$ 分别表示具有相容维数的所有元素均为 1 或 0 的列向量. $\boldsymbol{I}_n$ 表示 $n\times n$ 维单位矩阵, $\mathbf{0}_{n\times m}$ 表示 $n\times m$ 维零矩阵. 当矩阵维数没有明确给出时, $\mathbf{0}$ 也用于表示具有相容维数的零矩阵. $\mathrm{diag}\,(\varepsilon_1,\varepsilon_2,\cdots,\varepsilon_n)$ 表示对角元素依次为 $\varepsilon_1,\varepsilon_2,\cdots,\varepsilon_n$ 的对角矩阵, $\mathrm{diag}\,(\boldsymbol{A}_1,\boldsymbol{A}_2,\cdots,\boldsymbol{A}_n)$ 表示对角块矩阵依次为 $\boldsymbol{A}_1,\boldsymbol{A}_2,\cdots,\boldsymbol{A}_n$ 的分块对角矩阵. 若无特殊说明, 矩阵维数根据上下文界定且假定具有相容维数. 特别地, 对于给定方阵 $\boldsymbol{A}$, $\mathrm{diag}(\boldsymbol{A})$ 表示对角块矩阵均为 $\boldsymbol{A}$ 的对角矩阵. $\mathrm{sgn}(\cdot)$ 表示符号函数, 即对于给定的标量 $a\in\mathbb{R}$, 若 $a>0$, 则 $\mathrm{sgn}(a)=1$; 若 $a<0$, 则 $\mathrm{sgn}(a)=-1$; 否则, $\mathrm{sgn}(a)=0$. 对于向量 $\boldsymbol{x}=[x_1,x_2,\cdots,x_n]^{\mathrm{T}}\in\mathbb{R}^n$, 令 $\mathrm{sgn}(\boldsymbol{x})=[\mathrm{sgn}(x_1),\mathrm{sgn}(x_2),\cdots,\mathrm{sgn}(x_n)]^{\mathrm{T}}$. 若无特殊说明, $\|\cdot\|$ 表示欧几里得范数, $\|\cdot\|_1$ 表示向量或矩阵的 1-范数.

符号 $\forall$ 表示 “对所有的” 或 “对任给的”, 符号 $\exists$ 表示 “存在”.

向量 $\boldsymbol{x}=[x_1,x_2,\cdots,x_n]^{\mathrm{T}}\in\mathbb{R}^n$ 称为正 (非负) 向量, 当且仅当 $x_i>0$ ($x_i\geqslant 0$), $i=1,2,\cdots,n$. 为了方便叙述, 有时用 $\boldsymbol{x}>\mathbf{0}$ ($\boldsymbol{x}\geqslant\mathbf{0}$) 来表示向量 $\boldsymbol{x}$ 为正 (非负) 向量. 对任意给定的复数 $x\in\mathbb{C}$, $\mathrm{Re}\{x\}$ 表示 x 的实部, $\mathrm{Im}\{x\}$ 表示 x 的虚部; $\mathbb{B}_\varepsilon(\boldsymbol{x})$ 表示 n 维实数向量空间中, 中心在 $\boldsymbol{x}$, 半径为 ε 的闭球, 即

$$\mathbb{B}_\varepsilon(\boldsymbol{x})=\{\boldsymbol{y}\,|\,\boldsymbol{y}\in\mathbb{R}^n,\ \|\boldsymbol{y}-\boldsymbol{x}\|\leqslant\varepsilon\},\tag{2.1}$$

其中, $\varepsilon > 0$.

对于实方阵 $\boldsymbol{A} \in \mathbb{R}^{n\times n}$, 若有 $\boldsymbol{A} = \boldsymbol{A}^{\mathrm{T}}$, 则称 $\boldsymbol{A}$ 为实对称矩阵. 对于实对称矩阵 $\boldsymbol{A}$, 令 $\lambda_i(\boldsymbol{A})$ $(i = 1,2,\cdots,n)$ 为矩阵 $\boldsymbol{A}$ 的特征值, 若有 $\lambda_i(\boldsymbol{A}) > 0$ $(i = 1,2,\cdots,n)$, 则称矩阵 $\boldsymbol{A}$ 是正定的, 表示为 $\boldsymbol{A} > \boldsymbol{0}$; 若有 $\lambda_i(\boldsymbol{A}) \geqslant 0$ $(i = 1,2,\cdots,n)$, 则称矩阵 $\boldsymbol{A}$ 是半正定的, 表示为 $\boldsymbol{A} \geqslant \boldsymbol{0}$; 若有 $\lambda_i(\boldsymbol{A}) < 0$ $(i = 1,2,\cdots,n)$, 则称矩阵 $\boldsymbol{A}$ 是负定的, 表示为 $\boldsymbol{A} < \boldsymbol{0}$; 若有 $\lambda_i(\boldsymbol{A}) \leqslant 0$ $(i = 1,2,\cdots,n)$, 则称矩阵 $\boldsymbol{A}$ 是半负定的, 表示为 $\boldsymbol{A} \leqslant \boldsymbol{0}$. 对于复方阵 $\boldsymbol{A} \in \mathbb{C}^{n\times n}$, 若有 $\boldsymbol{A} = \boldsymbol{A}^{\mathrm{H}}$, 则称 $\boldsymbol{A}$ 为 Hermite 矩阵. 若矩阵 $\boldsymbol{U} \in \mathbb{C}^{n\times n}$ 满足 $\boldsymbol{U}^{\mathrm{H}}\boldsymbol{U} = \boldsymbol{I}_n$, 则称 $\boldsymbol{U}$ 为酉矩阵. 若 $\boldsymbol{A}$ 是 n 阶 Hermite 矩阵, 则存在一个酉矩阵 $\boldsymbol{U}$ 使得 $\boldsymbol{U}^{\mathrm{H}}\boldsymbol{A}\boldsymbol{U} = \mathrm{diag}(\lambda_1,\lambda_2,\cdots,\lambda_n)$, 其中 λ_i $(i = 1,2,\cdots,n)$ 是矩阵 $\boldsymbol{A}$ 的特征值且均为实数. 对于任意给定的方阵 $\boldsymbol{A}$, $\det(\boldsymbol{A})$ 表示其行列式, $\mathrm{tr}(\boldsymbol{A})$ 表示矩阵 $\boldsymbol{A}$ 的迹. 对于任意给定的矩阵 $\boldsymbol{A}$, $\mathrm{Rank}(\boldsymbol{A})$ 表示 $\boldsymbol{A}$ 的秩, $\|\boldsymbol{A}\|_{\mathrm{F}}$ 表示矩阵 $\boldsymbol{A}$ 的 F-范数, 定义为 $\|\boldsymbol{A}\|_{\mathrm{F}} = \sqrt{\mathrm{tr}(\boldsymbol{A}^{\mathrm{T}}\boldsymbol{A})}$, $\|\boldsymbol{A}\|_0$ 表示矩阵 $\boldsymbol{A}$ 的 l_0 范数 (即矩阵 $\boldsymbol{A}$ 中非 $\boldsymbol{0}$ 列的个数), $\mathrm{Span}(\boldsymbol{A})$ 表示 $\boldsymbol{A}$ 的值域, 即矩阵 $\boldsymbol{A}$ 的每一列元素组成的列向量所张成的空间; $\mathrm{Null}(\boldsymbol{A})$ 表示 $\boldsymbol{A}$ 的零空间, 即所有满足 $\boldsymbol{A}\boldsymbol{x} = \boldsymbol{0}$ 的向量 $\boldsymbol{x}$ 所构成的空间. 对于给定的 Hermite 矩阵 $\boldsymbol{M}$, $\lambda_{\max}(\boldsymbol{M})$ 和 $\lambda_{\min}(\boldsymbol{M})$ 分别代表其最大特征值和最小特征值, $\sigma_{\max}(\boldsymbol{M})$ 表示其最大奇异值. 对于矩阵 $\boldsymbol{A} = [a_{ij}] \in \mathbb{C}^{m\times n}$ 和 $\boldsymbol{B} \in \mathbb{C}^{p\times q}$, 它们的 Kronecker 积定义为

$$\boldsymbol{A} \otimes \boldsymbol{B} = \begin{bmatrix} a_{11}\boldsymbol{B} & a_{12}\boldsymbol{B} & \cdots & a_{1n}\boldsymbol{B} \\ a_{21}\boldsymbol{B} & a_{22}\boldsymbol{B} & \cdots & a_{2n}\boldsymbol{B} \\ \vdots & \vdots & & \vdots \\ a_{m1}\boldsymbol{B} & a_{m2}\boldsymbol{B} & \cdots & a_{mn}\boldsymbol{B} \end{bmatrix} \in \mathbb{C}^{mp\times nq}.$$

2.1.2 矩阵论基本引理

引理 2.1[158] 对于具有合适维数的实矩阵 $\boldsymbol{A}$、$\boldsymbol{B}$、$\boldsymbol{C}$ 和 $\boldsymbol{D}$, 以下关系式成立:

(1) $(\gamma\boldsymbol{A}) \otimes \boldsymbol{B} = \boldsymbol{A} \otimes (\gamma\boldsymbol{B}) = \gamma(\boldsymbol{A} \otimes \boldsymbol{B})$, $\forall\gamma \in \mathbb{R}$.

(2) $(\boldsymbol{A} \otimes \boldsymbol{B})^{\mathrm{T}} = \boldsymbol{A}^{\mathrm{T}} \otimes \boldsymbol{B}^{\mathrm{T}}$.

(3) $\boldsymbol{A} \otimes (\boldsymbol{B} + \boldsymbol{C}) = \boldsymbol{A} \otimes \boldsymbol{B} + \boldsymbol{A} \otimes \boldsymbol{C}$.

(4) $(\boldsymbol{A} \otimes \boldsymbol{B})(\boldsymbol{C} \otimes \boldsymbol{D}) = \boldsymbol{A}\boldsymbol{C} \otimes \boldsymbol{B}\boldsymbol{D}$.

引理 2.2[158] 对于任意给定的矩阵 $\boldsymbol{A} \in \mathbb{R}^{n\times m}$ 和 $\boldsymbol{B} \in \mathbb{R}^{m\times n}$, 有 $|\mathrm{tr}(\boldsymbol{A}\boldsymbol{B})| \leqslant \|\boldsymbol{A}\|_{\mathrm{F}}\|\boldsymbol{B}\|_{\mathrm{F}}$ 成立.

引理 2.3 设 $\boldsymbol{M} \in \mathbb{R}^{n\times n}$ 是正定矩阵, $\boldsymbol{P} \in \mathbb{R}^{n\times n}$ 是对称矩阵, 则对于任意的向量 $\boldsymbol{x} \in \mathbb{R}^n$, 下面的不等式成立:

$$\lambda_{\min}\left(\boldsymbol{M}^{-1}\boldsymbol{P}\right)\boldsymbol{x}^{\mathrm{T}}\boldsymbol{M}\boldsymbol{x} \leqslant \boldsymbol{x}^{\mathrm{T}}\boldsymbol{P}\boldsymbol{x} \leqslant \lambda_{\max}\left(\boldsymbol{M}^{-1}\boldsymbol{P}\right)\boldsymbol{x}^{\mathrm{T}}\boldsymbol{M}\boldsymbol{x}.$$

证明: 因为矩阵 $\boldsymbol{M}$ 是正定的, 所以只需要证明

$$\min_{\boldsymbol{x}\neq\boldsymbol{0}}\frac{\boldsymbol{x}^{\mathrm{T}}\boldsymbol{P}\boldsymbol{x}}{\boldsymbol{x}^{\mathrm{T}}\boldsymbol{M}\boldsymbol{x}}=\lambda_{\min}(\boldsymbol{M}^{-1}\boldsymbol{P}),\quad \max_{\boldsymbol{x}\neq\boldsymbol{0}}\frac{\boldsymbol{x}^{\mathrm{T}}\boldsymbol{P}\boldsymbol{x}}{\boldsymbol{x}^{\mathrm{T}}\boldsymbol{M}\boldsymbol{x}}=\lambda_{\max}(\boldsymbol{M}^{-1}\boldsymbol{P}). \tag{2.2}$$

此外, 存在唯一的正定矩阵 $\boldsymbol{M}^{\frac{1}{2}}$ 使得 $\boldsymbol{M}=(\boldsymbol{M}^{\frac{1}{2}})^2$. 令 $\boldsymbol{y}=\boldsymbol{M}^{\frac{1}{2}}\boldsymbol{x}$, 则

$$\min_{\boldsymbol{x}\neq\boldsymbol{0}}\frac{\boldsymbol{x}^{\mathrm{T}}\boldsymbol{P}\boldsymbol{x}}{\boldsymbol{x}^{\mathrm{T}}\boldsymbol{M}\boldsymbol{x}}=\min_{\boldsymbol{y}\neq\boldsymbol{0}}\frac{\boldsymbol{y}^{\mathrm{T}}\boldsymbol{M}^{-\frac{1}{2}}\boldsymbol{P}\boldsymbol{M}^{-\frac{1}{2}}\boldsymbol{y}}{\boldsymbol{y}^{\mathrm{T}}\boldsymbol{y}},$$

其中, $\boldsymbol{M}^{-\frac{1}{2}}$ 为 $\boldsymbol{M}^{\frac{1}{2}}$ 的逆矩阵. 由于 $\boldsymbol{M}$ 为正定矩阵且 $\boldsymbol{M}$ 和 $\boldsymbol{P}$ 为对称矩阵, 于是 $(\boldsymbol{M}^{-\frac{1}{2}}\boldsymbol{P}\boldsymbol{M}^{-\frac{1}{2}})^{\mathrm{T}}=\boldsymbol{M}^{-\frac{1}{2}}\boldsymbol{P}\boldsymbol{M}^{-\frac{1}{2}}$ 成立. 根据 Rayleigh-Ritz 定理 [158], 有

$$\min_{\boldsymbol{x}\neq\boldsymbol{0}}\frac{\boldsymbol{x}^{\mathrm{T}}\boldsymbol{P}\boldsymbol{x}}{\boldsymbol{x}^{\mathrm{T}}\boldsymbol{M}\boldsymbol{x}}=\lambda_{\min}(\boldsymbol{M}^{-\frac{1}{2}}\boldsymbol{P}\boldsymbol{M}^{-\frac{1}{2}}).$$

另一方面, 有

$$\lambda_{\min}(\boldsymbol{M}^{-\frac{1}{2}}\boldsymbol{P}\boldsymbol{M}^{-\frac{1}{2}})=\lambda_{\min}((\boldsymbol{M}^{-\frac{1}{2}}\boldsymbol{P})(\boldsymbol{M}^{-\frac{1}{2}}))=\lambda_{\min}(\boldsymbol{M}^{-1}\boldsymbol{P}).$$

因此, 式 (2.2) 中的第一个关系式成立. 另一个关系式可类似地证明. ■

引理 2.4[158] 对任意给定的矩阵 $\boldsymbol{D}\in\mathbb{R}^{n\times m}$、$\boldsymbol{S}\in\mathbb{R}^{m\times n}$ 和正定矩阵 $\boldsymbol{P}\in\mathbb{R}^{m\times m}$, 下面的不等式成立:

$$2\boldsymbol{x}^{\mathrm{T}}\boldsymbol{D}\boldsymbol{S}\boldsymbol{y}\leqslant\boldsymbol{x}^{\mathrm{T}}\boldsymbol{D}\boldsymbol{P}\boldsymbol{D}^{\mathrm{T}}\boldsymbol{x}+\boldsymbol{y}^{\mathrm{T}}\boldsymbol{S}^{\mathrm{T}}\boldsymbol{P}^{-1}\boldsymbol{S}\boldsymbol{y}.$$

其中, $\boldsymbol{x}\in\mathbb{R}^n$, $\boldsymbol{y}\in\mathbb{R}^n$.

引理 2.5 (Young 不等式 [159]) 若 $p>1$ 和 $q>1$ 是满足 $\dfrac{1}{p}+\dfrac{1}{q}=1$ 的两个正实数, 则 $\forall a,b\geqslant 0$, 必有 $ab\leqslant\dfrac{a^p}{p}+\dfrac{b^q}{q}$. 当且仅当 $a^p=b^q$ 时等号成立.

引理 2.6[160] 若存在一个非主对角线元素均为非正数的实矩阵 $\boldsymbol{A}\in\mathbb{R}^{n\times n}$, 其所有特征值均具有正实部, 则称矩阵 $\boldsymbol{A}$ 为非奇异 M 矩阵.

2.2 代数图论

有向图 $\mathcal{G}=(\mathcal{V},\mathcal{E})$ 由有限的结点集 $\mathcal{V}=\{1,2,\cdots,N\}$ 和边集 $\mathcal{E}\subseteq\{(i,j)|i,j\in\mathcal{V}\}$ 组成. 若 $(i,j)\in\mathcal{E}$, 则称结点 i 是这条边或结点 j 的父结点, 结点 j 是这条边或结点 i 的子结点, 也称结点 i 是结点 j 的相邻结点或邻居. 特别地, 若结点 i 是结点 j 的邻居, 结点 j 也是结点 i 的邻居, 即对任意的 $(i,j)\in\mathcal{E}$ 当且仅

当 $(j,i)\in\mathcal{E}$, 则称图 $\mathcal{G}$ 为无向图. 结点 j 的邻居集合表示为 $\mathcal{N}_j=\{i|(i,j)\in\mathcal{E}\}$, 其中, 结点 j 的邻居分别用 N_{j^1}, $N_{j^2},\cdots,N_{j^{|\mathcal{N}_j|}}$ 来表示. 结点 j 的内邻居集合表示为 $\mathcal{J}_j$=$\mathcal{N}_i\cup\{j\}$. 结点 j 的两步邻居集合表示为 $\mathcal{N}_j^2=\{k|(k,i)\in\mathcal{E},(i,j)\in\mathcal{E}\}$. 结点 j 关联的连边集合表示为 $\mathcal{K}_j=\{(i,j)|i\in\mathcal{N}_j\}$. 在图 $\mathcal{G}$ 中, (i,i) 类型的边称为自环. 此外, 若连接两个结点的边不止一条, 则称这些边为多重边. 没有自环且没有多重边的图称为简单图. 本书中, 若无特殊说明, 均为简单图.

对于图 $\mathcal{G}^1=(\mathcal{V}^1,\mathcal{E}^1)$, $\mathcal{G}^2=(\mathcal{V}^2,\mathcal{E}^2)$, 若 $\mathcal{V}^2\subseteq\mathcal{V}^1$, $\mathcal{E}^2\subseteq\mathcal{E}^1$, 则称图 $\mathcal{G}^2$ 是图 $\mathcal{G}^1$ 的子图. 若图 $\mathcal{G}^2$ 是图 $\mathcal{G}^1$ 的子图, 且有 $\mathcal{V}^2=\mathcal{V}^1$, 则称图 $\mathcal{G}^2$ 是图 $\mathcal{G}^1$ 的生成子图. 显然, 图 $\mathcal{G}^1$ 的任意一个生成子图可以通过删除图 $\mathcal{G}^1$ 中的若干条边获得. 若图 $\mathcal{G}^2$ 是图 $\mathcal{G}^1$ 的子图, 且图 $\mathcal{G}^2$ 中的两个结点是相邻的当且仅当它们在图 $\mathcal{G}^1$ 中也是相邻的, 则称图 $\mathcal{G}^2$ 是图 $\mathcal{G}^1$ 的诱导子图. 易知, 图 $\mathcal{G}^1$ 的任意一个诱导子图可以通过删除图 $\mathcal{G}^1$ 中的若干个结点, 以及以这些结点为父结点和子结点的所有边来获得. 在图 $\mathcal{G}$ 中, 连接结点 v_s 与 v_k $(k>s)$ 的长度为 $k-s$ 的有向通路是指一组互不相同的结点序列 v_s, v_{s+1}, $\cdots$, v_k, 满足 $(v_{s+i},v_{s+i+1})\in\mathcal{E}$, $i=0,\cdots,k-s-1$. 环是指只有起点和终点相同的一条有向通路. $\mathcal{C}_k$ 表示由 k 个结点组成的环. 若图 $\mathcal{G}$ 中所有结点和连边构成一个环, 且除此以外没有其他结点或连边, 则称其为环形图. 若有向图 $\mathcal{G}$ 中任意一对结点之间均存在一条有向通路, 则称图 $\mathcal{G}$ 是强连通的. 有向图的最大强连通诱导子图称为强连通分量. 在有向图 $\mathcal{G}$ 中, 若存在一个结点 r, 使得至少存在一条以该结点为起点的有向通路可以到达任何一个结点 c $(c\neq r)$, 则称此图是弱连通的. 有向树是一类特殊的有向图, 满足如下三个性质: ① 只含有一个没有父结点的特殊结点, 称为根结点; ② 其他所有结点有且只有一个父结点; ③ 从根结点到任意其他结点均存在一条有向通路. 对于有向图 $\mathcal{G}$, 它的一棵有向生成树是图 $\mathcal{G}$ 的一个生成子图, 且该生成子图是一棵有向树. 显然, 有向图 $\mathcal{G}$ 含有一棵有向生成树当且仅当它是弱连通的. 对于无向图 $\mathcal{G}$, 若其任意两个结点之间均有一条连边, 则称其是完全图; 若无向图 $\mathcal{G}$ 的任意两个结点之间均存在一条路径, 则称其是连通图. 易知, 对于无向图 $\mathcal{G}$, 连通和弱连通的定义是等价的. 图 $\mathcal{G}$ 中的环是指开始和结束于同一结点的封闭路径. 对于由 N 个结点形成的图 $\mathcal{G}$, 若图中只有一个由所有结点组成的环, 且除此以外没有其他连边, 则称其为 N 结点的环形图. 下面给出一个简单的示例说明上述连通性的概念. 图 2.1(a) 是一个有向强连通图, 这里任意两个结点之间均存在一条有向通路; 图 2.1(b) 是一个有向弱连通图, 其包含一棵以结点 1 为根结点的有向生成树; 图 2.1(c) 是一个无向连通图, 图中任意两个结点之间均存在一条通路.

本书用图来描述群体智能系统通信网络的拓扑结构, 其中, 图中的结点表示智能体, 连边表示两个智能体之间的信息交互. 为表述方便, 本书不再区分结点和智能体、图和通信拓扑的概念.

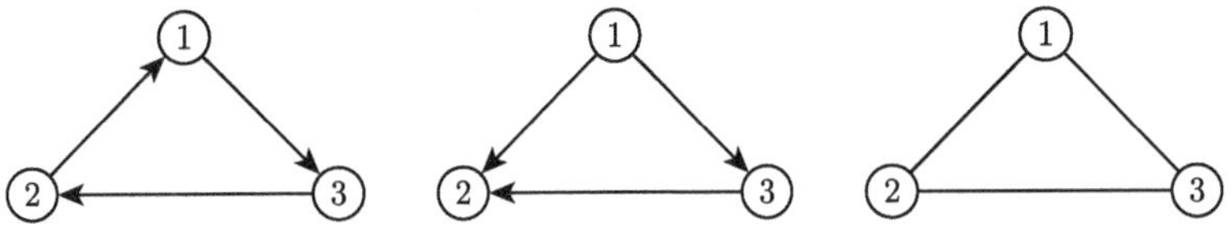

(a) 有向强连通图　　(b) 有向弱连通图　　(c) 无向连通图

图 2.1　图的连通性示例

2.2.1 图的邻接矩阵与 Laplace 矩阵

对于一个含有 N 个结点的简单图 $\mathcal{G}=(\mathcal{V},\mathcal{E})$, 其邻接矩阵 $\boldsymbol{\mathcal{A}}=[a_{ij}]\in\mathbb{R}^{N\times N}$ 定义为: $a_{ii}=0$, $i\in\mathcal{V}$; $a_{ij}\neq 0$ 当且仅当 $(j,i)\in\mathcal{E}$, 其中 i, $j\in\mathcal{V}$, 且 $i\neq j$. 若邻接矩阵 $\boldsymbol{\mathcal{A}}$ 的元素 a_{ij} 为实数, 有时也称矩阵 $\boldsymbol{\mathcal{A}}$ 为加权邻接矩阵, 相应的图称为加权图, 此时, a_{ij} 称为边 (j,i) 的权重. 若图 $\mathcal{G}$ 的邻接矩阵满足 $a_{ij}\geqslant 0,\forall i,j\in\mathcal{V}$, 则称图 $\mathcal{G}$ 是一个无符号图. 无符号图 $\mathcal{G}$ 的 Laplace 矩阵 $\boldsymbol{L}=[l_{ij}]\in\mathbb{R}^{N\times N}$ 定义为: $l_{ij}=-a_{ij}$, $i,j\in\mathcal{V}$, $i\neq j$; $l_{ii}=\sum\limits_{j=1}^{N}a_{ij}$, $i\in\mathcal{V}$. 显然, 若无符号图 $\mathcal{G}$ 为无向图, 则其邻接矩阵 $\boldsymbol{\mathcal{A}}$ 和 Laplace 矩阵 $\boldsymbol{L}$ 均为实对称矩阵. 本书中, 若无特殊说明, 图 $\mathcal{G}$ 均指无符号加权图.

群体智能系统通信拓扑图的邻接矩阵和 Laplace 矩阵对研究其协同控制问题具有重要作用, 下面给出无符号图的 Laplace 矩阵的一些基本性质.

引理 2.7[161]　图 $\mathcal{G}$ 的 Laplace 矩阵 $\boldsymbol{L}$ 至少具有一个零特征根, 其余的非零特征根均具有正实部. 0 是 Laplace 矩阵 $\boldsymbol{L}$ 的简单特征根, 当且仅当图 $\mathcal{G}$ 含有一棵生成树.

注解 2.1　对无向图 $\mathcal{G}$ 而言, 其含有一棵生成树当且仅当它是连通的. 由引理 2.7 可知, 0 是无向图 $\mathcal{G}$ 的 Laplace 矩阵 $\boldsymbol{L}$ 的简单特征根当且仅当 $\mathcal{G}$ 是连通的. 此时, 除 0 特征根外, 矩阵 $\boldsymbol{L}$ 的其余特征根均为正实数.

引理 2.8[8]　无向连通图 $\mathcal{G}$ 的 Laplace 矩阵 $\boldsymbol{L}$ 是半正定矩阵, 且 0 是 $\boldsymbol{L}$ 的简单特征值.

引理 2.9[162]　若有向图 $\mathcal{G}$ 是强连通的, 则存在一个向量 $\boldsymbol{\xi}=[\xi_1,\xi_2,\cdots,\xi_N]^{\mathrm{T}}>\boldsymbol{0}$, 且 $\sum\limits_{i=1}^{N}\xi_i=1$, 使得 $\boldsymbol{\xi}^{\mathrm{T}}\boldsymbol{L}=\boldsymbol{0}^{\mathrm{T}}$, 其中 $\boldsymbol{L}\in\mathbb{R}^{N\times N}$ 是图 $\mathcal{G}$ 的 Laplace 矩阵. 进一步地, 若图 $\mathcal{G}$ 为无向连通图, 则 $\boldsymbol{\xi}=[1/N,\cdots,1/N]^{\mathrm{T}}$.

定义 2.1 (代数连通度)　无向连通图 $\mathcal{G}$ 的代数连通度定义为其 Laplace 矩阵 $\boldsymbol{L}$ 的第二最小特征值 $\lambda_2(\boldsymbol{L})$, 其中 $\lambda_2(\boldsymbol{L})=\min\limits_{\boldsymbol{\xi}\neq\boldsymbol{0},\,\boldsymbol{\xi}^{\mathrm{T}}\boldsymbol{1}_N=0}\dfrac{\boldsymbol{\xi}^{\mathrm{T}}\boldsymbol{L}\boldsymbol{\xi}}{\boldsymbol{\xi}^{\mathrm{T}}\boldsymbol{\xi}}>0$.

定义 2.2 (广义代数连通度)　有向强连通图 $\mathcal{G}$ 的广义代数连通度 $a(\boldsymbol{L})$ 定义为: $a(\boldsymbol{L})=\min\limits_{\boldsymbol{x}^{\mathrm{T}}\boldsymbol{\xi}=0,\boldsymbol{x}\neq\boldsymbol{0}}\dfrac{\boldsymbol{x}^{\mathrm{T}}\widehat{\boldsymbol{L}}\boldsymbol{x}}{\boldsymbol{x}^{\mathrm{T}}\boldsymbol{\Xi}\boldsymbol{x}}$, 其中, $\widehat{\boldsymbol{L}}=(\boldsymbol{\Xi}\boldsymbol{L}+\boldsymbol{L}^{\mathrm{T}}\boldsymbol{\Xi})/2$, $\boldsymbol{\Xi}=\mathrm{diag}\,(\xi_1,\xi_2,\cdots,\xi_N)$, $\boldsymbol{\xi}=[\xi_1,\xi_2,\cdots,\xi_N]^{\mathrm{T}}>\boldsymbol{0}$, 满足 $\boldsymbol{\xi}^{\mathrm{T}}\boldsymbol{L}=\boldsymbol{0}^{\mathrm{T}}$, 且 $\sum\limits_{i=1}^{N}\xi_i=1$.

注解 2.2　对于任意给定的强连通图 $\mathcal{G}$, 其广义代数连通度 $a(\boldsymbol{L})>0$ [163, 164].

引理 2.10 (Frobenius 标准形 [165])　设 $\boldsymbol{L}$ 是对应于具有 N 个结点的有向图 $\mathcal{G}$ 的 Laplace 矩阵. 存在一个 $N\times N$ 维的置换矩阵 $\boldsymbol{W}$ 和一个整数 $m\geqslant 1$ 使得

$$\boldsymbol{W}^{\mathrm{T}}\boldsymbol{L}\boldsymbol{W}=\begin{bmatrix}\overline{\boldsymbol{L}}_{11} & \boldsymbol{0} & \cdots & \boldsymbol{0}\\ \overline{\boldsymbol{L}}_{21} & \overline{\boldsymbol{L}}_{22} & \cdots & \boldsymbol{0}\\ \vdots & \vdots & & \boldsymbol{0}\\ \overline{\boldsymbol{L}}_{m1} & \overline{\boldsymbol{L}}_{m2} & \cdots & \overline{\boldsymbol{L}}_{mm}\end{bmatrix}, \tag{2.3}$$

其中, $\overline{\boldsymbol{L}}_{11}\in\mathbb{R}^{q_1\times q_1}$, $\overline{\boldsymbol{L}}_{22}\in\mathbb{R}^{q_2\times q_2}$, $\cdots$, $\overline{\boldsymbol{L}}_{mm}\in\mathbb{R}^{q_m\times q_m}$ 是不可约方阵, 这些不可约方阵在根据结点索引顺序同时进行置换的情况下是唯一确定的, 但它们的排列不是唯一的.

2.2.2　符号图

若图 $\mathcal{G}=(\mathcal{V},\mathcal{E})$ 的邻接矩阵 $\boldsymbol{\mathcal{A}}=[a_{ij}]$ 的元素既有正数也有负数, 即边 $(i,j)\in\mathcal{E}$ 的权重 a_{ij} 有正有负, 则称其为符号图. 简单来说, 符号图的边的权重是有符号的, 即权重可为正数也可为负数. 符号图 $\mathcal{G}$ 的 Laplace 矩阵 $\boldsymbol{L}=[l_{ij}]$ 定义为

$$l_{ij}=\begin{cases}\sum\limits_{k\in\mathcal{N}_i}|a_{ik}|, & i=j,\\ -a_{ij}, & i\neq j.\end{cases}$$

定义 2.3　对符号图 $\mathcal{G}=(\mathcal{V},\mathcal{E})$, 若存在结点集 $\mathcal{V}$ 的一个划分 $\mathcal{V}_1$ 和 $\mathcal{V}_2$ 满足 $\mathcal{V}_1\cup\mathcal{V}_2=\mathcal{V}$, $\mathcal{V}_1\cap\mathcal{V}_2=\varnothing$, 使得 $a_{ij}\geqslant 0,\forall i,j\in\mathcal{V}_q$ $(q\in\{1,2\})$, $a_{ij}\leqslant 0,\forall i\in\mathcal{V}_q, j\in\mathcal{V}_{3-q}$ $(q\in\{1,2\})$, 则称其是结构平衡的. 否则, 称符号图 $\mathcal{G}$ 是结构不平衡的.

定义矩阵集合 $\mathcal{D}=\{\mathrm{diag}(d_1,d_2,\cdots,d_N)\,|\,d_i\in\{-1,1\},\forall i=1,2,\cdots,N\}$, 下面的引理给出了定义 2.3 的等价代数条件.

引理 2.11 [78]　有向符号图 $\mathcal{G}=(\mathcal{V},\mathcal{E})$ 是结构平衡的当且仅当 $\exists\boldsymbol{D}\in\mathcal{D}$ 使得矩阵 $\boldsymbol{D}\boldsymbol{\mathcal{A}}\boldsymbol{D}$ 的所有元素都是非负的. 此时, 矩阵 $\boldsymbol{D}$ 也提供了结点集 $\mathcal{V}$ 的一个划分, 即 $\mathcal{V}_1=\{i\,|\,d_i=1\}$, $\mathcal{V}_2=\{i\,|\,d_i=-1\}$.

2.3 稳定性理论

2.3.1 线性定常系统稳定性理论

本节在介绍线性定常系统稳定性理论之前, 首先介绍一些关于稳定性理论的基本概念和性质. 若矩阵 $\boldsymbol{A} \in \mathbb{C}^{n\times n}$ 的所有特征值都具有负实部, 则称矩阵 $\boldsymbol{A}$ 是 Hurwitz 的 (有些文献中也写为 Hurwitz 稳定的). 并且, 矩阵 $\boldsymbol{A}$ 是 Hurwitz 的, 等价于存在对称正定矩阵 $\boldsymbol{P}$, 使得 $\boldsymbol{PA}+\boldsymbol{A}^{\mathrm{H}}\boldsymbol{P}<\boldsymbol{0}$. 若矩阵 $\boldsymbol{G} \in \mathbb{C}^{n\times n}$ 的所有特征值均在单位开圆盘内, 则称矩阵 $\boldsymbol{G}$ 是 Schur 稳定的. 并且, 矩阵 $\boldsymbol{G}$ 是 Schur 稳定的, 等价于存在对称正定矩阵 $\boldsymbol{P}$ 使得 $\boldsymbol{G}^{\mathrm{H}}\boldsymbol{PG}-\boldsymbol{P}<\boldsymbol{0}$.

考虑如下线性定常系统:

$$
\begin{cases}
\dot{\boldsymbol{x}}(t)=\boldsymbol{Ax}(t)+\boldsymbol{Bu}(t),\\
\boldsymbol{y}(t)=\boldsymbol{Cx}(t), \quad \boldsymbol{x}(0)=\boldsymbol{x}_0,
\end{cases}
\tag{2.4}
$$

其中, $\boldsymbol{x}(t)\in\mathbb{R}^n$、$\boldsymbol{u}(t)\in\mathbb{R}^r$、$\boldsymbol{y}(t)\in\mathbb{R}^p$ 分别为系统在 t 时刻的状态向量、控制输入向量和测量输出向量; 矩阵 $\boldsymbol{A}$、$\boldsymbol{B}$ 和 $\boldsymbol{C}$ 为具有相容维数的定常实矩阵.

下述四个引理分别描述了系统 (2.4) 的可控性、可镇定性、可观性及可检测性的几个等价关系.

引理 2.12[166] 对于系统 (2.4), 下列陈述等价:

(1) 矩阵对 $(\boldsymbol{A},\boldsymbol{B})$ 可控.

(2) 对于矩阵 $\boldsymbol{A}$ 的每一个特征值 λ_i $(i=1,2,\cdots,n)$, 矩阵 $[\lambda_i\boldsymbol{I}-\boldsymbol{A}\ \ \boldsymbol{B}]$ 行满秩, 即 $\mathrm{Rank}([\lambda_i\boldsymbol{I}-\boldsymbol{A}\ \ \boldsymbol{B}])=n$.

(3) 可控性矩阵 $\boldsymbol{Q}_c=[\boldsymbol{B}\ \boldsymbol{AB}\ \cdots\ \boldsymbol{A}^{n-1}\boldsymbol{B}]$ 是行满秩的, 即 $\mathrm{Rank}(\boldsymbol{Q}_c)=n$.

引理 2.13[166] 对于系统 (2.4), 下列陈述等价:

(1) 矩阵对 $(\boldsymbol{A},\boldsymbol{B})$ 可镇定.

(2) 对于矩阵 $\boldsymbol{A}$ 的所有具有非负实部的特征值 $\lambda_i\in\mathbb{C}$, 矩阵 $[\lambda_i\boldsymbol{I}-\boldsymbol{A}\ \ \boldsymbol{B}]$ 行满秩, 即 $\mathrm{Rank}([\lambda_i\boldsymbol{I}-\boldsymbol{A}\ \ \boldsymbol{B}])=n$.

(3) 存在一个矩阵 $\boldsymbol{K}\in\mathbb{R}^{r\times n}$ 使得 $\boldsymbol{A}+\boldsymbol{BK}$ 是 Hurwitz 矩阵.

引理 2.14[166] 对于系统 (2.4), 下列陈述等价:

(1) 矩阵对 $(\boldsymbol{A},\boldsymbol{C})$ 可观.

(2) 对于矩阵 $\boldsymbol{A}$ 的每一个特征值 λ_i $(i=1,2,\cdots,n)$, 矩阵 $\begin{bmatrix}\boldsymbol{C}\\ \lambda_i\boldsymbol{I}-\boldsymbol{A}\end{bmatrix}$ 列满秩, 即 $\mathrm{Rank}\left(\begin{bmatrix}\boldsymbol{C}\\ \lambda_i\boldsymbol{I}-\boldsymbol{A}\end{bmatrix}\right)=n$.

(3) 可观性矩阵 $\boldsymbol{Q}_o = [\boldsymbol{C}^{\mathrm{T}}\ \boldsymbol{A}^{\mathrm{T}}\boldsymbol{C}^{\mathrm{T}}\ \cdots\ (\boldsymbol{A}^{\mathrm{T}})^{n-1}\boldsymbol{C}^{\mathrm{T}}]^{\mathrm{T}}$ 是列满秩的, 即 Rank $(\boldsymbol{Q}_o) = n$.

引理 2.15[166]　对于系统 (2.4), 下列陈述等价:

(1) 矩阵对 $(\boldsymbol{A}, \boldsymbol{C})$ 可检测.

(2) 对于矩阵 $\boldsymbol{A}$ 的所有具有非负实部的特征值 $\lambda_i \in \mathbb{C}$, 矩阵 $\begin{bmatrix} \boldsymbol{C} \\ \lambda_i \boldsymbol{I} - \boldsymbol{A} \end{bmatrix}$ 列满秩, 即 Rank $\left(\begin{bmatrix} \boldsymbol{C} \\ \lambda_i \boldsymbol{I} - \boldsymbol{A} \end{bmatrix}\right) = n$.

(3) 存在一个矩阵 $\boldsymbol{F} \in \mathbb{R}^{r\times n}$ 使得 $\boldsymbol{A} + \boldsymbol{FC}$ 是 Hurwitz 矩阵.

注解 2.3　若 $(\boldsymbol{A}, \boldsymbol{B})$ 可控且 $(\boldsymbol{A}, \boldsymbol{C})$ 可观, 则称三元组 $(\boldsymbol{A}, \boldsymbol{B}, \boldsymbol{C})$ 是可控的和可观的. 若 $(\boldsymbol{A}, \boldsymbol{B})$ 可镇定且 $(\boldsymbol{A}, \boldsymbol{C})$ 可检测, 则称三元组 $(\boldsymbol{A}, \boldsymbol{B}, \boldsymbol{C})$ 是可镇定的和可检测的. 若 $(\boldsymbol{A}, \boldsymbol{B})$ 可控, 则 $(\boldsymbol{A}, \boldsymbol{B})$ 一定是可镇定的, 但反之不一定成立. 同理, 若 $(\boldsymbol{A}, \boldsymbol{C})$ 可观, 则 $(\boldsymbol{A}, \boldsymbol{C})$ 一定是可检测的, 但反之不一定成立. 对于矩阵对 $(\boldsymbol{A}, \boldsymbol{B})$, 若矩阵 $\boldsymbol{A}$ 的每一个特征值 λ_i $(i = 1, 2, \cdots, n)$ 都满足 Rank$([\lambda_i \boldsymbol{I} - \boldsymbol{A}\ \ \boldsymbol{B}]) = n$, 则也称矩阵对 $(\boldsymbol{A}, \boldsymbol{B})$ 可控. 对于矩阵对 $(\boldsymbol{A}, \boldsymbol{C})$, 若矩阵 $\boldsymbol{A}$ 的每一个特征值 λ_i $(i = 1, 2, \cdots, n)$ 都满足 Rank $\left(\begin{bmatrix} \boldsymbol{C} \\ \lambda_i \boldsymbol{I} - \boldsymbol{A} \end{bmatrix}\right) = n$, 则也称矩阵对 $(\boldsymbol{A}, \boldsymbol{C})$ 可观.

引理 2.16[167]　若矩阵对 $(\boldsymbol{A}, \boldsymbol{B})$ 可镇定, 则存在一个正定矩阵 $\boldsymbol{Q} \in \mathbb{R}^{n\times n}$ 使得下面的代数 Riccati 不等式成立:

$$\boldsymbol{A}^{\mathrm{T}}\boldsymbol{Q} + \boldsymbol{QA} - 2\boldsymbol{QBB}^{\mathrm{T}}\boldsymbol{Q} < \boldsymbol{0}. \tag{2.5}$$

引理 2.17[168]　矩阵 $\boldsymbol{A} \in \mathbb{R}^{n\times n}$ 的所有特征值的实部均小于 $-\alpha$, $\alpha > 0$, 当且仅当存在一个正定矩阵 $\boldsymbol{P} \in \mathbb{R}^{n\times n}$, 使得

$$\boldsymbol{A}^{\mathrm{T}}\boldsymbol{P} + \boldsymbol{PA} + 2\alpha\boldsymbol{P} < \boldsymbol{0}. \tag{2.6}$$

引理2.18　对于给定的矩阵对 $(\boldsymbol{A}, \boldsymbol{B})$, 其中 $\boldsymbol{A} \in \mathbb{R}^{n\times n}$, $\boldsymbol{B} \in \mathbb{R}^{n\times p}$, 且 $p \leqslant n$, 对任意给定的标量 $\theta > 0$, 存在一个正定矩阵 $\boldsymbol{Q} \in \mathbb{R}^{n\times n}$ 使得

$$\boldsymbol{AQ} + \boldsymbol{QA}^{\mathrm{T}} - 2\boldsymbol{BB}^{\mathrm{T}} + 2\theta\boldsymbol{Q} < \boldsymbol{0} \tag{2.7}$$

成立, 当且仅当 $(\boldsymbol{A}, \boldsymbol{B})$ 可控.

证明:　(充分性) 由于矩阵对 $(\boldsymbol{A}, \boldsymbol{B})$ 可控, 由 Ackermann 公式 [169] 可知, 存在矩阵 $\boldsymbol{K}$ 使得 $(\boldsymbol{A} + \boldsymbol{BK})^{\mathrm{T}}$ 是 Hurwitz 的, 并且对任意给定的 $\theta > 0$, 矩

阵 $(\boldsymbol{A}+\boldsymbol{B}\boldsymbol{K})^{\mathrm{T}}$ 的所有特征根的实部均小于 $-\theta$. 由引理 2.17 可知, 必存在矩阵 $\boldsymbol{P}=\boldsymbol{P}^{\mathrm{T}}>\boldsymbol{0}$ 使得

$$(\boldsymbol{A}+\boldsymbol{B}\boldsymbol{K})\boldsymbol{P}+\boldsymbol{P}(\boldsymbol{A}+\boldsymbol{B}\boldsymbol{K})^{\mathrm{T}}+2\theta\boldsymbol{P}<\boldsymbol{0}. \tag{2.8}$$

令 $\boldsymbol{K}\boldsymbol{P}=\boldsymbol{M}$, 则不等式 (2.8) 可以写为

$$\boldsymbol{A}\boldsymbol{P}+\boldsymbol{P}\boldsymbol{A}^{\mathrm{T}}+\boldsymbol{B}\boldsymbol{M}+\boldsymbol{M}^{\mathrm{T}}\boldsymbol{B}^{\mathrm{T}}+2\theta\boldsymbol{P}<\boldsymbol{0}. \tag{2.9}$$

根据 Finsler 引理 [170], 存在矩阵 $\boldsymbol{M}$ 满足上述不等式当且仅当存在一个标量 $\kappa>0$ 使得

$$\boldsymbol{A}\boldsymbol{P}+\boldsymbol{P}\boldsymbol{A}^{\mathrm{T}}-2\kappa\boldsymbol{B}\boldsymbol{B}^{\mathrm{T}}+2\theta\boldsymbol{P}<\boldsymbol{0}. \tag{2.10}$$

取 $\boldsymbol{Q}=\boldsymbol{P}/\kappa$, 可得式 (2.7).

(必要性) 采用反证法进行证明. 假设矩阵对 $(\boldsymbol{A},\boldsymbol{B})$ 不可控, 则存在一个标量 $\theta_0>0$, 使得对任意给定的矩阵 $\boldsymbol{K}$, 矩阵 $\boldsymbol{A}+\boldsymbol{B}\boldsymbol{K}$ 的某一个特征根的实部大于 $-\theta_0$. 另一方面, 由引理的条件可知, 存在正定矩阵 $\boldsymbol{Q}\in\mathbb{R}^{n\times n}$ 使得

$$\boldsymbol{A}\boldsymbol{Q}+\boldsymbol{Q}\boldsymbol{A}^{\mathrm{T}}-2\boldsymbol{B}\boldsymbol{B}^{\mathrm{T}}+2\theta_0\boldsymbol{Q}<\boldsymbol{0}.$$

令 $\boldsymbol{K}=-\boldsymbol{B}^{\mathrm{T}}\boldsymbol{Q}^{-1}$, 可以得到

$$(\boldsymbol{A}+\boldsymbol{B}\boldsymbol{K})\boldsymbol{Q}+\boldsymbol{Q}(\boldsymbol{A}+\boldsymbol{B}\boldsymbol{K})^{\mathrm{T}}+2\theta_0\boldsymbol{Q}<\boldsymbol{0}.$$

由引理 2.17可知, 矩阵 $\boldsymbol{A}+\boldsymbol{B}\boldsymbol{K}$ 所有特征根的实部均小于 $-\theta_0$, 从而得到矛盾, 假设不成立. 因此, 矩阵对 $(\boldsymbol{A},\boldsymbol{B})$ 可控. ■

定义 2.4[171] 若 $(\boldsymbol{A},\boldsymbol{B})$ 是可稳的且 $\boldsymbol{A}$ 的所有极点均位于闭的左半平面, 则线性系统 $(\boldsymbol{A},\boldsymbol{B})$ 称为是有界输入渐近零可控的.

引理 2.19 对于任意给定的矩阵 $\boldsymbol{A}=[a_{ij}]_{n\times n}\in\mathbb{R}^{n\times n}$, 总存在一个正定矩阵 $\boldsymbol{P}\in\mathbb{R}^{n\times n}$ 使得

$$\boldsymbol{A}\boldsymbol{P}+\boldsymbol{P}\boldsymbol{A}^{\mathrm{T}}-2\beta\boldsymbol{P}<\boldsymbol{0}, \tag{2.11}$$

其中, $\beta>\beta_0=\max\limits_{i=1,2,\cdots,n}\{\mathrm{Re}\{\lambda_i(\boldsymbol{A})\}\}$, $\lambda_i(\boldsymbol{A})$ 表示矩阵 $\boldsymbol{A}$ 的特征值.

引理 2.20[172] 考虑系统 $\dot{\boldsymbol{z}}(t)=\boldsymbol{A}_1\boldsymbol{z}(t)+\boldsymbol{A}_2\boldsymbol{d}(t)$, 其中 $\boldsymbol{z}(t)\in\mathbb{R}^n$, $\boldsymbol{A}_1\in\mathbb{R}^{n\times n}$, $\boldsymbol{A}_2\in\mathbb{R}^{n\times m}$, $\boldsymbol{d}(t)\in\mathbb{R}^m$. 若 $\boldsymbol{A}_1$ 是 Hurwitz 的且 $\lim\limits_{t\to\infty}\boldsymbol{d}(t)=\boldsymbol{0}_m$, 则 $\lim\limits_{t\to\infty}\boldsymbol{z}(t)=\boldsymbol{0}_n$.

下面给出 H_∞ 范数的定义, 并在此基础上介绍有界实引理. 考虑线性定常系统 (2.4), 系统传递函数矩阵 $\boldsymbol{G}(s)=\boldsymbol{C}(s\boldsymbol{I}-\boldsymbol{A})^{-1}\boldsymbol{B}$, $s\in\mathbb{C}$, 则 $\boldsymbol{G}(s)$ 的 H_∞ 范数定义为

$$\|\boldsymbol{G}(s)\|_\infty=\sup_{\omega}\sigma_{\max}(\boldsymbol{G}(\mathrm{j}\omega)),$$

表示系统频率响应最大奇异值的峰值.

引理 2.21 (有界实引理[173])　假设 $\boldsymbol{G}(s)=\boldsymbol{C}(s\boldsymbol{I}-\boldsymbol{A})^{-1}\boldsymbol{B}$, 其中矩阵 $\boldsymbol{A}$ 是 Hurwitz 的, 令 $\gamma>0$ 是一个常数, 则下面的条件等价:

(1) $\|\boldsymbol{G}(s)\|_\infty<\gamma$.

(2) 存在正定矩阵 $\boldsymbol{W}>\mathbf{0}$ 使得代数 Riccati 不等式 $\boldsymbol{A}^{\mathrm{T}}\boldsymbol{W}+\boldsymbol{W}\boldsymbol{A}+\boldsymbol{C}^{\mathrm{T}}\boldsymbol{C}+\dfrac{1}{\gamma^2}\boldsymbol{W}\boldsymbol{B}\boldsymbol{B}^{\mathrm{T}}\boldsymbol{W}<\mathbf{0}$ 成立.

(3) Hamilton 矩阵 $\boldsymbol{H}$ 没有在虚轴上的特征值, 其中

$$\boldsymbol{H}=\begin{bmatrix}\boldsymbol{A} & \left(\dfrac{1}{\gamma^2}\right)\boldsymbol{B}\boldsymbol{B}^{\mathrm{T}}\\ -\boldsymbol{C}^{\mathrm{T}}\boldsymbol{C} & -\boldsymbol{A}^{\mathrm{T}}\end{bmatrix}.$$

引理 2.22 (Schur 补引理[168])　下面的线性矩阵不等式 (linear matrix inequality, LMI)

$$\boldsymbol{S}=\begin{bmatrix}\boldsymbol{S}_{11} & \boldsymbol{S}_{12}\\ \boldsymbol{S}_{21} & \boldsymbol{S}_{22}\end{bmatrix}>\mathbf{0},$$

其中, $\boldsymbol{S}_{11}=\boldsymbol{S}_{11}^{\mathrm{T}}$, $\boldsymbol{S}_{12}=\boldsymbol{S}_{21}^{\mathrm{T}}$, $\boldsymbol{S}_{22}=\boldsymbol{S}_{22}^{\mathrm{T}}$, 等价于下面的条件之一:

(1) $\boldsymbol{S}_{11}>\mathbf{0}$, $\boldsymbol{S}_{22}-\boldsymbol{S}_{21}\boldsymbol{S}_{11}^{-1}\boldsymbol{S}_{12}>\mathbf{0}$.

(2) $\boldsymbol{S}_{22}>\mathbf{0}$, $\boldsymbol{S}_{11}-\boldsymbol{S}_{12}\boldsymbol{S}_{22}^{-1}\boldsymbol{S}_{21}>\mathbf{0}$.

2.3.2 非线性系统稳定性理论

考虑如下非线性系统:

$$\dot{\boldsymbol{x}}(t)=\boldsymbol{f}(\boldsymbol{x}(t),t),\quad t\in[t_0,+\infty),\tag{2.12}$$

其中, $\boldsymbol{x}(t)\in\mathbb{R}^n$ 为系统 (2.12) 的状态向量; $\boldsymbol{f}:\mathbb{R}^n\times[t_0,+\infty)\to\mathbb{R}^n$ 是一个向量函数, $t_0\in\mathbb{R}$. 假设系统 (2.12) 满足解的存在唯一性条件. 易知, 若 $\boldsymbol{f}$ 在 $\mathbb{R}^n\times[t_0,+\infty)$ 连续, 且关于 $\boldsymbol{x}(t)$ 满足 Lipschitz 条件, 则对于任意的初始条件 $\boldsymbol{x}(t_0)\in\mathbb{R}^n$, 系统 (2.12) 的解存在且唯一. 为了便于描述, 本书用 $\boldsymbol{x}(t;\boldsymbol{x}(t_0),t_0)$, $t\geqslant t_0$ 来表示系统 (2.12) 从 $\boldsymbol{x}(t_0)$ 出发的解.

假设系统 (2.12) 至少存在一个平衡点, 若存在 $\boldsymbol{x}_e\in\mathbb{R}^n$, 满足

$$\dot{\boldsymbol{x}}_e=\boldsymbol{f}(\boldsymbol{x}_e,t)\equiv\mathbf{0},\quad t\in[t_0,+\infty),\tag{2.13}$$

则称 $\boldsymbol{x}_e$ 是系统的一个平衡点.

引理 2.23 (局部 Lipschitz 不变集定理[174])　假设有自治系统 $\dot{\boldsymbol{x}}(t)=\boldsymbol{f}(\boldsymbol{x}(t))$, 其中 $\boldsymbol{f}(\boldsymbol{x}(t))$ 是连续函数. 设 $V(\boldsymbol{x}(t))$ 是一个具有一阶连续偏导数的标量函数, 并且有:

(1) 在某个区域 Ω_l 内, 存在 $V(\boldsymbol{x}(t)) < l$, 其中 $l > 0$;

(2) 在区域 Ω_l 内, 有 $\dot{V}(\boldsymbol{x}(t)) \leqslant 0$.

定义 $\boldsymbol{R}$ 为 Ω_l 内所有满足 $\dot{V}(\boldsymbol{x}(t)) = 0$ 的点的集合, $\boldsymbol{M}$ 为 $\boldsymbol{R}$ 中最大的不变集. 则每个起始于 Ω_l 内的 $\boldsymbol{x}(t)$ 最终都会收敛到集合 $\boldsymbol{M}$ 内.

引理 2.24 (全局 Lipschitz 条件 [175]) 对于函数 $\boldsymbol{f}(t, \boldsymbol{x})$, 若点 $(t_0, \boldsymbol{x}_0)$ 的某一邻域内的任意两点 $(t_0, \boldsymbol{x}_1)$ 和 $(t_0, \boldsymbol{x}_2)$ 均满足不等式 $\|\boldsymbol{f}(t_0, \boldsymbol{x}_1) - \boldsymbol{f}(t_0, \boldsymbol{x}_2)\| \leqslant L\|\boldsymbol{x}_1 - \boldsymbol{x}_2\|$, 其中 L 是一个常数, 则称这个不等式是 Lipschitz 条件, L 是 Lipschitz 常数, 函数 $\boldsymbol{f}(t, \boldsymbol{x})$ 是关于 $\boldsymbol{x}$ 的 Lipschitz 函数. 若函数 $\boldsymbol{f}(t, \boldsymbol{x})$ 在 $\mathbb{R}^n$ 上都是关于 $\boldsymbol{x}$ 的 Lipschitz 函数, 则称其是关于 $\boldsymbol{x}$ 的全局 Lipschitz 函数.

定义 2.5 若对任意的 $t_0 \in \mathbb{R}$, 存在 $\eta(t_0) > 0$, 对任意的 $\epsilon > 0$ 和 $\boldsymbol{x}(t_0) \in \mathbb{B}_{\eta(t_0)}(\boldsymbol{x}_e)$, 总存在一个 $T(t_0, \epsilon, \boldsymbol{x}(t_0))$, 使得对任意的 $t > t_0 + T(t_0, \epsilon, \boldsymbol{x}(t_0))$, 有 $\boldsymbol{x}(t; \boldsymbol{x}(t_0), t_0) \in \mathbb{B}_\epsilon(\boldsymbol{x}_e)$, 则称系统 (2.12) 的平衡点 $\boldsymbol{x}_e$ 是吸引的.

定义 2.6 如果对任意的 $t_0 \in \mathbb{R}$、$\eta > 0$、$\epsilon > 0$ 和 $\boldsymbol{x}(t_0) \in \mathbb{B}_\eta(\boldsymbol{x}_e)$, 总存在一个 $T(t_0, \eta, \boldsymbol{x}_0)$, 当 $t > t_0 + T(t_0, \eta, \boldsymbol{x}_0)$ 时, 有 $\boldsymbol{x}(t; \boldsymbol{x}(t_0), t_0) \in \mathbb{B}_\epsilon(\boldsymbol{x}_e)$, 则称系统 (2.12) 的平衡点 $\boldsymbol{x}_e$ 是全局吸引的.

定义 2.7 (Lyapunov 意义下平衡点的稳定性) 若对任意的 $\epsilon > 0$ 和 $t_0 \in \mathbb{R}$, 总存在一个 $\delta(\epsilon, t_0) > 0$, 使得对任意的 $\boldsymbol{x}(t_0) \in \mathbb{B}_{\delta(\epsilon, t_0)}(\boldsymbol{x}_e)$, 有 $\boldsymbol{x}(t; \boldsymbol{x}(t_0), t_0) \in \mathbb{B}_\epsilon(\boldsymbol{x}_e)$, 则称系统 (2.12) 的平衡点 $\boldsymbol{x}_e$ 是稳定的.

定义 2.8 (Lyapunov 意义下平衡点的渐近稳定性) 若系统 (2.12) 的平衡点 $\boldsymbol{x}_e$ 既是稳定的又是吸引的, 则称其是渐近稳定的.

定义 2.9 (Lyapunov 意义下平衡点的全局渐近稳定性) 若系统 (2.12) 的平衡点既是稳定的又是全局吸引的, 则称其是全局渐近稳定的.

注解 2.4 若无特殊说明, 本书中称一个系统渐近稳定是指 $\boldsymbol{x}_e = \boldsymbol{0}$ 是该系统的唯一平衡点且该平衡点在 Lyapunov 意义下全局渐近稳定.

定义 2.10 对于向量函数 $f(t): \mathbb{R} \to \mathbb{R}^n$, 定义其 $\mathbb{L}_p$ 范数为 $\|f(t)\|_p = \left(\int_0^\infty |f(\tau)|^p \mathrm{d}\tau\right)^{1/p}$, 其中 $p \in [1, \infty)$ 且 $|\cdot|$ 可以是 $\mathbb{R}^n$ 上的任何范数. 类似地, 定义向量函数 $f(t)$ 的 $\mathbb{L}_\infty$ 范数为 $\|f(t)\|_\infty = \sup\limits_{t \geqslant 0} |f(t)|$. 当且仅当 $\|f(t)\|_p$ 或 $\|f(t)\|_\infty$ 存在时称 $f(t) \in \mathbb{L}_p$ 或 $f(t) \in \mathbb{L}_\infty$.

引理 2.25 (Barbalat 引理 [176]) 对于可导函数 $f(t)$, 若有 $f(t) \in \mathbb{L}_\infty$ 及 $\dot{f}(t) \in \mathbb{L}_\infty$, 且存在 $p \in [1, \infty)$ 使得 $f(t) \in \mathbb{L}_p$, 则有 $\lim\limits_{t \to \infty} f(t) \to 0$.

引理 2.26 [177] 设 $V(x)$ 是一个连续可微的正定函数. 若存在常数 $a > 0$, $b > 0$, $0 < \alpha < 1$, 满足 $\dot{V}(x) + aV(x) + bV^\alpha(x) \leqslant 0$, 则 $V(x)$ 可在有限时间 T 内

收敛到零, 且收敛时间 T 满足 $T \leqslant \frac{1}{a(1-\alpha)} \ln \frac{aV^{1-\alpha}(x_0)+b}{b}$.

引理 2.27[174] 若函数 $g(t)$ 可微, 极限 $\lim\limits_{t\to\infty} g(t)$ 存在, 且其导数 $\dot{g}(t)$ 一致连续, 则当 t 趋于无穷时, 其导数趋于零, 即 $\lim\limits_{t\to\infty} \dot{g}(t) = 0$.

2.4 比例导引法

2.4.1 比例导引法的概念

比例导引法是导弹制导的经典方法之一, 其核心思想在于, 使导弹速度 V_M 的转动角速度 $\dot{\gamma}$ 与视线 (导弹与目标的连线) 的转动角速度 $\dot{\lambda}$ 成比例, 也即 $\dot{\gamma} = N\dot{\lambda}$, 其中 N 是比例系数, 又称为导航比.

当攻击匀速直线运动的目标时, 导弹与目标的纵向运动关系如图 2.2 所示. 图中, M 为导弹, T 为匀速直线运动的目标, V_M、V_T 分别为导弹和目标的速度, r 为导弹与目标之间的相对距离, λ 为导弹视线角, γ 为导弹航迹角, ϕ 为导弹前置角, γ_T 为目标航迹角, ϕ_T 为目标前置角, a 为导弹的法向加速度.

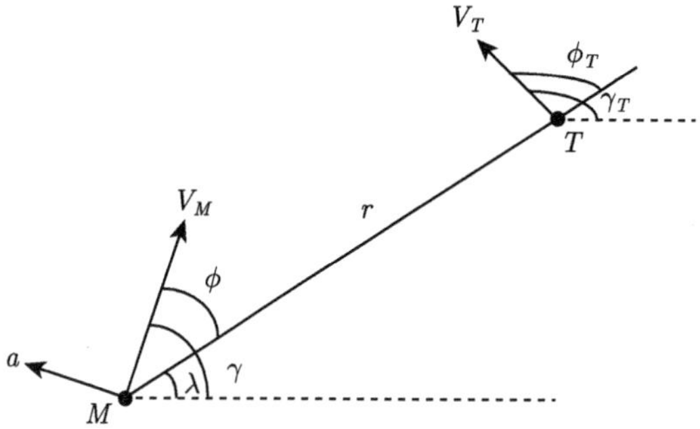

图 2.2 采用比例导引法攻击匀速直线运动目标示意图

导弹与目标的相对运动方程如下:

$$
\begin{aligned}
\dot{r} &= V_T \cos\phi_T - V_M \cos\phi, \\
r\dot{\lambda} &= V_T \sin\phi_T - V_M \sin\phi, \\
\gamma &= \phi + \lambda, \\
\gamma_T &= \phi_T + \lambda, \\
a &= V_M\dot{\gamma} = NV_M\dot{\lambda}.
\end{aligned} \tag{2.14}
$$

对式 (2.14) 中的第二个方程求导可得

$$r\ddot{\lambda} + \dot{r}\dot{\lambda} = V_T \cos\phi_T\dot{\phi}_T - V_M \cos\phi\dot{\phi}.$$

由于

$$\dot{\phi}_T = \dot{\gamma}_T - \dot{\lambda} = -\dot{\lambda},$$

$$\dot{\phi} = \dot{\gamma} - \dot{\lambda} = (N-1)\dot{\lambda},$$

因此有

$$\begin{aligned} r\ddot{\lambda} &= -\dot{r}\dot{\lambda} - V_T \cos\phi_T \dot{\lambda} - (N-1)V_M \cos\phi \dot{\lambda} \\ &= -2\dot{r}\dot{\lambda} - NV_M \cos\phi \dot{\lambda}, \end{aligned}$$

其中, 第二个等式由式 (2.14) 的第一个式子得出. 由此可以得出 $\dot{\lambda}$ 的动态方程为

$$\ddot{\lambda} = -\frac{1}{r}(2\dot{r} + NV_M \cos\phi)\dot{\lambda}.$$

因此, 设计导航比 N 满足 $N > \dfrac{-2\dot{r}}{V_M \cos\phi}$, 可以保证 $\dot{\lambda}$ 的收敛性, 从而保证在末制导阶段法向加速度较小, 不易脱靶.

采用比例导引法的弹道具有以下特点：导弹弹道前段较为弯曲, 充分利用导弹的机动能力；导弹弹道后段较为平直, 使导弹有充裕的机动能力, 不易脱靶.

2.4.2 比例导引法下的剩余时间计算方法

假设初始时刻为 0, 定义当前时刻为 t, 导弹命中目标的时刻为 t_f. 剩余时间 t_go 是指从当前时刻 t 到命中时刻 t_f 所需的时间. 特别地, 当导弹攻击静止目标时, 可按如下步骤推导剩余时间 [57].

建立如图 2.3 所示的模型, 则有

$$\dot{x} = V\cos\gamma, \quad \dot{y} = V\sin\gamma.$$

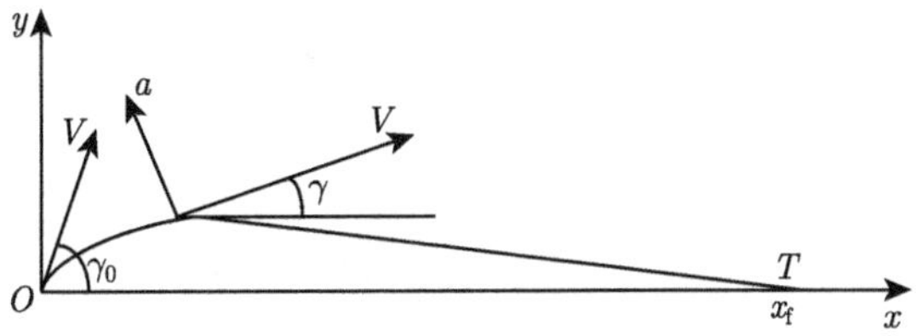

图 2.3 剩余时间推导示意图

当 γ 是小角度时, 近似地有 $\cos\gamma = 1, \sin\gamma = \gamma$, 继而有

$$y' = \gamma, \tag{2.15}$$

其中, “′” 表示对 x 求导. 当视线角 λ 为小角度时, 可以近似有 $\lambda = -\dfrac{y}{x_{\mathrm{f}} - x}$, 于是有

$$\lambda' = -\frac{1}{(x_{\mathrm{f}} - x)}y' - \frac{1}{(x_{\mathrm{f}} - x)^2}y. \tag{2.16}$$

采用比例导引法, 则有 $\dot{\gamma} = N\dot{\lambda}$, 其中 N 为定常的导航比, 从而有

$$\gamma' = N\lambda'. \tag{2.17}$$

综合式 (2.15) ~ 式 (2.17) 可得

$$y'' + \frac{N}{x_{\mathrm{f}} - x}y' + \frac{N}{(x_{\mathrm{f}} - x)^2}y = 0. \tag{2.18}$$

结合初值条件 $y|_{x=0} = 0, y'|_{x=0} = \gamma_0$, 解得

$$y(x) = \frac{\gamma_0}{N-1}(x_{\mathrm{f}} - x)\left(1 - \left(1 - \frac{x}{x_{\mathrm{f}}}\right)^{N-1}\right). \tag{2.19}$$

将式(2.19)对 x 求导可得

$$y' = \gamma = -\frac{\gamma_0}{N-1}\left(1 - N\left(1 - \frac{x}{x_{\mathrm{f}}}\right)^{N-1}\right). \tag{2.20}$$

则轨迹的弧长为

$$s = \int_0^{x_{\mathrm{f}}} \sqrt{1 + y'^2}\mathrm{d}x. \tag{2.21}$$

假设 γ 是小角度, 则 y' 为小量, 从而有

$$\begin{aligned} s &\approx \int_0^{x_{\mathrm{f}}} \left(1 + \frac{1}{2}y'^2\right)\mathrm{d}x \\ &= x_{\mathrm{f}}\left(1 + \frac{\gamma_0^2}{2(2N-1)}\right). \end{aligned} \tag{2.22}$$

即有命中时间为

$$t_{\mathrm{f}} = \frac{x_{\mathrm{f}}}{V}\left(1 + \frac{\gamma_0^2}{2(2N-1)}\right). \tag{2.23}$$

因此, 当导弹采用比例导引法攻击静止目标, 且导航比为常数, 航迹角与视线角为小角度时, 导弹命中目标的剩余时间为

$$t_{\mathrm{go}} = \frac{r}{V}\left(1 + \frac{\phi^2}{2(2N-1)}\right). \tag{2.24}$$

2.5 本章小结

本章首先介绍了本书中通用的符号及其含义, 并引入了矩阵论中与后续章节内容相关的基本引理. 接着, 针对群体智能系统的通信拓扑结构建模, 详细讲解了代数图论的相关知识, 包括图的基本概念、图的邻接矩阵与 Laplace 矩阵及符号图的表示方法. 此外, 本章还介绍了线性定常系统和非线性系统的稳定性理论. 最后, 阐述了时空协调一致性控制中的比例导引法的基本概念, 以及在比例导引法下计算剩余时间的方法. 这些基本知识为后续章节的内容奠定理论基础.

第 3 章

群体智能系统完全分布式自适应协同一致性控制

分布式协议设计是解决群体智能系统协同控制问题的关键环节. 在实际应用中, 除了信息的分布式交互外, 协议设计还要求参数选取不依赖于全局信息. 然而, 在有向通信拓扑情形下, 基于固定参数所设计的分布式协议仅在一阶积分器型群体智能系统的一致性实现中不依赖于全局拓扑图信息. 考虑固定通信拓扑下的连续时间二阶积分器型群体智能系统 [15]

$$\begin{aligned}&\dot{\boldsymbol{x}}_i(t)=\boldsymbol{v}_i(t),\\&\dot{\boldsymbol{v}}_i(t)=-\alpha\sum_{j=1}^{N}a_{ij}[\boldsymbol{x}_i(t)-\boldsymbol{x}_j(t)]-\beta\sum_{j=1}^{N}a_{ij}[\boldsymbol{v}_i(t)-\boldsymbol{v}_j(t)],\quad i=1,2,\cdots,N,\end{aligned}\tag{3.1}$$

其中, $\boldsymbol{x}_i(t)\in\mathbb{R}^n$、$\boldsymbol{v}_i(t)\in\mathbb{R}^n$ 分别为智能体 i 在 t 时刻的位置向量和速度向量; $\alpha>0$、$\beta>0$ 分别为相对位置和相对速度反馈的增益参数; 矩阵 $[a_{ij}]_{N\times N}$ 为有向通信拓扑图的邻接矩阵. 当通信拓扑图满足强连通条件时, 群体智能系统 (3.1) 实现一致性, 当且仅当相对位置信息和相对速度信息反馈的增益参数满足条件 [15]:

$$\frac{\beta^2}{\alpha}>\max_{2\leqslant i\leqslant N}\frac{\mathrm{Im}^2\{\lambda_i(\boldsymbol{L})\}}{\mathrm{Re}\{\lambda_i(\boldsymbol{L})\}[\mathrm{Re}^2\{\lambda_i(\boldsymbol{L})\}+\mathrm{Im}^2\{\lambda_i(\boldsymbol{L})\}]},\tag{3.2}$$

其中, $\mathrm{Re}\{\lambda_i(\boldsymbol{L})\}$、$\mathrm{Im}\{\lambda_i(\boldsymbol{L})\}(i=2,3,\cdots,N)$ 分别为通信拓扑图对应的 Laplace 矩阵非零特征值 $\lambda_i(\boldsymbol{L})$ 的实部和虚部. 此外, 考虑固定通信拓扑下的连续时间一般线性群体智能系统 [23]

$$\dot{\boldsymbol{x}}_i(t)=\boldsymbol{A}\boldsymbol{x}_i(t)+c\boldsymbol{B}\boldsymbol{K}\sum_{j=1}^{N}a_{ij}[\boldsymbol{x}_i(t)-\boldsymbol{x}_j(t)],\quad i=1,2,\cdots,N,\tag{3.3}$$

其中, $\boldsymbol{x}_i(t)\in\mathbb{R}^n$ 为智能体 i 在 t 时刻的状态向量; 矩阵 $\boldsymbol{A}\in\mathbb{R}^{n\times n}$、$\boldsymbol{B}\in\mathbb{R}^{n\times p}$ 为定常实矩阵且 $n>p$; 矩阵 $[a_{ij}]_{N\times N}$ 为有向通信拓扑图的邻接矩阵; $c>0$ 为待设计的反馈增益参数; $\boldsymbol{K}\in\mathbb{R}^{p\times n}$ 为待设计的反馈增益矩阵. 当通信拓扑图包含有向生成树且反馈增益参数满足如下条件时 [23],

$$c > \max_{2\leqslant i\leqslant N} \frac{1}{\mathrm{Re}\{\lambda_i(\boldsymbol{L})\}}, \tag{3.4}$$

设计合适的反馈增益矩阵 $\boldsymbol{K}$ 能够使群体智能系统 (3.3) 实现一致性. 然而, 对于包含 N 个结点的强连通环形图, 其 Laplace 矩阵对应的特征值是复平面上以 $(1,0)$ 为圆心, 1 为半径的圆上的 N 等分点, 即 $\lambda_i(\boldsymbol{L}) = 1 - \mathrm{e}^{\mathrm{j}\frac{2\pi(i-1)}{N}}$, $i = 1,2,\cdots,N$, j 为虚数单位 (图 3.1 是一个包含 10 个结点的强连通环状耦合图). 显然, λ_2 的实部和虚部都随着 N 的增大而趋于零, 导致不等式 (3.2) 和 (3.4) 的右端趋于无穷大. 这意味着对于任意选取的参数 α、β 或 c, 总存在不满足一致性实现条件的环形通信拓扑图. 因此, 对于固定参数的分布式算法, 其参数选取需要随着通信拓扑图的变化而变化. 此外, 通信拓扑图的 Laplace 矩阵的特征值信息本质上是全局信息, 单个智能体很难获取这一全局信息. 这使得基于固定参数的分布式算法在分布式实施上存在缺陷, 并且当智能体的通信拓扑图 (或者拓扑条件) 未知时, 选取固定的增益参数容易导致一致性行为涌现条件不被满足, 从而导致系统无法实现一致性.

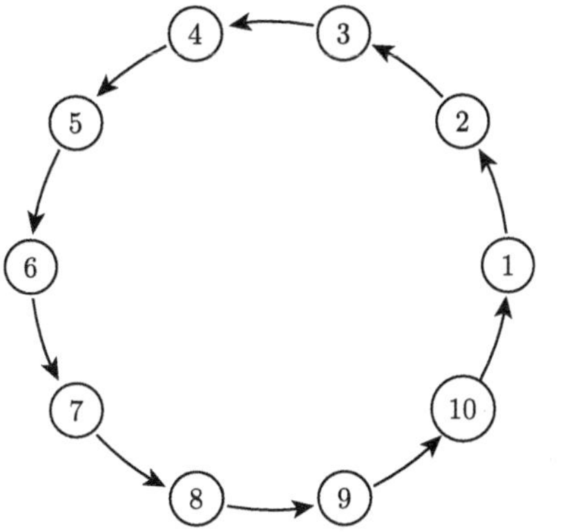

图 3.1　包含 10 个结点的强连通环状耦合图

在此情形下, 基于自适应控制的完全分布式一致性协议的概念被提出, 它是指在分布式协议中引入自适应参数取代固定参数, 从而使协议不再依赖于全局通信拓扑图的 Laplace 矩阵的特征值等全局信息. 在此设计框架下, 即使在通信拓扑条件未知或者存在通信拓扑摄动的情况下, 只要通信拓扑图中含有有向生成树就可以通过设计自适应协议, 使闭环群体智能系统实现一致性. 本章针对有向通信拓扑图下的一般线性群体智能系统, 分别给出基于状态反馈和基于输出反馈的完全分布式自适应一致性协议设计方法, 并进一步给出有向通信拓扑图下异质群体智能系统的完全分布式一致性协议设计方法.

3.1 基于状态反馈的完全分布式自适应协同一致性控制

对于一般线性群体智能系统一致性控制问题的研究, 首先要解决状态反馈下一般线性群体智能系统一致性协议的设计问题. 基于此, 本节首先介绍基于状态反馈的一般线性群体智能系统完全分布式自适应协同控制方法, 基于输出反馈的一般线性群体智能系统完全分布式自适应协同控制方法将在 3.2 节介绍.

3.1.1 问题描述

考虑由 N 个智能体组成的一般线性群体智能系统, 智能体 i 的动力学描述为

$$\dot{\boldsymbol{x}}_i(t)=\boldsymbol{A}\boldsymbol{x}_i(t)+\boldsymbol{B}\boldsymbol{u}_i(t),\quad i=1,2,\cdots,N, \tag{3.5}$$

其中, $\boldsymbol{x}_i(t)\in\mathbb{R}^n$、$\boldsymbol{u}_i(t)\in\mathbb{R}^p$ 分别为智能体 i 在 t 时刻的状态向量和控制输入向量; $\boldsymbol{A}\in\mathbb{R}^{n\times n}$、$\boldsymbol{B}\in\mathbb{R}^{n\times p}$ 分别为系统矩阵和控制输入矩阵.

本章考虑这 N 个智能体之间的通信拓扑图 $\mathcal{G}$ 满足如下条件.

假设 3.1 *通信拓扑图 $\mathcal{G}$ 是强连通的.*

群体智能系统实现完全分布式一致性, 是指各个智能体利用分布式协议, 仅通过局部信息交互, 而不使用通信拓扑图的全局信息 (如通信拓扑图的 Laplace 矩阵的特征值信息), 实现群体智能系统的一致性. 其数学描述在定义 3.1 中给出.

定义 3.1 (完全分布式一致性) *群体智能系统 (3.5) 能够实现完全分布式一致性, 是指通过设计 $\boldsymbol{u}_i(t)=\boldsymbol{h}_i\left(\sum\limits_{j=1}^{N}a_{ij}(\boldsymbol{x}_i(t)-\boldsymbol{x}_j(t))\right)$ 使得 $\lim\limits_{t\to\infty}(\boldsymbol{x}_i(t)-\boldsymbol{x}_j(t))=\boldsymbol{0}$, $\forall i,j=1,2,\cdots,N$, 其中 $\boldsymbol{h}_i(\cdot)$ 是一个不依赖于通信拓扑图全局信息的函数.*

3.1.2 协议设计

基于邻居智能体间的相对状态信息, 对各个智能体设计如下分布式自适应协议:

$$\begin{aligned}\boldsymbol{u}_i(t)&=(c_i(t)+\rho_i(t))\boldsymbol{K}\boldsymbol{\xi}_i(t),\\ \dot{c}_i(t)&=\boldsymbol{\xi}_i^{\mathrm{T}}(t)\boldsymbol{\Gamma}\boldsymbol{\xi}_i(t),\quad i=1,2,\cdots,N,\end{aligned} \tag{3.6}$$

其中, $\boldsymbol{\xi}_i(t)=\sum\limits_{j=1}^{N}a_{ij}(\boldsymbol{x}_i(t)-\boldsymbol{x}_j(t))$ 为第 i 个智能体的一致性误差; $c_i(t)$ 为第 i 个智能体的自适应参数, 并设定初始值 $c_i(0)>0$; $\boldsymbol{K}$ 和 $\boldsymbol{\Gamma}$ 为反馈增益矩阵; $\rho_i(t)$ 为与一致性误差相关的光滑函数.

令 $\boldsymbol{\xi}(t)=[\boldsymbol{\xi}_1^{\mathrm{T}}(t),\boldsymbol{\xi}_2^{\mathrm{T}}(t),\cdots,\boldsymbol{\xi}_N^{\mathrm{T}}(t)]^{\mathrm{T}}$ 为一致性误差向量, $\boldsymbol{x}(t)=[\boldsymbol{x}_1^{\mathrm{T}}(t),\boldsymbol{x}_2^{\mathrm{T}}(t),\cdots,\boldsymbol{x}_N^{\mathrm{T}}(t)]^{\mathrm{T}}$ 为状态向量, 可以得到

$$\boldsymbol{\xi}(t)=(\boldsymbol{L}\otimes\boldsymbol{I}_n)\boldsymbol{x}(t). \tag{3.7}$$

由于通信拓扑图 $\mathcal{G}$ 满足假设 3.1, 系统 (3.5) 实现一致性当且仅当一致性误差 $\boldsymbol{\xi}(t)$ 渐近收敛到零向量.

将分布式自适应协议 (3.6) 代入模型 (3.5) 中可得到 $\boldsymbol{\xi}(t)$ 和 $c_i(t)$ 的动态方程如下:

$$\begin{aligned}\dot{\boldsymbol{\xi}}(t)&=[\boldsymbol{I}_N\otimes\boldsymbol{A}+\boldsymbol{L}(\boldsymbol{C}(t)+\boldsymbol{\rho}(t))\otimes\boldsymbol{BK}]\,\boldsymbol{\xi}(t),\\ \dot{c}_i(t)&=\boldsymbol{\xi}_i^{\mathrm{T}}(t)\boldsymbol{\Gamma}\boldsymbol{\xi}_i(t),\quad i=1,2,\cdots,N,\end{aligned}\tag{3.8}$$

其中, $\boldsymbol{C}(t)\overset{\text{def}}{=\!=}\text{diag}(c_1(t),c_2(t),\cdots,c_N(t))$, $\boldsymbol{\rho}(t)\overset{\text{def}}{=\!=}\text{diag}(\rho_1(t),\rho_2(t),\cdots,\rho_N(t))$.

以下结论给出了在分布式自适应协议 (3.6) 下实现一致性的充分条件.

定理 3.1 若通信拓扑图 $\mathcal{G}$ 满足假设 3.1, 并取 $\boldsymbol{K}=-\boldsymbol{B}^{\mathrm{T}}\boldsymbol{P}^{-1}$, $\boldsymbol{\Gamma}=\boldsymbol{P}^{-1}\boldsymbol{B}\boldsymbol{B}^{\mathrm{T}}\boldsymbol{P}^{-1}$, $\rho_i(t)=\boldsymbol{\xi}_i^{\mathrm{T}}(t)\boldsymbol{P}^{-1}\boldsymbol{\xi}_i(t)$, 其中 $\boldsymbol{P}>\mathbf{0}$ 是如下线性矩阵不等式的解,

$$\boldsymbol{P}\boldsymbol{A}^{\mathrm{T}}+\boldsymbol{A}\boldsymbol{P}-2\boldsymbol{B}\boldsymbol{B}^{\mathrm{T}}<\mathbf{0},\tag{3.9}$$

则模型 (3.5) 中的 N 个智能体在分布式自适应协议 (3.6) 下能够实现一致性, 且每个智能体的自适应参数 $c_i(t)$ 收敛到有限的稳态值.

证明: 考虑如下 Lyapunov 函数:

$$V_1(t)=\frac{1}{2}\sum_{i=1}^{N}r_i(2c_i(t)+\rho_i(t))\rho_i(t)+\frac{1}{2}\sum_{i=1}^{N}r_i(c_i(t)-\beta)^2,\tag{3.10}$$

其中, $\boldsymbol{r}=[r_1,r_2,\cdots,r_N]$ 为 Laplace 矩阵 $\boldsymbol{L}$ 零特征值对应的左特征向量; β 为待定常数. 由于假设 3.1 成立, 由引理 2.8 可知, $\boldsymbol{R}\overset{\text{def}}{=\!=}\text{diag}(r_1,r_2,\cdots,r_N)>\mathbf{0}$. 由 $c_i(0)>0$ 及 $\dot{c}_i(t)\geqslant 0$, 不难判断 Lyapunov 函数 $V_1(t)$ 是正定的.

$V_1(t)$ 沿着系统 (3.8) 求导可得

$$\begin{aligned}\dot{V}_1(t)=&\sum_{i=1}^{N}[2r_i(c_i(t)+\rho_i(t))\boldsymbol{\xi}_i^{\mathrm{T}}(t)\boldsymbol{P}^{-1}\dot{\boldsymbol{\xi}}_i(t)+r_i\rho_i(t)\dot{c}_i(t)]+\sum_{i=1}^{N}r_i(c_i(t)-\beta)\dot{c}_i(t)\\ =&\,\boldsymbol{\xi}^{\mathrm{T}}(t)[(\boldsymbol{C}(t)+\boldsymbol{\rho}(t))\boldsymbol{R}\otimes(\boldsymbol{P}^{-1}\boldsymbol{A}+\boldsymbol{A}^{\mathrm{T}}\boldsymbol{P}^{-1})-(\boldsymbol{C}(t)+\boldsymbol{\rho}(t))\hat{\boldsymbol{L}}(\boldsymbol{C}(t)+\boldsymbol{\rho}(t))\\ &\otimes\boldsymbol{\Gamma}]\boldsymbol{\xi}(t)+\boldsymbol{\xi}^{\mathrm{T}}(t)(\boldsymbol{\rho}(t)\boldsymbol{R}\otimes\boldsymbol{\Gamma})\boldsymbol{\xi}(t)+\boldsymbol{\xi}^{\mathrm{T}}(t)[(\boldsymbol{C}(t)-\beta\boldsymbol{I}_N)\boldsymbol{R}\otimes\boldsymbol{\Gamma}]\boldsymbol{\xi}(t),\end{aligned}\tag{3.11}$$

其中, $\hat{\boldsymbol{L}}\overset{\text{def}}{=\!=}\boldsymbol{R}\boldsymbol{L}+\boldsymbol{L}^{\mathrm{T}}\boldsymbol{R}$.

令 $\boldsymbol{\zeta}(t)=((\boldsymbol{C}(t)+\boldsymbol{\rho}(t))\otimes\boldsymbol{I}_n)\boldsymbol{\xi}(t)$, 可得

$$\boldsymbol{\zeta}^{\mathrm{T}}(t)((\boldsymbol{C}(t)+\boldsymbol{\rho}(t))^{-1}\boldsymbol{r}\otimes\mathbf{1})=\boldsymbol{\xi}^{\mathrm{T}}(t)(\boldsymbol{r}\otimes\mathbf{1})=\boldsymbol{x}^{\mathrm{T}}(t)(\boldsymbol{L}^{\mathrm{T}}\boldsymbol{r}\otimes\mathbf{1})=\mathbf{0},$$

其中, 最后一个等式由性质 $\boldsymbol{r}^{\mathrm{T}}\boldsymbol{L}=\boldsymbol{0}$ 得出. $\boldsymbol{r}$ 的每一个分量都是正的, 因此 $(\boldsymbol{C}(t)+\boldsymbol{\rho}(t))^{-1}\boldsymbol{r}\otimes\boldsymbol{1}$ 的每一个分量也是正的, 从而有

$$\begin{aligned}\boldsymbol{\zeta}^{\mathrm{T}}(t)(\hat{\boldsymbol{L}}\otimes\boldsymbol{I}_n)\boldsymbol{\zeta}(t)&>\frac{\lambda_2(\hat{\boldsymbol{L}})}{N}\boldsymbol{\zeta}^{\mathrm{T}}(t)\boldsymbol{\zeta}(t)\\&=\frac{\lambda_2(\hat{\boldsymbol{L}})}{N}\boldsymbol{\xi}^{\mathrm{T}}(t)[(\boldsymbol{C}(t)+\boldsymbol{\rho}(t))^2\otimes\boldsymbol{I}_n]\boldsymbol{\xi}(t).\end{aligned}\tag{3.12}$$

将式 (3.12) 代入式 (3.11), 可得

$$\begin{aligned}\dot{V}_1(t)\leqslant\boldsymbol{\xi}^{\mathrm{T}}(t)\Big[&(\boldsymbol{C}(t)+\boldsymbol{\rho}(t))\boldsymbol{R}\otimes(\boldsymbol{P}^{-1}\boldsymbol{A}+\boldsymbol{A}^{\mathrm{T}}\boldsymbol{P}^{-1}+\boldsymbol{\Gamma})\\&-\Big(\frac{\lambda_2(\hat{\boldsymbol{L}})}{N}(\boldsymbol{C}(t)+\boldsymbol{\rho}(t))^2+\beta\boldsymbol{R}\Big)\otimes\boldsymbol{\Gamma}\Big]\boldsymbol{\xi}(t).\end{aligned}\tag{3.13}$$

此外, 由 Young 不等式可得

$$\begin{aligned}&-\boldsymbol{\xi}^{\mathrm{T}}(t)\left[\left(\frac{\lambda_2(\hat{\boldsymbol{L}})}{N}(\boldsymbol{C}(t)+\boldsymbol{\rho}(t))^2+\beta\boldsymbol{R}\right)\otimes\boldsymbol{\Gamma}\right]\boldsymbol{\xi}(t)\\\leqslant&-\boldsymbol{\xi}^{\mathrm{T}}(t)\left[2\sqrt{\frac{\lambda_2(\hat{\boldsymbol{L}})\beta}{N}}\boldsymbol{R}^{\frac{1}{2}}(\boldsymbol{C}(t)+\boldsymbol{\rho}(t))\otimes\boldsymbol{\Gamma}\right]\boldsymbol{\xi}(t).\end{aligned}\tag{3.14}$$

取 $\beta\geqslant 9N\max\limits_{i=1,2,\cdots,N}\{r_i\}/(4\lambda_2(\hat{\boldsymbol{L}}))$, 并将式 (3.14) 代入式 (3.13) 可得

$$\begin{aligned}\dot{V}_1(t)\leqslant&\boldsymbol{\xi}^{\mathrm{T}}(t)[(\boldsymbol{C}(t)+\boldsymbol{\rho}(t))\boldsymbol{R}\otimes(\boldsymbol{P}^{-1}\boldsymbol{A}+\boldsymbol{A}^{\mathrm{T}}\boldsymbol{P}^{-1}-2\boldsymbol{\Gamma})]\boldsymbol{\xi}(t)\\=&\tilde{\boldsymbol{\zeta}}^{\mathrm{T}}(t)[\boldsymbol{I}_N\otimes(\boldsymbol{AP}+\boldsymbol{PA}^{\mathrm{T}}-2\boldsymbol{BB}^{\mathrm{T}})]\tilde{\boldsymbol{\zeta}}(t)\\\leqslant&0,\end{aligned}\tag{3.15}$$

其中, $\tilde{\boldsymbol{\zeta}}(t)=[\sqrt{(\boldsymbol{C}(t)+\boldsymbol{\rho}(t))\boldsymbol{R}}\otimes\boldsymbol{P}^{-1}]\boldsymbol{\xi}(t)$, 最后一个不等式由式 (3.9) 中的线性矩阵不等式直接得到.

由此可知, $V(t)$ 有界, 一致性误差 $\boldsymbol{\xi}(t)$ 及各个智能体的自适应参数 $c_i(t)$ 也有界. 由于 $\dot{V}_1\leqslant\boldsymbol{\xi}^{\mathrm{T}}(t)[(\boldsymbol{C}(t)+\boldsymbol{\rho}(t))\boldsymbol{R}\otimes(\boldsymbol{P}^{-1}\boldsymbol{A}+\boldsymbol{A}^{\mathrm{T}}\boldsymbol{P}^{-1}-2\boldsymbol{\Gamma})]\boldsymbol{\xi}(t)\leqslant-\boldsymbol{\xi}^{\mathrm{T}}(t)[\boldsymbol{R}\otimes\boldsymbol{W}]\boldsymbol{\xi}(t)$, 其中, $\boldsymbol{W}=-\boldsymbol{P}^{-1}\boldsymbol{A}+\boldsymbol{A}^{\mathrm{T}}\boldsymbol{P}^{-1}-2\boldsymbol{\Gamma}$, 对此不等式两边积分可得

$$\int_0^{\infty}\boldsymbol{\xi}^{\mathrm{T}}(t)[\boldsymbol{R}\otimes\boldsymbol{W}]\boldsymbol{\xi}(t)\mathrm{d}t\leqslant V_1(0)-V_1(\infty).$$

又由于 $2\boldsymbol{\xi}^{\mathrm{T}}(t)[\boldsymbol{R}\otimes\boldsymbol{W}]\dot{\boldsymbol{\xi}}(t)$ 有界, 由 Barbalat 引理可知, 一致性误差 $\boldsymbol{\xi}(t)$ 渐近收敛到零向量. ■

注解 3.1 线性矩阵不等式 (3.9) 存在正定解 $\boldsymbol{P}>\mathbf{0}$ 的充分必要条件是 $(\boldsymbol{A},\boldsymbol{B})$ 可镇定[23]. 因此, 满足定理 3.1 的分布式自适应协议 (3.6) 存在的条件是 $(\boldsymbol{A},\boldsymbol{B})$ 可镇定.

注解 3.2 不同于文献 [23]～[25] 和 [178] 中设计的分布式自适应协议需要用到 Laplace 矩阵的非零特征值信息, 本节所设计的分布式自适应协议 (3.6) 仅依赖于智能体和邻居间的相对状态信息, 因此可以由各个智能体以完全分布式的方式执行. 与文献 [26]、[37] 和 [179] 中设计的分布式自适应协议仅适用于无向通信图相比, 分布式自适应协议 (3.6) 可以实现强连通有向通信图下的一致性.

注解 3.3 本节设计的协议 (3.6) 的特点在于引入了加性的一致性误差的二次函数 $\rho_i(t)$, 并依此构造了一致性误差 $\boldsymbol{\xi}_i(t)$、二次函数 $\rho_i(t)$ 及自适应参数 $c_i(t)$ 的类二次型形式 Lyapunov 函数 $V_1(t)$ ($V_1(t)$ 本质上是一致性误差的四次方形式). 注意到当一致性实现时有 $\rho_i=0$, 此时式 (3.10) 退化为文献 [26] 和 [37] 中适用于无向通信图的自适应协议. 因此, 本节所设计的一致性协议是无向通信图下协议的一个拓展, 具有较好的普适性.

3.1.3 仿真分析

考虑线性群体智能系统 (3.5), 其中

$$\boldsymbol{x}_i=\begin{bmatrix} x_{i1}\\ x_{i2}\\ x_{i3}\end{bmatrix},\quad \boldsymbol{A}=\begin{bmatrix}2 & -1 & -1\\ 0 & -1 & 0\\ 0 & 2 & 1\end{bmatrix},\quad \boldsymbol{B}=\begin{bmatrix}7\\ 2\\ 3\end{bmatrix}.$$

智能体之间的通信拓扑由图 3.2 表示, 显然其满足假设 3.1.

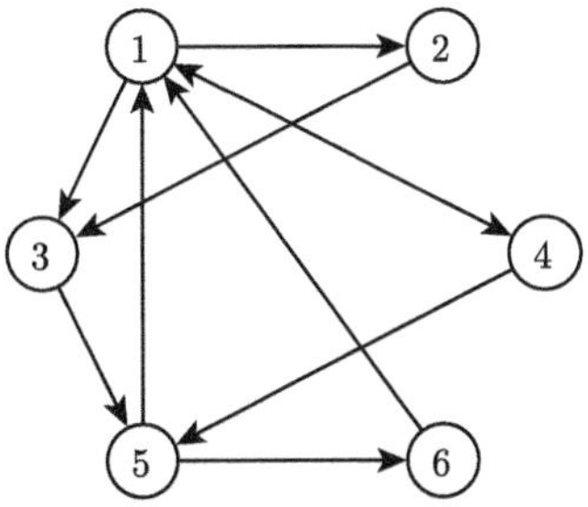

图 3.2 强连通拓扑图 $\mathcal{G}$

用 MATLAB 中的 LMI 工具箱求解线性矩阵不等式 (3.9) 得出可行解:

$$\boldsymbol{P}=\begin{bmatrix}22.1381 & -71.6526 & 88.8567\\ -71.6526 & 32625.4778 & -32675.6328\\ 88.8567 & -32675.6328 & 32739.2178\end{bmatrix}.$$

于是, 协议 (3.6) 中的反馈增益矩阵为

$$\boldsymbol{K} = \begin{bmatrix} -6.1433 & 7.4877 & 7.4897 \end{bmatrix}, \quad \boldsymbol{\Gamma} = \begin{bmatrix} 37.7396 & -45.9987 & -46.0113 \\ -45.9987 & 56.0654 & 56.0806 \\ -46.0113 & 56.0806 & 56.0959 \end{bmatrix}.$$

取自适应参数的初值为 $c_i(0) = 1$, $i = 1, 2, \cdots, 6$, 并随机选取所有智能体的状态量初值. 图 3.3 给出了采用本节设计的自适应协议 (3.6) 后一致性误差 $\boldsymbol{\xi}_i(t)$ 的轨迹, 可以看出一致性得以实现. 各个智能体的状态轨迹在图 3.4 中给出, 开环系统的系统矩阵 $\boldsymbol{A}$ 不是 Hurwitz 矩阵, 因此状态量是发散的. 图 3.5 给出了自适应增益 c_i 的轨迹, 可以看出各个参数都收敛于稳态值.

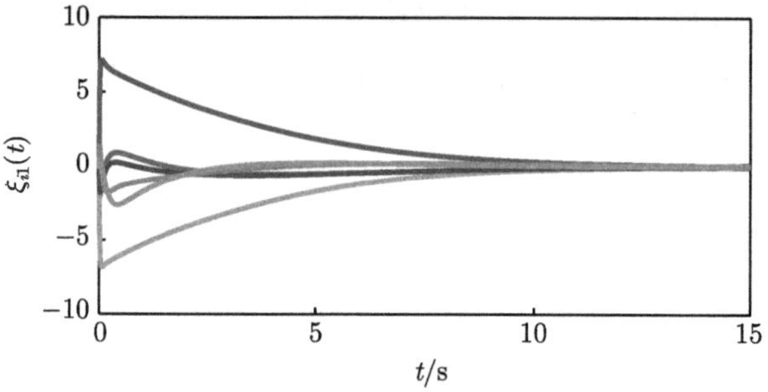

(a) $\xi_{i1}(t)$

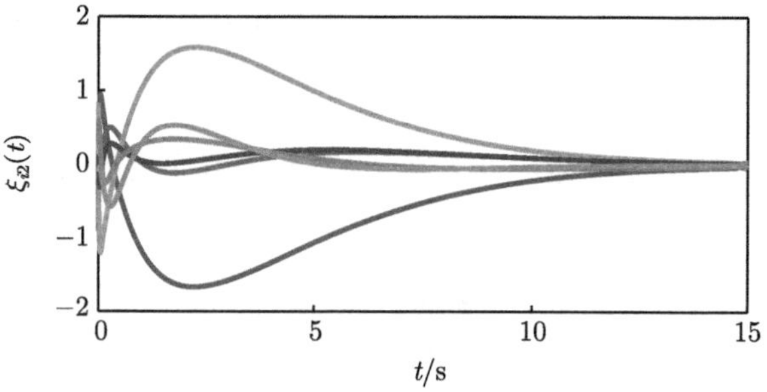

(b) $\xi_{i2}(t)$

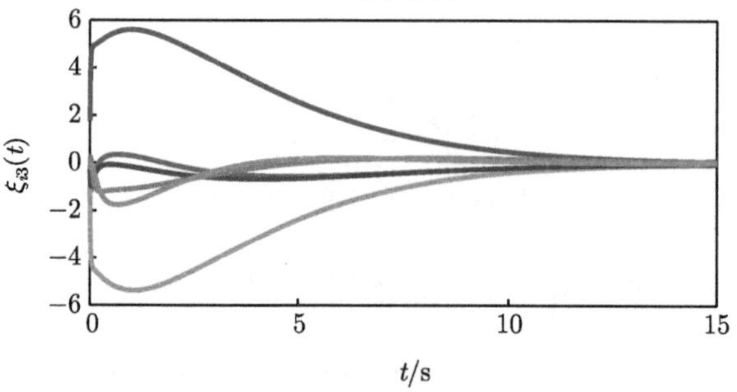

(c) $\xi_{i3}(t)$

图 3.3　自适应协议 (3.6) 下的一致性误差 $\boldsymbol{\xi}_i(t)$

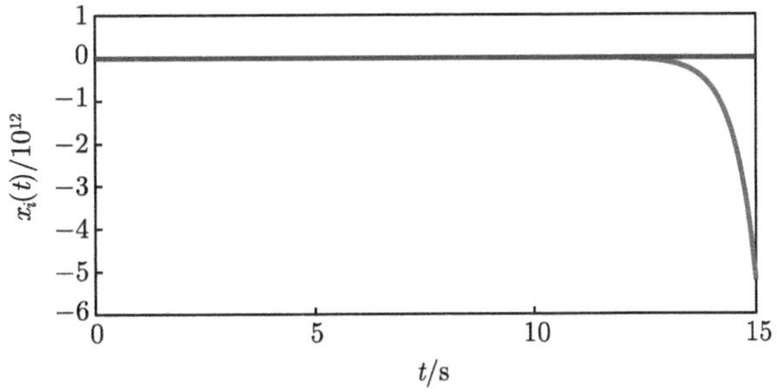

（扫码获取彩图）

图 3.4　自适应协议 (3.6) 下的状态轨迹

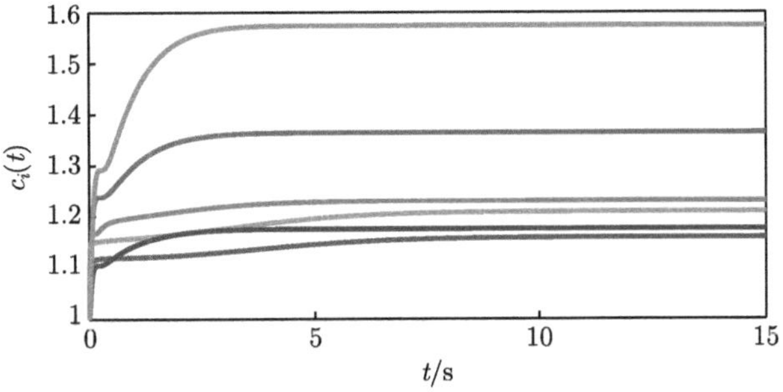

（扫码获取彩图）

图 3.5　自适应协议 (3.6) 中的自适应增益 c_i

3.2 基于输出反馈的完全分布式自适应协同一致性控制

在线性系统中, 一个核心问题是如何设计观测器以保证基于输出反馈的控制系统的稳定性. 这是由于在很多情况下, 系统的全状态很难获取, 只能退而求其次, 利用可以获取的输出信息来镇定系统. 同样地, 在群体智能系统一致性问题中, 也需要建立仅基于邻居智能体间相对输出信息的一致性协议. 本节从分布式观测器设计的角度出发, 讨论基于输出反馈的线性群体智能系统的自适应一致性协议.

3.2.1 问题描述

考虑一般线性群体智能系统, 其动态方程为

$$\begin{aligned}\dot{\boldsymbol{x}}_i(t) &= \boldsymbol{A}\boldsymbol{x}_i(t) + \boldsymbol{B}\boldsymbol{u}_i(t),\\ \boldsymbol{y}_i(t) &= \boldsymbol{C}\boldsymbol{x}_i(t), \quad i = 1, 2, \cdots, N,\end{aligned} \tag{3.16}$$

其中, $\boldsymbol{x}_i(t) \in \mathbb{R}^n$、$\boldsymbol{y}_i(t) \in \mathbb{R}^m$ 和 $\boldsymbol{u}_i(t) \in \mathbb{R}^p$ 分别为第 i 个智能体的状态向量、测量输出向量和控制输入向量; $\boldsymbol{A} \in \mathbb{R}^{n\times n}$、$\boldsymbol{B} \in \mathbb{R}^{n\times p}$ 和 $\boldsymbol{C} \in \mathbb{R}^{m\times n}$ 分别为系统矩阵、输入矩阵和输出矩阵. $\boldsymbol{A}$、$\boldsymbol{B}$、$\boldsymbol{C}$ 矩阵满足如下假设.

假设 3.2 $(\boldsymbol{A}, \boldsymbol{B}, \boldsymbol{C})$ 是可镇定且可检测的.

本节的目标是利用邻居智能体间的相对输出信息设计完全分布式的一致性协议使得式 (3.16) 中的 N 个智能体实现一致性, 也即 $\lim\limits_{t\to\infty}(\boldsymbol{x}_i(t)-\boldsymbol{x}_j(t))=\boldsymbol{0}$, $\forall i,j=1,2,\cdots,N$.

3.2.2 协议设计

基于邻居智能体之间的相对输出信息, 设计如下自适应协议:

$$\begin{aligned}
\dot{\hat{\boldsymbol{e}}}_i(t) &= \boldsymbol{A}\hat{\boldsymbol{e}}_i(t)+\boldsymbol{F}\Big(\boldsymbol{C}\hat{\boldsymbol{e}}_i(t)-\sum_{j=1}^{N}a_{ij}(\boldsymbol{y}_i(t)-\boldsymbol{y}_j(t))\Big)+\boldsymbol{BK}\sum_{j=1}^{N}a_{ij}(\boldsymbol{v}_i(t)-\boldsymbol{v}_j(t)),\\
\dot{\boldsymbol{v}}_i(t) &= (\boldsymbol{A}+\boldsymbol{BK})\boldsymbol{v}_i(t)+(\chi_i(t)+\theta_i(t))\boldsymbol{FC}(\boldsymbol{\eta}_i(t)-\hat{\boldsymbol{e}}_i(t)),\\
\boldsymbol{u}_i(t) &= \boldsymbol{K}\boldsymbol{v}_i(t),\\
\dot{\chi}_i(t) &= (\boldsymbol{\eta}_i(t)-\hat{\boldsymbol{e}}_i(t))^{\mathrm{T}}\boldsymbol{C}^{\mathrm{T}}\boldsymbol{C}(\boldsymbol{\eta}_i(t)-\hat{\boldsymbol{e}}_i(t)),\quad i=1,2,\cdots,N,
\end{aligned}\tag{3.17}$$

其中, $\boldsymbol{\eta}_i(t)\stackrel{\text{def}}{=\!=}\sum\limits_{j=1}^{N}a_{ij}(\boldsymbol{v}_i(t)-\boldsymbol{v}_j(t))$; $\hat{\boldsymbol{e}}_i(t)\in\mathbb{R}^n$ 和 $\boldsymbol{v}_i(t)\in\mathbb{R}^n$ 为协议的内部状态且初值 $\hat{\boldsymbol{e}}_i(0)=\boldsymbol{0}$; $\chi_i(t)$ 为第 i 个智能体的时变自适应增益, 其初值满足 $\chi_i(0)>0$; $\boldsymbol{K}$ 为能够保证 $\boldsymbol{A}+\boldsymbol{BK}$ 稳定的反馈增益矩阵; $\boldsymbol{F}=-\boldsymbol{S}^{-1}\boldsymbol{C}^{\mathrm{T}}$; $\theta_i(t)=(\boldsymbol{\eta}_i(t)-\hat{\boldsymbol{e}}_i(t))^{\mathrm{T}}\boldsymbol{S}(\boldsymbol{\eta}_i(t)-\hat{\boldsymbol{e}}_i(t))$, 其中 $\boldsymbol{S}>\boldsymbol{0}$ 是以下线性矩阵不等式的解:

$$\boldsymbol{A}^{\mathrm{T}}\boldsymbol{S}+\boldsymbol{SA}-2\boldsymbol{C}^{\mathrm{T}}\boldsymbol{C}<\boldsymbol{0}.\tag{3.18}$$

注意到分布式自适应协议 (3.17) 中每个智能体仅使用了自身与邻居智能体之间的相对输出和相对内部状态, 这意味着智能体 i 不需要通过通信拓扑图 $\mathcal{G}$ 获取邻居 j 的测量输出 $\boldsymbol{y}_j$.

令 $\boldsymbol{e}_i(t)\stackrel{\text{def}}{=\!=}\sum\limits_{j=1}^{N}a_{ij}(\boldsymbol{x}_i(t)-\boldsymbol{x}_j(t)), i=1,2,\cdots,N$, 并定义 $\boldsymbol{e}(t)\stackrel{\text{def}}{=\!=}[\boldsymbol{e}_1^{\mathrm{T}}(t),\boldsymbol{e}_2^{\mathrm{T}}(t),\cdots,\boldsymbol{e}_N^{\mathrm{T}}(t)]^{\mathrm{T}}$, $\hat{\boldsymbol{e}}(t)\stackrel{\text{def}}{=\!=}[\hat{\boldsymbol{e}}_1^{\mathrm{T}}(t),\hat{\boldsymbol{e}}_2^{\mathrm{T}}(t),\cdots,\hat{\boldsymbol{e}}_N^{\mathrm{T}}(t)]^{\mathrm{T}}$, $\boldsymbol{\eta}(t)\stackrel{\text{def}}{=\!=}[\boldsymbol{\eta}_1^{\mathrm{T}}(t),\boldsymbol{\eta}_2^{\mathrm{T}}(t),\cdots,\boldsymbol{\eta}_N^{\mathrm{T}}(t)]^{\mathrm{T}}$, $\boldsymbol{x}(t)\stackrel{\text{def}}{=\!=}[\boldsymbol{x}_1^{\mathrm{T}}(t),\boldsymbol{x}_2^{\mathrm{T}}(t),\cdots,\boldsymbol{x}_N^{\mathrm{T}}(t)]^{\mathrm{T}}$ 及 $\boldsymbol{v}(t)\stackrel{\text{def}}{=\!=}[\boldsymbol{v}_1^{\mathrm{T}}(t),\boldsymbol{v}_2^{\mathrm{T}}(t),\cdots,\boldsymbol{v}_N^{\mathrm{T}}(t)]^{\mathrm{T}}$, 于是有

$$\begin{aligned}
\boldsymbol{e}(t) &= (\boldsymbol{L}\otimes\boldsymbol{I}_n)\boldsymbol{x}(t),\\
\boldsymbol{\eta}(t) &= (\boldsymbol{L}\otimes\boldsymbol{I}_n)\boldsymbol{v}(t).
\end{aligned}\tag{3.19}$$

系统 (3.16) 得以实现一致性, 当且仅当 $\boldsymbol{e}(t)$ 渐近收敛到零向量. 此后将 $\boldsymbol{e}(t)$ 称为一致性误差.

注解 3.4 一致性协议 (3.17) 设计了两个观测器, 即 $\hat{\boldsymbol{e}}_i(t)$ 和 $\boldsymbol{v}_i(t)$. $\hat{\boldsymbol{e}}_i(t)$ 是用来估计一致性误差 $\boldsymbol{e}_i(t)$ 的局部观测器, 而 $\boldsymbol{v}_i(t)$ 是用来实现一致性的分布式观测器. 自适应增益 $\chi_i(t)$ 用于估计有向通信图对应的非对称 Laplace 矩阵的特征值信息. 在这样的设计下, 各个智能体在应用自适应协议 (3.17) 时, 只需要邻居间的相对输出信息, 而不需要邻居智能体的绝对输出信息. 事实上, 如果引入一个虚拟的状态 $\hat{\boldsymbol{x}}_i$ 并令其初值 $\hat{\boldsymbol{x}}_i(0) = \boldsymbol{0}$, 其动态为

$$\dot{\hat{\boldsymbol{x}}}_i(t) = \boldsymbol{A}\hat{\boldsymbol{x}}_i(t) + \boldsymbol{F}(\boldsymbol{C}\hat{\boldsymbol{x}}_i(t) - \boldsymbol{y}_i(t)) + \boldsymbol{B}\boldsymbol{K}\boldsymbol{v}_i(t), \tag{3.20}$$

则有

$$\hat{\boldsymbol{e}}(t) = (\boldsymbol{L} \otimes \boldsymbol{I}_n)\hat{\boldsymbol{x}}(t), \tag{3.21}$$

其中, $\hat{\boldsymbol{x}}(t) \stackrel{\text{def}}{=\!=} [\hat{\boldsymbol{x}}_1^{\mathrm{T}}(t), \hat{\boldsymbol{x}}_2^{\mathrm{T}}(t), \cdots, \hat{\boldsymbol{x}}_N^{\mathrm{T}}(t)]^{\mathrm{T}}$. 因此, 协议 (3.17) 中设计的局部观测器 $\hat{\boldsymbol{e}}_i(t)$ 可以看成虚拟状态 $\hat{\boldsymbol{x}}_i(t)$ 的一致性误差.

3.2.3 一致性分析

将式 (3.17) 代入模型 (3.5) 中有

$$\begin{aligned}
\dot{\boldsymbol{x}}(t) &= (\boldsymbol{I}_N \otimes \boldsymbol{A})\boldsymbol{x}(t) + (\boldsymbol{I}_N \otimes \boldsymbol{B}\boldsymbol{K})\boldsymbol{v}(t), \\
\dot{\hat{\boldsymbol{e}}}(t) &= (\boldsymbol{I}_N \otimes \boldsymbol{A})\hat{\boldsymbol{e}}(t) + (\boldsymbol{I}_N \otimes \boldsymbol{B}\boldsymbol{K})\boldsymbol{\eta}(t) + (\boldsymbol{I}_N \otimes \boldsymbol{F}\boldsymbol{C})(\hat{\boldsymbol{e}}(t) - \boldsymbol{e}(t)), \\
\dot{\boldsymbol{v}}(t) &= [\boldsymbol{I}_N \otimes (\boldsymbol{A} + \boldsymbol{B}\boldsymbol{K})]\boldsymbol{v}(t) + [(\boldsymbol{X}(t) + \boldsymbol{\theta}(t)) \otimes \boldsymbol{F}\boldsymbol{C}](\boldsymbol{\eta}(t) - \hat{\boldsymbol{e}}(t)), \\
\dot{\chi}_i(t) &= (\boldsymbol{\eta}_i(t) - \hat{\boldsymbol{e}}_i(t))^{\mathrm{T}}\boldsymbol{C}^{\mathrm{T}}\boldsymbol{C}(\boldsymbol{\eta}_i(t) - \hat{\boldsymbol{e}}_i(t)), \quad i = 1, 2, \cdots, N,
\end{aligned} \tag{3.22}$$

其中, $\boldsymbol{X}(t) \stackrel{\text{def}}{=\!=} \operatorname{diag}(\chi_1(t), \chi_2(t), \cdots, \chi_N(t))$, $\boldsymbol{\theta}(t) \stackrel{\text{def}}{=\!=} \operatorname{diag}(\theta_1(t), \theta_2(t), \cdots, \theta_N(t))$. 结合式 (3.22) 和式 (3.19) 可得一致性误差闭环动态:

$$\begin{aligned}
\dot{\boldsymbol{e}}(t) &= (\boldsymbol{I}_N \otimes \boldsymbol{A})\boldsymbol{e}(t) + (\boldsymbol{I}_N \otimes \boldsymbol{B}\boldsymbol{K})\boldsymbol{\eta}(t), \\
\dot{\hat{\boldsymbol{e}}}(t) &= (\boldsymbol{I}_N \otimes \boldsymbol{A})\hat{\boldsymbol{e}}(t) + (\boldsymbol{I}_N \otimes \boldsymbol{B}\boldsymbol{K})\boldsymbol{\eta}(t) + (\boldsymbol{I}_N \otimes \boldsymbol{F}\boldsymbol{C})(\hat{\boldsymbol{e}}(t) - \boldsymbol{e}(t)), \\
\dot{\boldsymbol{\eta}}(t) &= [\boldsymbol{I}_N \otimes (\boldsymbol{A} + \boldsymbol{B}\boldsymbol{K})]\boldsymbol{\eta}(t) + [\boldsymbol{L}(\boldsymbol{X}(t) + \boldsymbol{\theta}(t)) \otimes \boldsymbol{F}\boldsymbol{C}](\boldsymbol{\eta}(t) - \hat{\boldsymbol{e}}(t)), \\
\dot{\chi}_i(t) &= (\boldsymbol{\eta}_i(t) - \hat{\boldsymbol{e}}_i(t))^{\mathrm{T}}\boldsymbol{C}^{\mathrm{T}}\boldsymbol{C}(\boldsymbol{\eta}_i(t) - \hat{\boldsymbol{e}}_i(t)), \quad i = 1, 2, \cdots, N.
\end{aligned} \tag{3.23}$$

令 $\boldsymbol{\rho}(t) \stackrel{\text{def}}{=\!=} \hat{\boldsymbol{e}}(t) - \boldsymbol{e}(t)$ 及 $\boldsymbol{\phi}(t) \stackrel{\text{def}}{=\!=} [\boldsymbol{\phi}_1^{\mathrm{T}}(t), \boldsymbol{\phi}_2^{\mathrm{T}}(t), \cdots, \boldsymbol{\phi}_N^{\mathrm{T}}(t)]^{\mathrm{T}} = \boldsymbol{\eta}(t) - \hat{\boldsymbol{e}}(t)$, 其中 $\boldsymbol{\phi}_i(t) = \boldsymbol{\eta}_i(t) - \hat{\boldsymbol{e}}_i(t)$, $i = 1, 2, \cdots, N$. 由式 (3.23) 中第一个和第二个等式可得

$$\dot{\boldsymbol{\rho}}(t) = [\boldsymbol{I}_N \otimes (\boldsymbol{A} + \boldsymbol{F}\boldsymbol{C})]\boldsymbol{\rho}(t). \tag{3.24}$$

由式 (3.23) 中第二个、第三个和第四个等式可得, $\boldsymbol{\phi}(t)$ 和 $\chi_i(t)$ 满足如下动态:

$$\begin{aligned}\dot{\boldsymbol{\phi}}(t) &= [\boldsymbol{I}_N \otimes \boldsymbol{A} + \boldsymbol{L}(\boldsymbol{X}(t) + \boldsymbol{\theta}(t)) \otimes \boldsymbol{FC}]\boldsymbol{\phi}(t) - (\boldsymbol{I}_N \otimes \boldsymbol{FC})\boldsymbol{\rho}(t),\\ \dot{\chi}_i(t) &= \boldsymbol{\phi}_i^{\mathrm{T}}(t)\boldsymbol{C}^{\mathrm{T}}\boldsymbol{C}\boldsymbol{\phi}_i(t), \quad i = 1, 2, \cdots, N.\end{aligned} \tag{3.25}$$

此外, 式 (3.23) 中第二个等式可以改写为

$$\dot{\hat{\boldsymbol{e}}}(t) = [\boldsymbol{I}_N \otimes (\boldsymbol{A} + \boldsymbol{BK})]\hat{\boldsymbol{e}}(t) + (\boldsymbol{I}_N \otimes \boldsymbol{BK})\boldsymbol{\phi}(t) + (\boldsymbol{I}_N \otimes \boldsymbol{FC})\boldsymbol{\rho}(t). \tag{3.26}$$

定理 3.2 若假设 3.1 和假设 3.2 成立, 则式 (3.16) 中的 N 个智能体在自适应协议 (3.17) 下能够实现一致性, 且每个智能体的自适应参数 $\chi_i(t)$ 收敛到有限的稳态值上.

证明: 由于 $\boldsymbol{F} = -\boldsymbol{S}^{-1}\boldsymbol{C}^{\mathrm{T}}$, 由式 (3.18) 可得

$$(\boldsymbol{A} + \boldsymbol{FC})^{\mathrm{T}}\boldsymbol{S} + \boldsymbol{S}(\boldsymbol{A} + \boldsymbol{FC}) = \boldsymbol{A}^{\mathrm{T}}\boldsymbol{S} + \boldsymbol{SA} - 2\boldsymbol{C}^{\mathrm{T}}\boldsymbol{C} < \boldsymbol{0}.$$

因此, $\boldsymbol{A} + \boldsymbol{FC}$ 稳定, 式 (3.24) 中的 $\boldsymbol{\rho}(t)$ 渐近收敛到零.

接下来证明式 (3.25) 中的 $\boldsymbol{\phi}(t)$ 收敛到零. 考虑如下 Lyapunov 函数:

$$V_2(t) = \frac{1}{2}\sum_{i=1}^{N} r_i(2\chi_i(t) + \theta_i(t))\boldsymbol{\phi}_i^{\mathrm{T}}(t)\boldsymbol{S}\boldsymbol{\phi}_i(t) + \frac{1}{2}\sum_{i=1}^{N} r_i\tilde{\chi}_i^2(t) + \gamma_1\boldsymbol{\rho}^{\mathrm{T}}(t)(\boldsymbol{I}_N \otimes \boldsymbol{S})\boldsymbol{\rho}(t), \tag{3.27}$$

其中, $\tilde{\chi}_i(t) \stackrel{\text{def}}{=} \chi_i(t) - \alpha$, α 和 γ_1 为待定的正系数; $\boldsymbol{r} \stackrel{\text{def}}{=} [r_1, r_2, \cdots, r_N]^{\mathrm{T}}$ 为 Laplace 矩阵 $\boldsymbol{L}$ 零特征值对应的左特征向量. 由引理 2.8 可知, $\boldsymbol{R} \stackrel{\text{def}}{=} \mathrm{diag}(r_1, r_2, \cdots, r_N) > \boldsymbol{0}$. 由于 $\theta_i(t) \geqslant 0$ 及 $\chi_i(t) > 0$, $V_2(t)$ 是关于 $\boldsymbol{\phi}(t)$、$\tilde{\chi}_i(t)$ 及 $\boldsymbol{\rho}(t)$ 的正定函数.

$V_2(t)$ 沿系统 (3.24) 和 (3.25) 的轨迹对时间求导可得

$$\begin{aligned}\dot{V}_2(t) =& \sum_{i=1}^{N}[2r_i(\chi_i(t) + \theta_i(t))\boldsymbol{\phi}_i^{\mathrm{T}}(t)\boldsymbol{S}\dot{\boldsymbol{\phi}}_i(t) + r_i\theta_i(t)\dot{\chi}_i(t) + r_i\tilde{\chi}_i(t)\dot{\tilde{\chi}}_i(t)]\\ &+ \gamma_1\boldsymbol{\rho}^{\mathrm{T}}(t)[\boldsymbol{I}_N \otimes (\boldsymbol{SA} + \boldsymbol{A}^{\mathrm{T}}\boldsymbol{S} - 2\boldsymbol{C}^{\mathrm{T}}\boldsymbol{C})]\boldsymbol{\rho}(t)\\ =& 2\boldsymbol{\phi}^{\mathrm{T}}(t)[(\boldsymbol{X}(t) + \boldsymbol{\theta}(t))\boldsymbol{R} \otimes \boldsymbol{S}]\dot{\boldsymbol{\phi}}(t) - \gamma_1\boldsymbol{\rho}^{\mathrm{T}}(t)(\boldsymbol{I}_N \otimes \boldsymbol{W})\boldsymbol{\rho}(t)\\ &+ \sum_{i=1}^{N}(\theta_i(t) + \chi_i(t) - \alpha)r_i\boldsymbol{\phi}_i^{\mathrm{T}}(t)\boldsymbol{C}^{\mathrm{T}}\boldsymbol{C}\boldsymbol{\phi}_i(t)\\ =& \boldsymbol{\phi}^{\mathrm{T}}(t)[(\boldsymbol{X}(t) + \boldsymbol{\theta}(t))\boldsymbol{R} \otimes (\boldsymbol{SA} + \boldsymbol{A}^{\mathrm{T}}\boldsymbol{S})\\ &- (\boldsymbol{X}(t) + \boldsymbol{\theta}(t))\hat{\boldsymbol{L}}(\boldsymbol{X}(t) + \boldsymbol{\theta}(\boldsymbol{t})) \otimes \boldsymbol{C}^{\mathrm{T}}\boldsymbol{C}\end{aligned} \tag{3.28}$$

$$+(\boldsymbol{X}(t)+\boldsymbol{\theta}(t)-\alpha \boldsymbol{I}_N)\boldsymbol{R}\otimes \boldsymbol{C}^{\mathrm{T}}\boldsymbol{C}]\boldsymbol{\phi}(t)$$
$$+2\boldsymbol{\phi}^{\mathrm{T}}(t)[(\boldsymbol{X}(t)+\boldsymbol{\theta}(t))\boldsymbol{R}\otimes \boldsymbol{C}^{\mathrm{T}}\boldsymbol{C}]\boldsymbol{\rho}(t)-\gamma_1\boldsymbol{\rho}^{\mathrm{T}}(t)(\boldsymbol{I}_N\otimes \boldsymbol{W})\boldsymbol{\rho}(t),$$

其中, $\hat{\boldsymbol{L}}\overset{\text{def}}{=\!=}\boldsymbol{R}\boldsymbol{L}+\boldsymbol{L}^{\mathrm{T}}\boldsymbol{R}\geqslant \boldsymbol{0}$; $\boldsymbol{W}=-(\boldsymbol{S}\boldsymbol{A}+\boldsymbol{A}^{\mathrm{T}}\boldsymbol{S}-2\boldsymbol{C}^{\mathrm{T}}\boldsymbol{C})>\boldsymbol{0}$.

令 $\bar{\boldsymbol{\phi}}(t)=[(\boldsymbol{X}(t)+\boldsymbol{\theta}(t))\otimes \boldsymbol{I}_n]\boldsymbol{\phi}(t)$, 则有

$$\begin{aligned}\bar{\boldsymbol{\phi}}^{\mathrm{T}}(t)[(\boldsymbol{X}(t)+\boldsymbol{\theta}(t))^{-1}\boldsymbol{r}\otimes \boldsymbol{1}]&=\boldsymbol{\phi}^{\mathrm{T}}(t)(\boldsymbol{r}\otimes \boldsymbol{1})\\&=(\boldsymbol{v}(t)-\hat{\boldsymbol{x}}(t))^{\mathrm{T}}(\boldsymbol{L}^{\mathrm{T}}\boldsymbol{r}\otimes \boldsymbol{1})=\boldsymbol{0},\end{aligned}$$

其中, 最后一个等式是利用性质 $\boldsymbol{r}^{\mathrm{T}}\boldsymbol{L}=\boldsymbol{0}$ 得到的. 由于 $\boldsymbol{r}$ 的每一个元素都是正实数, 显然 $(\boldsymbol{X}(t)+\boldsymbol{\theta}(t))^{-1}\boldsymbol{r}\otimes \boldsymbol{1}$ 的每一个元素也都是正实数, 于是有

$$\begin{aligned}\bar{\boldsymbol{\phi}}^{\mathrm{T}}(t)(\hat{\boldsymbol{L}}\otimes \boldsymbol{I}_n)\bar{\boldsymbol{\phi}}(t)\geqslant&\frac{\lambda_2(\hat{\boldsymbol{L}})}{N}\bar{\boldsymbol{\phi}}^{\mathrm{T}}(t)\bar{\boldsymbol{\phi}}(t)\\=&\frac{\lambda_2(\hat{\boldsymbol{L}})}{N}\boldsymbol{\phi}^{\mathrm{T}}(t)[(\boldsymbol{X}(t)+\boldsymbol{\theta}(t))^2(t)\otimes \boldsymbol{I}_n]\boldsymbol{\phi}(t).\end{aligned}\tag{3.29}$$

利用 Young 不等式, 并选取 $\alpha\geqslant\dfrac{9N\lambda_{\max}(\boldsymbol{R})}{2\lambda_2(\hat{\boldsymbol{L}})}$ 可得

$$\begin{aligned}&2\boldsymbol{\phi}^{\mathrm{T}}(t)[(\boldsymbol{X}(t)+\boldsymbol{\theta}(t))\boldsymbol{R}\otimes \boldsymbol{C}^{\mathrm{T}}\boldsymbol{C}]\boldsymbol{\rho}(t)\\\leqslant&2\|\boldsymbol{\phi}^{\mathrm{T}}(t)[(\boldsymbol{X}(t)+\boldsymbol{\theta}(t))\otimes \boldsymbol{C}^{\mathrm{T}}]\|\|(\boldsymbol{R}\otimes \boldsymbol{C})\boldsymbol{\rho}(t)\|\\\leqslant&\frac{\lambda_2(\hat{\boldsymbol{L}})}{2N}\|\boldsymbol{\phi}^{\mathrm{T}}(t)[(\boldsymbol{X}(t)+\boldsymbol{\theta}(t))\otimes \boldsymbol{C}^{\mathrm{T}}]\|^2+\frac{2N}{\lambda_2(\hat{\boldsymbol{L}})}\|(\boldsymbol{R}\otimes \boldsymbol{C})\boldsymbol{\rho}(t)\|^2\\=&\frac{\lambda_2(\hat{\boldsymbol{L}})}{2N}\boldsymbol{\phi}^{\mathrm{T}}(t)[(\boldsymbol{X}(t)+\boldsymbol{\theta}(t))^2\otimes \boldsymbol{C}^{\mathrm{T}}\boldsymbol{C}]\boldsymbol{\phi}(t)+\frac{2N}{\lambda_2(\hat{\boldsymbol{L}})}\boldsymbol{\rho}^{\mathrm{T}}(t)(\boldsymbol{R}^2\otimes \boldsymbol{C}^{\mathrm{T}}\boldsymbol{C})\boldsymbol{\rho}(t)\end{aligned}\tag{3.30}$$

及

$$\begin{aligned}&-\frac{\lambda_2(\hat{\boldsymbol{L}})}{2N}\boldsymbol{\phi}^{\mathrm{T}}(t)[(\boldsymbol{X}(t)+\boldsymbol{\theta}(t))^2\otimes \boldsymbol{C}^{\mathrm{T}}\boldsymbol{C}]\boldsymbol{\phi}(t)-\boldsymbol{\phi}^{\mathrm{T}}(t)(\alpha\boldsymbol{R}\otimes \boldsymbol{C}^{\mathrm{T}}\boldsymbol{C})\boldsymbol{\phi}(t)\\\leqslant&-3\boldsymbol{\phi}^{\mathrm{T}}(t)[(\boldsymbol{X}(t)+\boldsymbol{\theta}(t))\boldsymbol{R}\otimes \boldsymbol{C}^{\mathrm{T}}\boldsymbol{C}]\boldsymbol{\phi}(t).\end{aligned}\tag{3.31}$$

将式 (3.29)~ 式 (3.31) 代入式 (3.28), 并取 $\gamma_1\geqslant\dfrac{2N\lambda_{\max}^2(\boldsymbol{R})\lambda_{\max}(\boldsymbol{C}^{\mathrm{T}}\boldsymbol{C})}{\lambda_2(\hat{\boldsymbol{L}})\lambda_{\min}(\boldsymbol{W})}$,

从而有

$$\begin{aligned}\dot{V}_2(t) \leqslant & \boldsymbol{\phi}^{\mathrm{T}}(t)[(\boldsymbol{X}(t)+\boldsymbol{\theta}(t))\boldsymbol{R}\otimes(\boldsymbol{S}\boldsymbol{A}+\boldsymbol{A}^{\mathrm{T}}\boldsymbol{S}-2\boldsymbol{C}^{\mathrm{T}}\boldsymbol{C})]\boldsymbol{\phi}(t)\\ \leqslant & -\boldsymbol{\phi}^{\mathrm{T}}(t)[\boldsymbol{X}(0)\boldsymbol{R}\otimes\boldsymbol{W}]\boldsymbol{\phi}(t)\\ \leqslant & 0,\end{aligned} \tag{3.32}$$

其中, 第二个不等式由性质 $\boldsymbol{X}(t) \geqslant \boldsymbol{X}(0)$ 和 $\boldsymbol{\theta}(t) \geqslant \mathbf{0}$ 得出. 因此, $V_2(t)$ 有界, 且 $\chi_i(t)$ 也有界. 注意到 $\dot{\chi}_i(t) \geqslant 0$, 因此各个自适应参数 $\chi_i(t)$ 均收敛到有限的稳态值. 进一步地, 由于 $\dot{V}_2(t) \leqslant -\boldsymbol{\phi}^{\mathrm{T}}(t)[\boldsymbol{X}(0)\boldsymbol{R}\otimes\boldsymbol{W}]\boldsymbol{\phi}(t)$, 对此不等式两边积分可得

$$\int_0^\infty \boldsymbol{\phi}^{\mathrm{T}}(t)[\boldsymbol{X}(0)\boldsymbol{R}\otimes\boldsymbol{W}]\boldsymbol{\phi}(t)\mathrm{d}t \leqslant V_1(0)-V_1(\infty).$$

又由于 $2\boldsymbol{X}(0)\boldsymbol{\phi}^{\mathrm{T}}(t)[\boldsymbol{R}\otimes\boldsymbol{W}]\dot{\boldsymbol{\phi}}(t)$ 有界, 由 Barbalat 引理可知, $\boldsymbol{\phi}(t)$ 渐近收敛到零. 由于 $\boldsymbol{A}+\boldsymbol{B}\boldsymbol{K}$ 稳定, $\boldsymbol{\phi}(t)$ 和 $\boldsymbol{\rho}(t)$ 渐近收敛到零. 因此, 由式 (3.26) 可知, $\hat{\boldsymbol{e}}(t)$ 也渐近收敛到零. 综上所述, $\boldsymbol{\rho}(t)$、$\boldsymbol{\phi}(t)$ 和 $\hat{\boldsymbol{e}}(t)$ 都渐近收敛到零, 根据 $\boldsymbol{\rho}(t)$、$\boldsymbol{\phi}(t)$ 和 $\hat{\boldsymbol{e}}(t)$ 的定义可得一致性误差 $\boldsymbol{e}(t)$ 也渐近收敛到零. □

注解 3.5 需要注意的是, 自适应协议 (3.17) 的设计不是唯一的, 不同反馈增益矩阵 $\boldsymbol{K}$ 和 $\boldsymbol{F}$ 的选取会影响最终的一致性状态值和一致性收敛速率. 具体来说, $\boldsymbol{\rho}(t)$、$\boldsymbol{\phi}(t)$ 和 $\hat{\boldsymbol{e}}(t)$ 的收敛速率分别取决于 $-(\boldsymbol{A}+\boldsymbol{F}\boldsymbol{C})$、$\boldsymbol{R}\otimes\boldsymbol{W}$ 和 $-(\boldsymbol{A}+\boldsymbol{B}\boldsymbol{K})$ 的特征值的最小实部. 一般来说, $\boldsymbol{A}+\boldsymbol{F}\boldsymbol{C}$、$\boldsymbol{R}\otimes\boldsymbol{W}$ 和 $\boldsymbol{A}+\boldsymbol{B}\boldsymbol{K}$ 的特征值离虚轴越远, 收敛速率就越快.

注解 3.6 与文献 [37] 中设计的分布式自适应协议仅适用于无向通信图相比, 本节设计的自适应协议 (3.17) 可以应用于强连通的有向通信图. 此外, 本节设计的分布式相对输出反馈自适应一致性协议 (3.17) 是有向通信图下仅基于相对输出信息的完全分布式自适应协议.

注解 3.7 在分布式自适应协议 (3.17) 中, 实现利用相对输出信息, 而非绝对输出信息的关键在于设计了局部观测器 $\hat{\boldsymbol{e}}_i$ 来估计一致性误差, 实现一致性的关键在于分布式观测器 $\boldsymbol{v}_i$ 的设计. 注意到由于一致性误差 $\boldsymbol{e}_i$ 的设计, 分布式观测器 $\boldsymbol{v}_i$ 的设计中无法引入一致性误差, 从而导致式 (3.25) 第一个方程中存在额外的一项 $-(\boldsymbol{I}_N\otimes\boldsymbol{F}\boldsymbol{C})\boldsymbol{\rho}(t)$, 这使得实现一致性的关键项中需要引入相同的 $\boldsymbol{F}\boldsymbol{C}$ 矩阵 (即式 (3.25) 中第一个方程的第二项). 因此, 协议 (3.17) 本质上是基于输出矩阵的一种形式.

3.2.4 仿真分析

考虑加州理工学院设计的多车辆网络化测试台系统, 各个车辆系统的动态为[18]

$$
\begin{aligned}
m\ddot{x}(t) &= -\mu_{\mathrm{f}}\dot{x}(t) + (F_1(t)+F_2(t))\cos(\theta(t)),\\
m\ddot{y}(t) &= -\mu_{\mathrm{f}}\dot{y}(t) + (F_1(t)+F_2(t))\sin(\theta(t)),\\
J\ddot{\theta}(t) &= -\nu_{\mathrm{f}}\dot{\theta}(t) + (F_2(t)-F_1(t))r,
\end{aligned}
$$

其中, F_1 和 F_2 为控制输入, 车辆的质量 $m=0.749\mathrm{kg}$, 转动惯量 $J=0.0031\mathrm{kg}\cdot\mathrm{m}^2$, 线性摩擦系数 $\mu_{\mathrm{f}}=0.15\mathrm{kg/s}$, 转动摩擦系数 $\nu_{\mathrm{f}}=0.005\mathrm{kg}\cdot\mathrm{m}^2/\mathrm{s}$, 从质心到舵面轴线的距离 $r=0.089\mathrm{m}$. 对上述非线性系统进行线性化, 写成 $\dot{\boldsymbol{X}}(t)=\boldsymbol{A}\boldsymbol{X}(t)+\boldsymbol{B}\boldsymbol{U}(t)$ 的形式, 其中 $\boldsymbol{X}(t)=\begin{bmatrix}x(t) & y(t) & \theta(t) & \dot{x}(t) & \dot{y}(t) & \dot{\theta}(t)\end{bmatrix}^{\mathrm{T}}$, $\boldsymbol{U}=\begin{bmatrix}F_1 & F_2\end{bmatrix}^{\mathrm{T}}$,

$$
\boldsymbol{A}=\begin{bmatrix}
0 & 0 & 0 & 1 & 0 & 0\\
0 & 0 & 0 & 0 & 1 & 0\\
0 & 0 & 0 & 0 & 0 & 1\\
0 & 0 & -0.2003 & -0.2003 & 0 & 0\\
0 & 0 & 0.2003 & 0 & -0.2003 & 0\\
0 & 0 & 0 & 0 & 0 & -1.6129
\end{bmatrix},
$$

$$
\boldsymbol{B}=\begin{bmatrix}
0 & 0 & 0 & 0.9441 & 0.9441 & -28.7097\\
0 & 0 & 0 & 0.9441 & 0.9441 & 28.7097
\end{bmatrix}.
$$

考虑仅能测量 $x(t)$、$y(t)$ 和 $\theta(t)$ 的值, 即 $\boldsymbol{Y}(t)=[x(t)\quad y(t)\quad \theta(t)]^{\mathrm{T}}$,

$$
\boldsymbol{C}=\begin{bmatrix}
1 & 0 & 0 & 0 & 0 & 0\\
0 & 1 & 0 & 0 & 0 & 0\\
0 & 0 & 1 & 0 & 0 & 0
\end{bmatrix}.
$$

解线性矩阵不等式 (3.18) 有

$$
\boldsymbol{S}=\begin{bmatrix}
0.7033 & 0.0010 & 0.2025 & -0.3823 & 0.0073 & 0.0917\\
0.0010 & 0.7033 & -0.2025 & 0.0073 & -0.3823 & -0.0917\\
0.2025 & -0.2025 & 1.6354 & 0.0060 & -0.0060 & 0.8055\\
-0.3823 & 0.0073 & 0.0060 & 2.3819 & 0.0938 & 0.0560\\
0.0073 & -0.3823 & -0.0060 & 0.0938 & 2.3819 & -0.0560\\
0.0917 & -0.0917 & 0.8055 & 0.0560 & -0.0560 & 1.2969
\end{bmatrix}.
$$

因此, 取反馈增益矩阵

$$F=\begin{bmatrix}-1.6266 & 0.0820 & 0.2116\\ 0.0820 & -1.6266 & -0.2116\\ 0.2116 & -0.2116 & -0.9340\\ -0.2630 & 0.0291 & 0.0251\\ 0.0291 & -0.2630 & -0.0251\\ 0.0020 & -0.0020 & 0.5480\end{bmatrix},\quad K=\begin{bmatrix}-0.0089 & 0.0068\\ 0.0068 & -0.0089\\ 0.0389 & -0.0389\\ -0.0329 & 0.0180\\ 0.0180 & -0.0329\\ 0.0538 & -0.0538\end{bmatrix}^{\mathrm{T}}.$$

考虑六个智能体组成的群体智能系统, 其通信拓扑图是如图 3.6 所示的有向强连通拓扑图. 取自适应增益初值为 $\chi_i(0)=1.5$, $i=1,2,\cdots,6$, 智能体状态量及观测器初值都随机选取. 在分布式自适应协议 (3.17) 下, 状态量 $x_i(t)$、$y_i(t)$、$\theta_i(t)$ 及一致性误差 $e_i(t)$ 的轨迹分别在图 3.7 和图 3.8 中给出. 可以看出, 在相对输出反馈的分布式自适应协议 (3.17) 下, 一致性得以实现. 局部观测器 $\hat{e}_i(t)$ 和分布式观测器 $v_i(t)$ 的动态轨迹在图 3.9 中给出, 局部观测器观测了一致性误差, 因此基于相对输出时, 局部观测器和分布式观测器都收敛到零. 图 3.10 给出了自适应增益的轨迹. 可以看出, 各个 $\chi_i(t)$ 均收敛到有限的稳态值上, 保证了控制输入不会变得无穷大. 图 3.11 给出了控制输入的曲线. 可以看出, 控制输入有界, 并且在实现一致性后, 控制输入为零.

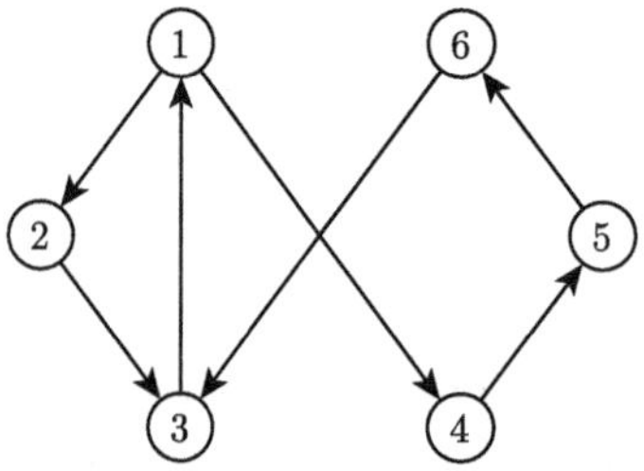

图 3.6 有向强连通拓扑图 $\mathcal{G}$

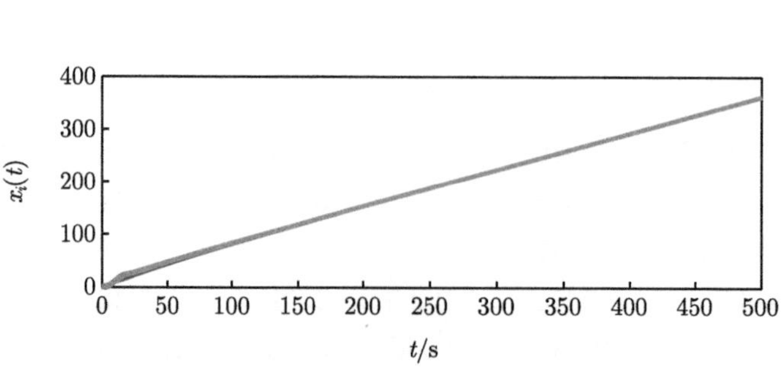

(a) $x_i(t)$

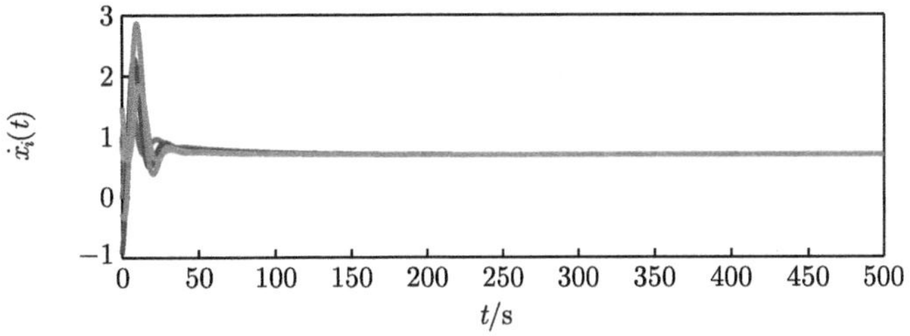

(b) $\dot{x}_i(t)$

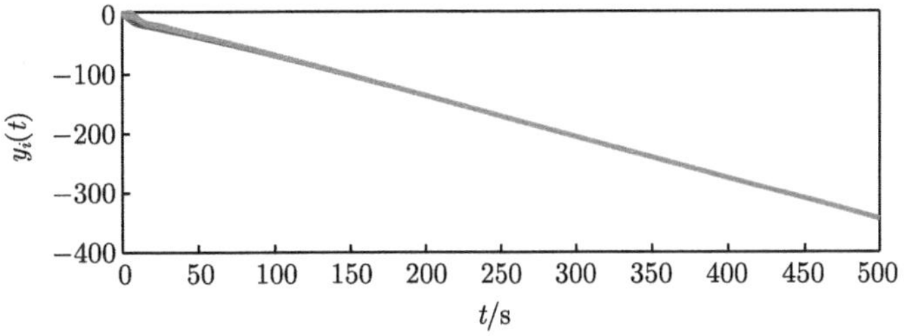

(c) $y_i(t)$

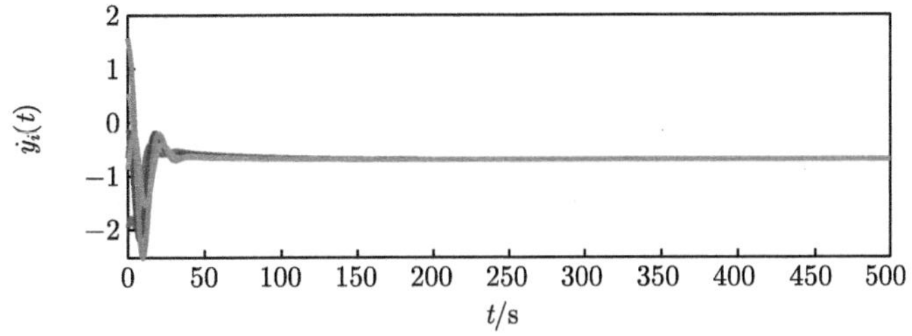

(d) $\dot{y}_i(t)$

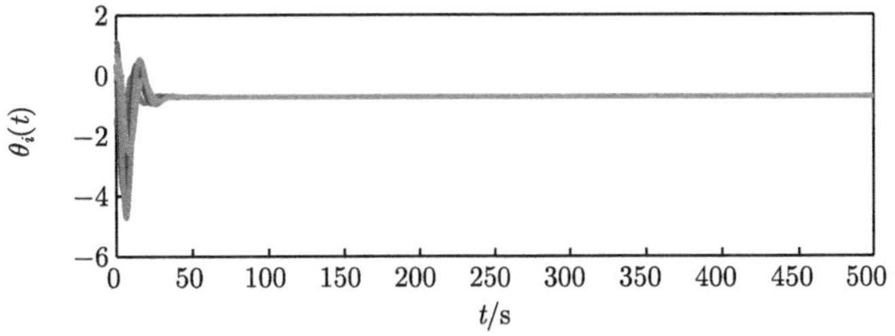

(e) $\theta_i(t)$

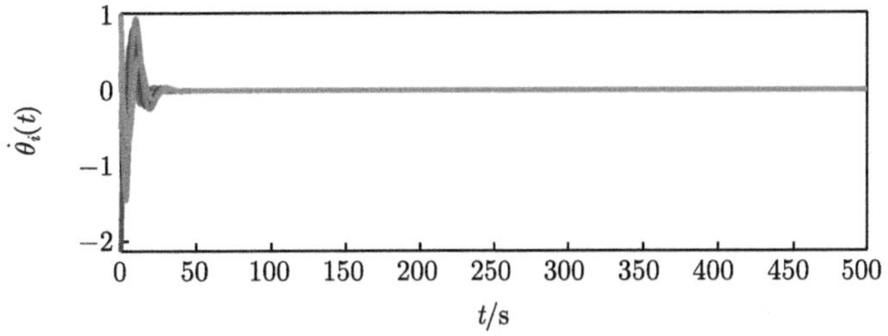

(f) $\dot{\theta}_i(t)$

图 3.7 自适应协议 (3.17) 下的状态轨迹

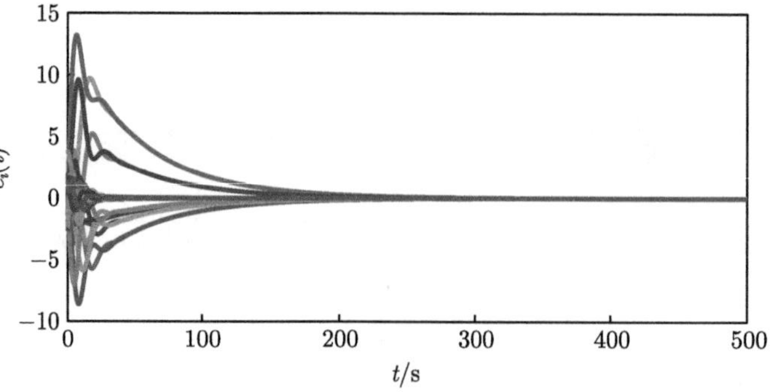

图 3.8　自适应协议 (3.17) 下的一致性误差

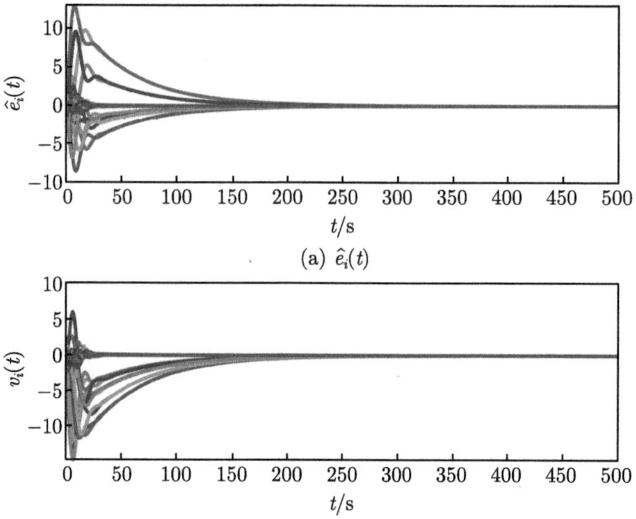

(a) $\hat{e}_i(t)$

(b) $v_i(t)$

图 3.9　自适应协议 (3.17) 下的观测器轨迹 $\hat{\boldsymbol{e}}(t)$ 和 $\boldsymbol{v}(t)$

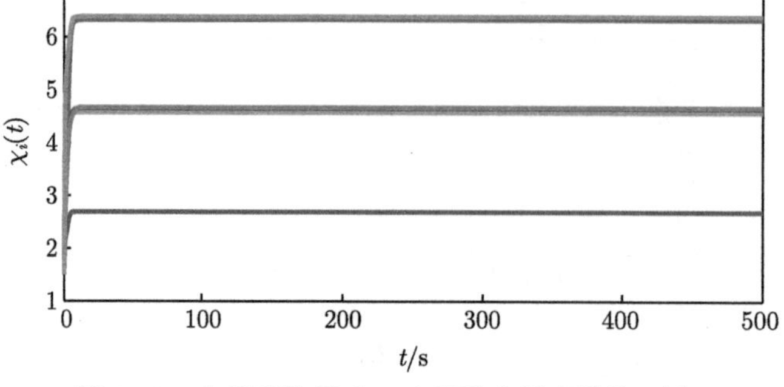

图 3.10　自适应协议 (3.17) 下的自适应增益$\chi_i(t)$

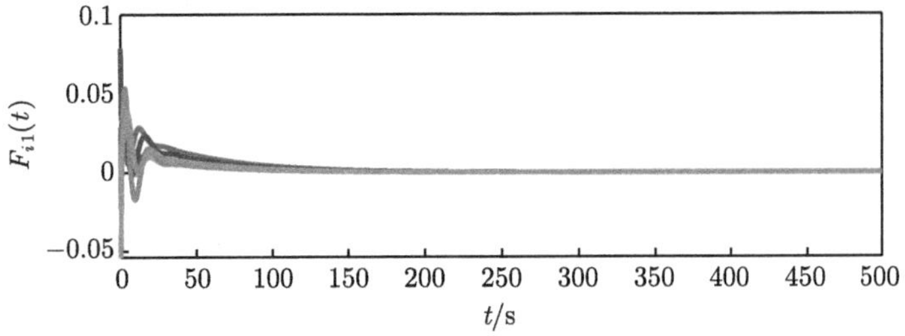

(a) $F_{i1}(t)$

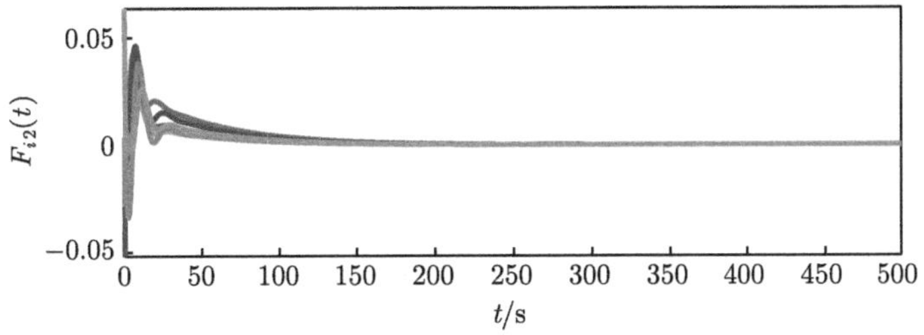

(b) $F_{i2}(t)$

图 3.11 自适应协议 (3.17) 下的控制输入 $\boldsymbol{U}(t)$

3.3 异质线性群体智能系统完全分布式自适应协同一致性控制

在 3.1 节和 3.2 节中, 讨论的群体智能系统都是同质的, 也即所有智能体的动态是相同的. 然而, 在实际中, 任意选取两个系统, 它们的动态一般都是不相同的. 因此, 本节将对异质线性群体智能系统的一致性控制问题开展进一步研究.

3.3.1 问题描述

考虑 N 个线性异质智能体组成的系统, 智能体 i 的动力学描述为

$$\dot{\boldsymbol{x}}_i(t) = \boldsymbol{A}_i\boldsymbol{x}_i(t) + \boldsymbol{B}_i\boldsymbol{u}_i(t), \quad i = 1, 2, \cdots, N, \tag{3.33}$$

其中, $\boldsymbol{x}_i(t) \in \mathbb{R}^n$ 和 $\boldsymbol{u}_i(t) \in \mathbb{R}^m$ 分别为第 i 个智能体的状态向量和控制输入向量; $\boldsymbol{A}_i \in \mathbb{R}^{n\times n}$ 为系统矩阵; $\boldsymbol{B}_i \in \mathbb{R}^{n\times m}$ 为控制输入矩阵, 并假设 $\boldsymbol{B}_i$ 行满秩.

为使最终的一致性状态值为预先设定值, 引入一个虚拟的领航者, 其动态如下:

$$\dot{\boldsymbol{x}}_0(t) = \boldsymbol{A}_0(\boldsymbol{x}_0(t) - \boldsymbol{b}_0), \tag{3.34}$$

其中, $\boldsymbol{x}_0(t) \in \mathbb{R}^n$ 为虚拟领航者的状态; $\boldsymbol{A}_0 \in \mathbb{R}^{n\times n}$ 为其系统矩阵. 此外, 对虚拟领航者的动态进行如下假设.

假设 3.3 $\boldsymbol{A}_0$ 是 Hurwitz 矩阵, 且 $\boldsymbol{b}_0$ 是一个常数向量.

注解 3.8　在假设 3.3 下, 虚拟领航者的状态 $\boldsymbol{x}_0$ 将渐近收敛到预设的一致性最终值 $\boldsymbol{b}_0$ 上. 假设 3.3 中, $\boldsymbol{A}_0$ 是 Hurwitz 矩阵的条件, 与文献 [28] 和 [29] 中假设所有智能体系统矩阵之和为 Hurwitz 矩阵的作用类似, 都是用来提供一个能够收敛的自治状态; $\boldsymbol{b}_0$ 是常数向量的条件, 在对实现收敛到预设的一致性最终值上起决定性作用, 而文献 [28] 和 [29] 中的一致性最终值取决于未知的常数扰动. 相比于文献 [30], 这里 $\boldsymbol{B}_i$ 需要行满秩的假设是更严格的. 自适应控制对闭环系统引入的非线性动态使一致性分析变得更为复杂, 因此需要补充一些额外的假设.

假设仅有部分智能体可以获取虚拟领航者的信息 (否则问题将变成单个系统的追踪问题). 在这种设定下, 将 N 个智能体和虚拟领航者组成的通信拓扑表示成一个有向图 $\mathcal{G}$, 有如下假设.

假设 3.4　通信拓扑图 $\mathcal{G}$ 包含有向生成树, 且虚拟领航者是有向生成树的根结点.

在假设 3.4 下, 通信拓扑图 $\mathcal{G}$ 对应的 Laplace 矩阵 $\boldsymbol{L}$ 可分解成 $\boldsymbol{L} = \begin{bmatrix} 0 & \boldsymbol{0}_{1\times N} \\ \boldsymbol{L}_2 & \boldsymbol{L}_1 \end{bmatrix}$, 其中 $\boldsymbol{L}_1$ 的所有特征值都具有正实部, 因此 $\boldsymbol{L}_1$ 是一个非奇异 M 矩阵 [180].

本节的目的是基于各个智能体与邻居之间的局部信息来设计分布式控制器实现一致性, 且最终的一致性状态值为给定的 $\boldsymbol{b}_0$, 也即 $\lim\limits_{t\to\infty}(\boldsymbol{x}_i(t)-\boldsymbol{x}_0(t))=\boldsymbol{0}$, $i=1,2,\cdots,N$.

3.3.2　协议设计

基于邻居智能体之间的相对状态, 设计如下分布式自适应一致性协议:

$$\begin{aligned}\boldsymbol{u}_i(t) =& -(d_i(t)+\rho_i(t))\boldsymbol{K}_i\boldsymbol{\xi}_i(t)-\sigma_I\int_0^t(d_i(\tau)+\rho_i(\tau))\boldsymbol{K}_i\boldsymbol{\xi}_i(\tau)\mathrm{d}\tau,\\ \dot{d}_i(t) =& \phi_i\boldsymbol{\xi}_i^{\mathrm{T}}(t)\boldsymbol{\xi}_i(t),\end{aligned}\tag{3.35}$$

其中, $\boldsymbol{\xi}_i(t)=\sum\limits_{j=0}^{N}a_{ij}(\boldsymbol{x}_i(t)-\boldsymbol{x}_j(t))$ 为各个智能体的一致性误差; $\rho_i(t)=\boldsymbol{\xi}_i^{\mathrm{T}}(t)\boldsymbol{\xi}_i(t)$; $\boldsymbol{K}_i=\boldsymbol{B}_i^{\mathrm{T}}(\boldsymbol{B}_i\boldsymbol{B}_i^{\mathrm{T}})^{-1}$; σ_I 和 ϕ_i 为正常数; $d_i(t)$ 为自适应增益, 且满足初值条件 $d_i(0)\geqslant 1$.

令 $\boldsymbol{\xi}(t)\overset{\mathrm{def}}{=\!=}[\boldsymbol{\xi}_1^{\mathrm{T}}(t),\boldsymbol{\xi}_2^{\mathrm{T}}(t),\cdots,\boldsymbol{\xi}_N^{\mathrm{T}}(t)]^{\mathrm{T}}$ 为一致性误差向量,

$$\boldsymbol{z}(t)\overset{\mathrm{def}}{=\!=}[\boldsymbol{z}_1^{\mathrm{T}}(t),\boldsymbol{z}_2^{\mathrm{T}}(t),\cdots,\boldsymbol{z}_N^{\mathrm{T}}(t)]^{\mathrm{T}}=-\sigma_I\int_0^t(d_i(\tau)+\rho_i(\tau))\boldsymbol{\xi}_i(\tau)\mathrm{d}\tau\tag{3.36}$$

为积分环节向量, 显然实现了一致性, 当且仅当一致性误差 $\boldsymbol{\xi}(t)$ 收敛到零向量. 将式 (3.35) 代入式 (3.33), 可得一致性误差 $\boldsymbol{\xi}(t)$ 的动态满足

$$\begin{aligned}\dot{\boldsymbol{\xi}}(t) =&[(\boldsymbol{L}_1 \otimes \boldsymbol{I}_n)\hat{\boldsymbol{A}}(\boldsymbol{L}_1 \otimes \boldsymbol{I}_n)^{-1} - \boldsymbol{L}_1(\boldsymbol{D} + \boldsymbol{\rho}(t)) \otimes \boldsymbol{I}_n]\boldsymbol{\xi}(t)\\ &+ (\boldsymbol{L}_1 \otimes \boldsymbol{I}_n)(\boldsymbol{z}(t) + \hat{\boldsymbol{A}}(\boldsymbol{1} \otimes \boldsymbol{b}_0))\\ &+ (\boldsymbol{L}_1 \otimes \boldsymbol{I}_n)(\hat{\boldsymbol{A}} - \boldsymbol{I}_N \otimes \boldsymbol{A}_0)(\boldsymbol{1} \otimes (\boldsymbol{x}_0 - \boldsymbol{b}_0)), \\ \dot{\boldsymbol{z}}(t) =& - \sigma_I((\boldsymbol{D}(t) + \boldsymbol{\rho}(t)) \otimes \boldsymbol{I}_n)\boldsymbol{\xi}(t),\\ \dot{d}_i(t) =&\phi_i\boldsymbol{\xi}_i^{\mathrm{T}}(t)\boldsymbol{\xi}_i(t),\end{aligned} \tag{3.37}$$

其中, $\hat{\boldsymbol{A}} = \mathrm{diag}(\boldsymbol{A}_1, \boldsymbol{A}_2, \cdots, \boldsymbol{A}_N)$, $\boldsymbol{D}(t) = \mathrm{diag}(d_1(t), d_2(t), \cdots, d_N(t))$, $\boldsymbol{\rho}(t) = \mathrm{diag}(\rho_1(t), \rho_2(t), \cdots, \rho_N(t))$.

定理 3.3 若假设 3.3 和假设 3.4 成立, 则系统 (3.33) 中的智能体在自适应协议 (3.35) 下能够实现一致性, 且积分状态 $\boldsymbol{z}(t)$ 和自适应增益 $d_i(t)$ 收敛到有限的稳态值.

证明: 考虑如下 Lyapunov 函数:

$$\begin{aligned}V_3(t) =& \begin{bmatrix}\boldsymbol{\xi}(t)\\ \boldsymbol{y}(t)\end{bmatrix}^{\mathrm{T}} \begin{bmatrix}\boldsymbol{R}(t) & -\boldsymbol{G} \otimes \boldsymbol{I}_n\\ -\boldsymbol{G} \otimes \boldsymbol{I}_n & \frac{1}{\sigma_I}(\boldsymbol{G}\boldsymbol{L}_1 + \boldsymbol{L}_1^{\mathrm{T}}\boldsymbol{G}) \otimes \boldsymbol{I}_n\end{bmatrix} \begin{bmatrix}\boldsymbol{\xi}(t)\\ \boldsymbol{y}(t)\end{bmatrix}\\ &+ \sum_{i=1}^{N} \frac{g_i}{2}(d_i(t) - \alpha)^2 + k(\boldsymbol{x}_0(t) - \boldsymbol{b}_0)^{\mathrm{T}}\boldsymbol{Q}(\boldsymbol{x}_0(t) - \boldsymbol{b}_0),\end{aligned} \tag{3.38}$$

其中, $\boldsymbol{y}(t) = \boldsymbol{z}(t) + \hat{\boldsymbol{A}}(\boldsymbol{1} \otimes \boldsymbol{b}_0)$, $\boldsymbol{R}(t) = \left(\boldsymbol{D}(t) + \frac{1}{2}\boldsymbol{\rho}(t)\right) \boldsymbol{G} \otimes \boldsymbol{I}_n + \frac{\sigma_I \max\{g_i\}^2}{\lambda_0}\boldsymbol{I}_{Nn}$, $\boldsymbol{G} \overset{\mathrm{def}}{=\!=} \mathrm{diag}(g_1, g_2, \cdots, g_N) > \boldsymbol{0}$ 且满足 $\boldsymbol{G}\boldsymbol{L}_1 + \boldsymbol{L}_1^{\mathrm{T}}\boldsymbol{G} > \boldsymbol{0}$. 由 $\boldsymbol{L}_1$ 是非奇异 M 矩阵可知, $\boldsymbol{G}$ 存在. λ_0 表示正定矩阵 $\boldsymbol{G}\boldsymbol{L}_1 + \boldsymbol{L}_1^{\mathrm{T}}\boldsymbol{G}$ 的最小特征值, $k = \frac{8N\eta \max\{g_i\}^2\sigma_{\max}^2(\boldsymbol{L}_1)}{\lambda_0}$, $\eta = \max_k\{\sigma_{\max}^2(\boldsymbol{A}_k - \boldsymbol{A}_0)\}$, $\alpha = \hat{\alpha} + \frac{1}{\min\{g_i\}}\left(\frac{7\theta^2\sigma_{\max}^2(\boldsymbol{L}_1)\max\{g_i\}^2}{\lambda_0\sigma_{\min}^2(\boldsymbol{L}_1)} + \frac{2\sigma_I \max\{g_i\}^2\theta\sigma_{\max}(\boldsymbol{L}_1)}{\lambda_0\sigma_{\min}(\boldsymbol{L}_1)} + \frac{7\sigma_I^2 \max\{g_i\}^4\sigma_{\max}^2(\boldsymbol{L}_1)}{\lambda_0^3} + \frac{\sigma_I^2 \max\{g_i\}^2}{\lambda_0}\right)$, $\theta = \max_k\{\sigma_{\max}(\boldsymbol{A}_k)\}$ 及 $\hat{\alpha} = \frac{\max\{g_i\}\max\{\phi_i\}^2(2\sigma_I + 2)^2}{\lambda_0}$. 由于 $\frac{1}{\sigma_I}(\boldsymbol{G}\boldsymbol{L}_1 + \boldsymbol{L}_1^{\mathrm{T}}\boldsymbol{G}) \otimes \boldsymbol{I}_n$ 是正定矩阵, 而 $\boldsymbol{R}(t) - \sigma_I\boldsymbol{G}(\boldsymbol{G}\boldsymbol{L}_1 + \boldsymbol{L}_1^{\mathrm{T}}\boldsymbol{G})^{-1}\boldsymbol{G} \otimes \boldsymbol{I}_n \geqslant \boldsymbol{R}(t) - \frac{\sigma_I \max\{g_i\}^2}{\lambda_0}\boldsymbol{I}_{Nn} \geqslant \boldsymbol{G} \otimes \boldsymbol{I}_n > \boldsymbol{0}$,

于是有 $\begin{bmatrix} \boldsymbol{R}(t) & -\boldsymbol{G}\otimes\boldsymbol{I}_n \\ -\boldsymbol{G}\otimes\boldsymbol{I}_n & \dfrac{1}{\sigma_I}(\boldsymbol{G}\boldsymbol{L}_1+\boldsymbol{L}_1^{\mathrm{T}}\boldsymbol{G})\otimes\boldsymbol{I}_n \end{bmatrix}$ 是正定矩阵. $\boldsymbol{Q}>\boldsymbol{0}$ 是如下 Lyapunov 方程的解:

$$\boldsymbol{Q}\boldsymbol{A}_0+\boldsymbol{A}_0^{\mathrm{T}}\boldsymbol{Q}=-\boldsymbol{I}_n. \tag{3.39}$$

$\boldsymbol{A}_0$ 是 Hurwitz 矩阵, Lyapunov 方程 (3.39) 有唯一正定解 $\boldsymbol{Q}$, 因此 $V_3(t)$ 是正定函数.

将 $V_3(t)$ 改写成如下形式:

$$\begin{aligned}V_3(t)=&\sum_{i=1}^{N}g_i(d_i(t)+\frac{1}{2}\rho_i(t))\rho_i(t)+\sum_{i=1}^{N}\frac{g_i}{2}(d_i(t)-\alpha)^2\\&+\frac{\sigma_I\max\{g_i\}^2}{\lambda_0}\boldsymbol{\xi}^{\mathrm{T}}(t)\boldsymbol{\xi}(t)-2\boldsymbol{\xi}^{\mathrm{T}}(t)(\boldsymbol{G}\otimes\boldsymbol{I}_n)\boldsymbol{y}(t)\\&+\frac{1}{\sigma_I}\boldsymbol{y}^{\mathrm{T}}(t)[(\boldsymbol{G}\boldsymbol{L}_1+\boldsymbol{L}_1^{\mathrm{T}}\boldsymbol{G})\otimes\boldsymbol{I}_n]\boldsymbol{y}(t)+k(\boldsymbol{x}_0(t)-\boldsymbol{b}_0)^{\mathrm{T}}\boldsymbol{Q}(\boldsymbol{x}_0(t)-\boldsymbol{b}_0).\end{aligned} \tag{3.40}$$

$V_3(t)$ 沿着系统 (3.37) 对时间求导可得

$$\begin{aligned}\dot{V}_3(t)=&\sum_{i=1}^{N}[2g_i(d_i(t)+\rho_i(t))\boldsymbol{\xi}_i^{\mathrm{T}}(t)\dot{\boldsymbol{\xi}}_i(t)+g_i\rho_i(t)\dot{d}_i(t)+g_i(d_i(t)-\alpha)\dot{d}_i(t)]\\&+\frac{2\sigma_I\max\{g_i\}^2}{\lambda_0}\boldsymbol{\xi}^{\mathrm{T}}(t)\dot{\boldsymbol{\xi}}(t)-2\boldsymbol{\xi}^{\mathrm{T}}(t)(\boldsymbol{G}\otimes\boldsymbol{I}_n)\dot{\boldsymbol{y}}(t)-2\boldsymbol{y}^{\mathrm{T}}(t)(\boldsymbol{G}\otimes\boldsymbol{I}_n)\dot{\boldsymbol{\xi}}(t)\\&+\frac{2}{\sigma_I}\boldsymbol{y}^{\mathrm{T}}(t)(\boldsymbol{G}\boldsymbol{L}_1+\boldsymbol{L}_1^{\mathrm{T}}\boldsymbol{G})\dot{\boldsymbol{y}}(t)+k(\boldsymbol{x}_0(t)-\boldsymbol{b}_0)^{\mathrm{T}}(\boldsymbol{Q}\boldsymbol{A}_0+\boldsymbol{A}_0^{\mathrm{T}}\boldsymbol{Q})(\boldsymbol{x}_0(t)-\boldsymbol{b}_0).\end{aligned} \tag{3.41}$$

令 $W_1(t)=\sum\limits_{i=1}^{N}[2g_i(d_i(t)+\rho_i(t))\boldsymbol{\xi}_i^{\mathrm{T}}(t)\dot{\boldsymbol{\xi}}_i(t)+g_i\rho_i(t)\dot{d}_i(t)+g_i(d_i(t)-\alpha)\dot{d}_i(t)]$, $W_2(t)=\dfrac{2\sigma_I\max\{g_i\}^2}{\lambda_0}\boldsymbol{\xi}^{\mathrm{T}}(t)\dot{\boldsymbol{\xi}}(t)-2\boldsymbol{\xi}^{\mathrm{T}}(t)(\boldsymbol{G}\otimes\boldsymbol{I}_n)\dot{\boldsymbol{y}}(t)-\boldsymbol{y}^{\mathrm{T}}(t)(\boldsymbol{G}\otimes\boldsymbol{I}_n)\dot{\boldsymbol{\xi}}(t)+\dfrac{2}{\sigma_I}\boldsymbol{y}^{\mathrm{T}}(t)(\boldsymbol{G}\boldsymbol{L}_1+\boldsymbol{L}_1^{\mathrm{T}}\boldsymbol{G})\dot{\boldsymbol{y}}(t)$, $W_3(t)=-k(\boldsymbol{x}_0-\boldsymbol{b}_0)^{\mathrm{T}}(\boldsymbol{x}_0-\boldsymbol{b}_0)$, 于是有 $\dot{V}_3(t)=W_1(t)+W_2(t)+W_3(t)$. 将式 (3.37) 代入 $W_1(t)$ 可得

$$\begin{aligned}W_1(t)=&2\boldsymbol{\xi}^{\mathrm{T}}(t)[(\boldsymbol{D}(t)+\boldsymbol{\rho}(t))\boldsymbol{G}\boldsymbol{L}_1\otimes\boldsymbol{I}_n]\hat{\boldsymbol{A}}(\boldsymbol{L}_1\otimes\boldsymbol{I}_n)^{-1}\boldsymbol{\xi}(t)\\&-\boldsymbol{\xi}^{\mathrm{T}}(t)[(\boldsymbol{D}(t)+\boldsymbol{\rho}(t))(\boldsymbol{G}\boldsymbol{L}_1+\boldsymbol{L}_1^{\mathrm{T}}\boldsymbol{G})(\boldsymbol{D}(t)+\boldsymbol{\rho}(t))\otimes\boldsymbol{I}_n]\boldsymbol{\xi}(t)\\&+2\boldsymbol{\xi}^{\mathrm{T}}(t)[(\boldsymbol{D}(t)+\boldsymbol{\rho}(t))\boldsymbol{G}\boldsymbol{L}_1\otimes\boldsymbol{I}_n]\boldsymbol{y}(t)\end{aligned}$$

$$
\begin{aligned}
&+2\boldsymbol{\xi}^{\mathrm{T}}(t)[(\boldsymbol{D}(t)+\boldsymbol{\rho}(t))\boldsymbol{G}\boldsymbol{L}_1\otimes\boldsymbol{I}_n](\hat{\boldsymbol{A}}-\boldsymbol{I}_N\otimes\boldsymbol{A}_0)(\mathbf{1}\otimes(\boldsymbol{x}_0(t)-\boldsymbol{b}_0))\\
&+\boldsymbol{\xi}^{\mathrm{T}}(t)[(\boldsymbol{D}(t)+\boldsymbol{\rho}(t)-\alpha\boldsymbol{I}_N)\boldsymbol{G}\boldsymbol{\Phi}\otimes\boldsymbol{I}_n]\boldsymbol{\xi}(t),
\end{aligned}
\tag{3.42}
$$

其中, $\boldsymbol{\Phi}=\mathrm{diag}\{\phi_1,\phi_2,\cdots,\phi_N\}$. 由 Young 不等式可得

$$
\begin{aligned}
&2\boldsymbol{\xi}^{\mathrm{T}}(t)[(\boldsymbol{D}(t)+\boldsymbol{\rho}(t))\boldsymbol{G}\boldsymbol{L}_1\otimes\boldsymbol{I}_n]\hat{\boldsymbol{A}}(\boldsymbol{L}_1\otimes\boldsymbol{I}_n)^{-1}\boldsymbol{\xi}(t)\\
\leqslant&2\|\boldsymbol{\xi}^{\mathrm{T}}(t)[(\boldsymbol{D}(t)+\boldsymbol{\rho}(t))\otimes\boldsymbol{I}_n]\|\|(\boldsymbol{G}\boldsymbol{L}_1\otimes\boldsymbol{I}_n)\hat{\boldsymbol{A}}(\boldsymbol{L}_1\otimes\boldsymbol{I}_n)^{-1}\boldsymbol{\xi}(t)\|\\
\leqslant&\frac{\lambda_0}{4}\boldsymbol{\xi}^{\mathrm{T}}(t)[(\boldsymbol{D}(t)+\boldsymbol{\rho}(t))^2\otimes\boldsymbol{I}_n]\boldsymbol{\xi}(t)+\frac{4\theta^2\sigma_{\max}^2(\boldsymbol{L}_1)\max\{g_i\}^2}{\lambda_0\sigma_{\min}^2(\boldsymbol{L}_1)}\boldsymbol{\xi}^{\mathrm{T}}(t)\boldsymbol{\xi}(t)
\end{aligned}
\tag{3.43}
$$

及

$$
\begin{aligned}
&2\boldsymbol{\xi}^{\mathrm{T}}(t)[(\boldsymbol{D}(t)+\boldsymbol{\rho}(t))\boldsymbol{G}\boldsymbol{L}_1\otimes\boldsymbol{I}_n](\hat{\boldsymbol{A}}-\boldsymbol{I}_N\otimes\boldsymbol{A}_0)(\mathbf{1}\otimes(\boldsymbol{x}_0(t)-\boldsymbol{b}_0))\\
\leqslant&\frac{\lambda_0}{4}\boldsymbol{\xi}^{\mathrm{T}}(t)[(\boldsymbol{D}(t)+\boldsymbol{\rho}(t))^2\otimes\boldsymbol{I}_n]\boldsymbol{\xi}(t)\\
&+\frac{4N\eta\max\{g_i\}^2\sigma_{\max}^2(\boldsymbol{L}_1)}{\lambda_0}(\boldsymbol{x}_0(t)-\boldsymbol{b}_0)^{\mathrm{T}}(\boldsymbol{x}_0(t)-\boldsymbol{b}_0).
\end{aligned}
\tag{3.44}
$$

将式 (3.37) 代入 $W_2(t)$ 可得

$$
\begin{aligned}
W_2(t)=&\frac{2\sigma_I\max\{g_i\}^2}{\lambda_0}\boldsymbol{\xi}^{\mathrm{T}}(t)(\boldsymbol{L}_1\otimes\boldsymbol{I}_n)\hat{\boldsymbol{A}}(\boldsymbol{L}_1\otimes\boldsymbol{I}_n)^{-1}\boldsymbol{\xi}(t)\\
&-\frac{2\sigma_I\max\{g_i\}^2}{\lambda_0}\boldsymbol{\xi}^{\mathrm{T}}(t)[\boldsymbol{L}_1(\boldsymbol{D}(t)+\boldsymbol{\rho}(t))\otimes\boldsymbol{I}_n]\boldsymbol{\xi}(t)\\
&+\frac{2\sigma_I\max\{g_i\}^2}{\lambda_0}\boldsymbol{\xi}^{\mathrm{T}}(t)(\boldsymbol{L}_1\otimes\boldsymbol{I}_n)\boldsymbol{y}(t)\\
&+\frac{2\sigma_I\max\{g_i\}^2}{\lambda_0}\boldsymbol{\xi}^{\mathrm{T}}(t)(\boldsymbol{L}_1\otimes\boldsymbol{I}_n)(\hat{\boldsymbol{A}}-\boldsymbol{I}_N\otimes\boldsymbol{A}_0)(\mathbf{1}\otimes(\boldsymbol{x}_0(t)-\boldsymbol{b}_0))\\
&+2\sigma_I\boldsymbol{\xi}^{\mathrm{T}}(t)[(\boldsymbol{D}(t)+\boldsymbol{\rho}(t))\boldsymbol{G}\otimes\boldsymbol{I}_n]\boldsymbol{\xi}(t)-2\boldsymbol{y}^{\mathrm{T}}(t)(\boldsymbol{G}\boldsymbol{L}_1\otimes\boldsymbol{I}_n)\hat{\boldsymbol{A}}(\boldsymbol{L}_1\otimes\boldsymbol{I}_n)^{-1}\boldsymbol{\xi}(t)\\
&+2\boldsymbol{y}^{\mathrm{T}}(t)(\boldsymbol{G}\boldsymbol{L}_1(\boldsymbol{D}(t)+\boldsymbol{\rho}(t))\otimes\boldsymbol{I}_n)\boldsymbol{\xi}(t)-\boldsymbol{y}^{\mathrm{T}}(t)[(\boldsymbol{G}\boldsymbol{L}_1+\boldsymbol{L}_1^{\mathrm{T}}\boldsymbol{G})\otimes\boldsymbol{I}_n]\boldsymbol{y}(t)\\
&-2\boldsymbol{y}^{\mathrm{T}}(t)(\boldsymbol{G}\boldsymbol{L}_1\otimes\boldsymbol{I}_n)(\hat{\boldsymbol{A}}-\boldsymbol{I}_N\otimes\boldsymbol{A}_0)(\mathbf{1}\otimes(\boldsymbol{x}_0(t)-\boldsymbol{b}_0))\\
&-2\boldsymbol{y}^{\mathrm{T}}(t)((\boldsymbol{G}\boldsymbol{L}_1+\boldsymbol{L}_1^{\mathrm{T}}\boldsymbol{G})(\boldsymbol{D}(t)+\boldsymbol{\rho}(t))\otimes\boldsymbol{I}_n)\boldsymbol{\xi}(t).
\end{aligned}
\tag{3.45}
$$

由矩阵的范数性质可得

$$\begin{aligned}&\frac{2\sigma_I\max\{g_i\}^2}{\lambda_0}\boldsymbol{\xi}^{\mathrm{T}}(t)(\boldsymbol{L}_1\otimes\boldsymbol{I}_n)\hat{\boldsymbol{A}}(\boldsymbol{L}_1\otimes\boldsymbol{I}_n)^{-1}\boldsymbol{\xi}(t)\\ \leqslant&\frac{2\sigma_I\max\{g_i\}^2\theta\sigma_{\max}(\boldsymbol{L}_1)}{\lambda_0\sigma_{\min}(\boldsymbol{L}_1)}\boldsymbol{\xi}^{\mathrm{T}}(t)\boldsymbol{\xi}(t).\end{aligned}\tag{3.46}$$

由 Young 不等式可得

$$\begin{aligned}&-\frac{2\sigma_I\max\{g_i\}^2}{\lambda_0}\boldsymbol{\xi}^{\mathrm{T}}(t)[\boldsymbol{L}_1(\boldsymbol{D}(t)+\boldsymbol{\rho}(t))\otimes\boldsymbol{I}_n]\boldsymbol{\xi}(t)\\ \leqslant&\frac{\lambda_0}{4}\boldsymbol{\xi}^{\mathrm{T}}(t)[(\boldsymbol{D}(t)+\boldsymbol{\rho}(t))^2\otimes\boldsymbol{I}_n]\boldsymbol{\xi}(t)+\frac{4\sigma_I^2\max\{g_i\}^4\sigma_{\max}^2(\boldsymbol{L}_1)}{\lambda_0^3}\boldsymbol{\xi}^{\mathrm{T}}(t)\boldsymbol{\xi}(t),\end{aligned}\tag{3.47}$$

$$\begin{aligned}&\frac{2\sigma_I\max\{g_i\}^2}{\lambda_0}\boldsymbol{\xi}^{\mathrm{T}}(t)(\boldsymbol{L}_1\otimes\boldsymbol{I}_n)\boldsymbol{y}(t)\\ \leqslant&\frac{1}{3}\boldsymbol{y}^{\mathrm{T}}(t)[(\boldsymbol{G}\boldsymbol{L}_1+\boldsymbol{L}_1^{\mathrm{T}}\boldsymbol{G})\otimes\boldsymbol{I}_n]\boldsymbol{y}(t)+\frac{3\sigma_I^2\max\{g_i\}^4\sigma_{\max}^2(\boldsymbol{L}_1)}{\lambda_0^3}\boldsymbol{\xi}^{\mathrm{T}}(t)\boldsymbol{\xi}(t),\end{aligned}\tag{3.48}$$

$$\begin{aligned}&\frac{2\sigma_I\max\{g_i\}^2}{\lambda_0}\boldsymbol{\xi}^{\mathrm{T}}(t)(\boldsymbol{L}_1\otimes\boldsymbol{I}_n)(\hat{\boldsymbol{A}}-\boldsymbol{I}_N\otimes\boldsymbol{A}_0)(\boldsymbol{1}\otimes(\boldsymbol{x}_0(t)-\boldsymbol{b}_0))\\ \leqslant&\frac{\sigma_I^2\max\{g_i\}^2}{\lambda_0}\boldsymbol{\xi}^{\mathrm{T}}(t)\boldsymbol{\xi}(t)+\frac{N\eta\max\{g_i\}^2\sigma_{\max}^2(\boldsymbol{L}_1)}{\lambda_0}(\boldsymbol{x}_0(t)-\boldsymbol{b}_0)^{\mathrm{T}}(\boldsymbol{x}_0(t)-\boldsymbol{b}_0),\end{aligned}\tag{3.49}$$

$$\begin{aligned}&-2\boldsymbol{y}^{\mathrm{T}}(t)(\boldsymbol{G}\boldsymbol{L}_1\otimes\boldsymbol{I}_n)\hat{\boldsymbol{A}}(\boldsymbol{L}_1\otimes\boldsymbol{I}_n)^{-1}\boldsymbol{\xi}(t)\\ \leqslant&\frac{1}{3}\boldsymbol{y}^{\mathrm{T}}(t)[(\boldsymbol{G}\boldsymbol{L}_1+\boldsymbol{L}_1^{\mathrm{T}}\boldsymbol{G})\otimes\boldsymbol{I}_n]\boldsymbol{y}(t)+\frac{3\max\{g_i\}^2\theta^2\sigma_{\max}^2(\boldsymbol{L}_1)}{\lambda_0\sigma_{\min}^2(\boldsymbol{L}_1)}\boldsymbol{\xi}^{\mathrm{T}}(t)\boldsymbol{\xi}(t)\end{aligned}\tag{3.50}$$

及

$$\begin{aligned}&-2\boldsymbol{y}^{\mathrm{T}}(t)(\boldsymbol{G}\boldsymbol{L}_1\otimes\boldsymbol{I}_n)(\hat{\boldsymbol{A}}-\boldsymbol{I}_N\otimes\boldsymbol{A}_0)(\boldsymbol{1}\otimes(\boldsymbol{x}_0(t)-\boldsymbol{b}_0))\\ \leqslant&\ \frac{1}{3}\boldsymbol{y}^{\mathrm{T}}(t)[(\boldsymbol{G}\boldsymbol{L}_1+\boldsymbol{L}_1^{\mathrm{T}}\boldsymbol{G})\otimes\boldsymbol{I}_n]\boldsymbol{y}(t)\\ &+\frac{3N\eta\max\{g_i\}^2\sigma_{\max}^2(\boldsymbol{L}_1)}{\lambda_0}(\boldsymbol{x}_0(t)-\boldsymbol{b}_0)^{\mathrm{T}}(\boldsymbol{x}_0(t)-\boldsymbol{b}_0).\end{aligned}\tag{3.51}$$

通过上述对 $W_1(t)$ 和 $W_2(t)$ 的分析, 有

$$\begin{aligned}\dot{V}_3(t)\leqslant&-\boldsymbol{\xi}^{\mathrm{T}}(t)[(\frac{\lambda_0}{4}(\boldsymbol{D}(t)+\boldsymbol{\rho}(t))^2+\hat{\alpha}\boldsymbol{G})\otimes\boldsymbol{I}_n]\boldsymbol{\xi}(t)\\ &+(2\sigma_I+1)\boldsymbol{\xi}^{\mathrm{T}}(t)[(\boldsymbol{D}(t)+\boldsymbol{\rho}(t))\boldsymbol{G}\boldsymbol{\Phi}\otimes\boldsymbol{I}_n]\boldsymbol{\xi}(t)\end{aligned}\tag{3.52}$$

$$\leqslant -\boldsymbol{\xi}^{\mathrm{T}}(t)[(\boldsymbol{D}(t)+\boldsymbol{\rho}(t))\boldsymbol{G}\boldsymbol{\Phi}\otimes \boldsymbol{I}_n]\boldsymbol{\xi}(t)\leqslant 0.$$

因此, $V_3(t)$ 有界, 一致性误差 $\boldsymbol{\xi}(t)$、积分状态 $\boldsymbol{z}(t)$ 及自适应增益 $d_i(t)$ 也有界. 由于 $\dot{V}_3(t)\leqslant -\boldsymbol{\xi}^{\mathrm{T}}(t)[(\boldsymbol{D}(t)+\boldsymbol{\rho}(t))[\boldsymbol{G}\boldsymbol{\Phi}\otimes \boldsymbol{I}_n]\boldsymbol{\xi}(t)\leqslant -\boldsymbol{G}\boldsymbol{\Phi}\otimes \boldsymbol{I}_n]\boldsymbol{\xi}(t)$, 对此不等式两边积分可得

$$\int_0^{\infty}\boldsymbol{\xi}^{\mathrm{T}}(t)[\boldsymbol{G}\boldsymbol{\Phi}\otimes \boldsymbol{I}_n]\boldsymbol{\xi}(t)\mathrm{d}t\leqslant V_3(0)-V_3(\infty).$$

又由于 $2\boldsymbol{\xi}^{\mathrm{T}}(t)[\boldsymbol{G}\boldsymbol{\Phi}\otimes \boldsymbol{I}_n]\dot{\boldsymbol{\xi}}(t)$ 有界, 由 Barbalat 引理可知, 一致性误差 $\boldsymbol{\xi}(t)$ 渐近收敛到零向量. 进一步地, 由式 (3.37) 中 $\boldsymbol{z}(t)$ 和 $d_i(t)$ 的动态可知, $\dot{\boldsymbol{z}}(t)$ 与 $\dot{d}_i(t)$ 收敛到零, 结合 $\boldsymbol{z}(t)$ 和 $d_i(t)$ 的有界性可得, 积分状态 $\boldsymbol{z}(t)$ 和自适应增益 $d_i(t)$ 收敛到有限的稳态值. □

注解 3.9 定理 3.3 表明分布式自适应协议 (3.35) 可以实现式 (3.33) 中描述的异质线性群体智能系统的一致性, 且一致性最终值收敛到虚拟领航者的平衡点 $\boldsymbol{b}_0$. 需要注意的是, σ_I 和 ϕ_i 取值越大, 积分状态 $\boldsymbol{z}_i(t)$ 和自适应增益 $d_i(t)$ 也就越大, 其优点在于收敛速度快, 而缺点在于控制输入的超调量变大.

注解 3.10 与 3.1.2 节中同质系统的一致性协议 (3.6) 相比, 协议 (3.35) 引入了额外的积分环节, 其作用在于消除稳态误差, 这也是协议 (3.35) 适用于异质群体智能系统一致性的根源. 与文献 [28] 和 [29] 中需要用到通信拓扑图 Laplace 矩阵的特征值信息, 且仅适用于无向通信拓扑图的静态一致性协议相比, 自适应协议 (3.35) 引入自适应增益 $d_i(t)$ 来估计通信拓扑图连通度信息与耦合增益, 并引入加性非线性函数 $\rho_i(t)$ 来处理有向通信拓扑图非对称 Laplace 矩阵的影响, 因此可以适用于有向通信拓扑图, 且仅需使用邻居智能体之间的相对状态信息, 是完全分布式的一致性协议. 需要注意的是, 自适应增益 $d_i(t)$ 和加性非线性函数 $\rho_i(t)$ 的引入不仅解决了有向通信拓扑图连通度未知难题, 而且处理了系统矩阵 $\boldsymbol{A}_i$ 的异构特性, 因此适用于异质多智能体系统一致性问题; 其代价是要求输入矩阵 $\boldsymbol{B}_i$ 行满秩. 如何在不要求输入矩阵 $\boldsymbol{B}_i$ 行满秩情形下设计适用于有向拓扑图的完全分布式自适应一致性协议, 有待进一步研究.

3.3.3 仿真分析

考虑一个由六个智能体组成的群体智能系统, 其模型由式 (3.33) 描述. 各个结点的系统矩阵取为 $\boldsymbol{A}_1=\boldsymbol{A}_4=\begin{bmatrix}0 & 1\\ -1 & 0\end{bmatrix}$ (临界稳定), $\boldsymbol{A}_2=\boldsymbol{A}_5=\begin{bmatrix}-1.5 & 0\\ -1 & -1\end{bmatrix}$ (稳定), $\boldsymbol{A}_3=\boldsymbol{A}_6=\begin{bmatrix}1 & 1\\ 0 & 0.5\end{bmatrix}$ (不稳定), 输入矩阵 $\boldsymbol{B}_1=\boldsymbol{B}_2=\begin{bmatrix}1 & 1 & 0\\ 0 & 2 & 1\end{bmatrix}$,

$\boldsymbol{B}_3 = \boldsymbol{B}_4 = \begin{bmatrix} 1 & 1 \\ 0 & 1 \end{bmatrix}$, $\boldsymbol{B}_5 = \boldsymbol{B}_6 = \begin{bmatrix} 0 & 1 & 1 \\ 2 & 0 & 1 \end{bmatrix}$. 虚拟领航者的系统矩阵取为 $\boldsymbol{A}_0 = \begin{bmatrix} -1 & 1 \\ -1 & -2 \end{bmatrix}$, 显然 $\boldsymbol{A}_0$ 是 Hurwitz 的. 最终一致性状态取为 $\boldsymbol{b}_0 = [20\ 10]$.

图 3.12 给出了满足假设 3.4 的智能体通信拓扑图. 在自适应比例-积分 (PI) 协议 (3.35) 中取 $\sigma_I = 1$, $\phi_i = 0.01$, 智能体状态的初值随机选取. 此外, 选取反馈增益矩阵

$$\boldsymbol{K}_1 = \boldsymbol{K}_2 = \begin{bmatrix} 0.8333 & -0.3333 \\ 0.1667 & 0.3333 \\ -0.3333 & 0.3333 \end{bmatrix}, \quad \boldsymbol{K}_3 = \boldsymbol{K}_4 = \begin{bmatrix} 1 & -1 \\ 0 & 1 \end{bmatrix},$$

$$\boldsymbol{K}_5 = \boldsymbol{K}_6 = \begin{bmatrix} -0.2222 & 0.4444 \\ 0.5556 & -0.1111 \\ 0.4444 & 0.1111 \end{bmatrix}.$$

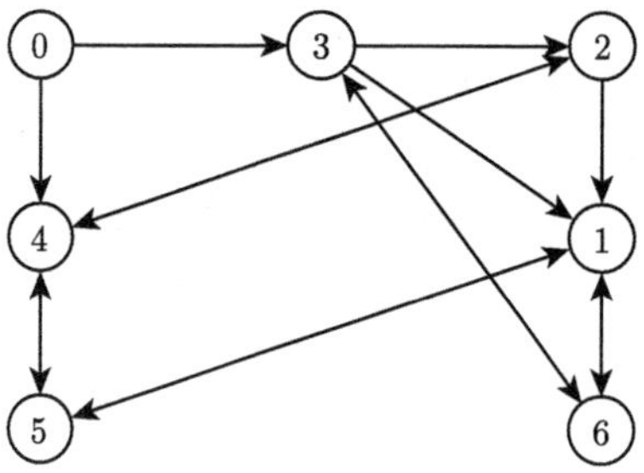

图 3.12 有向领从图 $\mathcal{G}$

图 3.13 给出了在协议 (3.35) 下智能体状态的轨迹, 表明一致性得以实现. 积分状态 $\boldsymbol{z}_i(t)$ 和自适应增益 $d_i(t)$ 分别在图 3.14 和图 3.15 中给出, 可以看出 $\boldsymbol{z}_i(t)$ 和 $d_i(t)$ 都收敛到有限的稳态值.

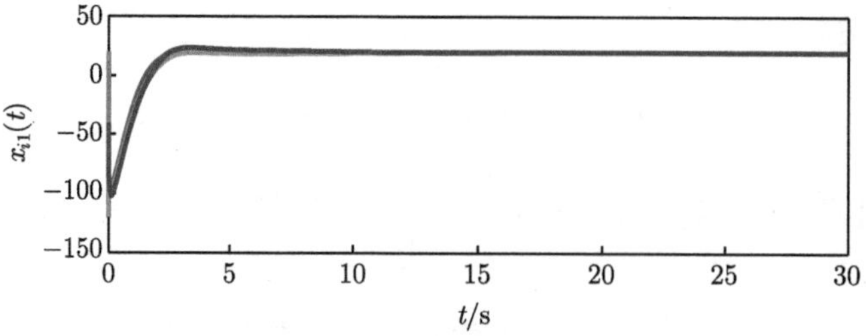

(a) $x_{i1}(t)$

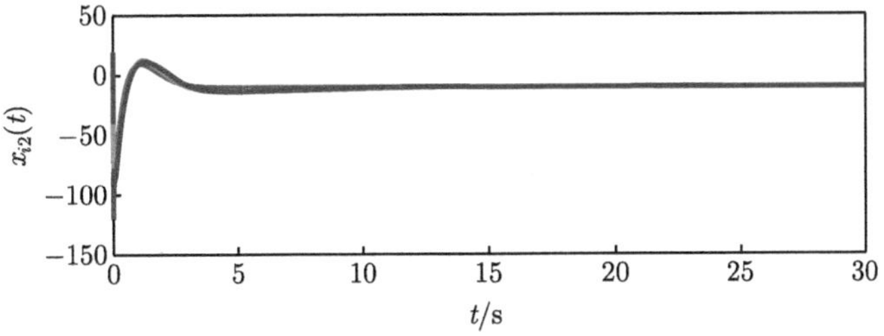

(b) $x_{i2}(t)$

图 3.13 自适应协议 (3.35) 下的状态 $\boldsymbol{x}_i(t)$

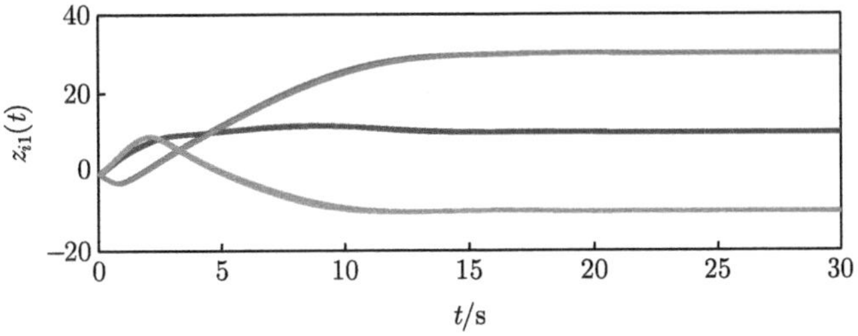

(a) $z_{i1}(t)$

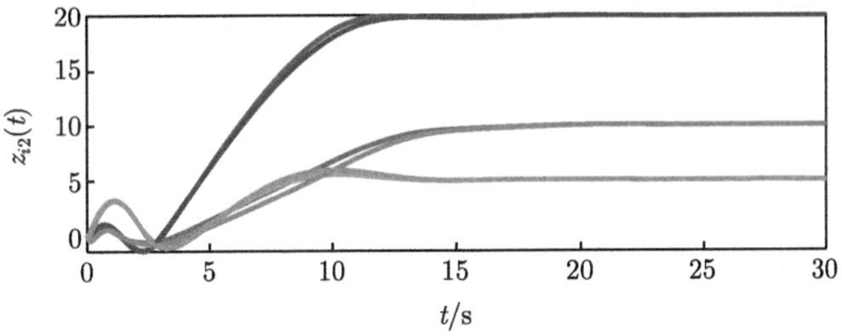

(b) $z_{i2}(t)$

图 3.14 自适应协议 (3.35) 下的积分状态 $\boldsymbol{z}_i(t)$

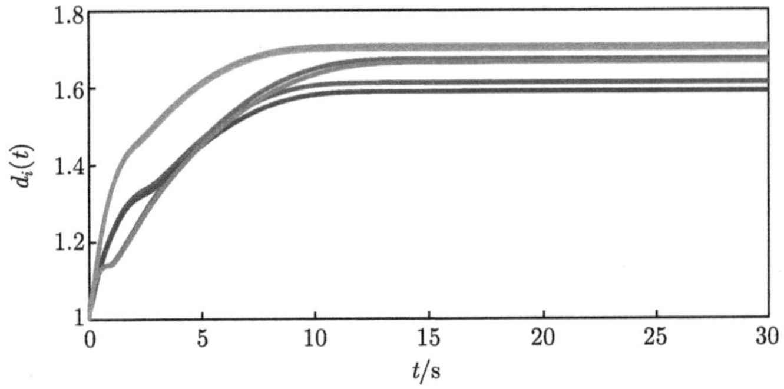

图 3.15 自适应协议 (3.35) 下的自适应增益 $d_i(t)$

3.4 本章小结

本章给出了基于自适应参数的完全分布式一致性协议设计方法. 首先介绍了线性群体智能系统在有向通信拓扑图下基于状态反馈的完全分布式自适应协议, 通过引入自适应参数来估计全局拓扑图的特征值信息处理通信拓扑图的 Laplace 矩阵特征值信息未知对一致性实现的影响, 从而避免了在分布式协议的实施中使用全局信息, 以完全分布式的方式实现了线性群体智能系统的一致性. 然后介绍了线性群体智能系统在有向通信拓扑图下基于相对输出反馈的完全分布式自适应协议. 最后给出了异质线性群体智能系统的完全分布式 PI 自适应协议设计方法. 3.1 节和 3.2 节主要介绍了强连通有向通信拓扑图下的线性群体智能系统完全分布式一致性控制方法, 相关的拓展研究如设计基于纯相对输出反馈的完全分布式一致性协议、领航者带未知输入的完全分布式一致性追踪控制等, 感兴趣的读者可以进一步参阅文献 [42] 和 [44].

第 4 章

群体智能系统协同自适应抗饱和一致性控制

群体智能系统协同控制在实际应用中还需要考虑执行器输入饱和的约束. 在物理系统中, 执行器功率不能无限增大, 当分布式控制器触及执行机构的饱和上限时, 很有可能导致执行机构的损坏, 并引发协同任务的失败. 因此, 亟须研究输入饱和约束下的完全分布式协同控制方法, 以满足实际系统运行时的执行器能力限制. 本章首先从无向通信图出发建立线性群体智能系统完全分布式抗饱和协同控制算法, 并进一步研究有向通信图下的抗饱和协同自适应控制方法及异质群体智能系统完全分布式抗饱和协同控制方法.

4.1 无向通信图下线性群体智能系统协同自适应抗饱和一致性控制

输入饱和约束本质上是对控制输入引入了一个额外的非线性函数, 在考虑完全分布式自适应协同控制时, 自适应增益引发的非线性与输入饱和非线性的强耦合, 使得完全分布式抗饱和协同自适应控制器设计尤为困难. 因此, 本节的重点在于提出自适应控制与抗饱和控制的解耦策略, 从而实现完全分布式抗饱和协同自适应控制器设计.

4.1.1 问题描述

考虑带输入饱和的群体智能系统, 其动态为

$$\begin{aligned} \dot{\boldsymbol{x}}_i(t) &= \boldsymbol{A}\boldsymbol{x}_i(t) + \boldsymbol{B}\mathrm{sat}_\sigma(\boldsymbol{u}_i(t)), \\ \boldsymbol{y}_i(t) &= \boldsymbol{C}\boldsymbol{x}_i(t), \quad i = 1, 2, \cdots, N, \end{aligned} \tag{4.1}$$

其中, $\boldsymbol{x}_i(t) \in \mathbb{R}^n$、$\boldsymbol{u}_i(t) \in \mathbb{R}^p$ 和 $\boldsymbol{y}_i(t) \in \mathbb{R}^m$ 分别为第 i 个智能体的状态向量、输入向量和输出向量; 矩阵 $\boldsymbol{A}$、$\boldsymbol{B}$ 和 $\boldsymbol{C}$ 分别为动态矩阵、输入矩阵和输出矩阵; $\mathrm{sat}_\sigma(\boldsymbol{u}_i(t)) = [\mathrm{sat}_\sigma(u_{i1}(t)), \mathrm{sat}_\sigma(u_{i2}(t)), \cdots, \mathrm{sat}_\sigma(u_{ip}(t))]^{\mathrm{T}}$ 为输入饱和向量, 其定义为

$$\mathrm{sat}_\sigma(s(t)) = \begin{cases} s(t), & |s(t)| < \sigma, \\ \mathrm{sgn}(s(t))\sigma, & |s(t)| \geqslant \sigma, \end{cases}$$

其中, $\sigma > 0$ 为控制输入上界.

假设 4.1 系统矩阵 $\boldsymbol{A}$ 的所有特征值都在闭左半平面, 也即 $\boldsymbol{A}$ 没有实部为正数的特征值. $(\boldsymbol{A}, \boldsymbol{B}, \boldsymbol{C})$ 是可镇定且可检测的.

注解 4.1 假设 4.1是线性动态输出反馈下实现半全局稳定的充分性条件[181], 其由有界控制下渐近零可控 (asymptotically null controllable with bounded controls, ANCBC) 条件与 $(\boldsymbol{A}, \boldsymbol{C})$ 可检测条件组成.

本节中考虑智能体之间的通信拓扑图 $\mathcal{G}$ 满足如下假设.

假设 4.2 通信拓扑图 $\mathcal{G}$ 是无向连通图.

输入饱和下的群体智能系统完全分布式一致性问题定义如下.

定义4.1 设计如下形式的内部状态 $\boldsymbol{\varrho}_i(t)$ 和分布式控制器 $\boldsymbol{u}_i(t)(i = 1, 2, \cdots, N)$:

$$\begin{aligned} \dot{\boldsymbol{\varrho}}_i(t) =& \boldsymbol{h}_i\Big(\boldsymbol{\varrho}_i(t), \sum_{j=1}^{N} a_{ij}(\boldsymbol{\varrho}_i(t) - \boldsymbol{\varrho}_j(t)), \boldsymbol{y}_i(t), \sum_{j=1}^{N} a_{ij}(\boldsymbol{y}_i(t) - \boldsymbol{y}_j(t))\Big), \\ \boldsymbol{u}_i(t) =& \boldsymbol{k}_i\Big(\boldsymbol{\varrho}_i(t), \sum_{j=1}^{N} a_{ij}(\boldsymbol{\varrho}_i(t) - \boldsymbol{\varrho}_j(t)), \boldsymbol{y}_i(t), \sum_{j=1}^{N} a_{ij}(\boldsymbol{y}_i(t) - \boldsymbol{y}_j(t))\Big), \end{aligned}$$

使得对任意初值 $\boldsymbol{x}_i(t_0)$, 都有当 $t \to \infty$ 时, $\|\boldsymbol{x}_i(t) - \boldsymbol{x}_j(t)\| \to 0$, 其中 $\boldsymbol{h}_i(\cdot)$ 和 $\boldsymbol{k}_i(\cdot)$ 是与全局拓扑图连通度信息无关的非线性函数.

在设计控制器之前, 首先介绍如下重要引理.

引理 4.1[182] 对于以下满足 ANCBC 条件的系统:

$$\dot{\boldsymbol{z}}(t) = \boldsymbol{A}\boldsymbol{z}(t) + \boldsymbol{B}\left[\mathrm{sat}_\sigma(\boldsymbol{u}(t) + \boldsymbol{h}(t)) - \boldsymbol{h}(t)\right],$$

存在满足全局 Lipschitz 条件的反馈控制器 $\boldsymbol{u}(t) = \boldsymbol{f}(\boldsymbol{z}(t))$ 使得当 $\boldsymbol{h}(t) \in \mathbb{L}_2$ 时 $\boldsymbol{z}(t) \in \mathbb{L}_2$. 进一步地, 控制器 $\boldsymbol{u}(t)$ 可以设计为如下多层饱和反馈控制算法.

注解 4.2 算法 4.1 构造了一个 m_1 层的饱和反馈控制器, 其计算复杂度取决于零实部特征值对应最大的维数 m_1. 当 $\boldsymbol{A}$ 是 Hurwitz 矩阵时, $m_1 \in \{0, 1\}$, 此时可以简单选取控制器为 $\boldsymbol{f}(\boldsymbol{z}(t)) = -\boldsymbol{B}^{\mathrm{T}}\bar{\boldsymbol{P}}\boldsymbol{z}(t)$, $\bar{\boldsymbol{P}}$ 是 $\boldsymbol{A}^{\mathrm{T}}\bar{\boldsymbol{P}} + \bar{\boldsymbol{P}}\boldsymbol{A} \leqslant \boldsymbol{0}$ 的正定解.

算法 4.1 多层饱和反馈控制器[183]

(1) 令 $\bar{\boldsymbol{A}}=\boldsymbol{T}\boldsymbol{A}\boldsymbol{T}^{-1}=\operatorname{diag}(\boldsymbol{J}_1,\boldsymbol{J}_2,\cdots,\boldsymbol{J}_q,\ \boldsymbol{J}_{q+1})$ 为 $\boldsymbol{A}$ 若尔当标准形, 其中 $\boldsymbol{T}$ 为变换矩阵, $\boldsymbol{J}_{q+1}$ 为包含 $\boldsymbol{A}$ 矩阵所有负实部特征值的若尔当块, $\boldsymbol{J}_i\in\mathbb{R}^{m_i\times m_i}$ 为零实部特征值 $\lambda_i(\boldsymbol{A})$ 的若尔当块, 且满足 $m_1\geqslant m_2\geqslant\cdots\geqslant m_q$. 于是有非奇异线性变换 $\bar{\boldsymbol{z}}(t)=\boldsymbol{T}\boldsymbol{z}(t)$.

(2) 将状态 $\bar{\boldsymbol{z}}(t)=[\bar{\boldsymbol{z}}_1^{\mathrm{T}}(t),\bar{\boldsymbol{z}}_2^{\mathrm{T}}(t),\cdots,\bar{\boldsymbol{z}}_{q+1}^{\mathrm{T}}(t)]^{\mathrm{T}}$ 重排为 $\hat{\boldsymbol{z}}(t)=[\hat{\boldsymbol{z}}_1^{\mathrm{T}}(t),\hat{\boldsymbol{z}}_2^{\mathrm{T}}(t),\cdots,\hat{\boldsymbol{z}}_{m_1}^{\mathrm{T}}(t)]^{\mathrm{T}}$, 其中 $\hat{\boldsymbol{z}}_{m_1-i}(t)=[\bar{z}_{1,m_1-i}(t),\cdots,\bar{z}_{q,m_q-i}(t)]^{\mathrm{T}}$, $i=1,2,\cdots,m_1-1$ (若 $m_j\leqslant i$, $\bar{z}_{j,m_j-i}(t)$ 为空), 并且 $\hat{\boldsymbol{z}}_{m_1}(t)=[\bar{z}_{1,m_1}(t),\cdots,\bar{z}_{q,m_q}(t),\bar{\boldsymbol{z}}_{q+1}^{\mathrm{T}}(t)]^{\mathrm{T}}$.

(3) 令 $\hat{\boldsymbol{Z}}_i(t)=[\hat{\boldsymbol{z}}_i^{\mathrm{T}}(t),\cdots,\hat{\boldsymbol{z}}_{m_1}^{\mathrm{T}}(t)]^{\mathrm{T}}$, $i=1,2,\cdots,m_1$, 则有 $\dot{\hat{\boldsymbol{Z}}}_i(t)=\hat{\boldsymbol{A}}_i\hat{\boldsymbol{Z}}_i(t)+\hat{\boldsymbol{B}}_i[\operatorname{sat}_\sigma(\boldsymbol{u}(t)+\boldsymbol{h}(t))-\boldsymbol{h}(t)]$.

(4) 令 $\boldsymbol{g}_{m_1}(t)=-\hat{\boldsymbol{B}}_{m_1}^{\mathrm{T}}\boldsymbol{P}_{m_1}\hat{\boldsymbol{Z}}_{m_1}(t)$, 其中 $\boldsymbol{P}_{m_1}$ 是 $\hat{\boldsymbol{A}}_{m_1}^{\mathrm{T}}\boldsymbol{P}_{m_1}+\boldsymbol{P}_{m_1}\hat{\boldsymbol{A}}_{m_1}\leqslant\boldsymbol{0}$ 的正定解.

(5) 令 $\boldsymbol{g}_i(t)=-\hat{\boldsymbol{B}}_i^{\mathrm{T}}\boldsymbol{P}_i\hat{\boldsymbol{Z}}_i(t)$, 其中 $\boldsymbol{P}_i$ 是 $\tilde{\boldsymbol{A}}_i^{\mathrm{T}}\boldsymbol{P}_i+\boldsymbol{P}_i\tilde{\boldsymbol{A}}_i\leqslant\boldsymbol{0}$ 的正定解, $\tilde{\boldsymbol{A}}_i=\hat{\boldsymbol{A}}_i+\dfrac{\partial}{\partial\hat{\boldsymbol{Z}}_i}\left(\hat{\boldsymbol{B}}_i\sum\limits_{j=i+1}^{m_1}\boldsymbol{g}_j(t)\right),i=m_1-1,\cdots,1$.

(6) 令 $\boldsymbol{f}_i(t)=\mu_i\operatorname{sat}_\sigma\left(\dfrac{\boldsymbol{g}_i(t)+\boldsymbol{f}_{i-1}(t)}{\mu_i}\right),i=1,2,\cdots,m_1$, 其中 μ_i 是充分小的常数, $\boldsymbol{f}_0(t)=\boldsymbol{0}$. 取 $\boldsymbol{f}(\boldsymbol{z}(t))=\boldsymbol{f}_{m_1}(t)$.

4.1.2 协议设计

基于邻居智能体之间的相对输出信息, 设计如下分布式自适应抗饱和观测器:

$$
\begin{aligned}
\dot{\boldsymbol{v}}_i(t)=&(\boldsymbol{A}+\boldsymbol{B}\boldsymbol{K})\boldsymbol{v}_i(t)+\boldsymbol{F}\sum_{j=1}^{N}a_{ij}c_{ij}(t)[\boldsymbol{C}(\boldsymbol{v}_i(t)-\boldsymbol{v}_j(t))\\
&+\boldsymbol{C}(\boldsymbol{w}_i(t)-\boldsymbol{w}_j(t))-(\boldsymbol{y}_i(t)-\boldsymbol{y}_j(t))],\\
\dot{\boldsymbol{w}}_i(t)=&\boldsymbol{A}\boldsymbol{w}_i(t)+\boldsymbol{B}[\operatorname{sat}_\sigma(\boldsymbol{u}_i(t))-\boldsymbol{K}\boldsymbol{v}_i(t)],\\
\dot{c}_{ij}(t)=&\mu_{ij}a_{ij}\|\boldsymbol{C}(\boldsymbol{v}_i(t)-\boldsymbol{v}_j(t))+\boldsymbol{C}(\boldsymbol{w}_i(t)\\
&-\boldsymbol{w}_j(t))-(\boldsymbol{y}_i(t)-\boldsymbol{y}_j(t))\|^2,
\end{aligned}
\tag{4.2}
$$

其中, $\boldsymbol{v}_i(t)$ 和 $\boldsymbol{w}_i(t)$ 分别为智能体 i 的分布式观测器和抗饱和补偿器; $c_{ij}(t)$ 为作用在边 (i,j) 上的自适应耦合增益, 其初值满足 $c_{ij}(0)=c_{ji}(0)>0$; μ_{ij} 为满足 $\mu_{ij}=\mu_{ji}$ 的正的常数; $\boldsymbol{K}$ 和 $\boldsymbol{F}$ 为反馈增益矩阵.

定义 $\boldsymbol{\eta}_i(t)=\boldsymbol{x}_i(t)-\boldsymbol{v}_i(t)-\boldsymbol{w}_i(t)$ 是内部状态, 其动态为

$$
\begin{aligned}
\dot{\boldsymbol{\eta}}_i(t)=&\boldsymbol{A}\boldsymbol{\eta}_i(t)+\boldsymbol{F}\boldsymbol{C}\sum_{j=1}^{N}a_{ij}c_{ij}(t)(\boldsymbol{\eta}_i(t)-\boldsymbol{\eta}_j(t)),\\
\dot{c}_{ij}(t)=&\mu_{ij}a_{ij}\|\boldsymbol{C}(\boldsymbol{\eta}_i(t)-\boldsymbol{\eta}_j(t))\|^2.
\end{aligned}
\tag{4.3}
$$

以下定理给出了实现 $\boldsymbol{\eta}_i(t)$ 一致性的反馈增益矩阵 $\boldsymbol{F}$ 的设计方法.

定理 4.1 [37]　若假设 4.1 和假设 4.2 成立, 选择 $\boldsymbol{F}=-\boldsymbol{Q}^{-1}\boldsymbol{C}^{\mathrm{T}}$, 其中 $\boldsymbol{Q}>0$ 是线性矩阵不等式

$$\boldsymbol{Q}\boldsymbol{A}+\boldsymbol{A}^{\mathrm{T}}\boldsymbol{Q}-2\boldsymbol{C}^{\mathrm{T}}\boldsymbol{C}<\boldsymbol{0} \tag{4.4}$$

的正定解, 则内部状态 $\boldsymbol{\eta}_i(t)$ 可以实现一致性. 此外, 自适应耦合增益 $c_{ij}(t)$ 收敛到有限的常数值.

证明:　令 $\boldsymbol{e}_i(t)=\boldsymbol{\eta}_i(t)-\dfrac{1}{N}\sum\limits_{j=1}^{N}\boldsymbol{\eta}_j(t)$ 为 $\boldsymbol{\eta}_i(t)$ 的一致性误差, 并令 $\boldsymbol{e}(t)=[\boldsymbol{e}_1^{\mathrm{T}}(t),\boldsymbol{e}_2^{\mathrm{T}}(t),\cdots,\boldsymbol{e}_N^{\mathrm{T}}(t)]^{\mathrm{T}}$, 考虑 Lyapunov 函数:

$$V_1(t)=\frac{1}{2}\sum_{i=1}^{N}\boldsymbol{e}_i^{\mathrm{T}}(t)\boldsymbol{Q}\boldsymbol{e}_i(t)+\sum_{i=1}^{N}\sum_{j=1,j\neq i}^{N}\frac{(c_{ij}(t)-\alpha)^2}{4\mu_{ij}}, \tag{4.5}$$

其中, $\alpha\geqslant\dfrac{1}{\lambda_2(\boldsymbol{L})}$, $\lambda_2(\boldsymbol{L})$ 为 Laplace 矩阵 $\boldsymbol{L}$ 的最小非零特征值.

$V_1(t)$ 对时间的导数为

$$\begin{aligned}
\dot{V}_1(t)=&\sum_{i=1}^{N}[\boldsymbol{e}_i^{\mathrm{T}}(t)\boldsymbol{Q}\boldsymbol{A}\boldsymbol{e}_i(t)-\boldsymbol{e}_i^{\mathrm{T}}(t)\sum_{j=1}^{N}a_{ij}c_{ij}(t)\boldsymbol{C}^{\mathrm{T}}\boldsymbol{C}(\boldsymbol{e}_i(t)\\
&-\boldsymbol{e}_j(t))]+\frac{1}{2}\sum_{i=1}^{N}\sum_{\substack{j=1\\j\neq i}}^{N}(c_{ij}(t)-\alpha)a_{ij}(\boldsymbol{e}_i(t)\\
&-\boldsymbol{e}_j(t))^{\mathrm{T}}\boldsymbol{C}^{\mathrm{T}}\boldsymbol{C}(\boldsymbol{e}_i(t)-\boldsymbol{e}_j(t))\\
=&\sum_{i=1}^{N}[\boldsymbol{e}_i^{\mathrm{T}}(t)\boldsymbol{Q}\boldsymbol{A}\boldsymbol{e}_i(t)-\alpha\boldsymbol{e}_i^{\mathrm{T}}(t)\boldsymbol{C}^{\mathrm{T}}\boldsymbol{C}\sum_{j=1}^{N}a_{ij}(\boldsymbol{e}_i(t)-\boldsymbol{e}_j(t))]\\
\leqslant&\frac{1}{2}\boldsymbol{e}^{\mathrm{T}}(t)[\boldsymbol{I}_N\otimes(\boldsymbol{Q}\boldsymbol{A}+\boldsymbol{A}^{\mathrm{T}}\boldsymbol{Q}-2\boldsymbol{C}^{\mathrm{T}}\boldsymbol{C})]\boldsymbol{e}(t)\\
\leqslant&0,
\end{aligned} \tag{4.6}$$

其中, 第二个等式由 a_{ij} 和 $c_{ij}(t)$ 的对称性及

$$\begin{aligned}
&\frac{1}{2}\sum_{i=1}^{N}\sum_{\substack{j=1\\j\neq i}}^{N}(c_{ij}(t)-\alpha)a_{ij}(\boldsymbol{e}_i(t)-\boldsymbol{e}_j(t))^{\mathrm{T}}\boldsymbol{C}^{\mathrm{T}}\boldsymbol{C}(\boldsymbol{e}_i(t)-\boldsymbol{e}_j(t))\\
=&\sum_{i=1}^{N}\boldsymbol{e}_i^{\mathrm{T}}(t)\boldsymbol{C}^{\mathrm{T}}\boldsymbol{C}\sum_{j=1}^{N}a_{ij}(c_{ij}(t)-\alpha)(\boldsymbol{e}_i(t)-\boldsymbol{e}_j(t))
\end{aligned}$$

得出.

由式 (4.6) 可知 $V_1(t)$ 有界, 因此 $\boldsymbol{e}_i(t)$ 和 $c_{ij}(t)$ 也有界. 又因为 $\dot{V}_1(t)\equiv 0$ 等价于 $\boldsymbol{e}(t)\equiv\boldsymbol{0}$, 由 LaSalle 不变集原理可知, $\boldsymbol{e}(t)\to\boldsymbol{0}$, 也即 $\boldsymbol{\eta}_i(t)$ 实现一致性. $c_{ij}(t)$ 的导数非负且 $c_{ij}(t)$ 有界, 因此自适应耦合增益 $c_{ij}(t)$ 收敛到有限的常值. ■

以下定理给出了分布式自适应抗饱和控制器 $\boldsymbol{u}_i(t)$ 的设计方法.

定理 4.2 若假设 4.1 和假设 4.2 成立, 选择控制器为

$$\boldsymbol{u}_i(t)=\boldsymbol{K}\boldsymbol{v}_i(t)+\boldsymbol{f}(\boldsymbol{w}_i(t)), \tag{4.7}$$

其中, $\boldsymbol{K}$ 为使 $\boldsymbol{A}+\boldsymbol{B}\boldsymbol{K}$ 稳定的增益矩阵; $\boldsymbol{f}(\boldsymbol{w}_i(t))$ 由算法 4.1 设计, 则式 (4.1) 中的 N 个智能体可以实现一致性.

证明: 由式 (4.6) 可得 $V_1(t)$ 单调不增, 且在 $t\to\infty$ 时有极限 V_1^{∞}. 对式 (4.6) 的第三个不等式两端积分可得

$$-\int_0^{\infty}\frac{1}{2}\boldsymbol{e}^{\mathrm{T}}(t)[\boldsymbol{I}_N\otimes(\boldsymbol{Q}\boldsymbol{A}+\boldsymbol{A}^{\mathrm{T}}\boldsymbol{Q}-2\boldsymbol{C}^{\mathrm{T}}\boldsymbol{C})]\boldsymbol{e}^{\mathrm{T}}(t)\leqslant V_1(0)-V_1^{\infty}.$$

因此, $\boldsymbol{e}(t)\in\mathbb{L}_2$, 也即 $\boldsymbol{e}_i(t)\in\mathbb{L}_2$.

接下来证明 $\boldsymbol{v}_i(t)\in\mathbb{L}_2$ 和 $\boldsymbol{w}_i(t)\in\mathbb{L}_2$. 由 $\boldsymbol{e}_i(t)\in\mathbb{L}_2$ 可知 $c_{ij}(t)$ 有界, 从而有 $\boldsymbol{F}\sum\limits_{j=1}^{N}a_{ij}c_{ij}(t)\boldsymbol{C}(\boldsymbol{e}_i(t)-\boldsymbol{e}_j(t))\in\mathbb{L}_2$. 由于 $\boldsymbol{A}+\boldsymbol{B}\boldsymbol{K}$ 稳定, 由式 (4.2) 中 $\boldsymbol{v}_i(t)$ 的动态可得 $\boldsymbol{v}_i(t)\in\mathbb{L}_2$. 由引理 4.1 及 $\boldsymbol{K}\boldsymbol{v}_i(t)\in\mathbb{L}_2$ 可得 $\boldsymbol{w}_i(t)\in\mathbb{L}_2$.

令 $\boldsymbol{\xi}_i(t)=\boldsymbol{x}_i(t)-\dfrac{1}{N}\sum\limits_{j=1}^{N}\boldsymbol{x}_j(t)$, 则有 $\boldsymbol{\xi}_i(t)=\boldsymbol{e}_i(t)+\boldsymbol{v}_i(t)+\boldsymbol{w}_i(t)+\dfrac{1}{N}\sum\limits_{j=1}^{N}(\boldsymbol{v}_j(t)+\boldsymbol{w}_j(t))\in\mathbb{L}_2$, 也即一致性得以实现. ■

注解 4.3 由定理 4.2 的证明过程可知, 随着 $\boldsymbol{v}_i(t)$ 和 $\boldsymbol{w}_i(t)$ 渐近收敛到零, $\boldsymbol{\eta}_i(t)$ 渐近收敛到状态 $\boldsymbol{x}_i(t)$ 上, 因此内部状态 $\boldsymbol{\eta}_i(t)$ 可以看成状态 $\boldsymbol{x}_i(t)$ 的估计. 由分布式观测器 $\boldsymbol{v}_i(t)$ 和自适应耦合增益 $c_{ij}(t)$ 的构造可知, 需要通过通信网络传输给邻居智能体的信息包括输出 $\boldsymbol{y}_i(t)$、分布式观测器的输出 $\boldsymbol{C}\boldsymbol{v}_i(t)$ 及抗饱和补偿器的输出 $\boldsymbol{C}\boldsymbol{w}_i(t)$.

注解 4.4 由算法 4.1 设计的控制器 (4.7) 仅需要使用智能体的动态 $\boldsymbol{v}_i(t)$ 和观测器信息 $\boldsymbol{w}_i(t)$, 拓扑图的全局连通度信息不需要事先得知, 因此协议 (4.7) 是完全分布式的.

注解 4.5 需要指出的是, 简单地将文献 [37] 中的自适应协议与文献 [182] 和 [183] 中的抗饱和补偿器进行结合并不能得到本节中提出的分布式自适应抗饱和协议 (4.7). 本节设计的控制器 (4.7) 的优点在于其通过设计分布式自适应观测

器 $\boldsymbol{v}_i(t)$ 和抗饱和补偿器 $\boldsymbol{w}_i(t)$, 并在式 (4.2) 中引入 $\boldsymbol{v}_i(t)$ 和 $\boldsymbol{w}_i(t)$ 的耦合动态, 从而成功实现了自适应非线性与输入饱和非线性的解耦. 因此, $\boldsymbol{v}_i(t)$ 和 $\boldsymbol{w}_i(t)$ 的动态本质上是相互耦合的, 也正是这种特定的耦合方式导致了一致性分析的简化.

由于分布式观测器 $\boldsymbol{v}_i(t)$ 和抗饱和补偿器 $\boldsymbol{w}_i(t)$ 都渐近收敛到零, 接下来讨论 $\boldsymbol{\zeta}_i(t)=\boldsymbol{v}_i(t)+\boldsymbol{w}_i(t)$ 的动态, 其动态方程如下:

$$\begin{aligned}\dot{\boldsymbol{\zeta}}_i(t)=&\boldsymbol{A}\boldsymbol{\zeta}_i(t)+\boldsymbol{B}\mathrm{sat}_\sigma(\boldsymbol{u}_i(t))+\boldsymbol{F}\sum_{j=1}^N a_{ij}c_{ij}(t)[\boldsymbol{C}(\boldsymbol{\zeta}_i(t)\\&-\boldsymbol{\zeta}_j(t))-(\boldsymbol{y}_i(t)-\boldsymbol{y}_j(t))],\\\dot{c}_{ij}(t)=&\mu_{ij}a_{ij}\|\boldsymbol{C}(\boldsymbol{\zeta}_i(t)-\boldsymbol{\zeta}_j(t))-(\boldsymbol{y}_i(t)-\boldsymbol{y}_j(t))\|^2.\end{aligned}\tag{4.8}$$

此时控制输入 $\boldsymbol{u}_i(t)$ 可以改写为

$$\begin{aligned}\boldsymbol{u}_i(t)=&\boldsymbol{f}(\boldsymbol{w}_i(t))+\boldsymbol{K}(\boldsymbol{\zeta}_i(t)-\boldsymbol{w}_i(t)),\\\dot{\boldsymbol{w}}_i(t)=&\boldsymbol{A}\boldsymbol{w}_i(t)+\boldsymbol{B}[\mathrm{sat}_\sigma(\boldsymbol{u}_i(t))-\boldsymbol{K}(\boldsymbol{\zeta}_i(t)-\boldsymbol{w}_i(t))].\end{aligned}\tag{4.9}$$

以下推论给出了上述控制器的有效性.

推论 4.1　若假设 4.1 和假设 4.2 成立, 则式 (4.1) 中 N 个智能体在分布式自适应抗饱和协议 (4.9) 下可以实现一致性.

此外, 还可以将控制器 $\boldsymbol{u}_i(t)$ 写成如下形式:

$$\begin{aligned}\boldsymbol{u}_i(t)=&\boldsymbol{f}(\boldsymbol{\zeta}_i(t)-\boldsymbol{v}_i(t))+\boldsymbol{K}\boldsymbol{v}_i(t),\\\dot{\boldsymbol{v}}_i(t)=&(\boldsymbol{A}+\boldsymbol{B}\boldsymbol{K})\boldsymbol{v}_i(t)+\boldsymbol{F}\sum_{j=1}^N a_{ij}c_{ij}(t)[\boldsymbol{C}(\boldsymbol{\zeta}_i(t)\\&-\boldsymbol{\zeta}_j(t))-(\boldsymbol{y}_i(t)-\boldsymbol{y}_j(t))].\end{aligned}\tag{4.10}$$

推论 4.2　若假设 4.1 和假设 4.2 成立, 则式 (4.1) 中 N 个智能体在分布式自适应抗饱和协议 (4.10) 下可以实现一致性.

注解 4.6　本节中的三种协议 (4.7)、(4.9) 和 (4.10) 的等价性很容易得以验证, 因为 $\boldsymbol{v}_i(t)$、$\boldsymbol{w}_i(t)$ 和 $\boldsymbol{\zeta}_i(t)$ 中任意一个变量均可以由其他两个变量求得. 这三个协议对智能体 i 的阶次都是 $2n+l_{ii}$. 然而, 与协议 (4.7) 相比, 协议 (4.9) 和协议 (4.10) 更节约通信带宽, 因为这两个协议仅需传输状态和内部状态 $\boldsymbol{\zeta}_i(t)$ 的输出信息 $\boldsymbol{y}_i(t)$ 和 $\boldsymbol{C}\boldsymbol{\zeta}_i(t)$.

4.1.3 仿真分析

考虑一个由六个智能体构成的网络化系统, 智能体动态如模型 (4.1) 所示, 其中,

$$A=\begin{bmatrix}0&1&0\\0&0&1\\0&0&0\end{bmatrix},\quad B=\begin{bmatrix}0\\0\\1\end{bmatrix},\quad C=\begin{bmatrix}1&0&0\end{bmatrix},\quad \sigma=2.$$

智能体间的通信拓扑图是如图 4.1 所示的无向连通图.

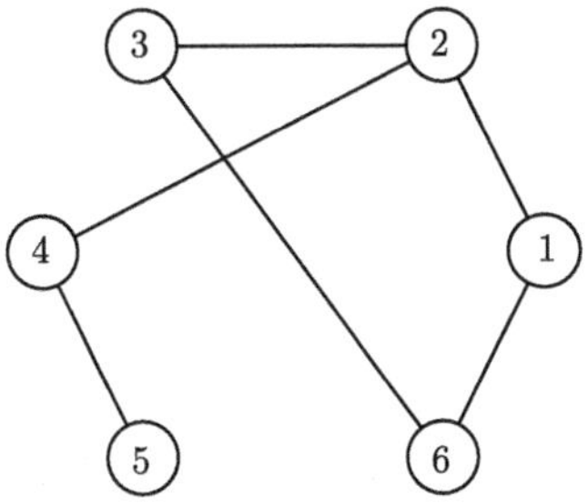

图 4.1 通信拓扑图

首先给出算法 4.1 下 $f(t)$ 的设计过程. 由于 $m_1=3$, $\hat{A}_3=\mathbf{0}$, 选取 $P_3=1$, $g_3(t)=-z_3(t)$, 则有 $\tilde{A}_2=\hat{A}_2+\dfrac{\partial}{\partial Z_2}(\hat{B}_2g_3(t))=\begin{bmatrix}0&1\\0&-1\end{bmatrix}$. 选取 $P_2=\begin{bmatrix}1&1\\1&2\end{bmatrix}$, $g_2(t)=-z_2(t)-2z_3(t)$, 从而有 $\tilde{A}_1=\hat{A}_1+\dfrac{\partial}{\partial Z_1}[\hat{B}_1(g_2(t)+g_3(t))]=\begin{bmatrix}0&1&0\\0&0&1\\0&-1&-3\end{bmatrix}$. 选取 $P_3=\begin{bmatrix}1&3&1\\3&10&3\\1&3&2\end{bmatrix}$, $g_1(t)=-z_1(t)-3z_2(t)-2z_3(t)$. 令 $\mu_i=1\,(i=1,2,3)$, $f_1(z(t))=\mathrm{sat}_\sigma(-[1\ 3\ 2]z(t))$, $f_2(z(t))=\mathrm{sat}_\sigma(f_1(t)-[0\ 1\ 2]z(t))$, $f(z(t))=f_3(z(t))=\mathrm{sat}_\sigma(f_2(t)-[0\ 0\ 1]z(t))$.

求解线性矩阵不等式 (4.4) 可得 $Q=\begin{bmatrix}0.8849&-0.4741&-0.3395\\-0.4741&0.8822&-0.5373\\-0.3395&-0.5373&2.0383\end{bmatrix}$. 控制参数选为 $F=-Q^{-1}C^{\mathrm{T}}=\begin{bmatrix}-2.5039\\-1.9056\\-0.9194\end{bmatrix}$, $K=\begin{bmatrix}-1&-3&-2\end{bmatrix}$, $\mu_{ij}=1$. 初值选取为 $c_{ij}(0)=1$, 其他状态和观测器初值随机选取. 状态 $x_i(t)$、一致性误差 $e_i(t)$、

分布式观测器 $\boldsymbol{v}_i(t)$ 及抗饱和补偿器 $\boldsymbol{w}_i(t)$ 的轨迹如图 4.2 和图 4.3 所示, 表明一致性得以实现. 由图 4.4(a) 可知, 所有的 $c_{ij}(t)$ 都能够收敛到有限的常值. 加入饱和函数后的输入轨迹如图 4.4(b) 中的实线所示, 可以看出所有智能体的控制输入都满足 $\sigma = 2$ 的输入饱和约束.

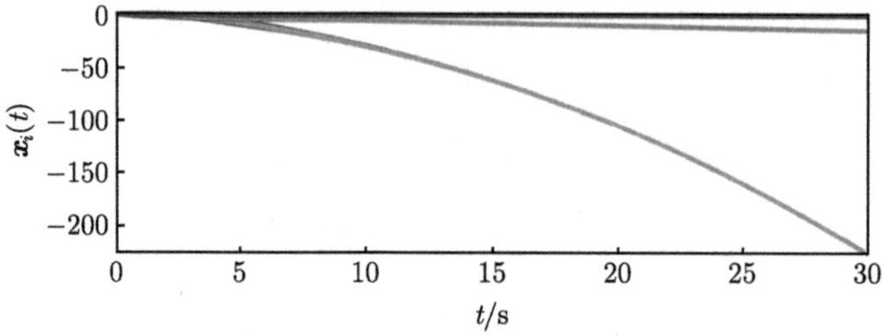

(a) $\boldsymbol{x}_i(t)$

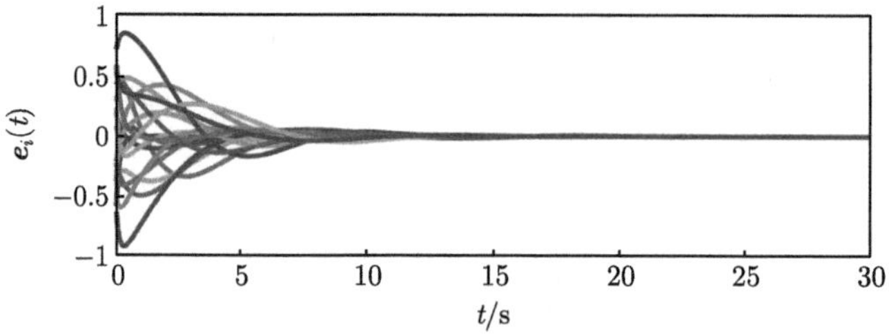

(b) $\boldsymbol{e}_i(t)$

图 4.2 基于边的分布式自适应抗饱和协议 (4.7) 下的状态 $\boldsymbol{x}_i(t)$ 和一致性误差 $\boldsymbol{e}_i(t)$

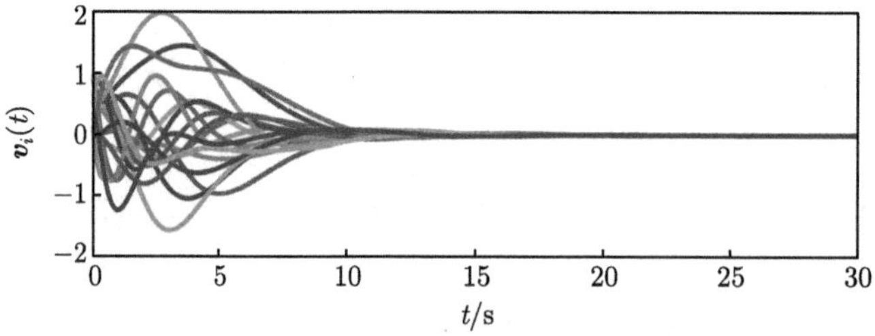

(a) $\boldsymbol{v}_i(t)$

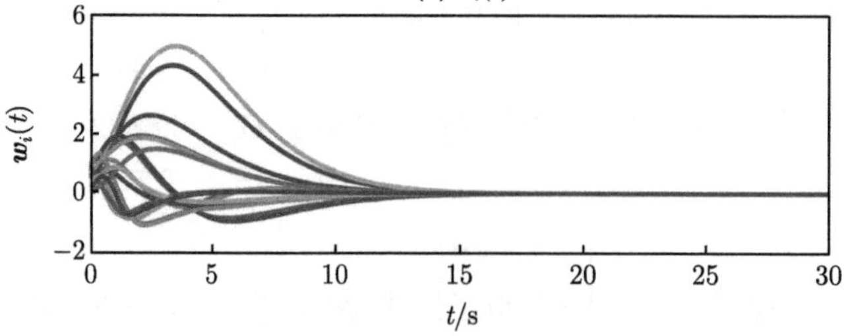

(b) $\boldsymbol{w}_i(t)$

图 4.3 基于边的分布式自适应抗饱和协议 (4.7) 下的分布式观测器 $\boldsymbol{v}_i(t)$ 和抗饱和补偿器 $\boldsymbol{w}_i(t)$

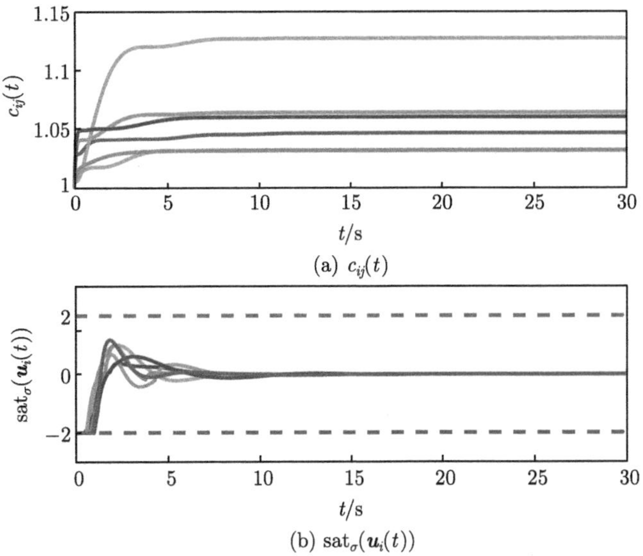

图 4.4 基于边的分布式自适应抗饱和协议 (4.7) 下的自适应耦合增益 $c_{ij}(t)$ 和饱和控制输入 $\text{sat}_\sigma(\boldsymbol{u}_i(t))$

4.2 有向通信图下线性群体智能系统协同自适应抗饱和一致性控制

本节将进一步给出有向通信图下完全分布式抗饱和协同自适应控制方法. 本节中的拓扑图满足如下假设.

假设 4.3 *有向拓扑 $\mathcal{G}$ 是强连通的.*

与无向通信图相比, 有向通信图下的自适应抗饱和协议设计的难点在于有向拓扑 Laplace 矩阵的非对称性.

4.2.1 协议设计

基于智能体间的相对输出信息, 设计如下分布式自适应抗饱和观测器:

$$\dot{\hat{\boldsymbol{\xi}}}_i(t)=(\boldsymbol{A}+\boldsymbol{F}\boldsymbol{C})\hat{\boldsymbol{\xi}}_i(t)-\boldsymbol{F}\sum_{j=1}^N a_{ij}(\boldsymbol{y}_i(t)-\boldsymbol{y}_j(t))+\boldsymbol{B}\sum_{j=1}^N a_{ij}(\text{sat}_\sigma(\boldsymbol{u}_i(t))-\text{sat}_\sigma(\boldsymbol{u}_j(t))),$$

$$\begin{aligned}\dot{\boldsymbol{v}}_i(t)=&(\boldsymbol{A}+\boldsymbol{B}\boldsymbol{K})\boldsymbol{v}_i(t)-(d_i(t)+\rho_i(t))\boldsymbol{F}\boldsymbol{C}\Bigg(\hat{\boldsymbol{\xi}}_i(t)\\&-\sum_{j=1}^N a_{ij}[(\boldsymbol{v}_i(t)-\boldsymbol{v}_j(t))+(\boldsymbol{w}_i(t)-\boldsymbol{w}_j(t))]\Bigg),\end{aligned} \tag{4.11}$$

$$\dot{\boldsymbol{w}}_i(t) = \boldsymbol{A}\boldsymbol{w}_i(t) + \boldsymbol{B}(\mathrm{sat}_\sigma(\boldsymbol{u}_i(t)) - \boldsymbol{K}\boldsymbol{v}_i(t)),$$

其中, $\hat{\boldsymbol{\xi}}_i(t)$ 为用来估计一致性误差 $\boldsymbol{\xi}_i(t) = \sum\limits_{j=1}^{N} a_{ij}(\boldsymbol{x}_i(t)-\boldsymbol{x}_j(t))$ 的初值为零 ($\hat{\boldsymbol{\xi}}_i(0) = \boldsymbol{0}$) 的局部观测器; $\boldsymbol{v}_i(t)$ 为用于实现内部变量的一致性分布式观测器 (当 $t \to \infty$ 时, $\boldsymbol{\psi}_i(t) = \hat{\boldsymbol{\xi}}_i(t) - \sum\limits_{j=1}^{N} a_{ij}[(\boldsymbol{v}_i(t) - \boldsymbol{v}_j(t)) + (\boldsymbol{w}_i(t) - \boldsymbol{w}_j(t))] \to \boldsymbol{0}$); $\boldsymbol{w}_i(t)$ 为抗饱和补偿器; $\rho_i(t) = \boldsymbol{\psi}_i^{\mathrm{T}}(t)\boldsymbol{Q}\boldsymbol{\psi}_i(t)$ 为用于克服 Laplace 矩阵非对称性的二次型增益; $d_i(t)$ 为用于估计 Laplace 矩阵连通度的自适应增益, 其动态为

$$\dot{d}_i(t) = \boldsymbol{\psi}_i^{\mathrm{T}}(t)\boldsymbol{C}^{\mathrm{T}}\boldsymbol{C}\boldsymbol{\psi}_i(t), \tag{4.12}$$

其中, $d_i(0) > 0$; $\boldsymbol{K}$ 为使 $\boldsymbol{A} + \boldsymbol{B}\boldsymbol{K}$ 稳定的反馈增益矩阵; $\boldsymbol{F} = -\boldsymbol{Q}^{-1}\boldsymbol{C}^{\mathrm{T}}$; $\boldsymbol{Q}$ 为线性矩阵不等式

$$\boldsymbol{Q}\boldsymbol{A} + \boldsymbol{A}^{\mathrm{T}}\boldsymbol{Q} - 2\boldsymbol{C}^{\mathrm{T}}\boldsymbol{C} < \boldsymbol{0} \tag{4.13}$$

的正定解.

基于上述观测器, 可以设计如下控制协议:

$$\boldsymbol{u}_i(t) = \boldsymbol{f}(\boldsymbol{w}_i(t)) + \boldsymbol{K}\boldsymbol{v}_i(t), \tag{4.14}$$

其中, $\boldsymbol{f}(\cdot)$ 为由算法 4.1 所设计的 Lipschitz 非线性函数.

定理 4.3 若假设 4.1 和假设 4.3 成立, 则如下结论成立:

(1) $\tilde{\boldsymbol{\xi}}_i(t) = \hat{\boldsymbol{\xi}}_i(t) - \boldsymbol{\xi}_i(t) \in \mathbb{L}_2$, $\tilde{\boldsymbol{\xi}}_i(t)$ 有界.

(2) $\boldsymbol{\psi}_i(t) \in \mathbb{L}_2$, $\boldsymbol{\psi}_i(t)$ 和 $d_i(t)$ 都有界.

(3) $\boldsymbol{v}_i(t) \in \mathbb{L}_2$, $\boldsymbol{w}_i(t) \in \mathbb{L}_2$, $\boldsymbol{v}_i(t)$ 和 $\boldsymbol{w}_i(t)$ 都有界.

(4) 一致性得以实现.

证明: (1) $\tilde{\boldsymbol{\xi}}_i(t)$ 的动态可以写为

$$\dot{\tilde{\boldsymbol{\xi}}}_i(t) = (\boldsymbol{A} + \boldsymbol{F}\boldsymbol{C})\tilde{\boldsymbol{\xi}}_i(t). \tag{4.15}$$

由线性矩阵不等式 (4.13) 可知 $\boldsymbol{A} + \boldsymbol{F}\boldsymbol{C}$ 稳定, 于是有 $\tilde{\boldsymbol{\xi}}_i(t)$ 有界且 $\tilde{\boldsymbol{\xi}}_i(t) \in \mathbb{L}_2$.

(2) $\boldsymbol{\psi}_i(t)$ 的动态为

$$\dot{\boldsymbol{\psi}}_i(t) = \boldsymbol{A}\boldsymbol{\psi}_i(t) + \boldsymbol{F}\boldsymbol{C}\left(\sum_{j=1}^{N} a_{ij}[(d_i(t) + \rho_i(t))\boldsymbol{\psi}_i(t) - (d_j(t) + \rho_j(t))\boldsymbol{\psi}_j(t)] + \tilde{\boldsymbol{\xi}}_i(t)\right).$$

令 $\boldsymbol{\psi}(t)=[\boldsymbol{\psi}_1^{\mathrm{T}}(t),\boldsymbol{\psi}_2^{\mathrm{T}}(t),\cdots,\boldsymbol{\psi}_N^{\mathrm{T}}(t)]^{\mathrm{T}}$, $\hat{\boldsymbol{\xi}}(t)=[\hat{\boldsymbol{\xi}}_1^{\mathrm{T}}(t),\hat{\boldsymbol{\xi}}_2^{\mathrm{T}}(t),\cdots,\hat{\boldsymbol{\xi}}_N^{\mathrm{T}}(t)]^{\mathrm{T}}$, $\tilde{\boldsymbol{\xi}}(t)=[\tilde{\boldsymbol{\xi}}_1^{\mathrm{T}}(t),\tilde{\boldsymbol{\xi}}_2^{\mathrm{T}}(t),\cdots,\tilde{\boldsymbol{\xi}}_N^{\mathrm{T}}(t)]^{\mathrm{T}}$, $\boldsymbol{D}(t)=\mathrm{diag}(d_1(t),d_2(t),\cdots,d_N(t))$, $\boldsymbol{\rho}(t)=\mathrm{diag}(\rho_1(t),\rho_2(t),\cdots,\rho_N(t))$, 于是有

$$\dot{\boldsymbol{\psi}}(t)=[\boldsymbol{I}_N\otimes\boldsymbol{A}+\boldsymbol{L}(\boldsymbol{D}(t)+\boldsymbol{\rho}(t))\otimes\boldsymbol{FC}]\boldsymbol{\psi}(t)+(\boldsymbol{I}_N\otimes\boldsymbol{FC})\tilde{\boldsymbol{\xi}}(t). \tag{4.16}$$

接下来给出 $\psi(t)$ 的一些重要性质. $\hat{\boldsymbol{\xi}}_i(t)$ 用于估计一致性误差 $\boldsymbol{\xi}_i(t)$, 因此引入一个虚拟内部状态 $\breve{\boldsymbol{x}}_i(t)$, 其动态为

$$\dot{\breve{\boldsymbol{x}}}_i(t)=(\boldsymbol{A}+\boldsymbol{FC})\breve{\boldsymbol{x}}_i(t)-\boldsymbol{F}\boldsymbol{y}_i(t)+\boldsymbol{B}\mathrm{sat}_\sigma(\boldsymbol{u}_i(t)),$$

其中, $\breve{\boldsymbol{x}}_i(0)=\boldsymbol{0}$. 令 $\breve{\boldsymbol{x}}(t)=[\breve{\boldsymbol{x}}_1^{\mathrm{T}}(t),\breve{\boldsymbol{x}}_2^{\mathrm{T}}(t),\cdots,\breve{\boldsymbol{x}}_N^{\mathrm{T}}(t)]^{\mathrm{T}}$, 则有 $\hat{\boldsymbol{\xi}}(t)=(\boldsymbol{L}\otimes\boldsymbol{I}_n)\breve{\boldsymbol{x}}(t)$. 于是有 $\boldsymbol{\psi}(t)=(\boldsymbol{L}\otimes\boldsymbol{I}_n)(\breve{\boldsymbol{x}}(t)-\boldsymbol{v}(t)-\boldsymbol{w}(t))$.

考虑如下 Lyapunov 函数:

$$V_2(t)=\sum_{i=1}^N\left[\frac{(2d_i(t)+\rho_i(t))r_i\rho_i(t)}{2}+\frac{r_i(d_i(t)-\alpha)^2}{2}+\beta\tilde{\boldsymbol{\xi}}_i^{\mathrm{T}}(t)\boldsymbol{Q}\tilde{\boldsymbol{\xi}}_i(t)\right],$$

其中, $\boldsymbol{r}=[r_1,r_2,\cdots,r_N]$ 为 Laplace 矩阵 $\boldsymbol{L}$ 的零特征值对应的左特征向量; $\alpha=\dfrac{9N\lambda_{\max}(\boldsymbol{R})}{2\lambda_2(\hat{\boldsymbol{L}})}$ 和 $\beta=\dfrac{2N\lambda_{\max}^2(\boldsymbol{R})\lambda_{\max}(\boldsymbol{C}^{\mathrm{T}}\boldsymbol{C})}{\lambda_2(\hat{\boldsymbol{L}})\lambda_{\min}(\boldsymbol{W})}$ 为正的常数, $\boldsymbol{W}=-(\boldsymbol{QA}+\boldsymbol{A}^{\mathrm{T}}\boldsymbol{Q}-2\boldsymbol{C}^{\mathrm{T}}\boldsymbol{C})$, $\boldsymbol{R}=\mathrm{diag}(r_1,r_2,\cdots,r_N)$, $\lambda_2(\hat{\boldsymbol{L}})$ 为 $\hat{\boldsymbol{L}}=\boldsymbol{RL}+\boldsymbol{L}^{\mathrm{T}}\boldsymbol{R}$ 的最小非零特征值. $V_2(t)$ 对时间的导数为

$$\begin{aligned}\dot{V}_2(t)=&\sum_{i=1}^N\Big[r_i(d_i(t)+\rho_i(t))\dot{\rho}_i(t)+(\rho_i(t)+d_i(t)\\&-\alpha)r_i\dot{d}_i(t)-\beta\tilde{\boldsymbol{\xi}}_i^{\mathrm{T}}(t)\boldsymbol{W}\tilde{\boldsymbol{\xi}}_i(t)\Big]\\=&\sum_{i=1}^N\Big[2r_i(d_i(t)+\rho_i(t))\boldsymbol{\psi}_i^{\mathrm{T}}(t)\boldsymbol{Q}\dot{\boldsymbol{\psi}}_i(t)+(\rho_i(t)+d_i(t)\\&-\alpha)r_i\boldsymbol{\psi}_i^{\mathrm{T}}(t)\boldsymbol{C}^{\mathrm{T}}\boldsymbol{C}\boldsymbol{\psi}_i(t)-\beta\tilde{\boldsymbol{\xi}}_i^{\mathrm{T}}(t)\boldsymbol{W}\tilde{\boldsymbol{\xi}}_i(t)\Big]\\=&2\boldsymbol{\psi}^{\mathrm{T}}(t)[(\boldsymbol{D}(t)+\boldsymbol{\rho}(t))\boldsymbol{R}\otimes\boldsymbol{Q}]\dot{\boldsymbol{\psi}}(t)\\&-\beta\tilde{\boldsymbol{\xi}}^{\mathrm{T}}(t)[\boldsymbol{I}_N\otimes\boldsymbol{W}]\tilde{\boldsymbol{\xi}}(t)+\boldsymbol{\psi}^{\mathrm{T}}(t)[(\boldsymbol{D}(t)\\&+\boldsymbol{\rho}(t)-\alpha\boldsymbol{I}_N)\boldsymbol{R}\otimes\boldsymbol{C}^{\mathrm{T}}\boldsymbol{C}]\boldsymbol{\psi}(t)\\=&\boldsymbol{\psi}^{\mathrm{T}}(t)[(\boldsymbol{D}(t)+\boldsymbol{\rho}(t))\boldsymbol{R}\otimes(\boldsymbol{QA}+\boldsymbol{A}^{\mathrm{T}}\boldsymbol{Q}+\boldsymbol{C}^{\mathrm{T}}\boldsymbol{C})\end{aligned} \tag{4.17}$$

$$
\begin{aligned}
&-((\boldsymbol{D}(t)+\boldsymbol{\rho}(t))\hat{\boldsymbol{L}}(\boldsymbol{D}(t)+\boldsymbol{\rho}(t))\\
&+\alpha\boldsymbol{R})\otimes\boldsymbol{C}^{\mathrm{T}}\boldsymbol{C}]\boldsymbol{\psi}(t)-2\boldsymbol{\psi}^{\mathrm{T}}(t)[(\boldsymbol{D}(t)\\
&+\boldsymbol{\rho}(t))\boldsymbol{R}\otimes\boldsymbol{C}^{\mathrm{T}}\boldsymbol{C}]\tilde{\boldsymbol{\xi}}(t)\\
&-\beta\tilde{\boldsymbol{\xi}}^{\mathrm{T}}(t)[\boldsymbol{I}_N\otimes\boldsymbol{W}]\tilde{\boldsymbol{\xi}}(t).
\end{aligned}
$$

令 $\boldsymbol{\omega}(t)=[(\boldsymbol{D}(t)+\boldsymbol{\rho}(t))^{-1}\otimes\boldsymbol{I}](\boldsymbol{r}\otimes\mathbf{1})\in\mathbb{R}^{Nn}$, 不难发现其各个分量 $\omega_i(t)>0$. 注意到

$$
\boldsymbol{\omega}^{\mathrm{T}}(t)[(\boldsymbol{D}(t)+\boldsymbol{\rho}(t))\otimes\boldsymbol{C}]\boldsymbol{\psi}(t)=(\boldsymbol{r}\otimes\mathbf{1})^{\mathrm{T}}(\boldsymbol{L}\otimes\boldsymbol{C})(\check{\boldsymbol{x}}(t)-\boldsymbol{v}(t)-\boldsymbol{w}(t))=\mathbf{0}.
$$

于是有

$$
\begin{aligned}
&-\boldsymbol{\psi}^{\mathrm{T}}(t)[(\boldsymbol{D}(t)+\boldsymbol{\rho}(t))\hat{\boldsymbol{L}}(\boldsymbol{D}(t)+\boldsymbol{\rho}(t))\otimes\boldsymbol{C}^{\mathrm{T}}\boldsymbol{C}]\boldsymbol{\psi}(t)\\
\leqslant&-\frac{\lambda_2(\hat{\boldsymbol{L}})}{N}\boldsymbol{\psi}^{\mathrm{T}}(t)[(\boldsymbol{D}(t)+\boldsymbol{\rho}(t))^2\otimes\boldsymbol{C}^{\mathrm{T}}\boldsymbol{C}]\boldsymbol{\psi}(t).
\end{aligned}
$$

注意到

$$
\begin{aligned}
&-2\boldsymbol{\psi}^{\mathrm{T}}(t)[(\boldsymbol{D}(t)+\boldsymbol{\rho}(t))\boldsymbol{R}\otimes\boldsymbol{C}^{\mathrm{T}}\boldsymbol{C}]\tilde{\boldsymbol{\xi}}(t)\\
\leqslant&\boldsymbol{\psi}^{\mathrm{T}}(t)\left[\frac{\lambda_2(\hat{\boldsymbol{L}})}{2N}(\boldsymbol{D}(t)+\boldsymbol{\rho}(t))^2\otimes\boldsymbol{C}^{\mathrm{T}}\boldsymbol{C}\right]\boldsymbol{\psi}(t)+\frac{2N\lambda_{\max}^2(\boldsymbol{R})\lambda_{\max}(\boldsymbol{C}^{\mathrm{T}}\boldsymbol{C})}{\lambda_2(\hat{\boldsymbol{L}})}\tilde{\boldsymbol{\xi}}^{\mathrm{T}}(t)\tilde{\boldsymbol{\xi}}(t)
\end{aligned}
$$

和

$$
\begin{aligned}
&-\boldsymbol{\psi}^{\mathrm{T}}(t)\left[\left(\frac{\lambda_2(\hat{\boldsymbol{L}})}{2N}(\boldsymbol{D}(t)+\boldsymbol{\rho}(t))^2+\alpha\boldsymbol{R}\right)\otimes\boldsymbol{C}^{\mathrm{T}}\boldsymbol{C}\right]\boldsymbol{\psi}(t)\\
\leqslant&-\boldsymbol{\psi}^{\mathrm{T}}(t)\left[3(\boldsymbol{D}(t)+\boldsymbol{\rho}(t))\boldsymbol{R}\otimes\boldsymbol{C}^{\mathrm{T}}\boldsymbol{C}\right]\boldsymbol{\psi}(t),
\end{aligned}
$$

于是有

$$
\dot{V}_2(t)\leqslant-\boldsymbol{\psi}^{\mathrm{T}}(t)[(\boldsymbol{D}(t)+\boldsymbol{\rho}(t))\boldsymbol{R}\otimes\boldsymbol{W}]\boldsymbol{\psi}(t).\tag{4.18}
$$

因此, $\dot{V}_2(t)\leqslant 0$, 于是有 $V_2(t)$ 有界, $\boldsymbol{\psi}_i(t)$ 和 $d_i(t)$ 也有界. 对式 (4.17) 的最后一个等式两端积分有

$$
\int_0^{\infty}\boldsymbol{\psi}^{\mathrm{T}}(t)[(\boldsymbol{D}(t)+\boldsymbol{\rho}(t))\boldsymbol{R}\otimes\boldsymbol{W}]\boldsymbol{\psi}(t)\mathrm{d}t\leqslant V_2(0)-V_2(\infty).
$$

因此, $\boldsymbol{\psi}_i(t)\in\mathbb{L}_2$.

(3) 由 $d_i(t)$ 和 $\rho_i(t)$ 的有界性不难得出, $(d_i(t)+\rho_i(t))\boldsymbol{FC}\boldsymbol{\psi}_i(t)\in\mathbb{L}_2$ 及 $(d_i(t)+\rho_i(t))\boldsymbol{FC}\boldsymbol{\psi}_i(t)$ 有界. 注意到 $\boldsymbol{A}+\boldsymbol{BK}$ 稳定, 则有 $\boldsymbol{v}_i(t)\in\mathbb{L}_2$, $\boldsymbol{v}_i(t)$ 有界. 因此, 由引理 4.1 可得, $\boldsymbol{w}_i(t)$ 有界且 $\boldsymbol{w}_i(t)\in\mathbb{L}_2$.

(4) 由 $\hat{\boldsymbol{\xi}}_i(t)=\boldsymbol{\psi}_i(t)+\sum\limits_{j=1}^{N}a_{ij}[(\boldsymbol{v}_i(t)-\boldsymbol{v}_j(t))+(\boldsymbol{w}_i(t)-\boldsymbol{w}_j(t))]$ 及 (2) 和 (3) 的结论可知, $\hat{\boldsymbol{\xi}}_i(t)$ 有界且 $\hat{\boldsymbol{\xi}}_i(t)\in\mathbb{L}_2$. 于是, 由 (1) 可知, $\boldsymbol{\xi}_i(t)$ 有界且 $\boldsymbol{\xi}_i(t)\in\mathbb{L}_2$. 注意到 $\boldsymbol{\xi}_i(t)$ 的动态可以写为

$$\dot{\boldsymbol{\xi}}_i(t)=\boldsymbol{A}\boldsymbol{\xi}_i(t)+\boldsymbol{B}\sum_{j=1}^{N}a_{ij}(\mathrm{sat}_\sigma(\boldsymbol{u}_i(t))-\mathrm{sat}_\sigma(\boldsymbol{u}_j(t))).$$

因此, $\dot{\boldsymbol{\xi}}_i(t)$ 也有界. 由 Barbalat 引理可得, $\boldsymbol{\xi}_i(t)$ 渐近收敛到零, 也即一致性得以实现. ■

注解4.7 为实现有向通信图下的抗饱和一致性, 分布式自适应协议 (4.14) 设计了三个 n 阶观测器 $\hat{\boldsymbol{\xi}}_i(t)$、$\boldsymbol{v}_i(t)$、$\boldsymbol{w}_i(t)$ 和一个自适应增益 $d_i(t)$, 因此控制器 $\boldsymbol{u}_i(t)$ 是 $3n+1$ 阶的. 由于 $\psi_i(t)\in\mathbb{L}_2$, 由式 (4.12) 可知自适应增益 $d_i(t)$ 收敛到有限的常值. 需要注意的是, 因为持续激励条件并不满足, 自适应增益 $d_i(t)$ 并不会收敛到 $\alpha=\dfrac{9N\lambda_{\max}(\boldsymbol{R})}{2\lambda_2(\hat{\boldsymbol{L}})}$ 上. 尽管式 (4.14) 需要用到智能体间的相对饱和输入, 但因为 $\boldsymbol{u}_j(t)$ 可以通过观测器 $\boldsymbol{v}_j(t)$ 和 $\boldsymbol{w}_j(t)$ 获得, 控制输入 $\boldsymbol{u}_j(t)$ 并不需要通过通信传输. 因此, 智能体 i 只需要通过通信网络即可获取邻居智能体的分布式观测器 $\boldsymbol{v}_j(t)$ 和抗饱和补偿器 $\boldsymbol{w}_j(t)$ 的信息.

4.2.2 仿真分析

考虑一组由五个智能体构成的网络化系统, 其通信拓扑图是如图 4.5 所示的强连通有向图. 智能体动态由模型 (4.1) 描述, 其中,

$$\boldsymbol{A}=\begin{bmatrix}1&1&-1\\1&0&-1\\2&1&-2\end{bmatrix},\quad \boldsymbol{B}=\begin{bmatrix}0\\0\\1\end{bmatrix},\quad \boldsymbol{C}=\begin{bmatrix}1&0&1\end{bmatrix},\quad \sigma=1.$$

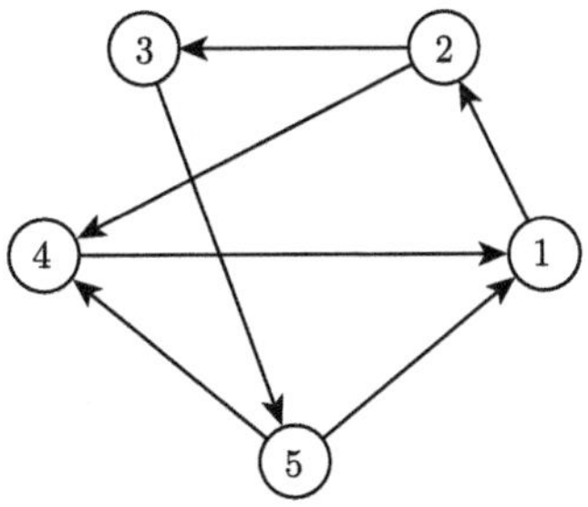

图 4.5 通信拓扑图

首先给出算法 4.1 下 $f(t)$ 的构造. 令 $\bar{\boldsymbol{z}}(t)=\boldsymbol{T}\boldsymbol{z}(t)$, $\boldsymbol{T}=\begin{bmatrix}0&-1&1\\1&1&-1\\-1&0&1\end{bmatrix}$, 于是有 $\bar{\boldsymbol{A}}=\boldsymbol{T}\boldsymbol{A}\boldsymbol{T}^{-1}=\begin{bmatrix}0&1&0\\0&0&0\\0&0&-1\end{bmatrix}$, $\bar{\boldsymbol{B}}=\begin{bmatrix}1\\-1\\1\end{bmatrix}$, 其中 $\bar{\boldsymbol{z}}(t)=[\bar{z}_{11}(t)\quad \bar{z}_{12}(t)\quad \bar{z}_2(t)]^{\mathrm{T}}$, $\boldsymbol{J}_1=\begin{bmatrix}0&1\\0&0\end{bmatrix}$, $J_2=-1$, $m_1=2$. 则有 $\hat{\boldsymbol{z}}_2(t)=[\bar{z}_{12}(t)\quad \bar{z}_2(t)]^{\mathrm{T}}$, $\hat{z}_1(t)=\bar{z}_{11}(t)$, 其中 $\breve{A}_{11}=0$, $\breve{\boldsymbol{A}}_{12}=[1\ 0]$, $\breve{\boldsymbol{A}}_{22}=\begin{bmatrix}0&0\\0&-1\end{bmatrix}$. 因此, $\hat{\boldsymbol{Z}}_2(t)=\hat{\boldsymbol{z}}_2(t)=\begin{bmatrix}0&1&0\\0&0&1\end{bmatrix}\bar{\boldsymbol{z}}(t)$, $\hat{\boldsymbol{Z}}_1(t)=\hat{\boldsymbol{z}}(t)=\bar{\boldsymbol{z}}(t)$, 其中 $\hat{\boldsymbol{A}}_2=\breve{\boldsymbol{A}}_{22}$, $\hat{\boldsymbol{B}}_2=\begin{bmatrix}-1\\1\end{bmatrix}$, $\hat{\boldsymbol{A}}_1=\breve{\boldsymbol{A}}=\bar{\boldsymbol{A}}$, $\hat{\boldsymbol{B}}_1=\breve{\boldsymbol{B}}=\bar{\boldsymbol{B}}$. 选取 $\boldsymbol{P}_2=\boldsymbol{I}_2$ 使得 $\hat{\boldsymbol{A}}_2^{\mathrm{T}}\boldsymbol{P}_2+\boldsymbol{P}_2\hat{\boldsymbol{A}}_2=\begin{bmatrix}0&0\\0&-2\end{bmatrix}\leqslant\boldsymbol{0}$, 于是有 $h_2(t)=-\hat{\boldsymbol{B}}_2^{\mathrm{T}}\boldsymbol{P}_2\hat{\boldsymbol{Z}}_2(t)=[1\ -1]\hat{\boldsymbol{Z}}_2(t)=\begin{bmatrix}2&1&-2\end{bmatrix}\boldsymbol{z}(t)$, 则有 $\tilde{\boldsymbol{A}}_1=\hat{\boldsymbol{A}}_1+\dfrac{\partial}{\partial\hat{\boldsymbol{Z}}_1}(\hat{\boldsymbol{B}}_1h_2(t))=\begin{bmatrix}0&2&-1\\0&-1&1\\0&1&-2\end{bmatrix}$. 选取 $\boldsymbol{P}_1=\begin{bmatrix}0.1&0.3&0.1\\0.3&1.5&0\\0.1&0&0.6\end{bmatrix}>\boldsymbol{0}$ 使得 $\hat{\boldsymbol{A}}_1^{\mathrm{T}}\boldsymbol{P}_1+\boldsymbol{P}_1\hat{\boldsymbol{A}}_1=\begin{bmatrix}0&0&0\\0&-1.8&2\\0&2&-2.6\end{bmatrix}\leqslant\boldsymbol{0}$, 于是有 $h_1(t)=-\hat{\boldsymbol{B}}_1^{\mathrm{T}}\boldsymbol{P}_1\hat{\boldsymbol{Z}}_1(t)=\begin{bmatrix}0.1&1.2&-0.7\end{bmatrix}\hat{\boldsymbol{Z}}_1(t)=\begin{bmatrix}1.9&1.1&-1.8\end{bmatrix}\boldsymbol{z}(t)$. 令 $\mu_i=1(i=1,2)$, $f_1(\boldsymbol{z}(t))=\mathrm{sat}_\sigma(\begin{bmatrix}1.9&1.1&-1.8\end{bmatrix}\boldsymbol{z}(t))$, $f(\boldsymbol{z}(t))=f_2(\boldsymbol{z}(t))=\mathrm{sat}_\sigma(f_1(t)+\begin{bmatrix}2&1&-2\end{bmatrix}\boldsymbol{z}(t))$.

解线性矩阵不等式 (4.13) 可得 $\boldsymbol{Q}=\begin{bmatrix}1.6761&-0.2016&-0.7332\\-0.2016&2.2516&-0.9938\\-0.7332&-0.9938&1.5435\end{bmatrix}$. 控制参数选为 $\boldsymbol{F}=-\boldsymbol{Q}^{-1}\boldsymbol{C}^{\mathrm{T}}=\begin{bmatrix}-1.6673\\-1.0966\\-2.1460\end{bmatrix}$, $\boldsymbol{K}=\begin{bmatrix}5.6560&2.9300&-5.2251\end{bmatrix}$. 初值选为 $d_i(0)=1$, 状态和观测器初值随机选取. 状态 $\boldsymbol{x}_i(t)$、局部观测器 $\hat{\boldsymbol{\xi}}_i(t)$、分布式观测器 $\boldsymbol{v}_i(t)$ 及抗饱和补偿器 $\boldsymbol{w}_i(t)$ 的轨迹如图 4.6 ~ 图 4.9 所示, 表明一致性

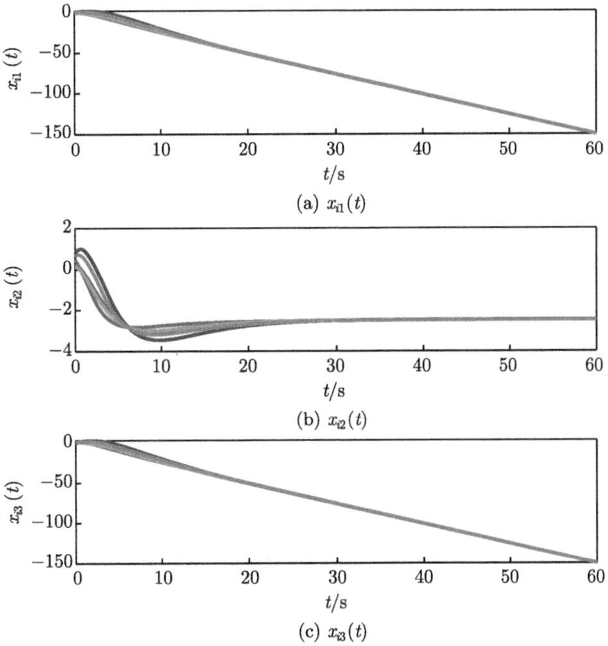

图 4.6　分布式自适应抗饱和控制器 (4.14) 下状态 $\boldsymbol{x}_i(t)$ 实现一致性

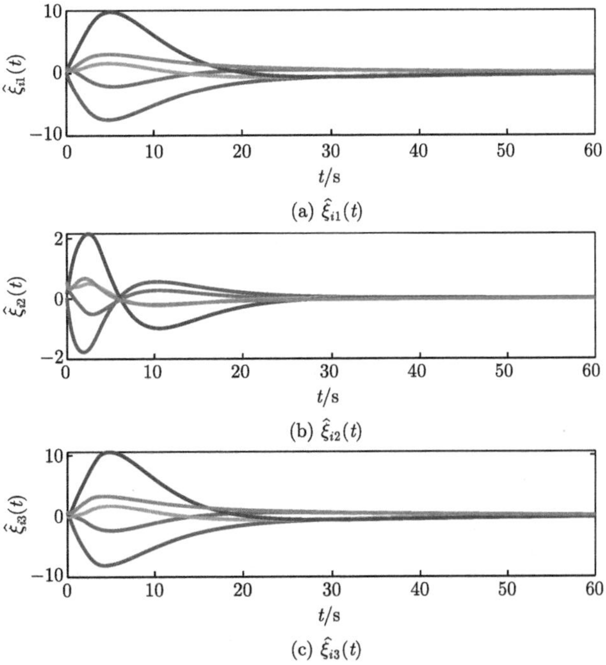

图 4.7　分布式自适应抗饱和控制器 (4.14) 下局部观测器 $\hat{\boldsymbol{\xi}}_i(t)$ 收敛到零

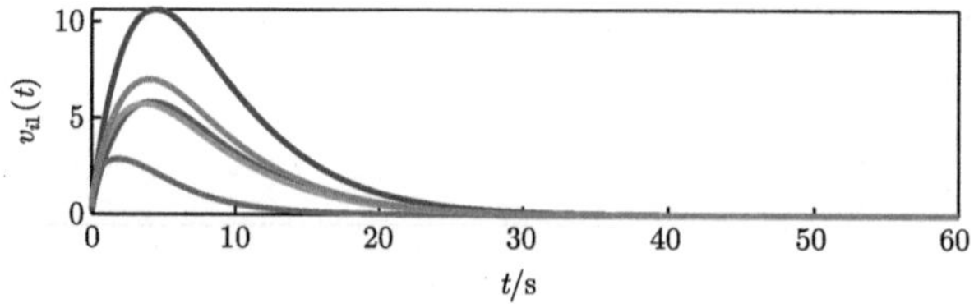

(a) $v_{i1}(t)$

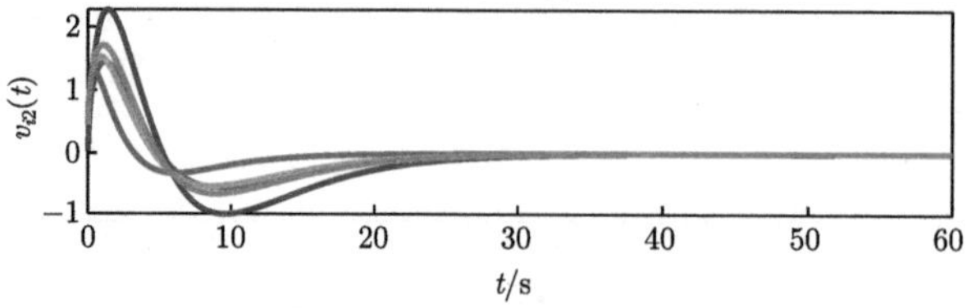

(b) $v_{i2}(t)$

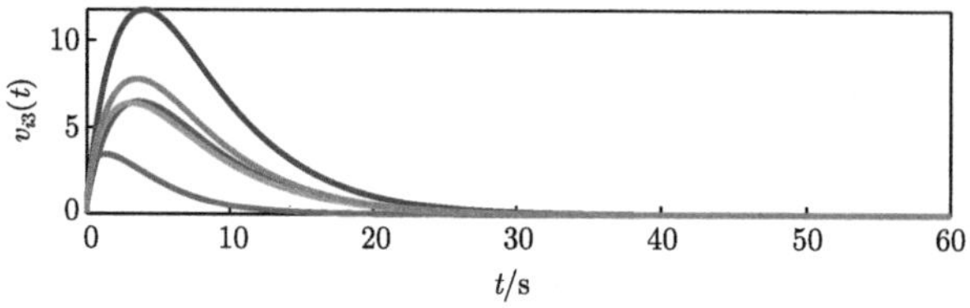

(c) $v_{i3}(t)$

图 4.8　分布式自适应抗饱和控制器 (4.14) 下分布式观测器 $\boldsymbol{v}_i(t)$ 收敛到零

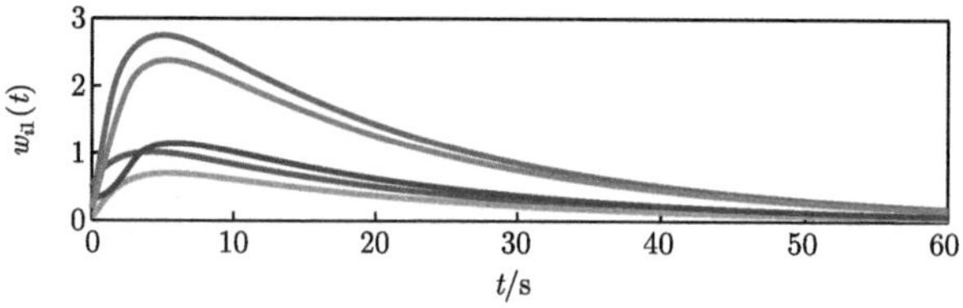

(a) $w_{i1}(t)$

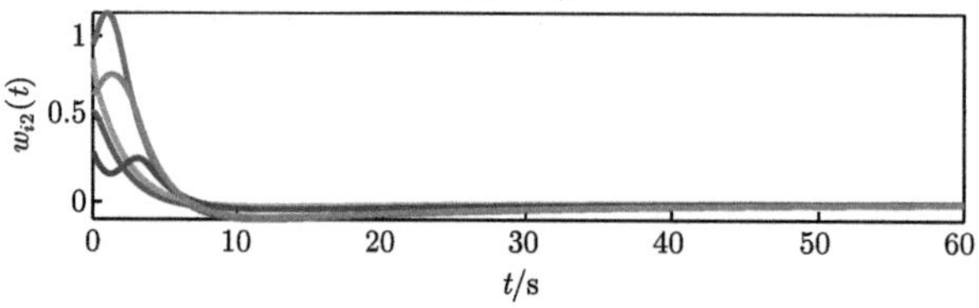

(b) $w_{i2}(t)$

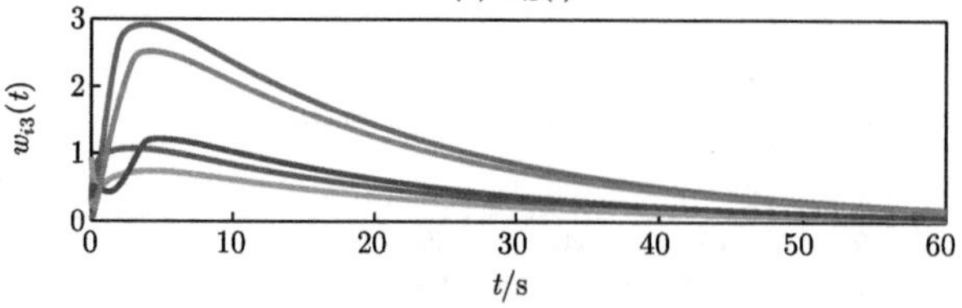

(c) $w_{i3}(t)$

图 4.9　分布式自适应抗饱和控制器 (4.14) 下抗饱和补偿器 $\boldsymbol{w}_i(t)$ 收敛到零

得以实现, 且各个观测器变量都收敛到零. 自适应增益 $d_i(t)$ 和饱合控制输入的轨迹如图 4.10 所示, 表明自适应增益收敛到有限的常值, 且控制输入满足 $\sigma = 1$ 的输入饱和约束.

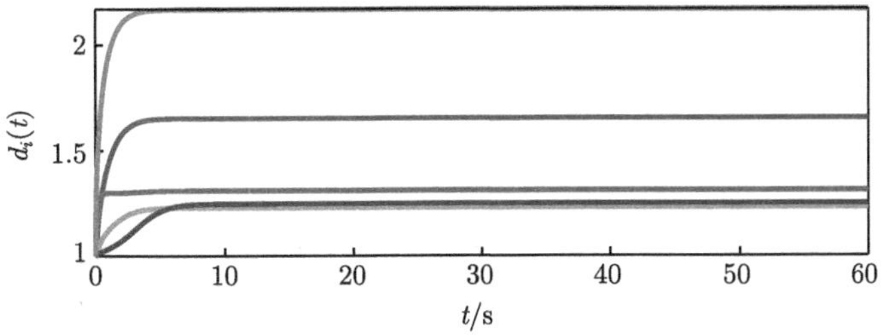

(a) $d_i(t)$

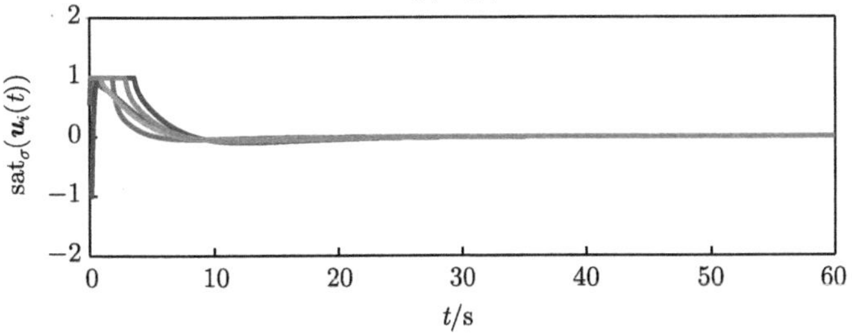

(b) $\mathrm{sat}_\sigma(\boldsymbol{u}_i(t))$

图 4.10 分布式自适应抗饱和控制器 (4.14) 下自适应增益 $d_i(t)$ 与饱和控制输入 $\mathrm{sat}_\sigma(\boldsymbol{u}_i(t))$ 的轨迹

4.3 异质群体智能系统协同自适应抗饱和一致性控制

本节将进一步给出异质群体智能系统在有向通信图下的抗饱和协同自适应控制方法. 与同质群体智能系统相比, 异质群体智能系统的动态各不相同, 甚至维数也不同, 因此通常研究异质群体智能系统的输出一致性.

4.3.1 问题描述

考虑一组由 $N+1$ 个异质智能体组成的群体智能系统, 智能体动态为

$$\begin{aligned}\dot{\boldsymbol{x}}_i(t) &= \boldsymbol{A}_i\boldsymbol{x}_i(t) + \boldsymbol{B}_i\sigma_i(\boldsymbol{u}_i(t)),\\ \boldsymbol{y}_i(t) &= \boldsymbol{C}_i\boldsymbol{x}_i(t), \quad i = 0, 1, \cdots, N,\end{aligned} \tag{4.19}$$

其中, $\boldsymbol{x}_i(t) \in \mathbb{R}^{n_i}$、$\boldsymbol{u}_i(t) \in \mathbb{R}^{p_i}$ 和 $\boldsymbol{y}_i(t) \in \mathbb{R}^m$ 分别为第 i 个智能体的状态向量、输入向量和输出向量; $\sigma_i(\boldsymbol{u}_i(t)) = [\mathrm{sat}_{\sigma_i}(u_{i1}(t)), \mathrm{sat}_{\sigma_i}(u_{i2}(t)), \cdots, \mathrm{sat}_{\sigma_i}(u_{ip_i}(t))]^{\mathrm{T}}$ 为饱和函数, 其定义为

$$\operatorname{sat}_{\sigma_i}(\boldsymbol{z}(t))=\begin{cases}\boldsymbol{z}(t), & |z(t)|<\sigma_i,\\ \operatorname{sgn}(\boldsymbol{z}(t))\sigma_i, & |z(t)|\geqslant\sigma_i,\end{cases}$$

其中, σ_i 是一个正的常量, 表示饱和约束上界.

智能体之间的通信拓扑图满足如下假设.

假设 4.4　领从图 $\mathcal{G}$ 包含有向生成树.

不失一般性地, 令领航者为 0 号智能体, 且 $\boldsymbol{u}_0(t)=\mathbf{0}$, 其他智能体为跟随者. 于是, Laplace 矩阵可以写为 $\boldsymbol{L}=\begin{bmatrix}0 & \mathbf{0}_{1\times N}\\ \boldsymbol{L}_2 & \boldsymbol{L}_1\end{bmatrix}$, 其中 $\boldsymbol{L}_1\in\mathbb{R}^{N\times N}$ 是非奇异 M 矩阵.

为了避免领从一致性追踪变为平凡的追踪控制问题, 假设仅有部分跟踪者能获取领航者的输出信息 $\boldsymbol{y}_0(t)$. 本节的控制目标是解决如下抗饱和一致性追踪问题.

问题 4.1　设计以下形式的饱和控制输入 $\boldsymbol{u}_i(t)$:

$$\begin{aligned}\dot{\boldsymbol{\psi}}_i(t)=&\boldsymbol{k}_1\Big(\boldsymbol{\psi}_i(t),\sum_{j=0}^{N}a_{ij}(\boldsymbol{\psi}_i(t)-\boldsymbol{\psi}_j(t)),\boldsymbol{y}_i(t),\sum_{j=0}^{N}a_{ij}(\boldsymbol{y}_i(t)-\boldsymbol{y}_j(t))\Big),\\ \boldsymbol{u}_i(t)=&\boldsymbol{k}_2\Big(\boldsymbol{\psi}_i(t),\sum_{j=0}^{N}a_{ij}(\boldsymbol{\psi}_i(t)-\boldsymbol{\psi}_j(t)),\boldsymbol{y}_i(t),\sum_{j=0}^{N}a_{ij}(\boldsymbol{y}_i(t)-\boldsymbol{y}_j(t))\Big)\end{aligned}$$

以实现输出一致性追踪, 也即 $\lim\limits_{t\to\infty}(\boldsymbol{y}_i(t)-\boldsymbol{y}_0(t))=\mathbf{0},\forall i=1,2,\cdots,N$.

注解 4.8　在问题 4.1 中, 控制器设计仅能使用邻居结点的输出和观测器信息, 而不能使用与拓扑图相关的全局连通度信息.

为解决问题 4.1, 需要引入如下假设.

假设 4.5　$(\boldsymbol{A}_0,\boldsymbol{C}_0)$ 可检测.

假设 4.6　对于跟随者 i, 矩阵 $\boldsymbol{A}_i$、$\boldsymbol{B}_i$、$\boldsymbol{C}_i$ 满足如下条件:

(1) 系统矩阵 $\boldsymbol{A}_i$ 没有具有正实部的特征值.

(2) $(\boldsymbol{A}_i,\boldsymbol{B}_i)$ 可镇定.

(3) $(\boldsymbol{A}_i,\boldsymbol{C}_i)$ 可检测.

注解 4.9　假设 4.6 是输出反馈下实现单个系统全局镇定的充分条件[181]. 若条件 (1) 不满足, 则输出一致性追踪仅能在有界区域初值内实现.

假设 4.7　存在 $\boldsymbol{\Pi}_i$ 和 $\boldsymbol{\Gamma}_i$ 满足以下矩阵方程:

$$\begin{aligned}\boldsymbol{\Pi}_i\boldsymbol{A}_0&=\boldsymbol{A}_i\boldsymbol{\Pi}_i+\boldsymbol{B}_i\boldsymbol{\Gamma}_i,\\ \boldsymbol{C}_0&=\boldsymbol{C}_i\boldsymbol{\Pi}_i.\end{aligned}\tag{4.20}$$

注解 4.10 假设 4.7 是常用的输出调节方程, 也是线性反馈控制下线性异质群体智能系统分布式输出一致性实现的充分必要条件 [184].

假设 4.8 存在 $\delta > 0$ 和 $T > 0$ 使得

$$\|\boldsymbol{\Gamma}_i \boldsymbol{x}_0(t)\|_\infty < \sigma_i - \delta, \quad i = 1, 2, \cdots, N, \tag{4.21}$$

对任意 $t > T$ 成立.

注解 4.11 文献 [185] 中指出, 假设 4.8 是半全局饱和状态反馈下输出调节问题可解的充分条件.

以下引理对于本节主要结果至关重要.

引理 4.2 [182] 对于系统 $\dot{\boldsymbol{z}}(t) = \boldsymbol{A}\boldsymbol{z}(t) + \boldsymbol{B}[\sigma(\boldsymbol{f}(t) + \boldsymbol{g}(t)) - \boldsymbol{g}(t)]$, 其中 $(\boldsymbol{A}, \boldsymbol{B})$ 满足 ANCBC 条件, $\|\boldsymbol{g}(t)\|_\infty < \sigma - \delta$, $\forall t > T$ 对某个正数 δ 和时间 T 成立, 则存在全局 Lipschitz 反馈控制器 $\boldsymbol{f}(\boldsymbol{z}(t))$ 使得 $\boldsymbol{z}(t) \in \mathbb{L}_2$.

引理 4.3 [183] 对于系统 $\dot{\boldsymbol{z}}(t) = \boldsymbol{A}\boldsymbol{z}(t) + \boldsymbol{B}\sigma(\boldsymbol{f}(t)) + \boldsymbol{g}_0(t)$, 其中 $(\boldsymbol{A}, \boldsymbol{B})$ 满足 ANCBC 条件, 若 $\boldsymbol{g}_0(t) \in \mathbb{L}_2$, 则存在全局 Lipschitz 反馈控制器 $\boldsymbol{f}(\boldsymbol{z}(t))$ 使得 $\boldsymbol{z}(t) \in \mathbb{L}_2$.

注解 4.12 算法 4.1 构建的 m_1 层饱和反馈控制提供了一种实现引理 4.2 和引理 4.3 中镇定问题的控制器设计方法. 引理 4.3 表明, 算法 4.1 构建的控制器 $\boldsymbol{f}(\boldsymbol{z}(t))$ 对 $\mathbb{L}_2$ 的扰动具有鲁棒性.

4.3.2 协议设计

针对问题 4.1 提出如下协议设计构架, 包含一个局部状态观测器 $\hat{\boldsymbol{x}}_i(t)$、一个用于估计领航者状态的分布式观测器 $\boldsymbol{v}_i(t)$, 以及一个用于估计拓扑图连通度信息的自适应增益 $\vartheta_i(t)$.

(1) 局部状态观测器 $\hat{\boldsymbol{x}}_i(t)$:

$$\dot{\hat{\boldsymbol{x}}}_i(t) = \boldsymbol{A}_i \hat{\boldsymbol{x}}_i(t) + \boldsymbol{B}_i \sigma_i(\boldsymbol{u}_i(t)) + \boldsymbol{F}_i(\boldsymbol{C}_i \hat{\boldsymbol{x}}_i(t) - \boldsymbol{y}_i(t)), \tag{4.22}$$

其中, $\boldsymbol{F}_i$ 为使 $\boldsymbol{A}_i + \boldsymbol{F}_i \boldsymbol{C}_i$ 稳定的反馈增益矩阵.

引理 4.4 局部状态观测器 $\hat{\boldsymbol{x}}_i(t)$ 可以估计智能体 i 的状态, 即有估计误差 $\boldsymbol{e}_i(t) = \hat{\boldsymbol{x}}_i(t) - \boldsymbol{x}_i(t) \in \mathbb{L}_2$.

证明: 由式 (4.19) 和式 (4.22), 不难写出 $\boldsymbol{e}_i(t)$ 的动态为

$$\dot{\boldsymbol{e}}_i(t) = (\boldsymbol{A}_i + \boldsymbol{F}_i \boldsymbol{C}_i)\boldsymbol{e}_i(t). \tag{4.23}$$

$\boldsymbol{A}_i + \boldsymbol{F}_i \boldsymbol{C}_i$ 稳定, 因此 $\boldsymbol{e}_i(t) \in \mathbb{L}_2$. ■

(2) 分布式观测器 $\boldsymbol{v}_i(t)$ 和自适应增益 $\vartheta_i(t)$:

$$\begin{aligned}\dot{\boldsymbol{v}}_i(t) =&\boldsymbol{A}_0\boldsymbol{v}_i(t) - (\theta_i(t)+\vartheta_i(t))\sum_{j=0}^{N} a_{ij}(\boldsymbol{v}_i(t)-\boldsymbol{v}_j(t)),\\ \dot{\vartheta}_i(t) =& \left[\sum_{j=0}^{N} a_{ij}(\boldsymbol{v}_i(t)-\boldsymbol{v}_j(t))\right]^{\mathrm{T}}\sum_{j=0}^{N} a_{ij}(\boldsymbol{v}_i(t)-\boldsymbol{v}_j(t)),\end{aligned} \tag{4.24}$$

其中, $\boldsymbol{v}_0(t)=\hat{\boldsymbol{x}}_0(t)$, $\vartheta_i(0)\geqslant 1$, $\theta_i(t)=\dot{\vartheta}_i(t)$.

引理 4.5 分布式观测器 $\boldsymbol{v}_i(t)$ 可以估计领航者的状态 $\boldsymbol{x}_0(t)$, 也即估计误差 $\tilde{\boldsymbol{v}}_i(t)=\boldsymbol{v}_i(t)-\boldsymbol{x}_0(t)\in\mathbb{L}_2$. 此外, 自适应增益 $\vartheta_i(t)$ 收敛至有限的常值.

证明: 令 $\boldsymbol{\eta}_i(t)=\sum\limits_{j=0}^{N} a_{ij}(\boldsymbol{v}_i(t)-\boldsymbol{v}_j(t))$, $\boldsymbol{\eta}(t)=[\boldsymbol{\eta}_1^{\mathrm{T}}(t),\boldsymbol{\eta}_2^{\mathrm{T}}(t),\cdots,\boldsymbol{\eta}_N^{\mathrm{T}}(t)]^{\mathrm{T}}$, $\boldsymbol{\theta}(t)=\mathrm{diag}(\theta_1(t),\theta_2(t),\cdots,\theta_N(t))$, $\boldsymbol{\vartheta}(t)=\mathrm{diag}(\vartheta_1(t),\vartheta_2(t),\cdots,\vartheta_N(t))$, 则有

$$\begin{aligned}\dot{\boldsymbol{\eta}}(t) =&[\boldsymbol{I}_N\otimes\boldsymbol{A}_0-\boldsymbol{L}_1(\boldsymbol{\theta}(t)+\boldsymbol{\vartheta}(t))\otimes\boldsymbol{I}_{n_0}]\boldsymbol{\eta}(t),\\ \dot{\vartheta}_i(t) =&\theta_i(t)=\boldsymbol{\eta}_i^{\mathrm{T}}(t)\boldsymbol{\eta}_i(t).\end{aligned} \tag{4.25}$$

构造 Lyapunov 函数

$$V_3(t)=\sum_{i=1}^{N} h_i\Big[\left(\frac{1}{2}\theta_i(t)+\vartheta_i(t)\right)\boldsymbol{\eta}_i(t)^{\mathrm{T}}\boldsymbol{\eta}_i(t)+\frac{(\vartheta_i(t)-\alpha)^2}{2}\Big], \tag{4.26}$$

其中, h_i 为使得 $\boldsymbol{H}\boldsymbol{L}_1+\boldsymbol{L}_1^{\mathrm{T}}\boldsymbol{H}>\boldsymbol{0}$ 的正的常数, $\boldsymbol{H}=\mathrm{diag}(h_1,h_2,\cdots,h_N)$; α 是一个待定常数. 由 $\theta_i(t)$ 非负可知, $\vartheta_i(t)\geqslant 1$ 成立. 因此, $V_3(t)$ 正定.

$V_3(t)$ 的导数为

$$\begin{aligned}\dot{V}_3(t) =&\sum_{i=1}^{N} h_i\Big[2(\theta_i(t)+\vartheta_i(t))\boldsymbol{\eta}_i^{\mathrm{T}}(t)\dot{\boldsymbol{\eta}}_i(t)+(\theta_i(t)+\vartheta_i(t)-\alpha)\dot{\vartheta}_i(t)\Big]\\ =&\boldsymbol{\eta}^{\mathrm{T}}(t)[(\boldsymbol{\theta}(t)+\boldsymbol{\vartheta}(t))\boldsymbol{H}\otimes(2\boldsymbol{A}_0+\boldsymbol{I}_{n_0})]\boldsymbol{\eta}(t)-\boldsymbol{\eta}^{\mathrm{T}}(t)(\alpha\boldsymbol{H}\otimes\boldsymbol{I}_{n_0})\boldsymbol{\eta}(t)\\ &-\boldsymbol{\eta}^{\mathrm{T}}(t)[(\boldsymbol{\theta}(t)+\boldsymbol{\vartheta}(t))(\boldsymbol{H}\boldsymbol{L}_1+\boldsymbol{L}_1^{\mathrm{T}}\boldsymbol{H})(\boldsymbol{\theta}(t)+\boldsymbol{\vartheta}(t))\otimes\boldsymbol{I}_{n_0}]\boldsymbol{\eta}(t)\\ \leqslant&-\boldsymbol{\eta}^{\mathrm{T}}(t)[(\lambda_0(\boldsymbol{\theta}(t)+\boldsymbol{\vartheta}(t))^2+\alpha\boldsymbol{H})\otimes\boldsymbol{I}_{n_0}]\boldsymbol{\eta}(t)\\ &+(2\sigma_{\max}(\boldsymbol{A}_0)+1)\boldsymbol{\eta}^{\mathrm{T}}(t)[(\boldsymbol{\theta}(t)+\boldsymbol{\vartheta}(t))\boldsymbol{H}\otimes\boldsymbol{I}_{n_0}]\boldsymbol{\eta}(t)\\ \leqslant&-\boldsymbol{\eta}^{\mathrm{T}}(t)[(\boldsymbol{\theta}(t)+\boldsymbol{\vartheta}(t))\boldsymbol{H}\otimes\boldsymbol{I}_{n_0}]\boldsymbol{\eta}(t),\end{aligned} \tag{4.27}$$

其中, λ_0 为 $\boldsymbol{H}\boldsymbol{L}_1+\boldsymbol{L}_1^{\mathrm{T}}\boldsymbol{H}$ 的最小特征值. 式 (4.27) 中最后一个不等式由以下式子得出:

$$\begin{aligned}&-\boldsymbol{\eta}^{\mathrm{T}}(t)[(\lambda_0(\boldsymbol{\theta}(t)+\boldsymbol{\vartheta}(t))^2+\alpha\boldsymbol{H})\otimes\boldsymbol{I}_{n_0}]\boldsymbol{\eta}(t)\\ \leqslant&-2(\sigma_{\max}(\boldsymbol{A}_0)+1)\boldsymbol{\eta}^{\mathrm{T}}(t)[(\boldsymbol{\theta}(t)+\boldsymbol{\vartheta}(t))\boldsymbol{H}\otimes\boldsymbol{I}_{n_0}]\boldsymbol{\eta}(t),\end{aligned}$$

其中, $\alpha\geqslant\dfrac{(\sigma_{\max}(\boldsymbol{A}_0)+1)^2\lambda_{\max}(\boldsymbol{H})}{\lambda_0}$. 于是有

$$\dot{V}_3(t)\leqslant-\boldsymbol{\eta}^{\mathrm{T}}(t)(\boldsymbol{H}\otimes\boldsymbol{I}_{n_0})\boldsymbol{\eta}(t)\leqslant 0. \tag{4.28}$$

因此, $V_3(t)$ 有界, $\boldsymbol{\eta}(t)$ 和 $\vartheta_i(t)$ 也有界. 对式 (4.28) 两边积分有

$$\int_0^{\infty}\boldsymbol{\eta}^{\mathrm{T}}(t)(\boldsymbol{H}\otimes\boldsymbol{I}_{n_0})\boldsymbol{\eta}(t)\mathrm{d}t\leqslant V_3(0)-V_3(\infty),$$

于是有 $\boldsymbol{\eta}(t)\in\mathbb{L}_2$, 因此 $\vartheta_i(t)$ 收敛至有限的常值. 由于 $\boldsymbol{\eta}(t)=(\boldsymbol{L}_1\otimes\boldsymbol{I}_{n_0})(\boldsymbol{v}(t)-\boldsymbol{1}\otimes\hat{\boldsymbol{x}}_0(t))$, $\boldsymbol{v}(t)=[\boldsymbol{v}_1^{\mathrm{T}}(t),\boldsymbol{v}_2^{\mathrm{T}}(t),\cdots,\boldsymbol{v}_N^{\mathrm{T}}(t)]^{\mathrm{T}}$, 因此有 $\boldsymbol{v}_i(t)-\hat{\boldsymbol{x}}_0(t)\in\mathbb{L}_2$, 进而可知 $\boldsymbol{v}_i(t)-\boldsymbol{x}_0(t)=(\boldsymbol{v}_i(t)-\hat{\boldsymbol{x}}_0(t))+\boldsymbol{e}_0(t)\in\mathbb{L}_2$. ■

定理 4.4 若假设 4.4 ~ 假设 4.8 成立, 则问题 4.1 的全局分布式输出一致性追踪可以由以下控制器实现:

$$\boldsymbol{u}_i(t)=\boldsymbol{f}_i(\boldsymbol{\xi}_i(t))+\boldsymbol{\Gamma}_i\boldsymbol{v}_i(t), \tag{4.29}$$

其中, $\boldsymbol{\xi}_i(t)=\hat{\boldsymbol{x}}_i(t)-\boldsymbol{\Pi}_i\boldsymbol{v}_i(t)$, $\hat{\boldsymbol{x}}_i(t)$ 是式 (4.22) 中设计的局部状态观测器, $\boldsymbol{v}_i(t)$ 是式 (4.24) 中设计的分布式观测器; $\boldsymbol{f}_i(\boldsymbol{\xi}_i(t))$ 由算法 4.1 给出.

证明: 由引理 4.5 可得, $\boldsymbol{v}_i(t)-\boldsymbol{x}_0(t)\in\mathbb{L}_2$. 由假设 4.8 可知, 存在 T_1 使得

$$\|\boldsymbol{\Gamma}_i\boldsymbol{v}_i(t)\|_\infty<\sigma_i-\delta$$

对所有 $t>T_1$ 均成立. 因此, 对于 $t>T_1$, $\boldsymbol{\xi}_i(t)$ 的动态为

$$\begin{aligned}\dot{\boldsymbol{\xi}}_i(t)=&\boldsymbol{A}_i\boldsymbol{\xi}_i(t)+\boldsymbol{B}_i\boldsymbol{f}_i(\boldsymbol{\xi}_i(t))+\boldsymbol{F}_i\boldsymbol{C}_i\boldsymbol{e}_i(t)\\&-\boldsymbol{\Pi}_i(\theta_i(t)+\vartheta_i(t))\boldsymbol{\eta}_i(t).\end{aligned} \tag{4.30}$$

由引理 4.4 和引理 4.5 可得, $\boldsymbol{F}_i\boldsymbol{C}_i\boldsymbol{e}_i(t)-\boldsymbol{\Pi}_i(\theta_i(t)+\vartheta_i(t))\boldsymbol{\eta}_i(t)\in\mathbb{L}_2$. 由引理 4.3 可得, $\boldsymbol{\xi}_i(t)\in\mathbb{L}_2$, 从而有 $\boldsymbol{x}_i(t)-\boldsymbol{\Pi}_i\boldsymbol{x}_0(t)=\boldsymbol{\xi}_i(t)-\boldsymbol{e}_i(t)+\boldsymbol{\Pi}_i\tilde{\boldsymbol{v}}_i(t)\in\mathbb{L}_2$, $\boldsymbol{y}_i(t)-\boldsymbol{y}_0(t)\in\mathbb{L}_2$, 也即问题 4.1 得以解决. ■

注解 4.13 定理 4.4 中控制器 (4.29) 的阶次为 n_i+n_0+1. 需要说明的是, 本节中定理的有效性分析与 4.1 节和 4.2 节截然不同. 具体地, 4.1 节和 4.2 节中控制器的有效性是基于引理 4.1 中的饱和控制理论得到的, 而本节中控制器的有效性是基于引理 4.3 中的鲁棒饱和控制理论得到的.

4.3.3 仿真分析

考虑一组由一个领航者和五个跟随者组成的异质群体智能系统, 其通信拓扑图是如图 4.11 所示的包含有向生成树的有向图. 智能体的动态如模型 (4.19) 所示, 其中,

$$\boldsymbol{A}_0=\begin{bmatrix}0&1&0\\-1&0&0\\0&0&-1\end{bmatrix},\quad \boldsymbol{C}_0=\begin{bmatrix}1&0&1\end{bmatrix},$$

$$A_1=0,\quad B_1=1,\quad C_1=1,$$

$$\boldsymbol{A}_2=\begin{bmatrix}0&1\\0&0\end{bmatrix},\quad \boldsymbol{B}_2=\begin{bmatrix}0\\1\end{bmatrix},\quad \boldsymbol{C}_2=\begin{bmatrix}1&0\end{bmatrix},$$

$$\boldsymbol{A}_3=\boldsymbol{A}_2,\quad \boldsymbol{B}_3=\boldsymbol{B}_2,\quad \boldsymbol{C}_3=\boldsymbol{C}_2,$$

$$\boldsymbol{A}_4=\begin{bmatrix}0&1&0\\0&0&1\\0&0&0\end{bmatrix},\quad \boldsymbol{B}_4=\begin{bmatrix}0\\0\\1\end{bmatrix},\quad \boldsymbol{C}_4=\begin{bmatrix}1&0&0\end{bmatrix},$$

$$\boldsymbol{A}_5=\boldsymbol{A}_4,\quad \boldsymbol{B}_5=\boldsymbol{B}_4,\quad \boldsymbol{C}_5=\boldsymbol{C}_4.$$

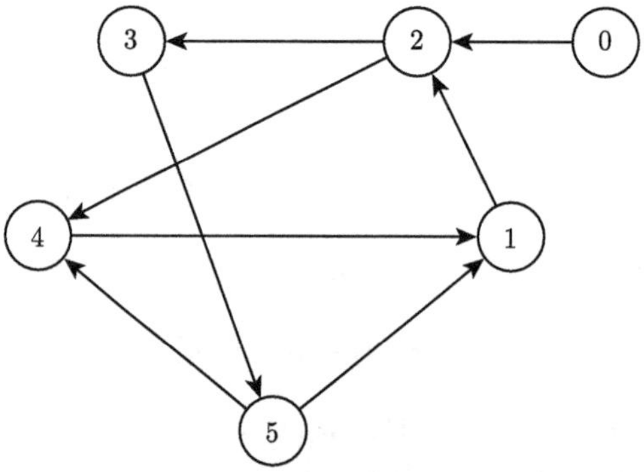

图 4.11　领从图包含有向生成树

智能体 1 由速度控制, 智能体 2 和 3 由加速度控制, 而智能体 4 和 5 引入了加速度的一阶惯性环节. 控制输入的饱和约束设定为 $\sigma_i=1,\ i=1,2,\cdots,5$.

求解方程 (4.20) 可得

$$\boldsymbol{\Pi}_1 = \begin{bmatrix} 1 & 0 & 1 \end{bmatrix}, \quad \boldsymbol{\Gamma}_1 = \begin{bmatrix} 0 & 1 & -1 \end{bmatrix},$$

$$\boldsymbol{\Pi}_2 = \boldsymbol{\Pi}_3 = \begin{bmatrix} 1 & 0 & 1 \\ 0 & 1 & -1 \end{bmatrix}, \quad \boldsymbol{\Gamma}_2 = \boldsymbol{\Gamma}_3 = \begin{bmatrix} -1 & 0 & 1 \end{bmatrix},$$

$$\boldsymbol{\Pi}_4 = \boldsymbol{\Pi}_5 = \begin{bmatrix} 1 & 0 & 1 \\ 0 & 1 & -1 \\ -1 & 0 & 1 \end{bmatrix}, \quad \boldsymbol{\Gamma}_4 = \boldsymbol{\Gamma}_5 = \begin{bmatrix} 0 & -1 & -1 \end{bmatrix}.$$

于是有假设 4.7 成立. 随机选取领航者的状态初值, $\boldsymbol{\Gamma}_i\boldsymbol{x}_0(t)$ 的轨迹如图 4.12 所示. 图中虚线表示控制输入饱和约束上下边界. 由图 4.12 可知, 假设 4.8 对于 $\delta = 0.8$ 成立.

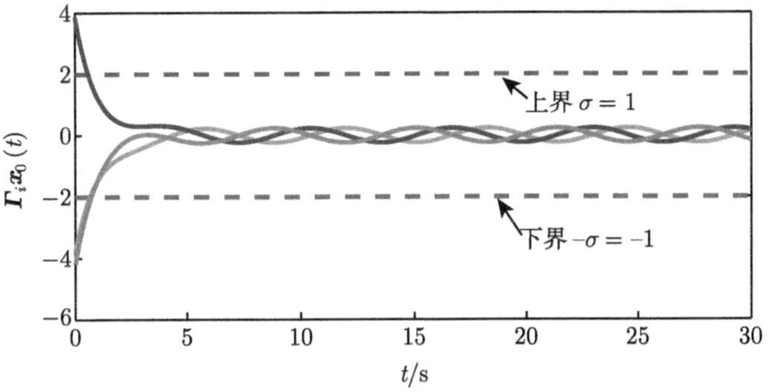

图 4.12 $\boldsymbol{\Gamma}_i\boldsymbol{x}_0(t)$ 的轨迹满足假设 4.8

基于上述分析, 选取 $\sigma = 0.8$. 由算法 4.1 可知, $f_1(\xi_1(t)) = -\xi_1(t)$. 令 $\mu_{21} = 1$, $\mu_{22} = 0.5$, 则 $f_2(\boldsymbol{\xi}_2(t)) = \dfrac{1}{2}\sigma(2\sigma(-[1\ 2]\boldsymbol{\xi}_2(t)) - [0\ 2]\boldsymbol{\xi}_2(t))$, $f_3(\boldsymbol{\xi}_3(t)) = \dfrac{1}{2}\sigma(2\sigma(-[1\ 2]\boldsymbol{\xi}_3(t)) - [0\ 2]\boldsymbol{\xi}_3(t))$. 令 $\mu_{41} = \mu_{42} = 1, \mu_{43} = 0.5$, 则 $f_4(\boldsymbol{\xi}_4(t)) = \dfrac{1}{2}\sigma(2\sigma(\sigma(-[1\ 3\ 2]\boldsymbol{\xi}_4(t)) - [0\ 1\ 2]\boldsymbol{\xi}_4(t)) - [0\ 0\ 2]\boldsymbol{\xi}_4(t))$, $f_5(\boldsymbol{\xi}_5(t)) = \dfrac{1}{2}\sigma(2\sigma(\sigma(-[1\ 3\ 2]\boldsymbol{\xi}_5(t)) - [0\ 1\ 2]\boldsymbol{\xi}_5(t)) - [0\ 0\ 2]\boldsymbol{\xi}_5(t))$. 反馈增益矩阵选为

$$\boldsymbol{F}_0 = \begin{bmatrix} -1 \\ -2 \\ -1 \end{bmatrix}, \quad \boldsymbol{F}_2 = \boldsymbol{F}_3 = \begin{bmatrix} -1 \\ -1 \end{bmatrix}, \quad \boldsymbol{F}_4 = \boldsymbol{F}_5 = \begin{bmatrix} -2 \\ -2 \\ -1 \end{bmatrix},$$

$$F_1 = -1, \quad K_1 = -1, \quad \boldsymbol{K}_2 = \boldsymbol{K}_3 = \begin{bmatrix} -1 & -1 \end{bmatrix},$$

$$\boldsymbol{K}_4 = \boldsymbol{K}_5 = \begin{bmatrix} -1 & -2 & -2 \end{bmatrix}.$$

智能体输出轨迹如图 4.13 所示, 表明输出一致性追踪得以实现. 分布式观测器 $\boldsymbol{v}_i(t)$ 的轨迹如图 4.14 所示, 实现了对领航者状态的估计. 如图 4.15 所示, 追踪误差 $\boldsymbol{\xi}_i(t)=\hat{\boldsymbol{x}}_i(t)-\boldsymbol{\Pi}_i\boldsymbol{v}_i(t)$ 渐近收敛到零. 自适应增益 $\vartheta_i(t)$ 和控制输入 $\boldsymbol{u}_i(t)$、$\sigma_i(\boldsymbol{u}_i(t))$ 如图 4.16 所示.

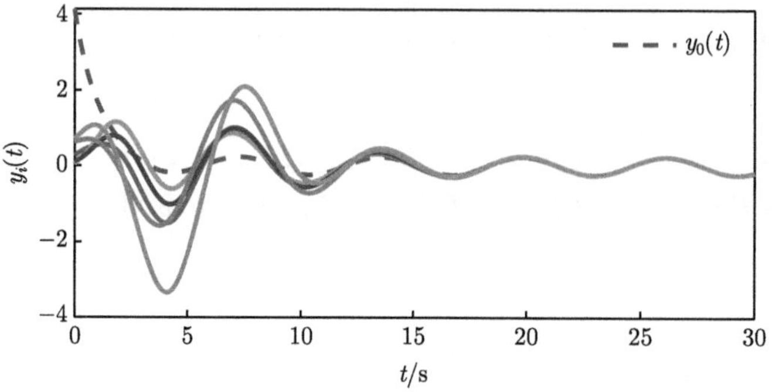

图 4.13　在控制器 (4.29) 下 $y_i(t)$ 实现一致性追踪

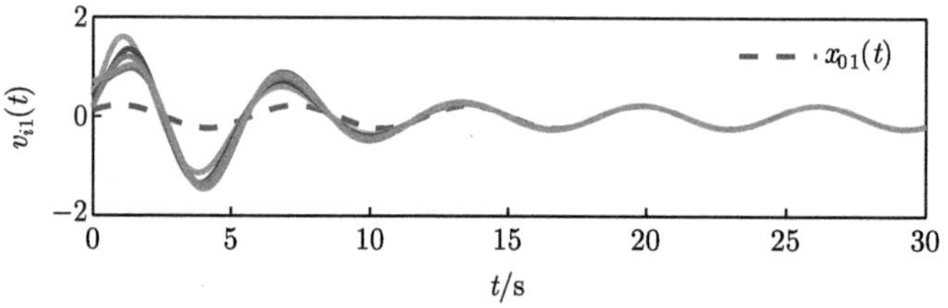

(a) $v_{i1}(t)$

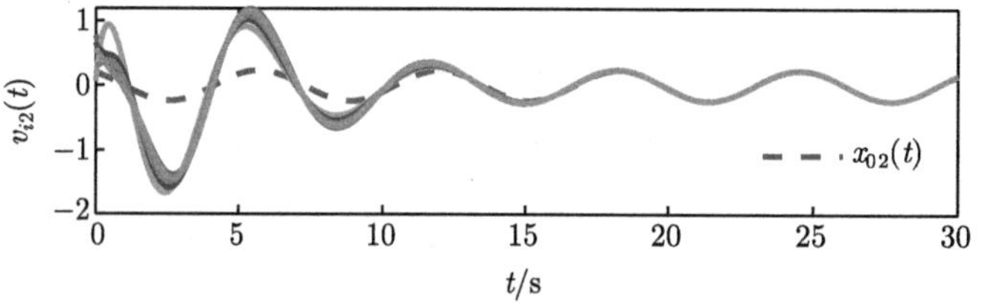

(b) $v_{i2}(t)$

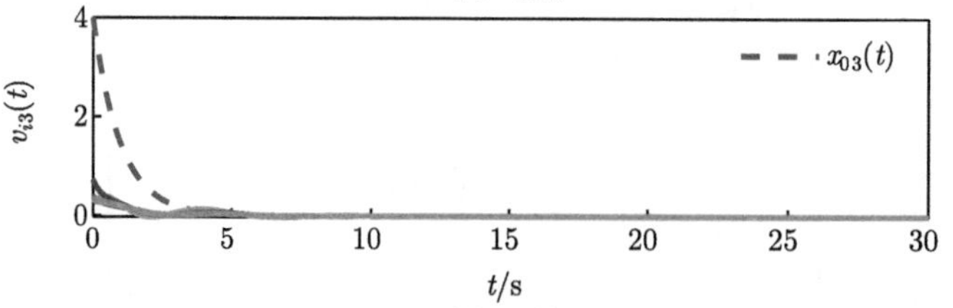

(c) $v_{i3}(t)$

图 4.14　分布式观测器 $\boldsymbol{v}_i(t)$ 收敛至领航者状态 $\boldsymbol{x}_0(t)$

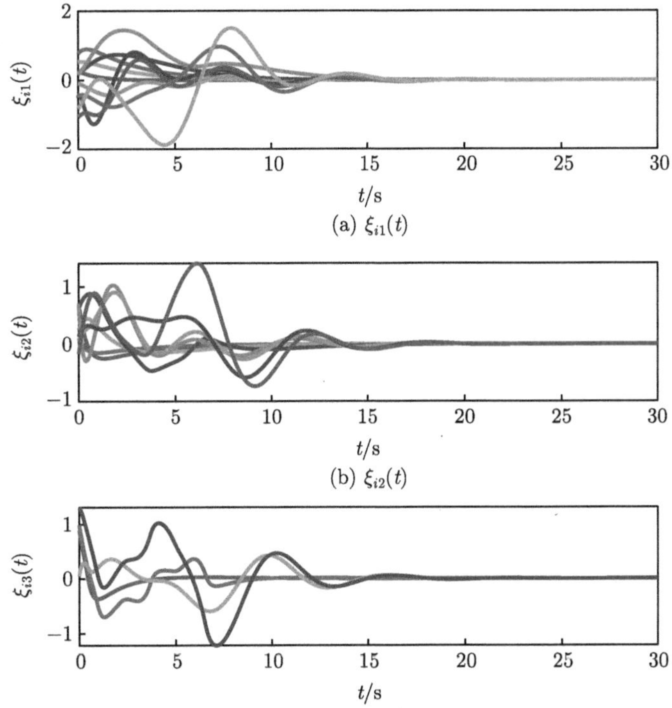

(a) $\xi_{i1}(t)$

(b) $\xi_{i2}(t)$

(c) $\xi_{i3}(t)$

图 4.15 追踪误差 $\boldsymbol{\xi}_i(t)$ 收敛至零

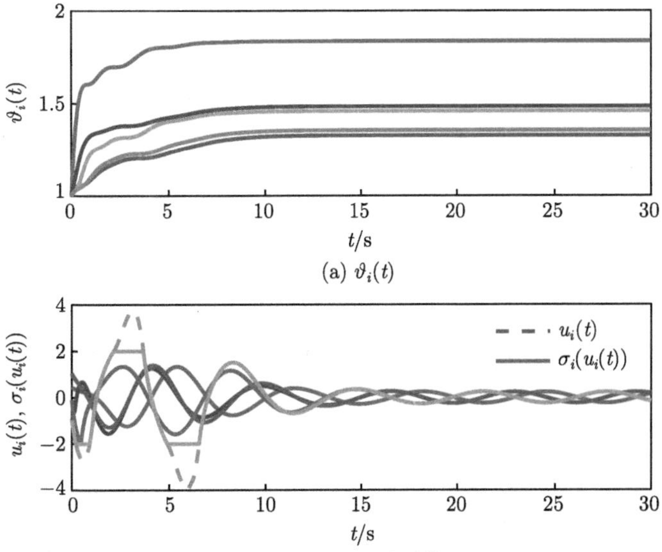

(a) $\vartheta_i(t)$

(b) $u_i(t)$, $\sigma_i(u_i(t))$

（扫码获取彩图）

图 4.16 自适应增益 $\vartheta_i(t)$ 收敛至常值时输入 $u_i(t)$ 满足饱和约束

4.4 本章小结

本章给出了群体智能系统在输入饱和约束下的完全分布式自适应协同控制方法. 通过引入抗饱和补偿器, 将自适应非线性与饱和非线性进行解耦, 再设计分布式观测器实现了基于邻居智能体之间相对输出信息反馈的分布式自适应抗饱和协同控制. 本章中对于无向通信图、有向通信图及异质群体智能系统的一致性问题仅分别介绍了一种输出反馈控制器设计方法, 对于其他的各类输出反馈控制器设计, 感兴趣的读者可以进一步参阅文献 [43]、[186] 和 [187].

第 5 章

间歇通信下群体智能系统一致性控制及其应用

在大多数关于群体智能系统一致性问题的研究中, 通常假设智能体之间能够连续地传输信息. 然而, 在一些实际情况中, 由于通信信道的不可靠、物理设备的故障、外界扰动和感知范围受限等, 智能体只在一些不连续的时间间隔内与邻居进行通信. 因此, 本章研究具有间歇通信的一阶、二阶及线性群体智能系统的分布式一致性控制. 首先, 研究具有间歇通信的一阶非线性群体智能系统的一致性控制问题, 提出了一个仅依赖于邻居智能体间歇相对状态信息的分布式一致性协议, 在群体智能系统的通信拓扑图中不含有任何有向生成树时, 给出了一致性协议的设计方案. 其次, 研究一类具有有向通信拓扑图和间歇通信的二阶积分器型群体智能系统的一致性控制问题, 分别考虑系统的有向通信拓扑图是强连通和弱连通的情况. 再次, 研究间歇通信下一般线性群体智能系统的一致性控制问题. 在通信拓扑图中包含有向生成树时, 提出一种仅依赖于邻居智能体间歇相对状态信息的一致性协议; 在通信拓扑图为无向连通图时, 提出一类基于邻居智能体间歇相对测量输出的观测器类型的一致性协议. 最后, 研究间歇通信下多卫星系统的编队控制问题.

5.1 具有间歇通信的一阶非线性群体智能系统一致性控制

5.1.1 问题描述

考虑由 N 个一阶非线性智能体组成的群体智能系统, 第 i $(1 \leqslant i \leqslant N)$ 个智能体的动力学描述如下:

$$\dot{\boldsymbol{x}}_i(t) = \boldsymbol{f}(\boldsymbol{x}_i(t), t) + \boldsymbol{u}_i(t) + \boldsymbol{\omega}_i(t), \tag{5.1}$$

其中, $\boldsymbol{x}_i(t) = [x_{i1}(t),\ x_{i2}(t),\ \cdots,\ x_{in}(t)]^{\mathrm{T}} \in \mathbb{R}^n$ 为第 i 个智能体的状态向量, $\boldsymbol{f}: \mathbb{R}^n \times [0, +\infty) \to \mathbb{R}^n$ 为固有非线性动力学; $\boldsymbol{u}_i(t) \in \mathbb{R}^n$ 为控制输入向量; $\boldsymbol{\omega}_i(t) \in \mathcal{L}_2^n[0, +\infty)$ 为外部扰动, $\mathcal{L}_2^n[0, +\infty)$ 表示 n 维平方可积函数空间. 群体智能系统的通信拓扑图用有向图 $\mathcal{G} = (\mathcal{V}, \mathcal{E})$ 描述.

本节考虑间歇通信下群体智能体系统的一致性控制问题, 提出如下适应间歇

通信特性的分布式一致性协议:

$$\boldsymbol{u}_i(t)=\begin{cases}-\alpha\sum\limits_{j=1}^{N}l_{ij}\boldsymbol{x}_j(t), & t\in T,\\ \boldsymbol{0}, & t\in T^c,\end{cases}\tag{5.2}$$

其中, T 表示邻居智能体之间能够通信的时间区间的并; 集合 T^c 满足 $T\cup T^c=[0,+\infty)$ 且 $T\cap T^c=\varnothing$; $\alpha>0$ 表示智能体间的耦合强度; 矩阵 $\boldsymbol{L}=[l_{ij}]_{N\times N}$ 表示通信拓扑图 $\mathcal{G}$ 的 Laplace 矩阵. 本节不要求智能体之间的间歇通信模式是周期的. 图 5.1 给出了非周期间歇通信和周期间歇通信的一个示例.

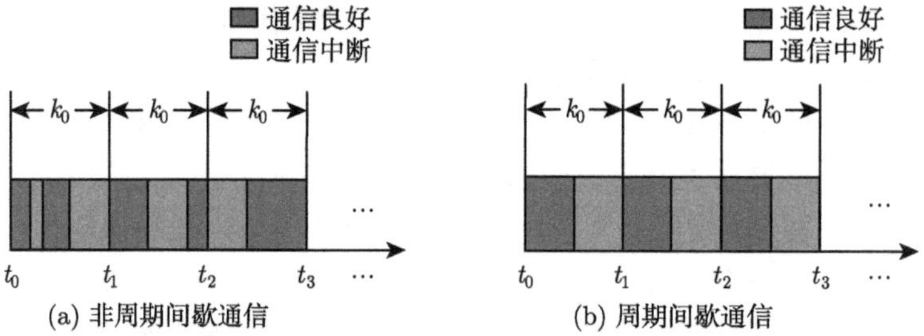

图 5.1 非周期间歇通信和周期间歇通信示例

在一致性协议 (5.2) 下, 群体智能系统 (5.1) 对应的闭环系统为

$$\dot{\boldsymbol{x}}_i(t)=\begin{cases}\boldsymbol{f}(\boldsymbol{x}_i(t),t)-\alpha\sum\limits_{j=1}^{N}l_{ij}\boldsymbol{x}_j(t)+\boldsymbol{\omega}_i(t), & t\in T,\\ \boldsymbol{f}(\boldsymbol{x}_i(t),t)+\boldsymbol{\omega}_i(t), & t\in T^c.\end{cases}\tag{5.3}$$

为了便于理论分析, 下面给出群体智能系统 (5.3) 在一个给定时间区间上的平均通信率的定义.

定义 5.1 (平均通信率) 对于给定的 $b>a\geqslant 0$, 群体智能系统 (5.3) 在时间区间 $[a,\,b)$ 上的平均通信率 $R_{\mathrm{c}}[a,\,b)$ 定义为 $R_{\mathrm{c}}[a,\,b)=\dfrac{T_{\mathrm{c}}[a,\,b)}{b-a}$, 其中, $T_{\mathrm{c}}[a,\,b)$ 代表智能体在时间区间 $[a,\,b)$ 上所有通信时间的长度之和.

从控制论的观点来看, 对于受到外部扰动的系统, 分析某些感兴趣的性能变量对外部扰动的抑制能力有着重要的理论和工程意义. 本节的研究目的是当系统 (5.3) 没有受到外部扰动时, 给出具有间歇通信的群体智能系统实现一致性的条件; 当存在外部扰动时, 分析群体智能系统的性能变量 $\boldsymbol{y}(t)=[\boldsymbol{y}_1^{\mathrm{T}}(t),\boldsymbol{y}_2^{\mathrm{T}}(t),\cdots,$

$\boldsymbol{y}_N^{\mathrm{T}}(t)\big]^{\mathrm{T}}$ 对外部扰动的抑制能力, 其中 $\boldsymbol{y}_i(t)$ 代表第 i 个智能体的性能变量, 其具体形式将在后面的理论分析中明确给出. 为了满足理论分析的需要, 对描述智能体固有动力学行为的非线性函数 $\boldsymbol{f}:\mathbb{R}^n\times[0,+\infty)\to\mathbb{R}^n$ 进行如下假设.

假设 5.1 存在一个定常标量 $\rho>0$, 使得对所有的 $t\geqslant 0$ 有

$$(\boldsymbol{\zeta}_1-\boldsymbol{\zeta}_2)^{\mathrm{T}}(\boldsymbol{f}(\boldsymbol{\zeta}_1,t)-\boldsymbol{f}(\boldsymbol{\zeta}_2,t))\leqslant\rho(\boldsymbol{\zeta}_1-\boldsymbol{\zeta}_2)^{\mathrm{T}}(\boldsymbol{\zeta}_1-\boldsymbol{\zeta}_2), \tag{5.4}$$

其中, $\boldsymbol{\zeta}_1$、$\boldsymbol{\zeta}_2\in\mathbb{R}^n$.

注解 5.1 假设 5.1 是一个单边 Lipschitz 条件, 很多非线性系统满足该假设, 如细胞神经网络系统[188] 和 Chua 电路系统[189].

下面给出闭环群体智能系统 (5.3) 一致性实现的定义及有限 $\mathcal{L}_2$-增益一致性实现的定义. 为了便于符号表示, 令 $\boldsymbol{\omega}(t)=\big[\boldsymbol{\omega}_1^{\mathrm{T}}(t),\boldsymbol{\omega}_2^{\mathrm{T}}(t),\cdots,\boldsymbol{\omega}_N^{\mathrm{T}}(t)\big]^{\mathrm{T}}$, $\boldsymbol{x}(t)=\big[\boldsymbol{x}_1^{\mathrm{T}}(t),\boldsymbol{x}_2^{\mathrm{T}}(t),\cdots,\boldsymbol{x}_N^{\mathrm{T}}(t)\big]^{\mathrm{T}}$.

定义 5.2 对于群体智能系统 (5.3), 若在 $\boldsymbol{\omega}(t)\equiv\mathbf{0}$ 的条件下, 系统 (5.3) 的状态满足

$$\lim_{t\to\infty}\|\boldsymbol{x}_i(t)-\boldsymbol{x}_j(t)\|=0,\quad\forall i,j=1,2,\cdots,N, \tag{5.5}$$

则称其实现了一致性.

定义 5.3 对于群体智能系统 (5.3), 如果下述条件同时成立:

(1) 当 $\boldsymbol{\omega}(t)\equiv\mathbf{0}$ 时, 系统 (5.3) 能够实现一致性, 即

$$\lim_{t\to\infty}\|\boldsymbol{x}_i(t)-\boldsymbol{x}_j(t)\|=0,\quad\forall i,j=1,2,\cdots,N. \tag{5.6}$$

(2) 存在一个常数 $\varrho>0$, 使得在初始条件 $\boldsymbol{x}(0)=\mathbf{0}$ 下, 系统 (5.3) 的性能变量 $\boldsymbol{y}(t)$ 满足

$$\int_0^\infty\boldsymbol{y}^{\mathrm{T}}(s)\boldsymbol{y}(s)\mathrm{d}s\leqslant\varrho^2\int_0^\infty\boldsymbol{\omega}^{\mathrm{T}}(s)\boldsymbol{\omega}(s)\mathrm{d}s. \tag{5.7}$$

则称群体智能系统 (5.3) 实现了有限 $\mathcal{L}_2$-增益一致性.

5.1.2 强连通通信拓扑图下一阶非线性群体智能系统一致性控制

本节主要研究强连通通信拓扑图下群体智能系统 (5.3) 的一致性和有限 $\mathcal{L}_2$-增益一致性.

首先, 考虑群体智能系统 (5.3) 的一致性问题, 其中智能体的动力学演化不受任何外部扰动影响, 即 $\boldsymbol{\omega}_i(t)\equiv\mathbf{0}$, $\forall i=1,2,\cdots,N$.

由于通信拓扑图 $\mathcal{G}$ 是强连通的, 可令 $\boldsymbol{\xi}=[\xi_1,\xi_2,\cdots,\xi_N]^{\mathrm{T}}>\mathbf{0}$ 为对应于通信拓扑图 $\mathcal{G}$ 的 Laplace 矩阵 $\boldsymbol{L}$ 零特征值的左特征向量, 且满足 $\sum\limits_{i=1}^N\xi_i=1$. 为了便于

分析, 引入如下变量: $\boldsymbol{z}_i(t)=\boldsymbol{x}_i(t)-\sum\limits_{j=1}^{N}\xi_j\boldsymbol{x}_j(t)$, $i=1,2,\cdots,N$. 根据 $\boldsymbol{\xi}^{\mathrm{T}}\boldsymbol{L}=\boldsymbol{0}^{\mathrm{T}}$, 不难判断, $\boldsymbol{z}_i(t)$ 满足如下动力学方程:

$$\dot{\boldsymbol{z}}_i(t)=\begin{cases}\boldsymbol{f}(\boldsymbol{x}_i(t),t)-\sum\limits_{j=1}^{N}\xi_j\boldsymbol{f}(\boldsymbol{x}_j(t),t)-\alpha\sum\limits_{j=1}^{N}l_{ij}\boldsymbol{x}_j(t), & t\in T,\\ \boldsymbol{f}(\boldsymbol{x}_i(t),t)-\sum\limits_{j=1}^{N}\xi_j\boldsymbol{f}(\boldsymbol{x}_j(t),t), & t\in T^c,\end{cases}\tag{5.8}$$

其中, $i=1,2,\cdots,N$. $\boldsymbol{z}(t)=[\boldsymbol{z}_1^{\mathrm{T}}(t),\boldsymbol{z}_2^{\mathrm{T}}(t),\cdots,\boldsymbol{z}_N^{\mathrm{T}}(t)]^{\mathrm{T}}\in\mathbb{R}^{Nn}$ 称为群体智能系统 (5.3) 的一致性误差. 易知, $\boldsymbol{z}(t)=\boldsymbol{0}$ 当且仅当 $\boldsymbol{x}_i(t)=\boldsymbol{x}_j(t)$, $\forall\ i,j=1,2,\cdots,N$. 因此, 群体智能系统 (5.3) 的一致性问题被等价地转化为由式 (5.8) 描述的 N 个切换系统的同时稳定性问题. 利用 Kronecker 积的性质, 系统 (5.8) 可以写成如下紧凑形式:

$$\dot{\boldsymbol{z}}(t)=\begin{cases}\boldsymbol{F}(\boldsymbol{x}(t),t)-\alpha\left(\boldsymbol{L}\otimes\boldsymbol{I}_n\right)\boldsymbol{z}(t), & t\in T,\\ \boldsymbol{F}(\boldsymbol{x}(t),t), & t\in T^c,\end{cases}\tag{5.9}$$

其中, $\boldsymbol{F}(\boldsymbol{x}(t),t)=\left[\left(\boldsymbol{I}_N-\boldsymbol{1}_N\boldsymbol{\xi}^{\mathrm{T}}\right)\otimes\boldsymbol{I}_n\right]\boldsymbol{f}(\boldsymbol{x}(t),t)$, $\boldsymbol{f}(\boldsymbol{x}(t),t)=\left[\boldsymbol{f}^{\mathrm{T}}(\boldsymbol{x}_1(t),t),\boldsymbol{f}^{\mathrm{T}}(\boldsymbol{x}_2(t),t),\cdots,\boldsymbol{f}^{\mathrm{T}}(\boldsymbol{x}_N(t),t)\right]^{\mathrm{T}}$.

下述定理给出了群体智能系统 (5.3) 实现一致性的一个充分条件.

定理 5.1 对于满足假设 5.1 的群体智能系统 (5.3), 若通信拓扑图 $\mathcal{G}$ 是强连通的, 且存在一个常数 $r_0\in(0,1]$ 和一致有界的时间区间序列 $[t_k,t_{k+1}),k\in\mathbb{N}$, 其中 $t_0=0$, $\{t_{k+1}-t_k\mid k\in\mathbb{N}\}$ 的下确界和上确界满足 $\inf_{k\in\mathbb{N}}\{t_{k+1}-t_k\}\geqslant\tau_0>0$, $\sup_{k\in\mathbb{N}}\{t_{k+1}-t_k\}\leqslant\tau_1$, 使得群体智能系统 (5.3) 的平均通信率 $R_{\mathrm{c}}[t_k,t_{k+1})>r_0$, $k\in\mathbb{N}$, 则群体智能系统 (5.3) 在耦合强度 $\alpha\in\mathcal{S}_1$ 的条件下能够实现一致性, 其中 $\mathcal{S}_1=(\alpha_0,+\infty)$, $\alpha_0=\rho/(a(\boldsymbol{L})r_0)$, $a(\boldsymbol{L})$ 为通信拓扑图 $\mathcal{G}$ 的广义代数连通度, ρ 在式 (5.4) 中已定义.

证明: 对于切换系统 (5.9), 考虑如下共同 Lyapunov 函数:

$$V(t)=\frac{1}{2}\boldsymbol{z}^{\mathrm{T}}(t)\left(\boldsymbol{\varXi}\otimes\boldsymbol{I}_n\right)\boldsymbol{z}(t),\tag{5.10}$$

其中, $\boldsymbol{\varXi}=\mathrm{diag}(\xi_1,\xi_2,\cdots,\xi_N)$, $\boldsymbol{\xi}=[\xi_1,\xi_2,\cdots,\xi_N]^{\mathrm{T}}>\boldsymbol{0}$ 是对应于 Laplace 矩阵 $\boldsymbol{L}$ 零特征值的左特征向量, 且满足 $\boldsymbol{\xi}^{\mathrm{T}}\boldsymbol{1}_N=1$. 易证 $V(t)\geqslant0$, 且 $V(t)=0$ 当且仅当 $\boldsymbol{z}(t)=\boldsymbol{0}$.

对于 $t \in \{[t_k, t_{k+1}) \cap T\}$, $k \in \mathbb{N}$, $V(t)$ 沿着系统 (5.9) 的状态轨迹对时间求导可得

$$\dot{V}(t) = \boldsymbol{z}^{\mathrm{T}}(t)(\boldsymbol{\varXi} \otimes \boldsymbol{I}_n)\Big\{\big[\big(\boldsymbol{I}_N - \boldsymbol{1}_N\boldsymbol{\xi}^{\mathrm{T}}\big) \otimes \boldsymbol{I}_n\big]\boldsymbol{f}(\boldsymbol{x}(t),t) - \alpha\left(\boldsymbol{L} \otimes \boldsymbol{I}_n\right)\boldsymbol{z}(t)\Big\}. \tag{5.11}$$

为了便于符号表示, 令 $\widehat{\boldsymbol{x}}(t) = \sum\limits_{j=1}^{N} \xi_j \boldsymbol{x}_j(t)$. 由 $\boldsymbol{\xi}^{\mathrm{T}}\boldsymbol{1}_N = 1$ 可知, $\boldsymbol{1}_N^{\mathrm{T}}\boldsymbol{\varXi}\boldsymbol{1}_N = 1$. 由于 $\boldsymbol{z}(t) = \big[\big(\boldsymbol{I}_N - \boldsymbol{1}_N\boldsymbol{\xi}^{\mathrm{T}}\big) \otimes \boldsymbol{I}_n\big]\boldsymbol{x}(t)$, 根据上面的分析可得

$$\begin{aligned}\boldsymbol{z}^{\mathrm{T}}(t)\left(\boldsymbol{\varXi} \otimes \boldsymbol{I}_n\right)\left[\boldsymbol{1}_N \otimes \boldsymbol{f}(\widehat{\boldsymbol{x}}(t),t)\right] &= \boldsymbol{x}^{\mathrm{T}}(t)\left[\left(\boldsymbol{\varXi} - \boldsymbol{\xi}\boldsymbol{1}_N^{\mathrm{T}}\boldsymbol{\varXi}\right) \otimes \boldsymbol{I}_n\right]\left(\boldsymbol{1}_N \otimes \boldsymbol{f}(\widehat{\boldsymbol{x}}(t),t)\right) \\ &= \boldsymbol{x}^{\mathrm{T}}(t)\left\{\left[\left(\boldsymbol{\varXi} - \boldsymbol{\xi}\boldsymbol{1}_N^{\mathrm{T}}\boldsymbol{\varXi}\right)\boldsymbol{1}_N\right] \otimes \boldsymbol{f}(\widehat{\boldsymbol{x}}(t),t)\right\} \\ &= 0\end{aligned} \tag{5.12}$$

及

$$\begin{aligned}&\boldsymbol{z}^{\mathrm{T}}(t)\left(\boldsymbol{\varXi} \otimes \boldsymbol{I}_n\right)\left[\left(\boldsymbol{1}_N\boldsymbol{\xi}^{\mathrm{T}}\right) \otimes \boldsymbol{I}_n\right]\boldsymbol{f}(\boldsymbol{x}(t),t) \\ &= \boldsymbol{x}^{\mathrm{T}}(t)\left[\left(\boldsymbol{\varXi}\boldsymbol{1}_N\boldsymbol{\xi}^{\mathrm{T}} - \boldsymbol{\xi}\boldsymbol{1}_N^{\mathrm{T}}\boldsymbol{\varXi}\boldsymbol{1}_N\boldsymbol{\xi}^{\mathrm{T}}\right) \otimes \boldsymbol{I}_n\right]\boldsymbol{f}(\boldsymbol{x}(t),t) \\ &= \boldsymbol{x}^{\mathrm{T}}(t)\left[\left(\boldsymbol{\xi}\boldsymbol{\xi}^{\mathrm{T}} - \boldsymbol{\xi}\boldsymbol{1}_N^{\mathrm{T}}\boldsymbol{\varXi}\boldsymbol{1}_N\boldsymbol{\xi}^{\mathrm{T}}\right) \otimes \boldsymbol{I}_n\right]\boldsymbol{f}(\boldsymbol{x}(t),t) \\ &= 0.\end{aligned} \tag{5.13}$$

由式 (5.11)~ 式 (5.13) 可得

$$\begin{aligned}\dot{V}(t) &= \boldsymbol{z}^{\mathrm{T}}(t)\left(\boldsymbol{\varXi} \otimes \boldsymbol{I}_n\right)\left[\boldsymbol{f}(\boldsymbol{x}(t),t) - \boldsymbol{1}_N \otimes \boldsymbol{f}(\widehat{\boldsymbol{x}}(t),t)\right] \\ &\quad -\alpha\boldsymbol{z}^{\mathrm{T}}(t)\left[\left(\frac{\boldsymbol{\varXi}\boldsymbol{L} + \boldsymbol{L}^{\mathrm{T}}\boldsymbol{\varXi}}{2}\right) \otimes \boldsymbol{I}_n\right]\boldsymbol{z}(t) \\ &= \sum_{i=1}^{N}\left(\boldsymbol{x}_i(t) - \widehat{\boldsymbol{x}}(t)\right)^{\mathrm{T}}\xi_i\left[\boldsymbol{f}(\boldsymbol{x}_i(t),t) - \boldsymbol{f}(\widehat{\boldsymbol{x}}(t),t)\right] - \alpha\boldsymbol{z}^{\mathrm{T}}(t)\left(\widehat{\boldsymbol{L}} \otimes \boldsymbol{I}_n\right)\boldsymbol{z}(t),\end{aligned} \tag{5.14}$$

其中, $\widehat{\boldsymbol{L}} = \left(\boldsymbol{\varXi}\boldsymbol{L} + \boldsymbol{L}^{\mathrm{T}}\boldsymbol{\varXi}\right)/2$. 进一步地, 由广义代数连通度 $a(\boldsymbol{L})$ 的定义可得

$$\dot{V}(t) \leqslant (\rho - \alpha a(\boldsymbol{L}))\sum_{i=1}^{N}\xi_i\|\boldsymbol{z}_i(t)\|^2 = -\gamma_1 V(t), \tag{5.15}$$

其中, $\gamma_1 = 2\left(\alpha a(\boldsymbol{L}) - \rho\right)$.

对于 $t \in \{[t_k, t_{k+1}) \cap T^c\}$, $k \in \mathbb{N}$, $V(t)$ 沿着系统 (5.9) 的状态轨迹对时间求导可得

$$\dot{V}(t) = \boldsymbol{z}^{\mathrm{T}}(t)\left(\boldsymbol{\varXi} \otimes \boldsymbol{I}_n\right)\left[\left(\boldsymbol{I}_N - \mathbf{1}_N \boldsymbol{\xi}^{\mathrm{T}}\right) \otimes \boldsymbol{I}_n\right] \boldsymbol{f}(\boldsymbol{x}(t), t).$$

类似于 $t \in \{[t_k, t_{k+1}) \cap T\}$ 情况的分析, 可以得到

$$\dot{V}(t) \leqslant \gamma_2 V(t), \tag{5.16}$$

其中, $\gamma_2 = 2\rho$, $t \in \{[t_k, t_{k+1}) \cap T^c\}$, $k \in \mathbb{N}$.

根据式 (5.15) 和式 (5.16), 可得

$$V(t_1) \leqslant V(0)\mathrm{e}^{-\varepsilon_0}, \tag{5.17}$$

其中, $\varepsilon_0 = 2\left(\alpha a(\boldsymbol{L}) R_{\mathrm{c}}[t_0, t_1) - \rho\right)(t_1 - t_0)$. 根据定理条件 $\alpha > \alpha_0 = \rho / \left(a(\boldsymbol{L}) r_0\right)$, 可得 $\alpha a(\boldsymbol{L}) > \rho / R_{\mathrm{c}}[t_0, t_1)$, 故 $\varepsilon_0 > 0$. 通过递推可知, 对任意的 $k \in \mathbb{N}$, 都有式 (5.18) 成立:

$$V(t_{k+1}) \leqslant V(0)\mathrm{e}^{-\sum\limits_{j=0}^{k} \varepsilon_j}, \tag{5.18}$$

其中, $\varepsilon_j = 2(\alpha a(\boldsymbol{L}) R_{\mathrm{c}}[t_j, t_{j+1}) - \rho)(t_{j+1} - t_j) > 0$, $\forall j = 0, 1, 2, \cdots, k$.

另外, 对任意的 $t > 0$, 总存在一个非负整数 p, 使得 $t_p < t \leqslant t_{p+1}$. 此外, 由于 $[t_k, t_{k+1})$, $k \in \mathbb{N}$ 是一致有界且互不相交的时间区间序列, 可令 $\kappa = 2(\alpha a(\boldsymbol{L}) r_0 - \rho)$, 进而可得

$$\begin{aligned}
V(t) &\leqslant V(t_p)\mathrm{e}^{\tau_1 \gamma_2} \\
&\leqslant \mathrm{e}^{2\rho\tau_1} V(0)\mathrm{e}^{-\sum\limits_{j=0}^{p-1} \varepsilon_j} \\
&\leqslant \mathrm{e}^{2\rho\tau_1} V(0)\mathrm{e}^{-p\kappa\tau_0} \\
&\leqslant \mathrm{e}^{2\rho\tau_1 + \kappa\tau_0} V(0)\mathrm{e}^{-[(\kappa\tau_0)/\tau_1]t},
\end{aligned} \tag{5.19}$$

即

$$V(t) \leqslant K_0 \mathrm{e}^{-K_1 t}, \quad \forall t > 0, \tag{5.20}$$

其中, $K_0 = \mathrm{e}^{2\rho\tau_1 + \kappa\tau_0} V(0)$, $K_1 = (\kappa\tau_0)/\tau_1$. 上述分析表明, 群体智能系统 (5.3) 能够实现一致性. ■

注解 5.2 对于不含有固有非线性动力学的一阶积分器型群体智能系统模型（即模型 (5.3) 中 $\boldsymbol{f}(\boldsymbol{x}_i(t),t)\equiv\boldsymbol{0}, \forall\, i=1,2,\cdots,N, \forall t\geqslant 0$），若群体智能系统能够实现一致性, 则最终一致性状态只能是 $\mathbb{R}^n$ 中的一个常值向量. 确切地讲, 最终一致性状态 $\boldsymbol{s}(t)=\sum\limits_{j=1}^{N}\xi_j\boldsymbol{x}_j(0)$, 其中 $\boldsymbol{\xi}=[\xi_1,\xi_2,\cdots,\xi_N]^{\mathrm{T}}>\boldsymbol{0}$ 是对应于 Laplace 矩阵 $\boldsymbol{L}$ 零特征值的左特征向量, 且满足 $\boldsymbol{\xi}^{\mathrm{T}}\boldsymbol{1}_N=1$[3]. 此外, 通过与文献 [3] 的结果比较可知, 对于经典的一阶积分器型群体智能系统模型, 间歇通信不改变群体智能系统的最终一致性状态.

注解 5.3 定理 5.1 表明, 如果智能体能够间歇地相互通信, 且平均通信率和智能体间的耦合强度分别大于给定的阈值, 群体智能系统 (5.3) 能够实现一致性. 此外, 一致性实现的速度具有指数收敛率 $(\kappa\tau_0)/\tau_1$. 显然, 耦合强度越大, 群体智能系统一致性实现的速度越快. 同时, 当通信拓扑图的广义代数连通度 $a(\boldsymbol{L})$ 很难或者不可能精确获知时, 根据定理 5.1, 可以选取充分大的耦合强度来保证群体智能系统实现一致性.

注解 5.4 为了便于理论分析, 首先将一致性实现问题等价地转化为一组非线性切换系统的同时稳定性问题. 通过构造共同 Lyapunov 函数, 得到具有间歇通信的群体智能系统实现一致性的充分条件. 特别地, 一致性的实现只依赖于智能体间的耦合强度和平均通信率 $R_{\mathrm{c}}[t_k,t_{k+1})$, 与智能体间的通信时间在时间区间 $[t_k,t_{k+1})$ 上的分布无关.

基于上述分析, 进一步考虑存在外部扰动时, 群体智能系统 (5.3) 的有限 $\mathcal{L}_2$-增益一致性问题. 为此, 定义群体智能系统 (5.3) 的性能变量 $\boldsymbol{y}(t)=[\boldsymbol{y}_1^{\mathrm{T}}(t),\boldsymbol{y}_2^{\mathrm{T}}(t),\cdots,\boldsymbol{y}_N^{\mathrm{T}}(t)]^{\mathrm{T}}$, $\boldsymbol{y}_i(t)$ 为智能体 i 的性能变量, 其形式为

$$\boldsymbol{y}_i(t)=\boldsymbol{C}\boldsymbol{z}_i(t),\quad i=1,2,\cdots,N, \tag{5.21}$$

其中, $\boldsymbol{z}_i(t)=\boldsymbol{x}_i(t)-\sum\limits_{j=1}^{N}\xi_j\boldsymbol{x}_j(t)$, $i=1,2,\cdots,N$; $\boldsymbol{C}\in\mathbb{R}^{m\times n}$ 为定常矩阵; $\boldsymbol{\xi}=[\xi_1,\xi_2,\cdots,\xi_N]^{\mathrm{T}}>\boldsymbol{0}$, 满足 $\boldsymbol{\xi}^{\mathrm{T}}\boldsymbol{L}=\boldsymbol{0}^{\mathrm{T}}$, 且 $\sum\limits_{i=1}^{N}\xi_i=1$. 易知, $\boldsymbol{z}_i(t)$ 满足

$$\begin{cases}\dot{\boldsymbol{z}}_i(t)=\boldsymbol{f}(\boldsymbol{x}_i(t),t)-\displaystyle\sum_{j=1}^{N}\xi_j\boldsymbol{f}(\boldsymbol{x}_j(t),t)-\alpha\sum_{j=1}^{N}l_{ij}\boldsymbol{x}_j(t)+\boldsymbol{\omega}_i(t)-\sum_{j=1}^{N}\xi_j\boldsymbol{\omega}_j(t), & t\in T,\\ \dot{\boldsymbol{z}}_i(t)=\boldsymbol{f}(\boldsymbol{x}_i(t),t)-\displaystyle\sum_{j=1}^{N}\xi_j\boldsymbol{f}(\boldsymbol{x}_j(t),t)+\boldsymbol{\omega}_i(t)-\sum_{j=1}^{N}\xi_j\boldsymbol{\omega}_j(t), & t\in T^c,\\ \boldsymbol{y}_i(t)=\boldsymbol{C}\boldsymbol{z}_i(t), \end{cases} \tag{5.22}$$

其中, $i=1,2,\cdots,N$. 根据 Kronecker 积的性质, 系统 (5.22) 可以写成如下紧凑形式:

$$\begin{cases}\dot{\boldsymbol{z}}(t)=\boldsymbol{F}(\boldsymbol{x}(t),t)-\alpha\left(\boldsymbol{L}\otimes\boldsymbol{I}_n\right)\boldsymbol{z}(t)+\boldsymbol{W}(t), & t\in T,\\ \dot{\boldsymbol{z}}(t)=\boldsymbol{F}(\boldsymbol{x}(t),t)+\boldsymbol{W}(t), & t\in T^c,\\ \boldsymbol{y}(t)=\left(\boldsymbol{I}_N\otimes\boldsymbol{C}\right)\boldsymbol{z}(t),\end{cases} \tag{5.23}$$

其中, $\boldsymbol{F}(\boldsymbol{x}(t),t)=\left[\left(\boldsymbol{I}_N-\boldsymbol{1}_N\boldsymbol{\xi}^{\mathrm{T}}\right)\otimes\boldsymbol{I}_n\right]\boldsymbol{f}(\boldsymbol{x}(t),t)$, $\boldsymbol{f}(\boldsymbol{x}(t),t)=\left[\boldsymbol{f}^{\mathrm{T}}(\boldsymbol{x}_1(t),t),\right.$ $\left.\boldsymbol{f}^{\mathrm{T}}(\boldsymbol{x}_2(t),t),\cdots,\boldsymbol{f}^{\mathrm{T}}(\boldsymbol{x}_N(t),t)\right]^{\mathrm{T}}$, $\boldsymbol{W}(t)=\left[\left(\boldsymbol{I}_N-\boldsymbol{1}_N\boldsymbol{\xi}^{\mathrm{T}}\right)\otimes\boldsymbol{I}_n\right]\boldsymbol{\omega}(t)$.

下述定理给出了群体智能系统 (5.3) 实现有限 $\mathcal{L}_2$-增益一致性的一个充分条件.

定理 5.2 对于满足假设 5.1 的群体智能系统 (5.3), 若通信拓扑图 $\mathcal{G}$ 是强连通的, 且存在常数 $r_0\in(0,1]$ 和一致有界的时间区间序列 $[t_k,t_{k+1}),k\in\mathbb{N}$, 其中 $\inf_{k\in\mathbb{N}}\{t_{k+1}-t_k\}\geqslant\tau_0>0$, $\sup_{k\in\mathbb{N}}\{t_{k+1}-t_k\}\leqslant\tau_1$, $t_0=0$, 使得系统 (5.3) 的平均通信率 $R_{\mathrm{c}}[t_k,t_{k+1})>r_0$, $k\in\mathbb{N}$, 则群体智能系统 (5.3) 在耦合强度 $\alpha\in\mathcal{S}_2$ 的条件下能够实现有限 $\mathcal{L}_2$-增益一致性, 其中 $\mathcal{S}_2=(\alpha_1,+\infty)$, $\alpha_1=\dfrac{2\rho+\varrho_0+2\lambda_{\max}(\boldsymbol{C}^{\mathrm{T}}\boldsymbol{C})/\xi_0}{2a(\boldsymbol{L})r_0}$, $\varrho_0>0$ 是常数, $\xi_0=\min\limits_{i\in\{1,2,\cdots,N\}}\{\xi_i\}$, $a(\boldsymbol{L})$ 是通信拓扑图 $\mathcal{G}$ 的广义代数连通度, ρ 在式 (5.4) 中已定义.

证明: 对于切换系统 (5.23), 考虑如下共同 Lyapunov 函数:

$$V(t)=\frac{1}{2}\boldsymbol{z}^{\mathrm{T}}(t)\left(\boldsymbol{\Xi}\otimes\boldsymbol{I}_n\right)\boldsymbol{z}(t), \tag{5.24}$$

其中, $\boldsymbol{\Xi}=\operatorname{diag}(\xi_1,\xi_2,\cdots,\xi_N)$, $\boldsymbol{\xi}=[\xi_1,\xi_2,\cdots,\xi_N]^{\mathrm{T}}>\boldsymbol{0}$ 是对应于 Laplace 矩阵 $\boldsymbol{L}$ 零特征值的左特征向量, 且满足 $\boldsymbol{\xi}^{\mathrm{T}}\boldsymbol{1}_N=1$.

首先, 考虑一致性实现问题, 此时假设 $\boldsymbol{\omega}(t)\equiv\boldsymbol{0}$. 根据定理 5.1 和条件 $\alpha>\dfrac{2\rho+\varrho_0+2\lambda_{\max}(\boldsymbol{C}^{\mathrm{T}}\boldsymbol{C})/\xi_0}{2a(\boldsymbol{L})r_0}$, 易知定义 5.3 中的条件 (1) 满足.

下面针对群体智能系统受到外部扰动的情况, 分析性能变量 $\boldsymbol{y}(t)$ 的 $\mathcal{L}_2$-增益.

对于 $t\in\{[t_k,t_{k+1})\cap T\}$, $k\in\mathbb{N}$, $V(t)$ 沿着系统 (5.23) 的状态轨迹对时间求导可得

$$\dot{V}(t)=\boldsymbol{z}^{\mathrm{T}}(t)\left(\boldsymbol{\Xi}\otimes\boldsymbol{I}_n\right)\left[\boldsymbol{F}(\boldsymbol{x}(t),t)-\alpha\left(\boldsymbol{L}\otimes\boldsymbol{I}_n\right)\right]\boldsymbol{z}(t)+\boldsymbol{z}^{\mathrm{T}}(t)\left(\boldsymbol{\Xi}\otimes\boldsymbol{I}_n\right)\boldsymbol{W}(t).$$

利用类似于定理 5.1 中的证明方法, 可以得到

$$\dot{V}(t)\leqslant-\gamma_1V(t)+\boldsymbol{z}^{\mathrm{T}}(t)\left(\boldsymbol{\Xi}\otimes\boldsymbol{I}_n\right)\left[\left(\boldsymbol{I}_N-\boldsymbol{1}_N\boldsymbol{\xi}^{\mathrm{T}}\right)\otimes\boldsymbol{I}_n\right]\boldsymbol{\omega}(t),$$

其中, $\gamma_1 = 2(\alpha a(\boldsymbol{L}) - \rho)$. 利用引理 2.4, 进一步可得

$$\dot{V}(t) \leqslant -(\gamma_1 - \varrho_0)V(t) + \frac{1}{2\varrho_0}\boldsymbol{\omega}^{\mathrm{T}}(t)\left(\widetilde{\boldsymbol{\varXi}} \otimes \boldsymbol{I}_n\right)\boldsymbol{\omega}(t), \tag{5.25}$$

其中, $\widetilde{\boldsymbol{\varXi}} = \boldsymbol{\varXi} - \boldsymbol{\xi}\boldsymbol{\xi}^{\mathrm{T}}$, $\varrho_0 > 0$. 由于向量 $\boldsymbol{\xi}$ 满足 $\boldsymbol{\xi}^{\mathrm{T}}\mathbf{1}_N = 1$, 简单计算可得 $\widetilde{\varXi}_{ii} \leqslant 0.25$, $\widetilde{\varXi}_{ii}$ 是矩阵 $\widetilde{\boldsymbol{\varXi}}$ 的第 i 个对角元. 根据上述分析, 利用 Gershgorin 圆盘定理[158]可得

$$\dot{V}(t) \leqslant -(2\alpha a(\boldsymbol{L}) - 2\rho - \varrho_0)V(t) + \frac{1}{4\varrho_0}\boldsymbol{\omega}^{\mathrm{T}}(t)\boldsymbol{\omega}(t). \tag{5.26}$$

此外, 易知 $\boldsymbol{y}^{\mathrm{T}}(t)\boldsymbol{y}(t) \leqslant \left(2\lambda_{\max}(\boldsymbol{C}^{\mathrm{T}}\boldsymbol{C})/\xi_0\right)\boldsymbol{z}^{\mathrm{T}}(t)\boldsymbol{z}(t)$, 其中 $\xi_0 = \min\limits_{i\in\{1,2,\cdots,N\}}\{\xi_i\}$. 因此, 由式 (5.26) 可知,

$$\dot{V}(t) \leqslant -\gamma_3 V(t) - \boldsymbol{y}^{\mathrm{T}}(t)\boldsymbol{y}(t) + \frac{1}{4\varrho_0}\boldsymbol{\omega}^{\mathrm{T}}(t)\boldsymbol{\omega}(t), \tag{5.27}$$

其中, $\gamma_3 = 2\alpha a(\boldsymbol{L}) - 2\rho - \varrho_0 - 2\lambda_{\max}(\boldsymbol{C}^{\mathrm{T}}\boldsymbol{C})/\xi_0$.

对于 $t \in \{[t_k, t_{k+1}) \cap T^c\}$, $k \in \mathbb{N}$, $V(t)$ 沿着系统 (5.23) 的状态轨迹对时间求导可得

$$\dot{V}(t) = \boldsymbol{z}^{\mathrm{T}}(t)\left(\boldsymbol{\varXi} \otimes \boldsymbol{I}_n\right)\boldsymbol{F}(\boldsymbol{x}(t), t) + \boldsymbol{z}^{\mathrm{T}}\left(\boldsymbol{\varXi} \otimes \boldsymbol{I}_n\right)\boldsymbol{W}(t).$$

经过简单计算可进一步得到

$$\dot{V}(t) \leqslant \gamma_4 V(t) - \boldsymbol{y}^{\mathrm{T}}(t)\boldsymbol{y}(t) + \frac{1}{4\varrho_0}\boldsymbol{\omega}^{\mathrm{T}}(t)\boldsymbol{\omega}(t), \tag{5.28}$$

其中, $\gamma_4 = 2\rho + \varrho_0 + 2\lambda_{\max}(\boldsymbol{C}^{\mathrm{T}}\boldsymbol{C})/\xi_0$.

基于上面的分析, 易知

$$V(t_1) \leqslant V(0)\mathrm{e}^{-\varepsilon_0} - \int_0^{t_1} \mathrm{e}^{-\tilde{\varepsilon}_0(s)}\varGamma(s)\mathrm{d}s, \tag{5.29}$$

其中, $\varepsilon_0 = \left(2\alpha a(\boldsymbol{L})R_{\mathrm{c}}[0, t_1) - 2\rho - \varrho_0 - 2\lambda_{\max}(\boldsymbol{C}^{\mathrm{T}}\boldsymbol{C})/\xi_0\right)t_1$, $\tilde{\varepsilon}_0(s) = \big(2\alpha a(\boldsymbol{L})R_{\mathrm{c}}[s, t_1) - 2\rho - \varrho_0 - 2\lambda_{\max}(\boldsymbol{C}^{\mathrm{T}}\boldsymbol{C})/\xi_0\big)(t_1 - s)$, $\varGamma(s) = \boldsymbol{y}^{\mathrm{T}}(s)\boldsymbol{y}(s) - \dfrac{1}{4\varrho_0}\boldsymbol{\omega}^{\mathrm{T}}(s)\boldsymbol{\omega}(s)$.

由于

$$\alpha > \alpha_1 = \frac{2\rho + \varrho_0 + 2\lambda_{\max}(\boldsymbol{C}^{\mathrm{T}}\boldsymbol{C})/\xi_0}{2a(\boldsymbol{L})r_0}, \tag{5.30}$$

易知 $\varepsilon_0>0$. 通过递推, 可得

$$\varepsilon_j=\big(2\alpha a(\boldsymbol{L})R_{\mathrm{c}}[t_j,t_{j+1})-2\rho-\varrho_0-2\lambda_{\max}(\boldsymbol{C}^{\mathrm{T}}\boldsymbol{C})/\xi_0\big)\,(t_{j+1}-t_j)>0,\ \ \forall j\in\mathbb{N}.$$

基于上面的分析, 可知对 $\forall t>0$,

$$\begin{aligned}V(t)\ \leqslant\ & V(0)\mathrm{e}^{-\left(2\alpha a(\boldsymbol{L})R_{\mathrm{c}}[0,t)-2\rho-\varrho_0-2\lambda_{\max}(\boldsymbol{C}^{\mathrm{T}}\boldsymbol{C})/\xi_0\right)t}\\ &-\int_0^t\mathrm{e}^{-\left(2\alpha a(\boldsymbol{L})R_{\mathrm{c}}[s,t)-2\rho-\varrho_0-2\lambda_{\max}(\boldsymbol{C}^{\mathrm{T}}\boldsymbol{C})/\xi_0\right)(t-s)}\varGamma(s)\mathrm{d}s,\end{aligned}$$

其中, $\varGamma(s)=\boldsymbol{y}^{\mathrm{T}}(s)\boldsymbol{y}(s)-\dfrac{1}{4\varrho_0}\boldsymbol{\omega}^{\mathrm{T}}(s)\boldsymbol{\omega}(s)$. 在初始条件 $\boldsymbol{x}(0)=\boldsymbol{0}$ 下, 可知 $\boldsymbol{z}(0)=\boldsymbol{0}$, 进而有 $V(0)=0$. 因此, 可得

$$\int_0^t\mathrm{e}^{-\left(2\alpha a(\boldsymbol{L})R_{\mathrm{c}}[s,t)-2\rho-\varrho_0-2\lambda_{\max}(\boldsymbol{C}^{\mathrm{T}}\boldsymbol{C})/\xi_0\right)(t-s)}\varGamma(s)\mathrm{d}s\leqslant 0. \tag{5.31}$$

另一方面, 对任意给定的 $t\geqslant s\geqslant 0$, 式 (5.32) 成立:

$$\begin{aligned}&-\big(2\alpha a(\boldsymbol{L})R_{\mathrm{c}}[s,t)-2\rho-\varrho_0-2\lambda_{\max}(\boldsymbol{C}^{\mathrm{T}}\boldsymbol{C})/\xi_0\big)(t-s)\\ &=\left[-\gamma_3R_{\mathrm{c}}[s,t)+\gamma_4\left(1-R_{\mathrm{c}}[s,t)\right)\right](t-s)\\ &\geqslant-\gamma_3(t-s).\end{aligned}\tag{5.32}$$

定义 $\kappa=2\alpha a(\boldsymbol{L})r_0-2\rho-\varrho_0-2\lambda_{\max}(\boldsymbol{C}^{\mathrm{T}}\boldsymbol{C})/\xi_0$, 由 $\alpha>\dfrac{2\rho+\varrho_0+2\lambda_{\max}(\boldsymbol{C}^{\mathrm{T}}\boldsymbol{C})/\xi_0}{2a(\boldsymbol{L})r_0}$ 可得 $\kappa>0$. 对任意给定的 $t\geqslant s\geqslant 0$, 必存在正整数 j 和 k, 使得 $t_{j-1}\leqslant s\leqslant t_j\leqslant\cdots\leqslant t_k\leqslant t$. 由于对任意的 $k\in\mathbb{N}$, $R_{\mathrm{c}}[t_k,t_{k+1})>r_0$, 且 $\inf_{k\in\mathbb{N}}\{t_{k+1}-t_k\}\geqslant\tau_0>0$, $\sup_{k\in\mathbb{N}}\{t_{k+1}-t_k\}\leqslant\tau_1$, 因此,

$$\begin{aligned}\mathrm{e}^{-\left(2\alpha a(\boldsymbol{L})R_{\mathrm{c}}[s,t)-2\rho-\varrho_0-2\lambda_{\max}(\boldsymbol{C}^{\mathrm{T}}\boldsymbol{C})/\xi_0\right)(t-s)}&=\mathrm{e}^{[-\gamma_3R_{\mathrm{c}}[s,t)+\gamma_4(1-R_{\mathrm{c}}[s,t))](t-s)}\\ &\leqslant\mathrm{e}^{\gamma_4(t-t_k)}\mathrm{e}^{-\kappa(t_k-t_j)}\mathrm{e}^{\gamma_4(t_j-s)}\\ &\leqslant\mathrm{e}^{-\kappa(t-s)}\mathrm{e}^{(\gamma_4+\kappa)(t-t_k)}\mathrm{e}^{(\gamma_4+\kappa)(t_j-s)}\\ &\leqslant\mathrm{e}^{-\kappa(t-s)}\mathrm{e}^{2(\gamma_4+\kappa)\tau_1}.\end{aligned}\tag{5.33}$$

根据式 (5.31)~ 式 (5.33), 可得

$$\int_0^t\mathrm{e}^{-\gamma_3(t-s)}\boldsymbol{y}^{\mathrm{T}}(s)\boldsymbol{y}(s)\mathrm{d}s\leqslant\frac{1}{4\varrho_0}\int_0^t\mathrm{e}^{-\kappa(t-s)}\mathrm{e}^{2(\gamma_4+\kappa)\tau_1}\boldsymbol{\omega}^{\mathrm{T}}(s)\boldsymbol{\omega}(s)\mathrm{d}s. \tag{5.34}$$

由于 $\alpha > \dfrac{2\rho + \varrho_0 + 2\lambda_{\max}(\boldsymbol{C}^{\mathrm{T}}\boldsymbol{C})/\xi_0}{2a(\boldsymbol{L})r_0}$, 易知 $\gamma_3 > 0$. 令 $t \to \infty$, 根据式 (5.34), 可得

$$\frac{1}{\gamma_3}\int_0^{\infty} \boldsymbol{y}^{\mathrm{T}}(s)\boldsymbol{y}(s)\mathrm{d}s \leqslant \frac{\mathrm{e}^{2(\gamma_4+\kappa)\tau_1}}{4\varrho_0\kappa}\int_0^{\infty} \boldsymbol{\omega}^{\mathrm{T}}(s)\boldsymbol{\omega}(s)\mathrm{d}s, \tag{5.35}$$

即

$$\int_0^{\infty} \boldsymbol{y}^{\mathrm{T}}(s)\boldsymbol{y}(s)\mathrm{d}s \leqslant \varrho^2\int_0^{\infty} \boldsymbol{\omega}^{\mathrm{T}}(s)\boldsymbol{\omega}(s)\mathrm{d}s, \tag{5.36}$$

其中, $\varrho = \sqrt{(\gamma_3\mathrm{e}^{2(\gamma_4+\kappa)\tau_1})/4\varrho_0\kappa}$. 因此, 定义 5.3 中的条件 (2) 满足. ■

5.1.3 领从通信拓扑图下一阶非线性群体智能系统一致性控制

5.1.2 节讨论了通信拓扑图为有向强连通图时群体智能系统的一致性控制问题及有限 $\mathcal{L}_2$-增益一致性控制问题. 本节将考虑领从通信拓扑图下群体智能系统的一致性问题及有限 $\mathcal{L}_2$-增益一致性问题, 其中跟随者之间的通信拓扑图 $\mathcal{G}$ 不需要满足强连通假设, 甚至不用含有任何有向生成树.

设智能体 $1,2,\cdots,N$ 为跟随者, 其动力学行为由式 (5.1) 描述. 假设群体智能系统中存在唯一的领航者, 该领航者可以是虚拟的也可以是真实的, 标记为 0, 其动力学描述为

$$\dot{\boldsymbol{x}}_0(t) = \boldsymbol{f}(\boldsymbol{x}_0(t), t), \tag{5.37}$$

其中, $\boldsymbol{x}_0(t) = [x_{01}(t), x_{02}(t), \cdots, x_{0n}(t)]^{\mathrm{T}} \in \mathbb{R}^n$ 为领航者的状态向量.

在一些实际的群体智能系统中, 领航者通常起着一个提供参考信号的作用, 因此假设领航者的动态演化不受任何跟随者的影响, 而跟随者的动态演化会直接或间接地受到领航者的影响. 在群体智能系统中, 能够直接感知到领航者状态信息的智能体称为受牵制智能体. 事实证明, 对于一个群体智能系统, 尤其是规模较庞大的系统, 很难也完全没有必要使每一个跟随者都能直接感知到领航者的状态信息. 在本节的分析中, 总是假设只有一部分跟随者能够感知到领航者的状态信息. 本节一致性控制的目标是, 当没有外部扰动时, 使所有跟随者的状态能够渐近地跟踪上领航者的状态; 当存在外部扰动时, 使群体智能系统的性能变量具有有限的 $\mathcal{L}_2$-增益. 为了实现这一目标, 提出如下分布式一致性协议:

$$\boldsymbol{u}_i(t) = \begin{cases} -\alpha\displaystyle\sum_{j=1}^{N} l_{ij}\boldsymbol{x}_j(t) - \alpha d_i(\boldsymbol{x}_i(t) - \boldsymbol{x}_0(t)), & t \in T, \\ \boldsymbol{0}, \quad t \in T^c, \end{cases} \tag{5.38}$$

其中, $\alpha > 0$; $\boldsymbol{L} = [l_{ij}]_{N\times N}$ 为跟随者的通信拓扑图 $\mathcal{G}$ 的 Laplace 矩阵; d_i 为牵制增益, 若跟随者 i 能够感知领航者的状态信息, 则 $d_i > 0$, 否则, $d_i = 0$. 根据式 (5.1)、式 (5.37) 和式 (5.38), 可以得到如下闭环群体智能系统:

$$\dot{\boldsymbol{x}}_i(t)=\begin{cases}\boldsymbol{f}(\boldsymbol{x}_i(t),t)-\alpha\displaystyle\sum_{j=1}^{N} l_{ij}\boldsymbol{x}_j(t)-\alpha d_i(\boldsymbol{x}_i(t)-\boldsymbol{x}_0(t))+\boldsymbol{\omega}_i(t), & t\in T,\\ \boldsymbol{f}(\boldsymbol{x}_i(t),t)+\boldsymbol{\omega}_i(t), \quad t\in T^c, \end{cases} \tag{5.39}$$

其中, $i = 1, 2, \cdots, N$.

定义群体智能系统 (5.39) 的一致性误差 $\boldsymbol{z}(t) = \left[\boldsymbol{z}_1^{\mathrm{T}}(t), \boldsymbol{z}_2^{\mathrm{T}}(t), \cdots, \boldsymbol{z}_N^{\mathrm{T}}(t)\right]^{\mathrm{T}}$, 其中, $\boldsymbol{z}_i(t) = \boldsymbol{x}_i(t) - \boldsymbol{x}_0(t)$, $i = 1, 2, \cdots, N$; 定义群体智能系统 (5.39) 的性能变量 $\boldsymbol{y}(t) = \left[\boldsymbol{y}_1^{\mathrm{T}}(t), \boldsymbol{y}_2^{\mathrm{T}}(t), \cdots, \boldsymbol{y}_N^{\mathrm{T}}(t)\right]^{\mathrm{T}}$, 其中, $\boldsymbol{y}_i(t) = \boldsymbol{C}(\boldsymbol{x}_i(t) - \boldsymbol{x}_0(t))$, $\boldsymbol{C} \in \mathbb{R}^{m\times n}$ 是定常矩阵, $i = 1, 2, \cdots, N$. 令 $\boldsymbol{D} = \mathrm{diag}(d_1, d_2, \cdots, d_N)$, $\widehat{\boldsymbol{L}} = \boldsymbol{L} + \boldsymbol{D}$. 闭环群体智能系统 (5.39) 可整体写为

$$\begin{cases}\dot{\boldsymbol{z}}(t) = \widehat{\boldsymbol{F}}(\boldsymbol{x}(t),t) - \alpha\left(\widehat{\boldsymbol{L}}\otimes \boldsymbol{I}_n\right)\boldsymbol{z}(t) + \boldsymbol{\omega}(t), \quad t\in T,\\ \dot{\boldsymbol{z}}(t) = \widehat{\boldsymbol{F}}(\boldsymbol{x}(t),t) + \boldsymbol{\omega}(t), \quad t\in T^c,\\ \boldsymbol{y}(t) = (\boldsymbol{I}_N\otimes \boldsymbol{C})\,\boldsymbol{z}(t), \end{cases} \tag{5.40}$$

其中, $\widehat{\boldsymbol{F}}(\boldsymbol{x}(t),t) = \boldsymbol{f}(\boldsymbol{x}(t),t) - \boldsymbol{1}_N \otimes \boldsymbol{f}(\boldsymbol{x}_0(t),t)$, $\boldsymbol{f}(\boldsymbol{x}(t),t) = \left[\boldsymbol{f}^{\mathrm{T}}(x_1(t),t), \boldsymbol{f}^{\mathrm{T}}(x_2(t),t), \cdots, \boldsymbol{f}^{\mathrm{T}}(x_N(t),t)\right]^{\mathrm{T}}$, $\boldsymbol{\omega}(t) = [\boldsymbol{\omega}_1^{\mathrm{T}}(t), \boldsymbol{\omega}_2^{\mathrm{T}}(t), \cdots, \boldsymbol{\omega}_N^{\mathrm{T}}(t)]^{\mathrm{T}}$.

下面给出领从通信拓扑图下群体智能系统的一致性实现问题和有限 $\mathcal{L}_2$-增益一致性实现问题的描述.

定义 5.4　对于群体智能系统 (5.39), 如果在 $\boldsymbol{\omega}(t) \equiv \boldsymbol{0}$ 的条件下, 系统 (5.39) 的状态满足

$$\lim_{t\to\infty}\|\boldsymbol{x}_i(t) - \boldsymbol{x}_0(t)\| = 0, \quad \forall i = 1, 2, \cdots, N, \tag{5.41}$$

则称其实现了一致性.

定义 5.5　对于群体智能系统 (5.39), 如果下面两个条件同时成立:

(1) 群体智能系统 (5.39) 在 $\boldsymbol{\omega}(t) \equiv \boldsymbol{0}$ 的情况下能够实现一致性, 即 $\lim\limits_{t\to\infty}\|\boldsymbol{x}_i(t) - \boldsymbol{x}_0(t)\| = 0$, $\forall i = 1, 2, \cdots, N$.

(2) 存在一个常数 $\varrho > 0$ 使得在 $\boldsymbol{x}_i(0) = \boldsymbol{x}_0(0) = \boldsymbol{0}$, $i = 1, 2, \cdots, N$ 的条件下, 式 (5.42) 成立:

$$\int_0^{\infty}\boldsymbol{y}^{\mathrm{T}}(s)\boldsymbol{y}(s)\mathrm{d}s \leqslant \varrho^2\int_0^{\infty}\boldsymbol{\omega}^{\mathrm{T}}(s)\boldsymbol{\omega}(s)\mathrm{d}s. \tag{5.42}$$

则称其实现了有限 $\mathcal{L}_2$-增益一致性.

下述定理给出了群体智能系统 (5.39) 实现有限 $\mathcal{L}_2$-增益一致性的一个充分条件.

定理 5.3 对于满足假设 5.1 的群体智能系统 (5.39), 若从领航者到任意一个跟随者之间至少存在一条有向通路, 且存在常数 $r_0 \in (0, 1)$ 和一致有界的时间区间序列 $[t_k, t_{k+1}), k \in \mathbb{N}$, 其中 $\inf_{k\in\mathbb{N}}\{t_{k+1}-t_k\} \geqslant \tau_0 > 0$, $\sup_{k\in\mathbb{N}}\{t_{k+1}-t_k\} \leqslant \tau_1$ 且 $t_0 = 0$, 使得群体智能系统 (5.39) 的平均通信率 $R_{\rm c}[t_k, t_{k+1}) > r_0$, $k \in \mathbb{N}$, 则当智能体间的耦合强度 $\alpha \in \mathcal{S}_3$ 时, 群体智能系统 (5.39) 能够实现有限 $\mathcal{L}_2$-增益一致性, 其中 $\mathcal{S}_3 = (\alpha_2, +\infty)$, $\alpha_2 = \dfrac{\left(2\rho + \varrho_0 + 2\lambda_{\max}(\boldsymbol{C}^{\rm T}\boldsymbol{C})/\theta_{\min}\right)\theta_{\max}}{2\lambda_{\min}(\widetilde{\widehat{\boldsymbol{L}}})r_0}$, $\widetilde{\widehat{\boldsymbol{L}}} = \dfrac{\boldsymbol{\Theta}\widehat{\boldsymbol{L}} + \widehat{\boldsymbol{L}}^{\rm T}\boldsymbol{\Theta}}{2}$, $\varrho_0 > 0$ 是常数, $\boldsymbol{\Theta} = {\rm diag}(\theta_1, \theta_2, \cdots, \theta_N)$, $\boldsymbol{\theta} = [\theta_1, \theta_2, \cdots, \theta_N]^{\rm T} > \boldsymbol{0}$, $(\widehat{\boldsymbol{L}})^{\rm T}\boldsymbol{\theta} = \boldsymbol{1}_N$, $\theta_{\max} = \max\limits_{i\in\{1,2,\cdots,N\}}\{\theta_i\}$, $\theta_{\min} = \min\limits_{i\in\{1,2,\cdots,N\}}\{\theta_i\}$, ρ 在式 (5.4) 中已定义.

证明: 由于从领航者到任意一个跟随者之间至少存在一条有向通路, 易知 $\widehat{\boldsymbol{L}}$ 是一个非奇异 M 矩阵 [180]. 因此, 存在一个正向量 $\boldsymbol{\theta} \in \mathbb{R}^N$, 使得 $(\widehat{\boldsymbol{L}})^{\rm T}\boldsymbol{\theta} = \boldsymbol{1}_N$, 且 $\boldsymbol{\Theta}\widehat{\boldsymbol{L}} + \widehat{\boldsymbol{L}}^{\rm T}\boldsymbol{\Theta} > \boldsymbol{0}$, 其中 $\boldsymbol{\Theta} = {\rm diag}(\theta_1, \theta_2, \cdots, \theta_N)$ [40, 180, 190]. 对切换系统 (5.40), 构造如下 Lyapunov 函数:

$$V(t) = \frac{1}{2}\boldsymbol{z}^{\rm T}(t)\left(\boldsymbol{\Theta} \otimes \boldsymbol{I}_n\right)\boldsymbol{z}(t). \tag{5.43}$$

首先证明群体智能系统 (5.39) 在 $\boldsymbol{\omega}(t) \equiv \boldsymbol{0}$ 的情况下能够实现一致性. 对于 $t \in \{[t_k, t_{k+1}) \cap T\}$, $k \in \mathbb{N}$, $V(t)$ 沿着系统 (5.40) 的状态轨迹对时间求导可得

$$\begin{aligned}
\dot{V}(t) &= \boldsymbol{z}^{\rm T}(t)(\boldsymbol{\Theta} \otimes \boldsymbol{I}_n)\left(\boldsymbol{f}(\boldsymbol{x}(t), t) - \boldsymbol{1}_N \otimes \boldsymbol{f}(\boldsymbol{x}_0(t), t)\right) \\
&\quad - \frac{\alpha}{2}\boldsymbol{z}^{\rm T}(t)\left[\left(\boldsymbol{\Theta}\widehat{\boldsymbol{L}} + \widehat{\boldsymbol{L}}^{\rm T}\boldsymbol{\Theta}\right) \otimes \boldsymbol{I}_n\right]\boldsymbol{z}(t) \\
&\leqslant \rho\sum_{i=1}^{N}\theta_i\|\boldsymbol{z}_i(t)\|^2 - \alpha\lambda_{\min}(\widetilde{\widehat{\boldsymbol{L}}})\|\boldsymbol{z}(t)\|^2 \\
&\leqslant 2\rho V(t) - 2\alpha\frac{\lambda_{\min}(\widetilde{\widehat{\boldsymbol{L}}})}{\theta_{\max}}V(t) \\
&= -\gamma_1 V(t),
\end{aligned}$$

其中, $\gamma_1 = 2\left(\alpha\dfrac{\lambda_{\min}(\widetilde{\widehat{\boldsymbol{L}}})}{\theta_{\max}} - \rho\right)$. 对于 $t \in \{[t_k, t_{k+1}) \cap T^c\}$, $k \in \mathbb{N}$, $V(t)$ 沿着系统 (5.40) 的状态轨迹对时间求导可得

$$\dot{V}(t) \leqslant \gamma_2 V(t),$$

其中, $\gamma_2 = 2\rho$. 因为 $\alpha > \dfrac{\rho\theta_{\max}}{\lambda_{\min}(\widetilde{\widehat{\boldsymbol{L}}})r_0}$, 类似于定理 5.1 中的证明, 可证得群体智能系统 (5.39) 在 $\boldsymbol{\omega}(t) \equiv \boldsymbol{0}$ 的情况下能够实现一致性.

下面证明群体智能系统 (5.39) 能够实现有限 $\mathcal{L}_2$-增益一致性. 对于 $t \in \{[t_k, t_{k+1}) \cap T\}$, $k \in \mathbb{N}$, $V(t)$ 沿着系统 (5.40) 的状态轨迹对时间求导可得

$$\begin{aligned}
\dot{V}(t) =& \boldsymbol{z}^{\mathrm{T}}(t)(\boldsymbol{\Theta} \otimes \boldsymbol{I}_n)\left(\boldsymbol{f}(\boldsymbol{x}(t), t) - \boldsymbol{1}_N \otimes \boldsymbol{f}(\boldsymbol{x}_0(t), t)\right) \\
& - \frac{\alpha}{2}\boldsymbol{z}^{\mathrm{T}}(t)\left[\left(\boldsymbol{\Theta}\widehat{\boldsymbol{L}} + \widehat{\boldsymbol{L}}^{\mathrm{T}}\boldsymbol{\Theta}\right) \otimes \boldsymbol{I}_n\right]\boldsymbol{z}(t) + \boldsymbol{z}^{\mathrm{T}}(t)\left(\boldsymbol{\Theta} \otimes \boldsymbol{I}_n\right)\boldsymbol{\omega}(t) \\
\leqslant & -\gamma_1 V(t) + \frac{\varrho_0}{2}\boldsymbol{z}^{\mathrm{T}}(t)\left(\boldsymbol{\Theta} \otimes \boldsymbol{I}_n\right)\boldsymbol{z}(t) + \frac{1}{2\varrho_0}\boldsymbol{\omega}^{\mathrm{T}}(t)\left(\boldsymbol{\Theta} \otimes \boldsymbol{I}_n\right)\boldsymbol{\omega}(t).
\end{aligned}$$

类似于定理 5.2 中式 (5.27) 的推导, 可得

$$\dot{V}(t) \leqslant -\gamma_3 V(t) - \boldsymbol{y}^{\mathrm{T}}(t)\boldsymbol{y}(t) + \frac{\theta_{\max}}{2\varrho_0}\boldsymbol{\omega}^{\mathrm{T}}(t)\boldsymbol{\omega}(t),$$

其中, $\gamma_3 = 2\left(\alpha\dfrac{\lambda_{\min}(\widetilde{\widehat{\boldsymbol{L}}})}{\theta_{\max}} - \rho\right) - \varrho_0 - 2\lambda_{\max}(\boldsymbol{C}^{\mathrm{T}}\boldsymbol{C})/\theta_{\min}$, $\varrho_0 > 0$. 对于 $t \in \{[t_k, t_{k+1}) \cap T^c\}$, $k \in \mathbb{N}$, $V(t)$ 沿着系统 (5.40) 的状态轨迹对时间求导可得

$$\dot{V}(t) \leqslant \gamma_4 V(t) - \boldsymbol{y}^{\mathrm{T}}(t)\boldsymbol{y}(t) + \frac{\theta_{\max}}{2\varrho_0}\boldsymbol{\omega}^{\mathrm{T}}(t)\boldsymbol{\omega}(t),$$

其中, $\gamma_4 = 2\rho + \varrho_0 + 2\lambda_{\max}(\boldsymbol{C}^{\mathrm{T}}\boldsymbol{C})/\theta_{\min}$. 定义 $\kappa = 2\alpha\dfrac{\lambda_{\min}(\widetilde{\widehat{\boldsymbol{L}}})}{\theta_{\max}}r_0 - 2\rho - \varrho_0 - 2\lambda_{\max}(\boldsymbol{C}^{\mathrm{T}}\boldsymbol{C})/\theta_{\min}$. 由

$$\alpha > \alpha_2 = \frac{\left(2\rho + \varrho_0 + 2\lambda_{\max}(\boldsymbol{C}^{\mathrm{T}}\boldsymbol{C})/\theta_{\min}\right)\theta_{\max}}{2\lambda_{\min}(\widetilde{\widehat{\boldsymbol{L}}})r_0}$$

可知, $\gamma_3 > 0$ 且 $\kappa > 0$. 类似于定理 5.2 中的证明, 可得

$$\int_0^t \mathrm{e}^{-\gamma_3(t-s)}\boldsymbol{y}^{\mathrm{T}}(s)\boldsymbol{y}(s)\mathrm{d}s \leqslant \frac{\theta_{\max}}{2\varrho_0}\int_0^t \mathrm{e}^{-\kappa(t-s)}\mathrm{e}^{2(\gamma_4+\kappa)\tau_1}\boldsymbol{\omega}^{\mathrm{T}}(s)\boldsymbol{\omega}(s)\mathrm{d}s.$$

令 $t \to \infty$, 可进一步得到

$$\frac{1}{\gamma_3}\int_0^\infty \boldsymbol{y}^{\mathrm{T}}(s)\boldsymbol{y}(s)\mathrm{d}s \leqslant \frac{\theta_{\max}\mathrm{e}^{2(\gamma_4+\kappa)\tau_1}}{2\varrho_0\kappa}\int_0^\infty \boldsymbol{\omega}^{\mathrm{T}}(s)\boldsymbol{\omega}(s)\mathrm{d}s,$$

即

$$\int_0^\infty \boldsymbol{y}^{\mathrm{T}}(s)\boldsymbol{y}(s)\mathrm{d}s \leqslant \varrho^2\int_0^\infty \boldsymbol{\omega}^{\mathrm{T}}(s)\boldsymbol{\omega}(s)\mathrm{d}s,$$

其中, $\varrho = \sqrt{(\gamma_3\theta_{\max}\mathrm{e}^{2(\gamma_4+\kappa)\tau_1})/2\varrho_0\kappa}$. 因此, 群体智能系统 (5.39) 能够实现有限 $\mathcal{L}_2$-增益一致性. ■

注解 5.5 在定理 5.3 中, 通信拓扑图 $\mathcal{G}$ 不要求是强连通的或者含有有向生成树. 事实上, 对于任意给定的通信拓扑图 $\mathcal{G}$, 通过适当地牵制其中一部分结点, 就能使得从领航者到任意一个跟随者之间至少存在一条有向通路. 具体地, 假如通信拓扑图 $\mathcal{G}$ 含有 q 个互不连通的最大强连通分量, 易知每一个强连通分量至少含有一棵有向生成树, 只要使得每一个强连通分量中的任意一棵有向生成树的根结点能够获得领航者的状态信息, 就可以保证从领航者到任意一个跟随者之间至少存在一条有向通路.

5.1.4 仿真分析

本节通过仿真示例来验证理论分析的有效性. 首先考虑通信拓扑图为有向强连通图的情形. 考虑由五个智能体组成的群体智能系统, 通信拓扑图 $\mathcal{G}_1$ 如图 5.2 所示, 连边上的数字代表边的权重. 易知, 通信拓扑图 $\mathcal{G}_1$ 是强连通的. 经过简单的计算可知, 其广义代数连通度 $a(\boldsymbol{L}) = 2.2244$. 智能体的动力学行为由式 (5.1) 描述, 其中, $\boldsymbol{f}(\boldsymbol{x}_i(t),t) = [-0.25\sin(2x_{i1}(t)), 0.25\cos(2x_{i2}(t)), 0.5\sin(x_{i3}(t))]^{\mathrm{T}} \in \mathbb{R}^3$, $\boldsymbol{x}_i(t) = [x_{i1}(t), x_{i2}(t), x_{i3}(t)]^{\mathrm{T}} \in \mathbb{R}^3$, $i = 1,2,\cdots,5$. 显然, 非线性函数 $\boldsymbol{f}$ 满足假设 5.1, 且 $\rho = 0.5$. 在仿真中, 假设智能体只能在 $t \in \bigcup_{k\in\mathbb{N}}\left[\frac{k}{100}, \frac{k}{100}+0.008\right)$s 时进行通信, 此时, 在每一个长度为 0.01s 的时间区间上, 群体智能系统的平均通信率为 0.8. 令 $\boldsymbol{C} = \boldsymbol{I}_3$, $\varrho_0 = 9$. 由定理 5.2 可知, 在 $\boldsymbol{\omega}(t) \equiv \boldsymbol{0}$ 条件下, 当耦合强度 $\alpha > 5.7244$ 时, 群体智能系统能够实现一致性. 取耦合强度 $\alpha = 6.85$, 系统的初始状态选为 $\boldsymbol{x}_1(0) = [-5.16, 2.18, -3.05]^{\mathrm{T}}$, $\boldsymbol{x}_2(0) = [3.45, 0.20, 0.04]^{\mathrm{T}}$, $\boldsymbol{x}_3(0) = [-0.15, 0.25, -5.80]^{\mathrm{T}}$, $\boldsymbol{x}_4(0) = [-0.35, 0.75, -2.10]^{\mathrm{T}}$, $\boldsymbol{x}_5(0) = [-1.50, -0.30, -2.05]^{\mathrm{T}}$. 此时, 闭环群体智能系统的状态轨迹如图 5.3 所示. 仿真表明, 群体智能系统确实能够实现一致性.

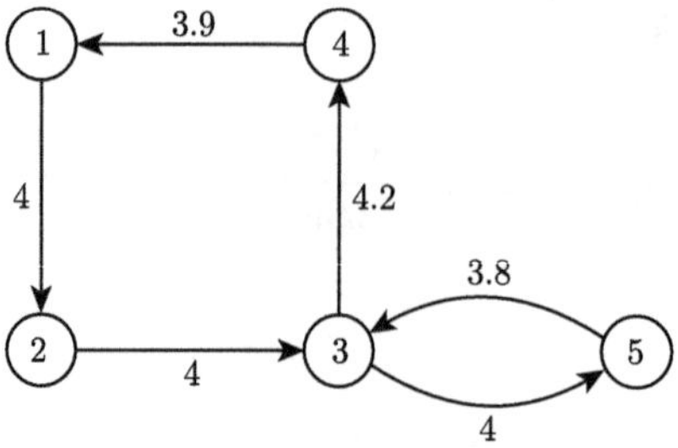

图 5.2 强连通通信拓扑图 $\mathcal{G}_1$

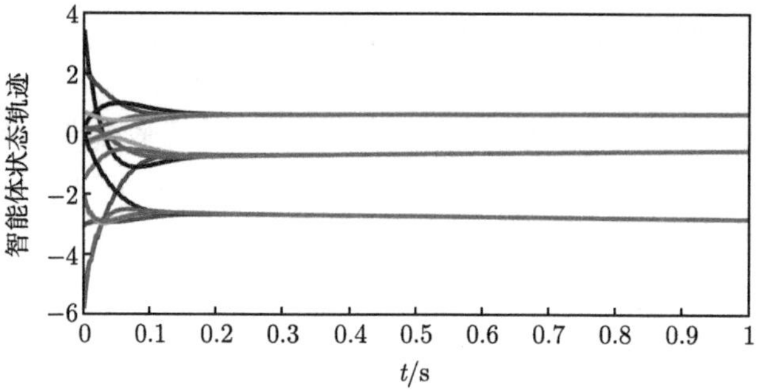

(扫码获取彩图)

图 5.3 在强连通通信拓扑图下, 不存在外部扰动时智能体的状态轨迹

进一步仿真研究群体智能系统的有限 $\mathcal{L}_2$-增益一致性实现问题. 令外部扰动 $\boldsymbol{\omega}(t) = [-1.405,\ 1.000,\ 1.005,\ -1.400,\ 1.650]^{\mathrm{T}} \otimes (\mathbf{1}_3\tilde{\omega}(t))$, 其中

$$\tilde{\omega}(t) = \begin{cases} 1, & t \in [0,\ 0.5] \\ 0, & t \in (0.5,\ +\infty) \end{cases}$$

是一个脉冲信号. 在零初始条件下, 群体智能系统的状态轨迹如图 5.4 所示; 性能变量和扰动信号的能量轨迹如图 5.5 所示. 仿真表明, 群体智能系统确实实现了有限 $\mathcal{L}_2$-增益一致性, 其中参数 $\varrho = 0.3377$.

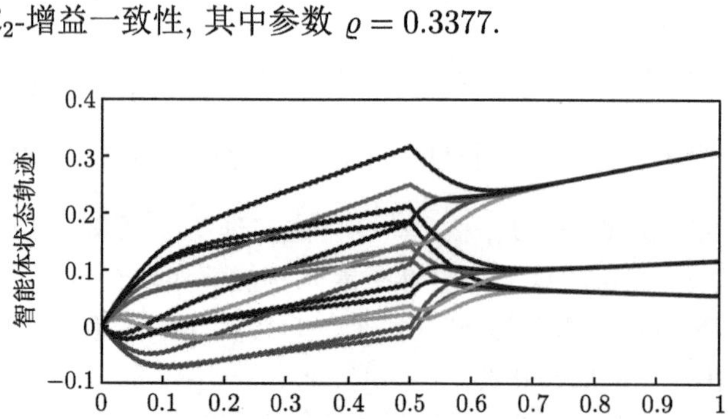

(扫码获取彩图)

图 5.4 在强连通通信拓扑图下, 存在外部扰动时智能体的状态轨迹

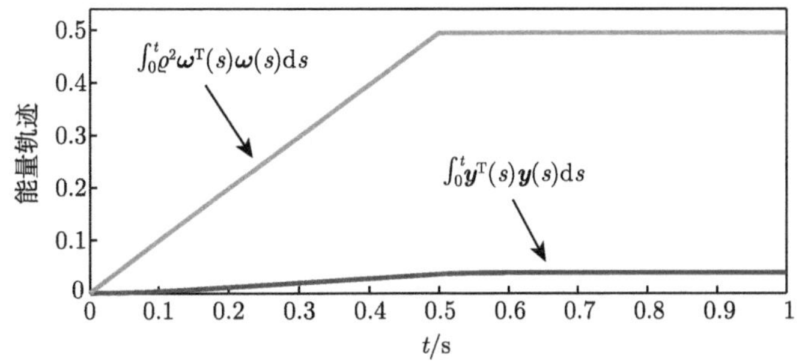

图 5.5 在强连通通信拓扑图下, 性能变量和扰动信号的能量轨迹

下面考虑领从通信拓扑图下群体智能系统的一致性实现问题, 领从通信拓扑图如图 5.6 所示. 图中标号为 0 的智能体代表领航者, 边上的数字表示边的权重. 简单计算可得 $\boldsymbol{\Theta} = \mathrm{diag}(0.5000, 0.7895, 0.4000, 0.6667)$, $\lambda_{\min}(\boldsymbol{\Theta}\widehat{\boldsymbol{L}} + \widehat{\boldsymbol{L}}^{\mathrm{T}}\boldsymbol{\Theta}) = 1.8826$, 进而有 $\lambda_{\min}(\widetilde{\widehat{\boldsymbol{L}}}) = 0.9413$. 在仿真中, 取 $\boldsymbol{f}(\boldsymbol{x}_i(t), t) = [-0.5\cos(x_{i1}(t)), 0.25\sin(2x_{i2}(t)), 0.5\cos(x_{i3}(t))]^{\mathrm{T}} \in \mathbb{R}^3$, $i = 0, 1, \cdots, 4$. 非线性函数 $\boldsymbol{f}$ 满足假设 5.1, 且 $\rho = 0.5$. 假设智能体只能在 $t \in \bigcup_{k\in\mathbb{N}}\left[\dfrac{k}{100}, \dfrac{k}{100} + 0.0075\right)$s 时进行通信. 此时, 在每一个长度为 0.01s 的时间区间上, 群体智能系统的平均通信率为 0.75. 令 $\boldsymbol{C} = \boldsymbol{I}_3$, $\varrho_0 = 10$. 由定理 5.3 可知, 在 $\boldsymbol{\omega}(t) \equiv \boldsymbol{0}$ 条件下, 耦合强度 $\alpha > 8.9462$ 时, 群体智能系统能够实现一致性. 取耦合强度 $\alpha = 10.15$, 系统初始状态选为 $\boldsymbol{x}_0(0) = [2.50, -1.00, 0.50]^{\mathrm{T}}$, $\boldsymbol{x}_1(0) = [-5.16, 2.18, -3.05]^{\mathrm{T}}$, $\boldsymbol{x}_2(0) = [3.45, 0.20, 0.04]^{\mathrm{T}}$, $\boldsymbol{x}_3(0) = [-0.15, 0.25, -5.80]^{\mathrm{T}}$, $\boldsymbol{x}_4(0) = [-0.35, 0.75, -2.10]^{\mathrm{T}}$, 群体智能系统的状态轨迹如图 5.7 所示. 仿真表明, 群体智能系统确实实现了一致性.

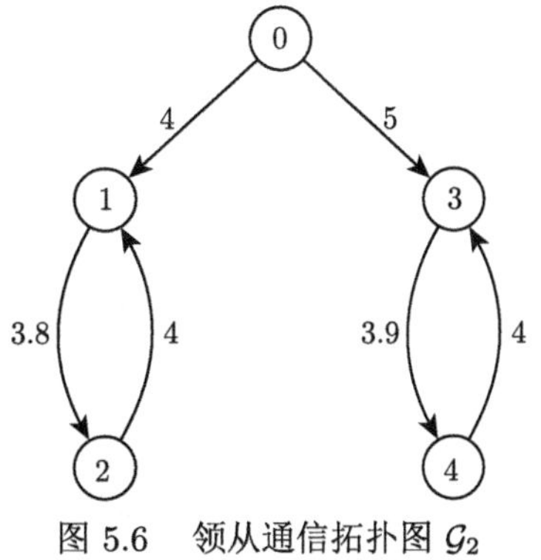

图 5.6 领从通信拓扑图 $\mathcal{G}_2$

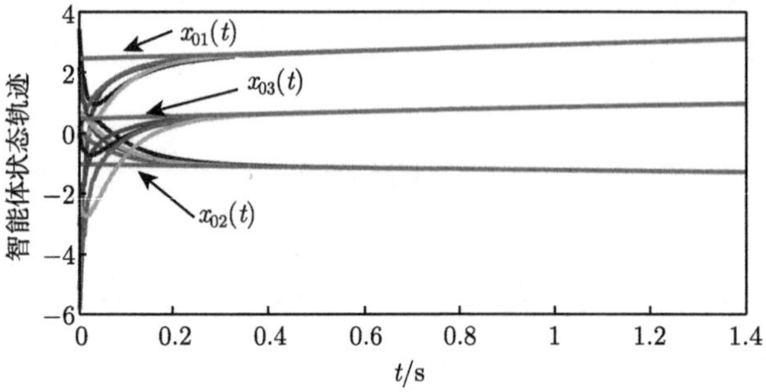

（扫码获取彩图）

图 5.7　在领从通信拓扑图下, 不存在外部扰动时智能体的状态轨迹

进一步仿真研究群体智能系统的 $\mathcal{L}_2$-增益一致性实现问题. 取外部扰动 $\boldsymbol{\omega}(t) = [1.95, 2.05, -1.20, 1.50]^{\mathrm{T}} \otimes [\mathbf{1}_3\tilde{\omega}(t)]$, 其中 $\tilde{\omega}(t) = \begin{cases} 1, & t \in [0, 0.5] \\ 0, & t \in (0.5, +\infty) \end{cases}$ 是一个脉冲信号. 在零初始条件下, 群体智能系统的状态轨迹如图 5.8 所示; 性能变量和扰动信号的能量轨迹如图 5.9 所示. 由图 5.9 可以看出, 群体智能系统确实实现了有限 $\mathcal{L}_2$-增益一致性, 其中参数 $\varrho = 0.4650$.

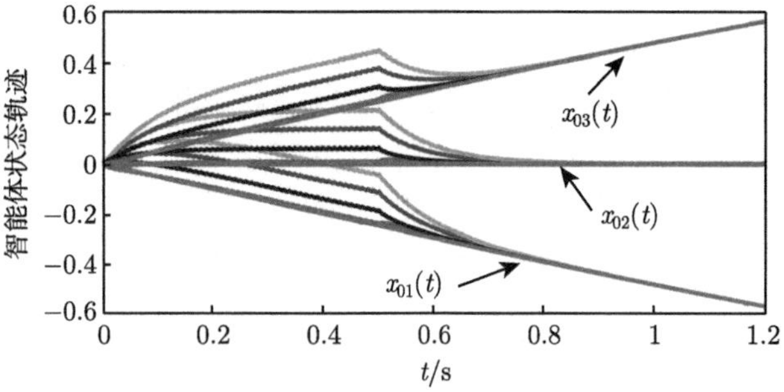

（扫码获取彩图）

图 5.8　在领从通信拓扑图下, 存在外部扰动时智能体的状态轨迹

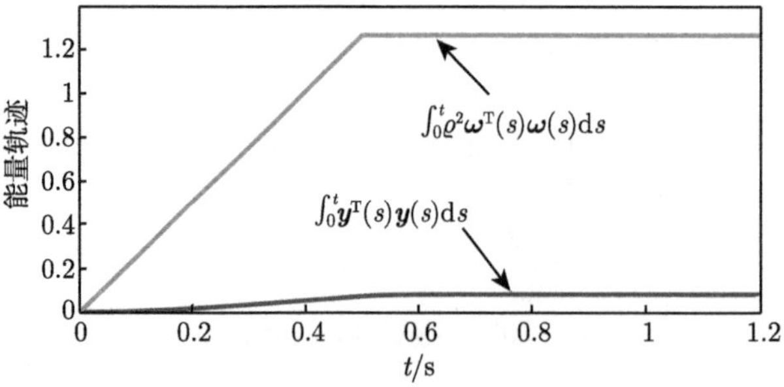

图 5.9　在领从通信拓扑图下, 性能变量和扰动信号的能量轨迹

5.2 具有间歇通信的二阶群体智能系统一致性控制

5.2.1 问题描述

考虑由 N 个二阶智能体组成的群体智能系统，智能体 i 的动力学描述为[13,15,191]

$$\begin{cases}\dot{\boldsymbol{x}}_i(t)=\boldsymbol{v}_i(t),\\ \dot{\boldsymbol{v}}_i(t)=-\alpha\sum_{j=1}^{N}l_{ij}\boldsymbol{x}_j(t)-\beta\sum_{j=1}^{N}l_{ij}\boldsymbol{v}_j(t),\quad i=1,2,\cdots,N,\end{cases}\tag{5.44}$$

其中，$\boldsymbol{x}_i(t)\in\mathbb{R}^n$ 和 $\boldsymbol{v}_i(t)\in\mathbb{R}^n$ 分别为第 i 个智能体的位置向量和速度向量；$\alpha>0$ 和 $\beta>0$ 代表耦合强度；$\boldsymbol{L}=[l_{ij}]_{N\times N}$ 为群体智能系统的通信拓扑图 $\mathcal{G}$ 对应的 Laplace 矩阵. 根据文献 [13]、[15]、[191]~ [193]，当所有智能体达成一致时，所有智能体的速度均收敛到 $\sum\limits_{j=1}^{N}\xi_j\boldsymbol{v}_j(0)$，其中 $\boldsymbol{\xi}=[\xi_1,\xi_2,\cdots,\xi_N]^{\mathrm{T}}$ 为 Laplace 矩阵 $\boldsymbol{L}$ 对应于零特征值的非负左特征向量，满足 $\boldsymbol{\xi}^{\mathrm{T}}\boldsymbol{1}_N=1$.

在现有文献 [13]、[15]、[191]~ [193] 的基础上，本节考虑如下具有间歇信息通信的群体智能系统:

$$\begin{cases}\dot{\boldsymbol{x}}_i(t)=\boldsymbol{v}_i(t),\\ \dot{\boldsymbol{v}}_i(t)=-\alpha\sum_{j=1}^{N}l_{ij}\boldsymbol{x}_j(t)-\beta\sum_{j=1}^{N}l_{ij}\boldsymbol{v}_j(t),\quad t\in T,\\ \dot{\boldsymbol{v}}_i(t)=\boldsymbol{0}_n,\quad t\in\overline{T},\quad i=1,2,\cdots,N,\end{cases}\tag{5.45}$$

其中，T 表示智能体之间可以进行通信的时间区间集合的并；$\overline{T}$ 表示智能体之间不能相互通信的时间区间集合的并. 显然，$T\cup\overline{T}=[0,+\infty)$.

定义 5.6 对于群体智能系统 (5.45)，若对于任意的初始条件，有

$$\lim_{t\to\infty}\|\boldsymbol{x}_i(t)-\boldsymbol{x}_j(t)\|=0,$$
$$\lim_{t\to\infty}\|\boldsymbol{v}_i(t)-\boldsymbol{v}_j(t)\|=0,\quad\forall i,j=1,2,\cdots,N,$$

则称其实现了一致性.

注解 5.6 如果系统 (5.45) 中 $T=[0,+\infty)$，即每个智能体可以一直与其邻居通信，此时系统 (5.45) 就变成了文献 [13]、[15]、[191]~ [193] 中所研究的典型的二阶系统.

注解 5.7 为了便于理论分析, 假设系统 (5.45) 中的多个智能体能够同步地感知到自身和邻居之间的相对状态, 即实际上间歇测量是全局同步的. 由文献 [194] 可知, 这一假设对于为切换系统 (5.45) 构建一个共同 Lyapunov 函数至关重要.

5.2.2 强连通通信拓扑图下二阶群体智能系统一致性控制

本节研究强连通通信拓扑图下具有间歇通信的二阶群体智能系统一致性控制问题.

令 $\tilde{\boldsymbol{x}}_i(t)=\boldsymbol{x}_i(t)-\sum\limits_{j=1}^{N}\xi_j\boldsymbol{x}_j(0)-t\sum\limits_{j=1}^{N}\xi_j\boldsymbol{v}_j(0)$、$\tilde{\boldsymbol{v}}_i(t)=\boldsymbol{v}_i(t)-\sum\limits_{j=1}^{N}\xi_j\boldsymbol{v}_j(0)$ 分别表示系统 (5.45) 中智能体相对于加权平均位置向量和加权平均速度向量的位置向量和速度向量, 其中, $\boldsymbol{\xi}=[\xi_1,\xi_2,\cdots,\xi_N]^{\mathrm{T}}>\mathbf{0}$ 是对应于 Laplace 矩阵 $\boldsymbol{L}$ 零特征值的左特征向量, 且满足 $\boldsymbol{\xi}^{\mathrm{T}}\mathbf{1}_N=1$. 定义 $\xi_{\min}=\min\limits_{i\in\{1,2,\cdots,N\}}\{\xi_i\}$, $\xi_{\max}=\max\limits_{i\in\{1,2,\cdots,N\}}\{\xi_i\}$, 简单计算可得

$$\begin{cases}\dot{\tilde{\boldsymbol{x}}}_i(t)=\tilde{\boldsymbol{v}}_i(t),\\ \dot{\tilde{\boldsymbol{v}}}_i(t)=-\alpha\sum\limits_{j=1}^{N}l_{ij}\tilde{\boldsymbol{x}}_j(t)-\beta\sum\limits_{j=1}^{N}l_{ij}\tilde{\boldsymbol{v}}_j(t),\quad t\in T,\\ \dot{\tilde{\boldsymbol{v}}}_i(t)=\mathbf{0}_n,\quad t\in\overline{T},\quad i=1,2,\cdots,N.\end{cases}\tag{5.46}$$

令 $\tilde{\boldsymbol{x}}(t)=[\tilde{\boldsymbol{x}}_1^{\mathrm{T}}(t),\tilde{\boldsymbol{x}}_2^{\mathrm{T}}(t),\cdots,\tilde{\boldsymbol{x}}_N^{\mathrm{T}}(t)]^{\mathrm{T}}$, $\tilde{\boldsymbol{v}}(t)=[\tilde{\boldsymbol{v}}_1^{\mathrm{T}}(t),\tilde{\boldsymbol{v}}_2^{\mathrm{T}}(t),\cdots,\tilde{\boldsymbol{v}}_N^{\mathrm{T}}(t)]^{\mathrm{T}}$, $\tilde{\boldsymbol{y}}(t)=[\tilde{\boldsymbol{x}}^{\mathrm{T}}(t),\tilde{\boldsymbol{v}}^{\mathrm{T}}(t)]^{\mathrm{T}}$, 则系统 (5.46) 可以写为

$$\begin{cases}\dot{\tilde{\boldsymbol{y}}}(t)=(\boldsymbol{B}_1\otimes\boldsymbol{I}_n)\tilde{\boldsymbol{y}}(t),\quad t\in T,\\ \dot{\tilde{\boldsymbol{y}}}(t)=(\boldsymbol{B}_2\otimes\boldsymbol{I}_n)\tilde{\boldsymbol{y}}(t),\quad t\in\overline{T},\end{cases}\tag{5.47}$$

其中, $\boldsymbol{B}_1=\begin{bmatrix}\mathbf{0}_{N\times N} & \boldsymbol{I}_N\\ -\alpha\boldsymbol{L} & -\beta\boldsymbol{L}\end{bmatrix}$, $\boldsymbol{B}_2=\begin{bmatrix}\mathbf{0}_{N\times N} & \boldsymbol{I}_N\\ \mathbf{0}_{N\times N} & \mathbf{0}_{N\times N}\end{bmatrix}$.

定理 5.4 假设通信拓扑图 $\mathcal{G}$ 是强连通的. 如果存在一个一致有界、不重叠的无限时间区间序列 $[t_k,\ t_{k+1})$, $k\in\mathbb{N}$ 且 $t_0=0$, 使得对于每个时间区间 $[t_k,\ t_{k+1})$, $k\in\mathbb{N}$, 有以下条件成立:

(1) $a(\boldsymbol{L})>\alpha/\beta^2$.

(2) $\delta_k>\dfrac{\hat{\gamma}_4}{\hat{\gamma}_3+\hat{\gamma}_4}\omega_k$.

其中, δ_k 表示集合 $\{t\,|\,t\in[t_k,\ t_{k+1})\cap T\}$ 的勒贝格测度, $\omega_k=t_{k+1}-t_k$,

$$\hat{\gamma}_3=\frac{4\xi_{\min}\min\{\alpha^2a(\boldsymbol{L}),\ \beta^2a(\boldsymbol{L})-\alpha\}}{\xi_{\max}\left(2\alpha\beta b(\boldsymbol{L})+\beta+\sqrt{(2\alpha\beta b(\boldsymbol{L})-\beta)^2+4\alpha^2}\right)},\ \hat{\gamma}_4=2\lambda_{\max}\left(\boldsymbol{Q}^{-1}\boldsymbol{P}_3\right),$$

参数 $b(\boldsymbol{L})=\max\limits_{\boldsymbol{x}^{\mathrm{T}}\boldsymbol{\xi}=0,\boldsymbol{x}\neq\boldsymbol{0}}\dfrac{\boldsymbol{x}^{\mathrm{T}}\widehat{\boldsymbol{L}}\boldsymbol{x}}{\boldsymbol{x}^{\mathrm{T}}\boldsymbol{\varXi}\boldsymbol{x}}$, $\widehat{\boldsymbol{L}}=(\boldsymbol{\varXi}\boldsymbol{L}+\boldsymbol{L}^{\mathrm{T}}\boldsymbol{\varXi})/2$, $\boldsymbol{\varXi}=\mathrm{diag}(\xi_1,\xi_2,\cdots,\xi_N)$,

$$\boldsymbol{Q}=\begin{bmatrix}2\alpha\beta a(\boldsymbol{L})\boldsymbol{\varXi} & \alpha\boldsymbol{\varXi}\\ \alpha\boldsymbol{\varXi} & \beta\boldsymbol{\varXi}\end{bmatrix},\quad \boldsymbol{P}_3=\begin{bmatrix}\boldsymbol{0}_{N\times N} & \frac{1}{2}\alpha\beta\left(\boldsymbol{\varXi}\boldsymbol{L}+\boldsymbol{L}^{\mathrm{T}}\boldsymbol{\varXi}\right)\\ \frac{1}{2}\alpha\beta\left(\boldsymbol{\varXi}\boldsymbol{L}+\boldsymbol{L}^{\mathrm{T}}\boldsymbol{\varXi}\right) & \alpha\boldsymbol{\varXi}\end{bmatrix}.$$

则系统 (5.45) 能够实现一致性.

证明: 构造如下 Lyapunov 候选函数:

$$V(t)=\frac{1}{2}\tilde{\boldsymbol{y}}^{\mathrm{T}}(t)(\boldsymbol{P}\otimes\boldsymbol{I}_n)\tilde{\boldsymbol{y}}(t),$$

其中, $\boldsymbol{P}=\begin{bmatrix}\alpha\beta(\boldsymbol{\varXi}\boldsymbol{L}+\boldsymbol{L}^{\mathrm{T}}\boldsymbol{\varXi}) & \alpha\boldsymbol{\varXi}\\ \alpha\boldsymbol{\varXi} & \beta\boldsymbol{\varXi}\end{bmatrix}$, $\boldsymbol{\varXi}=\mathrm{diag}\left(\xi_1,\xi_2,\cdots,\xi_N\right)$. 下面证明 $V(t)$ 是一个有效的 Lyapunov 函数, 可用于分析由系统 (5.47) 所描述的误差动态. 由定义可知,

$$\begin{aligned}V(t)=&\frac{\alpha\beta}{2}\tilde{\boldsymbol{x}}^{\mathrm{T}}(t)\left((\boldsymbol{\varXi}\boldsymbol{L}+\boldsymbol{L}^{\mathrm{T}}\boldsymbol{\varXi})\otimes\boldsymbol{I}_n\right)\tilde{\boldsymbol{x}}(t)+\alpha\tilde{\boldsymbol{x}}^{\mathrm{T}}(t)(\boldsymbol{\varXi}\otimes\boldsymbol{I}_n)\tilde{\boldsymbol{v}}(t)\\&+\frac{\beta}{2}\tilde{\boldsymbol{v}}^{\mathrm{T}}(t)(\boldsymbol{\varXi}\otimes\boldsymbol{I}_n)\tilde{\boldsymbol{v}}(t)\geqslant\frac{1}{2}\tilde{\boldsymbol{y}}^{\mathrm{T}}(t)(\boldsymbol{Q}\otimes\boldsymbol{I}_n)\tilde{\boldsymbol{y}}(t),\end{aligned}\tag{5.48}$$

其中, $\boldsymbol{Q}=\begin{bmatrix}2\alpha\beta a(\boldsymbol{L})\boldsymbol{\varXi} & \alpha\boldsymbol{\varXi}\\ \alpha\boldsymbol{\varXi} & \beta\boldsymbol{\varXi}\end{bmatrix}$. 根据引理 2.22, 矩阵 $\boldsymbol{Q}>\boldsymbol{0}$ 等价于 $\beta>0$ 且 $a(\boldsymbol{L})>\alpha/(2\beta^2)$. 由条件 (1) 可得, 矩阵 $\boldsymbol{Q}>\boldsymbol{0}$. 因此, $V(t)\geqslant 0$, 并且 $V(t)=0$ 当且仅当 $\tilde{\boldsymbol{y}}(t)=\boldsymbol{0}_{2Nn}$.

令

$$\boldsymbol{M}=\begin{bmatrix}-\alpha^2(\boldsymbol{\varXi}\boldsymbol{L}+\boldsymbol{L}^{\mathrm{T}}\boldsymbol{\varXi}) & \boldsymbol{0}_{N\times N}\\ \boldsymbol{0}_{N\times N} & -\beta^2(\boldsymbol{\varXi}\boldsymbol{L}+\boldsymbol{L}^{\mathrm{T}}\boldsymbol{\varXi})+2\alpha\boldsymbol{\varXi}\end{bmatrix}\otimes\boldsymbol{I}_n,$$

对于 $t \in \{[t_k,\ t_{k+1}) \cap T\}, \forall k \in \mathbb{N}$, $V(t)$ 沿着系统 (5.47) 的状态轨迹对时间求导可得

$$
\begin{aligned}
\dot{V}(t) =& \frac{1}{2}\tilde{\boldsymbol{y}}^{\mathrm{T}}(t)\left[\left(\boldsymbol{P}\boldsymbol{B}_1 + \boldsymbol{B}_1^{\mathrm{T}}\boldsymbol{P}\right) \otimes \boldsymbol{I}_n\right]\tilde{\boldsymbol{y}}(t) \\
=& \frac{1}{2}\tilde{\boldsymbol{y}}^{\mathrm{T}}(t)\boldsymbol{M}\tilde{\boldsymbol{y}}(t) \\
=& -\frac{\alpha^2}{2}\tilde{\boldsymbol{x}}^{\mathrm{T}}(t)\left[\left(\boldsymbol{\varXi}\boldsymbol{L} + \boldsymbol{L}^{\mathrm{T}}\boldsymbol{\varXi}\right) \otimes \boldsymbol{I}_n\right]\tilde{\boldsymbol{x}}(t) - \frac{\beta^2}{2}\tilde{\boldsymbol{v}}^{\mathrm{T}}(t)\left[\left(\boldsymbol{\varXi}\boldsymbol{L} + \boldsymbol{L}^{\mathrm{T}}\boldsymbol{\varXi}\right) \otimes \boldsymbol{I}_n\right]\tilde{\boldsymbol{v}}(t) \\
& + \alpha\tilde{\boldsymbol{v}}^{\mathrm{T}}(t)\left(\boldsymbol{\varXi} \otimes \boldsymbol{I}_n\right)\tilde{\boldsymbol{v}}(t) \\
\leqslant& -\alpha^2 a(\boldsymbol{L})\tilde{\boldsymbol{x}}^{\mathrm{T}}(t)\left(\boldsymbol{\varXi} \otimes \boldsymbol{I}_n\right)\tilde{\boldsymbol{x}}(t) - \beta^2 a(\boldsymbol{L})\tilde{\boldsymbol{v}}^{\mathrm{T}}(t)\left(\boldsymbol{\varXi} \otimes \boldsymbol{I}_n\right)\tilde{\boldsymbol{v}}(t) \\
& + \alpha\tilde{\boldsymbol{v}}^{\mathrm{T}}(t)\left(\boldsymbol{\varXi} \otimes \boldsymbol{I}_n\right)\tilde{\boldsymbol{v}}(t) \\
=& -\tilde{\boldsymbol{y}}^{\mathrm{T}}(t)\left[\left(\boldsymbol{P}_1 \otimes \boldsymbol{\varXi}\right) \otimes \boldsymbol{I}_n\right]\tilde{\boldsymbol{y}}(t),
\end{aligned}
$$

其中, $\boldsymbol{P}_1 = \begin{bmatrix} \alpha^2 a(\boldsymbol{L}) & \boldsymbol{0}_{N\times N} \\ \boldsymbol{0}_{N\times N} & \beta^2 a(\boldsymbol{L}) - \alpha \end{bmatrix}$. 因此, 可得

$$
\dot{V}(t) \leqslant -\lambda_{\min}(\boldsymbol{P}_1)\xi_{\min}\tilde{\boldsymbol{y}}^{\mathrm{T}}(t)\tilde{\boldsymbol{y}}(t) = -\hat{\gamma}_2\tilde{\boldsymbol{y}}^{\mathrm{T}}(t)\tilde{\boldsymbol{y}}(t), \tag{5.49}
$$

其中, $\hat{\gamma}_2 = \min\{\alpha^2 a(\boldsymbol{L})\xi_{\min},\ (\beta^2 a(\boldsymbol{L}) - \alpha)\xi_{\min}\}$. 此外,

$$
\begin{aligned}
V(t) =& \frac{1}{2}\tilde{\boldsymbol{y}}^{\mathrm{T}}(t)\left(\boldsymbol{P} \otimes \boldsymbol{I}_n\right)\tilde{\boldsymbol{y}}(t) \\
=& \frac{\alpha\beta}{2}\tilde{\boldsymbol{x}}^{\mathrm{T}}(t)\left[\left(\boldsymbol{\varXi}\boldsymbol{L} + \boldsymbol{L}^{\mathrm{T}}\boldsymbol{\varXi}\right) \otimes \boldsymbol{I}_n\right]\tilde{\boldsymbol{x}}(t) + \alpha\tilde{\boldsymbol{x}}^{\mathrm{T}}(t)\left(\boldsymbol{\varXi} \otimes \boldsymbol{I}_n\right)\tilde{\boldsymbol{v}}(t) \\
& + \frac{\beta}{2}\tilde{\boldsymbol{v}}^{\mathrm{T}}(t)\left(\boldsymbol{\varXi} \otimes \boldsymbol{I}_n\right)\tilde{\boldsymbol{v}}(t) \\
\leqslant& \alpha\beta b(\boldsymbol{L})\tilde{\boldsymbol{x}}^{\mathrm{T}}(t)\left(\boldsymbol{\varXi} \otimes \boldsymbol{I}_n\right)\tilde{\boldsymbol{x}}(t) + \alpha\tilde{\boldsymbol{x}}^{\mathrm{T}}(t)\left(\boldsymbol{\varXi} \otimes \boldsymbol{I}_n\right)\tilde{\boldsymbol{v}}(t) + \frac{\beta}{2}\tilde{\boldsymbol{v}}^{\mathrm{T}}(t)\left(\boldsymbol{\varXi} \otimes \boldsymbol{I}_n\right)\tilde{\boldsymbol{v}}(t) \\
=& \tilde{\boldsymbol{y}}^{\mathrm{T}}(t)\left[\left(\boldsymbol{P}_2 \otimes \boldsymbol{\varXi}\right) \otimes \boldsymbol{I}_n\right]\tilde{\boldsymbol{y}}(t),
\end{aligned}
$$

其中, $\boldsymbol{P}_2 = \begin{bmatrix} \alpha\beta b(\boldsymbol{L}) & \alpha/2 \\ \alpha/2 & \beta/2 \end{bmatrix}$ 为正定矩阵. 通过简单计算可得

$$
V(t) \leqslant \lambda_{\max}(\boldsymbol{P}_2)\xi_{\max}\tilde{\boldsymbol{y}}^{\mathrm{T}}(t)\tilde{\boldsymbol{y}}(t) = \hat{\gamma}_1\tilde{\boldsymbol{y}}^{\mathrm{T}}(t)\tilde{\boldsymbol{y}}(t), \tag{5.50}
$$

其中, $\hat{\gamma}_1 = \dfrac{2\alpha\beta b(\boldsymbol{L}) + \beta + \sqrt{(2\alpha\beta b(\boldsymbol{L}) - \beta)^2 + 4\alpha^2}}{4}\xi_{\max}$. 因此, 根据式 (5.49) 和式 (5.50), 可知

$$\dot{V}(t) \leqslant -\hat{\gamma}_3 V(t),$$

其中, $\hat{\gamma}_3 = \hat{\gamma}_2/\hat{\gamma}_1$.

对于 $t \in \{[t_k,\ t_{k+1}) \cap \overline{T}\}, \forall k \in \mathbb{N}$, $V(t)$ 沿着系统 (5.47) 的状态轨迹对时间求导可得

$$\begin{aligned}\dot{V}(t) &= \frac{1}{2}\tilde{\boldsymbol{y}}^{\mathrm{T}}(t)\left[\left(\boldsymbol{P}\boldsymbol{B}_2 + \boldsymbol{B}_2^{\mathrm{T}}\boldsymbol{P}\right) \otimes \boldsymbol{I}_n\right]\tilde{\boldsymbol{y}}(t)\\ &= \tilde{\boldsymbol{y}}^{\mathrm{T}}(t)\left(\boldsymbol{P}_3 \otimes \boldsymbol{I}_n\right)\tilde{\boldsymbol{y}}(t),\end{aligned}$$

其中,

$$\boldsymbol{P}_3 = \begin{bmatrix} \boldsymbol{0}_{N\times N} & \dfrac{1}{2}\alpha\beta\left(\boldsymbol{\Xi}\boldsymbol{L} + \boldsymbol{L}^{\mathrm{T}}\boldsymbol{\Xi}\right) \\ \dfrac{1}{2}\alpha\beta\left(\boldsymbol{\Xi}\boldsymbol{L} + \boldsymbol{L}^{\mathrm{T}}\boldsymbol{\Xi}\right) & \alpha\boldsymbol{\Xi} \end{bmatrix}.$$

根据引理 2.3 和不等式 (5.48), 可得

$$\begin{aligned}\dot{V}(t) &\leqslant \lambda_{\max}\left((\boldsymbol{Q} \otimes \boldsymbol{I}_n)^{-1}(\boldsymbol{P}_3 \otimes \boldsymbol{I}_n)\right)\tilde{\boldsymbol{y}}^{\mathrm{T}}(t)\left(\boldsymbol{Q} \otimes \boldsymbol{I}_n\right)\tilde{\boldsymbol{y}}(t)\\ &= \lambda_{\max}\left(\boldsymbol{Q}^{-1}\boldsymbol{P}_3\right)\tilde{\boldsymbol{y}}^{\mathrm{T}}(t)\left(\boldsymbol{Q} \otimes \boldsymbol{I}_n\right)\tilde{\boldsymbol{y}}(t)\\ &\leqslant \hat{\gamma}_4 V(t),\end{aligned}$$

其中, $\hat{\gamma}_4 = 2\lambda_{\max}\left(\boldsymbol{Q}^{-1}\boldsymbol{P}_3\right)$.

基于上述分析, 易知

$$V(t_1) \leqslant V(0)\mathrm{e}^{-\varDelta_0},$$

其中, $\varDelta_0 = \hat{\gamma}_3\delta_0 - \hat{\gamma}_4(\omega_0 - \delta_0)$. 根据条件 (2), 有 $\varDelta_0 > 0$. 通过递归, 对于任意正整数 k, 都有

$$V(t_{k+1}) \leqslant V(0)\mathrm{e}^{-\sum\limits_{j=0}^{k}\varDelta_j},$$

其中, $\varDelta_j = \hat{\gamma}_3\delta_j - \hat{\gamma}_4(\omega_j - \delta_j) > 0$, $j = 0, 1, 2, \cdots, k$. 对于任意的 $t > 0$, 存在一个非负整数 s 使得 $t_s < t \leqslant t_{s+1}$. 由于 $[t_k,\ t_{k+1})$, $k \in \mathbb{N}$ 为一致有界且不重叠的时间区间序列, 可得 $\omega_{\max} = \sup_{i\in\mathbb{N}}\{\omega_i\} > 0$, $\hat{\kappa} = \inf_{i\in\mathbb{N}}\{\varDelta_i\} > 0$. 因此,

$$V(t) \leqslant V(t_s)\mathrm{e}^{\omega_{\max}\hat{\gamma}_4} \leqslant \mathrm{e}^{\omega_{\max}\hat{\gamma}_4}V(0)\mathrm{e}^{-\sum\limits_{j=0}^{s-1}\varDelta_j}$$

$$\leqslant \mathrm{e}^{\omega_{\max}\hat{\gamma}_4} V(0)\mathrm{e}^{-s\hat{\kappa}} \leqslant \mathrm{e}^{\omega_{\max}\hat{\gamma}_4+\hat{\kappa}} V(0)\mathrm{e}^{-(\hat{\kappa}/\omega_{\max})t},$$

即

$$V(t) \leqslant K_0\mathrm{e}^{-K_1 t}, \quad \forall t > 0,$$

其中, $K_0 = \mathrm{e}^{\omega_{\max}\hat{\gamma}_4+\hat{\kappa}}V(0)$, $K_1 = \dfrac{\hat{\kappa}}{\omega_{\max}}$, 表明智能体的状态呈指数收敛, 系统能够实现一致性. 进一步地, 可以得到位置向量的最终一致性状态 $\boldsymbol{x}_{\mathrm{con}} = \sum\limits_{j=1}^{N} \xi_j \boldsymbol{x}_j(0) + t\sum\limits_{j=1}^{N} \xi_j \boldsymbol{v}_j(0)$, 以及速度向量的最终一致性状态 $\boldsymbol{v}_{\mathrm{con}} = \sum\limits_{j=1}^{N} \xi_j \boldsymbol{v}_j(0)$. ■

推论 5.1 假设通信拓扑图 $\mathcal{G}$ 是无向连通的. 若存在一个一致有界且不重叠的无穷时间区间序列 $[t_k, t_{k+1})$, $k \in \mathbb{N}$, $t_0 = 0$, 使得对于每个时间间隔 $[t_k, t_{k+1})$, $k \in \mathbb{N}$, 下面的条件成立:

(1) $\lambda_2(\boldsymbol{L}) > \alpha/\beta^2$.

(2) $\delta_k > \dfrac{\hat{\gamma}_4}{\hat{\gamma}_3+\hat{\gamma}_4}\omega_k$.

其中, $\lambda_2(\boldsymbol{L})$ 为通信拓扑图 $\mathcal{G}$ 的 Laplace 矩阵 $\boldsymbol{L}$ 的最小非零特征值; δ_k 表示集合 $\{t \,|\, t \in [t_k, t_{k+1}) \cap T\}$ 的勒贝格测度, $\omega_k = t_{k+1} - t_k$, 且

$$\hat{\gamma}_3 = \frac{4\min\{\alpha^2\lambda_2(\boldsymbol{L}),\ \beta^2\lambda_2(\boldsymbol{L}) - \alpha\}}{2\alpha\beta\lambda_{\max}(\boldsymbol{L}) + \beta + \sqrt{(2\alpha\beta\lambda_{\max}(\boldsymbol{L}) - \beta)^2 + 4\alpha^2}}, \quad \hat{\gamma}_4 = 2\lambda_{\max}\left(\boldsymbol{Q}^{-1}\boldsymbol{P}_3\right),$$

$$\boldsymbol{Q} = \begin{bmatrix} 2\alpha\beta\lambda_2(\boldsymbol{L})\boldsymbol{I}_N & \alpha\boldsymbol{I}_N \\ \alpha\boldsymbol{I}_N & \beta\boldsymbol{I}_N \end{bmatrix}, \quad \boldsymbol{P}_3 = \begin{bmatrix} \boldsymbol{0}_{N\times N} & \alpha\beta\boldsymbol{L} \\ \alpha\beta\boldsymbol{L} & \alpha\boldsymbol{I}_N \end{bmatrix}.$$

则系统 (5.45) 能够实现一致性.

证明: 构造与定理 5.4 的证明中相同的 Lyapunov 候选函数 $V(t)$. 在条件 (1) 和条件 (2) 下, 通过定理 5.4 可证明该推论. ■

注解 5.8 在文献 [195]～[197] 中, 作者提出了一些周期间歇反馈方法, 并用于分析耦合系统的同步行为. 在系统 (5.45) 中, 多个智能体之间相互通信, 但不一定周期通信. 此外, 分析结果表明, 间歇式反馈控制不会影响二阶群体智能系统的最终一致性状态.

5.2.3 弱连通通信拓扑图下二阶群体智能系统一致性控制

本节研究有向弱连通（包含有向生成树）通信拓扑图下二阶群体智能系统的一致性控制问题.

由引理 2.10 可知, 可以通过改变结点索引的顺序获得 Frobenius 标准形. 在下述分析中, 不失一般性, 假定 Laplace 矩阵 $\boldsymbol{L}$ 为通信拓扑图 $\mathcal{G}$ 的 Frobenius 标准形, 并且令 $\overline{\boldsymbol{L}}_{ii}=\overline{\boldsymbol{L}}_i+\boldsymbol{A}_i$, 其中, $\overline{\boldsymbol{L}}_i\in\mathbb{R}^{q_i}$ 是零行和矩阵, $\boldsymbol{A}_i\geqslant\mathbf{0}$ 是一个对角矩阵, $i=1,2,\cdots,m$. 结合引理 2.9 和引理 2.10 可知, 存在一个适当维数的正向量 $\overline{\boldsymbol{\xi}}_i=[\overline{\xi}_{i1},\overline{\xi}_{i2},\cdots,\overline{\xi}_{iq_i}]^{\mathrm{T}}$ 且 $\sum\limits_{j=1}^{q_i}\overline{\xi}_{ij}=1$ 使得 $\overline{\boldsymbol{\xi}}_i^{\mathrm{T}}\overline{\boldsymbol{L}}_i=\mathbf{0}^{\mathrm{T}}$. 为了便于符号表示, 令 $\overline{\xi}_{i\min}=\min\limits_{1\leqslant j\leqslant q_i}\{\overline{\xi}_{ij}\}$, $\overline{\xi}_{i\max}=\max\limits_{1\leqslant j\leqslant q_i}\{\overline{\xi}_{ij}\}$, $\overline{\boldsymbol{\Xi}}_i=\mathrm{diag}(\overline{\xi}_{i1},\overline{\xi}_{i2},\cdots,\overline{\xi}_{iq_i})$, $i=1,2,\cdots,m$.

定义 5.7 对于一个有向弱连通通信拓扑图 $\mathcal{G}$ 和具有 Frobenius 标准形的 Laplace 矩阵 $\boldsymbol{L}$, 定义

$$c(\overline{\boldsymbol{L}}_{ii})=\min_{\boldsymbol{x}\neq\mathbf{0}}\frac{\boldsymbol{x}^{\mathrm{T}}\widehat{\overline{\boldsymbol{L}}}_{ii}\boldsymbol{x}}{\boldsymbol{x}^{\mathrm{T}}\overline{\boldsymbol{\Xi}}_i\boldsymbol{x}},$$

$$d(\overline{\boldsymbol{L}}_{ii})=\max_{\boldsymbol{x}\neq\mathbf{0}}\frac{\boldsymbol{x}^{\mathrm{T}}\widehat{\overline{\boldsymbol{L}}}_{ii}\boldsymbol{x}}{\boldsymbol{x}^{\mathrm{T}}\overline{\boldsymbol{\Xi}}_i\boldsymbol{x}},$$

其中, $\widehat{\overline{\boldsymbol{L}}}_{ii}=(\overline{\boldsymbol{\Xi}}_i\overline{\boldsymbol{L}}_{ii}+\overline{\boldsymbol{L}}_{ii}^{\mathrm{T}}\overline{\boldsymbol{\Xi}}_i)/2$, $\overline{\boldsymbol{\Xi}}_i=\mathrm{diag}(\overline{\xi}_{i1},\overline{\xi}_{i2},\cdots,\overline{\xi}_{iq_i})$, $\overline{\boldsymbol{\xi}}_i=[\overline{\xi}_{i1},\overline{\xi}_{i2},\cdots,\overline{\xi}_{iq_i}]^{\mathrm{T}}>\mathbf{0}$, $\overline{\boldsymbol{\xi}}_i^{\mathrm{T}}\overline{\boldsymbol{L}}_i=\mathbf{0}^{\mathrm{T}}$, $\sum\limits_{j=1}^{q_i}\overline{\xi}_{ij}=1$, $i=2,3,\cdots,m$.

引理 5.1[193] 若有向通信拓扑图 $\mathcal{G}$ 包含一棵有向生成树, 则

$$\min_{2\leqslant i\leqslant m}\left\{a(\boldsymbol{L}_{11}),c(\overline{\boldsymbol{L}}_{ii})\right\}>0.$$

注解 5.9 在文献 [193] 中, $c(\overline{\boldsymbol{L}}_{ii})$ 被称为通信拓扑图 $\mathcal{G}$ 的第 i 个强连通分量的广义代数连通度, 其中 $2\leqslant i\leqslant m$.

在给出本节的主要定理之前, 首先给出有向图 $\mathcal{G}$ 的缩简图的定义.

定义 5.8[165] 假设图 $\mathcal{G}$ 是有向图且其 Laplace 矩阵 $\boldsymbol{L}$ 具有 Frobenius 标准形, $\mathcal{G}_1,\mathcal{G}_2,\cdots,\mathcal{G}_m$ 是图 $\mathcal{G}$ 的强连通分量, 对应的邻接矩阵为 $\overline{\boldsymbol{\mathcal{A}}}_1=\mathrm{diag}(\overline{\boldsymbol{L}}_{11})-\overline{\boldsymbol{L}}_{11}$, $\overline{\boldsymbol{\mathcal{A}}}_2=\mathrm{diag}(\overline{\boldsymbol{L}}_{22})-\overline{\boldsymbol{L}}_{22}$, $\cdots$, $\overline{\boldsymbol{\mathcal{A}}}_m=\mathrm{diag}(\overline{\boldsymbol{L}}_{mm})-\overline{\boldsymbol{L}}_{mm}$. 定义图 $\mathcal{G}$ 的缩简图 $\mathcal{G}^*$ 为一个具有 m 个结点的有向图, 其对应的邻接矩阵 $\boldsymbol{\mathcal{A}}^*=[a_{ij}^*]\in\mathbb{R}^{m\times m}$. 其中, 若图 $\mathcal{G}_j$ 的一个结点与图 $\mathcal{G}_i$ $(i\neq j)$ 中的一个结点是连通的, 则 $a_{ij}^*>0$; 否则, $a_{ij}^*=0$, $i,j=1,2,\cdots,m$, 且 $a_{ii}^*=0$, $\forall i=1,2,\cdots,m$.

定理 5.5 假设通信拓扑图 $\mathcal{G}$ 包含一棵有向生成树. 若存在一个一致有界且不重叠的无限时间区间序列 $[t_k,\ t_{k+1})$, $k\in\mathbb{N}$, $t_0=0$, 使得对每个时间区间 $[t_k,\ t_{k+1})$, $k\in\mathbb{N}$, 下面条件成立:

(1) $\min\limits_{2\leqslant i\leqslant m}\left\{a(\overline{\boldsymbol{L}}_{11}),\ c(\overline{\boldsymbol{L}}_{ii})\right\}>\alpha/\beta^2$.

(2) $\delta_k>\omega_k\max\limits_{2\leqslant i\leqslant m}\left\{\dfrac{\hat{\gamma}_4}{\hat{\gamma}_3+\hat{\gamma}_4},\ \dfrac{\hat{\gamma}_4^i}{\hat{\gamma}_3^i+\hat{\gamma}_4^i}\right\}$.

其中, δ_k 表示集合 $\{t\,|\,t\in[t_k,\ t_{k+1})\cap T\}$ 的勒贝格测度, $\omega_k=t_{k+1}-t_k$,

$$\hat{\gamma}_3=\frac{4\overline{\xi}_{1\min}\min\left\{\alpha^2a\left(\overline{\boldsymbol{L}}_{11}\right),\ \beta^2a\left(\overline{\boldsymbol{L}}_{11}\right)-\alpha\right\}}{\overline{\xi}_{1\max}\left(2\alpha\beta b(\overline{\boldsymbol{L}}_{11})+\beta+\sqrt{(2\alpha\beta b(\overline{\boldsymbol{L}}_{11})-\beta)^2+4\alpha^2}\right)},$$

$$\hat{\gamma}_4=2\lambda_{\max}\left(\boldsymbol{Q}^{-1}\boldsymbol{P}_3\right),\quad \boldsymbol{Q}=\begin{bmatrix}2\alpha\beta a(\overline{\boldsymbol{L}}_{11})\overline{\boldsymbol{\varXi}}_1 & \alpha\overline{\boldsymbol{\varXi}}_1\\ \alpha\overline{\boldsymbol{\varXi}}_1 & \beta\overline{\boldsymbol{\varXi}}_1\end{bmatrix},$$

$$\boldsymbol{P}_3=\begin{bmatrix}\boldsymbol{0}_{N\times N} & \dfrac{1}{2}\alpha\beta\left(\overline{\boldsymbol{\varXi}}_1\overline{\boldsymbol{L}}_{11}+\overline{\boldsymbol{L}}_{11}^{\mathrm{T}}\overline{\boldsymbol{\varXi}}_1\right)\\ \dfrac{1}{2}\alpha\beta\left(\overline{\boldsymbol{\varXi}}_1\overline{\boldsymbol{L}}_{11}+\overline{\boldsymbol{L}}_{11}^{\mathrm{T}}\overline{\boldsymbol{\varXi}}_1\right) & \alpha\overline{\boldsymbol{\varXi}}_1\end{bmatrix},$$

$$\hat{\gamma}_3^i=\frac{4\overline{\xi}_{i\min}\min\left\{\alpha^2c\left(\overline{\boldsymbol{L}}_{ii}\right),\ \beta^2c\left(\overline{\boldsymbol{L}}_{ii}\right)-\alpha\right\}}{\overline{\xi}_{i\max}\left(2\alpha\beta d(\overline{\boldsymbol{L}}_{ii})+\beta+\sqrt{(2\alpha\beta d(\overline{\boldsymbol{L}}_{ii})-\beta)^2+4\alpha^2}\right)},$$

$$\hat{\gamma}_4^i=2\lambda_{\max}\left(\left(\boldsymbol{Q}^i\right)^{-1}\boldsymbol{P}_3^i\right),\quad \boldsymbol{Q}^i=\begin{bmatrix}2\alpha\beta c(\overline{\boldsymbol{L}}_{ii})\overline{\boldsymbol{\varXi}}_i & \alpha\overline{\boldsymbol{\varXi}}_i\\ \alpha\overline{\boldsymbol{\varXi}}_i & \beta\overline{\boldsymbol{\varXi}}_i\end{bmatrix},$$

$$\boldsymbol{P}_3^i=\begin{bmatrix}\boldsymbol{0}_{N\times N} & \dfrac{1}{2}\alpha\beta\left(\overline{\boldsymbol{\varXi}}_i\overline{\boldsymbol{L}}_{ii}+\overline{\boldsymbol{L}}_{ii}^{\mathrm{T}}\overline{\boldsymbol{\varXi}}_i\right)\\ \dfrac{1}{2}\alpha\beta\left(\overline{\boldsymbol{\varXi}}_i\overline{\boldsymbol{L}}_{ii}+\overline{\boldsymbol{L}}_{ii}^{\mathrm{T}}\overline{\boldsymbol{\varXi}}_i\right) & \alpha\overline{\boldsymbol{\varXi}}_i\end{bmatrix},\quad i=2,\ 3,\ \cdots,\ m.$$

则系统 (5.45) 能够实现一致性.

证明: 显然, 通信拓扑图 $\mathcal{G}$ 的缩简图 $\mathcal{G}^*$ 本身是一棵有向生成树. 首先, 分析缩简图 $\mathcal{G}^*$ 的根结点所对应的强连通分量中智能体的一致性. 缩简图 $\mathcal{G}^*$ 的根结点中包含的智能体的局部通信拓扑图是强连通的, 且不受图 $\mathcal{G}$ 中其他智能体的影响, 根据条件 (1) 和 (2), 以及定理 5.4, 缩简图 $\mathcal{G}^*$ 的根结点所对应的强连通分量中的智能体的状态将以指数收敛速率达到一致, 即存在 $\epsilon_1>0$, 使得 $\boldsymbol{x}_i(t)=\boldsymbol{x}_{\mathrm{con}}+\mathcal{O}(\mathrm{e}^{-\epsilon_1 t})$, $\boldsymbol{v}_i(t)=\boldsymbol{v}_{\mathrm{con}}(t)+\mathcal{O}(\mathrm{e}^{-\epsilon_1 t})$, 其中, $i=1,2,\cdots,q_1$, $\boldsymbol{x}_{\mathrm{con}}=\sum\limits_{j=1}^{q_1}\overline{\xi_1}_j\boldsymbol{x}_j(0)+$

$t\sum_{j=1}^{q_1}\overline{\xi_1}_j\boldsymbol{v}_j(0)$, $\boldsymbol{v}_{\rm con}=\sum_{j=1}^{q_1}\overline{\xi_1}_j\boldsymbol{v}_j(0)$.

下面考虑缩简图 $\mathcal{G}^*$ 中除根结点外其余结点所对应的智能体的动力学. 缩简图 $\mathcal{G}^*$ 中的第 i 个结点所对应的强连通分量中的智能体用 $\boldsymbol{v}_{i_1},\boldsymbol{v}_{i_2},\cdots,\boldsymbol{v}_{i_{q_i}}$, $2\leqslant i\leqslant m$ 来表示. 这些智能体除了受到同一个强连通分量内的智能体 $\boldsymbol{v}_{i_s}$, $s\in\{1,2,\cdots,q_i\}$ 的影响, 还受到其余强连通分量中智能体的影响, 这些其余强连通分量中的智能体记为 $\boldsymbol{v}_{j_1},\boldsymbol{v}_{j_2},\cdots,\boldsymbol{v}_{j_{k_i}}$. 缩简图 $\mathcal{G}^*$ 本身是一棵有向生成树, 且其根结点所对应的智能体最终能够实现一致性, 因此假设智能体 $\boldsymbol{v}_{j_1},\boldsymbol{v}_{j_2},\cdots,\boldsymbol{v}_{j_{k_i}}$ 最终能够实现一致性, 且位置和速度向量的最终一致性状态分别为 $\boldsymbol{x}_{\rm con}$ 和 $\boldsymbol{v}_{\rm con}$. 令 $\widehat{\boldsymbol{x}}_{i_r}(t)=\boldsymbol{x}_{i_r}(t)-\boldsymbol{x}_{\rm con}$, $\widehat{\boldsymbol{v}}_{i_r}(t)=\boldsymbol{v}_{i_r}(t)-\boldsymbol{v}_{\rm con}$, $r=1,2,\cdots,q_i$, 则有

$$\begin{cases}\dot{\widehat{\boldsymbol{x}}}_{i_r}(t)=\widehat{\boldsymbol{v}}_{i_r}(t),\\ \dot{\widehat{\boldsymbol{v}}}_{i_r}(t)=\alpha\sum\limits_{j=1}^{q_i}a_{i_ri_j}(\widehat{\boldsymbol{x}}_{i_j}(t)-\widehat{\boldsymbol{x}}_{i_r}(t))+\beta\sum\limits_{j=1}^{q_i}a_{i_ri_j}(\widehat{\boldsymbol{v}}_{i_j}(t)-\widehat{\boldsymbol{v}}_{i_r}(t))\\ \qquad\qquad -\alpha\sum\limits_{p=1}^{k_i}a_{i_rj_p}\widehat{\boldsymbol{x}}_{i_r}(t)-\beta\sum\limits_{p=1}^{k_i}a_{i_rj_p}\widehat{\boldsymbol{v}}_{i_r}(t)+\mathcal{O}(\mathrm{e}^{-\epsilon t}),\quad t\in T,\\ \dot{\widehat{\boldsymbol{v}}}_{i_r}(t)=\boldsymbol{0},\quad t\in\overline{T},\ r=1,2,\cdots,q_i,\end{cases}$$

其中, $\epsilon>0$. 令 $\widehat{\boldsymbol{x}}(t)=\left[\widehat{\boldsymbol{x}}_{i_1}^{\rm T}(t),\widehat{\boldsymbol{x}}_{i_2}^{\rm T}(t),\cdots,\widehat{\boldsymbol{x}}_{i_{q_i}}^{\rm T}(t)\right]^{\rm T}$, $\widehat{\boldsymbol{v}}(t)=\left[\widehat{\boldsymbol{v}}_{i_1}^{\rm T}(t),\widehat{\boldsymbol{v}}_{i_2}^{\rm T}(t),\cdots,\widehat{\boldsymbol{v}}_{i_{q_i}}^{\rm T}(t)\right]^{\rm T}$, $\widehat{\boldsymbol{y}}(t)=\left[\widehat{\boldsymbol{x}}^{\rm T}(t),\widehat{\boldsymbol{v}}^{\rm T}(t)\right]^{\rm T}$, 则上述系统可重写为

$$\begin{cases}\dot{\widehat{\boldsymbol{y}}}(t)=(\overline{\boldsymbol{B}}_1\otimes\boldsymbol{I}_n)\widehat{\boldsymbol{y}}(t)+(\overline{\boldsymbol{B}}_2\otimes\boldsymbol{I}_n)\mathcal{O}(\boldsymbol{e}^{-\epsilon t}),\quad t\in T,\\ \dot{\widehat{\boldsymbol{y}}}(t)=(\overline{\boldsymbol{B}}_3\otimes\boldsymbol{I}_n)\widehat{\boldsymbol{y}}(t),\quad t\in\overline{T},\end{cases}$$

其中, $\overline{\boldsymbol{B}}_1=\begin{bmatrix}\boldsymbol{0}_{q_i\times q_i} & \boldsymbol{I}_{q_i}\\ -\alpha\overline{\boldsymbol{L}}_{ii} & -\beta\overline{\boldsymbol{L}}_{ii}\end{bmatrix}$, $\overline{\boldsymbol{B}}_2=\begin{bmatrix}\boldsymbol{0}_{q_i\times q_i} & \boldsymbol{0}_{q_i\times q_i}\\ \boldsymbol{I}_{q_i} & \boldsymbol{I}_{q_i}\end{bmatrix}$, $\overline{\boldsymbol{B}}_3=\begin{bmatrix}\boldsymbol{0}_{q_i\times q_i} & \boldsymbol{I}_{q_i}\\ \boldsymbol{0}_{q_i\times q_i} & \boldsymbol{0}_{q_i\times q_i}\end{bmatrix}$.

构造如下 Lyapunov 函数:

$$V(t)=\frac{1}{2}\widehat{\boldsymbol{y}}^{\rm T}(t)(\boldsymbol{P}\otimes\boldsymbol{I}_n)\widehat{\boldsymbol{y}}(t),$$

其中, $\boldsymbol{P}=\begin{bmatrix}\alpha\beta\left(\overline{\boldsymbol{\Xi}}_i\overline{\boldsymbol{L}}_{ii}+\overline{\boldsymbol{L}}_{ii}^{\rm T}\overline{\boldsymbol{\Xi}}_i\right) & \alpha\overline{\boldsymbol{\Xi}}_i\\ \alpha\overline{\boldsymbol{\Xi}}_i & \beta\overline{\boldsymbol{\Xi}}_i\end{bmatrix}$. 则根据条件 (1) 和 (2), 以及定理 5.4 的证明可验证, 智能体 $\boldsymbol{v}_{i_1},\boldsymbol{v}_{i_2},\cdots,\boldsymbol{v}_{i_{q_i}}(2\leqslant i\leqslant m)$ 最终将以指数收敛

速率达成一致. 具体地, 位置向量的最终一致性状态为 $\boldsymbol{x}_{\rm con} = \sum\limits_{j=1}^{q_i} \overline{\xi}_{1_j}\boldsymbol{x}_j(0) + t\sum\limits_{j=1}^{q_1} \overline{\xi}_{1_j}\boldsymbol{v}_j(0)$, 速度向量的最终一致性状态为 $\boldsymbol{v}_{\rm con} = \sum\limits_{j=1}^{q_1} \overline{\xi}_{1_j}\boldsymbol{v}_j(0)$. ■

5.2.4 仿真分析

本节将提供一个数值仿真例子来验证定理 5.4. 考虑如式 (5.45) 所示的具有间歇通信的二阶群体智能系统, 其通信拓扑图如图 5.10 所示. 图中边上的数字代表权重. 由图 5.10 可以看出, 通信拓扑图 $\mathcal{G}$ 是强连通的. 在仿真中, 假设存在一个一致有界且不重叠的无限时间区间序列 $[t_k,\ t_{k+1})$, 满足 $t_{k+1} - t_k = 0.5,\quad t_0 = 0$, $\forall k \in \mathbb{N}$, 并设置通信时长 $\delta_k = 0.42$, $\forall k \in \mathbb{N}$, 选择耦合参数 $\alpha = 1$ 和 $\beta = 1.1$. 通过简单的计算, 可得 $a(\boldsymbol{L}) = 3.5,\ b(\boldsymbol{L}) = 4.5,\quad \boldsymbol{\xi} = [0.2857, 0.4286, 0.2857]^{\rm T}$. 可直接计算出 $a(\boldsymbol{L}) = 3.5 > \alpha/\beta^2 = 0.8264$, $\delta_k = 0.42 > 0.5 \times \dfrac{\hat{\gamma}_4}{\hat{\gamma}_3 + \hat{\gamma}_4} = 0.4147$. 因此, 由定理 5.4, 系统 (5.45) 可实现一致性. 所有智能体的位置轨迹和速度轨迹分别如图 5.11 和图 5.12 所示. 其中, 初始条件为 $\boldsymbol{x}(0) = [1.2, -0.9, -1.5]^{\rm T}$, $\boldsymbol{v}(0) = [-0.25, -0.35, -1.1]^{\rm T}$. 仿真结果很好地验证了理论分析得到的结论.

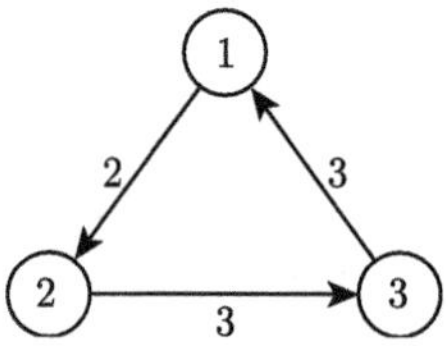

图 5.10 具有间歇通信的二阶群体智能系统通信拓扑图 $\mathcal{G}$

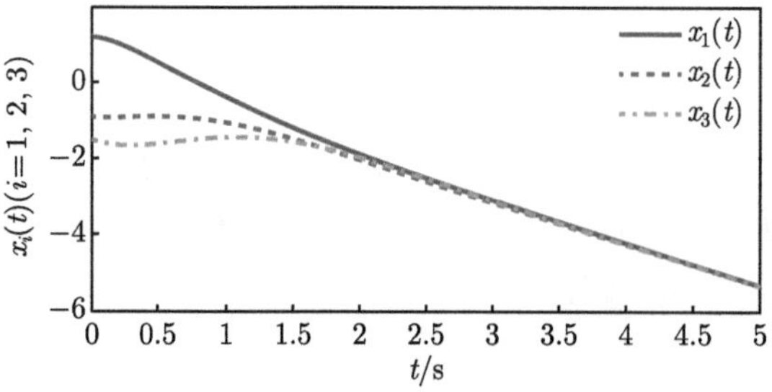

图 5.11 群体智能系统位置轨迹的一致性

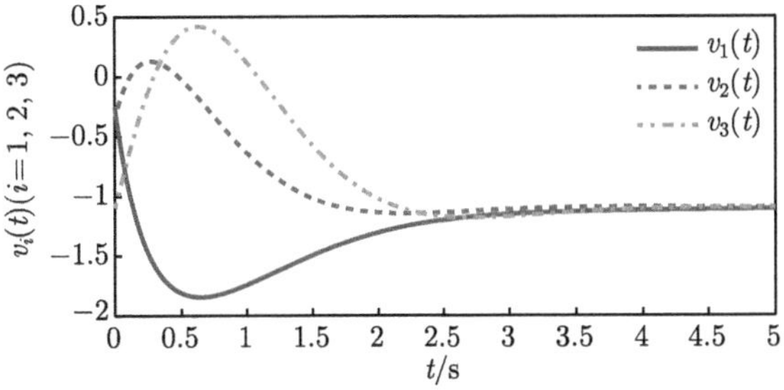

图 5.12 群体智能系统速度轨迹的一致性

5.3 具有间歇通信的线性群体智能系统一致性控制

5.3.1 问题描述

考虑一个由 N 个连续线性系统耦合而成的群体智能系统, 第 $i\ (1 \leqslant i \leqslant N)$ 个智能体的动力学行为描述如下:

$$\begin{aligned}\dot{\boldsymbol{x}}_i(t) &= \boldsymbol{A}\boldsymbol{x}_i(t) + \boldsymbol{B}\boldsymbol{u}_i(t),\\ \boldsymbol{y}_i(t) &= \boldsymbol{C}\boldsymbol{x}_i(t),\end{aligned} \tag{5.51}$$

其中, $\boldsymbol{x}_i(t) \in \mathbb{R}^n$、$\boldsymbol{y}_i(t) \in \mathbb{R}^p$ 和 $\boldsymbol{u}_i(t) \in \mathbb{R}^m$ 分别为智能体 i 的状态向量、控制输入向量和测量输出向量; $\boldsymbol{A}$、$\boldsymbol{B}$ 和 $\boldsymbol{C}$ 为具有相容维数的定常实矩阵. 智能体间的通信拓扑图是固定的且由图 $\mathcal{G} = (\mathcal{V}, \mathcal{E})$ 描述.

本节的研究目标是, 在有向通信拓扑图下, 给出依赖于邻居智能体间歇相对状态信息的一致性协议, 使得群体智能系统 (5.51) 能够实现一致性; 在无向通信拓扑图下, 给出仅依赖于邻居智能体间歇相对输出信息的观测器类型的一致性协议, 使得群体智能系统 (5.51) 能够实现一致性. 在群体智能系统演化过程中, 假设相邻智能体之间的通信模式是间歇的. 为了便于理论分析, 进一步假设相邻智能体只能在 $t \in [t_k,\ t_k + \delta_k)$ 时互相通信, 其中 $0 < \delta_k < \omega_k \leqslant \varGamma$, $\omega_k = t_{k+1} - t_k$, $\varGamma > 0$ 为给定常数, $k \in \mathbb{N}$. $\rho_k = \delta_k/(t_{k+1} - t_k), k \in \mathbb{N}$ 称为群体智能系统 (5.51) 在时间区间 $[t_k,\ t_k + \delta_k)$ 上的通信率.

5.3.2 基于间歇相对状态信息的线性群体智能系统一致性控制

本节考虑群体智能系统的通信拓扑图为包含有向生成树的有向图. 为了实现

一致性, 提出如下依赖于邻居智能体间歇相对状态信息的分布式一致性协议:

$$\boldsymbol{u}_i(t)=\begin{cases}c\boldsymbol{K}\sum_{j=1}^{N}a_{ij}(\boldsymbol{x}_i(t)-\boldsymbol{x}_j(t)), & t\in[t_k,\ t_k+\delta_k),\\ \boldsymbol{0}, \quad t\in[t_k+\delta_k,\ t_{k+1}), \quad k\in\mathbb{N},\end{cases} \tag{5.52}$$

其中, $c>0$ 代表智能体之间的耦合强度; $\boldsymbol{K}\in\mathbb{R}^{m\times n}$ 为需要设计的反馈增益矩阵; $i=1,2,\cdots,N$.

将式 (5.52) 代入式 (5.51) 中, 可得闭环群体智能系统的动力学方程:

$$\begin{aligned}&\dot{\boldsymbol{x}}_i(t)=\boldsymbol{A}\boldsymbol{x}_i(t)+c\boldsymbol{B}\boldsymbol{K}\sum_{j=1}^{N}a_{ij}(\boldsymbol{x}_i(t)-\boldsymbol{x}_j(t)), \quad t\in[t_k,\ t_k+\delta_k),\\ &\dot{\boldsymbol{x}}_i(t)=\boldsymbol{A}\boldsymbol{x}_i(t), \quad t\in[t_k+\delta_k,\ t_{k+1}), \quad k\in\mathbb{N},\end{aligned} \tag{5.53}$$

其中, $i=1,2,\cdots,N$.

下述定理给出了闭环群体智能系统 (5.53) 实现一致性的一个充分必要条件.

定理 5.6 假设通信拓扑图 $\mathcal{G}$ 含有有向生成树, 则群体智能系统 (5.53) 能够实现一致性当且仅当下列 $N-1$ 个切换系统

$$\begin{aligned}&\dot{\boldsymbol{\varepsilon}}_i(t)=(\boldsymbol{A}+c\lambda_i\boldsymbol{B}\boldsymbol{K})\boldsymbol{\varepsilon}_i(t), \quad t\in[t_k,\ t_k+\delta_k),\\ &\dot{\boldsymbol{\varepsilon}}_i(t)=\boldsymbol{A}\boldsymbol{\varepsilon}_i(t), \quad t\in[t_k+\delta_k,\ t_{k+1}), \quad i=2,3,\cdots,N, \quad k\in\mathbb{N},\end{aligned} \tag{5.54}$$

同时渐近稳定, 其中, $\boldsymbol{\varepsilon}_i(t)\in\mathbb{C}^n$, $\lambda_i\ (i=2,3,\cdots,N)$ 是通信拓扑图 $\mathcal{G}$ 的 Laplace 矩阵 $\boldsymbol{L}$ 的非零特征值.

证明: 令 $\boldsymbol{\xi}=[\xi_1,\xi_2,\cdots,\xi_N]^{\mathrm{T}}$ 为通信拓扑图 $\mathcal{G}$ 的 Laplace 矩阵 $\boldsymbol{L}$ 对应于零特征值的非负左特征向量, 满足 $\boldsymbol{\xi}^{\mathrm{T}}\boldsymbol{1}_N=1$. 引入变量 $\boldsymbol{r}(t)=[\boldsymbol{r}_1^{\mathrm{T}}(t),\boldsymbol{r}_2^{\mathrm{T}}(t),\cdots,\boldsymbol{r}_N^{\mathrm{T}}(t)]^{\mathrm{T}}$, 其中, $\boldsymbol{r}_i(t)=\boldsymbol{x}_i(t)-\sum\limits_{j=1}^{N}\xi_j\boldsymbol{x}_j(t)$, $i=1,2,\cdots,N$. 显然,

$$\boldsymbol{r}(t)=\left[\left(\boldsymbol{I}_N-\boldsymbol{1}_N\boldsymbol{\xi}^{\mathrm{T}}\right)\otimes\boldsymbol{I}_n\right]\boldsymbol{x}(t). \tag{5.55}$$

不难验证, 0 是矩阵 $\boldsymbol{I}_N-\boldsymbol{1}_N\boldsymbol{\xi}^{\mathrm{T}}$ 的简单特征值且 $\boldsymbol{1}_N$ 是其对应的右特征向量. 此外, 1 是矩阵 $\boldsymbol{I}_N-\boldsymbol{1}_N\boldsymbol{\xi}^{\mathrm{T}}$ 的代数重数为 $N-1$ 的特征值. 因此, $\boldsymbol{r}(t)=\boldsymbol{0}$ 当且仅当 $\boldsymbol{x}_1(t)=\boldsymbol{x}_2(t)=\cdots=\boldsymbol{x}_N(t)$, $\forall\, t\geqslant 0$. 根据式 (5.53) 和式 (5.55), 可得

$$\begin{aligned}&\dot{\boldsymbol{r}}(t)=(\boldsymbol{I}_N\otimes\boldsymbol{A}+c\boldsymbol{L}\otimes\boldsymbol{B}\boldsymbol{K})\,\boldsymbol{r}(t), \quad t\in[t_k,\ t_k+\delta_k),\\ &\dot{\boldsymbol{r}}(t)=(\boldsymbol{I}_N\otimes\boldsymbol{A})\,\boldsymbol{r}(t), \quad t\in[t_k+\delta_k,\ t_{k+1}), \quad k\in\mathbb{N}.\end{aligned} \tag{5.56}$$

由上述分析可知, 群体智能系统 (5.53) 的一致性问题被等价地转化为切换线性系统 (5.56) 的稳定性问题.

令矩阵 $\boldsymbol{W}_1 \in \mathbb{C}^{N\times(N-1)}$、$\boldsymbol{W}_2 \in \mathbb{C}^{(N-1)\times N}$、$\boldsymbol{T} \in \mathbb{C}^{N\times N}$, 以及上三角矩阵 $\boldsymbol{U} \in \mathbb{C}^{(N-1)\times(N-1)}$ 满足

$$\boldsymbol{T} = [\boldsymbol{1}_N,\ \boldsymbol{W}_1],\quad \boldsymbol{T}^{-1} = \begin{bmatrix} \boldsymbol{\xi}^{\mathrm{T}} \\ \boldsymbol{W}_2 \end{bmatrix},\quad \boldsymbol{T}^{-1}\boldsymbol{L}\boldsymbol{T} = \boldsymbol{J} = \begin{bmatrix} 0 & \boldsymbol{0}_{N-1}^{\mathrm{T}} \\ \boldsymbol{0}_{N-1} & \boldsymbol{U} \end{bmatrix},$$

其中, 矩阵 $\boldsymbol{U}$ 的对角元为通信拓扑图 $\mathcal{G}$ 的 Laplace 矩阵 $\boldsymbol{L}$ 的非零特征值. 进一步地, 引入非奇异线性变换 $\boldsymbol{\varepsilon}(t) = (\boldsymbol{T}^{-1} \otimes \boldsymbol{I}_n)\boldsymbol{r}(t)$, 其中, $\boldsymbol{\varepsilon}(t) = [\boldsymbol{\varepsilon}_1^{\mathrm{H}}(t), \boldsymbol{\varepsilon}_2^{\mathrm{H}}(t), \cdots, \boldsymbol{\varepsilon}_N^{\mathrm{H}}(t)]^{\mathrm{T}}$. 由式 (5.56) 可得

$$\begin{aligned} &\dot{\boldsymbol{\varepsilon}}(t) = (\boldsymbol{I}_N \otimes \boldsymbol{A} + c\boldsymbol{J} \otimes \boldsymbol{B}\boldsymbol{K})\boldsymbol{\varepsilon}(t),\quad t \in [t_k,\ t_k + \delta_k), \\ &\dot{\boldsymbol{\varepsilon}}(t) = (\boldsymbol{I}_N \otimes \boldsymbol{A})\boldsymbol{\varepsilon}(t),\quad t \in [t_k + \delta_k,\ t_{k+1}),\quad k \in \mathbb{N}. \end{aligned} \tag{5.57}$$

此外, 经过简单计算可知 $\boldsymbol{\varepsilon}_1(t) \equiv \boldsymbol{0}$. 因此, 群体智能系统 (5.53) 能够实现一致性当且仅当 $\boldsymbol{\varepsilon}_i(t)$ $(i = 2, 3, \cdots, N)$ 同时渐近趋于零. 注意到切换线性系统 (5.57) 的系统矩阵是分块上三角矩阵, 因此根据文献 [198] 中的定理 3.13, 可得 $\boldsymbol{\varepsilon}_i(t)$ $(i = 2, 3, \cdots, N)$ 渐近趋于零当且仅当下面 $N-1$ 个切换线性系统

$$\begin{aligned} &\dot{\boldsymbol{\varepsilon}}_i(t) = (\boldsymbol{A} + c\lambda_i\boldsymbol{B}\boldsymbol{K})\boldsymbol{\varepsilon}_i(t),\quad t \in [t_k,\ t_k + \delta_k), \\ &\dot{\boldsymbol{\varepsilon}}_i(t) = \boldsymbol{A}\boldsymbol{\varepsilon}_i(t),\quad t \in [t_k + \delta_k,\ t_{k+1}),\quad k \in \mathbb{N}, \end{aligned} \tag{5.58}$$

同时渐近稳定, $i = 2, 3, \cdots, N$. ■

注解 5.10 定理 5.6 表明闭环群体智能系统 (5.53) 的一致性问题等价于一组维数与单个智能体动力学维数相同的切换线性系统的同时稳定性问题. 因此, 可以利用分析切换系统稳定性的方法来研究闭环群体智能系统一致性的问题, 并进一步地给出一致性协议的设计方法.

定理 5.6 仅给出了闭环群体智能系统 (5.53) 实现一致性的条件, 并未给出协议 (5.52) 的设计方法. 下面给出一个多步构造算法, 并从理论上证明该算法构造出的协议 (5.52) 能够使闭环群体智能系统 (5.53) 实现一致性.

算法 5.1 假设通信拓扑图 $\mathcal{G}$ 含有有向生成树, 则一致性协议 (5.52) 可按照如下步骤来构造.

(1) 选取 $\alpha > 0$, 求解线性矩阵不等式:

$$\boldsymbol{A}\boldsymbol{Q} + \boldsymbol{Q}\boldsymbol{A}^{\mathrm{T}} - 2\boldsymbol{B}\boldsymbol{B}^{\mathrm{T}} + 2\alpha\boldsymbol{Q} < \boldsymbol{0}, \tag{5.59}$$

得到一个可行解 $\boldsymbol{Q}>0$. 取反馈增益矩阵 $\boldsymbol{K}=-\boldsymbol{B}^{\mathrm{T}}\boldsymbol{Q}^{-1}$.

(2) 选取耦合强度 $c\geqslant c_{\mathrm{th}}$, 其中 c_{th} 由式 (5.60) 给出:

$$c_{\mathrm{th}}=\frac{1}{\min\limits_{i=2,3,\cdots,N}\{\mathrm{Re}\{\lambda_i\}\}}, \tag{5.60}$$

其中, $\lambda_i\ (i=2,3,\cdots,N)$ 为通信拓扑图 $\mathcal{G}$ 的 Laplace 矩阵 $\boldsymbol{L}$ 的非零特征值.

注解 5.11 算法 5.1 给出了一致性协议 (5.52) 的一个构造算法. 需要指出的是, 只有在线性矩阵不等式 (5.59) 可行的前提下, 该算法才能实施. 因此, 合理地选择参数 α 至关重要. 由引理 2.18 可知, 若矩阵对 $(\boldsymbol{A},\boldsymbol{B})$ 可控, 则对任意的 $\alpha>0$, 线性矩阵不等式 (5.59) 均存在可行解; 当 $(\boldsymbol{A},\boldsymbol{B})$ 不可控时, 需要选择合适的 α 来保证线性矩阵不等式 (5.59) 的可行性.

下面给出本节的主要结论.

定理 5.7 对于群体智能系统 (5.53), 如果通信拓扑图 $\mathcal{G}$ 含有有向生成树, 且存在一个 $\alpha>0$ 使得线性矩阵不等式 (5.59) 具有可行解, 并且下列条件成立: $\rho_k>\beta/(\alpha+\beta)+\ln\mu/[(\alpha+\beta)(t_{k+1}-t_k)]$, 其中 $\rho_k=\delta_k/(t_{k+1}-t_k)$, $k\in\mathbb{N}$, $\mu=\max\{\lambda_{\max}(\boldsymbol{Q}^{-1})/\lambda_{\min}(\boldsymbol{P}^{-1}),\ \lambda_{\max}(\boldsymbol{P}^{-1})/\lambda_{\min}(\boldsymbol{Q}^{-1})\}$, $\boldsymbol{Q}$ 是线性矩阵不等式 (5.59) 的一个可行解, 矩阵 $\boldsymbol{P}$ 和参数 β 满足

$$\boldsymbol{AP}+\boldsymbol{PA}^{\mathrm{T}}-2\beta\boldsymbol{P}<\boldsymbol{0}, \tag{5.61}$$

那么, 由算法 5.1 所构造的一致性协议 (5.52) 能够使系统 (5.53) 实现一致性.

证明: 由引理 2.19 可知, 存在矩阵 $\boldsymbol{P}$ 和参数 β 使得线性矩阵不等式 (5.61) 成立. 对于闭环群体智能系统 (5.53), 构造如下切换 Lyapunov 函数:

$$V(t)=\begin{cases}\boldsymbol{\varepsilon}_i^{\mathrm{H}}(t)\boldsymbol{Q}^{-1}\boldsymbol{\varepsilon}_i(t), & t\in[t_k,\ t_k+\delta_k),\\ \boldsymbol{\varepsilon}_i^{\mathrm{H}}(t)\boldsymbol{P}^{-1}\boldsymbol{\varepsilon}_i(t), & t\in[t_k+\delta_k,\ t_{k+1}),\end{cases}$$

其中, 矩阵 $\boldsymbol{Q}$ 为线性矩阵不等式 (5.59) 的可行解, $\forall k\in\mathbb{N}$, $\forall i=2,3,\cdots,N$. 为了表述方便, 令 $\lambda_i=a_i+\mathrm{j}b_i$, $i=2,3,\cdots,N$, 其中 λ_i 是通信拓扑图 $\mathcal{G}$ 的 Laplace 矩阵 $\boldsymbol{L}$ 的非零特征值, j 是虚数单位, 即 $\mathrm{j}=\sqrt{-1}$.

对于 $t\in[t_k,t_k+\delta_k)$, $k\in\mathbb{N}$, $V(t)$ 沿着系统 (5.58) 的状态轨迹对时间求导可得

$$\dot{V}(t)=\boldsymbol{\varepsilon}_i^{\mathrm{H}}(t)\left\{[\boldsymbol{A}+c(a_i-\mathrm{j}b_i)\boldsymbol{BK}]^{\mathrm{T}}\boldsymbol{Q}^{-1}+\boldsymbol{Q}^{-1}[\boldsymbol{A}+c(a_i+\mathrm{j}b_i)\boldsymbol{BK}]\right\}\boldsymbol{\varepsilon}_i(t). \tag{5.62}$$

将 $\boldsymbol{K}=-\boldsymbol{B}^{\mathrm{T}}\boldsymbol{Q}^{-1}$ 代入式 (5.62), 可得

$$\dot{V}(t)=\boldsymbol{\varepsilon}_i^{\mathrm{H}}(t)\left(\boldsymbol{A}^{\mathrm{T}}\boldsymbol{Q}^{-1}-2ca_i\boldsymbol{Q}^{-1}\boldsymbol{BB}^{\mathrm{T}}\boldsymbol{Q}^{-1}+\boldsymbol{Q}^{-1}\boldsymbol{A}\right)\boldsymbol{\varepsilon}_i(t). \tag{5.63}$$

根据 $c > 1/\min\limits_{i=2,3,\cdots,N}\{\mathrm{Re}\{\lambda_i\}\}$, 由式 (5.63) 可得

$$\dot{V}(t) < \boldsymbol{\varepsilon}_i^{\mathrm{H}}(t)\left(\boldsymbol{A}^{\mathrm{T}}\boldsymbol{Q}^{-1} - 2\boldsymbol{Q}^{-1}\boldsymbol{B}\boldsymbol{B}^{\mathrm{T}}\boldsymbol{Q}^{-1} + \boldsymbol{Q}^{-1}\boldsymbol{A}\right)\boldsymbol{\varepsilon}_i(t). \tag{5.64}$$

此外, 线性矩阵不等式 (5.59) 分别左乘 $\boldsymbol{Q}^{-1}$ 和右乘 $\boldsymbol{Q}^{-1}$, 可得

$$\boldsymbol{A}^{\mathrm{T}}\boldsymbol{Q}^{-1} + \boldsymbol{Q}^{-1}\boldsymbol{A} - 2\boldsymbol{Q}^{-1}\boldsymbol{B}\boldsymbol{B}^{\mathrm{T}}\boldsymbol{Q}^{-1} + 2\alpha\boldsymbol{Q}^{-1} < \boldsymbol{0}. \tag{5.65}$$

综合式 (5.64) 和式 (5.65), 可知

$$\dot{V}(t) < -2\alpha V(t), \quad t \in [t_k, t_k + \delta_k). \tag{5.66}$$

对于 $t \in [t_k + \delta_k, t_{k+1})$, $k \in \mathbb{N}$, $V(t)$ 沿着系统 (5.58) 的状态轨迹对时间求导可得

$$\begin{aligned}\dot{V}(t) &= \boldsymbol{\varepsilon}_i^{\mathrm{H}}(t)\left(\boldsymbol{A}^{\mathrm{T}}\boldsymbol{P}^{-1} + \boldsymbol{P}^{-1}\boldsymbol{A}\right)\boldsymbol{\varepsilon}_i(t) \\ &< 2\beta V(t).\end{aligned} \tag{5.67}$$

注意到闭环群体智能系统 (5.53) 只在 $t = t_k + \delta_k$ 和 $t = t_{k+1}$ 时进行切换, $k \in \mathbb{N}$. 因此, 根据上述分析可得

$$\begin{aligned}V(t_1) &< \mu \mathrm{e}^{2\beta(t_1 - t_0 - \delta_0)}V(t_0 + \delta_0) \\ &< \mu^2 \mathrm{e}^{-2\alpha\delta_0 + 2\beta(t_1 - t_0 - \delta_0)}V(t_0) \\ &= \mathrm{e}^{-\varDelta_0}V(t_0),\end{aligned} \tag{5.68}$$

其中, $\varDelta_0 = 2\alpha\delta_0 - 2\beta(t_1 - t_0 - \delta_0) - 2\ln\mu$. 根据定理条件 $\rho_0 > \beta/(\alpha+\beta) + \ln\mu/[(\alpha+\beta)(t_1 - t_0)]$, 易知 $\varDelta_0 > 0$. 通过递推, 可以得到对任意的 $k \in \mathbb{N}$, 都有式 (5.69) 成立:

$$V(t_{k+1}) < V(t_0)\mathrm{e}^{-\sum\limits_{j=0}^{k}\varDelta_j}, \tag{5.69}$$

其中, $\varDelta_j = 2\alpha\delta_j - 2\beta(t_{j+1} - t_j - \delta_j) - 2\ln\mu > 0$, $j = 0, 1, \cdots, k$. 另一方面, $\forall t > 0$, 存在一个 $z \in \mathbb{N}$ 使得 $t_z < t \leqslant t_{z+1}$. 此外, 根据 $[t_k, t_{k+1})$ 一致有界, $k \in \mathbb{N}$, 可令 $\omega_{\max} = \sup_{k\in\mathbb{N}}\{t_{k+1} - t_k\}$, $\overline{\varDelta} = \inf_{k\in\mathbb{N}}\{\varDelta_k\} > 0$. 因此, 可得

$$\begin{aligned}V(t) &< \mu V(t_z)\mathrm{e}^{2\omega_{\max}\beta} \\ &< \mathrm{e}^{2\omega_{\max}\beta + \ln\mu}V(t_0)\mathrm{e}^{-\sum\limits_{j=0}^{z-1}\varDelta_j}\end{aligned}$$

$$
\begin{aligned}
&< \mathrm{e}^{2\omega_{\max}\beta+\ln\mu}V(t_0)\mathrm{e}^{-z\overline{\Delta}} \\
&\leqslant \mathrm{e}^{2\omega_{\max}\beta+\ln\mu+\overline{\Delta}}V(t_0)\mathrm{e}^{-(\overline{\Delta}/\omega_{\max})t},
\end{aligned}
\tag{5.70}
$$

即

$$
V(t) < \varOmega_0\mathrm{e}^{-\varOmega_1 t}, \quad \forall t > 0,
\tag{5.71}
$$

其中, $\varOmega_0 = \mathrm{e}^{2\omega_{\max}\beta+\ln\mu+\overline{\Delta}}V(t_0)$, $\varOmega_1 = \overline{\Delta}/\omega_{\max} > 0$. 分析表明, 闭环群体智能系统 (5.53) 将以指数速率实现一致性. ■

注解 5.12 通过构造切换 Lyapunov 函数, 本节证明了具有间歇通信的线性群体智能系统在一定条件下能够实现一致性. 而且, 一致性能否实现与时间区间 $[t_k, t_{k+1})$, $k \in \mathbb{N}$ 上的闭环群体智能系统的切换次数及通信率密切相关. 为了便于分析, 本节假设智能体在 $t \in [t_k, t_k + \delta_k)$ 时能够互相通信, 即在任意一个时间区间 $[t_k, t_{k+1}]$ 上, 闭环群体智能系统只在 $t = t_k + \delta_k$ 和 $t = t_{k+1}$ 处发生切换. 然而, 能否像研究具有间歇通信的一阶非线性群体智能系统那样构造一个共同 Lyapunov 函数来研究线性群体智能系统的一致性问题尚未可知.

注解 5.13 算法 5.1 的一个特点是, 反馈增益矩阵 $\boldsymbol{K}$ 的设计与群体智能系统的通信拓扑图 $\mathcal{G}$ 是解耦的. 具体来讲, 在算法 5.1 中, 步骤 (1) 只与单个智能体本身的动力学行为有关; 步骤 (2) 通过选择合适的耦合强度来处理通信拓扑对一致性的影响. 这种解耦特性使得设计出的一致性协议具有一定的灵活性, 尤其是在群体智能系统的通信拓扑图发生变化时, 不需要重新设计反馈增益矩阵 $\boldsymbol{K}$, 只需要重新选择合适的耦合强度即可.

定理 5.7 表明, 在通信拓扑图 $\mathcal{G}$ 含有有向生成树的条件下, 可以通过合理地设计协议 (5.52) 来实现线性群体智能体系统的一致性. 同时, 一致性的实现与线性群体智能系统的通信率密切相关. 通过观察, 可知线性矩阵不等式 (5.61) 和 (5.59) 是独立求解的. 由定理 5.7 可以发现，一致性实现的最小容许通信率与上述两个线性矩阵不等式的解同时相关. 显然, 独立地求解线性矩阵不等式 (5.61) 和 (5.59) 必然引入保守性. 下面在给定系统参数 α 和 β 的情况下给出一个一致性协议 (5.52) 的优化设计方法.

算法 5.2 假设通信拓扑图 $\mathcal{G}$ 含有有向生成树, 一致性协议 (5.52) 可由下列步骤构造.

(1) 求解满足下述条件的最小的 μ:

$$
\begin{aligned}
&\boldsymbol{Q} > \boldsymbol{0},\ \boldsymbol{P} > \boldsymbol{Q},\ \boldsymbol{P} < \mu\boldsymbol{Q},\ \boldsymbol{AP} + \boldsymbol{PA}^{\mathrm{T}} - 2\beta\boldsymbol{P} < \boldsymbol{0}, \\
&\qquad\qquad \boldsymbol{AQ} + \boldsymbol{QA}^{\mathrm{T}} - 2\boldsymbol{BB}^{\mathrm{T}} + 2\alpha\boldsymbol{Q} < \boldsymbol{0},
\end{aligned}
\tag{5.72}
$$

得到 μ 和与其对应的正定矩阵 $\boldsymbol{P}$ 和 $\boldsymbol{Q}$. 然后, 取反馈增益矩阵 $\boldsymbol{K} = -\boldsymbol{B}^{\mathrm{T}}\boldsymbol{Q}^{-1}$.

(2) 选取耦合强度 $c \geqslant c_{\text{th}}$, 其中 c_{th} 定义为

$$c_{\text{th}} = \frac{1}{\min\limits_{i=2,3,\cdots,N}\{\text{Re}\{\lambda_i\}\}},$$

式中, $\lambda_i\ (i = 2, 3, \cdots, N)$ 为 Laplace 矩阵 $\boldsymbol{L}$ 的非零特征值.

注解 5.14 可以用各类计算软件来求解算法 5.2 中的线性矩阵不等式, 如 MATLAB 中的线性矩阵不等式工具箱 (LMI Toolbox) 等. 另外, 由于线性矩阵不等式 (5.61) 关于 $\boldsymbol{P}$ 是齐次的, 不失一般性, 在算法 5.2 中令 $\boldsymbol{P} > \boldsymbol{Q}$.

5.3.3 基于间歇相对输出信息的线性群体智能系统一致性控制

本节在群体智能系统的通信拓扑图为无向连通图的情况下, 研究基于间歇相对输出信息的一致性控制问题. 在群体智能系统的通信拓扑图为无向图时, 提出如下仅依赖于其自身与邻居智能体的间歇相对输出信息的分布式观测器类型的一致性协议:

$$\begin{aligned}
&\dot{\boldsymbol{v}}_i(t) = \boldsymbol{A}\boldsymbol{v}_i(t) + \boldsymbol{B}\boldsymbol{u}_i(t) + c\boldsymbol{F}\sum_{j=1}^{N} a_{ij}\big[\boldsymbol{C}(\boldsymbol{v}_i(t) - \boldsymbol{v}_j(t)) - (\boldsymbol{y}_i(t) - \boldsymbol{y}_j(t))\big],\\
&\boldsymbol{u}_i(t) = \boldsymbol{K}\boldsymbol{v}_i(t), \quad t \in [t_k,\ t_k + \delta_k),\\
&\dot{\boldsymbol{v}}_i(t) = \boldsymbol{A}\boldsymbol{v}_i(t),\\
&\boldsymbol{u}_i(t) = \boldsymbol{0}, \quad t \in [t_k + \delta_k,\ t_{k+1}), \quad k \in \mathbb{N},
\end{aligned} \tag{5.73}$$

其中, $\boldsymbol{v}_i(t) \in \mathbb{R}^n$ 为智能体 i 的观测器的状态变量, $i = 1, 2, \cdots, N$; $\boldsymbol{F} \in \mathbb{R}^{n\times p}$ 和 $\boldsymbol{K} \in \mathbb{R}^{m\times n}$ 为需要设计的反馈增益矩阵; $c > 0$ 代表智能体之间的耦合强度; $\boldsymbol{A} = [a_{ij}]_{N\times N}$ 为通信拓扑图 $\mathcal{G}$ 的邻接矩阵. 在协议 (5.73) 中, 求和项 $\sum\limits_{j=1}^{N} a_{ij}\boldsymbol{C}(\boldsymbol{v}_i(t) - \boldsymbol{v}_j(t))$ 表示智能体 i 的观测器和其邻居智能体的观测器之间需要进行信息交互, 且观测器之间的通信拓扑图与智能体之间的通信拓扑图相同, 亦由图 $\mathcal{G}$ 表示.

为了便于符号表示, 令 $\boldsymbol{\zeta}_i(t) = \left[\boldsymbol{x}_i^{\mathrm{T}}(t),\ \boldsymbol{v}_i^{\mathrm{T}}(t)\right]^{\mathrm{T}}$, 将式 (5.73) 代入式 (5.51) 可得

$$\begin{aligned}
&\dot{\boldsymbol{\zeta}}_i(t) = \boldsymbol{A}_1\boldsymbol{\zeta}_i(t) + c\sum_{j=1}^{N} l_{ij}\boldsymbol{H}\boldsymbol{\zeta}_j(t), \quad t \in [t_k,\ t_k + \delta_k),\\
&\dot{\boldsymbol{\zeta}}_i(t) = \boldsymbol{A}_2\boldsymbol{\zeta}_i(t), \quad t \in [t_k + \delta_k,\ t_{k+1}), \quad k \in \mathbb{N},
\end{aligned} \tag{5.74}$$

其中, $\boldsymbol{A}_1 = \begin{bmatrix} \boldsymbol{A} & \boldsymbol{BK} \\ \boldsymbol{0} & \boldsymbol{A}+\boldsymbol{BK} \end{bmatrix}$, $\boldsymbol{A}_2 = \begin{bmatrix} \boldsymbol{A} & \boldsymbol{0} \\ \boldsymbol{0} & \boldsymbol{A} \end{bmatrix}$, $\boldsymbol{H} = \begin{bmatrix} \boldsymbol{0} & \boldsymbol{0} \\ -\boldsymbol{FC} & \boldsymbol{FC} \end{bmatrix}$,

$l_{ij}\ (i,j=1,2,\cdots,N)$ 为通信拓扑图 $\mathcal{G}$ 的 Laplace 矩阵 $\boldsymbol{L}$ 中的第 (i,j) 项元素. 为了便于理论分析, 本节假设智能体之间的间歇通信模式是周期的, 其中, $t_{k+1}-t_k=\omega,\ \delta_k=\delta,\ \forall k\in\mathbb{N}$.

令 $\boldsymbol{\phi}=[1/N,1/N,\cdots,1/N]^{\mathrm{T}}\in\mathbb{R}^N$ 为 Laplace 矩阵 $\boldsymbol{L}$ 对应于零特征值的左特征向量. 令 $\boldsymbol{s}(t)=[\boldsymbol{s}_1^{\mathrm{T}}(t),\ \boldsymbol{s}_2^{\mathrm{T}}(t),\cdots,\boldsymbol{s}_N^{\mathrm{T}}(t)]^{\mathrm{T}}$, 其中 $\boldsymbol{s}_i(t)=\boldsymbol{\zeta}_i(t)-\dfrac{1}{N}\sum\limits_{j=1}^{N}\boldsymbol{\zeta}_j(t)$, $i=1,2,\cdots,N$. 容易验证

$$\boldsymbol{s}(t)=\left[\left(\boldsymbol{I}_N-\mathbf{1}_N\boldsymbol{\phi}^{\mathrm{T}}\right)\otimes\boldsymbol{I}_{2n}\right]\boldsymbol{\zeta}(t), \tag{5.75}$$

其中, $\boldsymbol{\zeta}(t)=\left[\boldsymbol{\zeta}_1^{\mathrm{T}}(t),\boldsymbol{\zeta}_2^{\mathrm{T}}(t),\cdots,\boldsymbol{\zeta}_N^{\mathrm{T}})\right]^{\mathrm{T}}$. 显然, $\boldsymbol{s}(t)=\mathbf{0}$ 当且仅当 $\boldsymbol{\zeta}_1(t)=\boldsymbol{\zeta}_2(t)=\cdots=\boldsymbol{\zeta}_N(t),\ \forall\, t\geqslant 0$. 由式 (5.74) 和式 (5.75) 可知,

$$\begin{aligned}&\dot{\boldsymbol{s}}(t)=(\boldsymbol{I}_N\otimes\boldsymbol{A}_1+c\boldsymbol{L}\otimes\boldsymbol{H})\,\boldsymbol{s}(t),\quad t\in[k\omega,\ k\omega+\delta),\\&\dot{\boldsymbol{s}}(t)=(\boldsymbol{I}_N\otimes\boldsymbol{A}_2)\,\boldsymbol{s}(t),\quad t\in[k\omega+\delta,\ (k+1)\omega),\quad k\in\mathbb{N}.\end{aligned} \tag{5.76}$$

令矩阵 $\boldsymbol{W}_1\in\mathbb{R}^{N\times(N-1)}$、$\boldsymbol{W}_2\in\mathbb{R}^{(N-1)\times N}$、$\boldsymbol{T}\in\mathbb{R}^{N\times N}$, 以及上三角矩阵 $\boldsymbol{U}\in\mathbb{R}^{(N-1)\times(N-1)}$ 满足

$$\boldsymbol{T}=[\mathbf{1}_N,\ \boldsymbol{W}_1],\quad \boldsymbol{T}^{-1}=\begin{bmatrix}\boldsymbol{\phi}^{\mathrm{T}}\\ \boldsymbol{W}_2\end{bmatrix},\quad \boldsymbol{T}^{-1}\boldsymbol{L}\boldsymbol{T}=\boldsymbol{J}=\begin{bmatrix}0 & \mathbf{0}_{N-1}^{\mathrm{T}}\\ \mathbf{0}_{N-1} & \boldsymbol{U}\end{bmatrix},$$

其中, 矩阵 $\boldsymbol{U}$ 的对角元为 Laplace 矩阵 $\boldsymbol{L}$ 的非零特征值. 引入非奇异线性变换:

$$\boldsymbol{\mu}(t)=\left(\boldsymbol{T}^{-1}\otimes\boldsymbol{I}_{2n}\right)\boldsymbol{s}(t),$$

其中, $\boldsymbol{\mu}(t)=\left[\boldsymbol{\mu}_1^{\mathrm{T}}(t),\ \boldsymbol{\mu}_2^{\mathrm{T}}(t),\ \cdots,\ \boldsymbol{\mu}_N^{\mathrm{T}}(t)\right]^{\mathrm{T}}$. 易知, $\boldsymbol{\mu}(t)$ 满足下面的方程:

$$\begin{aligned}&\dot{\boldsymbol{\mu}}(t)=(\boldsymbol{I}_N\otimes\boldsymbol{A}_1+c\boldsymbol{J}\otimes\boldsymbol{H})\,\boldsymbol{\mu}(t),\quad t\in[k\omega,\ k\omega+\delta),\\&\dot{\boldsymbol{\mu}}(t)=(\boldsymbol{I}_N\otimes\boldsymbol{A}_2)\,\boldsymbol{\mu}(t),\quad t\in[k\omega+\delta,\ (k+1)\omega),\quad k\in\mathbb{N}.\end{aligned} \tag{5.77}$$

此外, $\boldsymbol{\mu}_1(t)\equiv\mathbf{0},\ \forall t\geqslant 0$. 由上述分析可知, $\boldsymbol{s}(t)$ 渐近趋于零当且仅当 $\boldsymbol{\mu}_i(t)\ (i=2,3,\cdots,N)$ 同时渐近趋于零. 注意到切换线性系统 (5.77) 的系统矩阵是分块上三角矩阵, 因此根据文献 [198] 中的定理 3.13, 可得 $\boldsymbol{\mu}_i(t)\ (i=2,3,\cdots,N)$ 渐近趋于零当且仅当下述 $N-1$ 个切换线性系统

$$\begin{aligned}&\dot{\boldsymbol{\mu}}_i(t)=(\boldsymbol{A}_1+c\lambda_i\boldsymbol{H})\,\boldsymbol{\mu}_i(t),\quad t\in[k\omega,\ k\omega+\delta),\\&\dot{\boldsymbol{\mu}}_i(t)=\boldsymbol{A}_2\boldsymbol{\mu}_i(t),\quad t\in[k\omega+\delta,\ (k+1)\omega),\quad k\in\mathbb{N},\end{aligned} \tag{5.78}$$

同时渐近稳定, 其中 $\lambda_i\ (i=2,3,\cdots,N)$ 为 Laplace 矩阵 $\boldsymbol{L}$ 的非零特征值. 进一步地, 引入非奇异线性变换:

$$\boldsymbol{\eta}_i(t)=\begin{bmatrix}\boldsymbol{I} & -\boldsymbol{I}\\ \boldsymbol{0} & \boldsymbol{I}\end{bmatrix}\boldsymbol{\mu}_i(t),\quad i=2,3,\cdots,N, \tag{5.79}$$

可得

$$\begin{aligned}&\dot{\boldsymbol{\eta}}_i(t)=\boldsymbol{D}_i\boldsymbol{\eta}_i(t),\quad t\in[k\omega,\ k\omega+\delta),\\ &\dot{\boldsymbol{\eta}}_i(t)=\boldsymbol{A}_2\boldsymbol{\eta}_i(t),\quad t\in[k\omega+\delta,\ (k+1)\omega),\ \ k\in\mathbb{N},\end{aligned} \tag{5.80}$$

其中, $\boldsymbol{D}_i=\begin{bmatrix}\boldsymbol{A}+c\lambda_i\boldsymbol{FC} & \boldsymbol{0}\\ -c\lambda_i\boldsymbol{FC} & \boldsymbol{A}+\boldsymbol{BK}\end{bmatrix}$, $\boldsymbol{A}_2=\begin{bmatrix}\boldsymbol{A} & \boldsymbol{0}\\ \boldsymbol{0} & \boldsymbol{A}\end{bmatrix}$, $\lambda_i\ (i=2,\ 3,\cdots,N)$ 为通信拓扑图 $\mathcal{G}$ 的 Laplace 矩阵 $\boldsymbol{L}$ 的非零特征值. 由上面的分析可知, 若由式 (5.80) 所描述的 $N-1$ 个切换线性系统同时渐近稳定, 则群体智能系统 (5.74) 能够实现一致性.

下面给出一个一致性协议 (5.73) 的多步构造算法.

算法 5.3 假设 $(\boldsymbol{A},\ \boldsymbol{B},\ \boldsymbol{C})$ 是可镇定和可检测的, 且无向通信拓扑图 $\mathcal{G}$ 是连通的, 一致性协议 (5.73) 可由下列步骤构造.

(1) 选取 $\alpha_0>0$, 根据 Ackermann 公式[169] 求解反馈增益矩阵 $\boldsymbol{K}$, 使得矩阵 $\boldsymbol{A}+\boldsymbol{BK}$ 所有特征值的实部均小于 $-\alpha_0$.

(2) 求解线性矩阵不等式

$$\boldsymbol{A}^{\mathrm{T}}\boldsymbol{Q}+\boldsymbol{QA}-2\boldsymbol{C}^{\mathrm{T}}\boldsymbol{C}+2\alpha_0\boldsymbol{Q}<\boldsymbol{0}, \tag{5.81}$$

得到可行解 $\boldsymbol{Q}>\boldsymbol{0}$. 选取反馈增益矩阵 $\boldsymbol{F}=-\boldsymbol{Q}^{-1}\boldsymbol{C}^{\mathrm{T}}$.

(3) 选取耦合强度 $c\geqslant c_{\mathrm{th}}$, 其中 c_{th} 由式 (5.82) 给出:

$$c_{\mathrm{th}}=\frac{1}{\min\limits_{i=2,3,\cdots,N}\{\lambda_i\}}, \tag{5.82}$$

式中, $\lambda_i\ (i=2,3,\cdots,N)$ 为 Laplace 矩阵 $\boldsymbol{L}$ 的非零特征值.

注解 5.15 若 $(\boldsymbol{A},\ \boldsymbol{B},\ \boldsymbol{C})$ 是可控和可观的, 则对任意的 $\alpha_0>0$ 均能够找到反馈增益矩阵 $\boldsymbol{K}$, 使得 $\boldsymbol{A}+\boldsymbol{BK}$ 所有特征值的实部均小于 $-\alpha_0$, 且线性矩阵不等式 (5.81) 总存在一个可行解. 若 $(\boldsymbol{A},\ \boldsymbol{B},\ \boldsymbol{C})$ 是可镇定和可检测的, 则在利用算法 5.3 构造一致性协议 (5.73) 时, 需要合理地选择参数 α_0.

为了证明由算法 5.3 所构造的一致性协议 (5.73) 能够实现一致性, 本节给出下述引理.

引理 5.2　设矩阵 $\boldsymbol{D}_i = \begin{bmatrix} \boldsymbol{A}+c\lambda_i\boldsymbol{FC} & \boldsymbol{0} \\ -c\lambda_i\boldsymbol{FC} & \boldsymbol{A}+\boldsymbol{BK} \end{bmatrix}$, $\boldsymbol{F}=-\boldsymbol{Q}^{-1}\boldsymbol{C}^{\mathrm{T}}$, $\boldsymbol{Q}$ 是线性矩阵不等式 (5.81) 的一个可行解, λ_i $(i=2,3,\cdots,N)$ 为 Laplace 矩阵 $\boldsymbol{L}$ 的非零特征值, 则矩阵 $\boldsymbol{D}_i$ $(i=2,3,\cdots,N)$ 所有特征值的实部均小于 $-\alpha_0$.

证明:　根据 $\boldsymbol{F}=-\boldsymbol{Q}^{-1}\boldsymbol{C}^{\mathrm{T}}$, 可得

$$
\begin{aligned}
&(\boldsymbol{A}+c\lambda_i\boldsymbol{FC})\boldsymbol{Q}^{-1}+\boldsymbol{Q}^{-1}(\boldsymbol{A}+c\lambda_i\boldsymbol{FC})^{\mathrm{T}}+2\alpha_0\boldsymbol{Q}^{-1}\\
=&\boldsymbol{A}\boldsymbol{Q}^{-1}+\boldsymbol{Q}^{-1}\boldsymbol{A}^{\mathrm{T}}-2c\lambda_i\boldsymbol{Q}^{-1}\boldsymbol{C}^{\mathrm{T}}\boldsymbol{C}\boldsymbol{Q}^{-1}+2\alpha_0\boldsymbol{Q}^{-1},
\end{aligned}
\tag{5.83}
$$

其中, $\boldsymbol{Q}$ 为线性矩阵不等式 (5.81) 的一个正定解. 由于 $c \geqslant 1/\lambda_2$, 其中 λ_2 是 Laplace 矩阵 $\boldsymbol{L}$ 的最小非零特征值, 由式 (5.83) 进一步可得

$$
\begin{aligned}
&(\boldsymbol{A}+c\lambda_i\boldsymbol{FC})\boldsymbol{Q}^{-1}+\boldsymbol{Q}^{-1}(\boldsymbol{A}+c\lambda_i\boldsymbol{FC})^{\mathrm{T}}+2\alpha_0\boldsymbol{Q}^{-1}\\
\leqslant&\boldsymbol{A}\boldsymbol{Q}^{-1}+\boldsymbol{Q}^{-1}\boldsymbol{A}^{\mathrm{T}}-2\boldsymbol{Q}^{-1}\boldsymbol{C}^{\mathrm{T}}\boldsymbol{C}\boldsymbol{Q}^{-1}+2\alpha_0\boldsymbol{Q}^{-1}.
\end{aligned}
\tag{5.84}
$$

不等式 (5.84) 分别左乘 $\boldsymbol{Q}$ 和右乘 $\boldsymbol{Q}$, 再根据线性矩阵不等式 (5.81), 可得

$$
\boldsymbol{Q}(\boldsymbol{A}+c\lambda_i\boldsymbol{FC})+(\boldsymbol{A}+c\lambda_i\boldsymbol{FC})^{\mathrm{T}}\boldsymbol{Q}+2\alpha_0\boldsymbol{Q}<\boldsymbol{0}. \tag{5.85}
$$

此时, 由引理 2.17 可知, 矩阵 $\boldsymbol{A}+c\lambda_i\boldsymbol{FC}$ $(i=2,3,\cdots,N)$ 所有特征值的实部均小于 $-\alpha_0$. 另一方面, 由算法 5.3 的步骤 (1) 可知, $\boldsymbol{A}+\boldsymbol{BK}$ 所有特征值的实部均小于 $-\alpha_0$. 因此, 矩阵 $\boldsymbol{D}_i$ $(i=2,3,\cdots,N)$ 所有特征值的实部均小于 $-\alpha_0$. ■

根据引理 2.17 和引理 5.2, 可得下述引理.

引理 5.3　对所有的 $\alpha<\alpha_0$, 均存在一组正定矩阵 $\boldsymbol{W}_i\in\mathbb{R}^{2n\times 2n}$, $i=2,3,\cdots,N$, 使得

$$
\boldsymbol{D}_i^{\mathrm{T}}\boldsymbol{W}_i+\boldsymbol{W}_i\boldsymbol{D}_i+2\alpha\boldsymbol{W}_i<\boldsymbol{0}, \tag{5.86}
$$

其中, 矩阵 $\boldsymbol{D}_i$ $(i=2,3,\cdots,N)$ 已在引理 5.2 中定义.

此外, 根据引理 2.19, 可得下述引理.

引理 5.4　存在一个正定矩阵 $\boldsymbol{P}\in\mathbb{R}^{2n\times 2n}$, 使得对于所有的 $\beta>\beta_0$, 线性矩阵不等式

$$
\boldsymbol{A}_2^{\mathrm{T}}\boldsymbol{P}+\boldsymbol{P}\boldsymbol{A}_2-2\beta\boldsymbol{P}<0 \tag{5.87}
$$

均成立. 其中, $\boldsymbol{A}_2=\begin{bmatrix}\boldsymbol{A} & \boldsymbol{0}\\ \boldsymbol{0} & \boldsymbol{A}\end{bmatrix}$, $\beta_0=\max\limits_{i=1,2,\cdots,n}\{\mathrm{Re}\{\lambda_i(A)\}\}$, $\lambda_i(\boldsymbol{A})$ $(i=1,2,\cdots,n)$ 表示矩阵 $\boldsymbol{A}$ 的特征值.

下面给出本节的主要定理.

定理 5.8 对于群体智能系统 (5.51), 假设无向通信拓扑图 $\mathcal{G}$ 是连通的且 $(\boldsymbol{A}, \boldsymbol{B}, \boldsymbol{C})$ 是可镇定和可检测的, 若存在一个 $\alpha_0 > 0$, 使得能够找到反馈增益矩阵 $\boldsymbol{K}$, 满足 $\boldsymbol{A}+\boldsymbol{BK}$ 的所有特征值的实部均小于 $-\alpha_0$, 且线性矩阵不等式 (5.81) 具有可行解, 并且下述条件成立: $\rho > \beta/(\alpha+\beta)+\ln\varphi/[(\alpha+\beta)\omega]$, 其中, $\rho=\delta/\omega$, $0<\alpha<\alpha_0$, $\beta>\beta_0$,

$$\varphi=\max_{i=2,3,\cdots,N}\left\{\lambda_{\max}(\boldsymbol{W}_i)/\lambda_{\min}(\boldsymbol{P}),\ \lambda_{\max}(\boldsymbol{P})/\lambda_{\min}(\boldsymbol{W}_i)\right\},$$

$\boldsymbol{W}_i$ 是线性矩阵不等式 (5.86) 的可行解, $\boldsymbol{P}$ 是线性矩阵不等式 (5.87) 的一个可行解, 则由算法 5.3 所构造的一致性协议 (5.73) 能够使系统 (5.51) 实现一致性.

证明: 易知, 若由式 (5.80) 所描述的 $N-1$ 个切换线性系统同时渐近稳定, 则在协议 (5.73) 下, 闭环群体智能系统 (5.51) 能够实现一致性. 对于由式 (5.80) 所描述的第 i 个切换系统, 构造如下切换 Lyapunov 函数:

$$V(t)=\begin{cases}\boldsymbol{\eta}_i^{\mathrm{T}}(t)\boldsymbol{W}_i\boldsymbol{\eta}_i(t), & t\in[k\omega,\ k\omega+\delta),\\ \boldsymbol{\eta}_i^{\mathrm{T}}(t)\boldsymbol{P}\boldsymbol{\eta}_i(t), & t\in[k\omega+\delta,\ (k+1)\omega),\quad k\in\mathbb{N},\end{cases}$$

其中, 矩阵 $\boldsymbol{W}_i$ 和 $\boldsymbol{P}$ 分别为线性矩阵不等式 (5.86) 和 (5.87) 的一个可行解.

对于 $t\in[k\omega,\ k\omega+\delta)$, $k\in\mathbb{N}$, $V(t)$ 沿着系统 (5.80) 的状态轨迹对时间求导可得

$$\dot{V}(t)<-2\alpha V(t). \tag{5.88}$$

对于 $t\in[k\omega+\delta,\ (k+1)\omega)$, $k\in\mathbb{N}$, $V(t)$ 沿着系统 (5.80) 的状态轨迹对时间求导可得

$$\dot{V}(t)<2\beta V(t). \tag{5.89}$$

下面的证明步骤与定理 5.7 中的类似, 故略. ■

注解 5.16 对于群体智能系统 (5.51), 定理 5.8 表明, 当通信拓扑图 $\mathcal{G}$ 是无向连通图, 且线性矩阵不等式 (5.86) 和 (5.87) 均具有可行解时, 可以通过合理地设计仅依赖于邻居智能体间歇相对测量输出的观测器类型的协议 (5.73) 来实现一致性. 一个值得进一步深入探讨的问题是, 根据算法 5.3 所构造出来的协议能够使得闭环群体智能系统 (5.74) 实现一致性的通信率 ρ 的下界是多少? 在参数 α 和 β 给定的情况下, 进一步给出一个估计最小容许通信率 $\rho_{\min}$ 的数值算法. 由定理 5.8 可知, 在参数 α 和 β 给定的情况下, 系统的间歇通信率仅依赖于参数 φ. 通过求解下面的优化问题, 可以得到最小容许通信率 $\rho_{\min}$.

(1) 求解满足下述条件的最小的 φ_i:

$$\boldsymbol{W}_i > \boldsymbol{0},\ \boldsymbol{P} > \boldsymbol{W}_i,\ \boldsymbol{P} < \varphi_i \boldsymbol{W}_i,\ \boldsymbol{D}_i \boldsymbol{W}_i + \boldsymbol{W}_i \boldsymbol{D}_i + 2\alpha \boldsymbol{W}_i < \boldsymbol{0},$$
$$\boldsymbol{A}_2^{\mathrm{T}} \boldsymbol{P} + \boldsymbol{P} \boldsymbol{A}_2 - 2\beta \boldsymbol{P} < \boldsymbol{0},$$

其中, $\boldsymbol{D}_i = \begin{bmatrix} \boldsymbol{A} + c\lambda_i \boldsymbol{FC} & \boldsymbol{0} \\ -c\lambda_i \boldsymbol{FC} & \boldsymbol{A} + \boldsymbol{BK} \end{bmatrix}$, $\boldsymbol{A}_2 = \begin{bmatrix} \boldsymbol{A} & \boldsymbol{0} \\ \boldsymbol{0} & \boldsymbol{A} \end{bmatrix}$, 且 λ_i $(i = 2, 3, \cdots, N)$ 为通信拓扑图 $\mathcal{G}$ 的 Laplace 矩阵 $\boldsymbol{L}$ 的非零特征值.

(2) 选取 $\varphi = \min\limits_{i=2,3,\cdots,N}\{\varphi_i\}$, 则系统的最小容许通信率 $\rho_{\min} = \beta/(\alpha + \beta) + \ln\varphi/[(\alpha + \beta)\omega]$.

注解 5.17 利用 5.3.2 节中的分析方法, 本节得到的结果可以推广到具有非周期间歇通信的群体智能系统中.

5.3.4 仿真分析

本节利用数值仿真来验证理论分析的有效性. 考虑由六个智能体组成的群体智能系统, 其通信拓扑图如图 5.13 所示, 连边上的数字代表边的权重. 易知, 该通信拓扑图含有有向生成树. 智能体的动力学由式 (5.51) 描述, 其中,

$$\boldsymbol{A} = \begin{bmatrix} 0 & 1 & 0 \\ -1 & 0 & 0 \\ 0 & 1 & 0 \end{bmatrix}, \quad \boldsymbol{B} = \begin{bmatrix} 0 \\ 1 \\ 1 \end{bmatrix}.$$

显然 $(\boldsymbol{A}, \boldsymbol{B})$ 可控. 此外, 通过简单的计算可得 $1/\min\limits_{i=2,3,\cdots,N}\{\mathrm{Re}\{\lambda_i\}\} = 0.1508$, 其中, λ_i $(i = 2, 3, \cdots, N)$ 为 Laplace 矩阵 $\boldsymbol{L}$ 的非零特征值. 仿真中, 假设智能体只能在 $t \in \bigcup_{k\in\mathbb{N}}[5k, 5k + 3.5)$s 时进行通信. 此时, 在每一个长度为 5s 的时间区间上, 群体智能系统的通信率为 0.70. 选取参数 $\alpha = 1$, $\beta = 0.5$, 则根据算法 5.2 可得 $\mu = 15$, 反馈增益矩阵 $\boldsymbol{F} = [-1.0579, 2.2891, -5.5588]$. 通过计算, 可知闭环系统能够实现一致性的最小容许通信率为 0.6944. 由定理 5.7 可知, 当耦合强度 $c > 0.1508$ 时, 群体智能系统能够实现一致性. 选取耦合强度 $c = 0.1509$, 智能体初始状态设为 $\boldsymbol{x}_1(0) = [0.5, -0.5, -0.5]^{\mathrm{T}}$, $\boldsymbol{x}_2(0) = [1, 0, 0]^{\mathrm{T}}$, $\boldsymbol{x}_3(0) = [-1, 0, 0]^{\mathrm{T}}$, $\boldsymbol{x}_4(0) = [1, -1, 0]^{\mathrm{T}}$, $\boldsymbol{x}_5(0) = [0, 1, 0]^{\mathrm{T}}$, $\boldsymbol{x}_6(0) = [0, 0, 1]^{\mathrm{T}}$. 此时, 闭环群体智能系统的状态轨迹如图 5.14~ 图 5.16 所示, 可以看出群体智能系统确实实现了一致性.

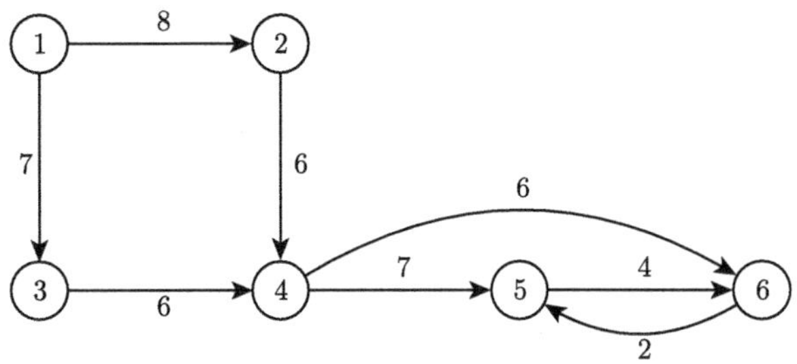

图 5.13 含有有向生成树的通信拓扑图

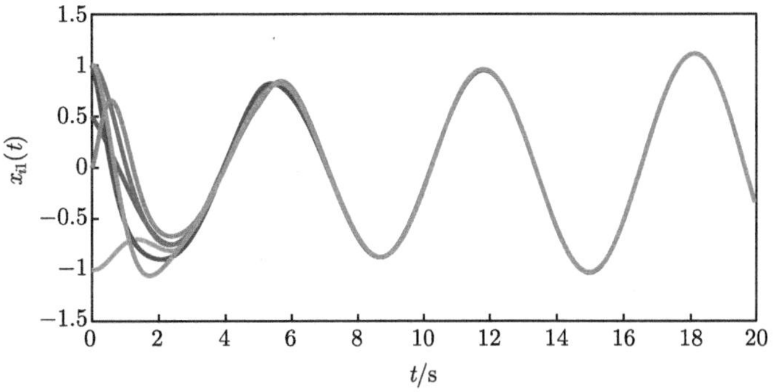

图 5.14 智能体状态轨迹 $x_{i1}(t)$ $(i = 1, 2, \cdots, 6)$

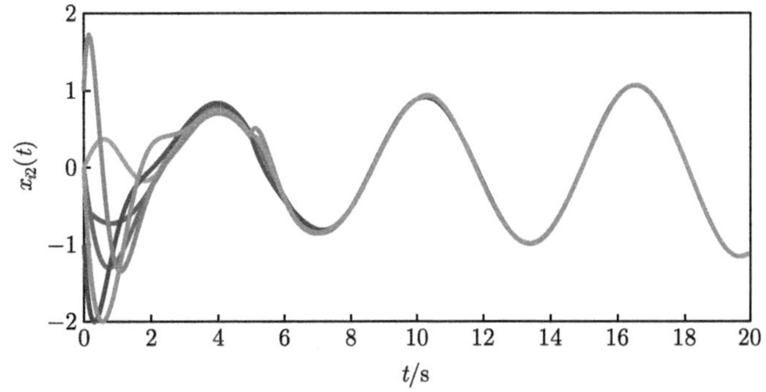

图 5.15 智能体状态轨迹 $x_{i2}(t)$ $(i = 1, 2, \cdots, 6)$

下面考虑由四个智能体组成的群体智能系统, 通信拓扑图如图 5.17 所示. 易知, 该通信拓扑图为无向连通图. 假设每一个智能体都是一个单输入-双木块-弹簧

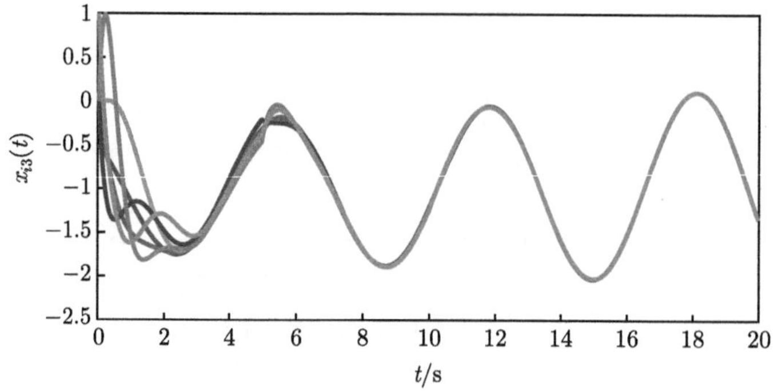

图 5.16　智能体状态轨迹 $x_{i3}(t)$ $(i=1,2,\cdots,6)$

系统 [199], 动力学由式 (5.51) 描述, 其中,

$$\boldsymbol{A}=\begin{bmatrix}0 & 1 & 0 & 0\\ \dfrac{-k_1-k_2}{m_1} & 0 & \dfrac{k_2}{m_1} & 0\\ 0 & 0 & 0 & 1\\ \dfrac{k_2}{m_2} & 0 & \dfrac{-k_2}{m_2} & 0\end{bmatrix},\quad \boldsymbol{B}=\begin{bmatrix}0\\ \dfrac{1}{m_1}\\ 0\\ 0\end{bmatrix},\quad \boldsymbol{C}=\begin{bmatrix}1 & 0 & 0 & 0\\ 0 & 1 & 0 & 0\\ 0 & 0 & 1 & 0\end{bmatrix}.$$

式中, $m_1=1.2\text{kg}$ 和 $m_2=1.0\text{kg}$ 为两个木块的质量; $k_1=1.4\text{N/m}$ 和 $k_2=1.0\text{N/m}$ 为弹簧的弹性系数. 显然 $(\boldsymbol{A},\boldsymbol{B},\boldsymbol{C})$ 为可控和可观的. 选取 $\omega=4\text{s}$, $\alpha_0=2$, 简单计算可得反馈增益矩阵 $\boldsymbol{K}=-[27.12,9.72,-3.3200,35.04]$,

$$\boldsymbol{F}=\begin{bmatrix}-3.2838 & 0.6105 & -0.0594\\ 0.6105 & -3.9534 & -0.6675\\ -0.0594 & -0.6675 & -8.1926\\ -0.1739 & -0.0167 & -20.7378\end{bmatrix}.$$

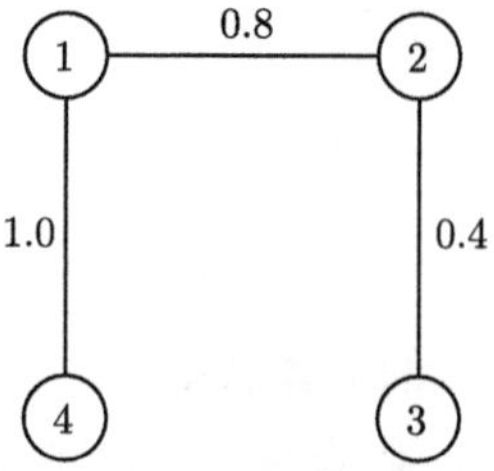

图 5.17　无向连通通信拓扑图

令 $c = 1.25$, $\delta = 3.20\text{s}$, 选取智能体初始状态为 $\boldsymbol{x}_1(0) = [0.05, -0.05, -0.6750, -0.012]^{\mathrm{T}}$, $\boldsymbol{x}_2(0) = [0.10, -0.15, -1.5, 1.25]^{\mathrm{T}}$, $\boldsymbol{x}_3(0) = [-1.02, -1.10, 1, 0.12]^{\mathrm{T}}$, $\boldsymbol{x}_4(0) = [-0.05, -0.52, -1.15, 0.15]^{\mathrm{T}}$. 闭环群体智能系统的状态轨迹如图 5.18～图 5.21 所示, 可以看出群体智能系统确实实现了一致性.

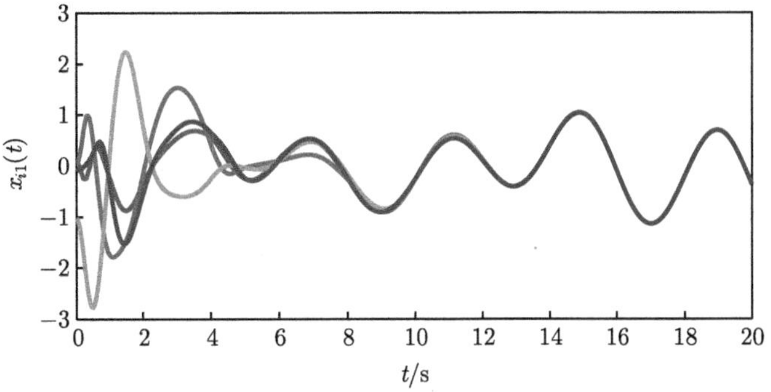

图 5.18　智能体状态轨迹 $x_{i1}(t)$ $(i = 1, 2, 3, 4)$

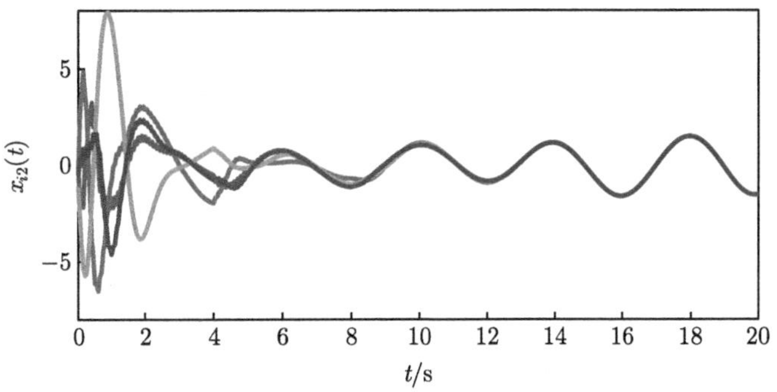

图 5.19　智能体状态轨迹 $x_{i2}(t)$ $(i = 1, 2, 3, 4)$

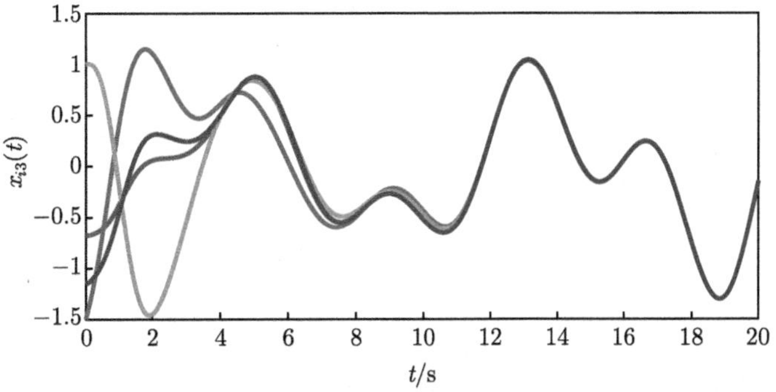

图 5.20　智能体状态轨迹 $x_{i3}(t)$ $(i = 1, 2, 3, 4)$

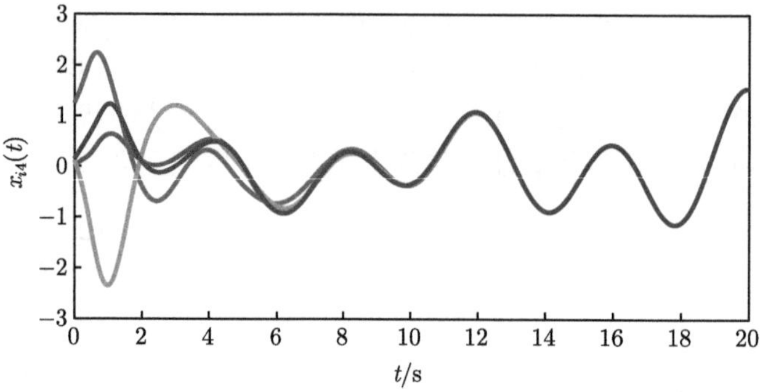

图 5.21　智能体状态轨迹 $x_{i4}(t)$ $(i = 1, 2, 3, 4)$

5.4　基于间歇信息通信的多卫星系统编队控制

5.4.1　问题描述

分布式卫星系统编队飞行的概念诞生于 20 世纪 90 年代后期, 其研究基础是两颗卫星近距离的动力学行为控制. 人们在空间交会问题的研究中经常遇到有关二体系统的飞行协同控制问题, 并取得了一些相对成熟的理论和实验结果 [200]. 为了便于描述, 本节首先给出两个坐标系的定义, 即地心赤道惯性坐标系 O-XYZ 和航天器的轨道坐标系 o-xyz, 如图 5.22 所示.

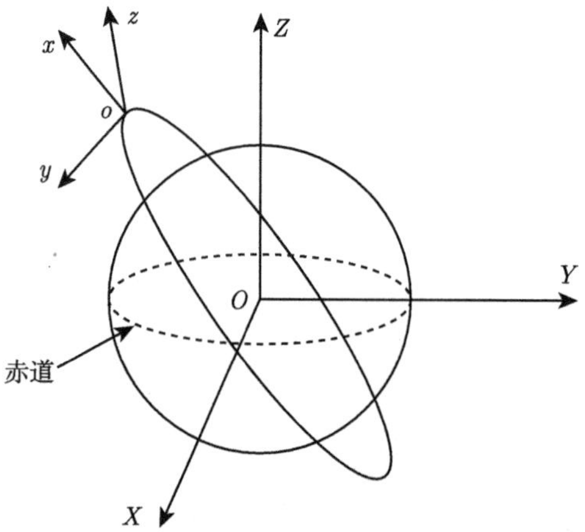

图 5.22　坐标系示意图

(1) 地心赤道惯性坐标系 O-XYZ: 坐标系原点位于地心 O, 以赤道平面为基准面, OX 轴在位于赤道平面内指向春分点方向, OY 轴在赤道平面内由 OX 轴向东转 90°, OZ 轴垂直于赤道平面指向北极方向.

(2) 航天器的轨道坐标系 $o\text{-}xyz$: 坐标系原点位于航天器质心, ox 轴方向与航天器径向重合, oy 轴位于航天器轨道平面内垂直于 ox 轴并以指向航天器运动方向为正方向, oz 轴与 ox、oy 轴构成右手系.

为了清楚描述分布式卫星编队飞行问题, 引入参考卫星、环绕卫星和绕飞轨道等概念. 参考卫星是指描述卫星之间相对运动的参考基准卫星, 它可以是虚拟卫星, 也可以是一个真实卫星, 其飞行轨道特性代表整个卫星编队绕地球的轨道特性. 参考卫星的飞行轨道是一种绝对轨道, 其位置代表卫星或编队卫星系统在地心赤道惯性坐标系 (图 5.22 中的 $O\text{-}XYZ$ 坐标系) 下的绝对位置信息. 在多卫星系统中, 除去参考卫星, 其余卫星称为环绕卫星. 环绕卫星相对于参考卫星的运动轨迹称为绕飞轨道, 是一种相对轨道, 描述的是环绕卫星在参考卫星的轨道坐标系 (图 5.22 中的 $o\text{-}xyz$ 坐标系) 下的动力学演化行为.

为了便于理论研究, 本节中总是假设下述条件成立:

(1) 参考卫星运行在轨道半径为 R_0 的圆轨道上.

(2) 地球为均质圆球体, 卫星运动过程中不受任何外界摄动因素的影响.

(3) 环绕卫星到参考卫星的距离远小于参考卫星的轨道半径 R_0.

考虑由 N 个环绕卫星组成的多卫星系统, 在上述假设条件下, 第 i $(1 \leqslant i \leqslant N)$ 个环绕卫星相对于参考卫星的线性化动力学可由如下 Clohessy-Wiltshire (C-W) 方程来描述:

$$
\begin{aligned}
\ddot{x}_i(t) - 2w_0\dot{y}_i(t) &= u_{x_i(t)}, \\
\ddot{y}_i(t) + 2w_0\dot{x}_i(t) - 3w_0^2 y_i(t) &= u_{y_i(t)}, \\
\ddot{z}_i(t) + w_0^2 z_i(t) &= u_{z_i(t)},
\end{aligned} \tag{5.90}
$$

其中, $x_i(t)$、$y_i(t)$、$z_i(t)$ 为环绕卫星 i 在参考卫星轨道坐标系下的位置分量; $u_{x_i(t)}$、$u_{y_i(t)}$、$u_{z_i(t)}$ 为控制输入; w_0 为参考卫星的角速度; $i = 1, 2, \cdots, N$. 在卫星的导航控制方面, 由于传统地面测控方式是通过对单个卫星单独实施测量, 进而实现导航与控制, 这类导航控制方法受地面站可见弧频段制约, 实时性比较差. 另外, 传输误差及集中式计算等导致精度较低, 无法满足分布式卫星系统的导航控制要求. 目前, 对于分布式卫星系统, 可行的导航控制方法是, 通过在卫星上安装可以收发无线电测距信号的设备来完成近距离测量和导航任务, 或者是采用基于光学方式的卫星间相对测量方式. 通过实施以上措施, 编队卫星之间可以交互信息, 进而协调行为, 实现编队任务. 基于以上讨论, 在系统 (5.90) 中, 可以利用邻居编队卫星的相对信息来设计控制输入.

下面分别给出位置向量和控制向量的定义: 位置向量 $\boldsymbol{r}_i(t) = [x_i(t), y_i(t),$

$z_i(t)]^{\mathrm{T}}$, 控制向量 $\boldsymbol{u}_i(t)=[u_{x_i(t)},\, u_{y_i(t)},\, u_{z_i(t)}]^{\mathrm{T}}$, 则系统 (5.90) 可改写为

$$\begin{bmatrix} \dot{\boldsymbol{r}}_i(t) \\ \ddot{\boldsymbol{r}}_i(t) \end{bmatrix} = \begin{bmatrix} \boldsymbol{0} & \boldsymbol{I}_3 \\ \boldsymbol{A}_1 & \boldsymbol{A}_2 \end{bmatrix} \begin{bmatrix} \boldsymbol{r}_i(t) \\ \dot{\boldsymbol{r}}_i(t) \end{bmatrix} + \begin{bmatrix} \boldsymbol{0} \\ \boldsymbol{I}_3 \end{bmatrix} \boldsymbol{u}_i(t), \tag{5.91}$$

其中, $\boldsymbol{A}_1=\begin{bmatrix} 0 & 0 & 0 \\ 0 & 3w_0^2 & 0 \\ 0 & 0 & -w_0^2 \end{bmatrix}$, $\boldsymbol{A}_2=\begin{bmatrix} 0 & 2w_0 & 0 \\ -2w_0 & 0 & 0 \\ 0 & 0 & 0 \end{bmatrix}$, $w_0>0$ 表示参考卫星的角速度.

令 $\boldsymbol{\Gamma}=[\gamma_1,\gamma_2,\cdots,\gamma_N]\in\mathbb{R}^{3\times N}$ 代表多卫星系统 (5.90) 在参考卫星轨道坐标系 o-xyz 下的定常编队构型, 其中, $\gamma_i\in\mathbb{R}^3$, $\gamma_i-\gamma_j$ 表示卫星 i 和卫星 j 间的定常相对编队位移, $i,\, j=1,2,\cdots,N$. 若卫星的速度向量趋于一致, 且它们的位置满足给定的编队构型, 即当 $t\to\infty$ 时, $\boldsymbol{r}_i(t)-\gamma_i\to\boldsymbol{r}_j(t)-\gamma_j$, $\dot{\boldsymbol{r}}_i(t)\to\dot{\boldsymbol{r}}_j(t)$, $\forall i,\, j=1,2,\cdots,N$, 则称卫星实现了编队飞行. 本节分析中, 编队卫星之间的通信拓扑图用有向图 $\mathcal{G}$ 刻画.

5.4.2 协议设计与编队行为分析

本节将给出卫星系统编队控制的主要理论结果.

为了实现编队飞行, 提出如下基于间歇通信的分布式编队协议:

$$\boldsymbol{u}_i=\begin{cases} -\boldsymbol{A}_1\gamma_i+c\displaystyle\sum_{j=1}^{N}a_{ij}\left[\boldsymbol{F}_1(\boldsymbol{r}_i(t)-\gamma_i-\boldsymbol{r}_j(t)+\gamma_j)+\boldsymbol{F}_2(\dot{\boldsymbol{r}}_i(t)-\dot{\boldsymbol{r}}_j(t))\right], \\ \qquad t\in[t_k,\, t_k+\delta_k), \\ -\boldsymbol{A}_1\gamma_i, \quad t\in[t_k+\delta_k,\, t_{k+1}), \quad k\in\mathbb{N}, \end{cases} \tag{5.92}$$

其中, $c>0$; $\boldsymbol{F}_1,\boldsymbol{F}_2\in\mathbb{R}^{3\times 3}$ 为需要确定的反馈增益矩阵; $\boldsymbol{A}=[a_{ij}]_{N\times N}$ 为图 $\mathcal{G}$ 的邻接矩阵; $0<\delta_k<\omega_k\leqslant\gamma$, $\omega_k=t_{k+1}-t_k$, $\gamma>0$ 为给定常数, $k\in\mathbb{N}$.

注解 5.18 由式 (5.91) 可知, 本章所考虑的卫星动力学方程是一个二阶高维系统. 值得一提的是, 模型中每一个卫星都具有自身的固有线性动力学特性. 因此, 文献 [201] 中关于二阶积分器模型的编队控制算法并不适用于该模型.

根据式 (5.91) 和式 (5.92), 可得闭环卫星系统:

$$\begin{aligned} &\dot{\boldsymbol{s}}_i(t)=\boldsymbol{A}(\boldsymbol{s}_i(t)-\boldsymbol{\xi}_i)+c\boldsymbol{BF}\sum_{j=1}^{N}a_{ij}[(\boldsymbol{s}_i(t)-\boldsymbol{s}_j(t))-(\boldsymbol{\xi}_i-\boldsymbol{\xi}_j)],\ \ t\in[t_k,\, t_k+\delta_k), \\ &\dot{\boldsymbol{s}}_i(t)=\boldsymbol{A}(\boldsymbol{s}_i(t)-\boldsymbol{\xi}_i),\ \ t\in[t_k+\delta_k,\, t_{k+1}),\quad k\in\mathbb{N}, \end{aligned} \tag{5.93}$$

其中, $\boldsymbol{s}_i(t) = [\boldsymbol{r}_i^{\mathrm{T}}(t), \dot{\boldsymbol{r}}_i^{\mathrm{T}}(t)]^{\mathrm{T}} \in \mathbb{R}^6$, $\boldsymbol{\xi}_i = [\gamma_i^{\mathrm{T}}, \boldsymbol{0}_3^{\mathrm{T}}]^{\mathrm{T}} \in \mathbb{R}^6, i = 1,2,\cdots,N$, 矩阵 $\boldsymbol{F} = [\boldsymbol{F}_1, \boldsymbol{F}_2] \in \mathbb{R}^{3\times 6}$,

$$\boldsymbol{A}=\begin{bmatrix} \boldsymbol{0} & \boldsymbol{I}_3 \\ \boldsymbol{A}_1 & \boldsymbol{A}_2 \end{bmatrix}, \quad \boldsymbol{B}=\begin{bmatrix} \boldsymbol{0} \\ \boldsymbol{I}_3 \end{bmatrix}.$$

经过简单计算可知, 对任意给定的 $w_0 > 0$, 式 (5.93) 中所定义的矩阵 $\boldsymbol{A}$ 和 $\boldsymbol{B}$ 组成的矩阵对 $(\boldsymbol{A}, \boldsymbol{B})$ 都是可控的. 此外, 假设通信拓扑图 $\mathcal{G}$ 含有有向生成树. 通过引入如下线性变换:

$$\boldsymbol{\eta}_i(t) = \boldsymbol{s}_i(t) - \boldsymbol{\xi}_i, \quad i = 1,2,\cdots,N, \tag{5.94}$$

可得 $\boldsymbol{\eta}_i(t)$ 满足如下动态方程:

$$\begin{aligned} &\dot{\boldsymbol{\eta}}_i(t) = \boldsymbol{A}\boldsymbol{\eta}_i(t) + c\boldsymbol{B}\boldsymbol{F}\sum_{j=1}^{N} a_{ij}\left[\boldsymbol{\eta}_i(t) - \boldsymbol{\eta}_j(t)\right], \ t \in [t_k, \ t_k + \delta_k), \\ &\dot{\boldsymbol{\eta}}_i(t) = \boldsymbol{A}\boldsymbol{\eta}_i(t), \ t \in [t_k + \delta_k, \ t_{k+1}), \quad k \in \mathbb{N}. \end{aligned} \tag{5.95}$$

由式 (5.94) 可知, 对于给定编队构型 $\boldsymbol{\Gamma} = [\gamma_1, \gamma_2, \cdots, \gamma_N]$, 分布式卫星系统 (5.91) 能够实现编队飞行当且仅当系统 (5.95) 实现一致性, 即 $\lim\limits_{t\to\infty} \|\boldsymbol{\eta}_i(t) - \boldsymbol{\eta}_j(t)\| = 0, \ \forall i,j = 1,2,\cdots,N$.

由 5.3.2 节的内容可知, 可以用算法 5.2 来设计反馈增益矩阵 $\boldsymbol{F}$, 并能够进一步给出分布式卫星系统实现编队飞行的最小容许通信率.

5.4.3 仿真示例

假设参考卫星以角速度 $w_0 = 0.0015\text{rad/s}$ 在圆轨道上运动. 考虑六个卫星相对于此参考卫星的编队飞行问题. 编队（环绕）卫星的通信拓扑图 $\mathcal{G}$ 由图 5.23 给出, 易知通信拓扑图 $\mathcal{G}$ 含有有向生成树且标号为 1 的卫星起着领航者的作用. 此外, $1/\min\limits_{i=2,3,\cdots,6}\{\mathrm{Re}\{\lambda_i(\boldsymbol{L})\}\} = 0.1443$, 其中 $\lambda_i(\boldsymbol{L})$ $(i = 2,3,\cdots,6)$ 为通信拓扑图 $\mathcal{G}$ 的 Laplace 矩阵 $\boldsymbol{L}$ 的非零特征值. 在仿真中, 目标是实现圆轨道绕飞编队飞行, 即编队卫星系统实现编队飞行时, 每一个编队卫星在参考卫星轨道坐标系下的运动轨迹为一个封闭的圆. 注意, 在编队协议设计中, 即在反馈增益矩阵 $\boldsymbol{F}$ 的设计中, 并没有体现绕飞轨道的设计问题. 为了实现圆轨道绕飞, 需要合理地选择卫星 1 的初始状态. 综上所述, 可以通过实施下面两个步骤来解决圆形轨道绕飞编队飞行问题: ① 合理地选择卫星 1 的初始状态, 使其在没有任何外部输入时运行在以参考卫星为圆心的空间圆轨道上, 并令 $\gamma_1 = \boldsymbol{0}$; ② 利用算法 5.2 设计反馈增益矩阵 $\boldsymbol{F}$.

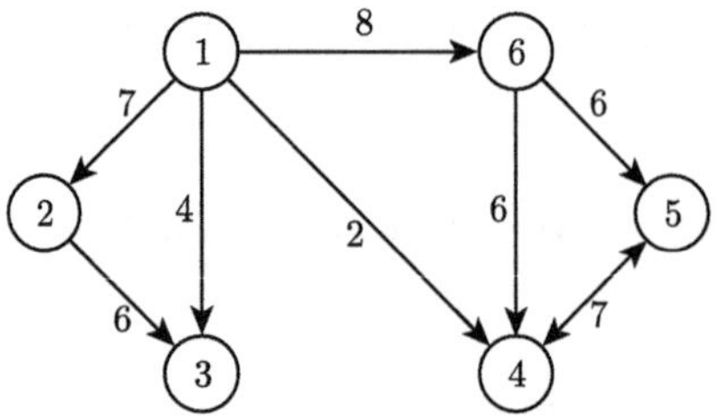

图 5.23 含有有向生成树的通信拓扑图 $\mathcal{G}$

选取卫星 1 的初始条件为: $x_1(0)=0\mathrm{m}$, $y_1(0)=500\mathrm{m}$, $z_1(0)=866\sqrt{3}\mathrm{m}$, $\dot{x}_1(0)=1.5\mathrm{m/s}$, $\dot{y}_1(0)=0\mathrm{m/s}$, $\dot{z}_1(0)=0\mathrm{m/s}$. 容易验证 $\dot{x}_1(0)=2w_0y_1(0)$, 且 $\dot{y}_1(0)=-0.5w_0x_0$, 满足圆心在参考卫星质心的椭圆绕飞条件. 另一方面, 简单计算可知, $x_1(t)^2+y_1(t)^2+z_1(t)^2=2499868\mathrm{m}^2$, 卫星 1 满足圆形轨道绕飞条件, 其环绕参考卫星的绕飞行为如图 5.24 所示, 其中坐标系原点（六角星位置）代表参考卫星质心所在位置, 且容易验证其绕飞平面与 oxy 平面夹角为 30°. 在仿真中选取如下的编队构型: $\boldsymbol{\gamma}_2=[125,-62.5,62.5\sqrt{3}]^{\mathrm{T}}\mathrm{m}$, $\boldsymbol{\gamma}_3=[0,-125,125\sqrt{3}]^{\mathrm{T}}\mathrm{m}$, $\boldsymbol{\gamma}_4=[-250,-125,125\sqrt{3}]^{\mathrm{T}}\mathrm{m}$, $\boldsymbol{\gamma}_5=[-375,-62.5,62.5\sqrt{3}]^{\mathrm{T}}\mathrm{m}$, $\boldsymbol{\gamma}_6=[-250,0,0]^{\mathrm{T}}\mathrm{m}$. 仿真中, 令 $\delta_k=3.0\mathrm{s}$, $t_{k+1}-t_k=5.0\mathrm{s}$, $\forall k\in\mathbb{N}$, $t_0=0$. 根据算法 5.2 设计反馈增益矩阵 $\boldsymbol{F}$, 选取 $\alpha=1.1$, $\beta=0.5$. 由算法 5.2 可知, $\mu\geqslant 5$. 简单计算可知, 编队实现的最小通信率为 0.5137, 此时反馈增益矩阵为

$$\boldsymbol{F}=\begin{bmatrix}-2.8453 & -0.0083 & 0 & -2.5719 & -0.010 & 0\\ -0.0122 & -2.8460 & 0 & -0.0104 & -2.5725 & 0\\ 0 & 0 & -2.8451 & 0 & 0 & -2.5718\end{bmatrix}.$$

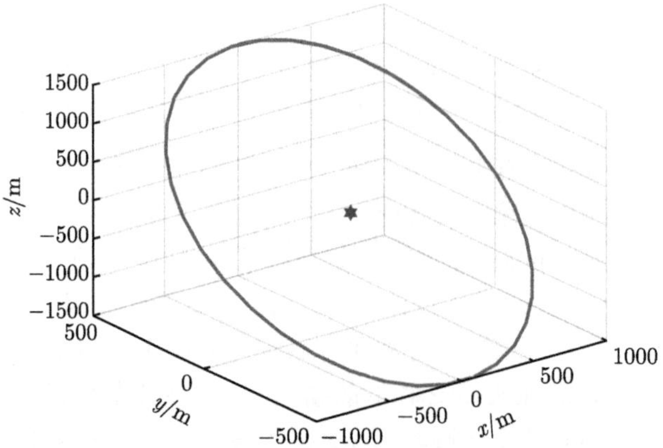

图 5.24 卫星 1 环绕参考卫星的绕飞行为

选取耦合强度 $c = 0.2 > 0.1443$, 根据条件 $3.0/5.0 > 0.5137$, 易知卫星系统能够实现编队飞行. 卫星系统的状态轨迹如图 5.25 和图 5.26 所示, 其中坐标系原点 (六角星位置) 代表参考卫星质心所在位置. 速度轨迹如图 5.27～ 图 5.29 所示.

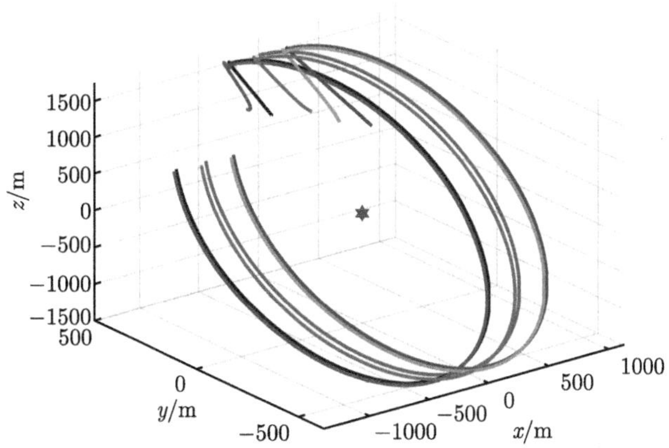

(扫码获取彩图)

图 5.25　$t \in [0,\ 3500]$s 时间区间内卫星的状态轨迹

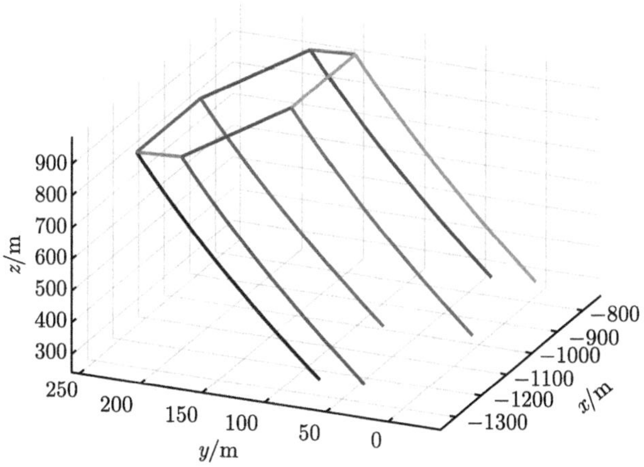

图 5.26　$t \in [3250,\ 3500]$s 时间区间内卫星的状态轨迹

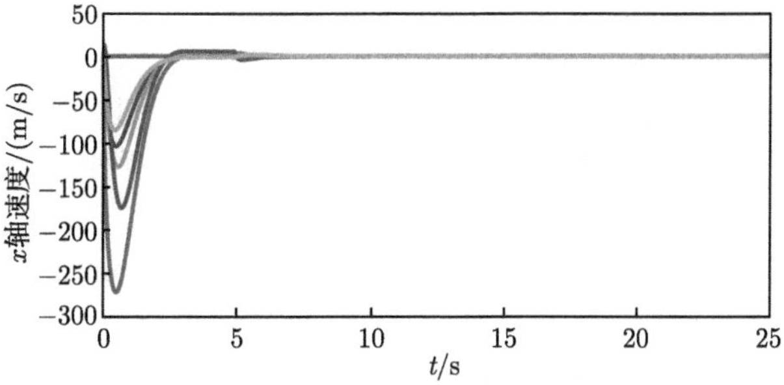

图 5.27　卫星沿 ox 轴的相对速度

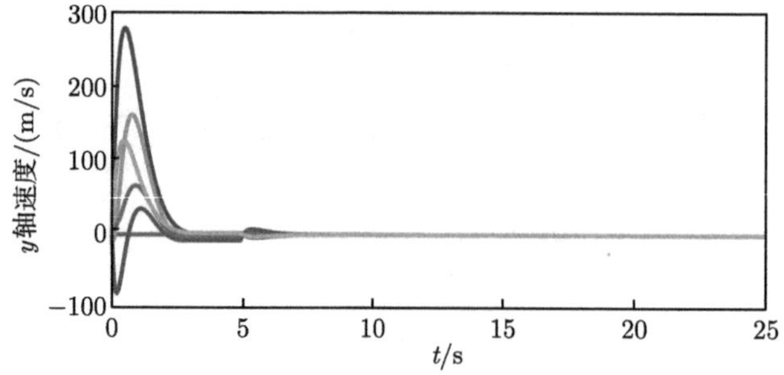

图 5.28　卫星沿 oy 轴的相对速度

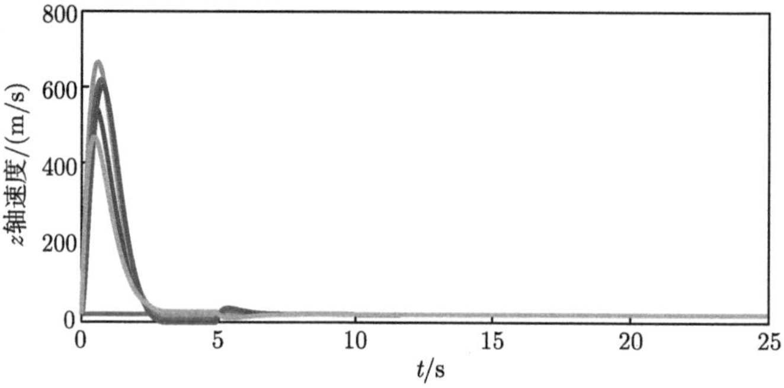

图 5.29　卫星沿 oz 轴的相对速度

5.5　本章小结

本章研究了具有间歇通信的群体智能系统的一致性控制问题. 首先, 针对具有非线性动力学的一阶群体智能系统提出了一种仅依赖于邻居智能体间歇相对状态信息的分布式一致性协议, 并分别研究了不存在外部扰动时群体智能系统的一致性问题, 以及存在外部扰动时群体智能系统的有限 $\mathcal{L}_2$-增益一致性问题. 其次, 研究了具有固定有向通信拓扑图和同步间歇通信约束的二阶群体智能系统的一致性控制问题, 证明了当通信拓扑图的代数连通度大于某一阈值且智能体与邻居平均通信率足够高时, 群体智能系统可以实现二阶一致性. 进一步地, 研究了具有间歇通信的线性群体智能系统的一致性控制问题, 提出了两种一致性协议, 即基于智能体间歇相对状态信息的静态一致性协议和基于智能体间歇相对测量输出的动态一致性协议, 通过构造切换 Lyapunov 函数, 给出了闭环群体智能系统实现一致性的充分条件, 并且利用数值仿真验证了理论分析的有效性. 最后, 研究了间歇通信下一致性控制在卫星系统编队控制中的应用.

第 6 章

群体智能系统时空协调一致性控制

群体智能系统时空协调一致性控制旨在协调各个智能系统运动至关键位置的时间相同, 其研究主要源自军事需求, 在民用领域也有潜在的应用价值. 在现代军事领域中, 随着海陆空天一体化防御技术的发展, 世界军事强国往往对诸如战略指挥中心、核战略导弹发射井、航母战斗群、预警机、潜艇等高价值军事目标配有诸如"宙斯盾"和"萨德"等防御系统, 以对来袭武器进行探测和拦截, 这使得传统制导武器的突防作战能力和攻击效果大大降低. 为了突破防御体系以对高价值军事目标进行打击, 各国竞相开展多类型、大规模的多作战单元自主式协同突防作战的研究, 其中多制导武器同时命中目标的饱和攻击是一种典型和重要的战术 [202]. 在执行饱和攻击任务时, 可利用防御系统的反应时间、通道数量、电子干扰频率范围、防御单元的防御死区等局限, 使不同类型的作战单元从不同区域、不同方向, 以不同的轨迹、不同的运行模式突防某些防御单元, 从而完成攻击和摧毁目标的作战任务 [203]. 该战术的关键在于通过自主协同的方式达成命中时间一致, 其优越性体现在三个方面: ① 多制导武器同时抵达, 可对防御系统在短时间内造成很大的压力, 从而提高突防能力; ② 与单个制导武器攻击相比, 该战术可提高毁伤能力; ③ 独立作战时, 为规避防御系统的拦截, 需采用高性能、高价值的制导武器, 而该战术可采用多个机动性能相对一般的、相对低价值的制导武器取得较为优越的突防和毁伤性能, 因此具有较高的综合效费比. 多制导武器同时命中目标的协同作战任务, 包含时间与空间层面的约束要求, 其关键问题也被称为时空协调一致性控制. 本章将围绕多制导武器协同打击目标的军事应用背景, 介绍群体智能系统时空协调一致性控制设计方法.

本章主要分为四节, 主要内容可概括如下.

6.1 节研究面向静止目标的群体智能系统时空协调一致性控制. 分别考虑通信拓扑图为无向通信图和领从通信图, 采用比例导引策略, 将群体智能系统时空协调一致性控制问题转化为剩余时间的一致性问题. 基于相对剩余时间估计值误差设计分布式导航比, 使剩余时间估计值实现有限时间一致, 并使一致性实现后剩余时间估计值等于真实的剩余时间, 从而保证众智能体同时运动至目标位置. 本部分的工作主要来源于文献 [58] 和 [60].

6.2 节研究面向匀速目标的群体智能系统时空协调一致性控制. 分别考虑通信拓扑图为无向通信图、领从通信图和一般有向通信图, 以剩余距离与接近速度之比作为剩余时间估计值. 将时空协调一致性控制的设计分解为视线切向与视线法向, 其中视线切向的加速度分量协调剩余时间, 视线法向的加速度分量调节视线角变化率以防止丢失目标. 与 6.1 节中的方法类似, 剩余时间估计值达到一致后, 剩余时间估计值等于真实值, 从而保证众智能体同时运动至目标位置. 本部分的工作主要来源于文献 [60].

6.3 节研究面向机动目标的群体智能系统时空协调一致性控制. 考虑通信拓扑图为无向连通图, 将群体智能系统时空协调一致性控制问题转化为剩余距离的一致性问题. 目标机动性上界已知时, 设计分布式鲁棒时空协调一致性控制, 使得各智能体与其目标的相对距离达到一致, 实现群体智能系统同时运动至目标位置; 目标机动性上界未知时, 引入自适应方法, 设计分布式鲁棒自适应时空协调一致性控制, 实现众智能体同时运动至目标位置. 本部分的工作主要来源于文献 [69].

6.4 节对本章内容进行总结.

6.1 面向静止目标的群体智能系统时空协调一致性控制

6.1.1 问题描述

本节以弹群系统协同攻击静止目标为背景, 研究面向静止目标的群体智能系统时空协调一致性控制. 图 6.1 中, M_i 和 T 分别代表第 i 个导弹和目标, 以目标 T 为坐标原点建立坐标系, X_TTZ_T 为水平面, X_TTY_T 为铅垂面, ψ_i 为 X_T 轴与视线 M_iT 在 X_TTZ_T 平面上投影的夹角, 在初始时刻 $\psi_1,\psi_2,\cdots,\psi_n$ 各不相同. 由于总可以设计导弹的侧向加速度使其在侧向上对准目标, 为了简化问题, 假设在初始时刻, 所有的导弹在侧向上已对准目标. 于是, 所有的导弹在各自与目标形成的铅垂面上运动. 在这种情况下, 仅需考虑导弹与目标在铅垂面的二维平面模型即可.

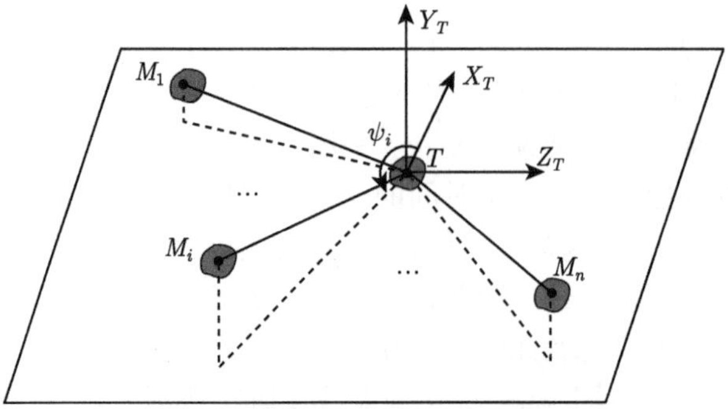

图 6.1 三维空间内弹群系统攻击静止目标

图 6.2 描绘了二维平面内导弹与静止目标的几何关系. 其中, r_i 为导弹与目标的相对距离, V_i 为导弹的速度大小, ϕ_i 为导弹的前置角, λ_i 为导弹的视线角, γ_i 为导弹的弹道倾角, a_i 为导弹的加速度.

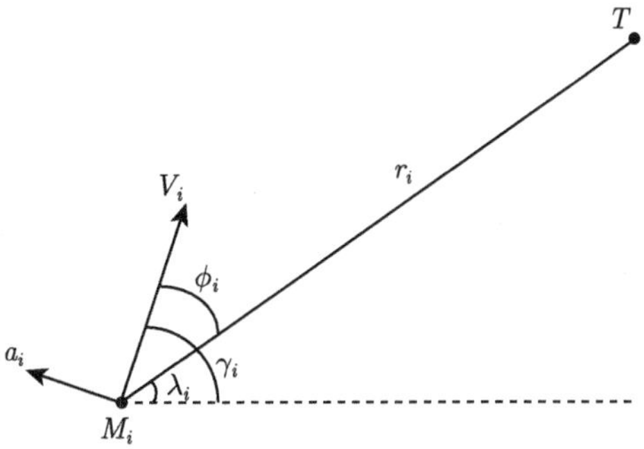

图 6.2 二维平面内导弹与静止目标的几何示意图

基于上述背景开展面向静止目标的群体智能系统时空协调一致性控制研究. 智能体与目标之间二维平面的相对运动学模型可由如下方程描述:

$$\begin{aligned}\dot{r}_i(t) =& -V_i(t)\cos\phi_i(t),\\ \dot{\lambda}_i(t) =& -\frac{V_i(t)\sin\phi_i(t)}{r_i(t)},\\ a_i(t) =& V_i(t)\dot{\gamma}_i(t),\\ \phi_i(t) =& \gamma_i(t)-\lambda_i(t),\quad i=1,2,\cdots,n.\end{aligned} \tag{6.1}$$

本节的控制目标为, 设计众智能体的加速度 $a_1(t),a_2(t),\cdots,a_n(t)$, 使众智能体运动至目标位置的时间相同, 即令 $r_1(t),r_2(t),\cdots,r_n(t)$ 同时收敛到 0.

本章的时空协调一致性控制的设计基于如下比例导引策略:

$$a_i(t)=N_i(t)V_i(t)\dot{\lambda}_i(t),\quad i=1,2,\cdots,n, \tag{6.2}$$

其中, N_i 为第 i 个智能体的导航比. 将式 (6.2) 代入运动学方程组 (6.1) 得

$$\begin{aligned}\dot{r}_i(t) =& -V_i(t)\cos\phi_i(t),\\ \dot{\phi}_i(t) =& -\frac{(N_i(t)-1)V_i(t)\sin\phi_i(t)}{r_i(t)},\quad i=1,2,\cdots,n.\end{aligned} \tag{6.3}$$

于是, 问题转化为对于系统 (6.3), 设计导航比 $N_1(t),N_2(t),\cdots,N_n(t)$ 使得 $r_1(t)$, $r_2(t),\cdots,r_n(t)$ 同时收敛至 0.

6.1.2 无向通信拓扑图下时空协调一致性控制

在众智能体之间的通信拓扑图为无向通信图的情况下, 设计如下协同导航比:

$$N_i(t) = N_s(1 - k_{1i}r_i(t)\xi_i(t) - k_{2i}r_i(t)\text{sig}^{\mu}(\xi_i(t))), \quad i = 1, 2, \cdots, n, \tag{6.4}$$

其中, N_s、k_{1i}、k_{2i}、μ 为满足 $N_s > 2$、$k_{1i} > 0$、$k_{2i} > 0$、$0 < \mu < 1$ 的常数,

$$\xi_i(t) = \sum_{j=1}^{n} a_{ij}(\hat{t}_{\text{go},j}(t) - \hat{t}_{\text{go},i}(t)), \tag{6.5}$$

$$\hat{t}_{\text{go},i}(t) = \frac{r_i(t)}{V_i(t)}\left(1 + \frac{\phi_i^2(t)}{2(2N_s - 1)}\right), \tag{6.6}$$

其中, $\hat{t}_{\text{go},i}(t)$ 为智能体 i 的剩余时间估计式.

由 2.4 节中的先验知识可知, 若智能体 i 的导航比 $N_i(t)$ 从当前时刻起保持不变, 则它的剩余时间 $t_{\text{go},i}(t)$ 为 $\dfrac{r_i(t)}{V_i(t)}(1 + \dfrac{\phi_i^2(t)}{2(2N_i(t) - 1)})$. 显然, 式 (6.6) 中所定义的 $\hat{t}_{\text{go},i}(t)$ 不能代表智能体 i 准确的剩余时间, 而可理解为它的剩余时间估计式. 式 (6.5) 所定义的 $\xi_i(t)$ 为智能体 i 与其邻居的剩余时间估计值的误差和, 因此可称为剩余时间估计值的一致性误差. 由此可见, 所设计的时空协调一致性控制方法 (6.2) 和 (6.4) 是分布式的, 仅依赖于邻居之间的剩余时间估计值的信息交换, 而无需所有智能体之间的信息交换.

定理 6.1 对于群体智能系统 (6.1), 若其通信拓扑为无向连通的, 且众智能体的前置角 $\phi_i(t), \cdots, \phi_n(t)$ 较小, 则基于比例导引策略的时空协调一致性控制 (6.2) 和 (6.4) 可使众智能体同时运动至目标位置.

证明: 由于前置角 $\phi_i(t), \cdots, \phi_n(t)$ 为小角度, 模型 (6.3) 可近似为

$$\begin{aligned} \dot{r}_i(t) &= -V_i(t)\left(1 - \frac{\phi_i^2(t)}{2}\right) \\ \dot{\phi}_i(t) &= -\frac{(N_i(t) - 1)V_i(t)\phi_i(t)}{r_i(t)}, \qquad i = 1, 2, \cdots, n. \end{aligned} \tag{6.7}$$

由式 (6.6) 及式 (6.7) 可得, $\hat{t}_{\text{go},i}(t)$ 的一阶时间导数为

$$\begin{aligned} \dot{\hat{t}}_{\text{go},i}(t) &= \frac{\dot{r}_i(t)}{V_i(t)}\left(1 + \frac{\phi_i^2(t)}{2(2N_s - 1)}\right) + \frac{r_i(t)\phi_i(t)\dot{\phi}_i(t)}{V_i(t)(2N_s - 1)} \\ &\approx -1 + \frac{\phi_i^2(t)}{2} - \frac{\phi_i^2(t)}{2(2N_s - 1)} - \frac{(N_i(t) - 1)\phi_i^2(t)}{2N_s - 1} \end{aligned}$$

$$= -1 + \frac{(N_s - N_i(t))\phi_i^2(t)}{2N_s - 1}, \qquad i = 1, 2, \cdots, n. \tag{6.8}$$

将协同导航比 (6.4) 代入式 (6.8), 可得

$$\dot{\hat{t}}_{\mathrm{go},i}(t) = -1 + \frac{N_s\phi_i^2(t)(k_{1i}r_i(t)\xi_i(t) + k_{2i}r_i(t)|\xi_i(t)|^{\mu}\mathrm{sgn}(\xi_i(t)))}{2N_s - 1}, \quad i = 1, 2, \cdots, n. \tag{6.9}$$

由于众智能体之间的通信拓扑图为无向连通图, 考虑如下 Lyapunov 函数:

$$W_1(t) = \frac{1}{4}\sum_{(i,j)\in\mathcal{E}} a_{ij}(\hat{t}_{\mathrm{go},j}(t) - \hat{t}_{\mathrm{go},i}(t))^2 = \frac{1}{2}\hat{\boldsymbol{t}}_{\mathrm{go}}^{\mathrm{T}}(t)\boldsymbol{L}\hat{\boldsymbol{t}}_{\mathrm{go}}(t), \tag{6.10}$$

其中, $\hat{\boldsymbol{t}}_{\mathrm{go}}(t) = [\hat{t}_{\mathrm{go},1}(t), \hat{t}_{\mathrm{go},2}(t), \cdots, \hat{t}_{\mathrm{go},n}(t)]^{\mathrm{T}}$; $\boldsymbol{L}$ 为图 $\mathcal{G}$ 的 Laplace 矩阵. 由 $\boldsymbol{L}\boldsymbol{1} = \boldsymbol{0}, \boldsymbol{\xi}(t) = -\boldsymbol{L}\hat{\boldsymbol{t}}_{\mathrm{go}}(t)$, 并结合式 (6.9), 可得 $W_1(t)$ 的一阶时间导数为

$$\begin{aligned}\dot{W}_1(t) &= \hat{\boldsymbol{t}}_{\mathrm{go}}^{\mathrm{T}}(t)\boldsymbol{L}\dot{\hat{\boldsymbol{t}}}_{\mathrm{go}}(t)\\ &= -\frac{N_s}{2N_s - 1}\left(\sum_{i=1}^{n} k_{1i}r_i(t)\phi_i^2(t)\xi_i^2(t) + \sum_{i=1}^{n} k_{2i}r_i(t)\phi_i^2(t)|\xi_i(t)|^{1+\mu}\right),\end{aligned} \tag{6.11}$$

定义 $\underline{k_1} = \min\{k_{11}, k_{12}, \cdots, k_{1n}\}$, $\underline{k_2} = \min\{k_{21}, k_{22}, \cdots, k_{2n}\}$. 假设在 $\hat{t}_{\mathrm{go},i}(t)$ $(i = 1, 2, \cdots, n)$ 达到一致之前, $r_i(t)$ 和 $\phi_i(t)$ $(i = 1, 2, \cdots, n)$ 均未收敛到 0. 在该假设下, 存在正常数 r_m 和 ϕ_m 使 $r_i(t) \geqslant r_m$, $|\phi_i(t)| \geqslant \phi_m, i = 1, 2, \cdots, n$. 于是有

$$\begin{aligned}\dot{W}_1(t) &\leqslant -\frac{N_s}{2N_s - 1}\left(\sum_{i=1}^{n}\underline{k_1}r_m\phi_m^2\xi_i^2(t) + \sum_{i=1}^{n}\underline{k_2}r_m\phi_m^2|\xi_i(t)|^{1+\mu}\right)\\ &\leqslant -\frac{N_s r_m\phi_m^2}{2N_s - 1}\left(\underline{k_1}\xi^{\mathrm{T}}(t)\xi(t) + \underline{k_2}(\xi^{\mathrm{T}}(t)\xi(t))^{\frac{1+\mu}{2}}\right).\end{aligned} \tag{6.12}$$

其中, $\boldsymbol{\xi}(t) = [\xi_1(t), \xi_2(t), \cdots, \xi_n(t)]^{\mathrm{T}}$.

由于 $\boldsymbol{1}^{\mathrm{T}}\boldsymbol{L}\boldsymbol{1} = (\boldsymbol{L}^{\frac{1}{2}}\boldsymbol{1})^{\mathrm{T}}(\boldsymbol{L}^{\frac{1}{2}}\boldsymbol{1}) = 0$, 有 $\boldsymbol{L}^{\frac{1}{2}}\boldsymbol{1} = \boldsymbol{0}$, 进一步可得 $\boldsymbol{1}^{\mathrm{T}}\boldsymbol{L}^{\frac{1}{2}}\hat{\boldsymbol{t}}_{\mathrm{go}}(t) = 0$. 由引理 2.8 可得, $\hat{\boldsymbol{t}}_{\mathrm{go}}^{\mathrm{T}}\boldsymbol{L}\boldsymbol{L}\hat{\boldsymbol{t}}_{\mathrm{go}}(t) = (\boldsymbol{L}^{\frac{1}{2}}\hat{\boldsymbol{t}}_{\mathrm{go}}(t))^{\mathrm{T}}(t)\boldsymbol{L}\boldsymbol{L}^{\frac{1}{2}}\hat{\boldsymbol{t}}_{\mathrm{go}}(t) \geqslant \lambda_2\hat{\boldsymbol{t}}_{\mathrm{go}}^{\mathrm{T}}(t)\boldsymbol{L}\hat{\boldsymbol{t}}_{\mathrm{go}}(t)$, 即 $\boldsymbol{\xi}(\boldsymbol{t})^{\mathrm{T}}\boldsymbol{\xi}(\boldsymbol{t}) \geqslant 2\lambda_2 W_1(t)$, 其中 λ_2 为 Laplace 矩阵 $\boldsymbol{L}$ 的最小非零特征值. 因此, 式 (6.12) 可转化为

$$\dot{W}_1(t) \leqslant -\frac{2\lambda_2 N_s\underline{k_1}r_m\phi_m^2}{2N_s - 1}W_1(t) - \frac{(2\lambda_2)^{\frac{1+\mu}{2}}N_s\underline{k_2}r_m\phi_m^2}{2N_s - 1}W_1^{\frac{1+\mu}{2}}(t) \tag{6.13}$$

根据引理 2.26, 由式 (6.13) 可得, $W_1(t)$ 在有限时间内收敛至 0, 进而说明剩余时间估计值 $\hat{t}_{\mathrm{go},i}(t)$ $(i=1,2,\cdots,n)$ 在有限时间内达到一致, 剩余时间估计值的一致性误差 $\boldsymbol{\xi}(t)$ 在有限时间内收敛至 $\mathbf{0}$. 进一步地, 收敛时间 T 满足不等式:

$$T \leqslant \frac{2N_s-1}{N_s\lambda_2\underline{k_1}r_m\phi_m^2(1-\mu)}\ln\frac{2\lambda_2\underline{k_1}W_1^{\frac{1-\mu}{2}}(0)+(2\lambda_2)^{\frac{1+\mu}{2}}\underline{k_2}}{(2\lambda_2)^{\frac{1+\mu}{2}}\underline{k_2}}.$$

根据协同导航比 (6.4) 的设计, 一旦 $\boldsymbol{\xi}(t)$ 收敛到零, 众智能体的导航比均等于常值 N_s, 此时剩余时间估计式 $\hat{t}_{\mathrm{go},i}(t)$ $(i=1,2,\cdots,n)$ 将代表智能体 i 准确的剩余时间, 即众智能体的剩余时间保持一致, 且众智能体将均以固定导航比 N_s 的比例导引律运动, 因此将同时运动至目标位置. ■

注解 6.1 在证明过程中, 假设在剩余时间估计值 $\hat{t}_{\mathrm{go},i}(t)$ $(i=1,2,\cdots,n)$ 达到一致之前, $r_i(t)>0$, $\phi_i(t)\neq 0, i=1,2,\cdots,n$. 由于仅当智能体 i 运动至目标位置时, 才有 $r_i(t)=0$, $\phi_i(t)=0$, 这个假设是必要且合理的. 若在剩余时间达到一致之前, 某智能体已运动至目标位置, 则这组智能体不可能同时抵达. 可选择合适的控制参数 N_s、k_{1i}、k_{2i}、μ, 使剩余时间估计值的一致性误差收敛得足够快, 以保证在任何智能体抵达目标之前, 这组智能体的剩余时间已达成一致.

注解 6.2 文献 [59] 仅考虑了剩余时间估计值的一致性收敛, 而本节进一步考虑了真实的剩余时间的一致性收敛. 与文献 [57] 相比, 本节的特点为: 文献 [57] 中, 每个智能体均需要与其他所有智能体交换剩余时间估计值的信息, 即依赖于全局网络通信, 而在本节中, 每个智能体仅需与它的邻居交换剩余时间估计值的信息, 通信网络为无向连通即可, 因此减少了通信成本; 文献 [57] 仅证明了剩余时间估计的方差递减, 而本节证明了众智能体的剩余时间在有限时间内达到一致.

值得注意的是, 定理 6.1 中假设前置角 $\phi_1(t),\phi_2(t),\cdots,\phi_n(t)$ 为小角度, 在此假设下有 $\sin\phi_i(t)\approx\phi_i(t)$、$\cos\phi_i(t)\approx 1-\dfrac{\phi_i^2(t)}{2}$ 的近似, 使模型 (6.3) 转化为 (6.7), 便于处理. 然而全程保证前置角为小角度的假设给该时空协调一致性控制的应用带来局限性. 我们不禁思考这个问题, 当前置角并非全程为小角度时, 该时空协调一致性控制是否仍然能完成众智能体同时抵达的任务. 针对这个问题, 本节给出如下定理.

定理 6.2 对于群体智能系统 (6.1), 若其通信拓扑图为无向连通的, 且众智能体的前置角满足 $|\phi_i(t)|\leqslant\dfrac{\pi}{2}, i=1,2,\cdots,n$, 则基于比例导引策略的时空协调一致性控制 (6.2) 与 (6.4), 设计参数 $N_s>\dfrac{3\pi-4}{3\pi-8}$, 可使剩余时间估计式的一致性误差 $\xi_i(t)$ $(i=1,2,\cdots,n)$ 在有限时间内收敛到 0 的邻域, 前置角 $\phi_i(t)$ $(i=$

$1, 2, \cdots, n)$ 将渐近收敛到 0.

证明: 对 $\hat{t}_{\mathrm{go},i}(t)$ 求导, 并将模型 (6.3) 代入可得

$$\begin{aligned}\dot{\hat{t}}_{\mathrm{go},i}(t) &= \frac{\dot{r}_i(t)}{V_i(t)}\left(1+\frac{\phi_i^2(t)}{2(2N_s-1)}\right)+\frac{r_i(t)\phi_i(t)\dot{\phi}_i(t)}{V_i(t)(2N_s-1)} \\ &= -\cos\phi_i(t)\left(1+\frac{\phi_i^2(t)}{2(2N_s-1)}\right)-\frac{(N_i(t)-1)\phi_i(t)\sin\phi_i(t)}{2N_s-1} \\ &= -1+\frac{(N_s-N_i(t))\phi_i(t)\sin\phi_i(t)}{2N_s-1}+\delta_i(\phi_i(t)),\end{aligned} \tag{6.14}$$

其中,

$$\delta_i(\phi_i(t)) = 1-\cos\phi_i(t)-\frac{\phi_i^2(t)\cos\phi_i(t)}{2(2N_s-1)}-\frac{(N_s-1)\phi_i(t)\sin\phi_i(t)}{2N_s-1}.$$

显然, $\delta_i(\phi_i(t))$ 是关于 $\phi_i(t)$ 的偶函数, 且在 $\phi_i(t)\in[0,\pi)$ 内单调递增. 因此, 易知当 $|\phi_i(t)|<\pi$ 时, $0\leqslant\delta_i(\phi_i(t))<2+\dfrac{\pi^2}{2(2N_s-1)}$. 将协同导航比 (6.4) 代入式 (6.14), 有

$$\dot{\hat{t}}_{\mathrm{go},i}(t)=-1+\frac{N_s\phi_i(t)\sin\phi_i(t)(k_{1i}r_i(t)\xi_i(t)+k_{2i}r_i(t)|\xi_i(t)|^{\mu}\mathrm{sgn}(\xi_i(t)))}{2N_s-1}+\delta_i(\phi_i(t)). \tag{6.15}$$

仍然考虑式 (6.10) 的 Lyapunov 函数:

$$W_1(t)=\frac{1}{4}\sum_{(i,j)\in\mathcal{E}}a_{ij}(\hat{t}_{\mathrm{go},j}(t)-\hat{t}_{\mathrm{go},i}(t))^2=\frac{1}{2}\hat{\boldsymbol{t}}_{\mathrm{go}}^{\mathrm{T}}(t)\boldsymbol{L}\hat{\boldsymbol{t}}_{\mathrm{go}}(t),$$

则有

$$\begin{aligned}\dot{W}_1(t)=-\sum_{i=1}^{n}\Bigg(&\frac{N_sk_{1i}r_i(t)\phi_i(t)\sin\phi_i(t)}{2N_s-1}\xi_i^2(t)+\frac{N_sk_{2i}r_i(t)\phi_i(t)\sin\phi_i(t)}{2N_s-1}|\xi_i(t)|^{1+\mu} \\ &+\xi_i(t)\delta_i(\phi_i(t))\Bigg),\end{aligned} \tag{6.16}$$

式 (6.16) 可进一步改写为如下两种不同形式:

$$\begin{aligned}\dot{W}_1(t)=&-\sum_{i=1}^{n}\Bigg(\Big(\frac{N_s k_{1i} r_i(t)\phi_i(t)\sin\phi_i(t)}{2N_s-1}+\frac{\delta_i(\phi_i(t))}{\xi_i(t)}\Big)\xi_i^2(t)\\&+\frac{N_s k_{2i} r_i(t)\phi_i(t)\sin\phi_i(t)}{2N_s-1}|\xi_i(t)|^{1+\mu}\Bigg),\end{aligned}\tag{6.17}$$

$$\begin{aligned}\dot{W}_1(t)=&-\sum_{i=1}^{n}\Bigg(\frac{N_s k_{1i} r_i(t)\phi_i(t)\sin\phi_i(t)}{2N_s-1}\xi_i^2(t)+\Bigg(\frac{N_s k_{2i} r_i(t)\phi_i(t)\sin\phi_i(t)}{2N_s-1}\\&+\frac{\delta_i(\phi_i(t))}{|\xi_i(t)|^{\mu}\mathrm{sgn}(\xi_i(t))}\Bigg)|\xi_i(t)|^{1+\mu}\Bigg).\end{aligned}\tag{6.18}$$

由式 (6.17) 可得

$$\dot{W}_1(t)\leqslant -k_1^{'}(t)\boldsymbol{\xi}^{\mathrm{T}}(t)\boldsymbol{\xi}(t)-k_2^{'}(t)(\boldsymbol{\xi}^{\mathrm{T}}(t)\boldsymbol{\xi}(t))^{\frac{1+\mu}{2}},\tag{6.19}$$

其中,

$$k_1^{'}(t)=\min\{k_{11}^{'}(t),k_{12}^{'}(t),\cdots,k_{1n}^{'}(t)\},\quad k_2^{'}(t)=\min\{k_{21}^{'}(t),k_{22}^{'}(t),\cdots,k_{2n}^{'}(t)\},$$

以及

$$k_{1i}^{'}(t)=\left(\frac{N_s k_{1i} r_i(t)\phi_i(t)\sin\phi_i(t)}{2N_s-1}+\frac{\delta_i(\phi_i(t))}{\xi_i(t)}\right),k_{2i}^{'}(t)=\frac{N_s k_{2i} r_i(t)\phi_i(t)\sin\phi_i(t)}{2N_s-1}.$$

与定理 6.1 的证明类似, 由式 (6.19) 可得

$$\dot{W}_1(t)\leqslant -2\lambda_2 k_1^{'}(t)W_1(t)-(2\lambda_2)^{\frac{1+\mu}{2}}k_2^{'}(t)W_1^{\frac{1+\mu}{2}},\tag{6.20}$$

若 $k_1^{'}(t), k_2^{'}(t)>0$, 由引理 2.26 可得 $W_1(t)$ 在有限时间内收敛, 收敛时间满足

$$T_1\leqslant\frac{1}{\lambda_2 k_1^{'}(t)(1-\mu)}\ln\frac{2\lambda_2 k_1^{'}(t)W_1^{\frac{1-\mu}{2}}(0)+(2\lambda_2)^{\frac{1+\mu}{2}}k_2^{'}(t)}{(2\lambda_2)^{\frac{1+\mu}{2}}k_2^{'}(t)}.$$

注意到 $k_1^{'}(t), k_2^{'}(t)>0$ 的充分条件为

$$|\xi_i(t)|>\frac{(2N_s-1)\delta_i(\phi_i(t))}{N_s k_{1i} r_i(t)\phi_i(t)\sin\phi_i(t)},\quad i=1,2,\cdots,n.$$

于是, 一致性误差可在有限时间内收敛到 $|\xi_i(t)| \leqslant \dfrac{(2N_s-1)\delta_i(\phi_i(t))}{N_s k_{1i} r_i(t)\phi_i(t)\sin\phi_i(t)}$. 同样, 由式 (6.18) 可推导出一致性误差在有限时间内收敛到

$$|\xi_i(t)| \leqslant \left(\frac{(2N_s-1)\delta_i(\phi_i(t))}{N_s k_{2i} r_i(t)\phi_i(t)\sin\phi_i(t)}\right)^{\frac{1}{\mu}}.$$

因此, 一致性误差可在有限时间内收敛到域 $|\xi_i(t)| \leqslant \min\left\{\dfrac{(2N_s-1)\delta_i(\phi_i(t))}{N_s k_{1i} r_i(t)\phi_i(t)\sin\phi_i(t)}, \left(\dfrac{(2N_s-1)\delta_i(\phi_i(t))}{N_s k_{2i} r_i(t)\phi_i(t)\sin\phi_i(t)}\right)^{\frac{1}{\mu}}\right\}$.

注意到 $\dfrac{\delta_i(\phi_i(t))}{\phi_i(t)\sin\phi_i(t)}$ 是关于 $\phi_i(t)$ 的偶函数, 且在 $\phi_i(t) \in (0,\pi)$ 内单调递增. 由此可知, 当 $|\phi_i(t)| \leqslant \dfrac{\pi}{2}$ 时, $0 \leqslant \dfrac{\delta_i(\phi_i(t))}{\phi_i(t)\sin\phi_i(t)} \leqslant \dfrac{2}{\pi} - \dfrac{N_s-1}{2N_s-1}$. 因此, 一致性误差的收敛区域为

$$\begin{aligned}\varDelta_{1i} = \Bigg\{\xi_i(t) : |\xi_i(t)| \leqslant \min\Bigg\{&\frac{2N_s-1}{N_s k_{1i} r_i(t)}\left(\frac{2}{\pi} - \frac{N_s-1}{2N_s-1}\right), \\ &\left(\frac{2N_s-1}{N_s k_{2i} r_i(t)}\left(\frac{2}{\pi} - \frac{N_s-1}{2N_s-1}\right)\right)^{\frac{1}{\mu}}\Bigg\}\Bigg\}.\end{aligned} \tag{6.21}$$

一旦一致性误差收敛到该域内, 根据时空协调一致性控制 (6.4), 若参数 N_s 满足 $N_s > \dfrac{3\pi-4}{3\pi-8}$, 可得 $N_i(t) > 1$. 由式 (6.3) 中关于 $\phi_i(t)$ 的动态方程可知, 一旦 $N_i(t) > 1$, $\phi_i(t)$ 将渐近收敛至 0. ■

注解 6.3 实际上, 一致性误差的收敛域远比式 (6.21) 小, 这是由于在处理式 (6.17) 与式 (6.18) 中的 $\delta_i(\phi_i(t))$ 时进行了放缩, 引入了保守性. 同样地, 条件 $|\phi_i(t)| \leqslant \dfrac{\pi}{2}, i = 1,2,\cdots,n$ 和 $N_s > \dfrac{3\pi-4}{3\pi-8}$ 也具有保守性. 当上述条件不被满足时, 所设计的时空协调一致性控制方法仍可能实现众智能体同时抵达的任务, 接下来的仿真结果将会印证这一点.

定理 6.3 对于群体智能系统 (6.1), 若其通信拓扑图是无向连通的, 且前置角满足 $|\phi_i(t)| \leqslant \dfrac{\pi}{2}, i = 1,2,\cdots,n$, 则基于比例导引策略的时空协调一致性控制 (6.2) 与 (6.4), 设计参数 $N_s > \dfrac{3\pi-4}{3\pi-8}$, 可使众智能体同时运动至目标位置.

证明: 由定理 6.2 可知, 一致性误差 $\xi_i(t)$ 会收敛到域 $\varDelta_{1i}$, $\phi_i(t)$ 会渐近收

敛到 0. 当 $\phi_i(t)$ 减小至小角度时, 由定理 6.1 可知, 众智能体同时运动至目标位置. ■

6.1.3 领从通信拓扑图下时空协调一致性控制

在定理 6.1 中, 证明了时空协调一致性控制律 (6.4) 在通信拓扑图为无向连通的情况下是适用的. 然而, 在实际中, 通信信道并不总是稳定的, 可能会发生通信中断的现象. 本节主要考虑存在一个智能体发生通信故障, 不能获取任何邻居信息的情况. 在这种情况下, 这个不能获取邻居信息的智能体被称为领航者, 其导航比无法协同调节, 故而保持不变. 不失一般性地, 令第 n 个智能体为领航者, 并限定如下关于通信拓扑图 $\mathcal{G}$ 的假设成立.

假设 6.1 通信拓扑图 $\mathcal{G}$ 包含一棵有向生成树, 其根结点是领航者, 也即第 n 个智能体; 跟随者之间的子图是无向图.

将前 $n-1$ 个智能体的导航比仍然设计为式 (6.4) , 而第 n 个智能体的导航比保持不变, 为 N_n.

定理 6.4 对于群体智能系统 (6.1) 采用比例导引策略 (6.2), 当通信拓扑图 $\mathcal{G}$ 满足假设 6.1 且 N_n 是一个大于 2 的常数时, 众智能体同时运动至目标位置可以由式 (6.4) 的导航比实现.

证明: 通信拓扑图 $\mathcal{G}$ 满足假设 6.1, 因此 Laplace 矩阵可以分解为

$$\boldsymbol{L}=\begin{bmatrix}\boldsymbol{L}_1 & \boldsymbol{L}_2\\ \boldsymbol{0}_{1\times(n-1)} & 0\end{bmatrix},$$

其中, $\boldsymbol{L}_1\in\mathbb{R}^{(n-1)\times(n-1)}$ 是一个对称矩阵, $\boldsymbol{L}_2\in\mathbb{R}^{n-1}$. 由引理 2.8 可知, $\boldsymbol{L}_1$ 是一个对称正定矩阵. 令 $\tilde{\boldsymbol{t}}_{\text{go}}(t)=[\hat{t}_{\text{go},1}(t),\hat{t}_{\text{go},2}(t),\cdots,\hat{t}_{\text{go},n-1}(t)]^{\text{T}}$ 及 $\tilde{\boldsymbol{\xi}}(t)=[\xi_1(t),\xi_2(t),\cdots,\xi_{n-1}(t)]^{\text{T}}$, 注意到 $\boldsymbol{L}_1\boldsymbol{1}=-\boldsymbol{L}_2$, 于是有

$$\begin{aligned}\tilde{\boldsymbol{\xi}}(t)&=-[\boldsymbol{L}_1\quad \boldsymbol{L}_2][\tilde{\boldsymbol{t}}_{\text{go}}^{\text{T}}(t)\quad \hat{t}_{\text{go},n}(t)]^{\text{T}}\\&=-\boldsymbol{L}_1(\tilde{\boldsymbol{t}}_{\text{go}}(t)-\hat{t}_{\text{go},n}(t)\boldsymbol{1}).\end{aligned}\tag{6.22}$$

因此, $\tilde{\boldsymbol{\xi}}(t)=\boldsymbol{0}$ 当且仅当 $\hat{t}_{\text{go},i}(t)=\hat{t}_{\text{go},n}(t)$, $i=1,2,\cdots,n-1$.

考虑如下 Lyapunov 函数:

$$W_2(t)=\frac{1}{2}(\tilde{\boldsymbol{t}}_{\text{go}}(t)-\hat{t}_{\text{go},n}(t)\boldsymbol{1})^{\text{T}}\boldsymbol{L}_1(\tilde{\boldsymbol{t}}_{\text{go}}(t)-\hat{t}_{\text{go},n}(t)\boldsymbol{1}).\tag{6.23}$$

注意到 $\dot{\hat{t}}_{\text{go},i}(t)$ $(i=1,2,\cdots,n-1)$ 在式 (6.9) 中已经给出. 第 n 个智能体的导航比 N_n 是常数, 因此 $\hat{t}_{\text{go},n}(t)$ 等于其准确的剩余时间. 由式 (6.14) 可知, $\dot{\hat{t}}_{\text{go},n}(t)=$

-1. 因此, $W_2(t)$ 沿着式 (6.9) 的轨迹的时间导数为

$$\begin{aligned}\dot{W}_2(t) &= (\tilde{\boldsymbol{t}}_{\text{go}}(t) - \hat{t}_{\text{go},n}(t)\mathbf{1})^{\mathrm{T}}\boldsymbol{L}_1(\dot{\tilde{\boldsymbol{t}}}_{\text{go}}(t) - \dot{\hat{t}}_{\text{go},n}(t)\mathbf{1}) \\ &= -\frac{N_s}{2N_s-1}\left(\sum_{i=1}^{n-1}k_{1i}r_i(t)\phi_i^2(t)\xi_i^2(t) + \sum_{i=1}^{n-1}k_{2i}r_i(t)\phi_i^2(t)|\xi_i(t)|^{1+\mu}\right)\end{aligned} \tag{6.24}$$

假设存在常数 r_m 和 ϕ_m 使得 $r_i(t) \geqslant r_m$, $|\phi_i(t)| \geqslant \phi_m, i = 1, 2, \cdots, n-1$. 类似于定理 6.4 的证明, 可以得到

$$\dot{W}_2(t) \leqslant -\frac{N_s r_m \phi_m^2}{2N_s-1}\left(\tilde{a}_m\tilde{\boldsymbol{\xi}}^{\mathrm{T}}(t)\tilde{\boldsymbol{\xi}}(t) + \tilde{b}_m(\tilde{\boldsymbol{\xi}}^{\mathrm{T}}(t)\tilde{\boldsymbol{\xi}}(t))^{\frac{1+\mu}{2}}\right), \tag{6.25}$$

其中, $\tilde{a}_m = \min\{k_{11}, \cdots, a_{n-1}\}$, $\tilde{b}_m = \min\{k_{21}, \cdots, b_{n-1}\}$. 定义 $\lambda_{11} > 0$ 是 $\boldsymbol{L}_1$ 的最小特征值. 注意到

$$\begin{aligned}&\left(\boldsymbol{L}_1^{\frac{1}{2}}(\hat{\boldsymbol{t}}_{\text{go}}(t) - \hat{t}_{\text{go},n}(t)\mathbf{1})\right)^{\mathrm{T}}\boldsymbol{L}_1\left(\boldsymbol{L}_1^{\frac{1}{2}}(\hat{\boldsymbol{t}}_{\text{go}}(t) - \hat{t}_{\text{go},n}(t)\mathbf{1})\right) \\ \geqslant &\lambda_{11}\left(\boldsymbol{L}_1^{\frac{1}{2}}(\hat{\boldsymbol{t}}_{\text{go}}(t) - \hat{t}_{\text{go},n}(t)\mathbf{1})\right)^{\mathrm{T}}\left(\boldsymbol{L}_1^{\frac{1}{2}}(\hat{\boldsymbol{t}}_{\text{go}}(t) - \hat{t}_{\text{go},n}(t)\mathbf{1})\right),\end{aligned} \tag{6.26}$$

这意味着 $\tilde{\boldsymbol{\xi}}^{\mathrm{T}}(t)\tilde{\boldsymbol{\xi}}(t) \geqslant 2\lambda_{11}W_2(t)$. 因此, 由式 (6.25) 可得

$$\dot{W}_2(t) \leqslant -\frac{2\lambda_{11}N_s\tilde{a}_m r_m\phi_m^2}{2N_s-1}W_2(t) - \frac{(2\lambda_{11})^{\frac{1+\mu}{2}}N_s\tilde{b}_m r_m\phi_m^2}{2N_s-1}W_2^{\frac{1+\mu}{2}}(t). \tag{6.27}$$

由引理 2.26 可知, $W_2(t)$ 将有限时间收敛到 0, 也即 $\hat{t}_{\text{go},i}(t)$ $(i = 1, 2, \cdots, n-1)$ 会收敛到 $\hat{t}_{\text{go},n}(t)$, 且一致性误差 $\tilde{\boldsymbol{\xi}}(t)$ 将有限时间收敛到 $\mathbf{0}$. 注意到当 $\tilde{\boldsymbol{\xi}}(t) = \mathbf{0}$ 时, 导航比 $N_i(t)$ $(i = 1, 2, \cdots, n-1)$ 等于常数 N_s, 这意味着所有智能体剩余时间的估计值等于其真实的剩余时间. 因此, 所有智能体将同时运动至目标位置. ■

注解 6.4 需要注意的是, 在这种情况下, 跟随者的导航比最终会收敛到 N_s, 但领航者的导航比一直保持为 N_n. 尽管所有智能体的导航比最终没有收敛到相同的值, 但所有智能体的剩余时间在有限时间内依然可以实现一致.

6.1.4 仿真分析

本节考虑三维空间下 5 枚导弹从不同方向同时打击一个静止目标的情况, 进行数值仿真. 5 枚导弹的速度、与目标的初始距离、初始视线角、初始前置角分别如下: $V_1 = 350\text{m/s}$, $V_2 = 300\text{m/s}$, $V_3 = 250\text{m/s}$, $V_4 = 325\text{m/s}$, $V_5 = 275\text{m/s}$; $r_1 = 31000\text{m}$, $r_2 = 36000\text{m}$, $r_3 = 25000\text{m}$, $r_4 = 30000\text{m}$, $r_5 = 35000\text{m}$; $\lambda_1 = \lambda_2 =$

$\lambda_3 = \lambda_4 = \lambda_5 = 0$; $\phi_1 = 0.3\text{rad}$, $\phi_2 = 0.15\text{rad}$, $\phi_3 = 0.25\text{rad}$, $\phi_4 = 0.175\text{rad}$, $\phi_5 = 0.3\text{rad}$.

考虑如下两种情形: ① 导弹之间的通信拓扑图为图 6.3 (a) 所示的无向通信图; ② 导弹之间的通信拓扑图为图 6.3 (b) 所示的领从通信图. 其中, 导弹 5 为领弹, 它无法接收其他导弹的信息, 其导航比为 $N_5 = 5$ 保持不变.

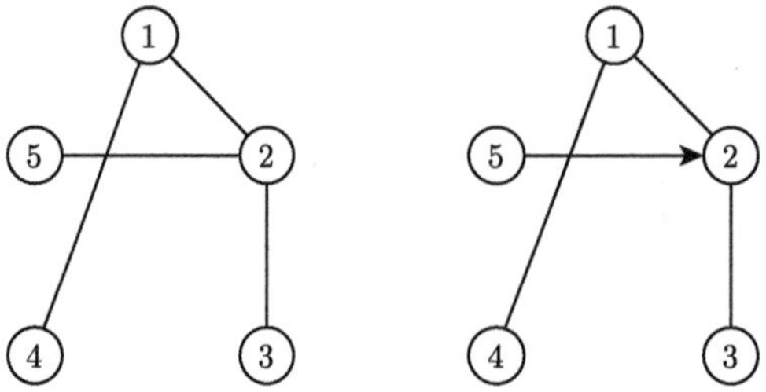

(a) 无向通信图　　(b) 领从通信图

图 6.3　导弹间的通信拓扑图

利用本节所设计的时空协调一致性控制进行数值仿真. 在比例导引攻击静止目标时, 能量最优的导航比为 3, 因此取 $N_s = 3$. 其他的控制参数分别取值如下.

情形一: $\mu = 0.8$, $k_{11} = k_{12} = 2 \times 10^{-5}$, $k_{13} = k_{14} = k_{15} = 5 \times 10^{-5}$, $k_{21} = k_{22} = 2 \times 10^{-5}$, $k_{23} = k_{24} = k_{25} = 5 \times 10^{-5}$.

情形二: $\mu = 0.8$, $k_{11} = 1.333 \times 10^{-5}$, $k_{12} = 3.333 \times 10^{-5}$, $k_{13} = k_{14} = 5.128 \times 10^{-5}$, $k_{21} = 1 \times 10^{-5}$, $k_{22} = 2.5 \times 10^{-5}$, $k_{23} = k_{24} = 3.846 \times 10^{-5}$.

无向通信图下的仿真结果, 包括导弹与目标的运动轨迹、导弹与目标的相对距离 $r_i(t)$ $(i = 1, 2, \cdots, 5)$、剩余时间估计值 $\hat{t}_{\text{go},i}(t)$ $(i = 1, 2, \cdots, 5)$、剩余时间估计值一致性误差 $\xi_i(t)$ $(i = 1, 2, \cdots, 5)$、前置角 $\phi_i(t)$ $(i = 1, 2, \cdots, 5)$、导航比 $N_i(t)$ $(i = 1, 2, \cdots, 5)$ 及导弹的加速度 $a_i(t)$ $(i = 1, 2, \cdots, 5)$ 由图 6.4 ~ 图 6.10 给出. 由图 6.4 和图 6.5 可以看出, 5 个导弹同时命中目标. 图 6.6 和图 6.7 表明一致性误差 $\boldsymbol{\xi}(t)$ 收敛到零, 剩余时间估计值实现了一致性. 图 6.9 和图 6.10 给出了控制输入的曲线, 可以看出所有导弹的导航比都收敛到了 $N_s = 3$, 智能体的加速度大小都保持在 $|a_i(t)| < 180\text{m/s}^2$ $(i = 1, 2, \cdots, 5)$ 的范围内. 值得注意的是, 在定理 6.3 中, 要求 $N_s > \dfrac{3\pi - 4}{3\pi - 8}$ 及 $|\phi_i(t)| \leqslant \dfrac{\pi}{2}$, 这样的要求具有一定的保守性. 从仿真中可以看出, N_s 设计为 3, $\phi_i(t)$ 在过程中也超出了限定的阈值, 然而同时攻击的任务仍然实现了. 在后续工作中, 我们将继续讨论这个问题.

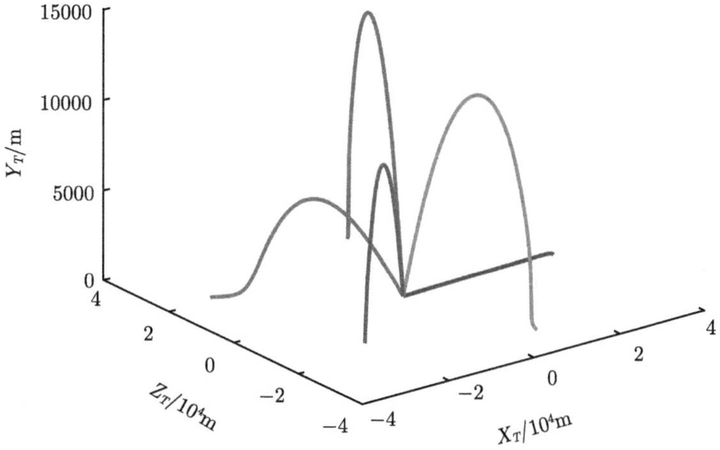

图 6.4 无向通信图下导弹与目标的运动轨迹

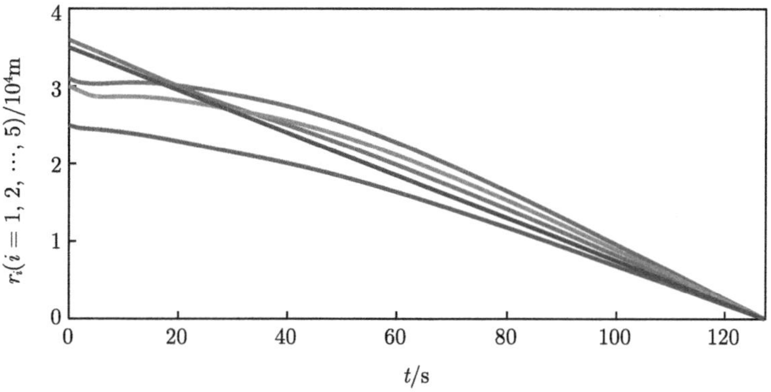

图 6.5 无向通信图下导弹与目标的相对距离

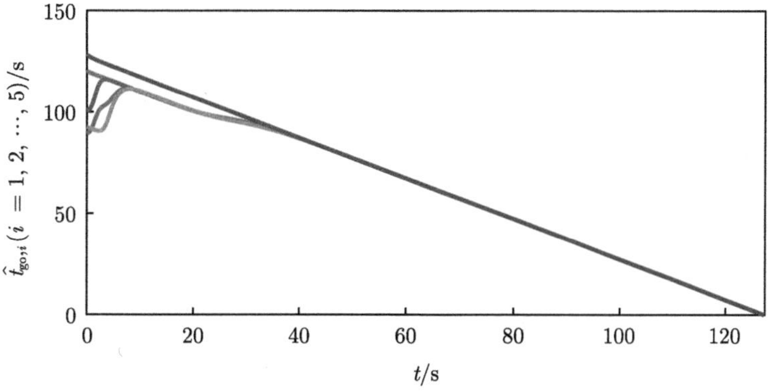

图 6.6 无向通信图下剩余时间估计值

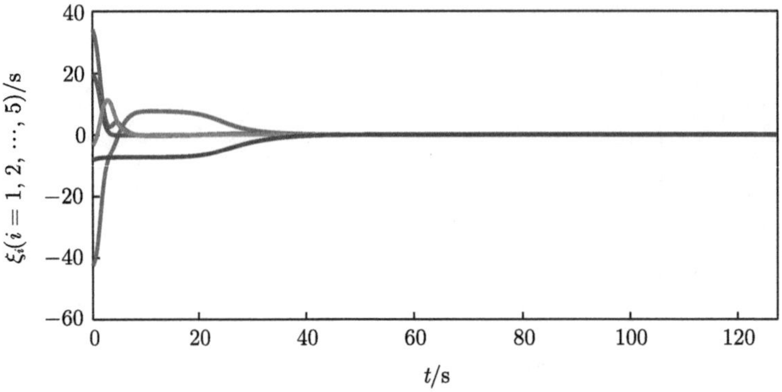

图 6.7　无向通信图下剩余时间估计值一致性误差

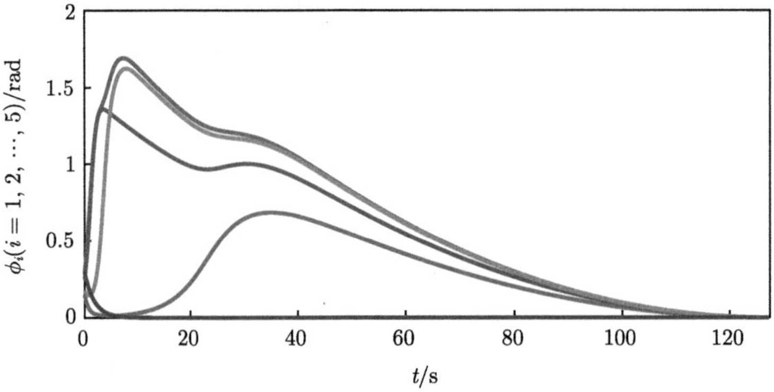

图 6.8　无向通信图下前置角

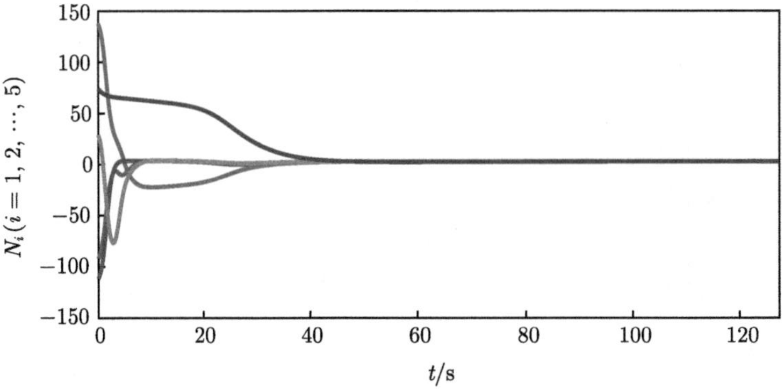

图 6.9　无向通信图下导航比

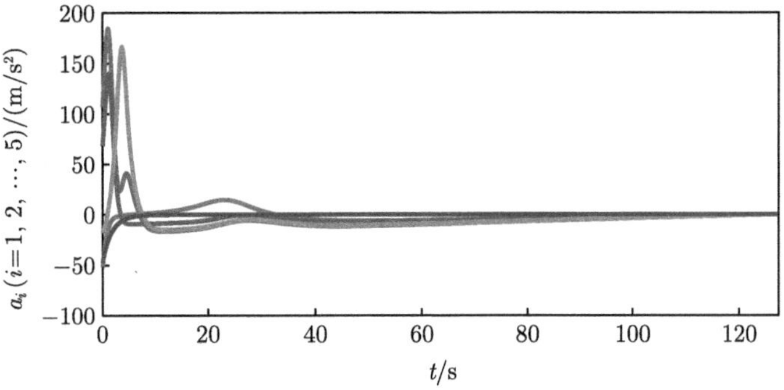

图 6.10 无向通信图下导弹加速度

领从通信图下的仿真结果由图 6.11 ~ 图 6.17 给出. 由图 6.11 和图 6.12 可以看出, 虽然第 5 个导弹的导航比不能调节, 但是这 5 个导弹仍然可以同时命中

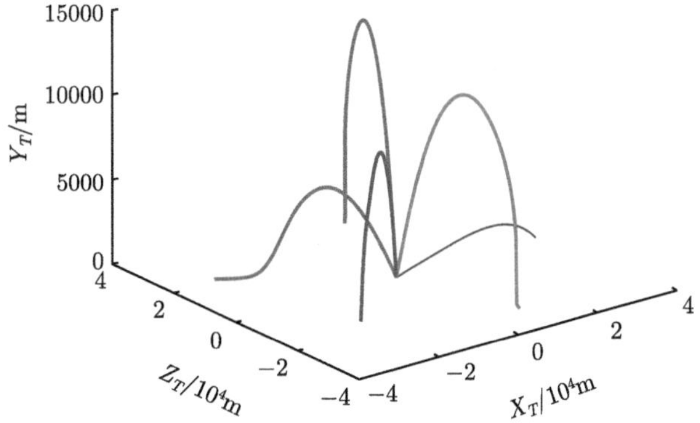

图 6.11 领从通信图下导弹与目标的运动轨迹

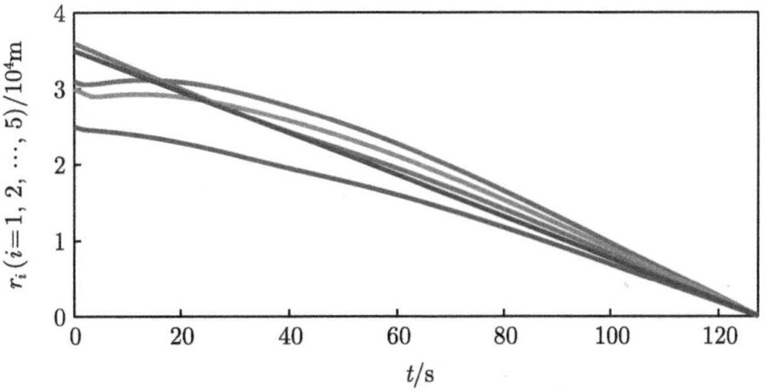

图 6.12 领从通信图下导弹与目标的相对距离

目标. 图 6.13 和图 6.14 表明一致性误差 $\boldsymbol{\xi}(t)$ 收敛到零, 剩余时间估计值实现了一致性. 图 6.16 给出了导航比曲线, 其中线条 1 代表第 5 个导弹的导航比, 一直保持为 $N_5 = 5$, 而其他 4 个导弹的导航比收敛到了 $N_s = 3$. 图 6.17 给出了导弹加速度曲线, 大小都保持在 $|a_i(t)| < 270\text{m/s}^2$ $(i = 1, 2, \cdots, 5)$ 的范围内.

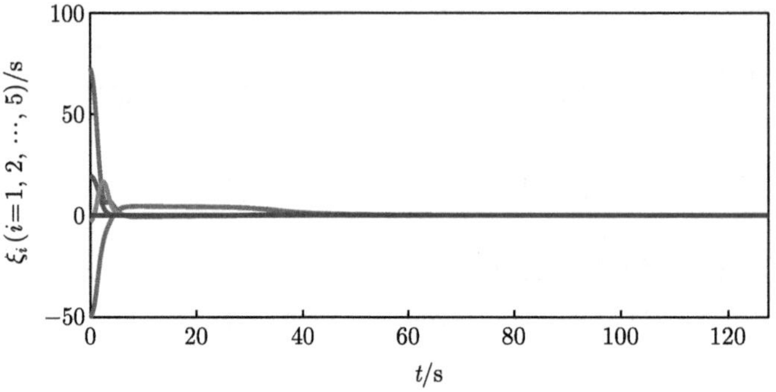

图 6.13　领从通信图下剩余时间估计值一致性误差

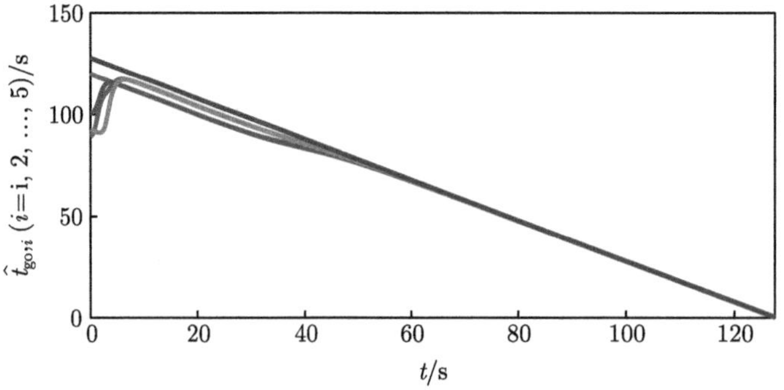

图 6.14　领从通信图下剩余时间估计值

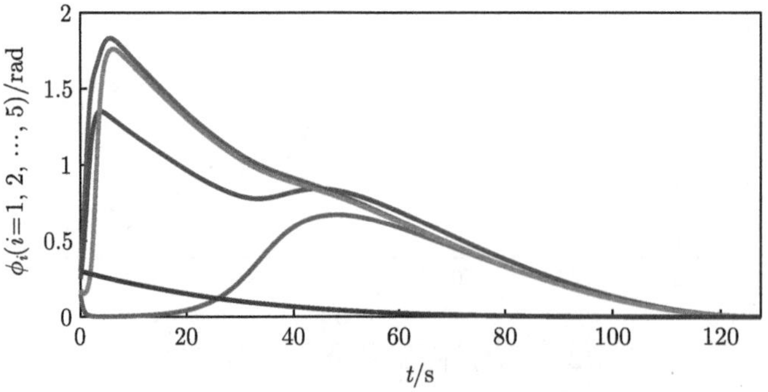

图 6.15　领从通信图下前置角

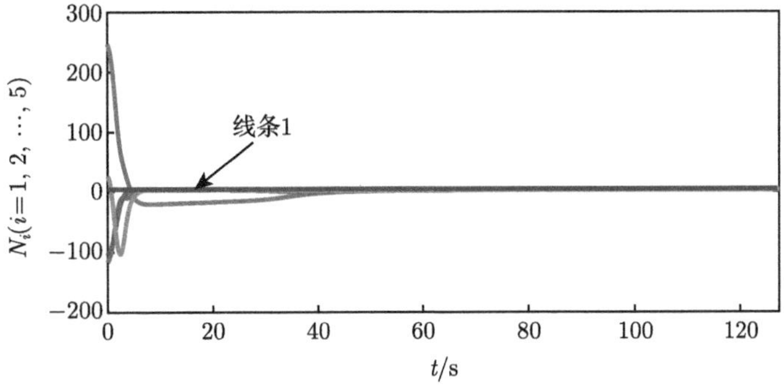

图 6.16　领从通信图下导航比

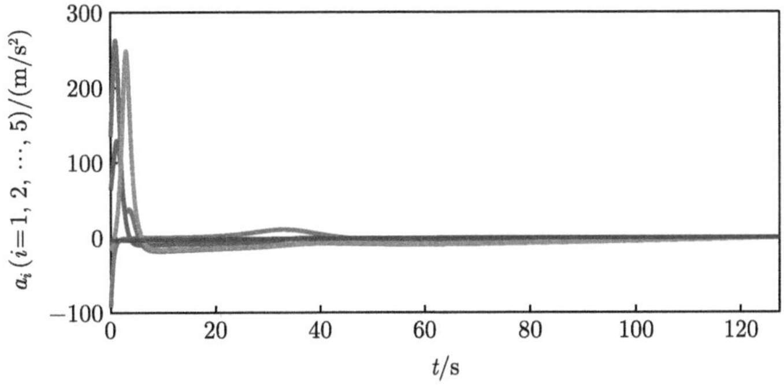

图 6.17　领从通信图下导弹加速度

6.2　面向匀速目标的群体智能系统时空协调一致性控制

6.1 节围绕面向静止目标的群体智能系统时空协调一致性问题, 基于比例导引法提出剩余时间估计值表达式, 并设计时空协调一致性控制, 可在通信拓扑图为无向图或领从图情形下, 使众智能体同时运动至目标位置. 注意到在 6.1 节的研究中, 目标是静止的, 在弹群协同打击等实际应用中, 所攻击的目标可能是运动的, 这对时空协调一致性控制提出了新的要求. 此外, 在 6.1 节的研究中, 通信拓扑图是无向图或者领从图中跟随者之间的子图为无向图, 然而, 在实际场景中, 可能出现 A 导弹能接收 B 导弹的信息, 但 B 导弹无法接收 A 导弹的信息的情况. 因此, 需要在有向通信网络下开展进一步研究.

本节以弹群系统协同打击匀速目标为背景, 研究面向匀速目标的群体智能系统时空协调一致性控制. 对于导弹与目标在二维平面运动的情况, 采用平行接近法的制导策略设计导引律, 实现无向通信图或领从通信图下的协同同时命中匀速目标. 对于通信网络为有向通信图的情况, 基于平行接近法设计新的时空协调一致性控制, 从而实现协同同时命中匀速目标, 并通过仿真验证该方法的有效性.

6.2.1 问题描述

考虑多枚导弹攻击一个匀速目标, 其二维平面示意图如图 6.18 所示. 其中, M_i 和 T 分别代表第 i 个导弹（智能体）和目标, r_i 为第 i 个导弹与目标的相对距离, V_i 为第 i 个导弹的速度, V_T 为目标的速度, λ_i 为第 i 个导弹的视线角, a_i 为第 i 个导弹的加速度.

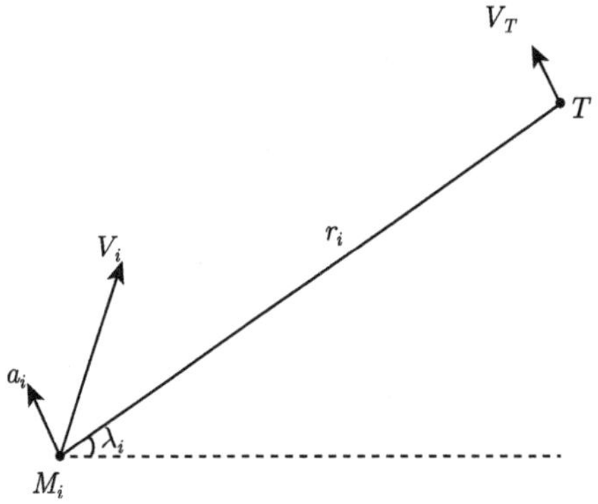

图 6.18 导弹与匀速目标的几何示意图

基于上述背景开展面向匀速目标的群体智能系统时空协调一致性控制研究. 智能体与目标之间的相对运动学方程如下：

$$\begin{aligned}
\dot{r}_i(t) &= V_{r_i}(t), \\
\dot{V}_{r_i}(t) &= \frac{V_{\lambda_i}^2(t)}{r_i(t)} - a_{r_i}(t), \\
\dot{\lambda}_i(t) &= \frac{V_{\lambda_i}(t)}{r_i(t)}, \\
\dot{V}_{\lambda_i}(t) &= -\frac{V_{r_i}(t)V_{\lambda_i}(t)}{r_i(t)} - a_{\lambda_i}(t), \quad i = 1, 2, \cdots, n,
\end{aligned} \tag{6.28}$$

其中, $V_{r_i}(t)$、$V_{\lambda_i}(t)$ 分别为智能体 i 与目标的相对速度沿着和垂直于视线方向的分量; $a_{r_i}(t)$、$a_{\lambda_i}(t)$ 分别为智能体 i 的加速度沿着和垂直于视线方向的分量.

本章的控制目标为, 设计智能体的加速度 $a_{r_i}(t)$ 和 $a_{\lambda_i}(t), i = 1, 2, \cdots, n$, 使 $r_1(t), r_2(t), \cdots, r_n(t)$ 同时收敛到 0.

6.2.2 无向通信拓扑图下时空协调一致性控制

定义如下剩余时间估计式:

$$\hat{t}_{\mathrm{go},i}(t) = -\frac{r_i(t)}{V_{r_i}(t)}, \quad i = 1, 2, \cdots, n. \tag{6.29}$$

假设全程有 $V_{r_i}(t) \leqslant 0$ $(i = 1, 2, \cdots, n)$ 成立. 显然该假设是必要且易于满足的. 易知, 当 $V_{r_i}(t)$ 为负常数时, 智能体向目标运动, 且智能体和目标之间沿着视线方向的相对速度保持不变, $\hat{t}_{\mathrm{go},i}(t)$ 描述了智能体 i 到达目标准确的剩余时间. 运动过程中该条件一般并不满足, 因此式 (6.29) 不能准确描述剩余时间, 而称为剩余时间估计值.

定义众智能体之间剩余时间估计值的一致性误差为

$$\xi_i(t) = \sum_{j=1}^{n} a_{ij}(\hat{t}_{\mathrm{go},j}(t) - \hat{t}_{\mathrm{go},i}(t)), \quad i = 1, 2, \cdots, n, \tag{6.30}$$

在众智能体之间的通信拓扑图为无向通信图的情况下, 设计如下时空协调一致性控制:

$$\begin{aligned} a_{r_i}(t) =& \frac{V_{\lambda_i}^2(t)}{r_i(t)} - \left(k_{1i}\xi_i(t) + k_{2i}\mathrm{sig}^{\mu}(\xi_i(t))\right), \\ a_{\lambda_i}(t) =& -\frac{V_{r_i}(t)V_{\lambda_i}(t)}{r_i(t)} + k_{3i}V_{\lambda_i}(t), \quad i = 1, 2, \cdots, n, \end{aligned} \tag{6.31}$$

其中, k_{1i}、k_{2i}、k_{3i} 和 μ 为满足 $k_{1i} > 0$、$k_{2i} > 0$、$k_{3i} > 0$ 和 $0 < \mu < 1$ 的常数.

定理 6.5 对于群体智能系统 (6.28), 若其通信拓扑为无向连通的, 则基于平行接近法的时空协调一致性控制 (6.31) 可使众智能体同时运动至目标位置.

证明: 将式 (6.29) 中的 $\hat{t}_{\mathrm{go},i}(t)$ 对时间求导, 并结合运动学模型 (6.28) 和时空协调一致性控制 (6.31) 可得

$$\begin{aligned} \dot{\hat{t}}_{\mathrm{go},i}(t) =& -1 + \frac{r_i(t)\dot{V}_{r_i}(t)}{V_{r_i}^2(t)} \\ =& -1 + \frac{r_i(t)}{V_{r_i}^2(t)}\left(k_{1i}\xi_i(t) + k_{2i}\mathrm{sig}^{\mu}(\xi_i(t))\right), \quad i = 1, 2, \cdots, n. \end{aligned} \tag{6.32}$$

考虑 Lyapunov 函数:

$$W_1(t) = \frac{1}{4}\sum_{(i,j)\in\mathcal{E}} a_{ij}(\hat{t}_{\mathrm{go},j}(t) - \hat{t}_{\mathrm{go},i}(t))^2 = \frac{1}{2}\hat{\boldsymbol{t}}_{\mathrm{go}}^{\mathrm{T}}(t)\boldsymbol{L}\hat{\boldsymbol{t}}_{\mathrm{go}}(t), \tag{6.33}$$

其中, $\hat{\boldsymbol{t}}_{\rm go}(t) \xlongequal{\rm def} [\hat{t}_{{\rm go},1}(t), \hat{t}_{{\rm go},2}(t), \cdots, \hat{t}_{{\rm go},n}(t)]^{\rm T}$. 由于有 $\boldsymbol{L1} = \boldsymbol{0}, \boldsymbol{\xi}(t) = -\boldsymbol{L}\hat{\boldsymbol{t}}_{\rm go}(t)$, 其中 $\boldsymbol{\xi}(t) \xlongequal{\rm def} [\xi_1(t), \xi_2(t), \cdots, \xi_n(t)]^{\rm T}$, 结合式 (6.32) 可得

$$\begin{aligned} \dot{W}_1(t) &= \hat{\boldsymbol{t}}_{\rm go}^{\rm T}(t)\boldsymbol{L}\dot{\hat{\boldsymbol{t}}}_{\rm go}(t) \\ &= -\sum_{i=1}^{n}\left(\frac{k_{1i}r_i(t)}{V_{r_i}^2(t)}\xi_i^2(t) + \frac{k_{2i}r_i(t)}{V_{r_i}^2(t)}|\xi_i(t)|^{1+\mu}\right). \end{aligned} \tag{6.34}$$

假设在 $\hat{t}_{{\rm go},i}(t)$ $(i = 1, 2, \cdots, n)$ 达到一致之前, $r_i(t)$ $(i = 1, 2, \cdots, n)$ 均未收敛至 0, 则存在正常数 r_m 和 v_m 使得 $r_i \geqslant r_m$, $|V_{r_i}(t)| \leqslant v_m, i = 1, 2, \cdots, n$, 由式 (6.34) 可得

$$\dot{W}_1(t) \leqslant -k_1^{'}\boldsymbol{\xi}^{\rm T}(t)\boldsymbol{\xi}(t) - k_2^{'}(\boldsymbol{\xi}^{\rm T}(t)\boldsymbol{\xi}(t))^{\frac{1+\mu}{2}}, \tag{6.35}$$

其中, $k_1^{'} = \dfrac{r_m}{v_m^2}\min\{k_{11}, k_{12}, \cdots, k_{1n}\}$, $k_2^{'} = \dfrac{r_m}{v_m^2}\min\{k_{21}, k_{22}, \cdots, k_{2n}\}$.

由于 $\boldsymbol{1}^{\rm T}\boldsymbol{L1} = (\boldsymbol{L}^{\frac{1}{2}}\boldsymbol{1})^{\rm T}(\boldsymbol{L}^{\frac{1}{2}}\boldsymbol{1}) = 0$, 有 $\boldsymbol{L}^{\frac{1}{2}}\boldsymbol{1} = \boldsymbol{0}$, 进一步可得 $\boldsymbol{1}^{\rm T}\boldsymbol{L}^{\frac{1}{2}}\hat{\boldsymbol{t}}_{\rm go}(t) = 0$. 由引理 2.8 可得, $\hat{\boldsymbol{t}}_{\rm go}^{\rm T}(t)\boldsymbol{LL}\hat{\boldsymbol{t}}_{\rm go}(t) = (\boldsymbol{L}^{\frac{1}{2}}\hat{\boldsymbol{t}}_{\rm go}(t))^{\rm T}\boldsymbol{LL}^{\frac{1}{2}}\hat{\boldsymbol{t}}_{\rm go}(t) \geqslant \lambda_2\hat{\boldsymbol{t}}_{\rm go}^{\rm T}(t)\boldsymbol{L}\hat{\boldsymbol{t}}_{\rm go}(t)$, 即 $\boldsymbol{\xi}^{\rm T}(t)\boldsymbol{\xi}(t) \geqslant 2\lambda_2W_1(t)$, 其中 λ_2 为 Laplace 矩阵 $\boldsymbol{L}$ 的最小非零特征值. 结合式 (6.35) 可以得到

$$\dot{W}_1(t) \leqslant -2\lambda_2k_1^{'}V(t) - (2\lambda_2)^{\frac{1+\mu}{2}}k_2^{'}W_1^{\frac{1+\mu}{2}}(t) \tag{6.36}$$

根据引理 2.26, 由式 (6.36) 可得, $W_1(t)$ 在有限时间内收敛至 0, 故而说明剩余时间估计值 $\hat{t}_{{\rm go},i}(t)$ $(i = 1, 2, \cdots, n)$ 在有限时间内达到一致, 剩余时间估计值的一致性误差 $\boldsymbol{\xi}(t)$ 在有限时间内收敛至 $\boldsymbol{0}$.

根据协调控制律 (6.31) 的设计, 一旦 $\boldsymbol{\xi}(t)$ 收敛到 $\boldsymbol{0}$, $a_{r_i}(t) = \dfrac{V_{\lambda_i}^2(t)}{r_i(t)}$, 代入运动学方程 (6.28) 得 $\dot{V}_{r_i}(t) = 0$, 即 $V_{r_i}(t)$ 为常数, 此时剩余时间估计式 $\hat{t}_{{\rm go},i}(t)$ $(i = 1, 2, \cdots, n)$ 将代表智能体准确的剩余时间, 因而众智能体的剩余时间保持一致. 结合系统运动学方程 (6.28) 和时空协调一致性控制 (6.31) 有

$$\dot{V}_{\lambda_i}(t) = -k_{3i}V_{\lambda_i}(t), \quad i = 1, 2, \cdots, n. \tag{6.37}$$

由式 (6.37) 可知, $V_{\lambda_i}(t)$ 指数渐近收敛到 0, 设计合适的参数 k_{3i} 可保证智能体运动至目标位置时, 垂直于视线方向的相对速度收敛到 0, 智能体不容易丢失目标. 综上所述, 众智能体能同时运动至目标位置. ■

6.2.3 领从通信拓扑图下时空协调一致性控制

6.2.2 节考虑了智能体之间的通信拓扑为无向图的情况, 与 6.1.3 节类似, 进一步考虑领从通信拓扑, 即有一个智能体不能获取邻居的信息, 从而不能与其他智能体协同调节自身的加速度, 故而被称为领航者. 不失一般性地, 令智能体 n 为领航者, 并限定如下假设成立.

假设 6.2 通信拓扑图 $\mathcal{G}$ 包含一棵有向生成树, 其根结点是领航者, 即智能体 n; 跟随者之间的子图是无向通信图.

定理 6.6 对于群体智能系统 (6.28), 当通信拓扑图 $\mathcal{G}$ 满足假设 6.2 时, 时空协调一致性控制 (6.31) 可使众智能体同时运动至目标位置.

证明: 满足假设 6.1 的领从通信图的性质在 6.1.3 节中已阐述, 本节同样取 Lyapunov 函数 $W_2(t)=\dfrac{1}{2}(\tilde{\boldsymbol{t}}_{\rm go}(t)-\hat{t}_{{\rm go},n}(t)\mathbf{1})^{\rm T}\boldsymbol{L}_1(\tilde{\boldsymbol{t}}_{\rm go}(t)-\hat{t}_{{\rm go},n}(t)\mathbf{1})$. 结合式 (6.32) 可得, $W_2(t)$ 的一阶时间导数为

$$
\begin{aligned}
\dot{W}_2(t)&=(\boldsymbol{t}_{\rm go}(t)-\hat{t}_{{\rm go},n}(t)\mathbf{1})^{\rm T}\boldsymbol{L}_1(\dot{\boldsymbol{t}}_{\rm go}(t)-\dot{\hat{t}}_{{\rm go},n}(t)\mathbf{1})\\
&=-\sum_{i=1}^{n-1}\frac{k_{1i}r_i(t)}{V_{r_i}^2(t)}\xi_i^2(t)-\sum_{i=1}^{n-1}\frac{k_{2i}r_i(t)}{V_{r_i}^2(t)}|\xi_i(t)|^{\mu+1}.
\end{aligned}
\tag{6.38}
$$

假设在 $t_{{\rm go},i}(t)$ $(i=1,2,\cdots,n)$ 达到一致之前, $r_i(t)$ $(i=1,2,\cdots,n)$ 均未收敛至 0. 存在正常数 t_m 和 v_m 使 $|\dfrac{r_i(t)}{V_{r_i}(t)}|\geqslant t_m$, $|V_{r_i}(t)|\leqslant v_m, i=1,2,\cdots,n-1$ 成立. 因此, 由式 (6.38) 可得

$$
\dot{W}_2(t)\leqslant -k_1\boldsymbol{\xi}^{\rm T}(t)\boldsymbol{\xi}(t)-k_2(\boldsymbol{\xi}^{\rm T}(t)\boldsymbol{\xi}(t))^{\frac{1+\mu}{2}},
\tag{6.39}
$$

其中, $k_1=\dfrac{t_m}{v_m}\min\{k_{11},k_{12},\cdots,k_{1(n-1)}\}$, $k_2=\dfrac{t_m}{v_m}\min\{k_{21},k_{22},\cdots,k_{2(n-1)}\}$.

定义 $\boldsymbol{L}_1$ 的最小特征根为 $\lambda_1>0$. 对任意 $\boldsymbol{x}\in\mathbb{R}^{n-1}$, 有 $\boldsymbol{x}^{\rm T}\boldsymbol{L}_1\boldsymbol{x}\geqslant\lambda_1\boldsymbol{x}^{\rm T}\boldsymbol{x}$. 令 $\boldsymbol{x}=\boldsymbol{L}_1^{\frac{1}{2}}(\hat{\boldsymbol{t}}_{\rm go}(t)-\hat{t}_{{\rm go},n}(t)\mathbf{1})$, 可得 $\boldsymbol{\xi}^{\rm T}(t)\boldsymbol{\xi}(t)\geqslant 2\lambda_1W_2(t)$. 因此, 由式 (6.39) 进一步有

$$
\dot{W}_2(t)\leqslant -2\lambda_1k_1W_2(t)-(2\lambda_1)^{\frac{1+\mu}{2}}k_2W_2^{\frac{1+\mu}{2}}(t)
\tag{6.40}
$$

由引理 2.26 可知, $W_2(t)$ 将有限时间收敛到 0, 也即 $\hat{t}_{{\rm go},i}(t)$ $(i=1,2,\cdots,n-1)$ 收敛到 $\hat{t}_{{\rm go},n}(t)$, 且一致性误差 $\tilde{\boldsymbol{\xi}}(t)$ 将有限时间收敛到 $\mathbf{0}$. 收敛时间 T 满足

$$
T\leqslant\frac{1}{\lambda_1k_1(1-\mu)}\ln\frac{2\lambda_1k_1W_2^{\frac{1-\mu}{2}}(0)+(2\lambda_1)^{\frac{1+\mu}{2}}k_2}{(2\lambda_1)^{\frac{1+\mu}{2}}k_2}.
$$

当 $\boldsymbol{\xi}(t)$ 收敛为零向量时, 由所设计的时空协调一致性控制 (6.31) 可得 $a_{r_i}(t)=\dfrac{V_{\lambda_i}^2(t)}{r_i(t)}$, 代入运动学方程 (6.28) 得 $\dot{V}_{r_i}(t)=0$, 即 $V_{r_i}(t)$ 为常数, 此时剩余时间估计式 $\hat{t}_{\mathrm{go},i}(t)$ $(i=1,2,\cdots,n)$ 将代表智能体准确的剩余时间, 因而众智能体的剩余时间保持一致. 结合系统运动学方程 (6.28) 和时空协调一致性控制 (6.31) 有

$$\dot{V}_{\lambda_i}(t)=-k_{3i}V_{\lambda_i}(t),\quad i=1,2,\cdots,n. \tag{6.41}$$

由式 (6.41) 可知, $V_{\lambda_i}(t)$ 指数渐近收敛到 0, 设计合适的参数 k_{3i} 可保证智能体命中目标时, 垂直于视线方向的相对速度收敛到 0, 智能体不容易丢失目标. ■

6.2.4 有向通信拓扑图下时空协调一致性控制

6.2.2 节和 6.2.3 节分别在智能体之间的通信拓扑为无向图、跟随者之间的子图为无向图的领从图情形下, 探讨了时空协调一致性控制设计问题. 然而在实际中, 智能体之间的通信并不一定是双向的. 在某些群体智能系统中, 一部分智能体配备有通信收发装置, 而一部分智能体仅配备有通信接收装置. 此外, 智能体通信收发装置的作用范围和视野有限, 这些都可能导致智能体之间的通信不满足双向性. 因此, 本节将考虑更为一般的智能体之间的通信拓扑为有向图的情况.

在众智能体之间的通信拓扑为有向图的情况下, 设计如下时空协调一致性控制:

$$\begin{aligned}a_{r_i}(t)=&\frac{V_{\lambda_i}^2(t)}{r_i(t)}-k\frac{V_{r_i}^2(t)}{r_i(t)}\xi_i(t),\\a_{\lambda_i}(t)=&-\frac{V_{r_i}(t)V_{\lambda_i}(t)}{r_i(t)}+k_{\lambda_i}V_{\lambda_i(t)},\quad i=1,2,\cdots,n,\end{aligned} \tag{6.42}$$

其中, k、k_{λ_i} 和 μ 为满足 $k>0$、$k_{\lambda_i}>0$ 和 $0<\mu<1$ 的常数.

对通信拓扑图做出如下要求.

假设 6.3 通信拓扑图 $\mathcal{G}$ 为有向通信图, 且含有一棵有向生成树.

定理 6.7 对于群体智能系统 (6.28), 若通信拓扑图 $\mathcal{G}$ 满足假设 6.3 , 时空协调一致性控制 (6.42) 可使众智能体同时运动至目标位置.

证明: 对运动学模型 (6.28) 中的 $\dot{\lambda}_i(t)$ 求导可得

$$\ddot{\lambda}_i(t)=-\frac{2V_{r_i}(t)V_{\lambda_i}(t)}{r_i^2(t)}-\frac{a_{\lambda_i}(t)}{r_i(t)}. \tag{6.43}$$

将时空协调一致性控制 (6.42) 代入式 (6.28) 和式 (6.43) 可得

$$\dot{V}_{r_i}(t)=k\frac{V_{r_i}^2(t)}{r_i(t)}\xi_i(t), \tag{6.44}$$

$$\ddot{\lambda}_i(t) = -k_{\lambda i}\dot{\lambda}_i(t). \tag{6.45}$$

由式 (6.45) 易知 $\dot{\lambda}_i(t)$ 指数渐近收敛到 0, 即智能体与目标之间的垂直于视线方向的相对速度收敛到 0, 当智能体即将运动至目标位置时不容易丢失目标.

结合式 (6.44), 式 (6.29) 中 $\hat{t}_{\mathrm{go},i}(t)$ 的一阶时间导数为

$$\dot{\hat{t}}_{\mathrm{go},i}(t) = -1 + \frac{r_i(t)\dot{V}_{r_i}(t)}{V_{r_i}^2(t)} = -1 + k\xi_i(t). \tag{6.46}$$

定义 $\boldsymbol{\xi}(t) \stackrel{\text{def}}{=\!=} [\xi_1(t), \xi_2(t), \cdots, \xi_n(t)]^{\mathrm{T}}$, $\hat{\boldsymbol{t}}_{\mathrm{go}}(t) \stackrel{\text{def}}{=\!=} [\hat{t}_{\mathrm{go},1}(t), \hat{t}_{\mathrm{go},2}(t), \cdots, \hat{t}_{\mathrm{go},n}(t)]^{\mathrm{T}}$. 显然, $\boldsymbol{\xi}(t) = -\boldsymbol{L}\hat{\boldsymbol{t}}_{\mathrm{go}}(t)$, 结合式 (6.46) 和性质 $\boldsymbol{L1} = \boldsymbol{0}$ 可知, $\boldsymbol{\xi}(t)$ 的动态如下:

$$\dot{\boldsymbol{\xi}}(t) = -\boldsymbol{L}\dot{\hat{\boldsymbol{t}}}_{\mathrm{go}}(t) = -k\boldsymbol{L}\boldsymbol{\xi}(t), \tag{6.47}$$

令 $\boldsymbol{Y} \in \mathbb{R}^{n\times(n-1)}$、$\boldsymbol{W} \in \mathbb{R}^{(n-1)\times n}$、$\boldsymbol{T} \in \mathbb{R}^{n\times n}$, 以及上三角矩阵 $\boldsymbol{\Lambda} \in \mathbb{R}^{(n-1)\times(n-1)}$ 满足

$$\boldsymbol{T} = [\boldsymbol{1} \quad \boldsymbol{Y}], \quad \boldsymbol{T}^{-1} = \begin{bmatrix} \boldsymbol{\delta}^{\mathrm{T}} \\ \boldsymbol{W} \end{bmatrix}, \quad \boldsymbol{T}^{-1}\boldsymbol{L}\boldsymbol{T} = \boldsymbol{J} = \begin{bmatrix} 0 & \boldsymbol{0} \\ \boldsymbol{0} & \boldsymbol{\Lambda} \end{bmatrix}, \tag{6.48}$$

其中, $\boldsymbol{\delta}$ 为 $\boldsymbol{L}$ 的零特征根对应的左特征向量; $\boldsymbol{\Lambda}$ 的对角元是 $\boldsymbol{L}$ 的非零特征根. 引入状态变换 $\bar{\boldsymbol{\xi}} = \boldsymbol{T}^{-1}\boldsymbol{\xi}(t)$, 其中 $\bar{\boldsymbol{\xi}} = [\bar{\xi}_1, \bar{\xi}_2, \cdots, \bar{\xi}_n]^{\mathrm{T}}$. 于是式 (6.47) 转化为

$$\dot{\bar{\boldsymbol{\xi}}} = -k\boldsymbol{J}\bar{\boldsymbol{\xi}}. \tag{6.49}$$

注意到

$$\bar{\xi}_1 = \boldsymbol{\delta}^{\mathrm{T}}\boldsymbol{\xi}(t) = \boldsymbol{\delta}^{\mathrm{T}}\boldsymbol{L}\hat{\boldsymbol{t}}_{\mathrm{go}}(t) \equiv 0. \tag{6.50}$$

定义 ε 为 Laplace 矩阵 $\boldsymbol{L}$ 的最小非零特征根的实部. 由式 (6.49) 可知, $\bar{\xi}_i$ $(i = 2, 3, \cdots, n)$ 以快于 $\mathrm{e}^{-k\varepsilon t}$ 的速率渐近收敛到零, 进而可得 $\xi_i(t)$ $(i = 1, 2, \cdots, n)$ 以快于 $\mathrm{e}^{-k\varepsilon t}$ 的速率渐近收敛到零. 当 $\boldsymbol{\xi}(t)$ 收敛到零时, $\dot{V}_{r_i}(t) = 0$, 此时智能体的剩余时间估计值 $\hat{t}_{\mathrm{go},i}(t)$ $(i = 1, 2, \cdots, n)$ 将等于真实的剩余时间. 因此, 众智能体将同时运动至目标位置. ■

注解6.5 时空协调一致性控制 (6.42) 包括智能体沿视线方向的加速度 $a_{r_i}(t)$ 和智能体垂直于视线方向的加速度 $a_{\lambda_i}(t)$ 这两项. 其中, $a_{r_i}(t)$ 的作用是协调众智能体的剩余时间, 使它们能同时命中目标; 而 $a_{\lambda_i}(t)$ 的作用是使智能体在接近目标时, 视线不再旋转, 智能体与目标垂直于视线的相对速度收敛到零, 从而使智能体不容易丢失目标.

注解 6.6 6.2.2 节和 6.2.3 节所设计的时空协调一致性控制只能处理智能体之间通信拓扑图为无向通信图或者从弹之间为无向通信图的领从通信图的情况，本节所设计的协调控制律 (6.42) 可以实现一般有向通信图下面向匀速目标的时空协调一致性问题，而仅仅要求有向通信图含有有向生成树. 这样的假设是一般性的，若此假设不满足，则说明信息无法在整个群体流通，众智能体被分割成孤立的几簇，因此不可能实现一致性，也无法实现同时命中目标的任务.

注解 6.7 在定理证明中，一致性误差 $\xi_i(t)$ 以快于 $\mathrm{e}^{-k\varepsilon t}$ 的速率指数渐近收敛到零. 要想取得更快的收敛速率，使 $\xi_i(t)$ 收敛得足够快，需要取较大的参数 k，这意味着需要较大的控制输入. 在实际应用中，通常根据实际情况选择合适的 k 来取得较快收敛速率与较小控制输入的折中.

6.2.5 仿真分析

本节考虑三维空间下 5 枚导弹从不同方向同时打击一个匀速目标的情况，进行数值仿真.

5 枚导弹的初始坐标分别为 (14000, 0)m、(25000, 0)m、(10000, 0)m、(0, 0)m、(15000, 0)m，初始速度大小分别为 200m/s、100m/s、350m/s、325m/s、200m/s，初始航迹角分别为 0.4rad、0.25rad、0.35rad、0.275rad、0.4rad. 目标的初始坐标为 (50000, 0)m，并以 50m/s 的速度大小沿 x 轴正方向匀速运动.

考虑如下三种情形：① 导弹之间的通信拓扑图为图 6.19 所示的无向通信图；② 导弹之间的通信拓扑图为图 6.20 所示的领从通信图，其中导弹 5 为领弹，它无法接收其他导弹的信息；③ 导弹之间的通信拓扑图为图 6.21 所示的有向通信图.

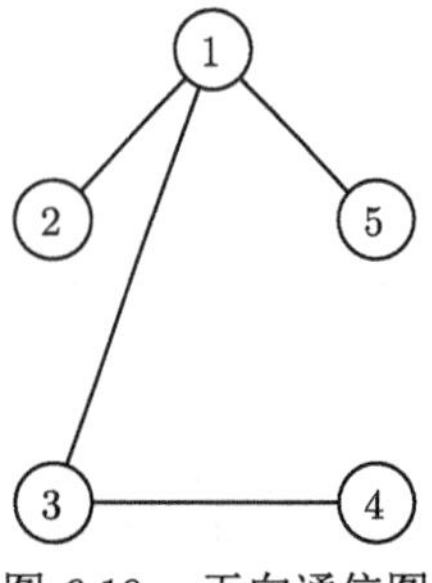

图 6.19 无向通信图

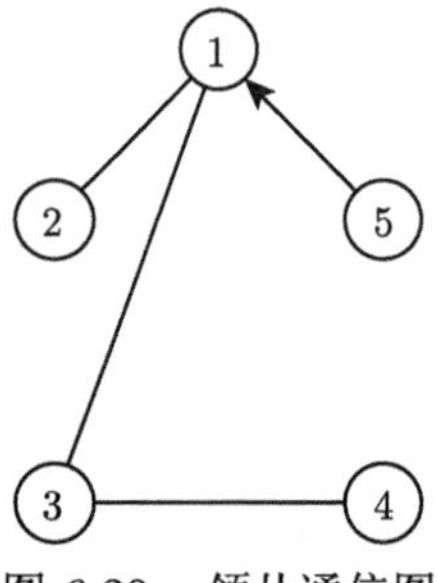

图 6.20 领从通信图

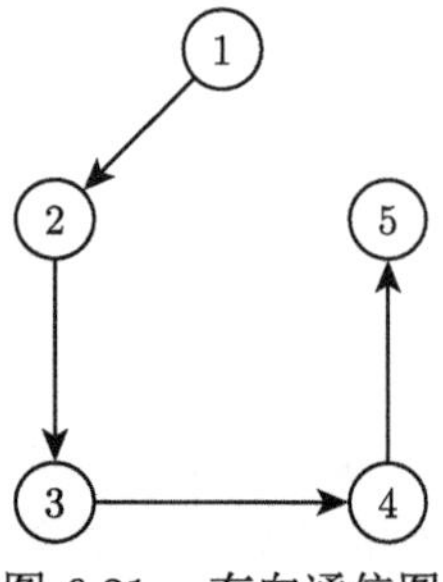

图 6.21 有向通信图

无向通信图下的仿真结果，包括导弹与目标的运动轨迹、导弹与目标的相对距离 $r_i(t)$ $(i=1,2,\cdots,5)$、剩余时间估计值 $\hat{t}_{\mathrm{go},i}(t)$ $(i=1,2,\cdots,5)$、剩余时间估计值一致性误差 $\xi_i(t)$ $(i=1,2,\cdots,5)$、导弹与目标沿着视线方向的相对速度 $V_{r_i}(t)$ $(i=1,2,\cdots,5)$，以及导弹的法向加速度 $a_{\mathrm{n},i}(t)$ $(i=1,2,\cdots,5)$ 和切向加速度 $a_{\mathrm{t},i}(t)$ $(i=1,2,\cdots,5)$ 由图 6.22 ~ 图 6.28 给出. 由图 6.22 和图 6.23 可以看出，5 个导弹同时命中目标，到达时间为 220s. 图 6.24 和图 6.25 表明一致性

误差 $\boldsymbol{\xi}(t)$ 收敛到零, 剩余时间估计值实现了一致性. 图 6.26 给出了导弹与目标沿视线方向的相对速度曲线, 最终都收敛到负常数, 表明剩余时间估计值代表真实的剩余时间. 图 6.27 和 图 6.28 给出了导弹加速度曲线, 导弹的加速度大小都保持在 $-13\text{m/s}^2 \leqslant a_{\text{n},i}(t) \leqslant 0\text{m/s}^2$, $-30\text{m/s}^2 \leqslant a_{\text{t},i}(t) \leqslant 20\text{m/s}^2$, $i = 1, 2, \cdots, 5$ 的范围内.

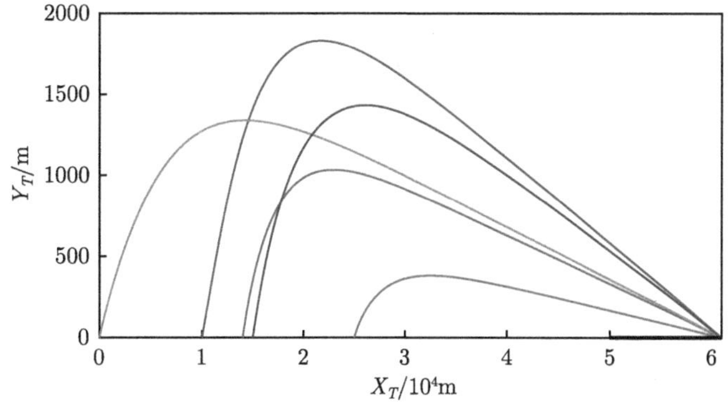

图 6.22 无向通信图下导弹与目标的运动轨迹

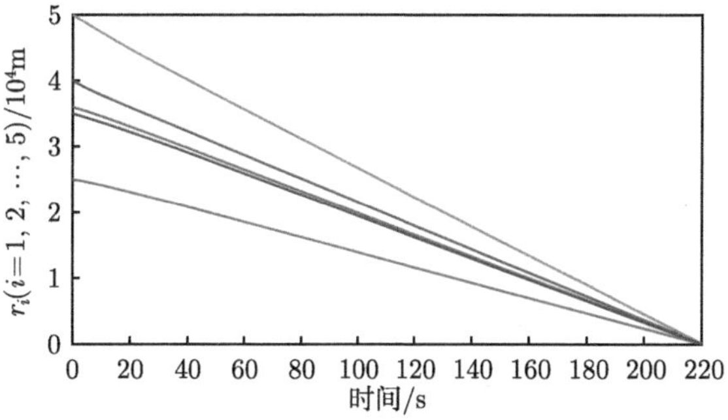

图 6.23 无向通信图下导弹与目标的相对距离

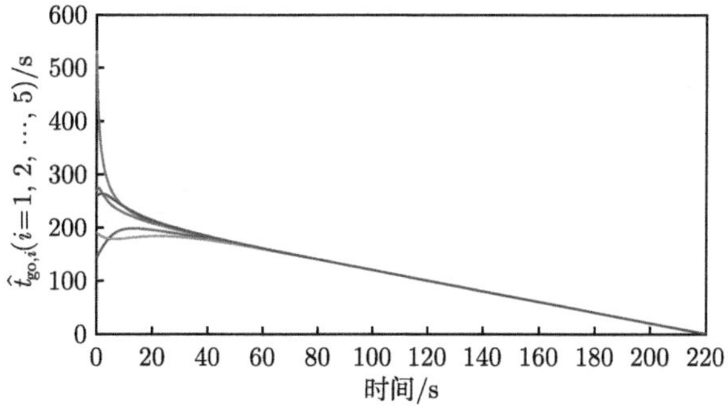

图 6.24 无向通信图下剩余时间估计值

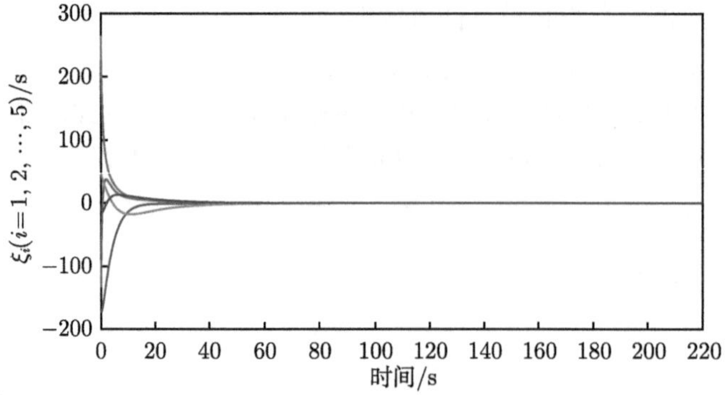

图 6.25　无向通信图下剩余时间估计值一致性误差

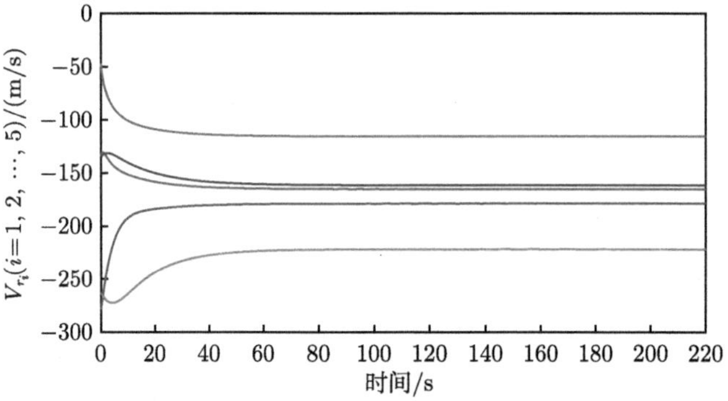

（扫码获取彩图）

图 6.26　无向通信图下导弹与目标沿视线方向的相对速度

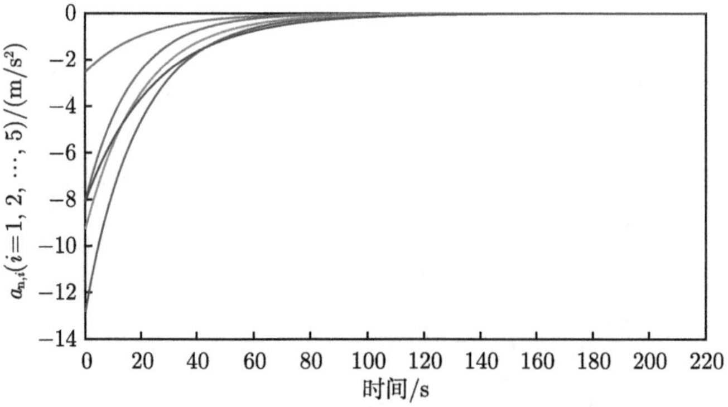

图 6.27　无向通信图下导弹的法向加速度

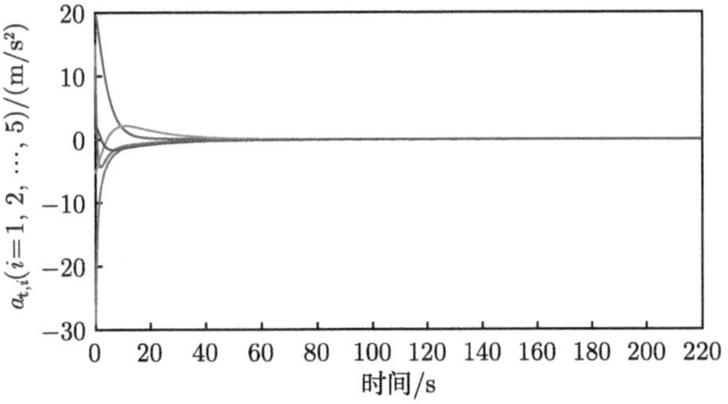

图 6.28 无向通信图下导弹的切向加速度

领从通信图下的仿真结果由图 6.29 ~ 图 6.35 给出. 由图 6.29 和图 6.30 可以看出, 虽然第 5 个导弹的导航比不能调节, 但是这 5 个导弹仍然可以同时命中目标, 到达时间为 270s. 图 6.31 和图 6.32 表明一致性误差 $\boldsymbol{\xi}(t)$ 收敛到零, 剩余时间估计值实现了一致性. 图 6.33 给出了导弹与目标沿着视线方向的相对速度曲

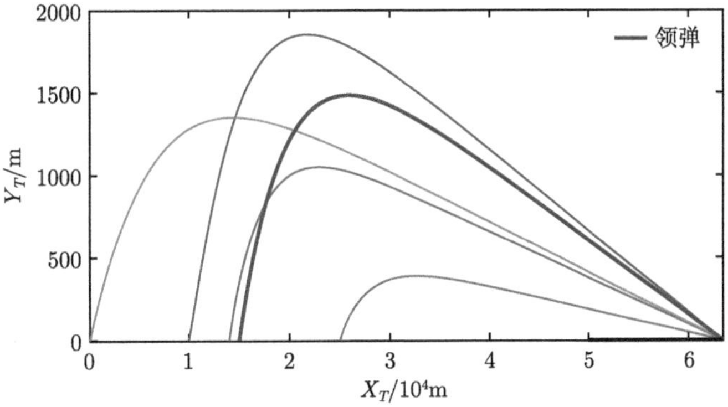

图 6.29 领从通信图下导弹与目标的运动轨迹

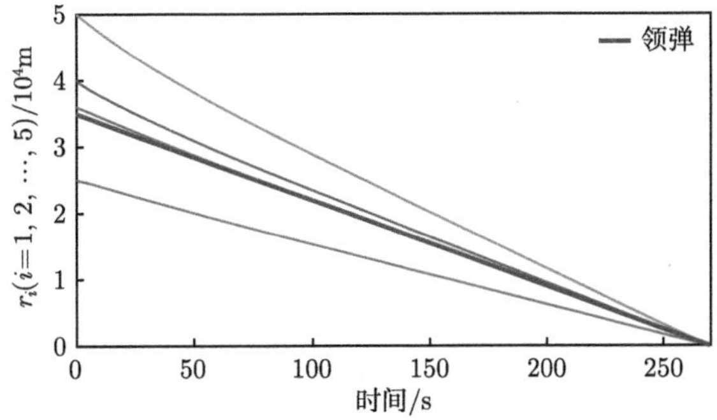

图 6.30 领从通信图下导弹与目标的相对距离

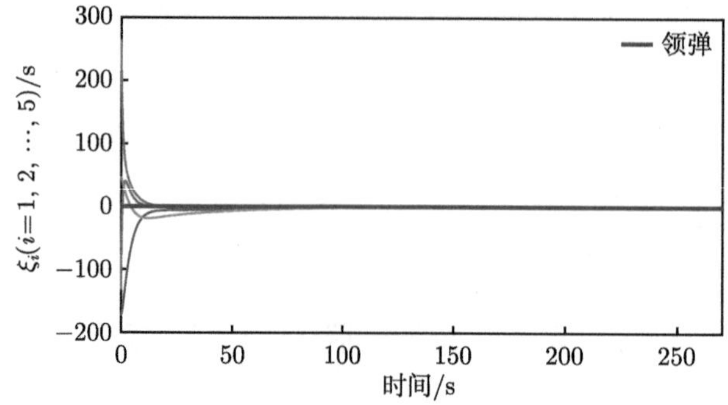

图 6.31　领从通信图下剩余时间估计值一致性误差

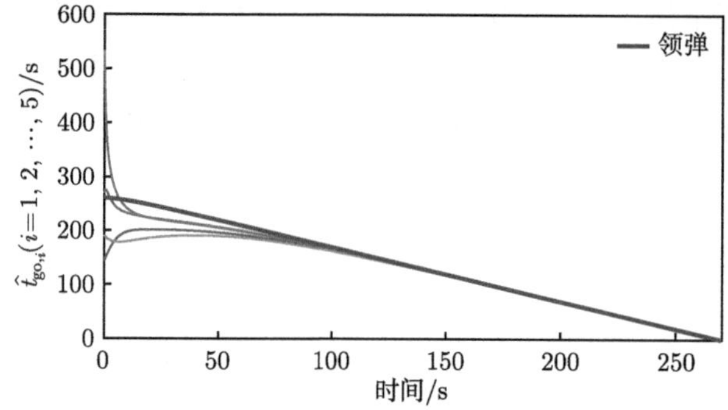

图 6.32　领从通信图下剩余时间估计值

线, 最终都收敛到负常数, 表明剩余时间估计值代表真实的剩余时间. 图 6.34 和图 6.35 给出了导弹的加速度曲线, 相比于无向通信图的情况可以发现, 加速度的范围要稍微大一些, 这主要是由于第 5 个导弹出现了通信故障, 没有邻居, 无法调节自身的运动状态, 需要依靠其他 4 个从弹来实现一致性, 因此付出的能量相比于之前稍微多一些, 也在情理之中.

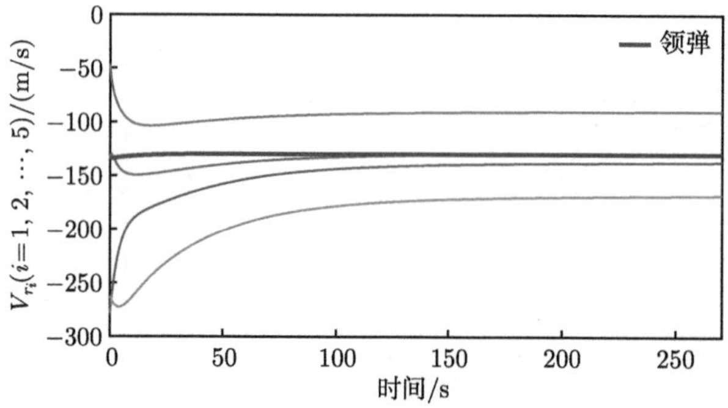

（扫码获取彩图）

图 6.33　领从通信图下导弹与目标沿视线方向的相对速度

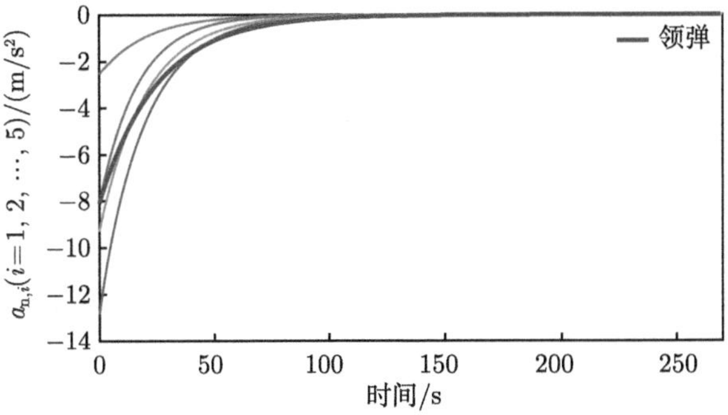

图 6.34 领从通信图下导弹的法向加速度

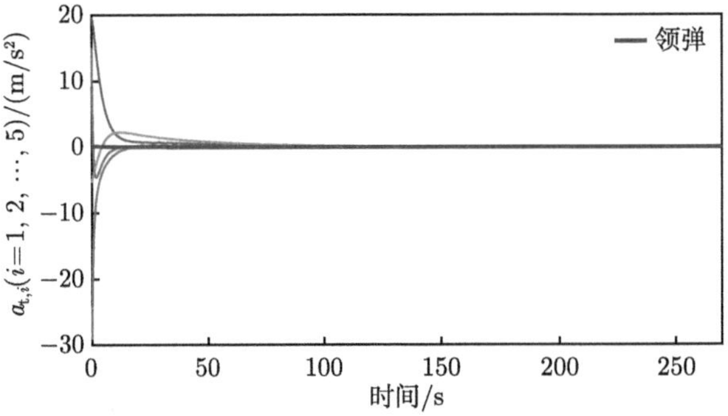

图 6.35 领从通信图下导弹的切向加速度

有向通信图下的仿真结果由图 6.36 ~ 图 6.42 给出. 由图 6.36 和图 6.37 可以看出, 这 5 个导弹可以同时命中目标. 图 6.38 和图 6.39 表明一致性误差 $\boldsymbol{\xi}(t)$ 收敛到零, 剩余时间估计值实现了一致性. 图 6.40 给出了导弹与目标沿视线方

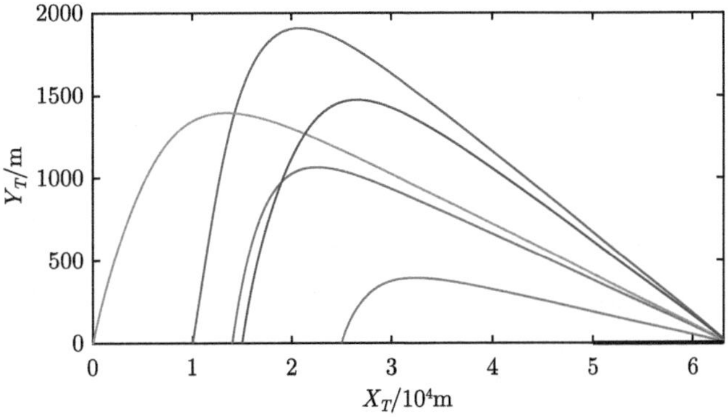

图 6.36 有向通信图下导弹与目标的运动轨迹

向的相对速度曲线, 最终都收敛到负常数, 表明剩余时间估计值代表真实的剩余时间. 图 6.41 和图 6.42 给出了导弹的加速度曲线, 导弹的加速度大小都保持在 $-13\text{m/s}^2 \leqslant a_{\text{n},i}(t) \leqslant 0\text{m/s}^2$, $-30\text{m/s}^2 \leqslant a_{\text{t},i}(t) \leqslant 45\text{m/s}^2$, $i = 1, 2, \cdots, 5$ 的范围内.

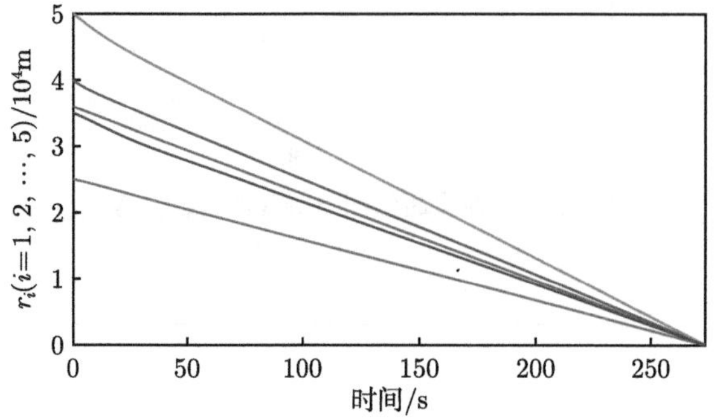

图 6.37　有向通信图下导弹与目标的相对距离

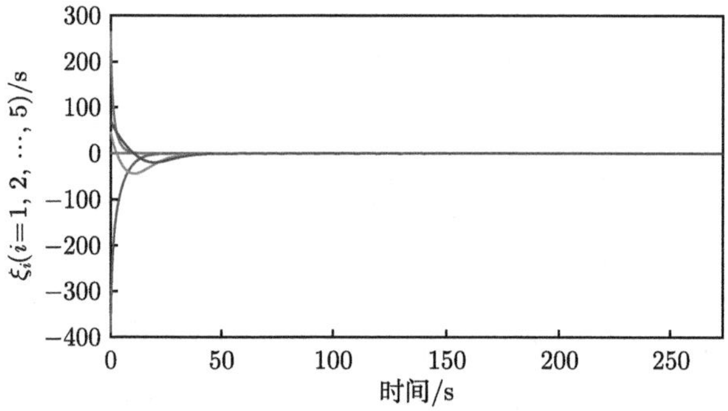

图 6.38　有向通信图下剩余时间估计值一致性误差

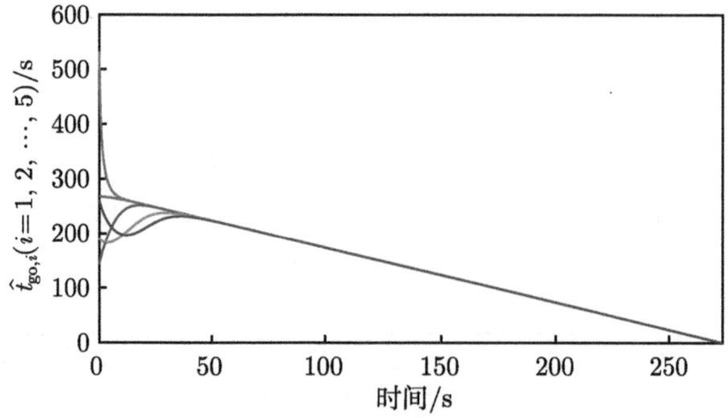

图 6.39　有向通信图下剩余时间估计值

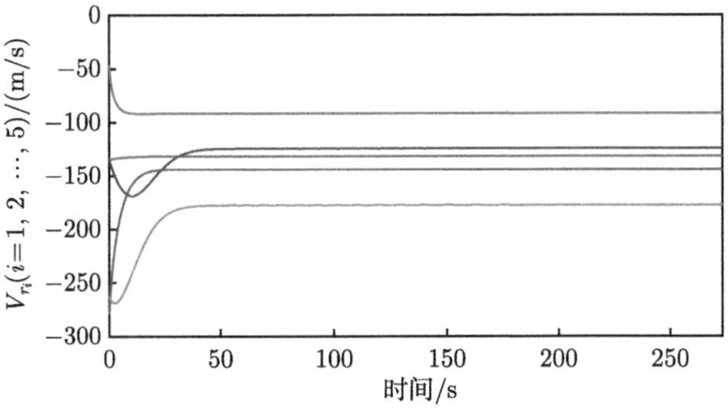

（扫码获取彩图）

图 6.40 有向通信图下导弹与目标沿视线方向的相对速度

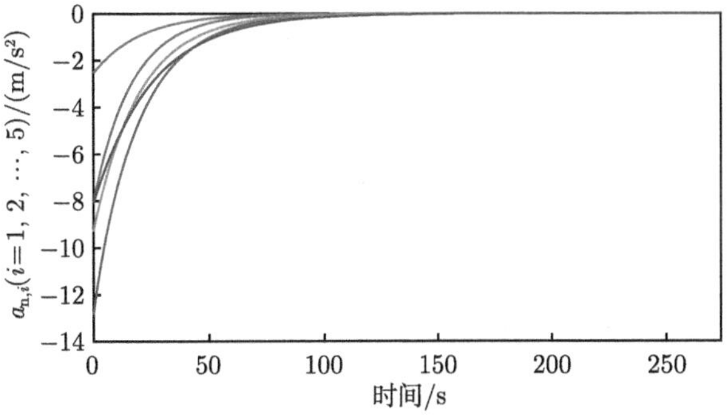

图 6.41 有向通信图下导弹的法向加速度

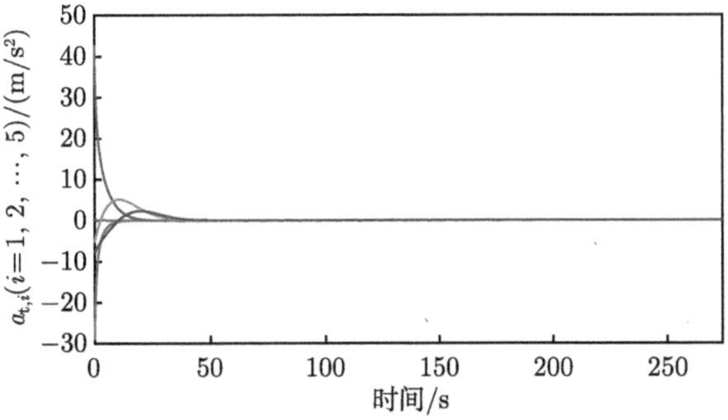

图 6.42 有向通信图下导弹的切向加速度

6.3 面向机动目标的群体智能系统时空协调一致性控制

在 6.1 节和 6.2 节中, 分别面向静止目标和匀速运动的目标研究了群体智能系统时空协调一致性控制问题. 值得注意的是, 其适用的目标都是非机动的, 这主要是由于采用了剩余时间表达式来处理同时抵达问题的方法. 剩余时间依赖于智能体和目标未来的运动状态, 只有在智能体和目标运动规律确定的情况下, 才能获得真正准确的剩余时间. 因此, 采用剩余时间处理群体智能系统时空协调一致性控制问题时, 为了保证时空协调的精确性, 目标被假设为非机动. 一旦目标有机动性, 其运动规律就无法被各个智能体预知, 此时各个智能体也就无法获得准确的剩余时间, 更不用说实现同时运动至目标位置. 这就要求提出不依赖于剩余时间的处理同时抵达问题的新方法.

本节研究面向机动目标的群体智能系统时空协调一致性控制问题. 首先利用滑模控制方法处理目标的未知机动性, 将各智能体与目标的相对距离作为一致性变量, 设计分布式协调控制律实现该变量的一致性, 同时保证众智能体能运动至机动目标位置, 最终实现众智能体同时运动至机动目标位置. 进一步地, 采用自适应控制方法对目标机动能力的上界进行估计, 设计分布式自适应时空协调一致性控制实现众智能体同时运动至机动目标位置. 最后通过仿真验证结论的可靠性.

6.3.1 问题描述

本节考虑如图 6.43 所示的二维空间中 N 个导弹（智能体）协同同时攻击一个机动目标的问题, 其中 M_i 和 T 分别代表第 i 个导弹和目标, xOy 为坐标系平面, r_i 表示第 i 个导弹与目标之间的相对距离, λ_i 表示第 i 个导弹的视线角, V_{Mi} 表示第 i 个导弹的速度, A_{Mi} 表示第 i 个导弹的加速度, V_T 表示目标的速度, A_T 表示目标的加速度.

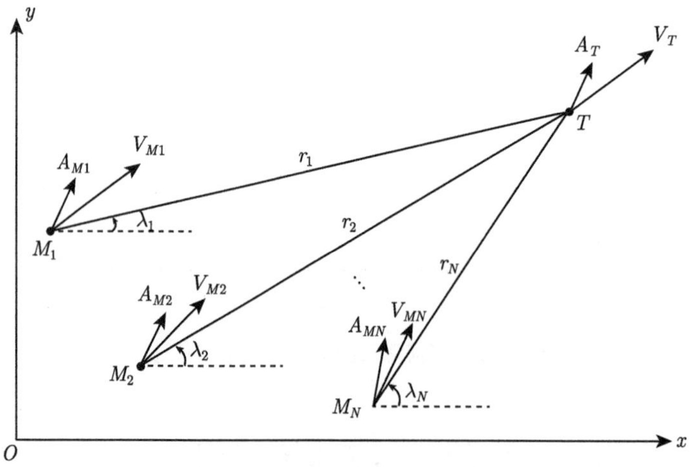

图 6.43　弹群系统攻击机动目标

在此背景下开展面向机动目标的群体智能系统时空协调一致性控制研究. 智

能体与目标在二维平面内的相对运动学模型可由如下方程描述:

$$\begin{aligned}\dot{r}_i(t) =& V_{r_i}(t),\\ \dot{V}_{r_i}(t) =& \frac{V_{\lambda_i}^2(t)}{r_i(t)} - A_{Mr_i}(t) + A_{Tr_i}(t),\\ \dot{\lambda}_i(t) =& \frac{V_{\lambda_i}(t)}{r_i(t)},\\ \dot{V}_{\lambda_i}(t) =& -\frac{V_{\lambda_i}(t)V_{r_i}(t)}{r_i(t)} - A_{M\lambda_i}(t) + A_{T\lambda_i}(t), \quad i=1,2,\cdots,N,\end{aligned} \tag{6.51}$$

其中, $V_{r_i}(t)$、$V_{\lambda_i}(t)$ 分别为智能体 i 与目标的相对速度沿着和垂直于视线方向的分量; $A_{Mr_i}(t)$、$A_{M\lambda_i}(t)$ 分别为智能体 i 的加速度沿着和垂直于视线方向的分量; $A_{Tr_i}(t)$、$A_{T\lambda_i}(t)$ 分别为目标的加速度沿着和垂直于视线方向的分量. 在实际情况中, 目标的加速度总是有界的, 因此有以下假设成立.

假设 6.4 $|A_{Tr_i}(t)| \leqslant \omega_{r_i}$, $|A_{T\lambda_i}(t)| \leqslant \omega_{\lambda_i}$, 其中 ω_{r_i} 和 ω_{λ_i} 是正常数.

本章的控制目标为, 设计智能体的加速度 $A_{Mr_i}(t)$ 和 $A_{M\lambda_i}(t)$ $(i=1,2,\cdots,n)$, 使 $r_1(t), r_2(t), \cdots, r_n(t)$ 同时收敛到 0.

6.3.2 鲁棒时空协调一致性控制

前述章节为了实现众智能体同时运动至目标处, 均采取了使智能体的剩余时间实现一致的策略. 然而, 由于剩余时间是与未来运动状态相关的变量, 当目标带有未知的机动性时, 剩余时间往往难以获得. 因此, 前述章节采用剩余时间实现一致的策略, 在本节中目标带有未知机动性的情况下不再适用. 目标的未知机动性给群体智能系统时空协调一致性问题带来了新的难点.

本节的设计思路: 使智能体与目标的相对距离 $r_i(t)$ $(i=1,2,\cdots,N)$ 实现一致, 并保证其减至零, 使得所有的智能体均能够运动至目标处. 此外, 为了使末段的智能体所需控制输入不奇异, 要求视线角速度 $\dot{\lambda}_i(t)$ (或者智能体与目标的相对速度垂直于视线方向的分量 $V_{\lambda_i}(t)$) 趋于零.

根据上述分析, 将群体智能系统鲁棒时空协调一致性控制的问题转化为下述问题.

问题6.1 对于式 (6.51) 中描述的面向机动目标的群体智能系统, 设计智能体的加速度 $A_{Mr_i}(t)$ 和 $A_{M\lambda_i}(t)$ $(i=1,2,\cdots,N)$ 使得: ① $r_i(t)$ $(i=1,2,\cdots,N)$ 实现一致; ② $r_i(t)$ $(i=1,2,\cdots,N)$ 收敛至零; ③ $V_{\lambda_i}(t)$ $(i=1,2,\cdots,N)$ 收敛到零.

定义一致性状态变量为 $\boldsymbol{x}_i(t) = [r_i(t) \quad V_{r_i}(t)]^{\mathrm{T}}$, 一致性误差为 $\boldsymbol{e}_i(t) = \sum\limits_{j=1}^{N} a_{ij}(\boldsymbol{x}_i(t) - \boldsymbol{x}_j(t))$. 为了实现 $\boldsymbol{x}_i(t)$ $(i=1,2,\cdots,N)$ 的一致性, 以及 $V_{\lambda_i}(t)$ $(i=$

$1, 2, \cdots, N)$ 的收敛性, 设计如下加速度:

$$
\begin{aligned}
A_{Mr_i}(t) &= \frac{V_{\lambda_i^2}(t)}{r_i(t)} + \boldsymbol{K}\boldsymbol{e}_i(t) + d_{r_i}\text{sgn}(\boldsymbol{K}\boldsymbol{e}_i(t)), \\
A_{M\lambda_i}(t) &= -\frac{V_{\lambda_i}(t)V_{r_i}(t)}{r_i(t)} + k_{\lambda_i}V_{\lambda_i}(t) + d_{\lambda_i}\text{sgn}(V_{\lambda_i}(t)), \quad i = 1, 2, \cdots, N,
\end{aligned} \tag{6.52}
$$

其中, k_{λ_i}、d_{r_i}、d_{λ_i} 为满足 $k_{\lambda_i} > 0$、$d_{r_i} \geqslant \omega_{r_i}$、$d_{\lambda_i} \geqslant \omega_{\lambda_i}+1$ 的常数; $\boldsymbol{K} = [k_1 \quad k_2]$ 为反馈增益矩阵, k_1、k_2 为正数, 满足如下不等式:

$$
k_1 < \lambda_2 k_2^2, \tag{6.53}
$$

其中, λ_2 为 Laplace 矩阵的最小非零特征值.

定理 6.8 若假设 6.4 成立, 且众智能体的通信拓扑图为无向连通的, 则式 (6.52) 设计的协调控制律可以解决问题 6.1.

证明: 将式 (6.52) 中的 $A_{M\lambda_i}(t)$ 代入模型 (6.51) 中可得

$$
\dot{V}_{\lambda_i}(t) = -k_{\lambda_i}V_{\lambda_i}(t) - d_{\lambda_i}\text{sgn}(V_{\lambda_i}(t)) + A_{T\lambda_i}(t). \tag{6.54}
$$

考虑 Lyapunov 函数 $S_{\lambda_i}(t) = \dfrac{1}{2}V_{\lambda_i}^2(t)$. $S_{\lambda_i}(t)$ 沿着式 (6.54) 轨迹的时间导数为

$$
\begin{aligned}
\dot{S}_{\lambda_i}(t) &= -k_{\lambda_i}V_{\lambda_i}^2(t) - d_{\lambda_i}|V_{\lambda_i}(t)| + A_{T\lambda_i}(t)V_{\lambda_i}(t) \\
&\leqslant -(d_{\lambda_i} - |A_{T\lambda_i}(t)|)|V_{\lambda_i}(t)| \\
&\leqslant -|V_{\lambda_i}(t)| \\
&= -2S_{\lambda_i}^{\frac{1}{2}}(t).
\end{aligned} \tag{6.55}
$$

因此, $S_{\lambda_i}(t)$ 有限时间收敛到零. 于是可以得出, $V_{\lambda_i}(t)$ 也会有限时间收敛到零.

下一步, 证明 $\boldsymbol{x}_i(t)$ $(i = 1, 2, \cdots, N)$ 的一致性. 将式 (6.52) 中的 $A_{Mr_i}(t)$ 代入模型 (6.51) 中可得

$$
\dot{\boldsymbol{x}}_i(t) = \boldsymbol{A}\boldsymbol{x}_i(t) + \boldsymbol{B}\Big(A_{Tr_i}(t) - \boldsymbol{K}\boldsymbol{e}_i(t) - d_{r_i}\text{sgn}(\boldsymbol{K}\boldsymbol{e}_i(t))\Big), \quad i = 1, 2, \cdots, N, \tag{6.56}
$$

其中, $\boldsymbol{A} = \begin{bmatrix} 0 & 1 \\ 0 & 0 \end{bmatrix}$, $\boldsymbol{B} = \begin{bmatrix} 0 \\ 1 \end{bmatrix}$. 令 $\boldsymbol{\delta}_i(t) = \boldsymbol{x}_i(t) - \dfrac{1}{N}\sum\limits_{j=1}^{N}\boldsymbol{x}_j(t)$, $\boldsymbol{\delta}(t) = [\boldsymbol{\delta}_1^{\mathrm{T}}(t), \boldsymbol{\delta}_2^{\mathrm{T}}(t), \cdots, \boldsymbol{\delta}_N^{\mathrm{T}}(t)]^{\mathrm{T}}$, 于是有

$$
\boldsymbol{\delta}(t) = \Big((\boldsymbol{I}_N - \frac{1}{N}\boldsymbol{1}\boldsymbol{1}^{\mathrm{T}}) \otimes \boldsymbol{I}_2\Big)\boldsymbol{x}(t). \tag{6.57}
$$

不难看出, $\boldsymbol{\delta}(t)=\mathbf{0}$ 与 $\boldsymbol{x}_1(t)=\boldsymbol{x}_2(t)=\cdots=\boldsymbol{x}_N(t)$ 是等价的. 将式 (6.56) 代入式 (6.57), 可以得出 $\boldsymbol{\delta}(t)$ 满足如下动态:

$$\begin{aligned}\dot{\boldsymbol{\delta}}(t)=&(\boldsymbol{I}_N\otimes\boldsymbol{A}-\boldsymbol{L}\otimes\boldsymbol{BK})\boldsymbol{\delta}(t)\\&+\left((\boldsymbol{I}_N-\frac{1}{N}\mathbf{1}\mathbf{1}^{\mathrm{T}})\otimes\boldsymbol{I}_2\right)\left((\boldsymbol{I}_N\otimes\boldsymbol{B})\boldsymbol{A}_{Tr}(t)-(\boldsymbol{D}\otimes\boldsymbol{B})\boldsymbol{h}(t)\right),\end{aligned}\tag{6.58}$$

其中, $\boldsymbol{A}_{Tr}(t)=[A_{Tr_1}(t),A_{Tr_2}(t),\cdots,A_{Tr_N}(t)]^{\mathrm{T}}$, $\boldsymbol{D}=\mathrm{diag}(d_1,d_2,\cdots,d_N)$, $\boldsymbol{h}(t)=[\mathrm{sgn}(\boldsymbol{Ke}_1(t)),\mathrm{sgn}(\boldsymbol{Ke}_2(t)),\cdots,\mathrm{sgn}(\boldsymbol{Ke}_N(t))]^{\mathrm{T}}$.

考虑如下 Lyapunov 函数:

$$S_r(t)=\boldsymbol{\delta}^{\mathrm{T}}(t)(\boldsymbol{L}\otimes\boldsymbol{Q})\boldsymbol{\delta}(t),\tag{6.59}$$

其中, 矩阵 $\boldsymbol{Q}$ 为对称矩阵, 定义为 $\boldsymbol{Q}=\begin{bmatrix}a&\lambda_2k_1\\\lambda_2k_1&\lambda_2k_2\end{bmatrix}$, a 的取值满足 $a\in(2\lambda_2^2k_1k_2-2\lambda_2k_1\sqrt{\lambda_2^2k_2^2-\lambda_2k_1},2\lambda_2^2k_1k_2+2\lambda_2k_1\sqrt{\lambda_2^2k_2^2-\lambda_2k_1})$. 由于

$$\begin{aligned}&2\lambda_2^2k_1k_2-2\lambda_2k_1\sqrt{\lambda_2^2k_2^2-\lambda_2k_1}\\=&\frac{k_1}{k_2}\left(\lambda_2^2k_2^2-2\lambda_2k_2\sqrt{\lambda_2^2k_2^2-\lambda_2k_1}+\lambda_2^2k_2^2-\lambda_2k_1+\lambda_2k_1\right)\\=&\frac{\lambda_2k_1^2}{k_2}+\frac{k_1}{k_2}\left(\lambda_2k_2-\sqrt{\lambda_2^2k_2^2-\lambda_2k_1}\right)^2\\\geqslant&\frac{\lambda_2k_1^2}{k_2},\end{aligned}$$

有 $a>\dfrac{\lambda_2k_1^2}{k_2}$, 因此 $\boldsymbol{Q}$ 是正定的. $\boldsymbol{S}_r(t)$ 沿着式 (6.58) 轨迹的时间导数为

$$\begin{aligned}\dot{S}_r(t)&=2\boldsymbol{\delta}^{\mathrm{T}}(t)(\boldsymbol{L}\otimes\boldsymbol{Q})\dot{\boldsymbol{\delta}}(t)\\&=2\boldsymbol{\delta}^{\mathrm{T}}(t)(\boldsymbol{L}\otimes\boldsymbol{QA}-\boldsymbol{L}^2\otimes\boldsymbol{QBK})\boldsymbol{\delta}(t)\\&\quad+2\boldsymbol{\delta}^{\mathrm{T}}(t)(\boldsymbol{L}\otimes\boldsymbol{Q})\left((\mathbf{I}_N\otimes\boldsymbol{B})\boldsymbol{A}_{Tr}(t)-(\boldsymbol{D}\otimes\boldsymbol{B})\boldsymbol{h}(t)\right).\end{aligned}\tag{6.60}$$

令 $\boldsymbol{e}(t)=[\boldsymbol{e}_1(t),\boldsymbol{e}_2(t),\cdots,\boldsymbol{e}_N(t)]^{\mathrm{T}}$, 可知 $\boldsymbol{e}(t)=(\boldsymbol{L}\otimes\boldsymbol{I}_2)\boldsymbol{x}(t)=(\boldsymbol{L}\otimes\boldsymbol{I}_2)\boldsymbol{\delta}(t)$, 有

$$\begin{aligned}&2\boldsymbol{\delta}^{\mathrm{T}}(t)(\boldsymbol{L}\otimes\boldsymbol{Q})\Big((\boldsymbol{I}_N\otimes\boldsymbol{B})\boldsymbol{A}_{Tr}(t)-(\boldsymbol{D}\otimes\boldsymbol{B})\boldsymbol{h}(t)\Big)\\&=2\lambda_2\boldsymbol{e}^{\mathrm{T}}(t)(\boldsymbol{I}_N\otimes\boldsymbol{K}^{\mathrm{T}})\boldsymbol{A}_{Tr}(t)-2\lambda_2\boldsymbol{e}^{\mathrm{T}}(t)(\boldsymbol{D}\otimes\boldsymbol{K}^{\mathrm{T}})\boldsymbol{h}(t)\\&=2\lambda_2\sum_{i=1}^{N}(\boldsymbol{e}_i^{\mathrm{T}}(t)\boldsymbol{K}^{\mathrm{T}}A_{Tr_i}(t)-d_{r_i}\boldsymbol{e}_i^{\mathrm{T}}(t)\boldsymbol{K}^{\mathrm{T}}\mathrm{sgn}(\boldsymbol{K}\boldsymbol{e}_i(t)))\\&\leqslant 2\lambda_2\sum_{i=1}^{N}(|A_{Tr_i}(t)|-d_{r_i})|\boldsymbol{K}\boldsymbol{e}_i(t)|\\&\leqslant 0.\end{aligned}\tag{6.61}$$

于是, 可以得到

$$\begin{aligned}\dot{S}_r(t)&\leqslant\boldsymbol{\delta}^{\mathrm{T}}(t)(\boldsymbol{L}\otimes(\boldsymbol{QA}+\boldsymbol{A}^{\mathrm{T}}\boldsymbol{Q})-\frac{2}{\lambda_2}\boldsymbol{L}^2\otimes\boldsymbol{QBB}^{\mathrm{T}}\boldsymbol{Q})\boldsymbol{\delta}(t)\\&\leqslant\boldsymbol{\delta}^{\mathrm{T}}(t)\Big(\boldsymbol{L}\otimes(\boldsymbol{QA}+\boldsymbol{A}^{\mathrm{T}}\boldsymbol{Q}-2\boldsymbol{QBB}^{\mathrm{T}}\boldsymbol{Q})\Big)\boldsymbol{\delta}(t).\end{aligned}\tag{6.62}$$

由 a 的定义及式 (6.53), 可以得出 $\boldsymbol{W}=\boldsymbol{QA}+\boldsymbol{A}^{\mathrm{T}}\boldsymbol{Q}-2\boldsymbol{QBB}^{\mathrm{T}}\boldsymbol{Q}=\begin{bmatrix}-2\lambda_2^2k_1^2 & -2\lambda_2^2k_1k_2+a\\-2\lambda_2^2k_1k_2+a & -2\lambda_2^2k_2^2+2\lambda_2k_1\end{bmatrix}$ 是对称负定的, 因此有 $\dot{S}_r(t)\leqslant 0$, 进一步有

$$\dot{S}_r(t)\leqslant-\frac{\lambda_{\min}(-\boldsymbol{W})}{\lambda_{\max}(\boldsymbol{Q})}S_r(t)\tag{6.63}$$

其中, $\lambda_{\min}(\cdot)$、$\lambda_{\max}(\cdot)$ 根据先验知识中的定义分别为矩阵 $(\cdot)$ 的最小及最大的特征值. 因此, $S_r(t)$ 会指数收敛到零, 这意味着 $\boldsymbol{x}_i(t)$ 的一致性得以实现.

接下来, 分析 $r_i(t)$ 是否会收敛到零. 在实际中, 智能体的加速度不可能任意大. 因此, 参数 k_1 和 k_2 应选取相对小一些, 使得智能体的加速度不会超过容许阈值. 在大多数情况下, 智能体与目标之间的初始相对距离 $r_i(0)$ 和沿着视线方向的初始相对速度 $V_{r_i}(0)$ 的数量级是远大于智能体的容许阈值的. 因此, 根据式 (6.51) 中 $V_{r_i}(t)$ 的动态, 较小的智能体加速度及负的沿着视线方向的初始相对速度可以保证 $V_{r_i}(t)$ 保持负号, 这意味着智能体与目标的相对距离 $r_i(t)$ 会持续减小, 最终减为零. 因此, 所有的智能体将运动至目标位置.

值得注意的是, 符号函数 sgn 是不连续的, 这会导致抖振的问题. 在实际工程中, 一个有效解决此类问题的方法是采用边界层技巧, 取如下符号函数 sgn 的连

续近似形式:

$$\operatorname{sat}(z)=\begin{cases}1, & z>\kappa,\\ \dfrac{z}{\kappa}, & \|z\|\leqslant\kappa,\\ -1, & z<-\kappa,\end{cases}\tag{6.64}$$

其中, κ 代表边界层的带宽. 当 $\kappa\to 0$ 时, 连续函数 sat(·) 就转化成了符号函数. 用此连续函数替换符号函数, 有如下连续加速度指令:

$$\begin{aligned}A_{Mr_i}(t)&=\frac{V_{\lambda_i^2}(t)}{r_i(t)}+\boldsymbol{K}\boldsymbol{e}_i(t)+d_{r_i}\operatorname{sat}(\boldsymbol{K}\boldsymbol{e}_i(t)),\\ A_{M\lambda_i}(t)&=-\frac{V_{\lambda_i}(t)V_{r_i}(t)}{r_i(t)}+k_{\lambda_i}V_{\lambda_i}(t)+d_{\lambda_i}\operatorname{sat}(V_{\lambda_i}(t)),\quad i=1,2,\cdots,N,\end{aligned}\tag{6.65}$$

其中, 变量的定义与式 (6.52) 一致. ■

定理 6.9 若假设 6.4 成立, 且众智能体的通信拓扑图为无向连通的, 则式 (6.65) 中取相对小的 κ 所得到的时空协调一致性控制方法可以近似解决问题 6.1.

证明: 考虑 Lyapunov 函数 $S_{\lambda_i}(t)$. 当 $|V_{\lambda_i}(t)|>\kappa$ 时, 式 (6.55) 成立. 因此, $V_{\lambda_i}(t)$ 会收敛到小区间 $\mathcal{D}_{\lambda_i}=\{V_{\lambda_i}(t):|V_{\lambda_i}(t)|\leqslant\kappa\}$ 内.

类似地, 考虑 Lyapunov 函数 $S_r(t)$. 由于 $\boldsymbol{e}_i^{\mathrm{T}}(t)\boldsymbol{K}^{\mathrm{T}}A_{Tr_i}(t)-d_{r_i}\boldsymbol{e}_i^{\mathrm{T}}(t)\boldsymbol{K}^{\mathrm{T}}\operatorname{sat}(\boldsymbol{K}\boldsymbol{e}_i(t))\leqslant 2d_{r_i}\kappa$, 有 $\dot{S}_r(t)\leqslant-\dfrac{\lambda_{\min}(-\boldsymbol{W})}{\lambda_{\max}(\boldsymbol{Q})}S_r(t)+4\lambda_2\sum\limits_{i=1}^{N}d_{r_i}\kappa$. 因此, $S_r(t)$ 会收敛到小区间 $\mathcal{D}_{S_r}=\{S_r(t):S_r(t)\leqslant\dfrac{4\lambda_2\lambda_{\max}(\boldsymbol{Q})}{\lambda_{\min}(-\boldsymbol{W})}\sum\limits_{i=1}^{N}d_{r_i}\kappa\}$ 内. 由于 $S_r(t)\geqslant\dfrac{\lambda_{\min}(\boldsymbol{Q})}{\lambda_{\max}(\boldsymbol{L})}\boldsymbol{e}^{\mathrm{T}}(t)\boldsymbol{e}(t)$, 可知 $\boldsymbol{e}(t)$ 会收敛到小区间

$$\mathcal{D}_e=\left\{\boldsymbol{e}(t):\|\boldsymbol{e}(t)\|\leqslant\sqrt{\frac{4\lambda_2\lambda_{\max}(\boldsymbol{Q})\lambda_{\max}(\boldsymbol{L})}{\lambda_{\min}(\boldsymbol{Q})\lambda_{\min}(-\boldsymbol{W})}\sum_{i=1}^{N}d_{r_i}\kappa}\right\}$$

内. 当 κ 选择得相对小时, 一致性误差的上界就可以任意地小, 因此可以近似认为实现了一致性. ■

注解 6.8 在弹群协同打击目标的实际应用中, 第 i 个导弹命中目标时, $r_i(t)$ 并不等于零, 而是 $r_i(t)=r_c\in[0.1,1]\mathrm{m}$, 这是由于导弹和目标都不是质点, 它们各自有相应的大小, 因此质心之间的距离不会等于零. 因此, 控制器一直作用到 $r_i(t)=r_c$ 时停止. 在这种意义下, 虽然在连续的导引律 (6.65) 下, $V_{\lambda_i}(t)$ 不能

严格收敛到零, 而是收敛到零的小邻域内, 但是这样的控制律不会有奇异问题, 并且在最终命中时刻加速度的有界性依然可以保证.

注解 6.9　6.1 节和 6.2 节所设计的时空协调控制律实现了剩余时间估计值的一致性. 与之相比, 本节设计的协调控制律 (6.52) 和 (6.65) 可以保证智能体与目标的相对距离 $r_i(t)$ $(i=1,2,\cdots,N)$ 实现一致, 因此可以解决 6.1 节和 6.2 节所不能解决的目标带有机动性的时空协调控制问题.

6.3.3　自适应鲁棒时空协调一致性控制

在 6.3.2 节时空协调一致性控制 (6.52) 的设计中, 常数 d_{r_i} 和 d_{λ_i} 的选取与目标加速度分量的上界有关. 在实际应用中, 往往需要将这些参数设计得很大以满足要求, 尤其是在目标加速度上界未知的情况下. 因此, 时空协调一致性控制 (6.52) 的设计在实际中会造成控制效率的极大浪费. 为了克服这一缺陷, 本节采用自适应控制的方法来设计如下新的自适应时空协调一致性控制:

$$\begin{aligned}
A_{Mr_i}(t) &= \frac{V_{\lambda_i}^2(t)}{r_i(t)} + \boldsymbol{K}\boldsymbol{e}_i(t) + d_{r_i}(t)\operatorname{sgn}(\boldsymbol{K}\boldsymbol{e}_i(t)),\\
\dot{d}_{r_i}(t) &= \sigma_i|\boldsymbol{K}\boldsymbol{e}_i(t)|,\\
A_{M\lambda_i}(t) &= -\frac{V_{\lambda_i}(t)V_{r_i}(t)}{r_i(t)} + k_{\lambda_i}V_{\lambda_i}(t) + d_{\lambda_i}(t)\operatorname{sgn}(V_{\lambda_i}(t)),\\
\dot{d}_{\lambda_i}(t) &= \eta_i|V_{\lambda_i}(t)|, \quad i=1,2,\cdots,N,
\end{aligned} \tag{6.66}$$

其中, 常数 σ_i, $\eta_i>0$; $d_{r_i}(t)$ 和 $d_{\lambda_i}(t)$ 为自适应增益; 其他变量与 6.3.2 节中时空协调一致性控制设计相同.

定理 6.10　若假设 6.4 成立, 且众智能体的通信拓扑图为无向连通的, 则式 (6.66) 设计的自适应时空协调一致性控制可以解决问题 6.1.

证明: 将式 (6.66) 中的 $A_{M\lambda_i}(t)$ 代入模型 (6.51) 中可得

$$\begin{aligned}
\dot{V}_{\lambda_i}(t) &= -k_{\lambda_i}V_{\lambda_i}(t) - d_{\lambda_i}(t)\operatorname{sgn}(V_{\lambda_i}(t)) + A_{T\lambda_i}(t),\\
\dot{c}_i(t) &= \eta_i|V_{\lambda_i}(t)|.
\end{aligned} \tag{6.67}$$

考虑 Lyapunov 函数 $S_{\lambda_i}^{'}(t)=\dfrac{1}{2}V_{\lambda_i}^2(t)+\dfrac{1}{2\eta_i}(d_{\lambda_i}(t)-\omega_{\lambda_i})^2$. 其沿着式 (6.67) 轨迹的时间导数为

$$\begin{aligned}
\dot{S}_{\lambda_i}^{'}(t) &= -k_{\lambda_i}V_{\lambda_i}^2(t) - d_{\lambda_i}(t)|V_{\lambda_i}(t)| + A_{T\lambda_i}(t)V_{\lambda_i}(t) + (d_{\lambda_i}(t)-\omega_{\lambda_i})|V_{\lambda_i}(t)|\\
&\leqslant -k_{\lambda_i}V_{\lambda_i}^2(t) - (\omega_{\lambda_i} - |A_{T\lambda_i}(t)|)|V_{\lambda_i}(t)|
\end{aligned}$$

$$\leqslant -k_{\lambda_i}V_{\lambda_i}^2(t)$$
$$\leqslant 0. \tag{6.68}$$

因此, $S'_{\lambda_i}(t)$ 有界. 于是, $V_{\lambda_i}(t)$ 和 $d_{\lambda_i}(t)$ 也有界. 由假设 6.4 可知, $A_{T\lambda_i}(t)$ 有界, 结合式 (6.67) 可得 $\dot{V}_{\lambda_i}(t)$ 有界. 因此, $2k_{\lambda_i}V_{\lambda_i}(t)\dot{V}_{\lambda_i}(t)$ 也有界, 也即 $k_{\lambda_i}V_{\lambda_i}^2(t)$ 一致连续. 注意到 $S'_{\lambda_i}(t)$ 是不增的, 且下界为 0, 因此当 $t\to\infty$ 时, 它有有限的极限值 $S'_{\lambda_i}(\infty)$. 对式 (6.68) 第三个不等式两边积分, 可得

$$\int_0^{\infty} k_{\lambda_i}V_{\lambda_i}^2(t)\mathrm{d}t \leqslant S'_{\lambda_i}(0) - S'_{\lambda_i}(\infty).$$

因此, $\int_0^{\infty} k_{\lambda_i}V_{\lambda_i}^2(t)\mathrm{d}t$ 有限. 由预备知识中的引理 2.27 可得, 当 $t\to\infty$ 时, $k_{\lambda_i}V_{\lambda_i}^2(t)\to 0$, 于是 $V_{\lambda_i}(t)$ 趋于零.

接下来, 证明 $\boldsymbol{x}_i(t)$ $(i=1,2,\cdots,N)$ 的一致性. 将式 (6.66) 中的 $A_{Mr_i}(t)$ 代入式 (6.57), 有

$$\begin{aligned}\dot{\boldsymbol{\delta}}(t) =&(\boldsymbol{I}_N\otimes\boldsymbol{A}-\mathcal{L}\otimes\boldsymbol{BK})\boldsymbol{\delta}(t)\\&+\left((\boldsymbol{I}_N-\frac{1}{N}\boldsymbol{1}\boldsymbol{1}^{\mathrm{T}})\otimes\boldsymbol{I}_2\right)\Big((\boldsymbol{I}_N\otimes\boldsymbol{B})\boldsymbol{A}_{Tr}(t)-(\boldsymbol{D}\otimes\boldsymbol{B})\boldsymbol{h}(t)\Big),\\\dot{d}_i(t)=&\sigma_i|\boldsymbol{K}\boldsymbol{e}_i(t)|.\end{aligned} \tag{6.69}$$

考虑 Lyapunov 函数:

$$S'_r(t)=\boldsymbol{\delta}^{\mathrm{T}}(t)(\boldsymbol{L}\otimes\boldsymbol{Q})\boldsymbol{\delta}(t)+\sum_{i=1}^{N}\frac{\lambda_2}{\sigma_i}(d_{r_i}(t)-\omega_{r_i})^2. \tag{6.70}$$

$S'_r(t)$ 沿着式 (6.69) 轨迹的时间导数为

$$\begin{aligned}\dot{S}'_r(t)=&2\boldsymbol{\delta}^{\mathrm{T}}(t)(\boldsymbol{L}\otimes\boldsymbol{QA}-\boldsymbol{L}^2\otimes\boldsymbol{QB}K)\boldsymbol{\delta}(t)+2\boldsymbol{\delta}^{\mathrm{T}}(t)(\boldsymbol{L}\otimes\boldsymbol{Q})\\&\Big((\boldsymbol{I}_N\otimes\boldsymbol{B})\boldsymbol{A}_{Tr}(t)-(\boldsymbol{D}\otimes\boldsymbol{B})\boldsymbol{h}(t)\Big)+2\lambda_2\sum_{i=1}^{N}(d_{r_i}(t)-\omega_{r_i})|\boldsymbol{K}\boldsymbol{e}_i(t)|.\end{aligned} \tag{6.71}$$

注意到

$$2\boldsymbol{\delta}^{\mathrm{T}}(t)(\boldsymbol{L}\otimes\boldsymbol{Q})\Big((\boldsymbol{I}_N\otimes\boldsymbol{B})\boldsymbol{A}_{Tr}(t)-(\boldsymbol{D}\otimes\boldsymbol{B})\boldsymbol{h}(t)\Big)$$

$$
\begin{aligned}
&+2\lambda_2\sum_{i=1}^{N}(d_{r_i}(t)-\omega_{r_i})|\boldsymbol{K}\boldsymbol{e}_i(t)| \\
=&2\lambda_2\sum_{i=1}^{N}(\boldsymbol{e}_i^{\mathrm{T}}(t)\boldsymbol{K}^{\mathrm{T}}A_{Tr_i}(t)-d_{r_i}(t)\boldsymbol{e}_i^{\mathrm{T}}(t)\boldsymbol{K}^{\mathrm{T}}\mathrm{sgn}(\boldsymbol{K}\boldsymbol{e}_i(t))) \\
&+2\lambda_2\sum_{i=1}^{N}(d_{r_i}(t)-\omega_{r_i})|\boldsymbol{K}\boldsymbol{e}_i(t)| \\
\leqslant&2\lambda_2\sum_{i=1}^{N}(|A_{Tr_i}(t)|-d_{r_i}(t)+d_{r_i}(t)-\omega_{r_i})|\boldsymbol{K}\boldsymbol{e}_i(t)| \\
\leqslant&0.
\end{aligned}
\tag{6.72}
$$

于是, 有

$$
\begin{aligned}
\dot{S}_r'(t)&\leqslant\boldsymbol{\delta}^{\mathrm{T}}(t)(\boldsymbol{L}\otimes(\boldsymbol{Q}\boldsymbol{A}+\boldsymbol{A}^{\mathrm{T}}\boldsymbol{Q})-\frac{2}{\lambda_2}\boldsymbol{L}^2\otimes\boldsymbol{Q}\boldsymbol{B}\boldsymbol{B}^{\mathrm{T}}\boldsymbol{Q})\boldsymbol{\delta}(t) \\
&\leqslant\boldsymbol{\delta}^{\mathrm{T}}(t)(\boldsymbol{L}\otimes\boldsymbol{W})\boldsymbol{\delta}(t).
\end{aligned}
\tag{6.73}
$$

令 $\boldsymbol{U}\in\mathbb{R}^{N\times N}$ 是一个酉矩阵, 满足 $\boldsymbol{U}^{\mathrm{T}}\boldsymbol{L}\boldsymbol{U}=\boldsymbol{\Lambda}=\mathrm{diag}(0,\lambda_2,\cdots,\lambda_N)$. Laplace 矩阵 $\boldsymbol{L}$ 零特征值对应的右特征向量和左特征向量分别为 $\mathbf{1}$ 和 $\mathbf{1}^{\mathrm{T}}$, 于是 $\boldsymbol{U}=\begin{bmatrix}\frac{1}{\sqrt{N}}\mathbf{1} & \boldsymbol{Y}_1\end{bmatrix}$, $\boldsymbol{U}^{\mathrm{T}}=\begin{bmatrix}\frac{1}{\sqrt{N}}\mathbf{1} \\ \boldsymbol{Y}_2\end{bmatrix}$, 其中 $\boldsymbol{Y}_1\in\mathbb{R}^{N\times(N-1)}$ 与 $\boldsymbol{Y}_2\in\mathbb{R}^{(N-1)\times N}$. 令 $\tilde{\boldsymbol{\delta}}(t)=[\tilde{\boldsymbol{\delta}}_1(t),\tilde{\boldsymbol{\delta}}_2(t),\cdots,\tilde{\boldsymbol{\delta}}_N(t)]=(\boldsymbol{U}^{\mathrm{T}}\otimes\boldsymbol{I}_n)\boldsymbol{\delta}(t)$, 不难看出,

$$
\tilde{\boldsymbol{\delta}}_1(t)=\left(\frac{1}{\sqrt{N}}\mathbf{1}\otimes\boldsymbol{I}_2\right)\boldsymbol{\delta}(t)=\mathbf{0}.
\tag{6.74}
$$

于是, 有

$$
\begin{aligned}
\dot{S}_r'(t)&\leqslant\tilde{\boldsymbol{\delta}}(t)(\boldsymbol{\Lambda}\otimes\boldsymbol{W})\tilde{\boldsymbol{\delta}}(t) \\
&\leqslant\sum_{i=2}^{N}\lambda_i\tilde{\boldsymbol{\delta}}_i^{\mathrm{T}}(t)\boldsymbol{W}\tilde{\boldsymbol{\delta}}_i(t) \\
&\leqslant0.
\end{aligned}
\tag{6.75}
$$

因此, $S_r'(t)$ 有界, $\boldsymbol{\delta}(t)$ 和 $d_{r_i}(t)$ 也有界. 由假设 6.4 可知, $A_{Tr_i}(t)$ 有界, 结合式 (6.69) 可知, $\dot{\boldsymbol{\delta}}(t)$ 也有界. 因此, $\dot{\tilde{\boldsymbol{\delta}}}_i(t)$ 有界, 且 $\sum_{i=2}^{N}\lambda_i\tilde{\boldsymbol{\delta}}_i^{\mathrm{T}}(t)\boldsymbol{W}\tilde{\boldsymbol{\delta}}_i(t)$ 也有界. 这意

味着 $\sum\limits_{i=2}^{N}\lambda_i\tilde{\boldsymbol{\delta}}_i^{\mathrm{T}}(t)\boldsymbol{W}\tilde{\boldsymbol{\delta}}_i(t)$ 一致连续. 注意到当 $t\to\infty$ 时, $S_r^{'}(t)$ 有极限 $S_r^{'}(\infty)$. 对式 (6.75) 的第二个不等式两边积分, 有

$$\int_0^{\infty}-\sum_{i=2}^{N}\lambda_i\tilde{\boldsymbol{\delta}}_i^{\mathrm{T}}(t)\boldsymbol{W}\tilde{\boldsymbol{\delta}}_i(t)\mathrm{d}t\leqslant S_r^{'}(0)-S_r^{'}(\infty).$$

因此, $\int_0^{\infty}-\sum\limits_{i=2}^{N}\lambda_i\tilde{\boldsymbol{\delta}}_i^{\mathrm{T}}(t)\boldsymbol{W}\tilde{\boldsymbol{\delta}}_i(t)\mathrm{d}t$ 有限. 由引理 2.27 可得, 当 $t\to\infty$ 时, $\sum\limits_{i=2}^{N}\lambda_i\tilde{\boldsymbol{\delta}}_i^{\mathrm{T}}(t)\boldsymbol{W}\tilde{\boldsymbol{\delta}}_i(t)\to\mathbf{0}$. 因此, 当 $t\to\infty$ 时, $\tilde{\boldsymbol{\delta}}_i(t)\to\mathbf{0}, i=2,3,\cdots,N$. 结合式 (6.74), 有 $\tilde{\boldsymbol{\delta}}_i(t)\to\mathbf{0}$, 进一步可得 $\boldsymbol{\delta}(t)\to\mathbf{0}$. 因此, $\boldsymbol{x}_i(t)$ $(i=1,2,\cdots,N)$ 的一致性得以实现. ■

注解 6.10 类似于 6.3.2 节的讨论, 可以将不连续的自适应时空协调一致性控制 (6.66) 改造成如下连续的自适应时空协调一致性控制:

$$\begin{aligned}
A_{Mr_i}(t)&=\frac{V_{\lambda_i^2}(t)}{r_i(t)}+\boldsymbol{K}\boldsymbol{e}_i(t)+d_{r_i}(t)\mathrm{sat}(\boldsymbol{K}\boldsymbol{e}_i(t)),\\
\dot{d}_{r_i}(t)&=-\varphi_i d_{r_i}(t)+\sigma_i|\boldsymbol{K}\boldsymbol{e}_i(t)|,\\
A_{M\lambda_i}(t)&=-\frac{V_{\lambda_i}(t)V_{r_i}(t)}{r_i(t)}+k_{\lambda_i}V_{\lambda_i}(t)+d_{\lambda_i}(t)\mathrm{sat}(V_{\lambda_i}(t)),\\
\dot{d}_{\lambda_i}(t)&=-\phi_i d_{\lambda_i}(t)+\eta_i|V_{\lambda_i}(t)|,\quad i=1,2,\cdots,N,
\end{aligned}\tag{6.76}$$

其中, φ_i 和 ϕ_i 是小的正常数. 有如下结论, 其证明过程与定理 6.9 类似, 此处不再赘述.

定理 6.11 若假设 6.4 成立, 且众智能体的通信拓扑图为无向连通的, 则式 (6.76) 中取相对小的 κ 以及 φ_i 和 ϕ_i $(i=1,2,\cdots,N)$ 所得到的自适应时空协调一致性控制可以近似解决问题 6.1.

6.3.4 仿真分析

考虑二维平面中三个导弹攻击一个机动目标的情况. 导弹之间的通信拓扑图如图 6.44 所示. 目标的初始位置和速度分别为 $(10000,10000)$m 和 $(100,100)$m/s, 导弹的初始位置分别为 $(0,8000)$m、$(3000,2000)$m、$(6000,500)$m, 导弹的初始速度均为 $(300,300)$m/s. 目标的加速度分量为 $A_{T_x}(t)=5\sin\left(0.3t+\dfrac{5}{3}\pi\right)\mathrm{m/s^2}$、$A_{T_y}(t)=30\sin\left(0.3t+\dfrac{5}{3}\pi\right)\mathrm{m/s^2}$, 每个导弹都不知道目标的加速度.

图 6.44 导弹通信拓扑图

下面利用本节所设计的时空协调一致性控制进行数值仿真. 对时空协调一致性控制 (6.65) 取 $\boldsymbol{K} = [0.05\ 0.3162]$, $k_{\lambda_1} = k_{\lambda_2} = k_{\lambda_3} = 0.1$, $k = 0.5$, $d_{r_1} = d_{r_2} = d_{r_3} = 35$, $d_{\lambda_1} = d_{\lambda_2} = d_{\lambda_3} = 35$, 仿真结果如图 6.45~ 图 6.50 所示. 导弹与目标的运动轨迹和导弹与目标的相对距离分别在图 6.45 和图 6.46 中给出, 表明三个导弹最终同时命中了目标. 图 6.46 表明导弹与目标的相对距离在导弹命中目标之前实现一致性, 并保持一致递减至零. 图 6.47 给出了导弹与目标沿视线方向的相对速度, 其实现了一致性, 使得导弹与目标的相对距离保持相同的速度递减, 维持了一致性. 图 6.48 表明导弹与目标垂直于视线方向的相对速度很快收敛至零, 因此在最后命中阶段视线角不会旋转, 导弹不会丢失目标, 最终命中时刻加速度不会跳变. 导弹的加速度分别在图 6.49 和图 6.50 中给出, 大小均在 60m/s^2 的范围内.

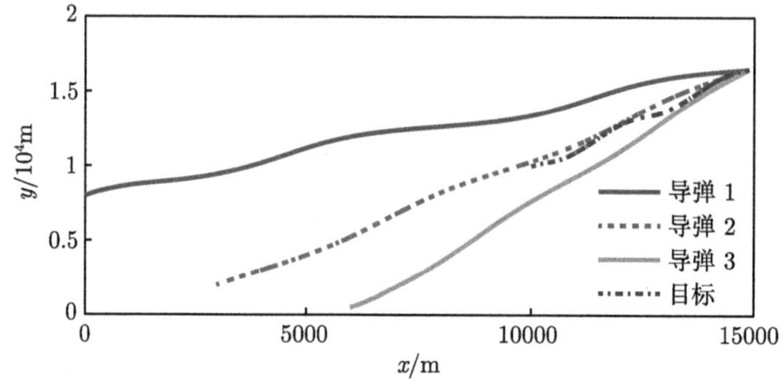

图 6.45 基于时空协调一致性控制 (6.65) 的导弹与目标的运动轨迹

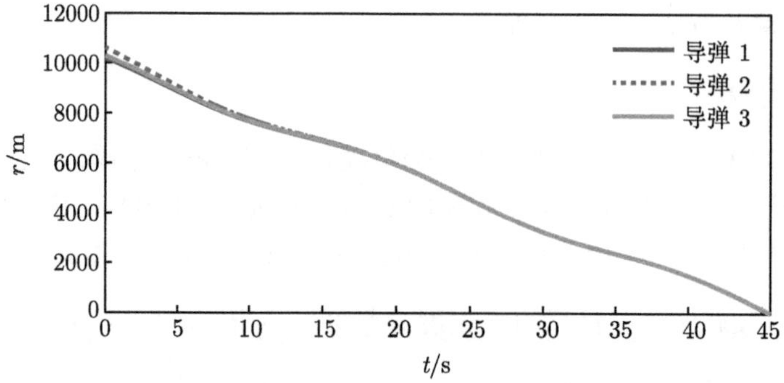

图 6.46 基于时空协调一致性控制 (6.65) 的导弹与目标的相对距离

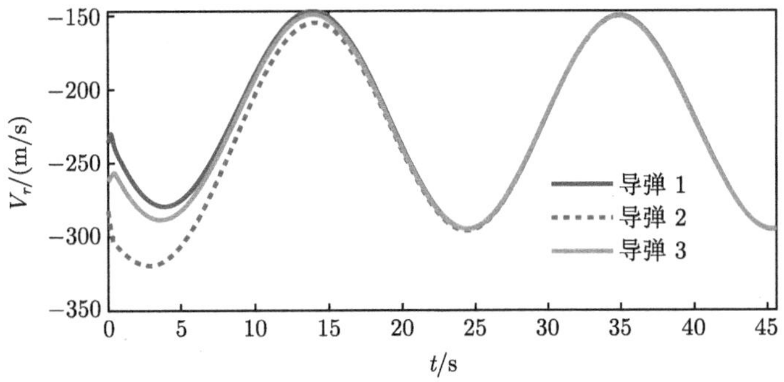

图 6.47 基于时空协调一致性控制 (6.65) 的导弹与目标沿视线方向的相对速度

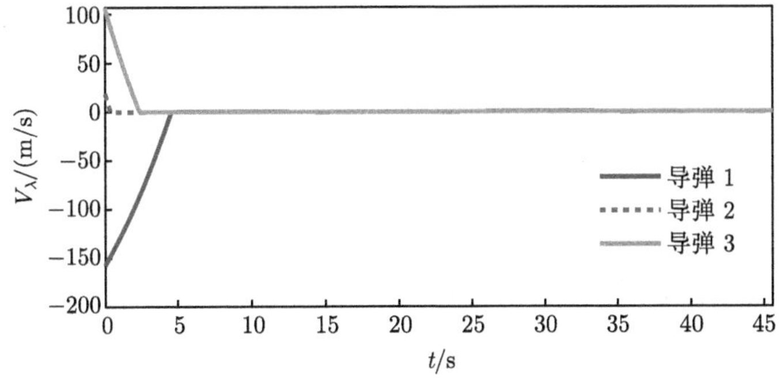

图 6.48 基于时空协调一致性控制 (6.65) 的导弹与目标垂直于视线方向的相对速度

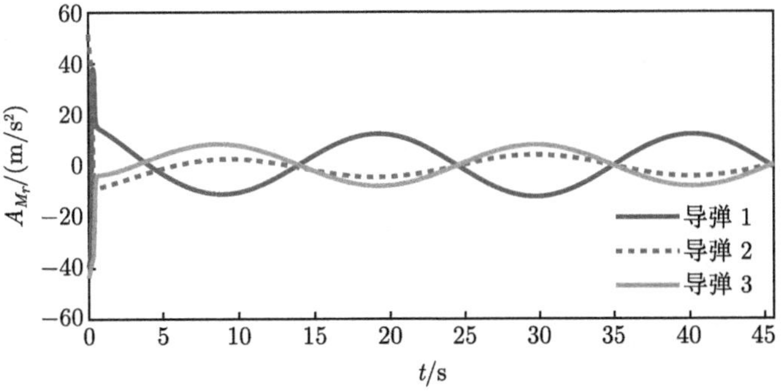

图 6.49 基于时空协调一致性控制 (6.65) 的导弹沿视线方向的加速度

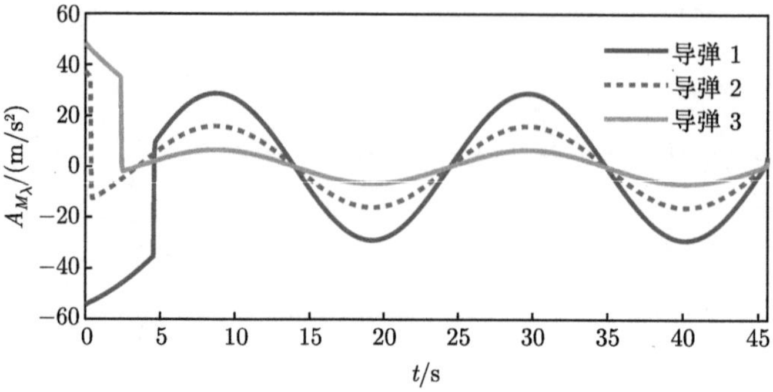

图 6.50　基于时空协调一致性控制 (6.65) 的导弹垂直于视线方向的加速度

对时空协调一致性控制 (6.76) 取 $\boldsymbol{K} = [0.05\ 0.3162]$, $k_{\lambda_1} = k_{\lambda_2} = k_{\lambda_3} = 0.1$, $k = 0.5$, $d_{r_1}(0) = d_{r_2}(0) = d_{r_3}(0) = 10$, $d_{\lambda_1}(0) = d_{\lambda_2}(0) = d_{\lambda_3}(0) = 10$, $\sigma_1 = \sigma_2 = \sigma_3 = 0.01$, $\varphi_1 = \varphi_2 = \varphi_3 = 0.001$, $\eta_1 = \eta_2 = \eta_3 = 0.1$, $\phi_1 = \phi_2 = \phi_3 = 0.001$, 仿真结果如图 6.51~ 图 6.56 所示. 导弹与目标的运动轨迹和导弹与目标的相对距离分别在图 6.51 和图 6.52 中给出, 表明三个导弹最终同时命中了目标. 图 6.52 表明

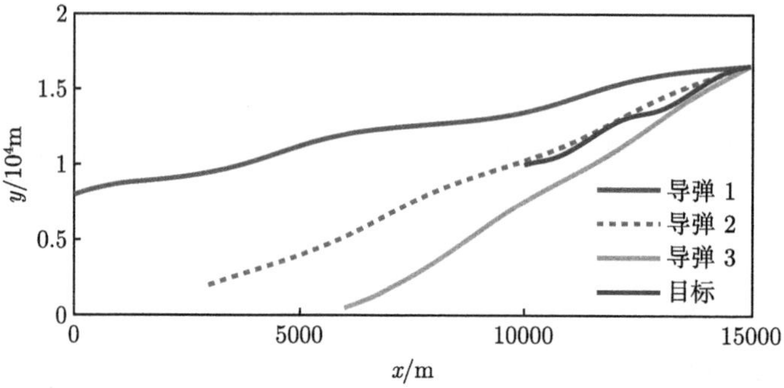

图 6.51　基于自适应时空协调一致性控制 (6.76) 的导弹与目标的运动轨迹

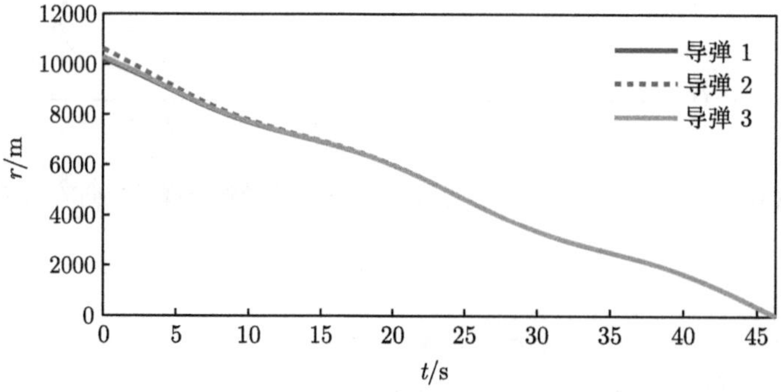

图 6.52　基于自适应时空协调一致性控制 (6.76) 的导弹与目标的相对距离

导弹与目标的相对距离在导弹命中目标之前实现一致性, 并保持一致递减至零. 图 6.53 给出了导弹与目标沿视线方向的相对速度, 其实现了一致性, 使得导弹与目标的相对距离保持相同的速度递减, 维持了一致性. 图 6.54 表明导弹与目标垂直于视线方向的相对速度很快收敛至零, 因此在最后命中阶段视线角不会旋转, 导弹不会丢失目标, 最终命中时刻加速度不会跳变. 图 6.55 和图 6.56 给出了自适应增益 d_{r_i} 和 d_{λ_i}. 由图可以看出, 自适应增益都有界, 不会导致导弹的加速度不断增大. 导弹的加速度分别在图 6.57 和图 6.58 中给出, 大小均在 $40\mathrm{m/s^2}$ 的范围内. 注意到与采用协同导引律 (6.65) 相比, 时空协调一致性控制 (6.76) 采取相同的控制参数, 但最终所需的加速度要小得多. 这主要是由于在处理目标未知加速度分量 $A_{Tr_i}(t)$ 和 $A_{T\lambda_i}(t)$ 时, 时空协调一致性控制 (6.65) 设计了常数的 d_{r_i} 和 d_{λ_i}, 这里取为 35, 而时空协调一致性控制 (6.76) 采用自适应控制方法在线调节 $d_{r_i}(t)$ 和 $d_{\lambda_i}(t)$, 因此节约了控制能量.

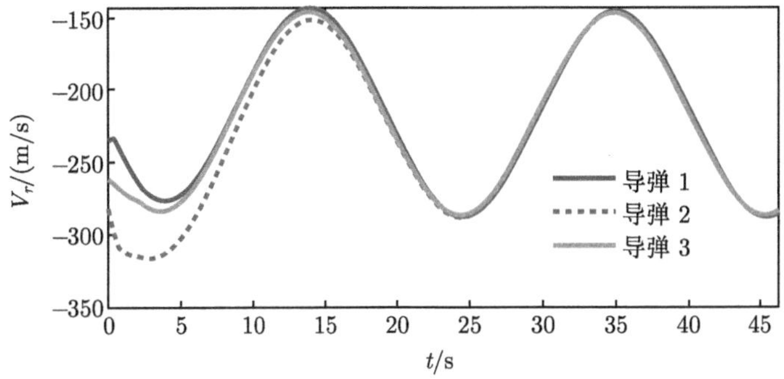

图 6.53 基于自适应时空协调一致性控制 (6.76) 的导弹与目标沿视线方向的相对速度

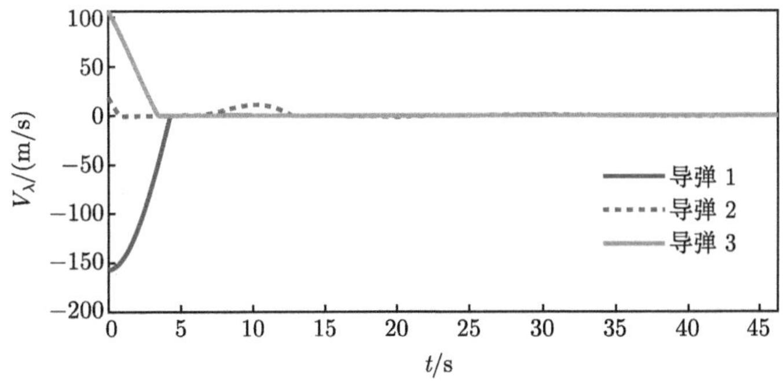

图 6.54 基于自适应时空协调一致性控制 (6.76) 的导弹与目标垂直于视线方向的相对速度

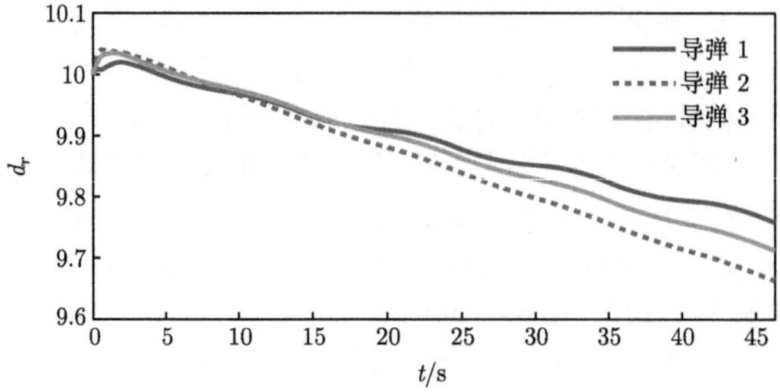

图 6.55 基于自适应时空协调一致性控制 (6.76) 的自适应增益 d_r

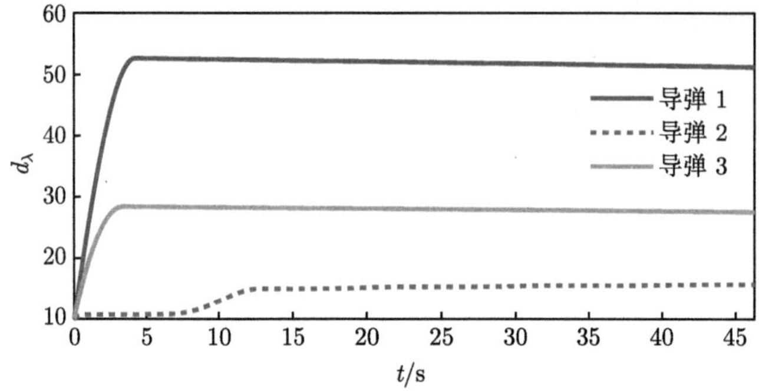

图 6.56 基于自适应时空协调一致性控制 (6.76) 的自适应增益 d_λ

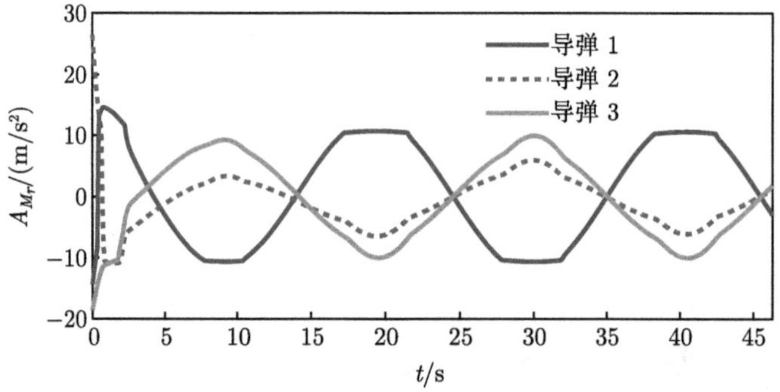

图 6.57 基于自适应时空协调一致性控制 (6.76) 的导弹沿视线方向的加速度

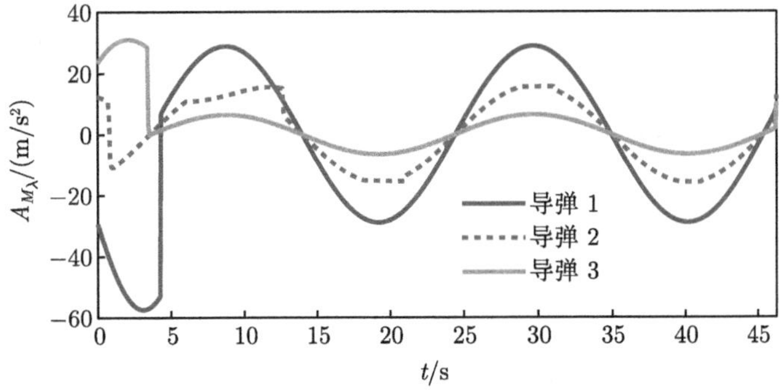

图 6.58 基于自适应时空协调一致性控制 (6.76) 的导弹垂直于视线方向的加速度

6.4 本章小结

本章围绕群体智能系统时空协调一致性控制问题, 分别在目标静止、匀速运动和机动的情形下开展研究, 旨在实现众智能体同时运动至目标位置, 为多制导武器同时命中目标等任务提供方法支撑. 针对静止目标和匀速目标, 采用剩余时间协调机制, 提出动静演绎的协调控制设计框架, 克服了剩余时间难以准确表征的难点, 并在无向通信图、领从通信图、一般有向通信图下建立了收敛性分析, 证明了众智能体运动至目标位置的同时性. 针对机动目标, 采用剩余距离协调机制, 将时空协调一致性控制问题转化为便于处理的子问题, 基于滑模控制方法设计时空协调一致性控制方法; 对目标的未知机动能力上界采用自适应控制方法进行估计, 设计自适应时空协调一致性控制, 实现众智能体同时运动至机动目标位置, 提高控制器效率.

第 7 章

符号通信拓扑图下群体智能系统二分一致性控制及其应用

在群体智能系统的协同一致性控制问题研究中, 通常会将智能体之间的交互建模为合作交互, 从而利用具有非负权重的通信拓扑图来描述智能体之间的信息交互, 通过设计基于合作交互的协同控制协议来实现群体智能系统的一致性控制. 但是, 在实际中, 智能体之间不仅存在合作行为, 还可能出现对抗行为. 因此, 在群体智能系统既存在合作关系又存在对抗关系的情况下, 需要使用符号图来建模智能体之间的交互. 在符号图中, 正的通信连边表示相邻的两个智能体是合作的, 而负的通信连边表示相邻的两个智能体彼此对抗. 借助符号图建模方法, 可以设计适当的控制协议使群体智能系统达成二分一致. 本章将研究符号通信拓扑图下群体智能系统的二分一致性控制及其在水面无人艇集群编队控制中的应用. 首先考虑具有一个动态领航者的群体智能系统二分一致性跟踪问题, 然后将其应用于水面无人艇集群的二分时变编队跟踪问题中, 最后讨论符号图建模方法在水面无人艇集群编队护航中的应用, 利用符号图建模方法分别提出指定时间护航和鲁棒自适应护航控制框架.

7.1 具有动态领航者的线性群体智能系统二分一致性跟踪控制

7.1.1 问题描述

考虑由一个领航者 (智能体) 和 N 个跟随者 (智能体) 组成的具有一般线性动力学的群体智能系统, 每个智能体的动力学如下:

$$\dot{\boldsymbol{x}}_i(t) = \boldsymbol{A}\boldsymbol{x}_i(t) + \boldsymbol{B}\boldsymbol{u}_i(t), \quad i = 0, 1, 2, \cdots, N, \tag{7.1}$$

其中, $\boldsymbol{x}_i(t) \in \mathbb{R}^n$、$\boldsymbol{u}_i(t) \in \mathbb{R}^s$ 分别代表智能体 i 在 $t \geqslant 0$ 时刻的状态和控制输入向量; $\boldsymbol{A}$、$\boldsymbol{B}$ 为具有适当维数的常数矩阵. 领航者标记为 0, N 个跟随者分别标记为 $1, 2, \cdots, N$. 单个领航者和 N 个跟随者组成的群体智能系统 (7.1) 的通信拓扑图用有向符号图 $\widehat{\mathcal{G}}$ 表示. 此外, N 个跟随者之间的通信子图用符号图 $\mathcal{G}$ 表示.

假设 7.1 通信拓扑图 $\widehat{\mathcal{G}}$ 包含一棵以领航者为根的有向生成树, 且描述跟随者之间信息交互的通信子图 $\mathcal{G}$ 是无向连通且结构平衡的.

设 $\widehat{\mathcal{A}} = [a_{ij}] \in \mathbb{R}^{(N+1)\times(N+1)}$ 是群体智能系统 (7.1) 的通信拓扑图 $\widehat{\mathcal{G}}$ 所对应的邻接矩阵, $i, j \in \{0, 1, \cdots, N\}$. 而且, 若领航者是跟随者 k ($k \in \{1, 2, \cdots, N\}$) 的一个邻居, 则 $a_{k0} > 0$; 否则, $a_{k0} = 0$. 定义对角矩阵 $\boldsymbol{A}_0 = \mathrm{diag}(a_{10}, a_{20}, \cdots, a_{N0})$. 令矩阵 $\boldsymbol{\mathcal{A}}$ 和矩阵 $\boldsymbol{L}$ 分别表示 N 个跟随者之间的通信子图 $\mathcal{G}$ 所对应的邻接矩阵和 Laplace 矩阵. 由假设 7.1 和引理 2.11 可知, 存在对角矩阵 $\boldsymbol{D} = \mathrm{diag}(d_1, d_2, \cdots, d_N)$ 使得 $\boldsymbol{D\mathcal{A}D}$ 的所有元素都是非负的, 并且 $\boldsymbol{DLD}$ 的所有对角元素都是非负的, 所有非对角元素都是非正的. 定义

$$\bar{\boldsymbol{L}} = \boldsymbol{DLD} + \boldsymbol{A}_0, \quad \boldsymbol{L}_H = \boldsymbol{L} + \boldsymbol{A}_0. \tag{7.2}$$

根据假设 7.1, 0 是 $\boldsymbol{L}$ 的一个单重特征值, 并且 $\bar{\boldsymbol{L}}$ 是正定的, 即 $\bar{\boldsymbol{L}} > \boldsymbol{0}$. 由引理 2.11 可知, 矩阵 $\boldsymbol{D}$ 提供了跟随者集合 $\{1, 2, \cdots, N\}$ 的划分: $\mathcal{V}_1 = \{i \mid d_i = 1\}$ 和 $\mathcal{V}_2 = \{i \mid d_i = -1\}$, 使得通信子图 $\mathcal{G}$ 关于 $\mathcal{V}_1$ 和 $\mathcal{V}_2$ 是结构平衡的.

定义 7.1 如果对于某个 $q \in \{1, 2\}$, 有下面条件成立:

$$\begin{cases} \lim\limits_{t\to\infty} \|\boldsymbol{x}_i(t) - \boldsymbol{x}_0(t)\| = 0, & \forall i \in \mathcal{V}_q, \\ \lim\limits_{t\to\infty} \|\boldsymbol{x}_i(t) + \boldsymbol{x}_0(t)\| = 0, & \forall i \in \mathcal{V}_{3-q}, \end{cases} \tag{7.3}$$

则称群体智能系统 (7.1) 实现了二分一致性跟踪.

基于假设 7.1 和前面的分析, 式 (7.3) 中给出的等式可以等价地表示为

$$\lim_{t\to\infty} \|\boldsymbol{x}_i(t) - d_i\boldsymbol{x}_0(t)\| = 0, \quad i = 1, 2, \cdots, N. \tag{7.4}$$

在继续讨论之前, 给出一些关于智能体的固有动力学的假设和性质.

假设 7.2 $(\boldsymbol{A}, \boldsymbol{B})$ 是可镇定的.

注解 7.1 若假设 7.2 成立, 则由引理 2.16 可知, 存在一个正定矩阵 $\boldsymbol{Q} \in \mathbb{R}^{n\times n}$ 使得下面的代数 Riccati 不等式成立:

$$\boldsymbol{A}^{\mathrm{T}}\boldsymbol{Q} + \boldsymbol{QA} - 2\boldsymbol{QBB}^{\mathrm{T}}\boldsymbol{Q} < \boldsymbol{0}. \tag{7.5}$$

假设 7.3 存在一个正常数 $\omega_0 > 0$ 使得 $\|\boldsymbol{u}_0(t)\| \leqslant \omega_0$, $\forall\, t \geqslant 0$, 即 $\boldsymbol{u}_0(t)$ 是一致有界的.

7.1.2 基于静态协议的二分一致性跟踪控制

为了实现符号通信拓扑图下的群体智能系统 (7.1) 的二分一致性跟踪, 设计如下非光滑控制协议:

$$\begin{aligned}\boldsymbol{u}_i(t)=&c_1\boldsymbol{K}\left[\sum_{j=1}^{N}|a_{ij}|\big(\boldsymbol{x}_i(t)-\operatorname{sgn}(a_{ij})\boldsymbol{x}_j(t)\big)+a_{i0}\big(\boldsymbol{x}_i(t)-d_i\boldsymbol{x}_0(t)\big)\right]\\&+c_2\operatorname{sgn}\left(\boldsymbol{K}\left[\sum_{j=1}^{N}|a_{ij}|\big(\boldsymbol{x}_i(t)-\operatorname{sgn}(a_{ij})\boldsymbol{x}_j(t)\big)+a_{i0}\big(\boldsymbol{x}_i(t)-d_i\boldsymbol{x}_0(t)\big)\right]\right),\end{aligned}\tag{7.6}$$

其中, $c_1>0$, $c_2>0$, $\boldsymbol{K}\in\mathbb{R}^{s\times n}$ 为后续待设计的控制参数.

定义 $\boldsymbol{\xi}_i(t)=\boldsymbol{x}_i(t)-d_i\boldsymbol{x}_0(t)$, $i=1,2,\cdots,N$, 令 $\boldsymbol{\xi}(t)=[\boldsymbol{\xi}_1(t)^{\mathrm{T}},\boldsymbol{\xi}_2(t)^{\mathrm{T}},\cdots,\boldsymbol{\xi}_N(t)^{\mathrm{T}}]^{\mathrm{T}}$. 因为 $d_id_ja_{ij}\geqslant 0$, $i,j=1,2,\cdots,N$, 且 $d_k\in\{\pm1\}$, $k=1,2,\cdots,N$, 可得 $a_{ij}d_i=|a_{ij}|d_j$ 及 $|a_{ij}|d_i=a_{ij}\operatorname{sgn}(a_{ij})d_i=|a_{ij}|d_j\operatorname{sgn}(a_{ij})$. 则 $\boldsymbol{\xi}(t)$ 的动力学可写为

$$\begin{aligned}\dot{\boldsymbol{\xi}}(t)=&(\boldsymbol{I}_N\otimes\boldsymbol{A}+c_1\boldsymbol{L}_H\otimes\boldsymbol{BK})\boldsymbol{\xi}(t)+c_2(\boldsymbol{I}_N\otimes\boldsymbol{B})\operatorname{sgn}\big((\boldsymbol{L}_H\otimes\boldsymbol{K})\boldsymbol{\xi}(t)\big)\\&-(\boldsymbol{D}\boldsymbol{1}_N\otimes\boldsymbol{B})\boldsymbol{u}_0(t),\end{aligned}$$

其中, $\boldsymbol{L}_H$ 在式 (7.2) 中定义. 令 $\bar{\boldsymbol{\xi}}(t)=(\boldsymbol{D}\otimes\boldsymbol{I}_n)\boldsymbol{\xi}(t)$. 因为 $\boldsymbol{D}\in\mathcal{D}$, 可知 $\boldsymbol{DD}=\boldsymbol{I}_N$, $\boldsymbol{D}\operatorname{sgn}(\boldsymbol{z})=\operatorname{sgn}(\boldsymbol{Dz})$. 由此可进一步得到

$$\begin{aligned}\dot{\bar{\boldsymbol{\xi}}}(t)=&(\boldsymbol{I}_N\otimes\boldsymbol{A}+c_1\boldsymbol{DL}_H\boldsymbol{D}\otimes\boldsymbol{BK})\bar{\boldsymbol{\xi}}(t)+c_2(\boldsymbol{I}_N\otimes\boldsymbol{B})\operatorname{sgn}\big((\boldsymbol{DL}_H\boldsymbol{D}\otimes\boldsymbol{K})\bar{\boldsymbol{\xi}}(t)\big)\\&-(\boldsymbol{1}_N\otimes\boldsymbol{B})\boldsymbol{u}_0(t)\\=&(\boldsymbol{I}_N\otimes\boldsymbol{A}+c_1\bar{\boldsymbol{L}}\otimes\boldsymbol{BK})\bar{\boldsymbol{\xi}}(t)+c_2(\boldsymbol{I}_N\otimes\boldsymbol{B})\operatorname{sgn}\big((\bar{\boldsymbol{L}}\otimes\boldsymbol{K})\bar{\boldsymbol{\xi}}(t)\big)\\&-(\boldsymbol{1}_N\otimes\boldsymbol{B})\boldsymbol{u}_0(t),\end{aligned}\tag{7.7}$$

其中, $\bar{\boldsymbol{L}}$ 和 $\boldsymbol{L}_H$ 在式 (7.2) 中定义. 为了简化符号, 令 $\boldsymbol{e}(t)=(\bar{\boldsymbol{L}}\otimes\boldsymbol{I}_n)\bar{\boldsymbol{\xi}}(t)$. 由式 (7.7) 可以推出

$$\begin{aligned}\dot{\boldsymbol{e}}(t)=&(\boldsymbol{I}_N\otimes\boldsymbol{A}+c_1\bar{\boldsymbol{L}}\otimes\boldsymbol{BK})\boldsymbol{e}(t)+c_2(\bar{\boldsymbol{L}}\otimes\boldsymbol{B})\operatorname{sgn}(\boldsymbol{Y}(t))\\&-(\bar{\boldsymbol{L}}\boldsymbol{1}_N\otimes\boldsymbol{B})\boldsymbol{u}_0(t),\end{aligned}\tag{7.8}$$

其中, $\boldsymbol{Y}(t) = [\boldsymbol{Y}_1(t)^{\mathrm{T}}, \boldsymbol{Y}_2(t)^{\mathrm{T}}, \cdots, \boldsymbol{Y}_N(t)^{\mathrm{T}}]^{\mathrm{T}} = (\boldsymbol{I}_N \otimes \boldsymbol{K})\boldsymbol{e}(t)$, $\boldsymbol{Y}_i(t) \in \mathbb{R}^s$, $i = 1, 2, \cdots, N$.

基于上述分析, 可以建立以下定理.

定理 7.1 设假设 7.1～假设 7.3 成立. 适当地选择分布式控制协议 (7.6) 的控制参数使得 $c_1 \geqslant 1/\lambda_{\min}(\bar{\boldsymbol{L}})$, $c_2 \geqslant \omega_0$, $\boldsymbol{K} = -\boldsymbol{B}^{\mathrm{T}}\boldsymbol{Q}$, 其中 $\boldsymbol{Q} > \boldsymbol{0}$ 是代数 Riccati 不等式 (7.5) 的解, 则在分布式控制协议 (7.6) 下群体智能系统 (7.1) 能够实现二分一致性跟踪.

证明: 对于系统 (7.8), 选择如下 Lyapunov 函数:

$$V_1(t) = \boldsymbol{e}(t)^{\mathrm{T}}(\boldsymbol{I}_N \otimes \boldsymbol{Q})\boldsymbol{e}(t),$$

其中, $\boldsymbol{Q} > \boldsymbol{0}$ 是代数 Riccati 不等式 (7.5) 的解. 因为 $\boldsymbol{K} = -\boldsymbol{B}^{\mathrm{T}}\boldsymbol{Q}$, $V_1(t)$ 沿着系统 (7.8) 的轨迹对时间求导可得

$$\begin{aligned}
\dot{V}_1(t) &= 2\boldsymbol{e}(t)^{\mathrm{T}}(\boldsymbol{I}_N \otimes \boldsymbol{QA} - c_1\bar{\boldsymbol{L}} \otimes \boldsymbol{QBB}^{\mathrm{T}}\boldsymbol{Q})\boldsymbol{e}(t) - 2c_2\boldsymbol{Y}(t)^{\mathrm{T}}(\bar{\boldsymbol{L}} \otimes \boldsymbol{I}_s)\mathrm{sgn}(\boldsymbol{Y}(t)) \\
&\quad + 2\boldsymbol{Y}(t)^{\mathrm{T}}(\bar{\boldsymbol{L}}\boldsymbol{1}_N \otimes \boldsymbol{u}_0(t)) \\
&= \boldsymbol{e}(t)^{\mathrm{T}}\left[\boldsymbol{I}_N \otimes (\boldsymbol{QA} + \boldsymbol{A}^{\mathrm{T}}\boldsymbol{Q}) - 2c_1\bar{\boldsymbol{L}} \otimes \boldsymbol{QBB}^{\mathrm{T}}\boldsymbol{Q}\right]\boldsymbol{e}(t) \\
&\quad - 2c_2\boldsymbol{Y}(t)^{\mathrm{T}}(\bar{\boldsymbol{L}} \otimes \boldsymbol{I}_s)\mathrm{sgn}(\boldsymbol{Y}(t)) + 2\boldsymbol{Y}(t)^{\mathrm{T}}(\bar{\boldsymbol{L}}\boldsymbol{1}_N \otimes \boldsymbol{u}_0(t)).
\end{aligned} \tag{7.9}$$

此外, 利用关系式 $\bar{\boldsymbol{L}} = \boldsymbol{DLD} + \boldsymbol{A}_0$ 可得

$$\begin{aligned}
\boldsymbol{Y}(t)^{\mathrm{T}}(\bar{\boldsymbol{L}} \otimes \boldsymbol{I}_s)\mathrm{sgn}(\boldsymbol{Y}(t)) &= \boldsymbol{Y}(t)^{\mathrm{T}}(\boldsymbol{DLD} \otimes \boldsymbol{I}_s)\mathrm{sgn}(\boldsymbol{Y}(t)) \\
&\quad + \boldsymbol{Y}(t)^{\mathrm{T}}(\boldsymbol{A}_0 \otimes \boldsymbol{I}_s)\mathrm{sgn}(\boldsymbol{Y}(t)) \\
&= \sum_{i=1}^{N}\sum_{j=1}^{N} d_i d_j a_{ij}\left(\|\boldsymbol{Y}_i(t)\|_1 - \boldsymbol{Y}_i(t)^{\mathrm{T}}\mathrm{sgn}(\boldsymbol{Y}_j(t))\right) \\
&\quad + \sum_{i=1}^{N} a_{i0}\|\boldsymbol{Y}_i(t)\|_1 \\
&\geqslant \sum_{i=1}^{N} a_{i0}\|Y_i(t)\|_1.
\end{aligned} \tag{7.10}$$

在式 (7.10) 的最后一个不等式的推导中用到了性质 $\|\boldsymbol{Y}_i\|_1 \geqslant \boldsymbol{Y}_i^{\mathrm{T}}\mathrm{sgn}(\boldsymbol{Y}_j)$, $\forall i, j = 1, 2, \cdots, N$. 进一步地, 可验证如下关系式成立:

$$\boldsymbol{Y}(t)^{\mathrm{T}}(\bar{\boldsymbol{L}}\boldsymbol{1}_N \otimes \boldsymbol{u}_0(t)) = \boldsymbol{Y}(t)^{\mathrm{T}}(\boldsymbol{DLD}\boldsymbol{1}_N \otimes \boldsymbol{u}_0(t)) + \boldsymbol{Y}(t)^{\mathrm{T}}(\boldsymbol{A}_0\boldsymbol{1}_N \otimes \boldsymbol{u}_0(t))$$

$$\leqslant \sum_{i=1}^{N} a_{i0}\omega_0\|\boldsymbol{Y}_i(t)\|_1, \tag{7.11}$$

其中, 在式 (7.11) 的最后一个不等式的推导中用到了性质 $\boldsymbol{DLD1}_N = \boldsymbol{0}_N$. 结合式 (7.9)~式(7.11) 及性质 $c_2 \geqslant \omega_0$, 可得

$$\dot{V}_1(t) \leqslant \boldsymbol{e}(t)^{\mathrm{T}}(\boldsymbol{I}_N \otimes \boldsymbol{\Psi})\boldsymbol{e}(t), \tag{7.12}$$

其中, $\boldsymbol{\Psi} = \boldsymbol{A}^{\mathrm{T}}\boldsymbol{Q} + \boldsymbol{QA} - 2\beta\boldsymbol{QBB}^{\mathrm{T}}\boldsymbol{Q}$, $\beta = c_1\lambda_{\min}(\bar{\boldsymbol{L}}) \geqslant 1$. 根据代数 Riccati 不等式 (7.5), 可得 $\boldsymbol{\Psi} < \boldsymbol{0}$. 定义 $c_0 = -\lambda_{\max}(\boldsymbol{\Psi})\lambda_{\min}(\boldsymbol{Q}^{-1})$. 显然, $c_0 > 0$. 根据式 (7.12), 可得

$$\dot{V}_1(t) \leqslant -c_0V_1(t), \quad \forall t \geqslant 0,$$

表明 $\|\boldsymbol{e}(t)\|$ 渐近收敛到 0. 注意到 $\boldsymbol{e}(t) = (\bar{\boldsymbol{L}} \otimes \boldsymbol{I}_n)(\boldsymbol{D} \otimes \boldsymbol{I}_n)\boldsymbol{\xi}(t)$, 且矩阵 $\bar{\boldsymbol{L}}$ 和矩阵 $\boldsymbol{D}$ 是可逆的, 由此可直接得出 $\lim\limits_{t\to\infty} \|\boldsymbol{x}_i(t) - d_i\boldsymbol{x}_0(t)\| = 0, \forall i = 1, 2, \cdots, N$. ■

7.1.3 基于自适应协议的完全分布式二分一致性跟踪控制

由定理 7.1 可知, 只要适当地设计协议 (7.6) 的控制参数, 就可以解决群体智能系统 (7.1) 的二分一致性跟踪问题. 然而, 协议 (7.6) 中的控制参数 c_1 和 c_2 的选取分别依赖于通信拓扑图的谱信息和领航者控制输入的上界. 实际上, 跟随者难以获取这两种全局信息, 特别是当所考虑的群体智能系统规模比较大时. 因此, 本节提出一种新的完全分布式协议, 在不使用任何关于群体智能系统全局信息的情况下, 实现二分一致性跟踪. 基于自适应协议的完全分布式二分一致性跟踪控制协议设计如下:

$$\begin{aligned}
\boldsymbol{u}_i(t) &= \alpha_i(t)\boldsymbol{Ks}_i(t) + \alpha_i(t)\mathrm{sgn}(\boldsymbol{Ks}_i(t)),\\
\dot{\alpha}_i(t) &= \boldsymbol{s}_i(t)^{\mathrm{T}}\boldsymbol{\Gamma s}_i(t) + \|\boldsymbol{Ks}_i(t)\|_1,\\
\boldsymbol{s}_i(t) &= \sum_{j=1}^{N}\big(|a_{ij}|\boldsymbol{x}_i(t) - a_{ij}\boldsymbol{x}_j(t)\big) + a_{i0}\big(\boldsymbol{x}_i(t) - d_i\boldsymbol{x}_0(t)\big),
\end{aligned} \tag{7.13}$$

其中, $\alpha_i(t)$ 为自适应增益; $\boldsymbol{K}$ 和 $\boldsymbol{\Gamma}$ 为待设计的增益矩阵.

定义 $\boldsymbol{\xi}_i(t) = \boldsymbol{x}_i(t) - d_i\boldsymbol{x}_0(t)$, $\boldsymbol{\xi}(t) = [\boldsymbol{\xi}_1(t)^{\mathrm{T}}, \boldsymbol{\xi}_2(t)^{\mathrm{T}}, \cdots, \boldsymbol{\xi}_N(t)^{\mathrm{T}}]^{\mathrm{T}}$, 并令 $\boldsymbol{\Lambda}(t) =$

$\mathrm{diag}\big(\alpha_1(t),\alpha_2(t),\cdots,\alpha_N(t)\big)$, 可得

$$\begin{cases}\dot{\boldsymbol{\xi}}(t)=(\boldsymbol{I}_N\otimes\boldsymbol{A}+\boldsymbol{\Lambda}(t)\boldsymbol{L}_H\otimes\boldsymbol{BK})\boldsymbol{\xi}(t)+(\boldsymbol{\Lambda}(t)\otimes\boldsymbol{B})\mathrm{sgn}\big((\boldsymbol{L}_H\otimes\boldsymbol{K})\boldsymbol{\xi}(t)\big)\\ \qquad\quad-(\boldsymbol{D}\boldsymbol{1}_N\otimes\boldsymbol{B})\boldsymbol{u}_0(t),\\ \dot{\alpha}_i(t)=\boldsymbol{s}_i(t)^{\mathrm{T}}\boldsymbol{\Gamma}\boldsymbol{s}_i(t)+\|\boldsymbol{K}\boldsymbol{s}_i(t)\|_1,\\ \boldsymbol{s}_i(t)=\displaystyle\sum_{j=1}^{N}\big(|a_{ij}|\boldsymbol{\xi}_i(t)-a_{ij}\boldsymbol{\xi}_j(t)\big)+a_{i0}\boldsymbol{\xi}_i(t).\end{cases}\tag{7.14}$$

下面, 介绍本节的主要结论.

定理 7.2 设假设 7.1~假设 7.3 成立. 分布式自适应协议 (7.13) 中的增益矩阵设计为 $\boldsymbol{K}=-\boldsymbol{B}^{\mathrm{T}}\boldsymbol{Q}$, $\boldsymbol{\Gamma}=\boldsymbol{QBB}^{\mathrm{T}}\boldsymbol{Q}$, 其中 $\boldsymbol{Q}>\boldsymbol{0}$ 是代数 Riccati 不等式 (7.5) 的解, 则在所设计的分布式自适应协议 (7.13) 下, 线性群体智能系统 (7.1) 能够实现二分一致性跟踪.

证明: 为系统 (7.14) 构造如下 Lyapunov 函数:

$$V_2(t)=\boldsymbol{\xi}(t)^{\mathrm{T}}(\boldsymbol{L}_H\otimes\boldsymbol{Q})\boldsymbol{\xi}(t)+\sum_{i=1}^{N}(\alpha_i(t)-\alpha_0)^2,$$

其中, $\boldsymbol{L}_H$ 在式 (7.2) 中定义; α_0 是一个给定的正常数. 令 $\bar{\boldsymbol{\xi}}(t)=(\boldsymbol{D}\otimes\boldsymbol{I}_n)\boldsymbol{\xi}(t)$. 注意到 $\boldsymbol{DD}=\boldsymbol{I}_N$, 可知 $\boldsymbol{\xi}(t)^{\mathrm{T}}(\boldsymbol{L}_H\otimes\boldsymbol{Q})\boldsymbol{\xi}(t)=\bar{\boldsymbol{\xi}}(t)^{\mathrm{T}}(\bar{\boldsymbol{L}}\otimes\boldsymbol{Q})\bar{\boldsymbol{\xi}}(t)$. 此外, 由假设 7.1 可知, $\bar{\boldsymbol{L}}$ 是正定矩阵. 因此, $V_2(t)\geqslant 0$. 而且, $\bar{\boldsymbol{\xi}}(t)$ 的动力学可写为

$$\begin{aligned}\dot{\bar{\boldsymbol{\xi}}}=&(\boldsymbol{I}_N\otimes\boldsymbol{A}-\boldsymbol{\Lambda}(t)\bar{\boldsymbol{L}}\otimes\boldsymbol{BB}^{\mathrm{T}}\boldsymbol{Q})\bar{\boldsymbol{\xi}}(t)-(\boldsymbol{\Lambda}(t)\otimes\boldsymbol{B})\mathrm{sgn}\big((\bar{\boldsymbol{L}}\otimes\boldsymbol{B}^{\mathrm{T}}\boldsymbol{Q})\bar{\boldsymbol{\xi}}(t)\big)\\&-(\boldsymbol{1}_N\otimes\boldsymbol{B})\boldsymbol{u}_0(t).\end{aligned}\tag{7.15}$$

$V_2(t)$ 沿着式 (7.15) 的轨迹对时间求导可得

$$\begin{aligned}\dot{V}_2(t)=&\bar{\boldsymbol{\xi}}(t)^{\mathrm{T}}\big[\bar{\boldsymbol{L}}\otimes(\boldsymbol{QA}+\boldsymbol{A}^{\mathrm{T}}\boldsymbol{Q})-2\bar{\boldsymbol{L}}\boldsymbol{\Lambda}(t)\bar{\boldsymbol{L}}\otimes\boldsymbol{\Gamma}\big]\bar{\boldsymbol{\xi}}(t)\\&-2\bar{\boldsymbol{\xi}}(t)^{\mathrm{T}}(\bar{\boldsymbol{L}}\boldsymbol{\Lambda}(t)\otimes\boldsymbol{QB})\mathrm{sgn}\big((\bar{\boldsymbol{L}}\otimes\boldsymbol{B}^{\mathrm{T}}\boldsymbol{Q})\bar{\boldsymbol{\xi}}(t)\big)\\&-2\bar{\boldsymbol{\xi}}(t)^{\mathrm{T}}(\bar{\boldsymbol{L}}\boldsymbol{1}_N\otimes\boldsymbol{QB})\boldsymbol{u}_0(t)\\&+2\sum_{i=1}^{N}\dot{\alpha}_i(t)(\alpha_i(t)-\alpha_0).\end{aligned}\tag{7.16}$$

令 $\boldsymbol{s}(t)=[\boldsymbol{s}_1(t)^{\mathrm{T}},\boldsymbol{s}_2(t)^{\mathrm{T}},\cdots,\boldsymbol{s}_N(t)^{\mathrm{T}}]^{\mathrm{T}}$. 显然, $\boldsymbol{s}(t)=(\boldsymbol{L}_H\otimes\boldsymbol{I}_n)\boldsymbol{\xi}(t)$. 于是, 可得

$$
\begin{aligned}
\sum_{i=1}^{N}\alpha_i(t)\dot{\alpha}_i(t) &= \sum_{i=1}^{N}\alpha_i(t)\big(\boldsymbol{s}_i(t)^{\mathrm{T}}\boldsymbol{\Gamma}\boldsymbol{s}_i(t)+\|\boldsymbol{B}^{\mathrm{T}}\boldsymbol{Q}\boldsymbol{s}_i(t)\|_1\big)\\
&= \boldsymbol{s}(t)^{\mathrm{T}}(\boldsymbol{\Lambda}(t)\otimes\boldsymbol{\Gamma})\boldsymbol{s}(t)\\
&\quad + \boldsymbol{s}(t)^{\mathrm{T}}(\boldsymbol{I}_N\otimes\boldsymbol{QB})(\boldsymbol{\Lambda}(t)\otimes\boldsymbol{I}_s)\mathrm{sgn}\big((\boldsymbol{I}_N\otimes\boldsymbol{B}^{\mathrm{T}}\boldsymbol{Q})\boldsymbol{s}(t)\big)\\
&= \bar{\boldsymbol{\xi}}(t)^{\mathrm{T}}(\bar{\boldsymbol{L}}\boldsymbol{\Lambda}(t)\bar{\boldsymbol{L}}\otimes\boldsymbol{\Gamma})\bar{\boldsymbol{\xi}}(t)\\
&\quad + \bar{\boldsymbol{\xi}}(t)^{\mathrm{T}}(\bar{\boldsymbol{L}}\boldsymbol{\Lambda}(t)\otimes\boldsymbol{QB})\mathrm{sgn}\big((\bar{\boldsymbol{L}}\otimes\boldsymbol{B}^{\mathrm{T}}\boldsymbol{Q})\bar{\boldsymbol{\xi}}(t)\big).
\end{aligned}
\tag{7.17}
$$

类似地, 可得

$$
\sum_{i=1}^{N}\alpha_0\dot{\alpha}_i(t) = \alpha_0\bar{\boldsymbol{\xi}}(t)^{\mathrm{T}}(\bar{\boldsymbol{L}}^2\otimes\boldsymbol{\Gamma})\bar{\boldsymbol{\xi}}(t)+\alpha_0\|(\bar{\boldsymbol{L}}\otimes\boldsymbol{B}^{\mathrm{T}}\boldsymbol{Q})\bar{\boldsymbol{\xi}}(t)\|_1. \tag{7.18}
$$

结合式 (7.16)~ 式(7.18) 可得

$$
\begin{aligned}
\dot{V}_2(t) &= \bar{\boldsymbol{\xi}}(t)^{\mathrm{T}}\big[\bar{\boldsymbol{L}}\otimes(\boldsymbol{QA}+\boldsymbol{A}^{\mathrm{T}}\boldsymbol{Q})-2\alpha_0\bar{\boldsymbol{L}}^2\otimes\boldsymbol{\Gamma}\big]\bar{\boldsymbol{\xi}}(t)\\
&\quad - 2\alpha_0\|(\bar{\boldsymbol{L}}\otimes\boldsymbol{B}^{\mathrm{T}}\boldsymbol{Q})\bar{\boldsymbol{\xi}}(t)\|_1 - 2\bar{\boldsymbol{\xi}}(t)^{\mathrm{T}}(\bar{\boldsymbol{L}}\boldsymbol{1}_N\otimes\boldsymbol{QB})\boldsymbol{u}_0(t)\\
&\leqslant \bar{\boldsymbol{\xi}}(t)^{\mathrm{T}}\big(\bar{\boldsymbol{L}}\otimes(\boldsymbol{QA}+\boldsymbol{A}^{\mathrm{T}}\boldsymbol{Q})-2\alpha_0\bar{\boldsymbol{L}}^2\otimes\boldsymbol{\Gamma}\big)\bar{\boldsymbol{\xi}}(t)\\
&\quad - 2(\alpha_0-\sqrt{N}\omega_0)\|(\bar{\boldsymbol{L}}\otimes\boldsymbol{B}^{\mathrm{T}}\boldsymbol{Q})\bar{\boldsymbol{\xi}}(t)\|_1.
\end{aligned}
$$

选择 α_0 充分大使得 $\alpha_0 \geqslant \max\{\sqrt{N}\omega_0, 1/\lambda_{\min}(\bar{\boldsymbol{L}})\}$. 因为 $\bar{\boldsymbol{L}}$ 是正定的, 由上述分析推出 $\alpha_0\boldsymbol{I}_N \geqslant \bar{\boldsymbol{L}}^{-1}$ 和 $\alpha_0\bar{\boldsymbol{L}}^2 \geqslant \bar{\boldsymbol{L}}$. 综合上述分析可得

$$
\begin{aligned}
\dot{V}_2(t) &\leqslant \bar{\boldsymbol{\xi}}(t)^{\mathrm{T}}(\bar{\boldsymbol{L}}\otimes\boldsymbol{I}_n)\big[\boldsymbol{I}_N\otimes(\boldsymbol{QA}+\boldsymbol{A}^{\mathrm{T}}\boldsymbol{Q}-2\boldsymbol{\Gamma})\big]\bar{\boldsymbol{\xi}}(t)\\
&\xlongequal{\text{def}} -\varPhi(\bar{\boldsymbol{\xi}}(t))\\
&\leqslant 0.
\end{aligned}
$$

式中最后一个不等式的推导利用了代数 Riccati 不等式 (7.5). 显然, $\varPhi(\bar{\boldsymbol{\xi}}(t))$ 是正定的. 由 $V_2(t)$ 是非增的可知, $\bar{\boldsymbol{\xi}}(t)$、$\boldsymbol{\xi}(t)$ 及 $\alpha_i(t)$ 是一致有界的. 此外, 由 $V_2(t) \geqslant 0$ 且 $V_2(t)$ 是非增的可知, $V_2(\infty) \xlongequal{\text{def}} \lim\limits_{t\to\infty} V_2(t)$ 存在. 因此, 可得 $\int_0^\infty \varPhi(\bar{\boldsymbol{\xi}}(t))\mathrm{d}t \leqslant V_2(0)-V_2(\infty)$, 表明 $\displaystyle\int_0^\infty \varPhi(\bar{\boldsymbol{\xi}}(t))\mathrm{d}t$ 存在且是有限的. 此外, 根据 $\boldsymbol{u}_0(t)$ 和 $\boldsymbol{\xi}(t)$ 的一致有界性可得 $\dot{\bar{\boldsymbol{\xi}}}(t)$ 是一致有界的, 这也意味着 $\dot{\varPhi}(\bar{\boldsymbol{\xi}}(t))$ 是一致有界的. 上述分析表明, $\varPhi(\bar{\boldsymbol{\xi}}(t))$ 是一致连续的. 由 Barbalat 引理 [174] 可知, $\lim\limits_{t\to\infty}\varPhi(\bar{\boldsymbol{\xi}}(t)) = 0$. 因

此, $\|\bar{\boldsymbol{\xi}}(t)\| \to 0$ 当 $t \to \infty$, 即 $\|\boldsymbol{\xi}(t)\| \to 0$ 当 $t \to \infty$. 这说明在分布式自适应协议 (7.13) 下, 群体智能系统 (7.1) 实现了二分一致性跟踪. ■

注解 7.2 文献 [101] 研究了符号通信拓扑图下群体智能系统的二分包含控制问题. 值得说明的是, 利用文献 [101] 中的某些技术对本节所提出的二分一致性跟踪协议进行改进, 可以解决具有多个服从非零控制输入的领航者的群体智能系统的二分包含控制问题.

7.1.4 仿真分析

在仿真中, 群体智能系统 (7.1) 含有 1 个领航者 (标记为 0) 和 5 个跟随者 (分别标记为 $1, 2, \cdots, 5$), 系统参数设定为

$$\boldsymbol{x}_i(t)=\begin{bmatrix} x_{i1}(t) \\ x_{i2}(t) \end{bmatrix}, \ \boldsymbol{A}=\begin{bmatrix} 0 & 1 \\ -1 & 0 \end{bmatrix}, \ \boldsymbol{B}=\begin{bmatrix} 1 \\ 0 \end{bmatrix}, \quad i=0,1,\cdots,5.$$

假设 $\boldsymbol{u}_0(t) = \cos(\boldsymbol{x}_0(t))$, 可知 $\|\boldsymbol{u}_0(t)\| \leqslant \omega_0 = 1$. 图 7.1 描述了智能体之间的信息交互, 其中边上的数字表示通信权重. 图 7.1 中的实线表示跟随者之间的交互, 虚线表示领航者 0 与跟随者 1 之间的交互.

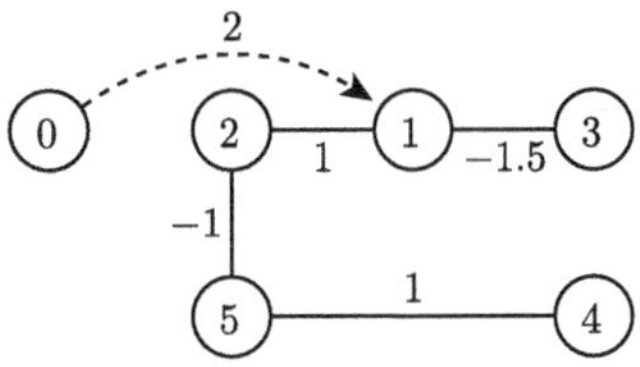

图 7.1 6 个智能体的通信拓扑图

标记为 0 的结点表示领航者

可以验证跟随者之间的通信拓扑图是结构平衡的, 跟随者可以分为两组: $\mathcal{V}_1 = \{1,2\}$, $\mathcal{V}_2 = \{3,4,5\}$. $\boldsymbol{L}_H$ 和 $\bar{\boldsymbol{L}}$ 分别为

$$\boldsymbol{L}_H=\begin{bmatrix} 4.5 & -1 & 1.5 & 0 & 0 \\ -1 & 2 & 0 & 0 & 1 \\ 1.5 & 0 & 1.5 & 0 & 0 \\ 0 & 0 & 0 & 1 & -1 \\ 0 & 1 & 0 & -1 & 2 \end{bmatrix}, \quad \bar{\boldsymbol{L}}=\begin{bmatrix} 4.5 & -1 & -1.5 & 0 & 0 \\ -1 & 2 & 0 & 0 & -1 \\ -1.5 & 0 & 1.5 & 0 & 0 \\ 0 & 0 & 0 & 1 & -1 \\ 0 & -1 & 0 & -1 & 2 \end{bmatrix},$$

并且 $\boldsymbol{D} = \mathrm{diag}(1,1,-1,-1,-1)$. 注意代数 Riccati 不等式 (7.5) 成立当且仅当 $\boldsymbol{Q}^{-1}\boldsymbol{A}^{\mathrm{T}}+\boldsymbol{A}\boldsymbol{Q}^{-1}-2\boldsymbol{B}\boldsymbol{B}^{\mathrm{T}} < \mathbf{0}$. 令 $\boldsymbol{P} = \boldsymbol{Q}^{-1}$, 通过求解线性矩阵不等式 $\boldsymbol{P}\boldsymbol{A}^{\mathrm{T}}+$

$\boldsymbol{A}\boldsymbol{P} - 2\boldsymbol{B}\boldsymbol{B}^{\mathrm{T}} < \boldsymbol{0}$ 可得

$$\boldsymbol{P} = \begin{bmatrix} 1.8320 & 0.4000 \\ 0.4000 & 1.8320 \end{bmatrix}.$$

为每个跟随者设计控制协议 (7.6), 选择 $c_1 = 7$, $c_2 = 1$, 以及

$$\boldsymbol{K} = \boldsymbol{B}^{\mathrm{T}}\boldsymbol{P}^{-1} = [-0.5732, 0.1251].$$

在仿真中, 选择初值 $\boldsymbol{x}_0(0) = [-1,3]^{\mathrm{T}}$, $\boldsymbol{x}_1(0) = [3,6]^{\mathrm{T}}$, $\boldsymbol{x}_2(0) = [5,7]^{\mathrm{T}}$, $\boldsymbol{x}_3(0) = [0,10]^{\mathrm{T}}$, $\boldsymbol{x}_4(0) = [-3,-5]^{\mathrm{T}}$, $\boldsymbol{x}_5(0) = [2,-3]^{\mathrm{T}}$. 领航者和跟随者的状态轨迹如图 7.2 所示. 跟踪误差 $\boldsymbol{\xi}_i(t) = [\xi_{i1}(t), \xi_{i2}(t)]^{\mathrm{T}}$ $(i = 1, 2, \cdots, 5)$ 的轨迹如图 7.3 所示. 由图可以看出, 智能体 1 和 2 的状态渐近收敛到领航者的状态, 而智能体 3、4 和 5 的状态渐近地跟踪领航者状态的相反值, 这与 $\mathcal{V}_1$ 和 $\mathcal{V}_2$ 的划分一致.

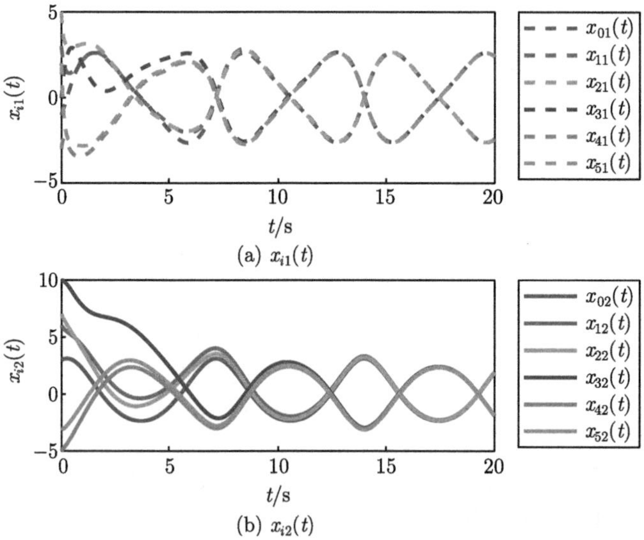

图 7.2　状态 $\boldsymbol{x}_i(t) = [x_{i1}(t), x_{i2}(t)]^{\mathrm{T}}$ $(i = 0, 1, 2, \cdots, 5)$ 的轨迹

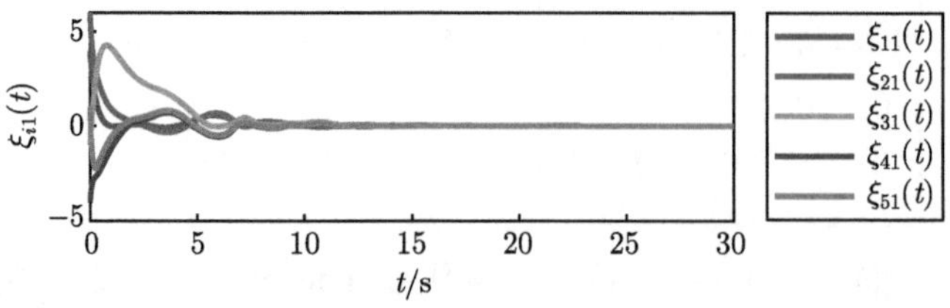

(a) $\xi_{i1}(t)$

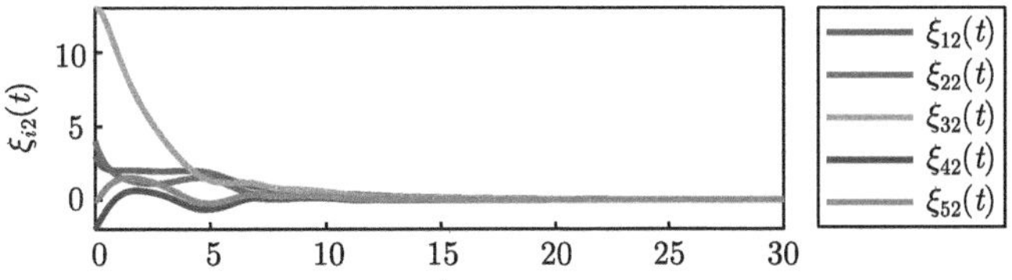

(b) $\xi_{i2}(t)$

图 7.3 跟踪误差 $\boldsymbol{\xi}_i(t)=[\xi_{i1}(t),\xi_{i2}(t)]^{\mathrm{T}}$ $(i=1,2,\cdots,5)$ 的轨迹

7.2 二分一致性在水面无人艇集群协同编队跟踪控制中的应用

7.2.1 问题描述

考虑具有一个领航者的水面无人艇集群, 其中领航无人艇标记为 0, N 个跟随者无人艇分别标记为 $1,2,\cdots,N$. 跟随者被划分为两组: $\mathcal{V}_1=\{1,2,\cdots,n_1\}$ 和 $\mathcal{V}_2=\{n_1+1,n_1+2,\cdots,N\}$. 令 $n_2=N-n_1\,(n_2>0)$ 表示集合 $\mathcal{V}_2$ 中跟随者的数量. 令 $\mathcal{V}_F=\mathcal{V}_1\cup\mathcal{V}_2$ 表示所有跟随者组成的集合. 无人艇 i 的运动学方程和动力学方程描述为

$$\begin{aligned}\dot{\boldsymbol{\eta}}_i(t)&=\boldsymbol{R}_i(\psi_i(t))\boldsymbol{v}_i(t),\\ \boldsymbol{M}_i\dot{\boldsymbol{v}}_i(t)&=\boldsymbol{g}_i(\boldsymbol{v}_i(t))+\boldsymbol{\tau}_i(t)+\boldsymbol{\tau}_{iw}(t),\quad i\in\{0\}\cup\mathcal{V}_F,\end{aligned}\tag{7.19}$$

其中, $\boldsymbol{\eta}_i(t)=[x_i(t),y_i(t),\psi_i(t)]^{\mathrm{T}}\in\mathbb{R}^3$ 为无人艇 i 的状态向量, $[x_i(t),y_i(t)]$ 为无人艇 i 在固定坐标系 (大地坐标系) 中的位置, $\psi_i(t)$ 是其航向角; $\boldsymbol{v}_i(t)=[u_i(t),\nu_i(t),r_i(t)]^{\mathrm{T}}\in\mathbb{R}^3$ 为无人艇 i 在运动坐标系中的速度向量, $u_i(t)$、$\nu_i(t)$、$r_i(t)$ 分别表示无人艇 i 的前向速度、侧向速度和艏摇角速度; $\boldsymbol{R}_i(\psi_i(t))\in\mathbb{R}^{3\times3}$ 为旋转矩阵, 其形式为

$$\boldsymbol{R}_i\left(\psi_i(t)\right)=\begin{bmatrix}\cos\psi_i(t)&-\sin\psi_i(t)&0\\ \sin\psi_i(t)&\cos\psi_i(t)&0\\ 0&0&1\end{bmatrix};$$

$\boldsymbol{M}_i\in\mathbb{R}^{3\times3}$ 为正定的惯性矩阵; $\boldsymbol{g}_i(\boldsymbol{v}_i(t))=-\boldsymbol{C}_i(\boldsymbol{v}_i(t))\boldsymbol{v}_i(t)-\boldsymbol{D}_i(\boldsymbol{v}_i(t))\boldsymbol{v}_i(t)$, 其中 $\boldsymbol{C}_i(\boldsymbol{v}_i(t))\in\mathbb{R}^{3\times3}$ 和 $\boldsymbol{D}_i(\boldsymbol{v}_i(t))\in\mathbb{R}^{3\times3}$ 分别为科里奥利–向心矩阵和阻尼矩阵; $\boldsymbol{\tau}_i(t)\in\mathbb{R}^3$ 为无人艇 i 的控制输入; $\boldsymbol{\tau}_{iw}(t)\in\mathbb{R}^3$ 为由海浪、风和洋流引起的未知扰动. 值得说明的是, 旋转矩阵 $\boldsymbol{R}_i\left(\psi_i(t)\right)$ 具有如下性质:

$$\boldsymbol{R}_i\left(\psi_i(t)\right)\boldsymbol{R}_i\left(\psi_i(t)\right)^{\mathrm{T}}=\boldsymbol{R}_i\left(\psi_i(t)\right)^{\mathrm{T}}\boldsymbol{R}_i\left(\psi_i(t)\right)=\boldsymbol{I}_3,\quad\forall i\in\{0\}\cup\mathcal{V}_F.$$

定义 $d_i = 1, \forall i \in \mathcal{V}_1$ 和 $d_j = -1, \forall j \in \mathcal{V}_2$. 本节的控制目标是设计控制器 $\boldsymbol{\tau}_i(t), i \in \mathcal{V}_F$ 使水面无人艇集群 (7.19) 实现二分时变编队跟踪, 其具体定义如下.

定义 7.2 设 $\boldsymbol{p}_i(t)$ 是无人艇 $i\,(i \in \mathcal{V}_F)$ 和领航者之间的时变期望位移, 若下面的条件成立:

$$
\begin{aligned}
&\lim_{t\to\infty} \|\boldsymbol{\eta}_i(t) - \boldsymbol{p}_i(t) - d_i\boldsymbol{\eta}_0(t)\| = 0, \quad i \in \mathcal{V}_F,\\
&\lim_{t\to\infty} \|\dot{\boldsymbol{\eta}}_i(t) - \dot{\boldsymbol{p}}_i(t) - d_i\dot{\boldsymbol{\eta}}_0(t)\| = 0, \quad i \in \mathcal{V}_F,
\end{aligned} \tag{7.20}
$$

则称水面无人艇集群 (7.19) 实现了二分时变编队跟踪.

注解 7.3 在水面无人艇集群的二分时变编队跟踪控制问题中, 分别用 $\boldsymbol{P}_1(t) = [\boldsymbol{p}_1(t)^{\mathrm{T}}, \boldsymbol{p}_2(t)^{\mathrm{T}}, \cdots, \boldsymbol{p}_{n_1}(t)^{\mathrm{T}}]^{\mathrm{T}}$ 和 $\boldsymbol{P}_2(t) = [\boldsymbol{p}_{n_1+1}(t)^{\mathrm{T}}, \boldsymbol{p}_{n_1+2}(t)^{\mathrm{T}}, \cdots, \boldsymbol{p}_N(t)^{\mathrm{T}}]^{\mathrm{T}}$ 刻画了两组跟随者期望的时变编队构型. 特别地, 集合 $\mathcal{V}_1$ 中的跟随者编队跟踪领航者的轨迹 $\boldsymbol{\eta}_0(t)$, 集合 $\mathcal{V}_2$ 中的跟随者编队跟踪领航者轨迹的相反轨迹 $-\boldsymbol{\eta}_0(t)$, 两组跟随者所跟踪的轨迹是二分一致的. 因此, 若式 (7.20) 成立, 则水面无人艇集群 (7.19) 实现二分时变编队跟踪.

领航者-跟随者之间的领从通信拓扑用有向符号图 $\mathcal{G} = (\mathcal{V}, \mathcal{E})$ 表示, 其包含两个通信子图: 描述 N 个跟随者之间信息交互的无向符号通信拓扑图 $\mathcal{G}_F = (\mathcal{V}_F, \mathcal{E}_F)$ 及描述领航者和跟随者之间信息交互的有向无符号通信拓扑图 $\mathcal{G}_{LF} = (\mathcal{V}, \mathcal{E}_{LF})$. 具体地, $\mathcal{E}_{LF}$ 只包含从领航者到跟随者的有向边. 对于 $i \in \mathcal{V}_F$, 若 $(0, i) \in \mathcal{E}_{LF}$, 则令 $b_i > 0$, 否则令 $b_i = 0$. 令 $\mathcal{N}_i^F$ 表示跟随者 i 来自集合 $\mathcal{V}_F$ 的邻居的集合, 则根据跟随者无人艇的分组, $\mathcal{N}_i^F$ 可以分为 $\mathcal{N}_i^F = \mathcal{N}_i^1 \cup \mathcal{N}_i^2$, 其中, $\mathcal{N}_i^1 = \{j \in \mathcal{V}_1 \,|\, (j, i) \in \mathcal{E}_F\}$, $\mathcal{N}_i^2 = \{j \in \mathcal{V}_2 \,|\, (j, i) \in \mathcal{E}_F\}$. 此外, 用图 $\mathcal{G}_1 = (\mathcal{V}_1, \mathcal{E}_1)$ 和图 $\mathcal{G}_2 = (\mathcal{V}_2, \mathcal{E}_2)$ 分别表示 $\mathcal{V}_1$ 中无人艇的通信拓扑图和 $\mathcal{V}_2$ 中无人艇的通信拓扑图. 显然, 图 $\mathcal{G}_1 = (\mathcal{V}_1, \mathcal{E}_1)$ 和图 $\mathcal{G}_2 = (\mathcal{V}_2, \mathcal{E}_2)$ 是跟随者通信拓扑图 $\mathcal{G}_F$ 的两个子图. 下面给出通信拓扑图 $\mathcal{G}$ 和 $\mathcal{G}_F$ 的假设.

假设 7.4 领从通信拓扑图 $\mathcal{G}$ 包含以领航者为根结点的有向生成树, 跟随者通信拓扑图 $\mathcal{G}_F$ 是无向连通的, 且 $\mathcal{G}_F$ 关于 $\mathcal{V}_1$ 和 $\mathcal{V}_2$ 是结构平衡的.

假设 7.5 $\dot{\boldsymbol{\eta}}_0(t)$、$\ddot{\boldsymbol{\eta}}_0(t)$ 及 $\ddot{\boldsymbol{p}}_i(t), \forall i \in \mathcal{V}_F$ 是一致有界的, 即存在正常数 ϱ_0 使得 $\|\dot{\boldsymbol{\eta}}_0(t)\| \leqslant \varrho_0$、$\|\ddot{\boldsymbol{\eta}}_0(t)\| \leqslant \varrho_0$ 及 $\|\ddot{\boldsymbol{p}}_i(t)\| \leqslant \varrho_0, \forall i \in \mathcal{V}_F, \forall t \geqslant 0$. 而且, 外部扰动 $\boldsymbol{\tau}_{iw}(t)$ 也是一致有界的, 即存在正常数 w^* 使得 $\|\boldsymbol{\tau}_{iw}(t)\| \leqslant w^*, \forall i \in \mathcal{V}_F, \forall t \geqslant 0$.

根据假设 7.4, 符号通信拓扑图 $\mathcal{G}_F$ 的邻接矩阵 $\boldsymbol{\mathcal{A}}_F = [a_{ij}]\ (i, j = 1, 2, \cdots, N)$ 满足 $a_{ij} \geqslant 0, \forall i, j \in \mathcal{V}_l$, $a_{ij} \leqslant 0, \forall i \in \mathcal{V}_l, j \in \mathcal{V}_{3-l}, l = 1, 2$. 而且, 根据跟随者集合 $\mathcal{V}_1$ 和 $\mathcal{V}_2$ 的划分, 跟随者通信图 $\mathcal{G}_F$ 的邻接矩阵 $\boldsymbol{\mathcal{A}}_F$ 和对应的 Laplace 矩阵 $\boldsymbol{L}_F$ 可以写成分块矩阵的形式, 即

$$\boldsymbol{\mathcal{A}}_F = \begin{bmatrix} \boldsymbol{A}_{11} & \boldsymbol{A}_{12} \\ \boldsymbol{A}_{21} & \boldsymbol{A}_{22} \end{bmatrix}, \quad \boldsymbol{L}_F = \begin{bmatrix} \boldsymbol{L}_{11} & \boldsymbol{L}_{12} \\ \boldsymbol{L}_{21} & \boldsymbol{L}_{22} \end{bmatrix},$$

其中, $\boldsymbol{A}_{11}, \boldsymbol{L}_{11} \in \mathbb{R}^{n_1\times n_1}$, $\boldsymbol{A}_{12} = -\boldsymbol{L}_{12} \in \mathbb{R}^{n_1\times n_2}$, $\boldsymbol{A}_{21} = -\boldsymbol{L}_{21} \in \mathbb{R}^{n_2\times n_1}$, $\boldsymbol{A}_{22}, \boldsymbol{L}_{22} \in \mathbb{R}^{n_2\times n_2}$. 易知, 矩阵 $\boldsymbol{A}_{12}$ 和 $\boldsymbol{A}_{21}$ 的所有元素都是非正的, 矩阵 $\boldsymbol{L}_{12}$ 和 $\boldsymbol{L}_{21}$ 的所有元素都是非负的. 令 $\boldsymbol{D} = \mathrm{diag}\big(d_1, d_2, \cdots, d_N\big)$, 其中, $d_i = 1, \forall i \in \mathcal{V}_1$, $d_j = -1, \forall j \in \mathcal{V}_2$. 不难验证矩阵 $\boldsymbol{D}\boldsymbol{L}_F\boldsymbol{D}$ 对应于某些无向无符号图的 Laplace 矩阵 [78]. 定义

$$\overline{\boldsymbol{L}} = \begin{bmatrix} \boldsymbol{L}_{11} + \boldsymbol{B}_1 & -\boldsymbol{A}_{12} \\ -\boldsymbol{A}_{21} & \boldsymbol{L}_{22} + \boldsymbol{B}_2 \end{bmatrix}, \tag{7.21}$$

其中, $\boldsymbol{B}_1 = \mathrm{diag}\big(b_1, b_2, \cdots, b_{n_1}\big)$, $\boldsymbol{B}_2 = \mathrm{diag}\big(b_{n_1+1}, b_{n_1+2}, \cdots, b_N\big)$. 则在假设 7.4 下, 矩阵 $\boldsymbol{D}\overline{\boldsymbol{L}}\boldsymbol{D}$ 是正定的.

7.2.2 具有时变扰动的二分时变编队跟踪控制

为了简化分析, 令 $\boldsymbol{\zeta}_i(t) = \boldsymbol{R}_i(\psi_i(t))\boldsymbol{v}_i(t)$, 则式 (7.19) 可以重写为

$$\begin{aligned} &\dot{\boldsymbol{\eta}}_i(t) = \boldsymbol{\zeta}_i(t), \\ &\dot{\boldsymbol{\zeta}}_i(t) = \dot{\boldsymbol{R}}_i(\psi_i(t))\boldsymbol{v}_i(t) + \boldsymbol{R}_i(\psi_i(t))\boldsymbol{M}_i^{-1}\left(\boldsymbol{g}_i(\boldsymbol{v}_i(t)) + \boldsymbol{\tau}_i(t) + \boldsymbol{\tau}_{iw}(t)\right). \end{aligned} \tag{7.22}$$

针对水面无人艇集群的二分时变编队跟踪问题, 定义误差 $\boldsymbol{\xi}_i^\eta(t) = \boldsymbol{\eta}_i(t) - \boldsymbol{p}_i(t) - d_i\boldsymbol{\eta}_0(t)$, $\boldsymbol{\xi}_i^\zeta(t) = \boldsymbol{\zeta}_i(t) - \dot{\boldsymbol{p}}_i(t) - d_i\dot{\boldsymbol{\eta}}_0(t)$. 根据定义 7.2, 若 $\lim\limits_{t\to\infty} \boldsymbol{\xi}_i^\eta(t) = \boldsymbol{0}_3$ 且 $\lim\limits_{t\to\infty} \boldsymbol{\xi}_i^\zeta(t) = \boldsymbol{0}_3, \forall i \in \mathcal{V}_F$, 则水面无人艇集群 (7.19) 实现二分时变编队跟踪. 为此, 定义辅助变量

$$\begin{aligned} \boldsymbol{\varXi}_i^\eta = &\sum_{j\in\mathcal{N}_i^l} a_{ij}\left[(\boldsymbol{\eta}_i(t) - \boldsymbol{p}_i(t)) - (\boldsymbol{\eta}_j(t) - \boldsymbol{p}_j(t))\right] \\ &- \sum_{j\in\mathcal{N}_i^{3-l}} a_{ij}\left[(\boldsymbol{\eta}_i(t) - \boldsymbol{p}_i(t)) + (\boldsymbol{\eta}_j(t) - \boldsymbol{p}_j(t))\right] \\ &+ b_i\left(\boldsymbol{\eta}_i(t) - \boldsymbol{p}_i(t) - d_i\boldsymbol{\eta}_0(t)\right), \\ \boldsymbol{\varXi}_i^\zeta = &\sum_{j\in\mathcal{N}_i^l} a_{ij}\left[(\boldsymbol{\zeta}_i(t) - \dot{\boldsymbol{p}}_i(t)) - (\boldsymbol{\zeta}_j(t) - \dot{\boldsymbol{p}}_j(t))\right] \\ &- \sum_{j\in\mathcal{N}_i^{3-l}} a_{ij}\left[(\boldsymbol{\zeta}_i(t) - \dot{\boldsymbol{p}}_i(t)) + (\boldsymbol{\zeta}_j(t) - \dot{\boldsymbol{p}}_j(t))\right] \\ &+ b_i\left(\boldsymbol{\zeta}_i(t) - \dot{\boldsymbol{p}}_i(t) - d_i\dot{\boldsymbol{\eta}}_0(t)\right), \end{aligned} \tag{7.23}$$

其中, a_{ij} 为邻接矩阵 $\boldsymbol{\mathcal{A}}_F$ 的元素, 集合 $\mathcal{N}_i^l$ 满足: 若 $i \in \mathcal{V}_1$, 则 $l=1$; 若 $i \in \mathcal{V}_2$, 则 $l=2$. 为每个跟随者无人艇设计如下二分时变编队跟踪控制器:

$$\begin{aligned}\boldsymbol{\tau}_i(t) = &\boldsymbol{C}_i(\boldsymbol{v}_i(t))\boldsymbol{v}_i(t) + \boldsymbol{D}_i(\boldsymbol{v}_i(t))\boldsymbol{v}_i(t) - \boldsymbol{M}_i\boldsymbol{R}_i(\psi_i(t))^{\mathrm{T}}\big(\alpha_1\hat{\boldsymbol{s}}_i(t) \\ &+ \alpha_2\mathrm{sgn}(\hat{\boldsymbol{s}}_i(t)) + \dot{\boldsymbol{R}}_i(\psi_i(t))\boldsymbol{v}_i(t) + \boldsymbol{\zeta}_i(t) - \dot{\boldsymbol{p}}_i(t)\big), \quad i \in \mathcal{V}_F,\end{aligned} \tag{7.24}$$

其中, $\hat{\boldsymbol{s}}_i(t) = \boldsymbol{\varXi}_i^{\eta}(t) + \boldsymbol{\varXi}_i^{\zeta}(t)$; α_1 为任意正常数; α_2 为需要设计的标量控制增益.

定理 7.3 设假设 7.4 和假设 7.5 成立, 选择控制增益 α_2 满足 $\alpha_2 \geqslant \alpha_0 + \sqrt{N}(3\varrho_0 + \underline{m}w^*)$, 其中 α_0 是任意正常数, $\underline{m} = \max\limits_{i\in\mathcal{V}_F}\{\lambda_{\max}(\boldsymbol{M}_i^{-1})\}$. 则在所设计的控制器 (7.24) 下, 水面无人艇集群 (7.19) 能够实现二分时变编队跟踪.

证明: 将式 (7.24) 代入式 (7.22), 利用性质 $\boldsymbol{R}_i\left(\psi_i(t)\right)\boldsymbol{R}_i\left(\psi_i(t)\right)^{\mathrm{T}} = \boldsymbol{I}_3$, 可以得到下面的二阶系统:

$$\begin{aligned}&\dot{\boldsymbol{\eta}}_i(t) = \boldsymbol{\zeta}_i(t), \\ &\dot{\boldsymbol{\zeta}}_i(t) = -\alpha_1\hat{\boldsymbol{s}}_i(t) - \alpha_2\mathrm{sgn}(\hat{\boldsymbol{s}}_i(t)) - \boldsymbol{\zeta}_i(t) + \dot{\boldsymbol{p}}_i(t) + \boldsymbol{R}_i(\psi_i(t))\boldsymbol{M}_i^{-1}\boldsymbol{\tau}_{iw}(t), \; i \in \mathcal{V}_F.\end{aligned} \tag{7.25}$$

令 $\boldsymbol{\eta}(t) = [\boldsymbol{\eta}_1(t)^{\mathrm{T}}, \boldsymbol{\eta}_2(t)^{\mathrm{T}}, \cdots, \boldsymbol{\eta}_N(t)^{\mathrm{T}}]^{\mathrm{T}}$, $\boldsymbol{\zeta}(t) = [\boldsymbol{\zeta}_1(t)^{\mathrm{T}}, \boldsymbol{\zeta}_2(t)^{\mathrm{T}}, \cdots, \boldsymbol{\zeta}_N(t)^{\mathrm{T}}]^{\mathrm{T}}$, $\hat{\boldsymbol{s}}(t) = [\hat{\boldsymbol{s}}_1(t)^{\mathrm{T}}, \hat{\boldsymbol{s}}_2(t)^{\mathrm{T}}, \cdots, \hat{\boldsymbol{s}}_N(t)^{\mathrm{T}}]^{\mathrm{T}}$, 则式 (7.25) 的紧凑形式可写为

$$\begin{aligned}&\dot{\boldsymbol{\eta}}(t) = \boldsymbol{\zeta}(t), \\ &\dot{\boldsymbol{\zeta}}(t) = -\alpha_1\hat{\boldsymbol{s}}(t) - \alpha_2\mathrm{sgn}(\hat{\boldsymbol{s}}(t)) - \boldsymbol{\zeta}(t) + \dot{\boldsymbol{p}}(t) + \boldsymbol{R}(\psi(t))\boldsymbol{M}^{-1}\boldsymbol{\tau}_w(t),\end{aligned}$$

其中, $\boldsymbol{p}(t) = [\boldsymbol{p}_1(t)^{\mathrm{T}}, \boldsymbol{p}_2(t)^{\mathrm{T}}, \cdots, \boldsymbol{p}_N(t)^{\mathrm{T}}]^{\mathrm{T}}$, $\boldsymbol{R}(\psi(t)) = \mathrm{diag}\big(\boldsymbol{R}_1(\psi_1(t)), \boldsymbol{R}_2(\psi_2(t)), \cdots, \boldsymbol{R}_N(\psi_N(t))\big)$, $\boldsymbol{M} = \mathrm{diag}\big(\boldsymbol{M}_1, \boldsymbol{M}_2, \cdots, \boldsymbol{M}_N\big)$, $\boldsymbol{\tau}_w(t) = [\boldsymbol{\tau}_{1w}(t)^{\mathrm{T}}, \boldsymbol{\tau}_{2w}(t)^{\mathrm{T}}, \cdots, \boldsymbol{\tau}_{Nw}(t)^{\mathrm{T}}]^{\mathrm{T}}$.

令 $\boldsymbol{\varXi}_\eta(t) = [\boldsymbol{\varXi}_1^\eta(t)^{\mathrm{T}}, \boldsymbol{\varXi}_2^\eta(t)^{\mathrm{T}}, \cdots, \boldsymbol{\varXi}_N^\eta(t)^{\mathrm{T}}]^{\mathrm{T}}$, $\boldsymbol{\varXi}_\zeta(t) = [\boldsymbol{\varXi}_1^\zeta(t)^{\mathrm{T}}, \boldsymbol{\varXi}_2^\zeta(t)^{\mathrm{T}}, \cdots, \boldsymbol{\varXi}_N^\zeta(t)^{\mathrm{T}}]^{\mathrm{T}}$, 并且, 令 $\boldsymbol{\xi}_\eta(t) = [\boldsymbol{\xi}_1^\eta(t)^{\mathrm{T}}, \boldsymbol{\xi}_2^\eta(t)^{\mathrm{T}}, \cdots, \boldsymbol{\xi}_N^\eta(t)^{\mathrm{T}}]^{\mathrm{T}}$, $\boldsymbol{\xi}_\zeta(t) = [\boldsymbol{\xi}_1^\zeta(t)^{\mathrm{T}}, \boldsymbol{\xi}_2^\zeta(t)^{\mathrm{T}}, \cdots, \boldsymbol{\xi}_N^\zeta(t)^{\mathrm{T}}]^{\mathrm{T}}$. 根据式 (7.23), 可知

$$\boldsymbol{\varXi}_\eta(t) = \big(\overline{\boldsymbol{L}} \otimes \boldsymbol{I}_3\big)\,\boldsymbol{\xi}_\eta(t), \quad \boldsymbol{\varXi}_\zeta(t) = \big(\overline{\boldsymbol{L}} \otimes \boldsymbol{I}_3\big)\,\boldsymbol{\xi}_\zeta(t),$$

其中, 矩阵 $\overline{\boldsymbol{L}}$ 在式 (7.21) 中定义. 进一步地, 由 $\hat{\boldsymbol{s}}_i(t), i \in \mathcal{V}_F$ 的定义, 可得

$$\hat{\boldsymbol{s}}(t) = \big(\overline{\boldsymbol{L}} \otimes \boldsymbol{I}_3\big)\,(\boldsymbol{\xi}_\eta(t) + \boldsymbol{\xi}_\zeta(t)).$$

而且, 可以进一步得到 $\dot{\boldsymbol{\xi}}_\eta(t)=\boldsymbol{\xi}_\zeta(t)$, 以及

$$\begin{aligned}\dot{\boldsymbol{\xi}}_\zeta(t)&=\dot{\boldsymbol{\zeta}}(t)-\ddot{\boldsymbol{p}}(t)-\boldsymbol{D}\mathbf{1}_N\otimes\ddot{\boldsymbol{\eta}}_0(t)\\&=-\alpha_1\hat{\boldsymbol{s}}(t)-\alpha_2\mathrm{sgn}(\hat{\boldsymbol{s}}(t))-\boldsymbol{\xi}_\zeta(t)-\tilde{\boldsymbol{\epsilon}}(t),\end{aligned}$$

其中, $\tilde{\boldsymbol{\epsilon}}(t)=\ddot{\boldsymbol{p}}(t)+\boldsymbol{D}\mathbf{1}_N\otimes(\ddot{\boldsymbol{\eta}}_0(t)+\dot{\boldsymbol{\eta}}_0(t))-\boldsymbol{R}(\psi(t))\boldsymbol{M}^{-1}\boldsymbol{\tau}_w(t)$. 易证 $\|\tilde{\boldsymbol{\epsilon}}(t)\|\leqslant\sqrt{N}(3\varrho_0+\underline{m}w^*)$, $\forall t\geqslant 0$, 其中, ϱ_0 和 w^* 在假设 7.5 中定义, $\underline{m}=\max\limits_{i\in\mathcal{V}_F}\{\lambda_{\max}(\boldsymbol{M}_i^{-1})\}$.

令 $\bar{\boldsymbol{\xi}}_\eta(t)=(\boldsymbol{D}\otimes\boldsymbol{I}_3)\,\boldsymbol{\xi}_\eta(t)$, $\bar{\boldsymbol{\xi}}_\zeta(t)=(\boldsymbol{D}\otimes\boldsymbol{I}_3)\,\boldsymbol{\xi}_\zeta(t)$, 则有

$$\begin{aligned}&\dot{\bar{\boldsymbol{\xi}}}_\eta(t)=\bar{\boldsymbol{\xi}}_\zeta(t),\\&\dot{\bar{\boldsymbol{\xi}}}_\zeta(t)=-\alpha_1\bar{\boldsymbol{s}}(t)-\alpha_2\mathrm{sgn}(\bar{\boldsymbol{s}}(t))-\bar{\boldsymbol{\xi}}_\zeta(t)-(\boldsymbol{D}\otimes\boldsymbol{I}_3)\tilde{\boldsymbol{\epsilon}}(t),\end{aligned}$$

其中, $\bar{\boldsymbol{s}}(t)=(\tilde{\boldsymbol{L}}\otimes\boldsymbol{I}_3)(\bar{\boldsymbol{\xi}}_\eta(t)+\bar{\boldsymbol{\xi}}_\zeta(t))$, $\tilde{\boldsymbol{L}}=\boldsymbol{D}\overline{\boldsymbol{L}}\boldsymbol{D}$. 注意, 在假设 7.4 下, $\tilde{\boldsymbol{L}}$ 是一个正定矩阵.

定义 $\boldsymbol{\delta}_\eta(t)=(\tilde{\boldsymbol{L}}\otimes\boldsymbol{I}_3)\bar{\boldsymbol{\xi}}_\eta(t)$, $\boldsymbol{\delta}_\zeta(t)=(\tilde{\boldsymbol{L}}\otimes\boldsymbol{I}_3)\bar{\boldsymbol{\xi}}_\zeta(t)$, 则 $\bar{\boldsymbol{s}}(t)=\boldsymbol{\delta}_\eta(t)+\boldsymbol{\delta}_\zeta(t)$. 而且,

$$\begin{aligned}&\dot{\boldsymbol{\delta}}_\eta(t)=\boldsymbol{\delta}_\zeta(t)\\&\dot{\boldsymbol{\delta}}_\zeta(t)=-(\tilde{\boldsymbol{L}}\otimes\boldsymbol{I}_3)\big(\alpha_1\bar{\boldsymbol{s}}(t)+\alpha_2\mathrm{sgn}\left(\bar{\boldsymbol{s}}(t)\right)\big)-\boldsymbol{\delta}_\zeta(t)-(\tilde{\boldsymbol{L}}\boldsymbol{D}\otimes\boldsymbol{I}_3)\tilde{\boldsymbol{\epsilon}}(t).\end{aligned}$$

进一步地, 可得

$$\dot{\bar{\boldsymbol{s}}}(t)=-(\tilde{\boldsymbol{L}}\otimes\boldsymbol{I}_3)\big(\alpha_1\bar{\boldsymbol{s}}(t)+\alpha_2\mathrm{sgn}\left(\bar{\boldsymbol{s}}(t)\right)\big)-(\tilde{\boldsymbol{L}}\boldsymbol{D}\otimes\boldsymbol{I}_3)\tilde{\boldsymbol{\epsilon}}(t).\tag{7.26}$$

因为假设 7.4 成立, $\tilde{\boldsymbol{L}}$ 是一个正定矩阵, 因此定义 Lyapunov 函数:

$$V(t)=\frac{1}{2}\bar{\boldsymbol{s}}(t)^{\mathrm{T}}(\tilde{\boldsymbol{L}}^{-1}\otimes\boldsymbol{I}_3)\bar{\boldsymbol{s}}(t).$$

根据式 (7.26) 可以推导出

$$\begin{aligned}\dot{V}(t)&=\bar{\boldsymbol{s}}(t)^{\mathrm{T}}(\tilde{\boldsymbol{L}}^{-1}\otimes\boldsymbol{I}_3)\dot{\bar{\boldsymbol{s}}}(t)\\&=-\alpha_1\bar{\boldsymbol{s}}(t)^{\mathrm{T}}\bar{\boldsymbol{s}}(t)-\alpha_2\|\bar{\boldsymbol{s}}\|_1-\bar{\boldsymbol{s}}(t)^{\mathrm{T}}\left(\boldsymbol{D}\otimes\boldsymbol{I}_3\right)\tilde{\boldsymbol{\epsilon}}(t)\\&\leqslant-(\alpha_0+\sqrt{N}(3\varrho_0+\underline{m}w^*))\|\bar{\boldsymbol{s}}(t)\|_1+\|\bar{\boldsymbol{s}}(t)\|\|\tilde{\boldsymbol{\epsilon}}(t)\|\\&\leqslant-\alpha_0\|\bar{\boldsymbol{s}}(t)\|_1,\end{aligned}\tag{7.27}$$

其中, 最后一个不等式的推导用到了关系式 $\|\tilde{\boldsymbol{\epsilon}}(t)\| \leqslant \sqrt{N}(3\varrho_0+\underline{m}w^*)$. 式 (7.27) 表明, 误差系统可以在有限时间内到达滑模面 $\bar{\boldsymbol{s}}(t) = \mathbf{0}_{3N}$. 注意 $\bar{\boldsymbol{s}}(t) = \mathbf{0}_{3N}$ 意味着 $\boldsymbol{\delta}_\zeta(t) = -\boldsymbol{\delta}_\eta(t)$, 即 $\dot{\boldsymbol{\delta}}_\eta(t) = -\boldsymbol{\delta}_\eta(t)$. 因此, 最终可得 $\boldsymbol{\delta}_\eta(t)$ 和 $\boldsymbol{\delta}_\zeta(t)$ 渐近收敛到 $\mathbf{0}_{3N}$. 因为 $\tilde{\boldsymbol{L}}$ 是可逆的, 所以 $\bar{\boldsymbol{\xi}}_\eta(t)$ 和 $\bar{\boldsymbol{\xi}}_\zeta(t)$ 也渐近收敛到 $\mathbf{0}_{3N}$. 由 $\boldsymbol{\xi}_\eta(t) = (\boldsymbol{D}\otimes \boldsymbol{I}_3)\bar{\boldsymbol{\xi}}_\eta(t)$ 和 $\boldsymbol{\xi}_\zeta(t) = (\boldsymbol{D}\otimes \boldsymbol{I}_3)\bar{\boldsymbol{\xi}}_\zeta(t)$, 最终可得, 当 $t\to\infty$ 时, $\boldsymbol{\xi}_\eta(t)\to \mathbf{0}_{3N}$ 且 $\boldsymbol{\xi}_\zeta(t)\to\mathbf{0}_{3N}$. 因此, 水面无人艇集群 (7.19) 最终实现二分时变编队跟踪. ■

7.2.3 模型不确定下的鲁棒自适应二分时变编队跟踪控制

7.2.2 节在模型已知的情况下研究了水面无人艇集群的二分时变编队跟踪控制问题. 实际中, 无人艇动力学模型中的科里奥利–向心矩阵和阻尼矩阵是难以测量的, 即 $\boldsymbol{g}_i(\boldsymbol{v}_i(t))$ 在实际中往往是不可获知的. 因此, 有必要研究模型不确定情况下的水面无人艇集群鲁棒自适应二分时变编队跟踪控制问题.

假设 7.6 对任意的 $i\in\mathcal{V}_F$, 模型不确定性 $\boldsymbol{g}_i(\boldsymbol{v}_i(t))$ 可用神经网络进行逼近, 即

$$\boldsymbol{g}_i(\boldsymbol{v}_i(t)) = \boldsymbol{W}_i^{*\mathrm{T}}\boldsymbol{\varphi}_i(\boldsymbol{v}_i(t)) + \boldsymbol{\varsigma}_i(t), \quad \forall \boldsymbol{v}_i(t)\in\mathcal{S},$$

其中, $\boldsymbol{W}_i^*\in\mathbb{R}^{h\times 3}$ 为理想的权重矩阵; $\boldsymbol{\varphi}_i(\boldsymbol{v}_i(t)):\mathbb{R}^3\to\mathbb{R}^h$ 为激活函数, h 为隐藏层中神经元的数量; $\boldsymbol{\varsigma}_i(t)$ 为有界的逼近误差, 即存在某些正常数 $\varsigma^*>0$ 使得 $\|\boldsymbol{\varsigma}_i(t)\|\leqslant\varsigma^*$; $\mathcal{S}\subseteq\mathbb{R}^3$ 是一个紧集.

针对具有模型不确定性的水面无人艇集群 (7.19), 利用自适应神经网络逼近技术处理无人艇的模型不确定性, 设计如下鲁棒自适应二分时变编队跟踪控制器:

$$\begin{aligned}\boldsymbol{\tau}_i(t) = &-\boldsymbol{W}_i(t)^{\mathrm{T}}\boldsymbol{\varphi}_i(\boldsymbol{v}_i(t)) - \boldsymbol{M}_i\boldsymbol{R}_i(\psi_i(t))^{\mathrm{T}}\big(\alpha_1\hat{\boldsymbol{s}}_i(t)\\ &+\alpha_2\mathrm{sgn}(\hat{\boldsymbol{s}}_i(t)) + \dot{\boldsymbol{R}}_i(\psi_i(t))\boldsymbol{v}_i(t) + \boldsymbol{\zeta}_i(t) - \dot{\boldsymbol{p}}_i(t)\big),\end{aligned} \tag{7.28}$$

其中, $\alpha_1>0$, $\alpha_2\geqslant\alpha_0+\sqrt{N}(3\varrho_0+\underline{m}\varsigma^*+\underline{m}w^*)$, $\underline{m}=\max\limits_{i\in\mathcal{V}_F}\{\lambda_{\max}(\boldsymbol{M}_i^{-1})\}$, α_0 是任意的正常数, $\hat{\boldsymbol{s}}_i(t)=\boldsymbol{\varXi}_i^\eta(t)+\boldsymbol{\varXi}_i^\zeta(t)$, $\boldsymbol{\varXi}_i^\eta(t)$ 和 $\boldsymbol{\varXi}_i^\zeta(t)$ 在式 (7.23) 中定义, 神经自适应律设计为

$$\dot{\boldsymbol{W}}_i(t) = \beta_i\boldsymbol{\varphi}_i(\boldsymbol{v}_i(t))\hat{\boldsymbol{s}}_i(t)^{\mathrm{T}}\boldsymbol{R}_i\left(\psi_i(t)\right)\boldsymbol{M}_i^{-1}, \quad i\in\mathcal{V}_F, \tag{7.29}$$

其中, $\beta_i>0$ 是常数. $\boldsymbol{W}_i(t)$ 可以视为对理想权重矩阵 $\boldsymbol{W}_i^*$ 的估计.

定理 7.4 设假设 7.4~假设 7.6 成立, 则在所设计的具有神经自适应律 (7.29) 的控制器 (7.28) 下, 具有模型不确定性的水面无人艇集群 (7.19) 能够实现二分时变编队跟踪.

证明: 将式 (7.28) 代入式 (7.22), 可以得到下面的二阶系统:

$$\begin{aligned}\dot{\boldsymbol{\eta}}_i(t) &= \boldsymbol{\zeta}_i(t),\\ \dot{\boldsymbol{\zeta}}_i(t) &= -\alpha_1\hat{\boldsymbol{s}}_i(t) - \alpha_2\mathrm{sgn}(\hat{\boldsymbol{s}}_i(t)) - \boldsymbol{\zeta}_i(t) + \dot{\boldsymbol{p}}_i(t) + \boldsymbol{R}_i(\psi_i(t))\boldsymbol{M}_i^{-1}\boldsymbol{\tau}_{iw}(t)\\ &\quad + \boldsymbol{R}_i(\psi_i(t))\boldsymbol{M}_i^{-1}\left(\boldsymbol{g}_i(\boldsymbol{v}_i(t)) - \boldsymbol{W}_i(t)^{\mathrm{T}}\boldsymbol{\varphi}_i(\boldsymbol{v}_i(t))\right),\ i\in\mathcal{V}_F.\end{aligned}$$

进一步地, 由假设 7.6 可得

$$\begin{aligned}\dot{\boldsymbol{\eta}}_i(t) &= \boldsymbol{\zeta}_i(t),\\ \dot{\boldsymbol{\zeta}}_i(t) &= -\alpha_1\hat{\boldsymbol{s}}_i(t) - \alpha_2\mathrm{sgn}(\hat{\boldsymbol{s}}_i(t)) - \boldsymbol{\zeta}_i(t) + \dot{\boldsymbol{p}}_i(t) + \boldsymbol{R}_i(\psi_i(t))\boldsymbol{M}_i^{-1}(\boldsymbol{\tau}_{iw}(t) + \boldsymbol{\varsigma}_i(t))\\ &\quad - \boldsymbol{R}_i(\psi_i(t))\boldsymbol{M}_i^{-1}\tilde{\boldsymbol{W}}_i(t)^{\mathrm{T}}\boldsymbol{\varphi}_i(\boldsymbol{v}_i(t)),\quad i\in\mathcal{V}_F.\end{aligned}$$

其中, $\tilde{\boldsymbol{W}}_i(t) = \boldsymbol{W}_i(t) - \boldsymbol{W}_i^*$ 为权重误差. 那么, 误差 $\boldsymbol{\xi}_i^{\zeta}(t) = \boldsymbol{\zeta}_i(t) - \dot{\boldsymbol{p}}_i(t) - d_i\dot{\boldsymbol{\eta}}_0(t)$ 的时间导数可写为

$$\begin{aligned}\dot{\boldsymbol{\xi}}_i^{\zeta}(t) &= \dot{\boldsymbol{\zeta}}_i(t) - \ddot{\boldsymbol{p}}_i(t) - d_i\ddot{\boldsymbol{\eta}}_0(t)\\ &= -\alpha_1\hat{\boldsymbol{s}}_i(t) - \alpha_2\mathrm{sgn}(\hat{\boldsymbol{s}}_i(t)) - \boldsymbol{\xi}_i^{\zeta}(t) - \hat{\boldsymbol{\epsilon}}_i(t) - \boldsymbol{R}_i(\psi_i(t))\boldsymbol{M}_i^{-1}\tilde{\boldsymbol{W}}_i(t)^{\mathrm{T}}\boldsymbol{\varphi}_i(\boldsymbol{v}_i(t)),\end{aligned}$$

其中, $\hat{\boldsymbol{\epsilon}}_i(t) = \ddot{\boldsymbol{p}}_i(t) + d_i\ddot{\boldsymbol{\eta}}_0(t) + d_i\dot{\boldsymbol{\eta}}_0(t) - \boldsymbol{R}_i(\psi_i(t))\boldsymbol{M}_i^{-1}(\boldsymbol{\tau}_{iw}(t) + \boldsymbol{\varsigma}_i(t))$, $i\in\mathcal{V}_F$. 进一步地, 注意到 $\hat{\boldsymbol{s}}(t) = (\overline{\boldsymbol{L}}\otimes\boldsymbol{I}_3)(\boldsymbol{\xi}_\eta(t) + \boldsymbol{\xi}_\zeta(t))$, $\dot{\boldsymbol{\xi}}_\eta(t) = \boldsymbol{\xi}_\zeta(t)$, 可得

$$\begin{aligned}\dot{\hat{\boldsymbol{s}}}(t) &= (\overline{\boldsymbol{L}}\otimes\boldsymbol{I}_3)\left(\dot{\boldsymbol{\xi}}_\eta(t) + \dot{\boldsymbol{\xi}}_\zeta(t)\right)\\ &= (\overline{\boldsymbol{L}}\otimes\boldsymbol{I}_3)\left(-\alpha_1\hat{\boldsymbol{s}}(t) - \alpha_2\mathrm{sgn}(\hat{\boldsymbol{s}}(t)) - \hat{\boldsymbol{\epsilon}}(t) - \boldsymbol{R}(\psi(t))\boldsymbol{M}^{-1}\tilde{\boldsymbol{W}}(t)^{\mathrm{T}}\boldsymbol{\varphi}(\boldsymbol{v}(t))\right),\end{aligned}\tag{7.30}$$

其中, $\hat{\boldsymbol{\epsilon}}(t) = [\hat{\boldsymbol{\epsilon}}_1(t)^{\mathrm{T}}, \hat{\boldsymbol{\epsilon}}_2(t)^{\mathrm{T}}, \cdots, \hat{\boldsymbol{\epsilon}}_N(t)^{\mathrm{T}}]^{\mathrm{T}}$ 满足 $\|\hat{\boldsymbol{\epsilon}}(t)\| \leqslant \sqrt{N}(3\varrho_0 + \underline{m}\varsigma^* + \underline{m}w^*)$, $\forall t \geqslant 0$, $\tilde{\boldsymbol{W}}(t) = \mathrm{diag}\big(\tilde{\boldsymbol{W}}_1(t), \tilde{\boldsymbol{W}}_2(t), \cdots, \tilde{\boldsymbol{W}}_N(t)\big)$, $\boldsymbol{\varphi}(\boldsymbol{v}(t)) = [\boldsymbol{\varphi}_1(\boldsymbol{v}_1(t))^{\mathrm{T}}, \boldsymbol{\varphi}_2(\boldsymbol{v}_2(t))^{\mathrm{T}}, \cdots, \boldsymbol{\varphi}_N(\boldsymbol{v}_N(t))^{\mathrm{T}}]^{\mathrm{T}}$.

由于在假设 7.4 下, 矩阵 $\tilde{\boldsymbol{L}} = \boldsymbol{D}\overline{\boldsymbol{L}}\boldsymbol{D}$ 是一个正定矩阵, $\boldsymbol{D}$ 是对角矩阵, 满足 $\boldsymbol{D}^{\mathrm{T}}\boldsymbol{D} = \boldsymbol{I}_N$, 由相似矩阵的性质可知, 矩阵 $\overline{\boldsymbol{L}}$ 也是正定的. 因此, 定义 Lyapunov 函数:

$$V(t) = \frac{1}{2}\hat{\boldsymbol{s}}(t)^{\mathrm{T}}(\overline{\boldsymbol{L}}^{-1}\otimes\boldsymbol{I}_3)\hat{\boldsymbol{s}}(t) + \sum_{i=1}^{N}\mathrm{tr}\left(\frac{1}{2\beta_i}\tilde{\boldsymbol{W}}_i(t)^{\mathrm{T}}\tilde{\boldsymbol{W}}_i(t)\right).$$

$V(t)$ 沿着系统 (7.30) 的轨迹对时间求导可得

$$\begin{aligned}\dot{V}(t) &= \hat{\boldsymbol{s}}(t)^{\mathrm{T}}(\overline{\boldsymbol{L}}^{-1}\otimes \boldsymbol{I}_3)\dot{\hat{\boldsymbol{s}}}(t)+\sum_{i=1}^{N}\operatorname{tr}\left(\frac{1}{\beta_i}\tilde{\boldsymbol{W}}_i(t)^{\mathrm{T}}\dot{\tilde{\boldsymbol{W}}}_i(t)\right)\\ &= -\alpha_1\hat{\boldsymbol{s}}(t)^{\mathrm{T}}\hat{\boldsymbol{s}}(t)-\alpha_2\|\hat{\boldsymbol{s}}(t)\|_1-\hat{\boldsymbol{s}}(t)^{\mathrm{T}}\hat{\boldsymbol{\epsilon}}(t)-\hat{\boldsymbol{s}}(t)^{\mathrm{T}}\boldsymbol{R}(\psi(t))\boldsymbol{M}^{-1}\tilde{\boldsymbol{W}}(t)^{\mathrm{T}}\boldsymbol{\varphi}(\boldsymbol{v}(t))\\ &\quad+\sum_{i=1}^{N}\operatorname{tr}\left(\frac{1}{\beta_i}\tilde{\boldsymbol{W}}_i(t)^{\mathrm{T}}\dot{\boldsymbol{W}}_i(t)\right)\\ &\leqslant -\alpha_1\|\hat{\boldsymbol{s}}(t)\|^2-\hat{\boldsymbol{s}}(t)^{\mathrm{T}}\boldsymbol{R}(\psi(t))\boldsymbol{M}^{-1}\tilde{\boldsymbol{W}}(t)^{\mathrm{T}}\boldsymbol{\varphi}(\boldsymbol{v}(t))+\sum_{i=1}^{N}\operatorname{tr}\left(\frac{1}{\beta_i}\tilde{\boldsymbol{W}}_i(t)^{\mathrm{T}}\dot{\boldsymbol{W}}_i(t)\right).\end{aligned}$$

注意, 式中最后一个不等式的推导用到了性质 $\|\cdot\|\leqslant\|\cdot\|_1$ 及 $\alpha_2>\|\hat{\boldsymbol{\epsilon}}(t)\|$. 另一方面, 注意到 $\operatorname{tr}(\boldsymbol{y}\boldsymbol{x}^{\mathrm{T}})=\boldsymbol{x}^{\mathrm{T}}\boldsymbol{y}$, $\forall \boldsymbol{x},\boldsymbol{y}\in\mathbb{R}^n$, 于是有

$$\begin{aligned}\operatorname{tr}\left(\frac{1}{\beta_i}\tilde{\boldsymbol{W}}_i(t)^{\mathrm{T}}\dot{\boldsymbol{W}}_i(t)\right) &= \operatorname{tr}\left(\tilde{\boldsymbol{W}}_i(t)^{\mathrm{T}}\boldsymbol{\varphi}_i(\boldsymbol{v}_i(t))\hat{\boldsymbol{s}}_i(t)^{\mathrm{T}}\boldsymbol{R}_i\left(\psi_i(t)\right)\boldsymbol{M}_i^{-1}\right)\\ &= \hat{\boldsymbol{s}}_i(t)^{\mathrm{T}}\boldsymbol{R}_i\left(\psi_i(t)\right)\boldsymbol{M}_i^{-1}\tilde{\boldsymbol{W}}_i(t)^{\mathrm{T}}\boldsymbol{\varphi}_i(\boldsymbol{v}_i(t)).\end{aligned}$$

因此, 可知

$$-\hat{\boldsymbol{s}}(t)^{\mathrm{T}}\boldsymbol{R}(\psi(t))\boldsymbol{M}^{-1}\tilde{\boldsymbol{W}}(t)^{\mathrm{T}}\boldsymbol{\varphi}(\boldsymbol{v}(t))+\sum_{i=1}^{N}\operatorname{tr}\left(\frac{1}{\beta_i}\tilde{\boldsymbol{W}}_i(t)^{\mathrm{T}}\dot{\boldsymbol{W}}_i(t)\right)=0.$$

最终, 可得 $\dot{V}(t)\leqslant-\alpha_1\|\hat{\boldsymbol{s}}(t)\|^2$. 所以, $V(t)$ 是非增的且 $0\leqslant V(t)\leqslant V(0)$. 因此, 对于所有的 $i\in\mathcal{V}_F$, $\hat{\boldsymbol{s}}(t)$ 和 $\tilde{\boldsymbol{W}}_i(t)$ 是有界的. 而且, $\dot{\hat{\boldsymbol{s}}}(t)$ 也是有界的. 因此, $\hat{\boldsymbol{s}}(t)^{\mathrm{T}}\dot{\hat{\boldsymbol{s}}}(t)$ 是有界的, 进一步可得 $\|\hat{\boldsymbol{s}}(t)\|^2$ 是一致连续的. 由 $V(t)$ 的有界性可知, $V(\infty)\overset{\mathrm{def}}{=}\lim\limits_{t\to\infty}V(t)$ 存在且是有限数. 易得

$$\int_0^{\infty}\alpha_1\|\boldsymbol{s}\,(t)\|^2\mathrm{d}t\leqslant V\,(0)-V\,(\infty)\,.$$

根据 Barbalat 引理 [174], 当 $t\to\infty$ 时, $\hat{\boldsymbol{s}}(t)\to\boldsymbol{0}_{3N}$, 即当 $t\to\infty$ 时, $\boldsymbol{\varXi}_\eta(t)+\boldsymbol{\varXi}_\zeta(t)\to\boldsymbol{0}_{3N}$. 由 $\dot{\boldsymbol{\varXi}}_\eta(t)=\boldsymbol{\varXi}_\zeta(t)$ 和 $\hat{\boldsymbol{s}}(t)=\boldsymbol{\varXi}_\eta(t)+\boldsymbol{\varXi}_\zeta(t)$, 可得 $\dot{\boldsymbol{\varXi}}_\eta(t)=-\boldsymbol{\varXi}_\eta(t)+\hat{\boldsymbol{s}}(t)$. 由引理 2.20 可知, $\lim\limits_{t\to\infty}\boldsymbol{\varXi}_\eta(t)=\boldsymbol{0}_{3N}$, 这也意味着 $\lim\limits_{t\to\infty}\boldsymbol{\varXi}_\zeta(t)=\boldsymbol{0}_{3N}$. 由于 $\overline{\boldsymbol{L}}$ 是可逆的, $\boldsymbol{\varXi}_\eta(t)=(\overline{\boldsymbol{L}}\otimes\boldsymbol{I}_3)\boldsymbol{\xi}_\eta(t)$, $\boldsymbol{\varXi}_\zeta(t)=(\overline{\boldsymbol{L}}\otimes\boldsymbol{I}_3)\boldsymbol{\xi}_\zeta(t)$, 最终可得, 当 $t\to\infty$ 时, $\boldsymbol{\xi}_\eta(t)\to\boldsymbol{0}_{3N}$ 且 $\boldsymbol{\xi}_\zeta(t)\to\boldsymbol{0}_{3N}$, 即水面无人艇集群 (7.19) 最终实现二分时变编队跟踪. ■

7.2.4 仿真分析

本节进行数值仿真, 以验证所设计的水面无人艇集群二分时变编队跟踪控制器的有效性. 考虑具有 1 个领航者 (标记为 0) 和 9 个跟随者 (分别标记为 $1,2,\cdots,9$) 的水面无人艇集群, 其中, 跟随者无人艇被划分为两组: $\mathcal{V}_1=\{1,2,3,4\}$ 和 $\mathcal{V}_2=\{5,6,\cdots,9\}$. 无人艇之间的信息交互如图 7.4 所示, 结点表示无人艇, 边上的数字代表通信权重.

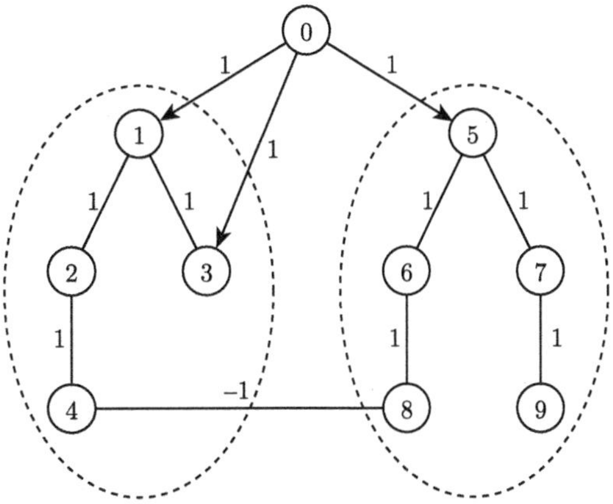

图 7.4 领从通信拓扑图 $\mathcal{G}$

在仿真中, 无人艇运动学和动力学模型中的惯性矩阵 $\boldsymbol{M}_i$、科里奥利–向心矩阵 $\boldsymbol{C}_i(\boldsymbol{v}_i(t))$ 和阻尼矩阵 $\boldsymbol{D}_i(\boldsymbol{v}_i(t))$ 分别为

$$\boldsymbol{M}_i=\begin{bmatrix} m-X_{\dot{u}} & 0 & 0 \\ 0 & m-Y_{\dot{v}} & mx_g-Y_{\dot{r}} \\ 0 & mx_g-N_{\dot{v}} & I_z-N_{\dot{r}} \end{bmatrix},$$

$$\boldsymbol{C}_i\left(\boldsymbol{v}_i(t)\right)=\begin{bmatrix} 0 & 0 & c_{13}\left(\boldsymbol{v}_i(t)\right) \\ 0 & 0 & c_{23}\left(\boldsymbol{v}_i(t)\right) \\ -c_{13}\left(\boldsymbol{v}_i(t)\right) & -c_{23}\left(\boldsymbol{v}_i(t)\right) & 0 \end{bmatrix},$$

$$\boldsymbol{D}_i\left(\boldsymbol{v}_i(t)\right)=\begin{bmatrix} d_{11}\left(\boldsymbol{v}_i(t)\right) & 0 & 0 \\ 0 & d_{22}\left(\boldsymbol{v}_i(t)\right) & d_{23}\left(\boldsymbol{v}_i(t)\right) \\ 0 & d_{32}\left(\boldsymbol{v}_i(t)\right) & d_{33}\left(\boldsymbol{v}_i(t)\right) \end{bmatrix},$$

其中,

$$c_{13}(\boldsymbol{v}_i(t)) = -(m - Y_{\dot{\nu}})\nu_i(t) - (mx_g - Y_{\dot{r}})\, r_i(t),$$

$$c_{23}(\boldsymbol{v}_i(t)) = (m - X_{\dot{u}})\, u_i(t),$$

$$d_{11}(\boldsymbol{v}_i(t)) = -X_u - X_{|u|u}\, |u_i(t)| - X_{uuu} u_i(t)^2,$$

$$d_{22}(\boldsymbol{v}_i(t)) = -Y_\nu - Y_{|\nu|\nu}\, |\nu_i(t)| - Y_{|r|\nu}\, |r_i(t)|,$$

$$d_{33}(\boldsymbol{v}_i(t)) = -N_r - N_{|\nu|r}\, |\nu_i(t)| - N_{|r|r}\, |r_i(t)|,$$

$$d_{23}(\boldsymbol{v}_i(t)) = -Y_r - Y_{|\nu|r}\, |\nu_i(t)| - Y_{|r|r}\, |r_i(t)|,$$

$$d_{32}(\boldsymbol{v}_i(t)) = -N_\nu - N_{|\nu|\nu}\, |\nu_i(t)| - N_{|r|\nu}\, |r_i(t)|.$$

无人艇的具体模型参数可以在表 7.1 中查得, 其中部分系统参数来自文献 [204]. 领航者的初始状态为 $\boldsymbol{\eta}_0(0)=[0,0,0]^{\mathrm{T}}$, 领航者的速度设置为 $\boldsymbol{v}_0(t) = [2,1,-0.05]^{\mathrm{T}}$, $\forall t \geqslant 0$. 跟随者的初始状态为 $\boldsymbol{\eta}_i(0) = [0,\, i,\, 0]^{\mathrm{T}}, i = 1,2,3,4$ 和 $\boldsymbol{\eta}_j(0) = [0,\, 4-j,\, 0]^{\mathrm{T}}, j = 5,6,\cdots,9$. 跟随者的初始速度为 $\boldsymbol{v}_i(0) = [0,0,0]^{\mathrm{T}}, i = 1,2,\cdots,9$. 期望的时变编队构型 $\boldsymbol{p}_i(t)$ $(i = 1,2,\cdots,9)$ 选择为

$$\boldsymbol{p}_i(t) = a\left[\sin\left(bt + \frac{2\pi i}{n_1}\right), \cos\left(bt + \frac{2\pi i}{n_1}\right), 0\right]^{\mathrm{T}}, \quad i \in \mathcal{V}_1,$$

$$\boldsymbol{p}_j(t) = a\left[\sin\left(bt + \frac{2\pi(j-n_1)}{n_2}\right), \cos\left(bt + \frac{2\pi(j-n_1)}{n_2}\right), 0\right]^{\mathrm{T}}, \quad j \in \mathcal{V}_2,$$

其中, $a = 2$, $b = 0.1$, $n_1 = 4$, $n_2 = 5$. 为控制器 (7.24) 选择控制增益 $\alpha_1 = \alpha_2 = 10$. 图 7.5 给出了在模型已知且不存在外部扰动情况下无人艇的运动轨迹. 图 7.6 和图 7.7 给出了在控制器 (7.24) 下二分时变编队跟踪误差 $\boldsymbol{\xi}_i^\eta(t)$ 和 $\boldsymbol{\xi}_i^\zeta(t)$, $i = 1,2,\cdots,9$ 的演化. 可以看出, 水面无人艇集群最终实现二分时变编队跟踪.

表 7.1 无人艇模型参数

参数	数值	参数	数值	参数	数值
m	23.800	$X_{\dot{u}}$	−2.000	x_g	0.046
$Y_{\dot{\nu}}$	−10.000	$Y_{\dot{r}}$	0.000	$N_{\dot{\nu}}$	0.000
I_z	1.760	$N_{\dot{r}}$	−1.000	X_u	−0.723
$X_{\|u\|u}$	−1.327	X_{uuu}	−5.866	Y_ν	−0.861
$Y_{\|\nu\|\nu}$	−36.282	$Y_{\|r\|v}$	−8.050	N_r	1.900
$N_{\|\nu\|r}$	0.080	$N_{\|r\|r}$	−0.750	Y_r	0.108
$Y_{\|\nu\|r}$	−0.845	$Y_{\|r\|r}$	−3.450	N_ν	0.105
$N_{\|\nu\|\nu}$	5.044	$N_{\|r\|\nu}$	0.130		

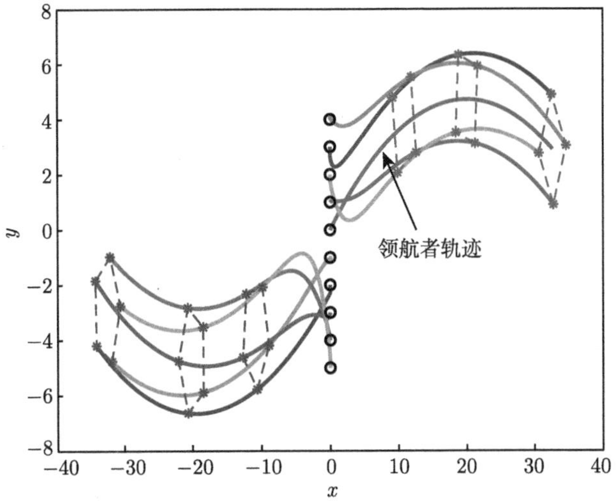

（扫码获取彩图）

图 7.5 无人艇在控制器 (7.24) 下的运动轨迹

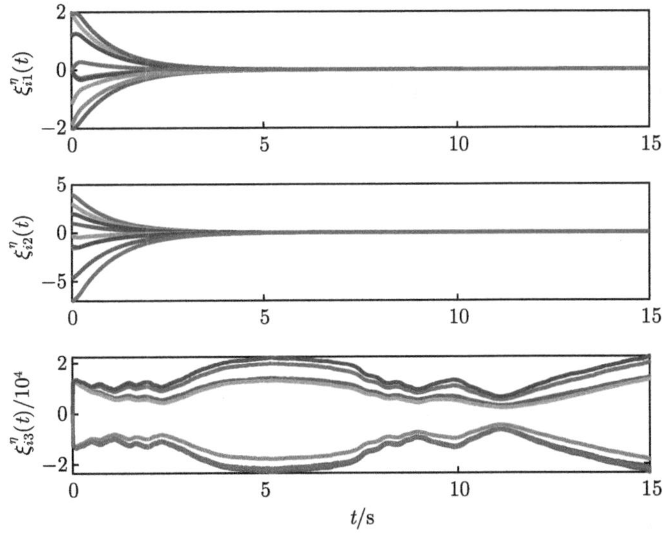

（扫码获取彩图）

图 7.6 控制器 (7.24) 下二分时变编队跟踪误差 $\boldsymbol{\xi}_i^\eta(t)=[\xi_{i1}^\eta(t),\xi_{i2}^\eta(t),\xi_{i3}^\eta(t)]^{\mathrm{T}}$ $(i=1,2,\cdots,9)$ 的演化

下面考虑模型不确定下的水面无人艇集群鲁棒自适应二分时变编队跟踪控制问题. 令 $a=4$, $b=0.01$. 而且, 外部扰动 $\boldsymbol{\tau}_{iw}(t)$ 建模为 $\boldsymbol{\tau}_{iw}(t)=0.1\sin(2t)\mathbf{1}_3$, $\forall i=1,2,\cdots,9$. 为控制器 (7.28) 选择控制增益 $\alpha_1=\alpha_2=30$. 特别地, 选择径向基函数神经网络来逼近不确定性项 $\boldsymbol{g}_i(\boldsymbol{v}_i(t))$, 高斯函数为激活函数. 图 7.8 给出了在模型不确定且存在外部扰动情况下无人艇的运动轨迹. 图 7.9 和图 7.10 给出了

在控制器 (7.28) 下二分时变编队跟踪误差 $\boldsymbol{\xi}_i^{\eta}(t)$ 和 $\boldsymbol{\xi}_i^{\zeta}(t)$ $(i=1,2,\cdots,9)$ 的演化. 可以看出, 水面无人艇集群最终实现二分时变编队跟踪.

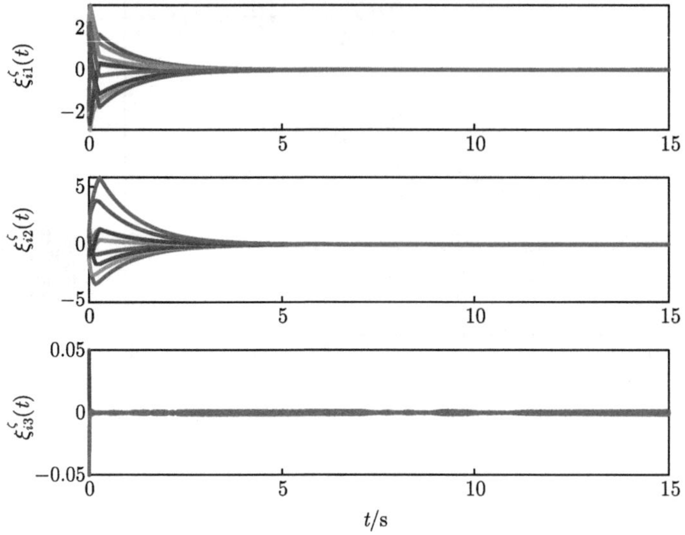

图 7.7　控制器 (7.24) 下二分时变编队跟踪误差 $\boldsymbol{\xi}_i^{\zeta}(t)=[\xi_{i1}^{\zeta}(t),\xi_{i2}^{\zeta}(t),\xi_{i3}^{\zeta}(t)]^{\mathrm{T}}$ $(i=1,2,\cdots,9)$ 的演化

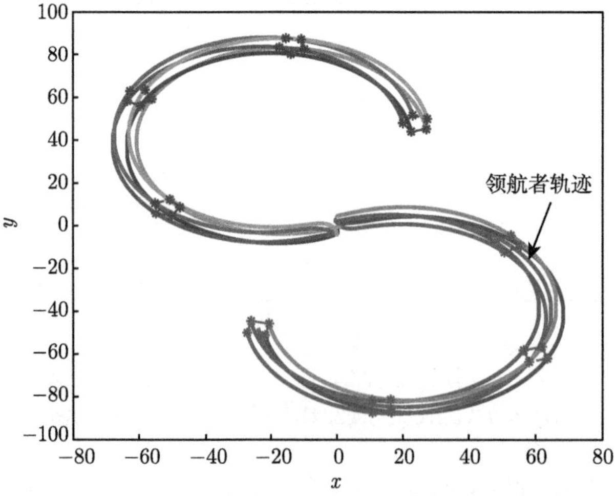

图 7.8　无人艇在控制器 (7.28) 下的运动轨迹

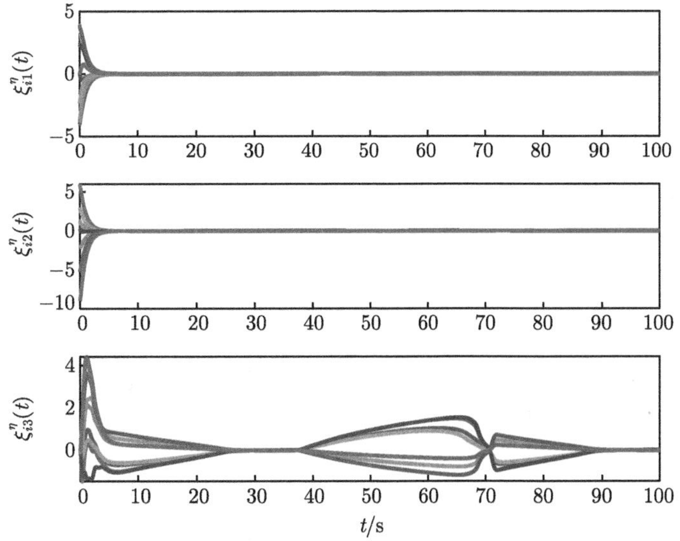

图 7.9 控制器 (7.28) 下二分时变编队跟踪误差
$\boldsymbol{\xi}_i^{\eta}(t)=[\xi_{i1}^{\eta}(t),\xi_{i2}^{\eta}(t),\xi_{i3}^{\eta}(t)]^{\mathrm{T}}$ $(i=1,2,\cdots,9)$ 的演化

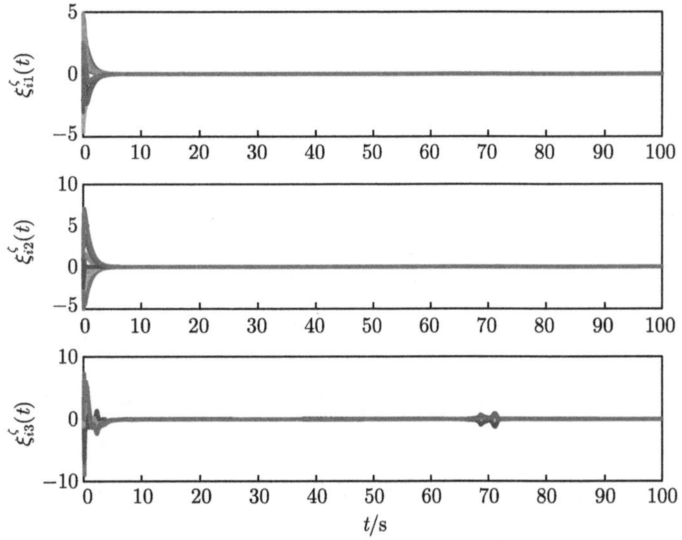

图 7.10 控制器 (7.28) 下二分时变编队跟踪误差
$\boldsymbol{\xi}_i^{\zeta}(t)=[\xi_{i1}^{\zeta}(t),\xi_{i2}^{\zeta}(t),\xi_{i3}^{\zeta}(t)]^{\mathrm{T}}$ $(i=1,2,\cdots,9)$ 的演化

7.3 基于符号图建模方法的水面无人艇集群协同护航控制

7.3.1 问题描述

考虑水面无人艇集群:

$$\begin{aligned}\dot{\boldsymbol{\eta}}_i(t) &= \boldsymbol{R}_i(\psi_i(t))\boldsymbol{v}_i(t),\\ \boldsymbol{M}_i\dot{\boldsymbol{v}}_i(t) &= \boldsymbol{g}_i(\boldsymbol{v}_i(t)) + \boldsymbol{\tau}_i(t) + \boldsymbol{\tau}_{iw}(t), \quad i \in \{0\} \cup \mathcal{V}_F,\end{aligned} \tag{7.31}$$

其中, $i \in \{0, 1, 2, \cdots, n_1, n_1+1, \cdots, N\}$, 标号为 0 的无人艇代表领航无人艇, $\mathcal{V}_F = \mathcal{V}_1 \cup \mathcal{V}_2$ 表示所有跟随者无人艇组成的集合, 跟随者被划分为两组: $\mathcal{V}_1 = \{1, 2, \cdots, n_1\}$ 和 $\mathcal{V}_2 = \{n_1+1, n_1+2, \cdots, N\}$. 令 $n_2 = N - n_1\,(n_2 > 0)$ 表示集合 $\mathcal{V}_2$ 中跟随者的数量; $\boldsymbol{\eta}_i(t) = [x_i(t), y_i(t), \psi_i(t)]^{\mathrm{T}} \in \mathbb{R}^3$ 为无人艇 i 的实时状态, 包含无人艇 i 在固定坐标系 (大地坐标系) 中的位置 $[x_i(t), y_i(t)]$ 和航向角 $\psi_i(t)$, $\boldsymbol{v}_i(t) = [u_i(t), \nu_i(t), r_i(t)]^{\mathrm{T}} \in \mathbb{R}^3$ 为无人艇 i 在运动坐标系中的实时速度向量, $u_i(t)$、$\nu_i(t)$、$r_i(t)$ 分别表示前向速度、侧向速度和艏摇角速度, $\boldsymbol{R}_i(\psi_i(t)) \in \mathbb{R}^{3\times3}$ 为旋转矩阵, $\boldsymbol{M}_i \in \mathbb{R}^{3\times3}$ 为正定的惯性矩阵, $\boldsymbol{g}_i(\boldsymbol{v}_i(t)) = -\boldsymbol{C}_i(\boldsymbol{v}_i(t))\boldsymbol{v}_i(t) - \boldsymbol{D}_i(\boldsymbol{v}_i(t))\boldsymbol{v}_i(t)$, 其中 $\boldsymbol{C}_i(\boldsymbol{v}_i(t)) \in \mathbb{R}^{3\times3}$ 和 $\boldsymbol{D}_i(\boldsymbol{v}_i(t)) \in \mathbb{R}^{3\times3}$ 分别为科里奥利–向心矩阵和阻尼矩阵, $\boldsymbol{\tau}_i(t) \in \mathbb{R}^3$ 为无人艇 i 的控制输入, $\boldsymbol{\tau}_{iw}(t) \in \mathbb{R}^3$ 为由海浪、风和洋流引起的未知扰动. 特别地, 扰动 $\boldsymbol{\tau}_{iw}(t)$ 满足如下假设.

假设 7.7 *扰动 $\boldsymbol{\tau}_{iw}(t), i \in \mathcal{V}_F$ 是一致有界的, 即存在 $w^* > 0$ 使得 $\|\tau_{iw}(t)\| \leqslant w^*, \forall i \in \mathcal{V}_F, \forall t \geqslant 0$.*

由 7.2 节可知, 在水面无人艇集群编队控制问题中, 所期望的编队构型可以由给定的参考点 $\boldsymbol{\eta}^r \in \mathbb{R}^3$ 和期望位移 $\boldsymbol{p}_i \in \mathbb{R}^3$ $(i = 1, 2, \cdots, N)$ 所描述, 其中 $\boldsymbol{p}_i$ 表示无人艇 i 和参考点之间的期望位移. 本节依然采用 $\boldsymbol{P}_1(t) = [\boldsymbol{p}_1(t)^{\mathrm{T}}, \boldsymbol{p}_2(t)^{\mathrm{T}}, \cdots, \boldsymbol{p}_{n_1}(t)^{\mathrm{T}}]^{\mathrm{T}}$ 和 $\boldsymbol{P}_2(t) = [\boldsymbol{p}_{n_1+1}(t)^{\mathrm{T}}, \boldsymbol{p}_{n_1+2}(t)^{\mathrm{T}}, \cdots, \boldsymbol{p}_N(t)^{\mathrm{T}}]^{\mathrm{T}}$ 分别刻画两组跟随者期望的时变编队构型. 对于两个给定的时变参考 $\boldsymbol{\eta}_1^r(t)$ 和 $\boldsymbol{\eta}_2^r(t)$, 跟随者旨在最小化 $\|\boldsymbol{\eta}_i(t) - \boldsymbol{\eta}_l^r(t) - \boldsymbol{p}_i(t)\|, \forall i \in \mathcal{V}_l$, $l = 1, 2$. 在此背景下, 仍然定义 $d_i = 1$, $i \in \mathcal{V}_1$, 以及 $d_j = -1$, $j \in \mathcal{V}_2$, 并给出如下渐近领航者护航控制和指定时间领航者护航控制的定义.

定义 7.3 *设 $\boldsymbol{\varrho}(t) \in \mathbb{R}^3$ 是护航向量, 满足 $\|\boldsymbol{\varrho}(t)\| = \rho$, $\rho > 0$ 是期望的护航距离. 若下面条件成立:*

$$\begin{aligned}&\lim_{t\to\infty} \|\boldsymbol{\eta}_i(t) - \boldsymbol{p}_i(t) - \boldsymbol{\eta}_0(t) - d_i\boldsymbol{\varrho}(t)\| = 0, \quad i \in \mathcal{V}_F,\\ &\lim_{t\to\infty} \|\dot{\boldsymbol{\eta}}_i(t) - \dot{\boldsymbol{p}}_i(t) - \dot{\boldsymbol{\eta}}_0(t) - d_i\dot{\boldsymbol{\varrho}}(t)\| = 0, \quad i \in \mathcal{V}_F,\end{aligned} \tag{7.32}$$

则称水面无人艇集群 (7.31) 渐近地实现领航者护航控制.

定义 7.4 设 $\boldsymbol{\varrho}(t) \in \mathbb{R}^3$ 是护航向量, 满足 $\|\boldsymbol{\varrho}(t)\| = \rho$, $\rho > 0$ 是期望的护航距离. 若下面条件成立:

$$\begin{aligned} &\lim_{t\to T_f} \|\boldsymbol{\eta}_i(t) - \boldsymbol{p}_i(t) - \boldsymbol{\eta}_0(t) - d_i\boldsymbol{\varrho}(t)\| = 0, \quad i \in \mathcal{V}_F, \\ &\lim_{t\to T_f} \|\dot{\boldsymbol{\eta}}_i(t) - \dot{\boldsymbol{p}}_i(t) - \dot{\boldsymbol{\eta}}_0(t) - d_i\dot{\boldsymbol{\varrho}}(t)\| = 0, \quad i \in \mathcal{V}_F, \end{aligned} \tag{7.33}$$

且

$$\begin{aligned} &\|\boldsymbol{\eta}_i(t) - \boldsymbol{p}_i(t) - \boldsymbol{\eta}_0(t) - d_i\boldsymbol{\varrho}(t)\| = 0, \quad t > T_f, i \in \mathcal{V}_F, \\ &\|\dot{\boldsymbol{\eta}}_i(t) - \dot{\boldsymbol{p}}_i(t) - \dot{\boldsymbol{\eta}}_0(t) - d_i\dot{\boldsymbol{\varrho}}(t)\| = 0, \quad t > T_f, i \in \mathcal{V}_F, \end{aligned} \tag{7.34}$$

其中, $T_f > 0$ 是预先定义的, 则称水面无人艇集群 (7.31) 实现了指定时间领航者护航控制.

图 7.11 给出了水面无人艇集群领航者护航的示意图, 其中 (O_E, X_E, Y_E) 是固定坐标系, (O_B, X_B, Y_B) 是运动坐标系, 图中中间的无人艇表示领航无人艇, 其余的无人艇为跟随者, 跟随者被划分为两组分布在领航无人艇的两侧, ρ 表示护航距离. 根据定义 7.3 和定义 7.4, 集合 $\mathcal{V}_1$ 中跟随者的时变参考为 $\boldsymbol{\eta}_1^r(t) = \boldsymbol{\eta}_0(t) + \boldsymbol{\varrho}(t)$, 集合 $\mathcal{V}_2$ 中跟随者的时变参考为 $\boldsymbol{\eta}_2^r(t) = \boldsymbol{\eta}_0(t) - \boldsymbol{\varrho}(t)$. 可以看出, 时变参考 $\boldsymbol{\eta}_1^r(t)$ 和 $\boldsymbol{\eta}_2^r(t)$ 关于 $\boldsymbol{\eta}_0(t)$ 是对称的, 即 $\boldsymbol{\eta}_1^r(t) + \boldsymbol{\eta}_2^r(t) - 2\boldsymbol{\eta}_0(t) = \mathbf{0}_3$. 因此, 若式 (7.32) 成立 (或式 (7.33)和式 (7.34) 成立), 则称跟随者实现了渐近

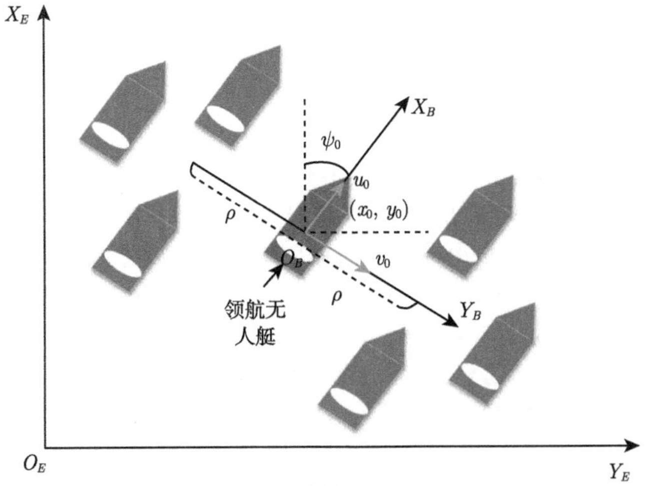

图 7.11 水面无人艇集群领航者护航示意图

领航者护航 (或指定时间领航者护航). 特别地, 本节所考虑的护航向量 $\boldsymbol{\varrho}(t)$ 和护航距离 ρ 是由高级指挥中心所预先确定的. 更具体地, 高级指挥中心将护航向量 $\boldsymbol{\varrho}(t)$ 发送给 $\mathcal{V}_F$ 中的某些跟随者.

假设 7.8 $\dot{\boldsymbol{\eta}}_0(t)$、$\ddot{\boldsymbol{\eta}}_0(t)$、$\dot{\boldsymbol{\varrho}}(t)$、$\ddot{\boldsymbol{\varrho}}(t)$ 及 $\ddot{\boldsymbol{p}}_i(t), i \in \mathcal{V}_F$ 是一致有界的, 即存在正常数 ϖ 使得 $\|\dot{\boldsymbol{\eta}}_0(t)\| \leqslant \varpi$、$\|\ddot{\boldsymbol{\eta}}_0(t)\| \leqslant \varpi$、$\|\dot{\boldsymbol{\varrho}}(t)\| \leqslant \varpi$、$\|\ddot{\boldsymbol{\varrho}}(t)\| \leqslant \varpi$ 及 $\|\ddot{\boldsymbol{p}}_i(t)\| \leqslant \varpi, \forall i \in \mathcal{V}_F, \forall t \geqslant 0$.

注解 7.4 选择护航向量 $\boldsymbol{\varrho}(t)$ 使其满足 $\|\boldsymbol{\varrho}(t)\| = \rho$ 的一种方式是: 令

$$\boldsymbol{\varrho}(t) = [\rho \sin\phi(t),\ \rho\cos\phi(t),\ 0]^{\mathrm{T}},$$

$$\dot{\phi}(t) = \vartheta,$$

其中, ϑ 是一个常数. 显然, $\dot{\boldsymbol{\varrho}}(t)$ 和 $\ddot{\boldsymbol{\varrho}}(t)$ 是有界的. 这种选择护航向量的方法称为基于旋转调度的护航方案[205].

跟随者之间的交互用无向符号图 $\mathcal{G}_F = (\mathcal{V}_F, \mathcal{E}_F)$ 来表示, 其中, $\mathcal{V}_F = \mathcal{V}_1 \cup \mathcal{V}_2$, $\mathcal{E}_F \subseteq \mathcal{V}_F \times \mathcal{V}_F$. 图 $\mathcal{G}_1 = (\mathcal{V}_1, \mathcal{E}_1)$ 和图 $\mathcal{G}_2 = (\mathcal{V}_2, \mathcal{E}_2)$ 是 $\mathcal{G}_F$ 的子图, 分别表示 $\mathcal{V}_1$ 和 $\mathcal{V}_2$ 中两组跟随者的组内通信拓扑图. 图 $\mathcal{G}_3 = (\mathcal{V}_F, \mathcal{E}_3)$ 是 $\mathcal{G}_F$ 的子图, 用来描述不同组的跟随者之间的组间交互. 注意 $\mathcal{E}_F = \mathcal{E}_1 \cup \mathcal{E}_2 \cup \mathcal{E}_3$. 令 $\mathcal{N}_i^l$ 表示跟随者 i 来自集合 $\mathcal{V}_l$ 的邻居集合, 其中 $l = 1, 2$. 定义 $\boldsymbol{H} = \mathrm{diag}(h_1, h_2, \cdots, h_N)$, 其中 $h_i = \sum\limits_{j \in \mathcal{N}_i^{3-l}} |a_{ij}|, i \in \mathcal{V}_l, l = 1, 2$. 基于 $\mathcal{V}_1$ 和 $\mathcal{V}_2$ 的划分, 通信拓扑图 $\mathcal{G}_F$ 的邻接矩阵 $\boldsymbol{\mathcal{A}}_F$ 和 Laplace 矩阵 $\boldsymbol{L}_F$ 可以写为如下分块矩阵的形式:

$$\boldsymbol{\mathcal{A}}_F = \begin{bmatrix} \boldsymbol{A}_{11} & \boldsymbol{A}_{12} \\ \boldsymbol{A}_{21} & \boldsymbol{A}_{22} \end{bmatrix}, \quad \boldsymbol{L}_F = \begin{bmatrix} \boldsymbol{L}_1 + \boldsymbol{H}_1 & -\boldsymbol{A}_{12} \\ -\boldsymbol{A}_{21} & \boldsymbol{L}_2 + \boldsymbol{H}_2 \end{bmatrix},$$

其中, $\boldsymbol{A}_{11} \in \mathbb{R}^{n_1 \times n_1}$、$\boldsymbol{A}_{12} \in \mathbb{R}^{n_1 \times n_2}$、$\boldsymbol{A}_{21} \in \mathbb{R}^{n_2 \times n_1}$、$\boldsymbol{A}_{22} \in \mathbb{R}^{n_2 \times n_2}$、$\boldsymbol{L}_1 \in \mathbb{R}^{n_1 \times n_1}$ 和 $\boldsymbol{L}_2 \in \mathbb{R}^{n_2 \times n_2}$ 分别是通信子图 $\mathcal{G}_1$ 和 $\mathcal{G}_2$ 的 Laplace 矩阵, $\boldsymbol{H}_1 = \mathrm{diag}(h_1, h_2, \cdots, h_{n_1})$, $\boldsymbol{H}_2 = \mathrm{diag}(h_{n_1+1}, h_{n_1+2}, \cdots, h_N)$.

令 $\mathcal{G} = (\mathcal{V}, \mathcal{E})$ 表示领航者-跟随者的领从通信拓扑图, 其中 $\mathcal{V} = \{0\} \cup \mathcal{V}_F$, $\mathcal{E} = \mathcal{E}_{LF} \cup \mathcal{E}_F$, $\mathcal{E}_{LF}$ 是从领航者到跟随者的所有有向边组成的集合. 对于 $i \in \mathcal{V}_F$, 若 $(0, i) \in \mathcal{E}_{LF}$, 则令 $b_i = 1$, 否则, 令 $b_i = 0$. 对于邻接矩阵 $\boldsymbol{\mathcal{A}}_F = [a_{ij}]$, 定义矩阵 $\widetilde{\boldsymbol{\mathcal{A}}}_F = [\tilde{a}_{ij}]$, 满足 $\tilde{a}_{ij} = a_{ij}$, $i, j \in \mathcal{V}_l$, 且 $\tilde{a}_{ij} = b_i a_{ij}$, $i \in \mathcal{V}_l$, $j \in \mathcal{V}_{3-l}, l = 1, 2$. 用 $\widetilde{\mathcal{G}}_F$ 表示对应于矩阵 $\widetilde{\boldsymbol{\mathcal{A}}}_F$ 的图, 即矩阵 $\widetilde{\boldsymbol{\mathcal{A}}}_F$ 可视为图 $\widetilde{\mathcal{G}}_F$ 的邻接矩阵. 则图 $\widetilde{\mathcal{G}}_F$ 的 Laplace 矩阵可写为

$$\widetilde{\boldsymbol{L}}_F = \begin{bmatrix} \boldsymbol{L}_1 + \boldsymbol{B}_1\boldsymbol{H}_1 & -\boldsymbol{B}_1\boldsymbol{A}_{12} \\ -\boldsymbol{B}_2\boldsymbol{A}_{21} & \boldsymbol{L}_2 + \boldsymbol{B}_2\boldsymbol{H}_2 \end{bmatrix},$$

其中, $\boldsymbol{B}_1 = \mathrm{diag}(b_1, b_2, \cdots, b_{n_1})$, $\boldsymbol{B}_2 = \mathrm{diag}(b_{n_1+1}, b_{n_1+2}, \cdots, b_N)$.

若跟随者 $i\,(i \in \mathcal{V}_F)$ 可以接收到高级指挥中心发送的护航信息, 则定义 $\iota_i = 1$, 否则, $\iota_i = 0$. 令 $V_b = \{i\,|\,b_i = 1, i \in \mathcal{V}_F\}$, $V_\iota = \{i\,|\,\iota_i = 1, i \in \mathcal{V}_F\}$, 本节给出以下假设.

假设 7.9 $V_b \cap V_\iota \neq \varnothing$, 跟随者的通信拓扑图 $\mathcal{G}_F$ 是无向连通的, 且关于集合 $\mathcal{V}_1$ 和 $\mathcal{V}_2$ 是结构平衡的.

假设 7.10 对于任意的 $(i, j) \in \mathcal{E}_3$, 下面条件之一成立: ① $(0, i) \in \mathcal{E}_{LF}$ 且 $(0, j) \in \mathcal{E}_{LF}$; ② $(0, i) \notin \mathcal{E}_{LF}$ 且 $(0, j) \notin \mathcal{E}_{LF}$. 而且, 存在至少一条边 $(i, j) \in \mathcal{E}_3$ 满足条件 ①.

注解 7.5 注意 $V_b \cap V_\iota \neq \varnothing$ 意味着存在至少一个跟随者能同时接收到领航者的运动信息和高级指挥中心发送的护航信息. 假设 7.10 保证了 $\tilde{a}_{ij} = \tilde{a}_{ji}, \forall i, j \in \mathcal{V}_F$, 即图 $\widetilde{\mathcal{G}}_F$ 是无向图, 相应的 Laplace 矩阵 $\widetilde{\boldsymbol{L}}_F$ 是对称的. 假设 7.9 和假设 7.10 联合保证了图 $\widetilde{\mathcal{G}}_F$ 是连通的. 令 $\boldsymbol{D} = \mathrm{diag}(d_1, d_2, \cdots, d_N)$, 其中 $d_i = 1, i \in \mathcal{V}_1$, $d_j = -1, j \in \mathcal{V}_2$. 结合假设 7.9、假设 7.10 和引理 2.11, 易知 $\widetilde{\boldsymbol{\mathcal{L}}}_F = \boldsymbol{D}\widetilde{\boldsymbol{L}}_F\boldsymbol{D}$ 对应于某些无符号图的 Laplace 矩阵, 即 $\widetilde{\boldsymbol{\mathcal{L}}}_F$ 的所有非对角元素都是非正的, $\widetilde{\boldsymbol{\mathcal{L}}}_F$ 的所有对角元素都是非负的. 令 $\widetilde{\boldsymbol{B}} = \mathrm{diag}(b_1, b_2, \cdots, b_N)$, $\widetilde{\boldsymbol{\Lambda}} = \mathrm{diag}(\iota_1, \iota_2, \cdots, \iota_N)$, 则在假设 7.9 和假设 7.10 下, 矩阵 $(\widetilde{\boldsymbol{\mathcal{L}}}_F + \widetilde{\boldsymbol{B}}\widetilde{\boldsymbol{\Lambda}})$ 是正定的. 注意到 $(\widetilde{\boldsymbol{\mathcal{L}}}_F + \widetilde{\boldsymbol{B}}\widetilde{\boldsymbol{\Lambda}}) = \boldsymbol{D}(\widetilde{\boldsymbol{L}}_F + \widetilde{\boldsymbol{B}}\widetilde{\boldsymbol{\Lambda}})\boldsymbol{D}$, 所以 $(\widetilde{\boldsymbol{L}}_F + \widetilde{\boldsymbol{B}}\widetilde{\boldsymbol{\Lambda}}) \to (\widetilde{\boldsymbol{\mathcal{L}}}_F + \widetilde{\boldsymbol{B}}\widetilde{\boldsymbol{\Lambda}})$ 是一个相似变换. 因此, 矩阵 $(\widetilde{\boldsymbol{L}}_F + \widetilde{\boldsymbol{B}}\widetilde{\boldsymbol{\Lambda}})$ 也是正定的.

7.3.2 具有时变扰动的指定时间分布式领航者护航控制

考虑水面无人艇集群 (7.31), 假设每个无人艇的科里奥利–向心矩阵和阻尼矩阵是已知的, 即 $\boldsymbol{g}_i(\boldsymbol{v}_i(t)), \forall i \in \mathcal{V}_F$ 是已知的. 令 $\boldsymbol{\zeta}_i(t) = \boldsymbol{R}_i(\psi_i(t))\boldsymbol{v}_i(t)$, 则式 (7.31) 可以重写为

$$\begin{aligned} &\dot{\boldsymbol{\eta}}_i(t) = \boldsymbol{\zeta}_i(t), \\ &\dot{\boldsymbol{\zeta}}_i(t) = \dot{\boldsymbol{R}}_i(\psi_i(t))\boldsymbol{v}_i(t) + \boldsymbol{R}_i(\psi_i(t))\boldsymbol{M}_i^{-1}\left(\boldsymbol{g}_i(\boldsymbol{v}_i(t)) + \boldsymbol{\tau}_i(t) + \boldsymbol{\tau}_{iw}(t)\right). \end{aligned} \tag{7.35}$$

定义护航误差为

$$\begin{aligned} \boldsymbol{e}_i^{\eta}(t) &= \boldsymbol{\eta}_i(t) - \boldsymbol{p}_i(t) - \boldsymbol{\eta}_0(t) - d_i\boldsymbol{\varrho}(t), \\ \boldsymbol{e}_i^{\zeta}(t) &= \boldsymbol{\zeta}_i(t) - \dot{\boldsymbol{p}}_i(t) - \dot{\boldsymbol{\eta}}_0(t) - d_i\dot{\boldsymbol{\varrho}}(t). \end{aligned}$$

进一步地, 定义

$$\boldsymbol{z}_i^{\eta}(t) = \sum_{j \in \mathcal{N}_i^l} a_{ij}\left(\boldsymbol{\eta}_i(t) - \boldsymbol{p}_i(t) - \boldsymbol{\eta}_j(t) + \boldsymbol{p}_j(t)\right)$$

$$
\begin{aligned}
&- b_i \sum_{j\in\mathcal{N}_i^{3-l}} a_{ij}\left(\boldsymbol{\eta}_i(t)-\boldsymbol{p}_i(t)+\boldsymbol{\eta}_j(t)-\boldsymbol{p}_j(t)-2\boldsymbol{\eta}_0(t)\right)\\
&+ b_i\iota_i\left(\boldsymbol{\eta}_i(t)-\boldsymbol{p}_i(t)-\boldsymbol{\eta}_0(t)-d_i\boldsymbol{\varrho}(t)\right),\\
\boldsymbol{z}_i^{\zeta}(t) = &\sum_{j\in\mathcal{N}_i^{l}} a_{ij}\left(\boldsymbol{\zeta}_i(t)-\dot{\boldsymbol{p}}_i(t)-\boldsymbol{\zeta}_j(t)+\dot{\boldsymbol{p}}_j(t)\right)\\
&- b_i \sum_{j\in\mathcal{N}_i^{3-l}} a_{ij}\left(\boldsymbol{\zeta}_i(t)-\dot{\boldsymbol{p}}_i(t)+\boldsymbol{\zeta}_j(t)-\dot{\boldsymbol{p}}_j(t)-2\dot{\boldsymbol{\eta}}_0(t)\right)\\
&+ b_i\iota_i\left(\boldsymbol{\zeta}_i(t)-\dot{\boldsymbol{p}}_i(t)-\dot{\boldsymbol{\eta}}_0(t)-d_i\dot{\boldsymbol{\varrho}}(t)\right),
\end{aligned}
$$

其中, 若 $i\in\mathcal{V}_1$, 则 $l=1$; 若 $i\in\mathcal{V}_2$, 则 $l=2$. 令 $\boldsymbol{z}_\eta(t)=[\boldsymbol{z}_1^\eta(t)^{\mathrm{T}},\boldsymbol{z}_2^\eta(t)^{\mathrm{T}},\cdots,\boldsymbol{z}_N^\eta(t)^{\mathrm{T}}]^{\mathrm{T}}$, $\boldsymbol{z}_\zeta(t)=[\boldsymbol{z}_1^\zeta(t)^{\mathrm{T}},\boldsymbol{z}_2^\zeta(t)^{\mathrm{T}},\cdots,\boldsymbol{z}_N^\zeta(t)^{\mathrm{T}}]^{\mathrm{T}}$, 则有

$$
\begin{aligned}
\boldsymbol{z}_\eta(t) &= ((\widetilde{\boldsymbol{L}}_F+\widetilde{\boldsymbol{B}}\widetilde{\boldsymbol{\Lambda}})\otimes\boldsymbol{I}_3)\boldsymbol{e}_\eta(t),\\
\boldsymbol{z}_\zeta(t) &= ((\widetilde{\boldsymbol{L}}_F+\widetilde{\boldsymbol{B}}\widetilde{\boldsymbol{\Lambda}})\otimes\boldsymbol{I}_3)\boldsymbol{e}_\zeta(t),
\end{aligned}
\tag{7.36}
$$

其中, $\boldsymbol{e}_\eta(t)=[\boldsymbol{e}_1^\eta(t)^{\mathrm{T}},\boldsymbol{e}_2^\eta(t)^{\mathrm{T}},\cdots,\boldsymbol{e}_N^\eta(t)^{\mathrm{T}}]^{\mathrm{T}}$, $\boldsymbol{e}_\zeta(t)=[\boldsymbol{e}_1^\zeta(t)^{\mathrm{T}},\boldsymbol{e}_2^\zeta(t)^{\mathrm{T}},\cdots,\boldsymbol{e}_N^\zeta(t)^{\mathrm{T}}]^{\mathrm{T}}$. 而且, $\dot{\boldsymbol{z}}_\eta(t)=\boldsymbol{z}_\zeta(t)$.

在给出领航者护航控制器之前, 引入两个时变函数 $\sigma_1(t)$ 和 $\sigma_2(t)$ 来辅助指定时间领航者护航控制器的设计. 具体地, $\sigma_1(t)$ 和 $\sigma_2(t)$ 满足如下条件:

(1) $\sigma_1(t)$ 和 $\sigma_2(t)$ 关于时间 $t\geqslant 0$ 是二次连续可微的.

(2) $\sigma_1(0)=1$, $\sigma_1(T_f)=0$, $\dot{\sigma}_1(0)=\dot{\sigma}_1(T_f)=0$. 而且, $\sigma_1(t)=0,\forall t\geqslant T_f$, 这意味着 $\dot{\sigma}_1(t)=0,\forall t\geqslant T_f$.

(3) $\sigma_2(0)=0$, $\sigma_2(T_f)=0$, $\dot{\sigma}_2(0)=1$, $\dot{\sigma}_2(T_f)=0$. 而且, $\sigma_2(t)=0,\forall t\geqslant T_f$, 这意味着 $\dot{\sigma}_2(t)=0,\forall t\geqslant T_f$.

注解 7.6 满足条件 (1)~(3) 的时变函数 $\sigma_1(t)$ 和 $\sigma_2(t)$ 的存在性可以被保证. 例如, $\sigma_1(t)$ 和 $\sigma_2(t)$ 可以分别选择为

$$
\sigma_1(t)=\begin{cases}\dfrac{2}{T_f^4}t^4-\dfrac{2}{T_f^3}t^3-\dfrac{1}{T_f^2}t^2+1, & 0\leqslant t\leqslant T_f,\\ 0, & t>T_f,\end{cases}\tag{7.37}
$$

和

$$
\sigma_2(t)=\begin{cases}\dfrac{2}{T_f^3}t^4-\dfrac{3}{T_f^2}t^3+t, & 0\leqslant t\leqslant T_f,\\ 0, & t>T_f.\end{cases}\tag{7.38}
$$

指定时间领航者护航控制的设计思路是构造一个修正的滑模变量 $\boldsymbol{S}_i(t)$, 其初始值满足 $\boldsymbol{S}_i(0)=\boldsymbol{0}_3$, 然后设计指定时间领航者护航控制器使得误差变量一直保持在滑模面 $\boldsymbol{S}_i(t)=\boldsymbol{0}_3, \forall t\geqslant 0$. 为了实现这一目的, 对任意的 $i\in\mathcal{V}_F$, 定义

$$
\begin{aligned}
\boldsymbol{Z}_i^{\eta}(t)&=\boldsymbol{z}_i^{\eta}(t)-\sigma_1(t)\boldsymbol{z}_i^{\eta}(0)-\sigma_2(t)\boldsymbol{z}_i^{\zeta}(0),\\
\boldsymbol{Z}_i^{\zeta}(t)&=\boldsymbol{z}_i^{\zeta}(t)-\dot{\sigma}_1(t)\boldsymbol{z}_i^{\eta}(0)-\dot{\sigma}_2(t)\boldsymbol{z}_i^{\zeta}(0).
\end{aligned}
\tag{7.39}
$$

并且, 构造滑模变量 $\boldsymbol{S}_i(t)$ 为

$$
\boldsymbol{S}_i(t)=\boldsymbol{Z}_i^{\eta}(t)+\boldsymbol{Z}_i^{\zeta}(t). \tag{7.40}
$$

根据时变函数 $\sigma_1(t)$ 和 $\sigma_2(t)$ 的性质, 不难验证 $\boldsymbol{S}_i(t)$ 的初始值满足 $\boldsymbol{S}_i(0)=\boldsymbol{0}_3, \forall i\in\mathcal{V}_F$.

定义

$$
\begin{aligned}
\boldsymbol{E}_{\eta}(t)&=\boldsymbol{e}_{\eta}(t)-\sigma_1(t)\boldsymbol{e}_{\eta}(0)-\sigma_2(t)\boldsymbol{e}_{\zeta}(0),\\
\boldsymbol{E}_{\zeta}(t)&=\boldsymbol{e}_{\zeta}(t)-\dot{\sigma}_1(t)\boldsymbol{e}_{\eta}(0)-\dot{\sigma}_2(t)\boldsymbol{e}_{\zeta}(0),
\end{aligned}
\tag{7.41}
$$

并且, 令 $\boldsymbol{Z}_{\eta}(t)=[\boldsymbol{Z}_1^{\eta}(t)^{\mathrm{T}},\boldsymbol{Z}_2^{\eta}(t)^{\mathrm{T}},\cdots,\boldsymbol{Z}_N^{\eta}(t)^{\mathrm{T}}]^{\mathrm{T}}$, $\boldsymbol{Z}_{\zeta}(t)=[\boldsymbol{Z}_1^{\zeta}(t)^{\mathrm{T}},\boldsymbol{Z}_2^{\zeta}(t)^{\mathrm{T}},\cdots,\boldsymbol{Z}_N^{\zeta}(t)^{\mathrm{T}}]^{\mathrm{T}}$. 根据式 (7.36), 可得

$$
\begin{aligned}
\boldsymbol{Z}_{\eta}(t)&=((\widetilde{\boldsymbol{L}}_F+\widetilde{\boldsymbol{B}}\widetilde{\boldsymbol{\Lambda}})\otimes\boldsymbol{I}_3)\boldsymbol{E}_{\eta}(t),\\
\boldsymbol{Z}_{\zeta}(t)&=((\widetilde{\boldsymbol{L}}_F+\widetilde{\boldsymbol{B}}\widetilde{\boldsymbol{\Lambda}})\otimes\boldsymbol{I}_3)\boldsymbol{E}_{\zeta}(t).
\end{aligned}
\tag{7.42}
$$

而且, 易知 $\dot{\boldsymbol{E}}_{\eta}(t)=\boldsymbol{E}_{\zeta}(t)$. 因此, $\dot{\boldsymbol{Z}}_{\eta}(t)=\boldsymbol{Z}_{\zeta}(t)$.

对于每个跟随者 $i\in\mathcal{V}_F$, 其指定时间领航者护航控制器设计为

$$
\boldsymbol{\tau}_i(t)=-\boldsymbol{g}_i(\boldsymbol{v}_i(t))+\boldsymbol{M}_i\boldsymbol{R}_i(\psi_i(t))^{\mathrm{T}}\left(\boldsymbol{\theta}_i(t)-\dot{\boldsymbol{R}}_i(\psi_i(t))\boldsymbol{v}_i(t)\right), \tag{7.43}
$$

其中,

$$
\begin{aligned}
\boldsymbol{\theta}_i(t)=&\left(\sum_{j=1}^{N}|\tilde{a}_{ij}|+b_i\iota_i\right)^{-1}\left(\sum_{j=1}^{N}\tilde{a}_{ij}\boldsymbol{\theta}_j(t)+\ddot{\sigma}_1(t)\boldsymbol{z}_i^{\eta}(0)\right.\\
&\left.+\ddot{\sigma}_2(t)\boldsymbol{z}_i^{\zeta}(0)-\boldsymbol{Z}_i^{\zeta}(t)-\kappa_i\boldsymbol{S}_i(t)-\alpha_i\mathrm{sgn}(\boldsymbol{S}_i(t))\right),
\end{aligned}
\tag{7.44}
$$

$\tilde{a}_{ij}$ 是矩阵 $\widetilde{\boldsymbol{\mathcal{A}}}_F$ 的第 (i,j) 项元素, κ_i 是任意的正常数, α_i 是待设计的控制增益.

定理 7.5 设假设 7.7~假设 7.10 成立, 控制器 (7.43) 的控制增益满足

$$\alpha_i > \left(2\sum_{j=1}^{N}|\tilde{a}_{ij}| + b_i\iota_i\right)(3\varpi + \underline{m}w^*), \quad \forall i \in \mathcal{V}_F,$$

其中, ϖ 在假设 7.8 中定义, $\underline{m} = \max\limits_{i\in\mathcal{V}_F}\{\lambda_{\max}(\boldsymbol{M}_i^{-1})\}$. 则在控制器 (7.43) 下, 水面无人艇集群 (7.31) 能够在指定时间 T_f 内实现领航者护航.

证明: 将式 (7.43) 代入式 (7.35), 无人艇的动力学可写为

$$\begin{aligned}
&\dot{\boldsymbol{\eta}}_i(t) = \boldsymbol{\zeta}_i(t),\\
&\dot{\boldsymbol{\zeta}}_i(t) = \boldsymbol{\theta}_i(t) + \boldsymbol{R}_i(\psi_i(t))\boldsymbol{M}_i^{-1}\boldsymbol{\tau}_{iw}(t), \quad i \in \mathcal{V}_F,
\end{aligned}$$

式中推导用到性质 $\boldsymbol{R}_i(\psi_i(t))\boldsymbol{R}_i(\psi_i(t))^{\mathrm{T}} = \boldsymbol{I}_3$. 进一步地, 护航误差 $\boldsymbol{e}_i^{\eta}(t)$ 和 $\boldsymbol{e}_i^{\zeta}(t)$ 的动力学可写为

$$\begin{aligned}
&\dot{\boldsymbol{e}}_i^{\eta}(t) = \boldsymbol{e}_i^{\zeta}(t),\\
&\dot{\boldsymbol{e}}_i^{\zeta}(t) = \boldsymbol{\theta}_i(t) + \overline{\boldsymbol{\varepsilon}}_i(t),
\end{aligned} \tag{7.45}$$

其中, $\overline{\boldsymbol{\varepsilon}}_i(t) = \boldsymbol{R}_i(\psi_i(t))\boldsymbol{M}_i^{-1}\boldsymbol{\tau}_{iw}(t) - \ddot{\boldsymbol{p}}_i(t) - \ddot{\boldsymbol{\eta}}_0(t) - d_i\ddot{\boldsymbol{\varrho}}(t)$.

令 $\boldsymbol{\theta}(t) = [\boldsymbol{\theta}_1(t)^{\mathrm{T}}, \boldsymbol{\theta}_2(t)^{\mathrm{T}}, \cdots, \boldsymbol{\theta}_N(t)^{\mathrm{T}}]^{\mathrm{T}}$, $\overline{\boldsymbol{\varepsilon}}(t) = [\overline{\boldsymbol{\varepsilon}}_1(t)^{\mathrm{T}}, \overline{\boldsymbol{\varepsilon}}_2(t)^{\mathrm{T}}, \cdots, \overline{\boldsymbol{\varepsilon}}_N(t)^{\mathrm{T}}]^{\mathrm{T}}$, 则式 (7.45) 的紧凑形式可写为

$$\begin{aligned}
&\dot{\boldsymbol{e}}_{\eta}(t) = \boldsymbol{e}_{\zeta}(t),\\
&\dot{\boldsymbol{e}}_{\zeta}(t) = \boldsymbol{\theta}(t) + \overline{\boldsymbol{\varepsilon}}(t).
\end{aligned} \tag{7.46}$$

此外, 根据式 (7.44) 可验证

$$\begin{aligned}
((\widetilde{\boldsymbol{L}}_F + \widetilde{\boldsymbol{B}}\widetilde{\boldsymbol{\Lambda}}) \otimes \boldsymbol{I}_3)\boldsymbol{\theta}(t) = {} & \ddot{\sigma}_1(t)\boldsymbol{z}_{\eta}(0) + \ddot{\sigma}_2(t)\boldsymbol{z}_{\zeta}(0) - \boldsymbol{Z}_{\zeta}(t)\\
& - (\overline{\boldsymbol{\kappa}} \otimes \boldsymbol{I}_3)\boldsymbol{S}(t) - (\overline{\boldsymbol{\alpha}} \otimes \boldsymbol{I}_3)\mathrm{sgn}(\boldsymbol{S}(t)),
\end{aligned}$$

其中, $\overline{\boldsymbol{\kappa}} = \mathrm{diag}(\kappa_1, \kappa_2, \cdots, \kappa_N)$, $\overline{\boldsymbol{\alpha}} = \mathrm{diag}(\alpha_1, \alpha_2, \cdots, \alpha_N)$, $\boldsymbol{S}(t) = [\boldsymbol{S}_1(t)^{\mathrm{T}}, \boldsymbol{S}_2(t)^{\mathrm{T}}, \cdots, \boldsymbol{S}_N(t)^{\mathrm{T}}]^{\mathrm{T}}$. 由于矩阵 $(\widetilde{\boldsymbol{L}}_F + \widetilde{\boldsymbol{B}}\widetilde{\boldsymbol{\Lambda}})$ 在假设 7.9 和假设 7.10 下是可逆的, 根据式 (7.36) 和式 (7.42), 可进一步得到

$$\begin{aligned}
\boldsymbol{\theta}(t) = {} & \ddot{\sigma}_1(t)\boldsymbol{e}_{\eta}(0) + \ddot{\sigma}_2(t)\boldsymbol{e}_{\zeta}(0) - \boldsymbol{E}_{\zeta}(t) - ((\widetilde{\boldsymbol{L}}_F + \widetilde{\boldsymbol{B}}\widetilde{\boldsymbol{\Lambda}})^{-1}\overline{\boldsymbol{\kappa}} \otimes \boldsymbol{I}_3)\boldsymbol{S}(t)\\
& - ((\widetilde{\boldsymbol{L}}_F + \widetilde{\boldsymbol{B}}\widetilde{\boldsymbol{\Lambda}})^{-1}\overline{\boldsymbol{\alpha}} \otimes \boldsymbol{I}_3)\mathrm{sgn}(\boldsymbol{S}(t)).
\end{aligned} \tag{7.47}$$

将式 (7.47) 代入式 (7.46) 得到

$$\begin{aligned}&\dot{\boldsymbol{e}}_\eta(t)=\boldsymbol{e}_\zeta(t),\\&\dot{\boldsymbol{e}}_\zeta(t)=\ddot{\sigma}_1(t)\boldsymbol{e}_\eta(0)+\ddot{\sigma}_2(t)\boldsymbol{e}_\zeta(0)-\boldsymbol{E}_\zeta(t)-((\widetilde{\boldsymbol{L}}_F+\widetilde{\boldsymbol{B}}\widetilde{\boldsymbol{\Lambda}})^{-1}\overline{\boldsymbol{\kappa}}\otimes\boldsymbol{I}_3)\boldsymbol{S}(t)\\&\qquad-((\widetilde{\boldsymbol{L}}_F+\widetilde{\boldsymbol{B}}\widetilde{\boldsymbol{\Lambda}})^{-1}\overline{\boldsymbol{\alpha}}\otimes\boldsymbol{I}_3)\mathrm{sgn}(\boldsymbol{S}(t))+\overline{\boldsymbol{\varepsilon}}(t).\end{aligned}\tag{7.48}$$

因为 $\dot{\boldsymbol{E}}_\eta(t)=\boldsymbol{E}_\zeta(t)$, 结合式 (7.41) 和式 (7.48), 可得

$$\begin{aligned}\dot{\boldsymbol{E}}_\eta(t)+\dot{\boldsymbol{E}}_\zeta(t)=&-((\widetilde{\boldsymbol{L}}_F+\widetilde{\boldsymbol{B}}\widetilde{\boldsymbol{\Lambda}})^{-1}\overline{\boldsymbol{\kappa}}\otimes\boldsymbol{I}_3)\boldsymbol{S}(t)\\&-((\widetilde{\boldsymbol{L}}_F+\widetilde{\boldsymbol{B}}\widetilde{\boldsymbol{\Lambda}})^{-1}\overline{\boldsymbol{\alpha}}\otimes\boldsymbol{I}_3)\mathrm{sgn}(\boldsymbol{S}(t))+\overline{\boldsymbol{\varepsilon}}(t).\end{aligned}$$

所以, 根据式 (7.40) 和式 (7.42), 可得 $S(t)$ 的时间导数为

$$\begin{aligned}\dot{\boldsymbol{S}}(t)&=((\widetilde{\boldsymbol{L}}_F+\widetilde{\boldsymbol{B}}\widetilde{\boldsymbol{\Lambda}})\otimes\boldsymbol{I}_3)(\dot{\boldsymbol{E}}_\eta(t)+\dot{\boldsymbol{E}}_\zeta(t))\\&=-(\overline{\boldsymbol{\kappa}}\otimes\boldsymbol{I}_3)\boldsymbol{S}(t)-(\overline{\boldsymbol{\alpha}}\otimes\boldsymbol{I}_3)\mathrm{sgn}(\boldsymbol{S}(t))+((\widetilde{\boldsymbol{L}}_F+\widetilde{\boldsymbol{B}}\widetilde{\boldsymbol{\Lambda}})\otimes\boldsymbol{I}_3)\overline{\boldsymbol{\varepsilon}}(t).\end{aligned}$$

因此,

$$\dot{\boldsymbol{S}}_i(t)=-\kappa_i\boldsymbol{S}_i(t)-\alpha_i\mathrm{sgn}(\boldsymbol{S}_i(t))+\boldsymbol{\varXi}_i(t),$$

其中, $\boldsymbol{\varXi}_i(t)=\left(\sum\limits_{j=1}^{N}|\tilde{a}_{ij}|+b_i\iota_i\right)\overline{\boldsymbol{\varepsilon}}_i(t)-\sum\limits_{j=1}^{N}\tilde{a}_{ij}\overline{\boldsymbol{\varepsilon}}_j(t)$. 注意, 在假设 7.7 和假设 7.8 下, 对于所有的 $i\in\mathcal{V}_F$, 有 $\|\overline{\boldsymbol{\varepsilon}}_i(t)\|\leqslant 3\varpi+\underline{m}w^*$. 因此, $\|\boldsymbol{\varXi}_i(t)\|\leqslant\left(2\sum\limits_{j=1}^{N}|\tilde{a}_{ij}|+b_i\iota_i\right)\times(3\varpi+\underline{m}w^*)$, $\forall i\in\mathcal{V}_F$.

下面, 将证明对于所有的 $i\in\mathcal{V}_F, \boldsymbol{S}_i(t)=\boldsymbol{0}_3, \forall t\geqslant 0$ 成立. 定义 Lyapunov 函数:

$$V(t)=\frac{1}{2}\sum_{i=1}^{N}\boldsymbol{S}_i(t)^{\mathrm{T}}\boldsymbol{S}_i(t).$$

注意到 $\alpha_i>\|\boldsymbol{\varXi}_i(t)\|, \forall i\in\mathcal{V}_F$, 所以 $V(t)$ 的时间导数为

$$\begin{aligned}\dot{V}(t)&=\sum_{i=1}^{N}\boldsymbol{S}_i(t)^{\mathrm{T}}\dot{\boldsymbol{S}}_i(t)\\&=\sum_{i=1}^{N}(-\kappa_i\boldsymbol{S}_i(t)^{\mathrm{T}}\boldsymbol{S}_i(t)-\alpha_i\|\boldsymbol{S}_i(t)\|_1+\boldsymbol{S}_i(t)^{\mathrm{T}}\boldsymbol{\varXi}_i(t))\end{aligned}$$

$$\leqslant -\sum_{i=1}^{N}(\alpha_i - \|\boldsymbol{\varXi}_i(t)\|)\|\boldsymbol{S}_i(t)\|_1$$

$$\leqslant 0.$$

因为 $\boldsymbol{S}(0)=\mathbf{0}_{3N}$, 最终可得 $\boldsymbol{S}(t)=\mathbf{0}_{3N}, \forall t\geqslant 0$.

而且, 根据式 (7.40), 可得

$$\dot{\boldsymbol{Z}}_i^{\eta}(t) = -\boldsymbol{Z}_i^{\eta}(t), \quad \forall t\geqslant 0.$$

因为 $\boldsymbol{Z}_i^{\eta}(0)=\mathbf{0}_3$, 可得 $\boldsymbol{Z}_i^{\eta}(t)=\mathbf{0}_3, \forall t\geqslant 0$, 这也意味着 $\boldsymbol{Z}_i^{\zeta}(t)=\mathbf{0}_3, \forall t\geqslant 0$. 回顾 $\sigma_i(t)=0, \forall t\geqslant T_f$ 及 $\dot{\sigma}_i(t)=0, \forall t\geqslant T_f, i=1,2$, 结合式 (7.39), 可得 $\boldsymbol{z}_i^{\eta}(t)=\mathbf{0}_3$ 和 $\boldsymbol{z}_i^{\zeta}(t)=\mathbf{0}_3$, $t\geqslant T_f, \forall i=1,2,\cdots,N$. 根据式 (7.36) 和矩阵 $(\widetilde{\boldsymbol{L}}_F+\widetilde{\boldsymbol{B}}\widetilde{\boldsymbol{\varLambda}})$ 的可逆性, 可以推导出 $\boldsymbol{e}_i^{\eta}(t)=\mathbf{0}_3$ 和 $\boldsymbol{e}_i^{\zeta}(t)=\mathbf{0}_3$, $t\geqslant T_f, \forall i\in\mathcal{V}_F$. 根据定义 7.4, 水面无人艇集群 (7.31) 在指定时间 T_f 内实现领航者护航. ■

注解 7.7 $(\boldsymbol{\eta}_i(t)+\boldsymbol{\eta}_j(t)-2\boldsymbol{\eta}_0(t)), i\in\mathcal{V}_l, j\in\mathcal{V}_{3-l}$ 在领航者护航控制框架设计中起着至关重要的作用, 该项的存在使得无人艇 i 和无人艇 j 在领航者两侧对称地跟踪领航者的运动轨迹. 不失一般性, 假设集合 $\mathcal{V}_1$ 中的某些无人艇知道护航信息, 那么集合 $\mathcal{V}_1$ 中的无人艇可以通过组内交互关于时变参考 $\boldsymbol{\eta}_1^r(t)$ 达成一致. 另外, 若集合 $\mathcal{V}_2$ 中没有无人艇知道护航信息, 则可通过组间交互完成护航任务, 即 $\mathcal{V}_2$ 中的无人艇 i 利用项 $(\boldsymbol{\eta}_i(t)+\boldsymbol{\eta}_j(t)-2\boldsymbol{\eta}_0(t)), j\in\mathcal{V}_1$ 来找到 $\boldsymbol{\eta}_1^r(t)$ 关于 $\boldsymbol{\eta}_0(t)$ 的对称参考 $\boldsymbol{\eta}_2^r(t)$.

注解 7.8 尽管跟随者无人艇之间的交互被建模为无向通信拓扑图, 控制器 (7.43)对于跟随者通信拓扑图为有向图的情况仍然是适用的. 值得说明的是, 除了需要满足条件 $V_b\cap V_\iota\neq\varnothing$, 有向符号图 $\mathcal{G}_F$ 和相应的图 $\widetilde{\mathcal{G}}_F$ 还需要是强连通的.

7.3.3 模型不确定下的完全分布式鲁棒自适应领航者护航控制

本节研究具有模型不确定性和外部扰动的水面无人艇集群 (7.31) 的完全分布式鲁棒自适应领航者护航控制问题. 本节仍然假设模型不确定性 $\boldsymbol{g}_i(\boldsymbol{v}_i(t)), i\in\mathcal{V}_F$ 可用神经网络进行逼近, 即 $\boldsymbol{g}_i(\boldsymbol{v}_i(t)), i\in\mathcal{V}_F$ 满足假设 7.6.

定义 $\tilde{\boldsymbol{S}}_i(t)=\boldsymbol{z}_i^{\eta}(t)+\boldsymbol{z}_i^{\zeta}(t), i\in\mathcal{V}_F$. 为跟随者无人艇设计如下领航者护航控制器:

$$\begin{aligned}\boldsymbol{\tau}_i(t)= & -\boldsymbol{W}_i^{\mathrm{T}}(t)\boldsymbol{\varphi}_i(\boldsymbol{v}_i(t))+\boldsymbol{M}_i\boldsymbol{R}_i(\psi_i(t))^{\mathrm{T}}[-\kappa_i\tilde{\boldsymbol{S}}_i(t)\\ & -\alpha_i(t)\mathrm{sgn}(\tilde{\boldsymbol{S}}_i(t))-\dot{\boldsymbol{R}}(\psi_i(t))\boldsymbol{v}_i(t)-\boldsymbol{\zeta}_i(t)+\dot{\boldsymbol{p}}_i(t)],\end{aligned} \tag{7.49}$$

其中, κ_i 为正常数; $\boldsymbol{\varphi}_i(\boldsymbol{v}_i(t))$ 为激活函数, 神经自适应律设计为

$$\dot{\boldsymbol{W}}_i(t)=\boldsymbol{\varphi}_i(\boldsymbol{v}_i(t))\tilde{\boldsymbol{S}}_i(t)^{\mathrm{T}}\boldsymbol{R}_i\left(\psi_i(t)\right)\boldsymbol{M}_i^{-1}, \tag{7.50}$$

自适应增益设计为

$$\dot{\alpha}_i(t) = \|\tilde{\boldsymbol{S}}_i(t)\|_1. \tag{7.51}$$

将式 (7.49) 代入式 (7.35), 可得

$$\begin{aligned}
\dot{\boldsymbol{\eta}}_i(t) &= \boldsymbol{\zeta}_i(t),\\
\dot{\boldsymbol{\zeta}}_i(t) &= -\alpha_i(t)\mathrm{sgn}(\tilde{\boldsymbol{S}}_i(t)) - \boldsymbol{R}_i(\psi_i(t))\boldsymbol{M}_i^{-1}\tilde{\boldsymbol{W}}_i(t)^{\mathrm{T}}\boldsymbol{\varphi}_i(\boldsymbol{v}_i(t))\\
&\quad - \kappa_i\tilde{\boldsymbol{S}}_i(t) - \boldsymbol{\zeta}_i(t) + \dot{\boldsymbol{p}}_i(t) + \boldsymbol{R}_i(\psi_i(t))\boldsymbol{M}_i^{-1}\boldsymbol{\varepsilon}_i(t),
\end{aligned}$$

其中, $\tilde{\boldsymbol{W}}_i(t) = \boldsymbol{W}_i(t) - \boldsymbol{W}_i^*$, $\boldsymbol{\varepsilon}_i(t) = \boldsymbol{\varsigma}_i(t) + \boldsymbol{\tau}_{iw}(t)$. 而且, 进一步可得

$$\begin{aligned}
\dot{\boldsymbol{e}}_i^{\eta}(t) &= \boldsymbol{e}_i^{\zeta}(t),\\
\dot{\boldsymbol{e}}_i^{\zeta}(t) &= -\alpha_i(t)\mathrm{sgn}(\tilde{\boldsymbol{S}}_i(t)) - \boldsymbol{R}_i(\psi_i(t))\boldsymbol{M}_i^{-1}\tilde{\boldsymbol{W}}_i(t)^{\mathrm{T}}\boldsymbol{\varphi}_i(\boldsymbol{v}_i(t))\\
&\quad - \kappa_i\tilde{\boldsymbol{S}}_i(t) - \boldsymbol{e}_i^{\zeta}(t) + \tilde{\boldsymbol{\varepsilon}}_i(t),
\end{aligned} \tag{7.52}$$

其中, $\tilde{\boldsymbol{\varepsilon}}_i(t) = -\dot{\boldsymbol{\eta}}_0(t) - d_i\dot{\boldsymbol{\varrho}}(t) + \boldsymbol{R}_i(\psi_i(t))\boldsymbol{M}_i^{-1}\boldsymbol{\varepsilon}_i(t) - \ddot{\boldsymbol{p}}_i(t) - \ddot{\boldsymbol{\eta}}_0(t) - d_i\ddot{\boldsymbol{\varrho}}(t)$. 注意, 在假设 7.6~假设 7.8 下, $\tilde{\boldsymbol{\varepsilon}}_i(t)$ 是一致有界的, 即 $\|\tilde{\boldsymbol{\varepsilon}}_i(t)\| \leqslant 5\varpi + \underline{m}(\varsigma^* + w^*)$, $\forall t \geqslant 0$, 其中, $\underline{m} = \max\limits_{i\in\mathcal{V}_F}\{\lambda_{\max}(\boldsymbol{M}_i^{-1})\}$.

定理 7.6 设假设 7.6~假设 7.10 成立, 则在具有自适应律 (7.50)和增益 (7.51) 的控制器 (7.49) 下, 水面无人艇集群 (7.31) 渐近地实现领航者护航.

证明: 令 $\tilde{\boldsymbol{S}}(t) = [\tilde{\boldsymbol{S}}_1(t)^{\mathrm{T}}, \tilde{\boldsymbol{S}}_2(t)^{\mathrm{T}}, \cdots, \tilde{\boldsymbol{S}}_N(t)^{\mathrm{T}}]^{\mathrm{T}}$, 由式 (7.36) 和 $\tilde{\boldsymbol{S}}_i(t)$ 的定义, 可得

$$\tilde{\boldsymbol{S}}(t) = \left((\widetilde{\boldsymbol{L}}_F + \widetilde{\boldsymbol{B}}\widetilde{\boldsymbol{\Lambda}}) \otimes \boldsymbol{I}_3\right)(\boldsymbol{e}_{\eta}(t) + \boldsymbol{e}_{\zeta}(t)),$$

其中, 正如注解 7.5 中所述, 矩阵 $(\widetilde{\boldsymbol{L}}_F + \widetilde{\boldsymbol{B}}\widetilde{\boldsymbol{\Lambda}})$ 是正定的.

定义 Lyapunov 函数:

$$\begin{aligned}
V(t) &= \frac{1}{2}\tilde{\boldsymbol{S}}(t)^{\mathrm{T}}\left((\widetilde{\boldsymbol{L}}_F + \widetilde{\boldsymbol{B}}\widetilde{\boldsymbol{\Lambda}})^{-1} \otimes \boldsymbol{I}_3\right)\tilde{\boldsymbol{S}}(t)\\
&\quad + \frac{1}{2}\sum_{i=1}^{N}\mathrm{tr}\left(\tilde{\boldsymbol{W}}_i(t)^{\mathrm{T}}\tilde{\boldsymbol{W}}_i(t)\right) + \frac{1}{2}\sum_{i=1}^{N}(\alpha^* - \alpha_i(t))^2,
\end{aligned}$$

其中, α^* 是一个常数, 满足 $\alpha^* > 5\varpi + \underline{m}(\varsigma^* + w^*)$.

$V(t)$ 对时间求导可得

$$\dot{V}(t) = \tilde{\boldsymbol{S}}(t)^{\mathrm{T}}\left(\dot{\boldsymbol{e}}_{\eta}(t) + \dot{\boldsymbol{e}}_{\zeta}(t)\right) + \sum_{i=1}^{N}\mathrm{tr}\left(\tilde{\boldsymbol{W}}_i(t)^{\mathrm{T}}\dot{\tilde{\boldsymbol{W}}}_i(t)\right) - \sum_{i=1}^{N}(\alpha^* - \alpha_i(t))\dot{\alpha}_i(t)$$
$$= \sum_{i=1}^{N}\tilde{\boldsymbol{S}}_i(t)^{\mathrm{T}}(\dot{\boldsymbol{e}}_i^{\eta}(t)+\dot{\boldsymbol{e}}_i^{\zeta}(t))+\sum_{i=1}^{N}\mathrm{tr}\left(\tilde{\boldsymbol{W}}_i(t)^{\mathrm{T}}\dot{\tilde{\boldsymbol{W}}}_i(t)\right)-\sum_{i=1}^{N}(\alpha^*-\alpha_i(t))\|\tilde{\boldsymbol{S}}_i(t)\|_1. \tag{7.53}$$

根据式 (7.52), 可得

$$\begin{aligned}\tilde{\boldsymbol{S}}_i(t)^{\mathrm{T}}(\dot{\boldsymbol{e}}_i^{\eta}(t) + \dot{\boldsymbol{e}}_i^{\zeta}(t)) &= \tilde{\boldsymbol{S}}_i(t)^{\mathrm{T}}(-\kappa_i\tilde{\boldsymbol{S}}_i(t) - \alpha_i(t)\mathrm{sgn}(\tilde{\boldsymbol{S}}_i(t)) + \tilde{\boldsymbol{\varepsilon}}_i(t))\\ &\quad - \tilde{\boldsymbol{S}}_i(t)^{\mathrm{T}}\boldsymbol{R}_i(\psi_i(t))\boldsymbol{M}_i^{-1}\tilde{\boldsymbol{W}}_i(t)^{\mathrm{T}}\boldsymbol{\varphi}_i(\boldsymbol{v}_i(t))\\ &\leqslant -\kappa_i\|\tilde{\boldsymbol{S}}_i(t)\|^2 - \alpha_i(t)\|\tilde{\boldsymbol{S}}_i(t)\|_1 + \|\tilde{\boldsymbol{S}}_i(t)\|\|\tilde{\boldsymbol{\varepsilon}}_i(t)\|\\ &\quad - \tilde{\boldsymbol{S}}_i(t)^{\mathrm{T}}\boldsymbol{R}_i(\psi_i(t))\boldsymbol{M}_i^{-1}\tilde{\boldsymbol{W}}_i(t)^{\mathrm{T}}\boldsymbol{\varphi}_i(\boldsymbol{v}_i(t))\\ &\leqslant -\kappa_i\|\tilde{\boldsymbol{S}}_i(t)\|^2 - (\alpha_i(t) - \|\tilde{\boldsymbol{\varepsilon}}_i(t)\|)\|\tilde{\boldsymbol{S}}_i(t)\|_1\\ &\quad - \tilde{\boldsymbol{S}}_i(t)^{\mathrm{T}}\boldsymbol{R}_i(\psi_i(t))\boldsymbol{M}_i^{-1}\tilde{\boldsymbol{W}}_i(t)^{\mathrm{T}}\boldsymbol{\varphi}_i(\boldsymbol{v}_i(t)).\end{aligned}$$

注意到 $\alpha^* > \|\tilde{\boldsymbol{\varepsilon}}_i(t)\|, \forall t \geqslant 0, \forall i \in \mathcal{V}_F$, 因此,

$$\begin{aligned}&\tilde{\boldsymbol{S}}_i(t)^{\mathrm{T}}(\dot{\boldsymbol{e}}_i^{\eta}(t) + \dot{\boldsymbol{e}}_i^{\zeta}(t)) - (\alpha^* - \alpha_i(t))\|\tilde{\boldsymbol{S}}_i(t)\|_1\\ &\leqslant -\kappa_i\|\tilde{\boldsymbol{S}}_i(t)\|^2 - (\alpha^* - \|\tilde{\boldsymbol{\varepsilon}}_i(t)\|)\|\tilde{\boldsymbol{S}}_i(t)\|_1\\ &\quad - \tilde{\boldsymbol{S}}_i(t)^{\mathrm{T}}\boldsymbol{R}_i(\psi_i(t))\boldsymbol{M}_i^{-1}\tilde{\boldsymbol{W}}_i(t)^{\mathrm{T}}\boldsymbol{\varphi}_i(\boldsymbol{v}_i(t))\\ &\leqslant -\kappa_i\|\tilde{\boldsymbol{S}}_i(t)\|^2 - \tilde{\boldsymbol{S}}_i(t)^{\mathrm{T}}\boldsymbol{R}_i(\psi_i(t))\boldsymbol{M}_i^{-1}\tilde{\boldsymbol{W}}_i(t)^{\mathrm{T}}\boldsymbol{\varphi}_i(\boldsymbol{v}_i(t)).\end{aligned} \tag{7.54}$$

另外, 由神经自适应律 (7.50) 可得

$$\tilde{\boldsymbol{W}}_i(t)^{\mathrm{T}}\dot{\tilde{\boldsymbol{W}}}_i(t) = \tilde{\boldsymbol{W}}_i(t)^{\mathrm{T}}\boldsymbol{\varphi}_i(\boldsymbol{v}_i(t))\tilde{\boldsymbol{S}}_i(t)^{\mathrm{T}}\boldsymbol{R}_i\left(\psi_i(t)\right)\boldsymbol{M}_i^{-1}.$$

对任意的 $\boldsymbol{x}, \boldsymbol{y} \in \mathbb{R}^n$, 关系式 $\mathrm{tr}(\boldsymbol{y}\boldsymbol{x}^{\mathrm{T}}) = \boldsymbol{x}^{\mathrm{T}}\boldsymbol{y}$ 总成立, 所以可进一步得到

$$\mathrm{tr}\left(\tilde{\boldsymbol{W}}_i(t)^{\mathrm{T}}\dot{\tilde{\boldsymbol{W}}}_i(t)\right) = \tilde{\boldsymbol{S}}_i(t)^{\mathrm{T}}\boldsymbol{R}_i\left(\psi_i(t)\right)\boldsymbol{M}_i^{-1}\tilde{\boldsymbol{W}}_i(t)^{\mathrm{T}}\boldsymbol{\varphi}_i(\boldsymbol{v}_i(t)). \tag{7.55}$$

将式 (7.54) 和式 (7.55) 代入式 (7.53), 可得

$$\dot{V}(t) \leqslant -\min_{i\in\mathcal{V}_F}\{\kappa_i\}\|\tilde{\boldsymbol{S}}(t)\|^2. \tag{7.56}$$

所以, $V(t)$ 是非增的且 $0 \leqslant V(t) \leqslant V(0)$. 因此, 对于所有的 $i \in \mathcal{V}_F$, $\tilde{\boldsymbol{S}}(t)$、$\tilde{\boldsymbol{W}}_i(t)$ 和 $\alpha_i(t)$ 是有界的. 而且, $\dot{\boldsymbol{e}}_\eta(t) + \dot{\boldsymbol{e}}_\zeta(t)$ 也是有界的, 这意味着 $\dot{\tilde{\boldsymbol{S}}}(t)$ 是有界的. 因此, $\tilde{\boldsymbol{S}}(t)^{\mathrm{T}}\dot{\tilde{\boldsymbol{S}}}(t)$ 是有界的, 进一步可得 $\|\tilde{\boldsymbol{S}}(t)\|^2$ 是一致连续的. 由 $V(t)$ 的有界性可知, 当 $t \to \infty$ 时, $V(\infty)$ 存在. 根据式 (7.56), 易得

$$\int_0^\infty \min_{i\in\mathcal{V}_F}\{\kappa_i\}\left\|\tilde{\boldsymbol{S}}(t)\right\|^2 \mathrm{d}t \leqslant V(0) - V(\infty).$$

根据 Barbalat 引理 [174], 当 $t \to \infty$ 时, $\tilde{\boldsymbol{S}}(t) \to \mathbf{0}_{3N}$, 即当 $t \to \infty$ 时, $(\boldsymbol{z}_\eta(t) + \boldsymbol{z}_\zeta(t)) \to \mathbf{0}_{3N}$. 因为 $\dot{\boldsymbol{z}}_\eta(t) = \boldsymbol{z}_\zeta(t)$ 和 $\tilde{\boldsymbol{S}}(t) = \boldsymbol{z}_\eta(t) + \boldsymbol{z}_\zeta(t)$, 可得 $\dot{\boldsymbol{z}}_\eta(t) = -\boldsymbol{z}_\eta(t) + \tilde{\boldsymbol{S}}(t)$. 由引理 2.20 可知, $\lim\limits_{t\to\infty} \boldsymbol{z}_\eta(t) = \mathbf{0}_{3N}$, 这也意味着 $\lim\limits_{t\to\infty} \boldsymbol{z}_\zeta(t) = \mathbf{0}_{3N}$. 因为矩阵 $\widetilde{\boldsymbol{L}}_F + \widetilde{\boldsymbol{B}}\widetilde{\boldsymbol{\varLambda}}$ 是可逆的, 由式 (7.36) 最终可得 $\lim\limits_{t\to\infty} \boldsymbol{e}_\eta(t) = \mathbf{0}_{3N}$, $\lim\limits_{t\to\infty} \boldsymbol{e}_\zeta(t) = \mathbf{0}_{3N}$, 即水面无人艇集群 (7.31) 渐近地实现领航者护航. ■

注解 7.9 在定理 7.5 中, 控制增益 α_i, $i \in \mathcal{V}_F$ 的选取依赖于领航者的速度和加速度的上界, 以及护航信息 $\dot{\boldsymbol{\varrho}}(t)$ 和 $\ddot{\boldsymbol{\varrho}}(t)$ 的上界. 实际中, 跟随者无人艇往往难以获取这些上界的值, 尤其是当只有少数跟随者无人艇可以获取领航者和高级指挥中心的信息时. 相较于控制器 (7.43), 控制器 (7.49) 的控制增益 $\alpha_i(t)$ 被设计为自适应的, 不依赖于任何全局信息. 需要说明的是, 在定理 7.6 中, 跟随者无人艇的通信拓扑图 $\mathcal{G}_F$ 假设是无向的, 控制器 (7.49) 并不适用于解决跟随者无人艇的通信拓扑图为有向符号图情况下的领航者护航控制问题.

7.3.4 仿真分析

本节进行数值仿真, 以验证所设计的指定时间领航者护航控制器和鲁棒自适应领航者护航控制器的有效性.

考虑具有 1 个领航者 (标记为 0) 和 9 个跟随者 (分别标记为 $1, 2, \cdots, 9$) 的多无人艇系统 (7.31), 其中, 跟随者无人艇被划分为两组: $\mathcal{V}_1 = \{1, 2, 3, 4\}$ 和 $\mathcal{V}_2 = \{5, 6, \cdots, 9\}$. 无人艇之间的通信拓扑图如图 7.12 所示, 边上的数字代表通信权重. 特别地, 无人艇 1 可以收到高级指挥中心发送的护航信息.

在仿真中, 无人艇动力学模型 (7.31) 的惯性矩阵 $\boldsymbol{M}_i$、科里奥利–向心矩阵 $\boldsymbol{C}_i(\boldsymbol{v}_i(t))$ 和阻尼矩阵 $\boldsymbol{D}_i(\boldsymbol{v}_i(t))$ 分别为

$$\boldsymbol{M}_i = \begin{bmatrix} m - X_{\dot{u}} & 0 & 0 \\ 0 & m - Y_{\dot{v}} & m x_g - Y_{\dot{r}} \\ 0 & m x_g - N_{\dot{v}} & I_z - N_{\dot{r}} \end{bmatrix},$$

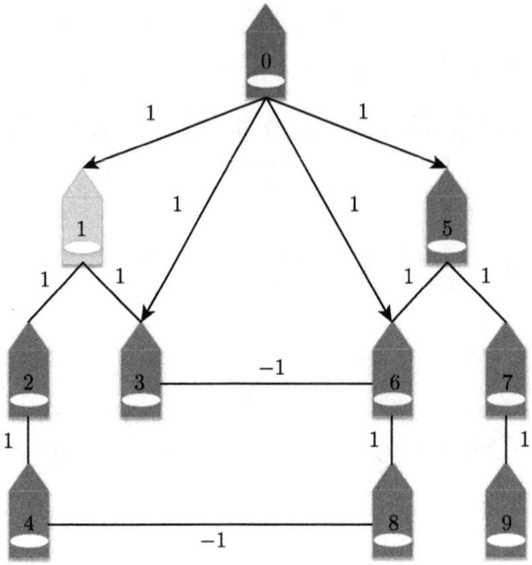

图 7.12 无人艇之间的通信拓扑图

$$
\boldsymbol{C}_i\left(\boldsymbol{v}_i(t)\right)=\left[\begin{array}{ccc}
0 & 0 & c_{13}\left(\boldsymbol{v}_i(t)\right) \\
0 & 0 & c_{23}\left(\boldsymbol{v}_i(t)\right) \\
-c_{13}\left(\boldsymbol{v}_i(t)\right) & -c_{23}\left(\boldsymbol{v}_i(t)\right) & 0
\end{array}\right],
$$

$$
\boldsymbol{D}_i\left(\boldsymbol{v}_i(t)\right)=\left[\begin{array}{ccc}
d_{11}\left(\boldsymbol{v}_i(t)\right) & 0 & 0 \\
0 & d_{22}\left(\boldsymbol{v}_i(t)\right) & d_{23}\left(\boldsymbol{v}_i(t)\right) \\
0 & d_{32}\left(\boldsymbol{v}_i(t)\right) & d_{33}\left(\boldsymbol{v}_i(t)\right)
\end{array}\right],
$$

其中,

$$
\begin{aligned}
& c_{13}\left(\boldsymbol{v}_i(t)\right)=-(m-Y_{\dot{\nu}})\nu_i(t)-\left(m x_g-Y_{\dot{r}}\right) r_i(t), \\
& c_{23}\left(\boldsymbol{v}_i(t)\right)=\left(m-X_{\dot{u}}\right) u_i(t), \\
& d_{11}\left(\boldsymbol{v}_i(t)\right)=-X_u-X_{|u| u}\left|u_i(t)\right|-X_{u u u} u_i(t)^2, \\
& d_{22}\left(\boldsymbol{v}_i(t)\right)=-Y_\nu-Y_{|\nu| \nu}\left|\nu_i(t)\right|-Y_{|r| \nu}\left|r_i(t)\right|, \\
& d_{33}\left(\boldsymbol{v}_i(t)\right)=-N_r-N_{|\nu| r}\left|\nu_i(t)\right|-N_{|r| r}\left|r_i(t)\right|, \\
& d_{23}\left(\boldsymbol{v}_i(t)\right)=-Y_r-Y_{|\nu| r}\left|\nu_i(t)\right|-Y_{|r| r}\left|r_i(t)\right|, \\
& d_{32}\left(\boldsymbol{v}_i(t)\right)=-N_\nu-N_{|\nu| \nu}\left|\nu_i(t)\right|-N_{|r| \nu}\left|r_i(t)\right|,
\end{aligned}
$$

无人艇的具体模型参数可以在表 7.1 中查得. 而且, 外部扰动 $\boldsymbol{\tau}_{iw}(t)$ 建模为 $\boldsymbol{\tau}_{iw}(t) = 0.1\sin(2t)\mathbf{1}_3$, $\forall i = 1, 2, \cdots, 9$.

护航距离设置为 $\rho = 20$, 护航向量 $\boldsymbol{\varrho}(t)$ 设计为

$$\boldsymbol{\varrho}(t) = [20\sin\phi(t),\ 20\cos\phi(t),\ 0]^{\mathrm{T}},$$
$$\dot{\phi}(t) = 0.01,\ \phi(0) = \frac{\pi}{2}.$$

期望的时变编队构型 $\boldsymbol{p}_i(t)$ $(i = 1, 2, \cdots, 9)$ 选择为

$$\boldsymbol{p}_i(t) = a\left[\sin\left(bt + \frac{2\pi i}{n_1}\right), \cos\left(bt + \frac{2\pi i}{n_1}\right), 0\right]^{\mathrm{T}}, \quad i \in \mathcal{V}_1,$$

$$\boldsymbol{p}_j(t) = a\left[\sin\left(bt + \frac{2\pi(j-n_1)}{n_2}\right), \cos\left(bt + \frac{2\pi(j-n_1)}{n_2}\right), 0\right]^{\mathrm{T}}, \quad j \in \mathcal{V}_2,$$

其中, $a = 4$, $b = 0.01$, $n_1 = 4$, $n_2 = 5$.

首先, 考虑科里奥利–向心矩阵 $\boldsymbol{C}_i(\boldsymbol{v}_i(t))$ 和阻尼矩阵 $\boldsymbol{D}_i(\boldsymbol{v}_i(t))$ 已知情况下的指定时间领航者护航控制问题. 在仿真中, 领航无人艇的速度和初始状态设置为 $\boldsymbol{v}_0(t) = [2,\ 1,\ -0.01]^{\mathrm{T}}, \forall t \geqslant 0$, $\boldsymbol{\eta}_0(0) = [0,\ 0,\ 0]^{\mathrm{T}}$. 跟随者的初始状态为 $\boldsymbol{\eta}_i(0) = [0,\ i,\ 0]^{\mathrm{T}}$ $(i = 1, 2, 3, 4)$ 和 $\boldsymbol{\eta}_j(0) = [0,\ 4-j,\ 0]^{\mathrm{T}}$ $(j = 5, 6, \cdots, 9)$. 跟随者的初始速度 $\boldsymbol{v}_i(0)$ $(i = 1, \cdots, 9)$ 的每个分量在 $(0, 1)$ 之间随机选取. 仿真中设置 $T_f = 7$s, $\sigma_1(t)$ 和 $\sigma_2(t)$ 分别由式 (7.37) 和式 (7.38) 确定. 将控制器 (7.43) 应用于指定时间领航者护航问题. 选择控制增益 $\kappa_i = 1$, $\alpha_i = 0.1, \forall i = 1, 2, \cdots, 9$. 图 7.13 给

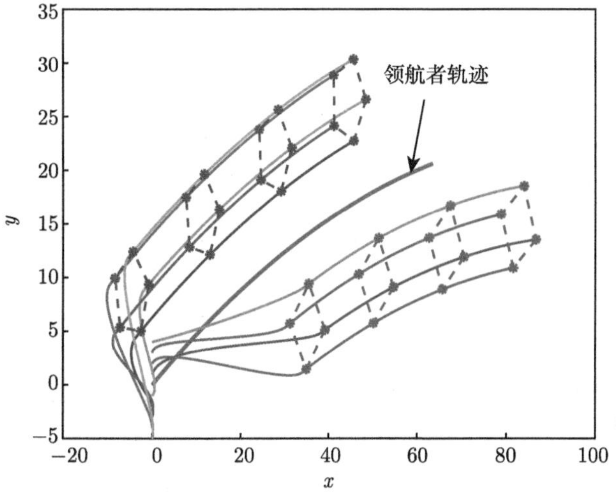

（扫码获取彩图）

图 7.13 控制器 (7.43) 下的指定时间领航者护航

出了领航者和 9 个跟随者在 30s 内的运动轨迹. 图 7.14 和图 7.15 给出了护航误差 $\boldsymbol{e}_i^\eta(t)$ 和 $\boldsymbol{e}_i^\zeta(t)$ $(i=1,2,\cdots,9)$ 的演化. 可以看出, 护航误差在 $t=7$s 时收敛到 0, 表明所设计的控制器 (7.43) 可以在指定时间内实现领航者护航.

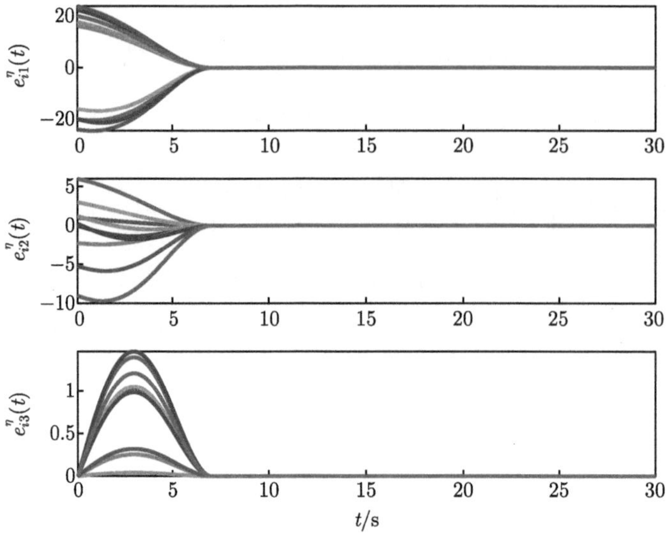

图 7.14 控制器 (7.43) 下护航误差 $\boldsymbol{e}_i^\eta(t)=[e_{i1}^\eta(t),e_{i2}^\eta(t),e_{i3}^\eta]^{\mathrm{T}}$ $(i=1,2,\cdots,9)$ 的演化

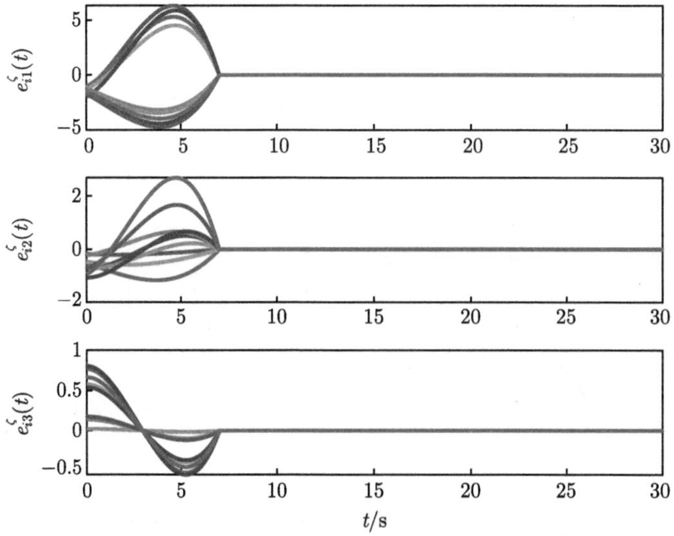

图 7.15 控制器 (7.43) 下护航误差 $\boldsymbol{e}_i^\zeta(t)=[e_{i1}^\zeta(t),e_{i2}^\zeta(t),e_{i3}^\zeta]^{\mathrm{T}}$ $(i=1,2,\cdots,9)$ 的演化

下面考虑在科里奥利–向心矩阵 $\boldsymbol{C}_i(\boldsymbol{v}_i(t))$ 和阻尼矩阵 $\boldsymbol{D}_i(\boldsymbol{v}_i(t))$ 未知情况下的鲁棒自适应领航者护航问题. 领航者的速度和初始状态设置为 $\boldsymbol{v}_0(t) = [2,\ 1,\ -0.05]^{\mathrm{T}}, \forall t \geqslant 0$, $\boldsymbol{\eta}_0(0) = [0,\ 0,\ 0]^{\mathrm{T}}$. 跟随者的初始状态为 $\boldsymbol{\eta}_i(0) = [0,\ i,\ 0]^{\mathrm{T}}$ $(i = 1,2,3,4)$ 和 $\boldsymbol{\eta}_j(0) = [0,\ 4-j,\ 0]^{\mathrm{T}}$ $(j = 5,6,\cdots,9)$. 跟随者的初始速度为 $\boldsymbol{v}_i(0) = [0,\ 0,\ 0]^{\mathrm{T}}(i = 1,2,\cdots,9)$. 应用所提出的具有自适应律 (7.50) 和 (7.51) 的完全分布式鲁棒自适应控制器 (7.49), 其中 $\kappa_i = 10$, $\forall i = 1,2,\cdots,9$. 特别地, 选择径向基函数神经网络来逼近不确定性项 $\boldsymbol{g}_i(\boldsymbol{v}_i(t))$, 高斯函数为激活函数. 图 7.16 给出了领航者和 9 个跟随者在 100s 内的运动轨迹. 图 7.17 和图 7.18 给出了护航

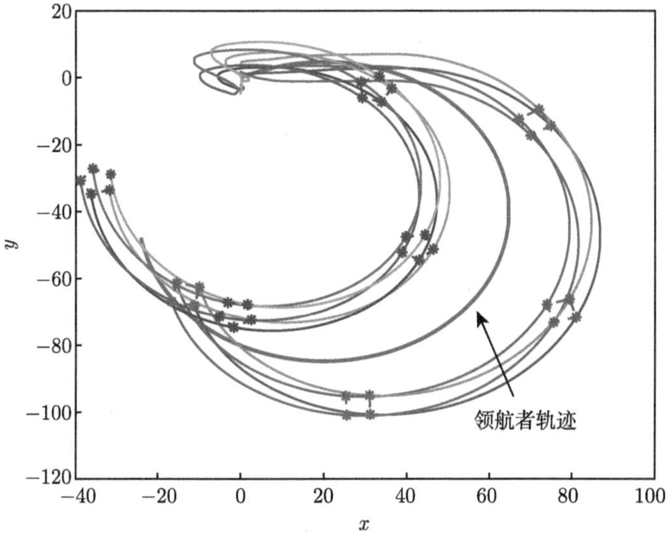

（扫码获取彩图）

图 7.16　具有自适应律 (7.50) 和 (7.51) 的鲁棒自适应控制器 (7.49) 下的领航者护航

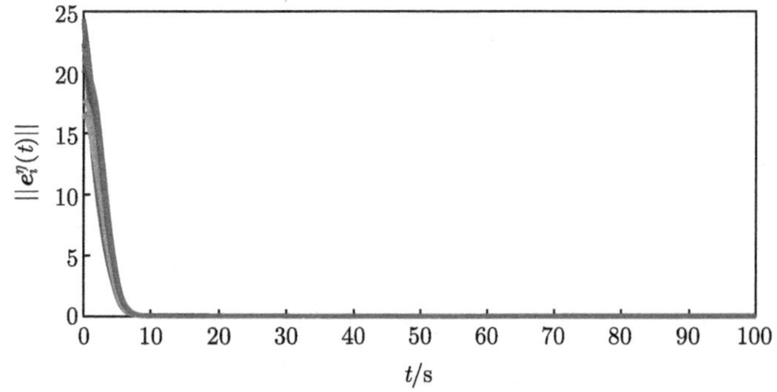

图 7.17　具有自适应律 (7.50) 和 (7.51) 的鲁棒自适应控制器 (7.49) 下的护航误差 $\boldsymbol{e}_i^{\eta}(t)$ $(i = 1,2,\cdots,9)$ 的范数

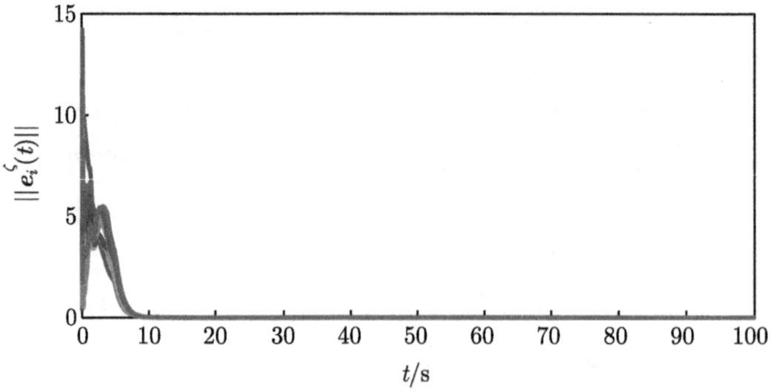

图 7.18　具有自适应律 (7.50) 和 (7.51) 的鲁棒自适应控制器 (7.49) 下的护航误差 $e_i^\zeta(t)$ $(i=1,2,\cdots,9)$ 的范数

误差 $e_i^\eta(t)$ 和 $e_i^\zeta(t)$ $(i=1,2,\cdots,9)$ 的范数. 由图可以看出, 护航误差收敛到 0, 说明无人艇最终实现领航者护航. 图 7.19 给出了自适应律 (7.51) 下自适应增益 $\alpha_i(t)$ $(i=1,2,\cdots,9)$ 的演化. 由图 7.19 可以看出, 自适应增益 $\alpha_i(t)$ $(i=1,2,\cdots,9)$ 是有界的并趋向于稳定.

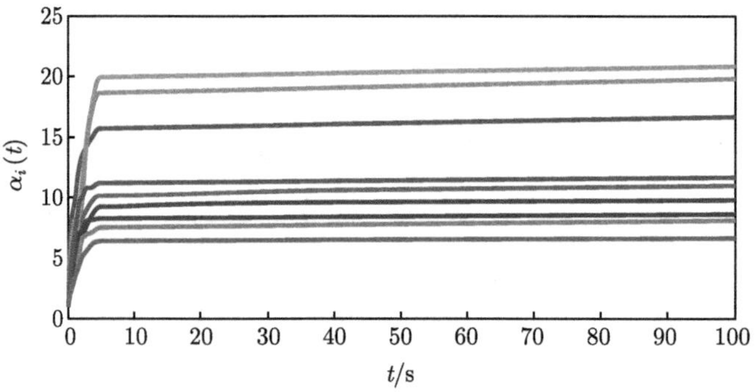

图 7.19　自适应律 (7.51) 下自适应增益 $\alpha_i(t)$ $(i=1,2,\cdots,9)$ 的演化

7.4 本章小结

本章首先研究了符号通信拓扑图下线性群体智能系统在存在动态领航者情况下的分布式二分一致性跟踪问题, 允许领航者的控制输入非零且其控制输入对于所有跟随者都是未知的. 为了保证二分一致性跟踪的实现, 提出并分析了一种基于相邻智能体相对状态信息的分布式非光滑协议, 证明了通过适当构造协议增益矩阵和协议控制参数, 闭环群体智能系统可以实现二分一致性跟踪, 并进一步设计和讨论了具有自适应控制参数的完全分布式控制协议. 其次, 基于二分一致性

理论研究了水面无人艇集群的二分编队跟踪控制问题, 分别考虑了无人艇模型参数已知和未知的情况, 设计了二分时变编队跟踪控制器. 最后, 研究了基于符号图建模方法的水面无人艇集群领航者护航控制问题, 设计了模型参数已知情况下的指定时间领航者护航控制器和模型参数未知情况下的鲁棒自适应领航者护航控制器.

第 8 章

群体智能系统包含控制

包含控制是群体智能系统协同控制领域中的重要问题之一. 相较于仅具有一个领航者的一致性跟踪控制问题, 在包含控制问题中存在多个领航者智能体, 控制目标是使群体智能系统中所有跟随者的状态收敛到由领航者的状态张成的凸包中. 包含控制的研究在理论和实践层面上都具有重要意义. 例如, 在多个智能体需要穿过充满障碍物的区域且只有部分智能体配备了检测障碍物的传感器时, 这种情况下配备传感器的智能体就担任了领航者的角色, 其他智能体则成为跟随者. 领航者可以定义一个安全区域, 在移动过程中确保跟随者始终保持在领航者形成的安全区域内, 以实现群体智能系统的避障. 本章讨论具有多个动态领航者的群体智能系统包含控制问题, 分别针对连续时间群体智能系统和离散时间群体智能系统, 提出基于观测器的包含控制协议. 进一步考虑具有未知非线性动力学和外部干扰的群体智能系统鲁棒包含控制问题, 利用神经网络逼近技术和 Lyapunov 稳定性理论, 分别考虑拟包含问题和渐近包含问题, 设计一种由线性局部信息反馈项、神经自适应近似项和非光滑反馈项组成的新型包含控制协议, 实现群体智能系统的鲁棒包含控制.

8.1 基于动态输出方法的连续时间线性群体智能系统包含控制

8.1.1 问题描述

考虑一组具有 N 个智能体的线性群体智能系统, 智能体 i 的动力学描述为

$$\begin{aligned}\dot{\boldsymbol{x}}_i(t)&=\boldsymbol{A}\boldsymbol{x}_i(t)+\boldsymbol{B}\boldsymbol{u}_i(t),\\ \boldsymbol{y}_i(t)&=\boldsymbol{C}\boldsymbol{x}_i(t),\end{aligned}\tag{8.1}$$

其中, $\boldsymbol{x}_i(t)=[x_{i1}(t),x_{i2}(t),\cdots,x_{in}(t)]^{\mathrm{T}}\in\mathbb{R}^n$ 为智能体 i 的状态向量; $\boldsymbol{u}_i(t)\in\mathbb{R}^p$ 为控制输入向量; $\boldsymbol{y}_i(t)\in\mathbb{R}^q$ 为测量输出向量; $\boldsymbol{A}$、$\boldsymbol{B}$、$\boldsymbol{C}$ 为具有相容维数的定常实矩阵. 假设 $(\boldsymbol{A},\boldsymbol{B},\boldsymbol{C})$ 是可镇定的和可检测的.

假设系统中有 M $(1<M<N)$ 个领航者智能体和 $N-M$ 个跟随者智能体, 每个智能体只能访问自身和其邻居之间的相对输出测量. 不失一般性, 假设领

航者索引为 $1,2,\cdots,M$, 跟随者索引为 $M+1,M+2,\cdots,N$, 领航者集合和跟随者集合分别用 $\mathbb{L}=\{1,2,\cdots,M\}$ 和 $\mathbb{F}=\{M+1,M+2,\cdots,N\}$ 表示. 智能体之间的通信拓扑图用有向图 $\mathcal{G}$ 表示. 由于领航者通常扮演着生成指令和为跟随者提供参考状态的角色, 本节假设每个领航者的状态演化不受其他领航者或跟随者的状态影响, 即领航者没有邻居. 在此基础上, 通信拓扑图 $\mathcal{G}$ 的 Laplace 矩阵可划分为

$$\boldsymbol{L}=\begin{bmatrix}\boldsymbol{0}_{M\times M} & \boldsymbol{0}_{M\times(N-M)}\\ \boldsymbol{L}_1 & \boldsymbol{L}_2\end{bmatrix}, \tag{8.2}$$

其中, $\boldsymbol{L}_1\in\mathbb{R}^{(N-M)\times M}$, $\boldsymbol{L}_2\in\mathbb{R}^{(N-M)\times(N-M)}$.

假设 8.1 对于每个跟随者 i, $i\in\mathbb{F}$, 存在至少一个领航者 j, $j\in\mathbb{L}$ 使得该领航者有到跟随者 i 的有向路径.

引理 8.1 [100] 若假设 8.1 成立, 则 $\boldsymbol{L}_2$ 的所有特征值都具有正实部, 矩阵 $-\boldsymbol{L}_2^{-1}\boldsymbol{L}_1$ 的所有元素都是非负的, 且 $-\boldsymbol{L}_2^{-1}\boldsymbol{L}_1$ 的所有行和等于 1.

本节的控制目标是在每个智能体只能访问自身和其邻居之间的相对输出测量的情况下, 为每个跟随者设计包含控制协议, 使所有跟随者的状态收敛于由领航者的状态张成的凸包中.

8.1.2 基于观测器的包含控制协议设计与稳定性分析

由于每个智能体只能访问自身和其邻居之间的相对输出测量, 其他智能体关于智能体 i 的相对输出测量可写为如下形式:

$$\begin{aligned}&\boldsymbol{\varrho}_i(t)=\sum_{j=1}^{N}a_{ij}(\boldsymbol{y}_i(t)-\boldsymbol{y}_j(t)),\quad i\in\mathbb{F},\\&\boldsymbol{\varrho}_i(t)=\boldsymbol{0},\quad i\in\mathbb{L}.\end{aligned}$$

领航者不受其他智能体影响, 其输入设为 $\boldsymbol{0}$, 即 $\boldsymbol{u}_i(t)\equiv\boldsymbol{0}$, $i\in\mathbb{L}$. 包含控制的目标是设计分布式包含协议, 使跟随者的状态渐近收敛于由领航者的状态所张成的凸包中. 因此, 为每个跟随者设计如下分布式包含控制协议:

$$\begin{aligned}&\dot{\boldsymbol{v}}_i(t)=(\boldsymbol{A}+\boldsymbol{FC}+\boldsymbol{BK})\boldsymbol{v}_i(t)+\boldsymbol{F}\boldsymbol{\varrho}_i(t),\\&\boldsymbol{u}_i(t)=-\boldsymbol{K}\boldsymbol{v}_i(t),\quad i\in\mathbb{F},\end{aligned}\tag{8.3}$$

其中, $\boldsymbol{v}_i(t)\in\mathbb{R}^n$ 为嵌入智能体 i 的观测器的状态向量; $\boldsymbol{F}\in\mathbb{R}^{n\times q}$、$\boldsymbol{K}\in\mathbb{R}^{p\times n}$ 为待确定的反馈矩阵.

注解 8.1　由式 (8.3) 可以看出, 所提出的每个跟随者 $i, i \in \mathbb{F}$ 的观测器只依赖于该观测器的状态及跟随者 i 与其邻居的相对测量输出. 因此, 相较于现有文献中所提出的嵌入在跟随者中的观测器之间需要相互通信的方式, 本节所提出的包含控制协议更易于实现. 而且, 若嵌入在跟随者 i 中的观测器和跟随者 i 的执行器之间存在一个内部的局部信息传输回路, 则 $\boldsymbol{v}_i(t)$ 的值可以被跟随者 i 获得. 因此, 不需要使用任何外部传感装置来测量反馈信号 $\boldsymbol{v}_i(t)$. 实际中, 在观测器和执行器之间添加这样的信息传输回路并不困难, 因此本节假设每个跟随者 i 都可以利用这样的局部信息进行反馈. 值得说明的是, 这也是现有的关于线性群体智能系统分布式输出反馈控制工作中的一个常见假设[25, 206, 207].

为了符号表示方便, 令 $\boldsymbol{x}_l(t)=\left[\boldsymbol{x}_1(t)^{\mathrm{T}},\boldsymbol{x}_2(t)^{\mathrm{T}},\cdots,\boldsymbol{x}_M(t)^{\mathrm{T}}\right]^{\mathrm{T}}$, $\boldsymbol{x}_f(t)=\left[\boldsymbol{x}_{M+1}^{\mathrm{T}}(t),\right.$ $\left.\boldsymbol{x}_{M+2}^{\mathrm{T}}(t),\cdots,\boldsymbol{x}_N(t)^{\mathrm{T}}\right]^{\mathrm{T}}$. 此外, 定义 $\boldsymbol{\varepsilon}_l(t)=\left[\boldsymbol{\varepsilon}_1(t)^{\mathrm{T}},\boldsymbol{\varepsilon}_2(t)^{\mathrm{T}},\cdots,\boldsymbol{\varepsilon}_M(t)^{\mathrm{T}}\right]^{\mathrm{T}}$, $\boldsymbol{\varepsilon}_f(t)=\left[\boldsymbol{\varepsilon}_{M+1}(t)^{\mathrm{T}},\boldsymbol{\varepsilon}_{M+2}(t)^{\mathrm{T}},\cdots,\boldsymbol{\varepsilon}_N(t)^{\mathrm{T}}\right]^{\mathrm{T}}$. 其中, $\boldsymbol{\varepsilon}_i(t)=\left[\boldsymbol{x}_i(t)^{\mathrm{T}},\ \boldsymbol{0}_n^{\mathrm{T}}\right]^{\mathrm{T}}$, $i\in\mathbb{L}$, $\boldsymbol{\varepsilon}_i(t)=\left[\boldsymbol{x}_i(t)^{\mathrm{T}},\ \boldsymbol{v}_i(t)^{\mathrm{T}}\right]^{\mathrm{T}}$, $i\in\mathbb{F}$. 则在协议 (8.3) 下, 系统 (8.1) 的闭环动力学可写成如下紧凑形式:

$$\begin{aligned}
\dot{\boldsymbol{\varepsilon}}_l(t)&=(\boldsymbol{I}_M\otimes\boldsymbol{T})\boldsymbol{\varepsilon}_l(t),\\
\dot{\boldsymbol{\varepsilon}}_f(t)&=(\boldsymbol{I}_{N-M}\otimes\boldsymbol{S}+\boldsymbol{L}_2\otimes\boldsymbol{R})\boldsymbol{\varepsilon}_f(t)+(\boldsymbol{L}_1\otimes\boldsymbol{R})\boldsymbol{\varepsilon}_l(t),
\end{aligned}\tag{8.4}$$

其中, $\boldsymbol{T}=\begin{bmatrix}\boldsymbol{A}&\boldsymbol{0}\\\boldsymbol{0}&\boldsymbol{0}\end{bmatrix}$, $\boldsymbol{S}=\begin{bmatrix}\boldsymbol{A}&-\boldsymbol{BK}\\\boldsymbol{0}&\boldsymbol{A}+\boldsymbol{FC}+\boldsymbol{BK}\end{bmatrix}$, $\boldsymbol{R}=\begin{bmatrix}\boldsymbol{0}&\boldsymbol{0}\\\boldsymbol{FC}&\boldsymbol{0}\end{bmatrix}$.

此外, 令 $\boldsymbol{e}_i(t)=\sum\limits_{j\in\mathbb{F}\cup\mathbb{L}}a_{ij}(\boldsymbol{\varepsilon}_i(t)-\boldsymbol{\varepsilon}_j(t))$, $i\in\mathbb{F}$, $\boldsymbol{e}(t)=\left[\boldsymbol{e}_{M+1}(t)^{\mathrm{T}},\boldsymbol{e}_{M+2}(t)^{\mathrm{T}},\cdots,\boldsymbol{e}_N(t)^{\mathrm{T}}\right]^{\mathrm{T}}$, 则

$$\boldsymbol{e}(t)=(\boldsymbol{L}_1\otimes\boldsymbol{I}_{2n})\boldsymbol{\varepsilon}_l(t)+(\boldsymbol{L}_2\otimes\boldsymbol{I}_{2n})\boldsymbol{\varepsilon}_f(t).\tag{8.5}$$

根据式 (8.2)、式 (8.4) 及式 (8.5) 可得

$$\begin{aligned}
\dot{\boldsymbol{e}}(t)&=(\boldsymbol{L}_1\otimes\boldsymbol{I}_{2n})\dot{\boldsymbol{\varepsilon}}_l(t)+(\boldsymbol{L}_2\otimes\boldsymbol{I}_{2n})\dot{\boldsymbol{\varepsilon}}_f(t)\\
&=(\boldsymbol{L}_1\otimes\boldsymbol{I}_{2n})(\boldsymbol{I}_M\otimes\boldsymbol{T})\boldsymbol{\varepsilon}_l(t)\\
&\quad+(\boldsymbol{L}_2\otimes\boldsymbol{I}_{2n})\left[(\boldsymbol{I}_{N-M}\otimes\boldsymbol{S}+\boldsymbol{L}_2\otimes\boldsymbol{R})\boldsymbol{\varepsilon}_f(t)+(\boldsymbol{L}_1\otimes\boldsymbol{R})\boldsymbol{\varepsilon}_l(t)\right]\\
&=(\boldsymbol{L}_1\otimes\boldsymbol{T}+\boldsymbol{L}_2\boldsymbol{L}_1\otimes\boldsymbol{R})\boldsymbol{\varepsilon}_l(t)\\
&\quad+(\boldsymbol{L}_2\otimes\boldsymbol{S}+\boldsymbol{L}_2^2\otimes\boldsymbol{R})\left[(\boldsymbol{L}_2^{-1}\otimes\boldsymbol{I}_{2n})\boldsymbol{e}(t)-(\boldsymbol{L}_2^{-1}\boldsymbol{L}_1\otimes\boldsymbol{I}_{2n})\boldsymbol{\varepsilon}_l(t)\right]\\
&=(\boldsymbol{I}_{N-M}\otimes\boldsymbol{S}+\boldsymbol{L}_2\otimes\boldsymbol{R})\boldsymbol{e}(t).
\end{aligned}\tag{8.6}$$

引理 8.2 考虑具有有向通信拓扑图 $\mathcal{G}$ 的线性群体智能系统 (8.1), 其中有向通信拓扑图 $\mathcal{G}$ 满足假设 8.1. 若矩阵 $\boldsymbol{S}+\lambda_i\boldsymbol{R}, \forall i=1,2,\cdots,N-M$ 是 Hurwitz 的, 其中 $\lambda_i(i=1,2,\cdots,N-M)$ 是矩阵 $\boldsymbol{L}_2$ 的特征值, 则在控制协议 (8.3) 的作用下, 跟随者的状态将渐近收敛于由领航者的状态张成的凸包中. 具体地, $\lim\limits_{t\to\infty}(\boldsymbol{x}_f(t)-\boldsymbol{\varpi}_{x_l}(t))=\boldsymbol{0}$, 其中,

$$\boldsymbol{\varpi}_{x_l}(t)=\left(-\boldsymbol{L}_2^{-1}\boldsymbol{L}_1\otimes\boldsymbol{I}_n\right)\begin{bmatrix}\boldsymbol{x}_1(t)\\ \vdots\\ \boldsymbol{x}_M(t)\end{bmatrix}. \tag{8.7}$$

证明: 设 $\boldsymbol{U}\in\mathbb{C}^{(N-M)\times(N-M)}$ 是一个酉矩阵使得 $\boldsymbol{U}^{\mathrm{H}}\boldsymbol{L}_2\boldsymbol{U}=\boldsymbol{\varLambda}$, 其中, $\boldsymbol{\varLambda}\in\mathbb{C}^{(N-M)\times(N-M)}$ 是一个上三角矩阵, 其对角元为 λ_i, $i=1,2,\cdots,N-M$. 注意, $\lambda_i(i=1,2,\cdots,N-M)$ 是矩阵 $\boldsymbol{L}_2$ 的特征值. 定义 $\tilde{\boldsymbol{e}}(t)=\left[\tilde{\boldsymbol{e}}_1(t)^{\mathrm{T}},\tilde{\boldsymbol{e}}_2(t)^{\mathrm{T}},\cdots,\tilde{\boldsymbol{e}}_{N-M}(t)^{\mathrm{T}}\right]^{\mathrm{T}}=\left(\boldsymbol{U}^{\mathrm{H}}\otimes\boldsymbol{I}_{2n}\right)\boldsymbol{e}(t)$. 由式 (8.6) 可得

$$\dot{\tilde{\boldsymbol{e}}}(t)=(\boldsymbol{I}_{N-M}\otimes\boldsymbol{S}+\boldsymbol{\varLambda}\otimes\boldsymbol{R})\,\tilde{\boldsymbol{e}}(t). \tag{8.8}$$

因此, 系统 (8.8) 是渐近稳定的当且仅当如下 $N-M$ 个系统

$$\dot{\tilde{\boldsymbol{e}}}_i(t)=(\boldsymbol{S}+\lambda_i\boldsymbol{R})\,\tilde{\boldsymbol{e}}_i(t),\quad i=1,2,\cdots,N-M,$$

同时是渐近稳定的. 根据矩阵 $\boldsymbol{S}+\lambda_i\boldsymbol{R}, \forall i=1,2,\cdots,N-M$ 是 Hurwitz 的这一条件, 可知 $\|\tilde{\boldsymbol{e}}(t)\|$ 渐近收敛到零. 另一方面, 根据假设 8.1 和引理 8.1, 可知矩阵 $\boldsymbol{L}_2$ 是可逆的, 进一步可得, 当 $t\to\infty$ 时, $\|\boldsymbol{\varepsilon}_f(t)+\left(\boldsymbol{L}_2^{-1}\boldsymbol{L}_1\otimes\boldsymbol{I}_{2n}\right)\boldsymbol{\varepsilon}_l(t)\|\to 0$. 由此直接可得 $\lim\limits_{t\to\infty}(\boldsymbol{x}_f(t)-\boldsymbol{\varpi}_{x_l}(t))=\boldsymbol{0}$. 根据引理 8.1, 跟随者的状态渐近收敛于由领航者的状态所张成的凸包中, 即包含控制问题得以解决. ■

由引理 8.2 可知, 具有控制协议 (8.3) 的线性群体智能系统 (8.1) 的包含控制问题可以转化为如下 $N-M$ 个系统的同时渐近稳定问题:

$$\begin{aligned}\dot{\tilde{\boldsymbol{e}}}_i(t)&=\begin{bmatrix}\boldsymbol{A} & -\boldsymbol{BK}\\ \lambda_i\boldsymbol{FC} & \boldsymbol{A}+\boldsymbol{BK}+\boldsymbol{FC}\end{bmatrix}\tilde{\boldsymbol{e}}_i(t)\\ &=\left(\begin{bmatrix}\boldsymbol{A} & -\boldsymbol{BK}\\ \lambda_i\boldsymbol{FC} & \boldsymbol{A}+\boldsymbol{BK}+\lambda_i\boldsymbol{FC}\end{bmatrix}+\begin{bmatrix}\boldsymbol{0} & \boldsymbol{0}\\ \boldsymbol{0} & (1-\lambda_i)\,\boldsymbol{FC}\end{bmatrix}\right)\tilde{\boldsymbol{e}}_i(t),\end{aligned} \tag{8.9}$$

其中, $\lambda_i(i=1,2,\cdots,N-M)$ 为矩阵 $\boldsymbol{L}_2$ 的特征值. 考虑如下非奇异线性变换:

$$\boldsymbol{\zeta}_i(t)=\begin{bmatrix}\boldsymbol{I} & \boldsymbol{0}\\ \boldsymbol{I} & \boldsymbol{I}\end{bmatrix}\tilde{\boldsymbol{e}}_i(t).$$

由式 (8.9) 可得

$$\dot{\zeta}_i(t) = \left(\begin{bmatrix} A+BK & -BK \\ 0 & A+\lambda_i FC \end{bmatrix} + (1-\lambda_i) \begin{bmatrix} 0 & 0 \\ -FC & FC \end{bmatrix} \right) \zeta_i(t), \tag{8.10}$$

其中, $i=1,2,\cdots,N-M$. 令 $\mathcal{C} = \begin{bmatrix} -C & C \end{bmatrix} \in \mathbb{R}^{q\times 2n}$, $\mathcal{F} = \begin{bmatrix} 0 \\ F \end{bmatrix} \in \mathbb{R}^{2n\times q}$, 系统 (8.10) 可重新写为

$$\dot{\zeta}_i(t) = \left(\begin{bmatrix} A+BK & -BK \\ 0 & A+\lambda_i FC \end{bmatrix} + (1-\lambda_i)\mathcal{F}\mathcal{C} \right) \zeta_i(t), \tag{8.11}$$

其中, $i=1,2,\cdots,N-M$.

为了简化符号, 令

$$G_i(s) = \mathcal{C}\left[sI - \begin{bmatrix} A+BK & -BK \\ 0 & A+\lambda_i FC \end{bmatrix} \right]^{-1} \mathcal{F}, \tag{8.12}$$

其中, $\lambda_i(i=1,2,\cdots,N-M)$ 为矩阵 L_2 的特征值; s 是一个复数变量.

基于上述分析, 利用引理 8.2 可以直接得到以下定理.

定理 8.1　设假设 8.1 成立且 $\lambda_i=1, \forall i=1,2,\cdots,N-M$. 则在控制协议 (8.3) 的作用下, 跟随者的状态渐近收敛于由领航者的状态所张成的凸包中的充分必要条件是矩阵 $A+BK$ 和矩阵 $A+FC$ 是 Hurwitz 的.

注解 8.2　根据引理 2.13 和引理 2.15, 存在反馈增益矩阵 K 和 F 使得矩阵 $A+BK$ 和 $A+FC$ 是 Hurwitz 的充分必要条件是三元组 (A,B,C) 是可镇定的和可检测的. 在这种情况下, 利用线性控制理论中的极点配置方法, 可以设计控制协议 (8.3) 中的反馈增益矩阵 K 和 F, 从而实现群体智能系统 (8.1) 的包含控制. 设假设 8.1 成立且 $\lambda_i=1, \forall i=1,2,\cdots,N-M$, 针对具有控制协议 (8.3) 的群体智能系统 (8.1), 若三元组 (A,B,C) 是完全可控和可观的, 则通过设计适当的反馈增益矩阵 K 和 F, 群体智能系统 (8.1) 可以以任意给定的指数收敛速度实现包含控制.

此外, 根据式 (8.9)~式(8.12) 的分析, 利用文献 [208] 中的定理 2.7, 可以建立以下定理.

定理 8.2　设假设 8.1 成立且矩阵 L_2 的某些特征值 $\lambda_i(1\leqslant i\leqslant N-M)$ 满足 $\lambda_i\neq 1$. 若存在矩阵 $F\in\mathbb{R}^{n\times q}$ 和矩阵 $K\in\mathbb{R}^{p\times n}$ 使得 $A+BK$ 和 $A+\lambda_i FC$ 是 Hurwitz 的且 $\|G(s)\|_\infty < 1/\kappa_1$, $i=1,2,\cdots,N-M$, 其中 $\kappa_1=$

$\max\limits_{i=1,2,\cdots,N-M}\{|1-\lambda_i|\}$, $\lambda_i(i=1,2,\cdots,N-M)$ 是矩阵 $\boldsymbol{L}_2$ 的特征值, 符号 $|\cdot|$ 表示模函数, 则在控制协议 (8.3) 的作用下跟随者的状态将渐近收敛于由领航者的状态所张成的凸包中. 而且, $\lim\limits_{t\to\infty}(\boldsymbol{x}_f(t)-\boldsymbol{\varpi}_{x_l}(t))=\mathbf{0}$, 其中, $\boldsymbol{\varpi}_{x_l}(t)$ 由式 (8.7) 给出.

注解 8.3 具有控制协议 (8.3) 的群体智能系统 (8.1) 的包含控制得以实现, 当且仅当式 (8.11) 中给出的 $N-M$ 个子系统的零平衡点同时渐近稳定. 因此, 若对式 (8.11) 中的每个子系统都存在一个二次 Lyapunov 函数, 则足以表明控制协议 (8.3) 下的群体智能系统 (8.1) 可以实现包含控制. 通过将 $(1-\lambda_i)\boldsymbol{\mathcal{F}}\boldsymbol{C}$ 项视为不确定项, 式 (8.11) 中的每个子系统可以被视为鲁棒稳定性文献中所研究的不确定线性系统, 如文献 [208]. 在上述分析的基础上, 利用不确定线性系统的二次稳定性理论就可以建立定理 8.2.

下面提出一种算法来构造控制协议 (8.3) 中的反馈增益矩阵, 以保证群体智能系统 (8.1) 的包含控制的实现.

算法 8.1 设假设 8.1 成立且矩阵 $\boldsymbol{L}_2$ 的某些特征值 $\lambda_i(1\leqslant i\leqslant N-M)$ 满足 $\lambda_i\neq 1$. 则包含控制协议 (8.3) 可以构造如下.

(1) 选择 $c_0\geqslant 0$, 求解以下线性矩阵不等式:

$$\boldsymbol{P}\boldsymbol{A}+\boldsymbol{A}^{\mathrm{T}}\boldsymbol{P}-\boldsymbol{C}^{\mathrm{T}}\boldsymbol{C}+2c_0\boldsymbol{P}<\mathbf{0}, \tag{8.13}$$

得到一个实矩阵 $\boldsymbol{P}>\mathbf{0}$. 取反馈增益矩阵 $\boldsymbol{F}=-(1/2)\alpha\boldsymbol{P}^{-1}\boldsymbol{C}^{\mathrm{T}}$, 其中 $\alpha\geqslant\alpha_{\mathrm{th}}$,

$$\alpha_{\mathrm{th}}=\frac{1}{\min\limits_{i=1,2,\cdots,N-M}\{\mathrm{Re}\{\lambda_i\}\}}, \tag{8.14}$$

$\lambda_i(i=1,2,\cdots,N-M)$ 是矩阵 $\boldsymbol{L}_2$ 的特征值, $\mathrm{Re}\{\lambda_i\}$ 表示 λ_i 的实部.

(2) 求解以下线性矩阵不等式:

$$\begin{bmatrix}\boldsymbol{A}\boldsymbol{Q}+\boldsymbol{B}\boldsymbol{V}+(\boldsymbol{A}\boldsymbol{Q}+\boldsymbol{B}\boldsymbol{V})^{\mathrm{T}} & \boldsymbol{Q}\boldsymbol{C}^{\mathrm{T}} & \boldsymbol{I}\\ \boldsymbol{C}\boldsymbol{Q} & -\boldsymbol{I} & \mathbf{0}\\ \boldsymbol{I} & \mathbf{0} & -\kappa_0^2\boldsymbol{I}\end{bmatrix}<\mathbf{0}, \tag{8.15}$$

得到实矩阵 $\boldsymbol{V}$ 和 $\boldsymbol{Q}>\mathbf{0}$, 其中, $\kappa_0=1/(\kappa_1\kappa_2)$, $\kappa_1=\max\limits_{i=1,2,\cdots,N-M}\{|1-\lambda_i|\}$, $\kappa_2=\max\limits_{i=1,2,\cdots,N-M}\{\|\boldsymbol{T}_i(s)\|_\infty\}$, $\boldsymbol{T}_i(s)=\boldsymbol{F}+\lambda_i\boldsymbol{F}\boldsymbol{C}[s\boldsymbol{I}-(\boldsymbol{A}+\lambda_i\boldsymbol{F}\boldsymbol{C})]^{-1}\boldsymbol{F}, i=1,2,\cdots,N-M$. 取反馈增益矩阵 $\boldsymbol{K}=\boldsymbol{V}\boldsymbol{Q}^{-1}$.

注解 8.4 假设 $(\boldsymbol{A},\boldsymbol{C})$ 是完全可观的, 由 H_∞ 控制理论中的正则投影引理可得, 存在一个矩阵 $\boldsymbol{P}>\mathbf{0}$ 使得线性矩阵不等式 (8.13) 对任意给定的 $c_0\geqslant 0$ 都成

立. 对于 $(\boldsymbol{A},\boldsymbol{C})$ 可检测但不完全可观的情况, 可以推导出存在 $\boldsymbol{P}>\boldsymbol{0}$ 使得线性矩阵不等式 (8.13) 对任意给定的 $c_0\in[0,c_1)$ 都成立, 其中 $c_1>0$ 是 $(\boldsymbol{A},\boldsymbol{C})$ 的不可观特征值的最大实部. 注意, 线性矩阵不等式 (8.15) 可解的一个必要但通常不充分条件是 $(\boldsymbol{A},\boldsymbol{B})$ 是可镇定的. 以上分析表明, 三元组 $(\boldsymbol{A},\boldsymbol{B},\boldsymbol{C})$ 可镇定且可检测只是保证算法 8.1 可行的一个必要条件. 为算法 8.1 的可行性提供充分条件具有重要的现实意义. 为了实现这一目标, 需要进一步分析线性矩阵不等式 (8.15) 的可解性. 由 Schur 补引理 (参见引理 2.22) 可知, 线性矩阵不等式 (8.15) 是可解的, 当且仅当存在矩阵 $\boldsymbol{Q}>\boldsymbol{0}$ 和矩阵 $\boldsymbol{V}$ 使得

$$\boldsymbol{AQ}+\boldsymbol{BV}+(\boldsymbol{AQ}+\boldsymbol{BV})^{\mathrm{T}}+\boldsymbol{QC}^{\mathrm{T}}\boldsymbol{CQ}+\kappa_0^{-2}\boldsymbol{I}<\boldsymbol{0}. \tag{8.16}$$

进一步地, 可验证代数 Riccati 不等式 (8.16) 是可行的, 当且仅当存在矩阵 $\boldsymbol{Q}>\boldsymbol{0}$ 和矩阵 $\boldsymbol{K}$ 使得

$$(\boldsymbol{A}+\boldsymbol{BK})\boldsymbol{Q}+\boldsymbol{Q}(\boldsymbol{A}+\boldsymbol{BK})^{\mathrm{T}}+\boldsymbol{QC}^{\mathrm{T}}\boldsymbol{CQ}+\kappa_0^{-2}\boldsymbol{I}<\boldsymbol{0}. \tag{8.17}$$

由引理 2.21 可知, 代数 Riccati 不等式 (8.17) 是可行的, 当且仅当存在一个矩阵 $\boldsymbol{K}$ 使得 $\boldsymbol{A}+\boldsymbol{BK}$ 是 Hurwitz 的, 且下列任一条件成立:

(1) $\left\|\boldsymbol{C}[s\boldsymbol{I}-(\boldsymbol{A}+\boldsymbol{BK})]^{-1}\right\|_\infty<\kappa_0$, 其中 κ_0 在算法 8.1 的步骤 (2) 中定义.

(2) Hamilton 矩阵 $\boldsymbol{H}=\begin{bmatrix}\boldsymbol{A}+\boldsymbol{BK} & \left(\dfrac{1}{\kappa_0^2}\right)\boldsymbol{I}\\ -\boldsymbol{C}^{\mathrm{T}}\boldsymbol{C} & -(\boldsymbol{A}+\boldsymbol{BK})^{\mathrm{T}}\end{bmatrix}$ 没有在虚轴上的特征值.

因此, 由算法 8.1 设计的分布式控制协议 (8.3) 存在的充分条件是三元组 $(\boldsymbol{A},\boldsymbol{B},\boldsymbol{C})$ 是可镇定且可检测的, 并且存在反馈增益矩阵 $\boldsymbol{K}$ 使得 $\boldsymbol{A}+\boldsymbol{BK}$ 是 Hurwitz 的, 且条件 (1) 和 (2) 中的任意一个成立.

注解 8.5 由注解 8.4 的分析可知, 对于满足假设 8.1 的固定通信拓扑图下的群体智能系统 (8.1), 参数 κ_0 越大, 条件 (1) 和 (2) 越容易满足. 此外, 在 $(\boldsymbol{A},\boldsymbol{C})$ 可检测且假设 8.1 成立的条件下, 通过适当地选择参数 c_0, 线性矩阵不等式 (8.13) 总是可行的. 通俗地讲, 若式 (8.15) 中定义的 κ_0 充分大且 $(\boldsymbol{A},\boldsymbol{B})$ 是可镇定的, 则存在一个反馈增益矩阵 $\boldsymbol{K}$, 使得注解 8.4 中给出的条件 (1) 和 (2) 成立. 假设三元组 $(\boldsymbol{A},\boldsymbol{B},\boldsymbol{C})$ 是可镇定的和可检测的, 且假设 8.1 成立, 算法 8.1 是否适用于解决群体智能系统 (8.1) 的包含控制问题, 可以通过执行以下步骤来判断.

(1) 检查 $(\boldsymbol{A},\boldsymbol{C})$ 是否完全可观, 若不是, 则转到步骤 (2); 若是, 则求解以下优化问题:

$$\begin{aligned}&\min\ \ \kappa_2\\&\text{s.t.}\ \ \boldsymbol{PA}+\boldsymbol{A}^{\mathrm{T}}\boldsymbol{P}-\boldsymbol{C}^{\mathrm{T}}\boldsymbol{C}+2c_0\boldsymbol{P}<\boldsymbol{0},\quad c_0\geqslant 0,\\&\qquad \boldsymbol{F}=-(1/2)\alpha\boldsymbol{P}^{-1}\boldsymbol{C}^{\mathrm{T}},\quad \alpha\geqslant\alpha_{\mathrm{th}},\end{aligned}$$

令 $\kappa_0=1/(\kappa_1\kappa_2)$, 其中 κ_1 和 κ_2 在算法 8.1 的步骤 (2) 中定义. 然后, 转到步骤 (3).

(2) 求解以下优化问题:

$$\begin{aligned}&\min\ \ \kappa_2\\&\text{s.t.}\ \ \boldsymbol{PA}+\boldsymbol{A}^{\mathrm{T}}\boldsymbol{P}-\boldsymbol{C}^{\mathrm{T}}\boldsymbol{C}+2c_0\boldsymbol{P}<\boldsymbol{0},\quad 0\leqslant c_0\leqslant c_1,\\&\qquad \boldsymbol{F}=-(1/2)\alpha\boldsymbol{P}^{-1}\boldsymbol{C}^{\mathrm{T}},\quad \alpha\geqslant\alpha_{\mathrm{th}},\end{aligned}$$

令 $\kappa_0=1/(\kappa_1\kappa_2)$, 其中 κ_1 和 κ_2 在算法 8.1 的步骤 (2) 中定义, $c_1>0$ 是 $(\boldsymbol{A},\boldsymbol{C})$ 的不可观特征值的最大实部. 然后, 转到步骤 (3).

(3) 检查线性矩阵不等式 (8.15) 是否可行. 若可行, 则算法 8.1 适用于解决群体智能系统 (8.1) 的包含控制问题; 否则, 算法 8.1 不适用.

注意, 以上两个优化问题都是非线性优化问题, 通常很难得到它们的最优解, 但是可以通过使用现有的数值方法来获得它们的次优解.

定理 8.3 设假设 8.1 成立且矩阵 $\boldsymbol{L}_2$ 的某些特征值 $\lambda_i(1\leqslant i\leqslant N-M)$ 满足 $\lambda_i\neq 1$. 则在算法 8.1 所构造的控制协议 (8.3) 的作用下, 跟随者的状态渐近收敛于由领航者的状态所张成的凸包中. 具体地, $\lim\limits_{t\to\infty}(\boldsymbol{x}_f(t)-\boldsymbol{\varpi}_{x_l}(t))=\boldsymbol{0}$, 其中, $\boldsymbol{\varpi}_{x_l}(t)$ 由式 (8.7) 给出.

证明: 通过算法 8.1 的步骤 (1), 可知存在一个矩阵 $\boldsymbol{P}>\boldsymbol{0}$ 满足

$$\begin{aligned}\boldsymbol{P}(\boldsymbol{A}+\lambda_i\boldsymbol{FC})+(\boldsymbol{A}+\lambda_i\boldsymbol{FC})^{\mathrm{H}}\boldsymbol{P}&=\boldsymbol{PA}+\boldsymbol{A}^{\mathrm{T}}\boldsymbol{P}-\alpha\mathrm{Re}\{\lambda_i\}\boldsymbol{C}^{\mathrm{T}}\boldsymbol{C}\\&\leqslant\boldsymbol{PA}+\boldsymbol{A}^{\mathrm{T}}\boldsymbol{P}-\boldsymbol{C}^{\mathrm{T}}\boldsymbol{C}\\&<-2c_0\boldsymbol{P},\quad i=1,2,\cdots,N-M,\end{aligned}$$

也即 $\boldsymbol{A}+\lambda_i\boldsymbol{FC}(i=1,2,\cdots,N-M)$ 是 Hurwitz 的. 而且, 由 $\boldsymbol{K}=\boldsymbol{VQ}^{-1}$ 和式 (8.15) 可得 $\boldsymbol{A}+\boldsymbol{BK}$ 是 Hurwitz 的. 根据上述分析, 由式 (8.12) 可得传递函数矩阵 $\boldsymbol{G}_i(s)(i=1,2,\cdots,N-M)$ 是稳定的, 也就是说, 它们都是解析的且在开的右半平面上是有界的. 另外, 通过计算可得

$$\left[s\boldsymbol{I}-\begin{bmatrix}\boldsymbol{A}+\boldsymbol{BK}&-\boldsymbol{BK}\\\boldsymbol{0}&\boldsymbol{A}+\lambda_i\boldsymbol{FC}\end{bmatrix}\right]^{-1}=\begin{bmatrix}\boldsymbol{\Xi}_1&\boldsymbol{\Xi}_2\\\boldsymbol{0}&\boldsymbol{\Xi}_3\end{bmatrix},$$

其中, $\boldsymbol{\varXi}_1=[s\boldsymbol{I}-(\boldsymbol{A}+\boldsymbol{BK})]^{-1}$, $\boldsymbol{\varXi}_2=-[s\boldsymbol{I}-(\boldsymbol{A}+\boldsymbol{BK})]^{-1}\boldsymbol{BK}[s\boldsymbol{I}-(\boldsymbol{A}+\lambda_i\boldsymbol{FC})]^{-1}$, $\boldsymbol{\varXi}_3=[s\boldsymbol{I}-(\boldsymbol{A}+\lambda_i\boldsymbol{FC})]^{-1}$, $i=1,2,\cdots,N-M$. 根据以上分析和式 (8.12) 可得

$$\begin{aligned}\boldsymbol{G}_i(s)&=\boldsymbol{C}[s\boldsymbol{I}-(\boldsymbol{A}+\boldsymbol{BK})]^{-1}\boldsymbol{BK}[s\boldsymbol{I}-(\boldsymbol{A}+\lambda_i\boldsymbol{FC})]^{-1}\boldsymbol{F}\\&\quad+\boldsymbol{C}[s\boldsymbol{I}-(\boldsymbol{A}+\lambda_i\boldsymbol{FC})]^{-1}\boldsymbol{F}\\&=\boldsymbol{C}\left([s\boldsymbol{I}-(\boldsymbol{A}+\boldsymbol{BK})]^{-1}\boldsymbol{BK}+\boldsymbol{I}\right)[s\boldsymbol{I}-(\boldsymbol{A}+\lambda_i\boldsymbol{FC})]^{-1}\boldsymbol{F}\\&=\boldsymbol{C}[s\boldsymbol{I}-(\boldsymbol{A}+\boldsymbol{BK})]^{-1}[s\boldsymbol{I}-(\boldsymbol{A}+\lambda_i\boldsymbol{FC})+\lambda_i\boldsymbol{FC}]\\&\quad\times[s\boldsymbol{I}-(\boldsymbol{A}+\lambda_i\boldsymbol{FC})]^{-1}\boldsymbol{F}\\&=\boldsymbol{C}[s\boldsymbol{I}-(\boldsymbol{A}+\boldsymbol{BK})]^{-1}\boldsymbol{T}_i(s),\end{aligned}\tag{8.18}$$

其中, $\boldsymbol{T}_i(s)=\boldsymbol{F}+\lambda_i\boldsymbol{FC}[s\boldsymbol{I}-(\boldsymbol{A}+\lambda_i\boldsymbol{FC})]^{-1}\boldsymbol{F}$, $i=1,2,\cdots,N-M$. 因为 $\boldsymbol{A}+\lambda_i\boldsymbol{FC}(i=1,2,\cdots,N-M)$ 是 Hurwitz 的, 可得 $\|\boldsymbol{T}_i(s)\|_\infty(i=1,2,\cdots,N-M)$ 存在且是有限的. 根据式 (8.15), 并利用 Schur 补引理 (参见引理 2.22) 可得, 存在 $\boldsymbol{Q}>\boldsymbol{0}$ 使得

$$(\boldsymbol{A}+\boldsymbol{BK})\boldsymbol{Q}+\boldsymbol{Q}(\boldsymbol{A}+\boldsymbol{BK})^{\mathrm{T}}+\boldsymbol{QC}^{\mathrm{T}}\boldsymbol{CQ}+\kappa_0^{-2}\boldsymbol{I}<\boldsymbol{0},\tag{8.19}$$

其中, $\kappa_0=1/(\kappa_1\kappa_2)$, $\kappa_1=\max\limits_{i=1,2,\cdots,N-M}\{|1-\lambda_i|\}$, $\kappa_2=\max\limits_{i=1,2,\cdots,N-M}\{\|T_i(s)\|_\infty\}$. 另外, 将式 (8.19) 分别左乘 $\boldsymbol{Q}^{-1}$ 和右乘 $\boldsymbol{Q}^{-1}$, 得到

$$\boldsymbol{W}(\boldsymbol{A}+\boldsymbol{BK})+(\boldsymbol{A}+\boldsymbol{BK})^{\mathrm{T}}\boldsymbol{W}+\boldsymbol{C}^{\mathrm{T}}\boldsymbol{C}+\kappa_0^{-2}\boldsymbol{W}^2<\boldsymbol{0},\tag{8.20}$$

其中, $\boldsymbol{W}=\boldsymbol{Q}^{-1}>\boldsymbol{0}$. 根据引理 2.21 和式 (8.20), 可得

$$\left\|\boldsymbol{C}[s\boldsymbol{I}-(\boldsymbol{A}+\boldsymbol{BK})]^{-1}\right\|_\infty<\kappa_0.\tag{8.21}$$

根据式 (8.18) 及 H_∞ 范数的次可乘性质可得

$$\|\boldsymbol{G}_i(s)\|_\infty<\kappa_2\left\|\boldsymbol{C}[s\boldsymbol{I}-(\boldsymbol{A}+\boldsymbol{BK})]^{-1}\right\|_\infty.\tag{8.22}$$

结合式 (8.21) 和式 (8.22) 可得 $\|\boldsymbol{G}_i(s)\|_\infty<1/\kappa_1, i=1,2,\cdots,N-M$. 根据定理 8.2, 在控制协议 (8.3) 下跟随者的状态渐近收敛于由领航者的状态所张成的凸包中. 特别地, $\lim\limits_{t\to\infty}(\boldsymbol{x}_f(t)-\boldsymbol{\varpi}_{x_l}(t))=\boldsymbol{0}$. ■

注解 8.6 嵌入在多智能体中的观测器可以交互状态信息, 这是线性群体智能系统包含控制的关键假设之一. 然而, 观测器的状态实际上是闭环系统的内部

状态信息, 很难甚至不可能获得, 因此很难被检测到. 为了克服这一缺点, 同时也受文献 [206] 中工作的启发, 本节中提供了形如式 (8.3) 的一类新的包含协议. 值得一提的是, 在引理 8.2 的证明中使用的技术有一部分是受文献 [209] 的启发, 文献 [209] 通过设计动态一致性协议来研究一类线性群体智能系统的分布式一致性问题.

注解 8.7 在上述分析中, 假设系统 (8.1) 中存在至少两个领航者, 定理 8.1~定理 8.3 为群体智能系统 (8.1) 提供了一些包含条件. 对于系统 (8.1) 中只有一个领航者的情况, 即 $M=1$, 由引理 8.1 可得 $-\boldsymbol{L}_2^{-1}\boldsymbol{L}_1=[1,\cdots,1]^{\mathrm{T}}\in\mathbb{R}^{N-1}$. 在这种情况下, 系统 (8.1) 的包含问题退化为一致性跟踪问题, 即构造一个分布式控制协议, 使得所有跟随者的状态渐近地跟踪领航者的状态. 类似于定理 8.1~ 定理 8.3 的证明, 可以得到一些关于如何保证系统 (8.1) 的一致性跟踪的结果.

8.1.3 仿真分析

考虑一个由 7 个智能体组成的系统, 其中有 3 个领航者, 索引为 1~3, 4 个跟随者, 索引为 4~7, 智能体之间的通信拓扑图 $\mathcal{G}$ 如图 8.1 所示 (边上的数字代表通信权重). 可以证明通信拓扑图 $\mathcal{G}$ 满足假设 8.1. 根据式 (8.14), 可得 $\alpha_{\mathrm{th}}=1.4147$.

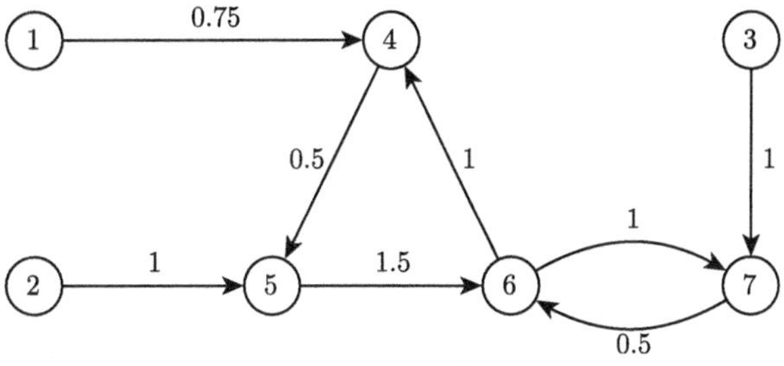

图 8.1 通信拓扑图 $\mathcal{G}$

系统 (8.1) 中智能体的动力学取 Caltech 多无线试验台车辆[18] 的线性化动力学, 其中 $\boldsymbol{x}_i(t)=[x_{i1}(t),x_{i2}(t),\cdots,x_{i6}(t)]^{\mathrm{T}}\in\mathbb{R}^6$, 特别地, $x_{i1}(t)$ 和 $x_{i2}(t)$ 分别为第 i 辆车在 x 坐标和 y 坐标上的位置; $x_{i3}(t)$ 为第 i 辆车的方向. 系统矩阵

$$\boldsymbol{A}=\begin{bmatrix}0&0&0&1&0&0\\0&0&0&0&1&0\\0&0&0&0&0&1\\0&0&-0.2003&-0.2003&0&0\\0&0&0.2003&0&-0.2003&0\\0&0&0&0&0&-1.6129\end{bmatrix},$$

$$\boldsymbol{B} = \begin{bmatrix} 0 & 0 & 0 & 0.9441 & 0.9441 & -28.7097 \\ 0 & 0 & 0 & 0.9441 & 0.9441, & 28.7097 \end{bmatrix}^{\mathrm{T}}.$$

假设输出矩阵 $\boldsymbol{C} = [\boldsymbol{I}_5, \boldsymbol{0}_{5\times 1}]$, 可以验证 $(\boldsymbol{A}, \boldsymbol{B}, \boldsymbol{C})$ 是完全可控和可观的. 形如式 (8.3) 的观测器类型的包含控制协议设计如下: 取 $c_0 = 0, \alpha = 1.5 > \alpha_{\mathrm{th}} = 1.4147$, 根据算法 8.1 的步骤 (1), 可得控制协议 (8.3) 中的反馈增益矩阵 $\boldsymbol{F}$ 为

$$\boldsymbol{F} = \begin{bmatrix} -0.03713 & 0.03266 & 0.00107 & -0.00087 & 0.00123 \\ 0.03266 & -0.03713 & -0.00107 & 0.00123 & -0.00087 \\ 0.00107 & -0.00107 & -0.00016 & 0.00007 & -0.00007 \\ -0.00087 & 0.00123 & 0.00007 & -0.00016 & 0.00008 \\ 0.00123 & -0.00087 & -0.00007 & 0.00008 & -0.00016 \\ 0.00006 & -0.00006 & 0.00012 & -0.00001 & 0.00001 \end{bmatrix}.$$

根据稳定传递函数矩阵 H_∞ 范数的定义, 可得 $\kappa_1 = 1.2724$, $\kappa_2 = 0.0721$. 简单计算可得 $\kappa_0 = 10.9050$. 通过求解线性矩阵不等式 (8.15) 得到

$$\boldsymbol{K} = -\begin{bmatrix} 5.1478 & 0.1483 & -0.7389 & 4.7529 & -1.6814 & -0.1565 \\ 0.1483 & 5.1478 & 0.7389 & -1.6814 & 4.7529 & 0.1565 \end{bmatrix}.$$

根据定理 8.2, 在如上所设计的具有增益矩阵 $\boldsymbol{F}$ 和 $\boldsymbol{K}$ 的控制协议 (8.3) 的控制下, 跟随者的状态能够渐近收敛于由领航者的状态所张成的凸包中. 图 8.2~图 8.4 显

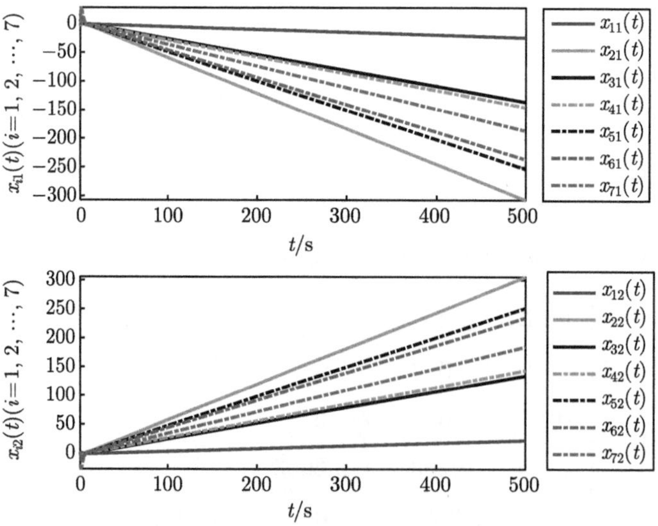

图 8.2　智能体的状态轨迹 $(x_{i1}(t), x_{i2}(t))$

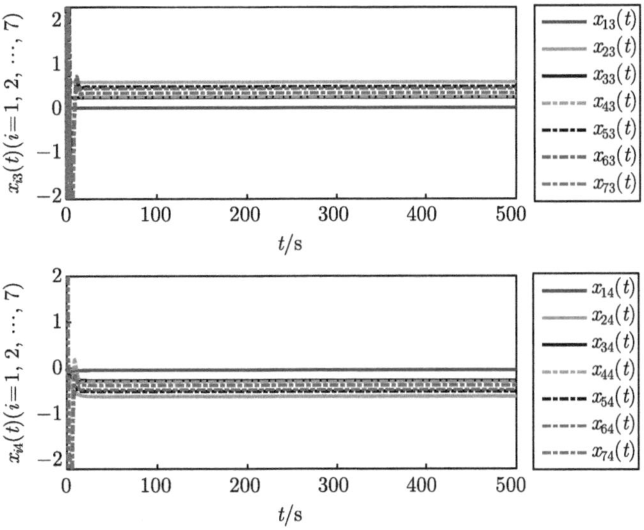

图 8.3 智能体的状态轨迹 $(x_{i3}(t), x_{i4}(t))$

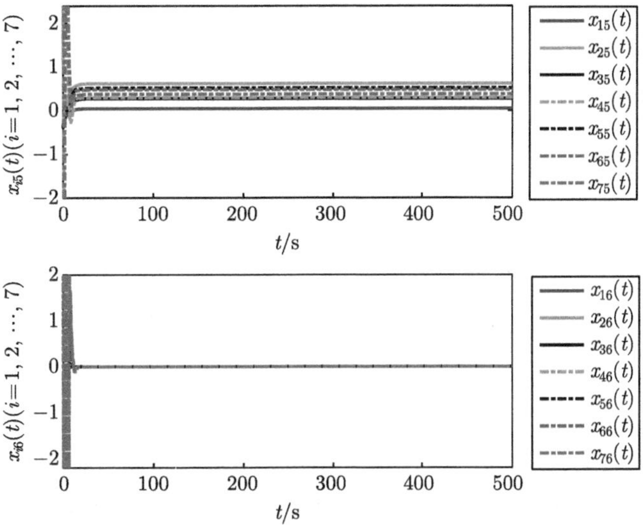

图 8.4 智能体的状态轨迹 $(x_{i5}(t), x_{i6}(t))$

示了 7 个智能体的状态轨迹. 用 $\mathrm{Err}(t) = (1/4)\sqrt{\sum_{i=4}^{7}\left\|\boldsymbol{x}_i(t) - \sum_{j=1}^{3}\hat{l}_{(i-3)j}\boldsymbol{x}_j(t)\right\|^2}$ 表示闭环群体智能系统的包含误差, 其中 $\hat{l}_{ks}(k=1,2,3,4;s=1,2,3)$ 是矩阵 $-\boldsymbol{L}_2^{-1}\boldsymbol{L}_1$ 中的元素, 即 $-\boldsymbol{L}_2^{-1}\boldsymbol{L}_1 = \left[\hat{l}_{ks}\right] \in \mathbb{R}^{4\times 3}$. 由图 8.5 可知, 包含问题确实得到了解决.

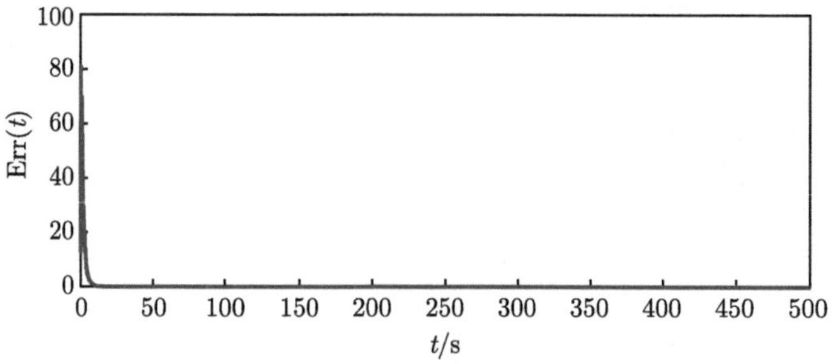

图 8.5 闭环群体智能系统的包含误差

8.2 符号通信拓扑图下离散时间线性群体智能系统二分包含控制

8.2.1 问题描述

考虑具有一般离散时间线性动力学的群体智能系统, 智能体 i 的动力学描述为

$$\begin{aligned} \boldsymbol{x}_i(k+1) &= \boldsymbol{A}\boldsymbol{x}_i(k) + \boldsymbol{B}\boldsymbol{u}_i(k), \\ \boldsymbol{y}_i(k) &= \boldsymbol{C}\boldsymbol{x}_i(k), \quad i = 1, 2, \cdots, N, \end{aligned} \tag{8.23}$$

其中, $\boldsymbol{x}_i(k) \in \mathbb{R}^n$、$\boldsymbol{x}_i(k+1) \in \mathbb{R}^n$、$\boldsymbol{u}_i(k) \in \mathbb{R}^p$、$\boldsymbol{y}_i(k) \in \mathbb{R}^q$ 分别为智能体 i 在当前时刻瞬间 $k \in \mathbb{N}$ 的状态向量、下一时刻瞬间的状态向量、待设计的控制输入向量及智能体 i 的测量输出向量. 此外, 本节假设矩阵 $\boldsymbol{B}$ 是列满秩的, 矩阵 $\boldsymbol{C}$ 是行满秩的, 并且 $(\boldsymbol{A}, \boldsymbol{B}, \boldsymbol{C})$ 是可镇定且可检测的.

群体智能系统 (8.23) 的通信拓扑图用有向符号图 $\mathcal{G}$ 表示. 特别地, 本节中领航者的具体定义如下.

定义 8.1 对于一个给定的有向图 $\mathcal{G} = (\mathcal{V}, \mathcal{E})$, 若图 $\mathcal{G}$ 的一个子图 $\mathcal{G}_s = (\mathcal{V}_s, \mathcal{E}_s)$ 是强连通的, 且 $\mathcal{V}_s$ 中的结点没有来自集合 $\mathcal{V} \backslash \mathcal{V}_s$ 的邻居 ($\mathcal{V} \backslash \mathcal{V}_s$ 是指从集合 $\mathcal{V}$ 中剔除与集合 $\mathcal{V}_s$ 相同的元素后的集合), 则称图 $\mathcal{G}_s$ 是一个领航者子图. 集合 $\mathcal{V}_s$ 中的结点称为领航者. 图 $\mathcal{G}$ 中除领航者之外的结点称为跟随者.

注解 8.8 不同于 8.1 节中群体智能系统具有非负的通信权重且领航者不受其他领航者和跟随者的影响, 本节允许领航者与其他领航者进行通信, 具体而言, 允许同一个强连通子图中的领航者相互通信. 而且, 本节中群体智能系统的通信拓扑图建模为有向符号图, 允许智能体之间是非合作的关系. 不变的是, 领航者仍然为跟随者提供参考状态, 且每个领航者的状态演化不受跟随者状态的影响.

假设通信拓扑图 $\mathcal{G}$ 中领航者子图的个数为 w, 领航者的数量为 M $(1 < M < N)$, 则系统中跟随者的数量为 $N - M$. 记 $\mathbb{L} = \{1, 2, \cdots, M\}$ 和 $\mathbb{F} = \{M+1, M+2, \cdots, N\}$ 分别表示领航者集合和跟随者集合.

假设 8.2 每个跟随者可以沿着有向路径收到至少一个领航者的信息.

假设 8.2 是群体智能系统包含控制研究中的一个常见假设[210,211], 体现了领航者对跟随者的控制. 本节讨论符号通信拓扑图下离散时间线性群体智能系统的二分包含控制问题.

定义 8.2 考虑有向符号通信拓扑图 $\mathcal{G}$ 下的群体智能系统 (8.23), 令 x_{jl} 表示智能体 j 的第 l 个状态分量. 若

$$\lim_{k\to\infty}[|x_{jl}(k)| - \max_{i\in\mathbb{L}}|x_{il}(k)|] \leqslant 0, \quad j\in\mathbb{F},\ k\in\mathbb{N},\ \forall l=1,2,\cdots,n,$$

则称群体智能系统 (8.23) 实现了二分包含.

定义 8.3 如果存在一个非平凡的轨迹 $\boldsymbol{x}^*(k)\,(\boldsymbol{x}^*(k)\neq\mathbf{0})$ 使得 $\lim\limits_{k\to\infty}\boldsymbol{x}_i(k)=\boldsymbol{x}^*(k),\forall i\in V_1$, $\lim\limits_{k\to\infty}\boldsymbol{x}_i(k)=-\boldsymbol{x}^*(k),\forall i\in V_2$, 其中 $V_1\cup V_2=\{1,2,\cdots,N\}$, $V_1\cap V_2=\varnothing$, 则称群体智能系统 (8.23) 实现了二分一致.

定义 8.4 对于通信拓扑图 $\mathcal{G}$, 定义矩阵 $\boldsymbol{\mathcal{D}}=[d_{ij}]\in\mathbb{R}^{N\times N}$ 满足 $d_{ii}>0,\forall i=1,2,\cdots,N$; 若智能体 i 和智能体 j 是合作的, 则 $d_{ij}>0$; 若智能体 i 和智能体 j 是非合作的, 则 $d_{ij}<0$; 否则, $d_{ij}=0$. 而且, $\sum\limits_{j=1}^{N}|d_{ij}|=1,\forall i=1,2,\cdots,N$.

因为不存在从跟随者到领航者的有向路径, 所以矩阵 $\boldsymbol{\mathcal{D}}$ 可分块写为

$$\boldsymbol{\mathcal{D}}=\begin{bmatrix}\boldsymbol{\mathcal{D}}_1 & \mathbf{0}_{M\times(N-M)}\\ \boldsymbol{\mathcal{D}}_2 & \boldsymbol{\mathcal{D}}_3\end{bmatrix}, \tag{8.24}$$

其中, $\boldsymbol{\mathcal{D}}_1=\mathrm{diag}(\boldsymbol{\mathcal{D}}_{11},\boldsymbol{\mathcal{D}}_{12},\cdots,\boldsymbol{\mathcal{D}}_{1w})\in\mathbb{R}^{M\times M}$ 是一个分块对角矩阵, 其第 i 个对角元为 $\boldsymbol{\mathcal{D}}_{1i}$, $\boldsymbol{\mathcal{D}}_2=[\boldsymbol{\mathcal{D}}_{21},\boldsymbol{\mathcal{D}}_{22},\cdots,\boldsymbol{\mathcal{D}}_{2w}]\in\mathbb{R}^{(N-M)\times M}$, $\boldsymbol{\mathcal{D}}_3\in\mathbb{R}^{(N-M)\times(N-M)}$.

下面研究矩阵 $\boldsymbol{\mathcal{D}}$ 的谱性质. 定义 $\boldsymbol{\mathcal{L}}=\boldsymbol{I}_N-\boldsymbol{\mathcal{D}}=[l_{ij}]\in\mathbb{R}^{N\times N}$, 则有

$$\boldsymbol{\mathcal{L}}=\boldsymbol{I}_N-\boldsymbol{\mathcal{D}}=\begin{bmatrix}\boldsymbol{I}_M-\boldsymbol{\mathcal{D}}_1 & \mathbf{0}_{M\times(N-M)}\\ -\boldsymbol{\mathcal{D}}_2 & \boldsymbol{I}_{N-M}-\boldsymbol{\mathcal{D}}_3\end{bmatrix}.$$

注解 8.9 根据 Gershgorin 圆盘定理, 矩阵 $\boldsymbol{\mathcal{D}}$ 的特征值满足 $|\lambda_i|<1$ 或 $\lambda_i=1,i=1,2,\cdots,N$. 事实上, $\boldsymbol{\mathcal{L}}=[l_{ij}]\in\mathbb{R}^{N\times N}$ 满足 $l_{ii}=1-d_{ii}=\sum\limits_{j\neq i}|d_{ij}|$, $l_{ij}=-d_{ij},\forall i\neq j$, 这完全符合符号图的 Laplace 矩阵的定义.

注解 8.10 根据引理 2.11, 若有向符号图 $\mathcal{G}$ 是结构平衡的, 则存在对角矩阵 $\boldsymbol{D}\in\mathbb{R}^{N\times N}$, 使得 $\bar{\boldsymbol{\mathcal{D}}}=[|d_{ij}|]=\boldsymbol{D}\boldsymbol{\mathcal{D}}\boldsymbol{D}$ 是一个非负矩阵.

假设有向符号图 $\mathcal{G}$ 是结构平衡的, 令 $\bar{\boldsymbol{\mathcal{L}}}=\boldsymbol{D}\boldsymbol{\mathcal{L}}\boldsymbol{D}=\boldsymbol{D}(\boldsymbol{I}_N-\boldsymbol{\mathcal{D}})\boldsymbol{D}=\boldsymbol{I}_N-\bar{\boldsymbol{\mathcal{D}}}$, 则 $\bar{\boldsymbol{\mathcal{L}}}=[\bar{l}_{ij}]\in\mathbb{R}^{N\times N}$ 满足 $\bar{l}_{ii}=1-d_{ii}$, $\bar{l}_{ij}=-|d_{ij}|$. 根据矩阵 $\boldsymbol{\mathcal{D}}$ 的定义, 可得

矩阵 $\bar{\mathcal{L}}$ 的行和全为 0. 这进一步表明矩阵 $\bar{\mathcal{L}}$ 具有一个零特征值, 对应的特征向量为 $N \times 1$ 维的全 1 列向量. 由相似矩阵的性质可知, 若有向符号图 $\mathcal{G}$ 是结构平衡的, 则 0 是 $\boldsymbol{\mathcal{L}}$ 的特征值, 1 是 $\boldsymbol{\mathcal{D}}$ 的特征值. 而且, 若有向符号图 $\mathcal{G}$ 是结构不平衡的, 则矩阵 $\boldsymbol{\mathcal{D}}$ 是 Schur 稳定的.

8.2.2 降维观测器类型的二分包含控制协议设计与稳定性分析

下面设计分布式协议, 以解决有向符号图 $\mathcal{G}$ 下的群体智能系统 (8.23) 的分布式二分包含问题. 假设每个智能体都可以访问其邻居的输出, 为智能体 i 设计如下降维观测器类型的控制协议:

$$\begin{aligned}
&\boldsymbol{v}_i(k+1) = \boldsymbol{F}\boldsymbol{v}_i(k) + \boldsymbol{G}\boldsymbol{y}_i(k) + \boldsymbol{T}\boldsymbol{B}\boldsymbol{u}_i(k),\\
&\boldsymbol{u}_i(k) = \boldsymbol{K}\boldsymbol{Q}_1\sum_{j=1}^{N}(|d_{ij}|\,\boldsymbol{y}_i(k) - d_{ij}\boldsymbol{y}_j(k)) + \boldsymbol{K}\boldsymbol{Q}_2\sum_{j=1}^{N}(|d_{ij}|\,\boldsymbol{v}_i(k) - d_{ij}\boldsymbol{v}_j(k)),
\end{aligned} \tag{8.25}$$

其中, $\boldsymbol{v}_i(k) \in \mathbb{R}^{n-q}$ 为观测器的状态向量; d_{ij} 为对应于有向符号图 $\mathcal{G}$ 的矩阵 $\boldsymbol{\mathcal{D}}$ 的第 i 行第 j 列元素; $\boldsymbol{F} \in \mathbb{R}^{(n-q)\times(n-q)}$ 是一个 Schur 稳定的矩阵, 且与矩阵 $\boldsymbol{A}$ 没有共同特征值; 矩阵 $\boldsymbol{G} \in \mathbb{R}^{(n-q)\times q}$ 和矩阵 $\boldsymbol{T} \in \mathbb{R}^{(n-q)\times n}$ 是满足如下 Sylvester 方程的唯一的矩阵对:

$$\boldsymbol{T}\boldsymbol{A} - \boldsymbol{F}\boldsymbol{T} = \boldsymbol{G}\boldsymbol{C}, \tag{8.26}$$

其中, $\begin{bmatrix} \boldsymbol{C} \\ \boldsymbol{T} \end{bmatrix}$ 是非奇异的, 矩阵 $\boldsymbol{Q}_1 \in \mathbb{R}^{n\times q}$ 和矩阵 $\boldsymbol{Q}_2 \in \mathbb{R}^{n\times(n-q)}$ 通过令 $\begin{bmatrix} \boldsymbol{Q}_1 & \boldsymbol{Q}_2 \end{bmatrix} = \begin{bmatrix} \boldsymbol{C} \\ \boldsymbol{T} \end{bmatrix}^{-1}$ 的方式获取, $\boldsymbol{K} \in \mathbb{R}^{p\times n}$ 是待设计的反馈增益矩阵.

引理 8.3 设假设 8.2 满足, 则矩阵 $\boldsymbol{I}_{N-M} - \boldsymbol{\mathcal{D}}_3$ 的所有特征值均具有正实部, 也意味着矩阵 $\boldsymbol{I}_{N-M} - \boldsymbol{\mathcal{D}}_3$ 是可逆的, 且矩阵 $(\boldsymbol{I}_{N-M} - \boldsymbol{\mathcal{D}}_3)^{-1}\boldsymbol{\mathcal{D}}_2$ 的每行元素的绝对值之和不大于 1, 其中 $\boldsymbol{\mathcal{D}}_2$ 和 $\boldsymbol{\mathcal{D}}_3$ 在式 (8.24) 中定义.

证明: 注意到矩阵 $\boldsymbol{\mathcal{L}} = \boldsymbol{I}_N - \boldsymbol{\mathcal{D}}$ 可以视为某个有向符号图的 Laplace 矩阵, 为了方便后续分析, 将矩阵 $\boldsymbol{\mathcal{L}}$ 重写为

$$\boldsymbol{\mathcal{L}} = \begin{bmatrix} \boldsymbol{\mathcal{L}}_1 & \boldsymbol{0}_{M\times(N-M)} \\ \boldsymbol{\mathcal{L}}_2 & \boldsymbol{\mathcal{L}}_3 \end{bmatrix},$$

其中, $\boldsymbol{\mathcal{L}}_1 = \boldsymbol{I}_M - \boldsymbol{\mathcal{D}}_1 = \mathrm{diag}(\boldsymbol{\mathcal{L}}_{11}, \boldsymbol{\mathcal{L}}_{12}, \cdots, \boldsymbol{\mathcal{L}}_{1w})$, $\boldsymbol{\mathcal{L}}_2 = -\boldsymbol{\mathcal{D}}_2 = [\boldsymbol{\mathcal{L}}_{21}, \boldsymbol{\mathcal{L}}_{22}, \cdots, \boldsymbol{\mathcal{L}}_{2w}]$, $\boldsymbol{\mathcal{L}}_3 = \boldsymbol{I}_{N-M} - \boldsymbol{\mathcal{D}}_3$. 在假设 8.2 下, 可由 Gershgorin 圆盘定理得到 $\boldsymbol{\mathcal{L}}_3$ 的所有特征值都具有正实部. 因此, 矩阵 $\boldsymbol{\mathcal{L}}_3$ 是可逆的, 即矩阵 $\boldsymbol{I}_{N-M} - \boldsymbol{\mathcal{D}}_3$ 是可逆的. 类似

地, 将矩阵 $\bar{\mathcal{L}}$ 和矩阵 $\bar{\mathcal{D}}$ 写成分块矩阵的形式:

$$\bar{\mathcal{L}} = \begin{bmatrix} \bar{\mathcal{L}}_1 & \mathbf{0}_{M\times(N-M)} \\ \bar{\mathcal{L}}_2 & \bar{\mathcal{L}}_3 \end{bmatrix}, \quad \bar{\mathcal{D}} = \begin{bmatrix} \bar{\mathcal{D}}_1 & \mathbf{0}_{M\times(N-M)} \\ \bar{\mathcal{D}}_2 & \bar{\mathcal{D}}_3 \end{bmatrix},$$

其中, $\bar{\mathcal{L}}_2 = -\bar{\mathcal{D}}_2$, $\bar{\mathcal{L}}_3 = \boldsymbol{I}_{N-M} - \bar{\mathcal{D}}_3$.

假设第 i 个领航者子图中有 m_i 个领航者, 则 $\mathcal{L}_{2i} \in \mathbb{R}^{(N-M)\times m_i}, i = 1,2,\cdots,w$. 令 $\boldsymbol{\xi}_i = [\xi_{i1},\xi_{i2},\cdots,\xi_{i(N-M)}]^{\mathrm{T}}$ 满足 $\boldsymbol{\xi}_i = -\mathcal{L}_3^{-1}\mathcal{L}_{2i}\boldsymbol{D}_i\mathbf{1}_{m_i}, i = 1,2,\cdots,w$, 其中 $\boldsymbol{D}_i = \mathrm{diag}\left(d_1^i, d_2^i,\cdots,d_{m_i}^i\right)$ 是待确定的所有对角元都属于集合 $\{-1,1\}$ 的对角矩阵, $\mathbf{1}_{m_i}$ 是 $m_i \times 1$ 维的全 1 列向量. 下面证明 $\sum\limits_{i=1}^{w}|\xi_{ij}| \leqslant 1, \forall j = 1,2,\cdots,N-M, 1 \leqslant j \leqslant N-M$. 根据 $\mathcal{L}_{2i} = -\mathcal{D}_{2i}$, 可得 $\boldsymbol{\xi}_i = \mathcal{L}_3^{-1}\mathcal{D}_{2i}\boldsymbol{D}_i\mathbf{1}_{m_i}$. 因此, $(\boldsymbol{I}_{N-M} - \mathcal{D}_3)\boldsymbol{\xi}_i = \mathcal{D}_{2i}\boldsymbol{D}_i\mathbf{1}_{m_i}$. 按元素展开, 可写为

$$\xi_{ij} - \sum_{l=1}^{N-M} d_{(M+j)(M+l)}\xi_{il} = \sum_{l=\sum_{h=1}^{i-1} m_h+1}^{\sum_{h=1}^{i} m_h} d_{(M+j)l}d^i_{l-\sum_{h=1}^{i-1} m_h},$$

其中, $1 \leqslant i \leqslant w$, $1 \leqslant j \leqslant N-M$, d_{ij} 是定义 8.4 中给出的矩阵 $\mathcal{D}$ 的第 (i,j) 项元素. 进一步地, 可得

$$|\xi_{ij}| \leqslant \sum_{l=1}^{N-M} |d_{(M+j)(M+l)}||\xi_{il}| + \sum_{l=\sum_{h=1}^{i-1} m_h+1}^{\sum_{h=1}^{i} m_h} |d_{(M+j)l}|, \quad 1 \leqslant i \leqslant w, 1 \leqslant j \leqslant N-M.$$

令 $\zeta_j = \sum\limits_{i=1}^{w}|\xi_{ij}|$, 则

$$\begin{aligned}\zeta_j &\leqslant \sum_{i=1}^{w}\sum_{l=1}^{N-M} |d_{(M+j)(M+l)}||\xi_{il}| + \sum_{i=1}^{w}\sum_{l=\sum_{h=1}^{i-1} m_h+1}^{\sum_{h=1}^{i} m_h} |d_{(M+j)l}| \\ &= \sum_{l=1}^{N-M} |d_{(M+j)(M+l)}|\zeta_l + \sum_{l=1}^{M} |d_{(M+j)l}|, \quad 1 \leqslant j \leqslant N-M.\end{aligned} \tag{8.27}$$

注意到 $\bar{\mathcal{D}} = [|d_{ij}|] = \boldsymbol{D}\mathcal{D}\boldsymbol{D}$, 由式 (8.27) 可得

$$(\boldsymbol{I}_{N-M} - \bar{\mathcal{D}}_3)\boldsymbol{\zeta} \leqslant \bar{\mathcal{D}}_2\mathbf{1}_M,$$

其中, $\boldsymbol{\zeta}=[\zeta_1,\zeta_2,\cdots,\zeta_{N-M}]^{\mathrm{T}}$. 进一步地, 由矩阵 $\boldsymbol{I}_{N-M}-\boldsymbol{\mathcal{D}}_3$ 可逆性可得

$$\boldsymbol{\zeta}\leqslant(\boldsymbol{I}_{N-M}-\bar{\boldsymbol{\mathcal{D}}}_3)^{-1}\bar{\boldsymbol{\mathcal{D}}}_2\mathbf{1}_M=-\bar{\boldsymbol{\mathcal{L}}}_3^{-1}\bar{\boldsymbol{\mathcal{L}}}_2\mathbf{1}_M.$$

注意到矩阵 $\bar{\boldsymbol{\mathcal{L}}}$ 对应于某个无符号图的 Laplace 矩阵, 由引理 8.1 可知, 矩阵 $-\bar{\boldsymbol{\mathcal{L}}}_3^{-1}\bar{\boldsymbol{\mathcal{L}}}_2$ 的每行元素之和等于 1. 因此, $\zeta_j\leqslant 1,\forall j=1,2,\cdots,N-M$, 即 $\sum\limits_{i=1}^{w}|\xi_{ij}|\leqslant 1,\forall j=1,2,\cdots,N-M$.

令 $\boldsymbol{R}=[\boldsymbol{R}_1,\boldsymbol{R}_2,\cdots,\boldsymbol{R}_w]=-\boldsymbol{\mathcal{L}}_3^{-1}\boldsymbol{\mathcal{L}}_2$, $\boldsymbol{R}_i=[r_{jl}^i]=-\boldsymbol{\mathcal{L}}_3^{-1}\boldsymbol{\mathcal{L}}_{2i}, i=1,2,\cdots,w$. 此外, 定义 $\overline{\boldsymbol{R}}_i=[\overline{r}_{jl}^i]=-\boldsymbol{\mathcal{L}}_3^{-1}\boldsymbol{\mathcal{L}}_{2i}\boldsymbol{D}_i$, 其中 $\boldsymbol{D}_i$ 是使矩阵 $\overline{\boldsymbol{R}}_i$ 的第 j 行元素满足 $\overline{r}_{jl}^i=|r_{jl}^i|(l=1,2,\cdots,m_i)$ 的对角矩阵, 则有 $\boldsymbol{\xi}_i=\overline{\boldsymbol{R}}_i\mathbf{1}_{m_i}(i=1,2,\cdots,w)$. 这意味着 $|\xi_{ij}|=\sum\limits_{l=1}^{m_i}|r_{jl}^i|$. 因此, $\boldsymbol{R}=-\boldsymbol{\mathcal{L}}_3^{-1}\boldsymbol{\mathcal{L}}_2$ 的第 j 行元素的绝对值之和不大于 1. 对任意的 $j\,(1\leqslant j\leqslant N-M)$ 执行上述分析, 可得矩阵 $(\boldsymbol{I}_{N-M}-\boldsymbol{\mathcal{D}}_3)^{-1}\boldsymbol{\mathcal{D}}_2$ 的每行元素的绝对值之和不大于 1. ■

为了方便后续分析, 给出如下修正的代数 Riccati 方程[212]:

$$\boldsymbol{P}=\boldsymbol{A}^{\mathrm{T}}\boldsymbol{P}\boldsymbol{A}-\delta\boldsymbol{A}^{\mathrm{T}}\boldsymbol{P}\boldsymbol{B}(\boldsymbol{B}^{\mathrm{T}}\boldsymbol{P}\boldsymbol{B})^{-1}\boldsymbol{B}^{\mathrm{T}}\boldsymbol{P}\boldsymbol{A}+\boldsymbol{Q},\tag{8.28}$$

其中, $\boldsymbol{P}>\mathbf{0}$, $\boldsymbol{Q}>\mathbf{0}$, δ 是一个正标量, 矩阵 $\boldsymbol{B}$ 假设是列满秩的. 假设 $(\boldsymbol{A},\boldsymbol{B})$ 是可镇定的, $(\boldsymbol{A},\boldsymbol{Q}^{\frac{1}{2}})$ 是可检测的, 则存在一个临界值 $\delta_c\in[0,1)$ 使得对于任意的 $\delta>\delta_c$, 修正的代数 Riccati 方程 (8.28) 存在唯一解 $\boldsymbol{P}>\mathbf{0}$. 而且, 对任意的初始条件 $\boldsymbol{P}(0)>\mathbf{0}$, $\boldsymbol{P}=\lim\limits_{k\to\infty}\boldsymbol{P}(k)$, 其中 $\boldsymbol{P}(k)$ 满足

$$\boldsymbol{P}(k+1)=\boldsymbol{A}^{\mathrm{T}}\boldsymbol{P}(k)\boldsymbol{A}-\delta\boldsymbol{A}^{\mathrm{T}}\boldsymbol{P}(k)\boldsymbol{B}\big(\boldsymbol{B}^{\mathrm{T}}\boldsymbol{P}(k)\boldsymbol{B}\big)^{-1}\boldsymbol{B}^{\mathrm{T}}\boldsymbol{P}(k)\boldsymbol{A}+\boldsymbol{Q}.$$

算法 8.2 在假设 8.2 下, 执行如下步骤进行二分包含控制协议 (8.25) 的构造.

(1) 选择一个 Schur 稳定且与矩阵 $\boldsymbol{A}$ 没有共同特征值的矩阵 $\boldsymbol{F}$, 然后选择矩阵 $\boldsymbol{G}$ 使得 $(\boldsymbol{F},\boldsymbol{G})$ 是可镇定的.

(2) 通过求解 Sylvester 方程 (8.26) 得到矩阵 $\boldsymbol{T}$, 满足条件 $\begin{bmatrix}\boldsymbol{C}\\ \boldsymbol{T}\end{bmatrix}$ 是一个可逆矩阵. 然后通过计算 $\begin{bmatrix}\boldsymbol{Q}_1 & \boldsymbol{Q}_2\end{bmatrix}=\begin{bmatrix}\boldsymbol{C}\\ \boldsymbol{T}\end{bmatrix}^{-1}$ 得到矩阵 $\boldsymbol{Q}_1$ 和 $\boldsymbol{Q}_2$.

(3) 选择 $\boldsymbol{K}=-(\boldsymbol{B}^{\mathrm{T}}\boldsymbol{P}\boldsymbol{B})^{-1}\boldsymbol{B}^{\mathrm{T}}\boldsymbol{P}\boldsymbol{A}$, 其中 $\boldsymbol{P}>\mathbf{0}$ 是下面修正的代数 Riccati 方程的解:

$$\boldsymbol{P}=\boldsymbol{A}^{\mathrm{T}}\boldsymbol{P}\boldsymbol{A}-\big(1-\max_{|\lambda_i|<1}|\lambda_i|^2\big)\boldsymbol{A}^{\mathrm{T}}\boldsymbol{P}\boldsymbol{B}\big(\boldsymbol{B}^{\mathrm{T}}\boldsymbol{P}\boldsymbol{B}\big)^{-1}\boldsymbol{B}^{\mathrm{T}}\boldsymbol{P}\boldsymbol{A}+\boldsymbol{Q},\tag{8.29}$$

其中, $\boldsymbol{Q}>\mathbf{0}, \lambda_i(i=1,2,\cdots,N)$ 是矩阵 $\boldsymbol{\mathcal{D}}$ 的特征值.

定理 8.4 假设群体智能系统 (8.23) 的信息交互由有向符号图 $\mathcal{G}$ 描述. 则由算法 8.2 所构造的包含控制协议 (8.25) 能够使得领航者满足:

(1) 结构平衡的同一领航者子图内的领航者达成二分一致.

(2) 结构不平衡的同一领航者子图内的领航者达成一致, 且 $\lim\limits_{k\to\infty}\boldsymbol{x}_i(k)=\mathbf{0}$, $i\in\mathbb{L}$.

证明: 不失一般性, 以第一个领航者子图中领航者的动态演化为例进行证明. 假设领航者子图 $\mathcal{G}_{l1}$ 中有 m_1 个领航者, 所对应的矩阵为 $\boldsymbol{\mathcal{D}}_{11}$.

首先, 假设领航者子图 $\mathcal{G}_{l1}$ 是结构平衡的. 令 $\boldsymbol{z}_i(k)=\left[\boldsymbol{x}_i(k)^{\mathrm{T}},\boldsymbol{v}_i(k)^{\mathrm{T}}\right]^{\mathrm{T}}, i\in\mathbb{L}\cup\mathbb{F}$, $\boldsymbol{z}_{l1}(k)=[\boldsymbol{z}_1(k)^{\mathrm{T}},\boldsymbol{z}_2(k)^{\mathrm{T}},\cdots,\boldsymbol{z}_{m_1}(k)^{\mathrm{T}}]^{\mathrm{T}}$. 在降维观测器类型的包含控制协议 (8.25) 下, m_1 个领航者的闭环系统写成如下紧凑形式:

$$\boldsymbol{z}_{l1}(k+1)=\left(\boldsymbol{I}_{m_1}\otimes\boldsymbol{S}+(\boldsymbol{I}_{m_1}-\boldsymbol{\mathcal{D}}_{11})\otimes\boldsymbol{H}\right)\boldsymbol{z}_{l1}(k), \tag{8.30}$$

其中, $\boldsymbol{S}=\begin{bmatrix}\boldsymbol{A} & \mathbf{0}\\ \boldsymbol{GC} & \boldsymbol{F}\end{bmatrix}, \boldsymbol{H}=\begin{bmatrix}\boldsymbol{BKQ}_1\boldsymbol{C} & \boldsymbol{BKQ}_2\\ \boldsymbol{TBKQ}_1\boldsymbol{C} & \boldsymbol{TBKQ}_2\end{bmatrix}$. 因为领航者子图 $\mathcal{G}_{l1}$ 是结构平衡的, 存在对角矩阵 $\boldsymbol{D}_{l1}=\mathrm{diag}(\sigma_1,\sigma_2,\cdots,\sigma_{m_1})$, $\sigma_i\in\{-1,1\}, i\in\{1,2,\cdots,m_1\}$ 使得 $\bar{\boldsymbol{\mathcal{D}}}_{11}=\boldsymbol{D}_{l1}\boldsymbol{\mathcal{D}}_{11}\boldsymbol{D}_{l1}$ 是与非负有向图 $\bar{\mathcal{G}}_{l1}$ 相关联的矩阵. 定义 $\tilde{\boldsymbol{z}}_{l1}(k)=(\boldsymbol{D}_{l1}\otimes\boldsymbol{I}_{2n-q})\boldsymbol{z}_{l1}(k)$, 利用式 (8.30) 得到

$$\begin{aligned}\tilde{\boldsymbol{z}}_{l1}(k+1)&=(\boldsymbol{D}_{l1}\otimes\boldsymbol{I}_{2n-q})\,\boldsymbol{z}_{l1}(k+1)\\&=\left(\boldsymbol{I}_{m_1}\otimes\boldsymbol{S}+\left(\boldsymbol{I}_{m_1}-\bar{\boldsymbol{\mathcal{D}}}_{11}\right)\otimes\boldsymbol{H}\right)\tilde{\boldsymbol{z}}_{l1}(k).\end{aligned}$$

根据参考文献 [213], 可知 $\tilde{\boldsymbol{z}}_{l1}(k)$ 最终取得一致, 即存在非平凡的 $\boldsymbol{z}^*(k)$ 使得 $\lim\limits_{k\to\infty}\tilde{\boldsymbol{z}}_i(k)=\boldsymbol{z}^*(k),\forall i=1,2,\cdots,m_1$. 因为 $\tilde{\boldsymbol{z}}_{l1}(k)=(\boldsymbol{D}_{l1}\otimes\boldsymbol{I}_{2n-q})\,\boldsymbol{z}_{l1}(k)$, 可得 $\boldsymbol{z}_i(k)=\sigma_i\tilde{\boldsymbol{z}}_i(k)$ 和 $\boldsymbol{x}_i(k)=\sigma_i\tilde{\boldsymbol{x}}_i(k)$. 因此, 若领航者子图 $\mathcal{G}_{l1}$ 是结构平衡的, 则这 m_1 个领航者在由算法 8.2 所构造的包含协议 (8.25) 下可以取得二分一致.

接下来, 假设强连通子图 $\mathcal{G}_{l1}$ 是结构不平衡的, 则矩阵 $\boldsymbol{\mathcal{D}}_{11}$ 是 Schur 稳定的. 由此可证明这 m_1 个领航者可以取得一致性, 且 $\lim\limits_{k\to\infty}\boldsymbol{x}_i(k)=\mathbf{0},\forall i=1,2,\cdots,m_1$. ■

注解 8.11 由定理 8.4 可知, 强连通子图中包含的领航者的状态要么达成二分一致, 要么达成平凡一致 (即 $\lim\limits_{k\to\infty}\boldsymbol{x}_i(k)=\mathbf{0}, i\in\mathbb{L}$). 因此, 对于同一个强连通子图中任意的两个领航者 i 和 j, 有如下关系式成立:

$$\lim_{k\to\infty}\left(|d_{ij}|\,\boldsymbol{x}_i(k)-d_{ij}\boldsymbol{x}_j(k)\right)=\mathbf{0},\quad \lim_{k\to\infty}\left(|d_{ij}|\,\boldsymbol{v}_i(k)-d_{ij}\boldsymbol{v}_j(k)\right)=\mathbf{0},$$

其中, d_{ij} 在定义 8.4 中给出.

根据前面的分析, 可以得到以下推论.

推论 8.1　假设群体智能系统 (8.23) 的信息交互由强连通有向符号图 $\mathcal{G}$ 描述. 则在由算法 8.2 所构造的二分包含控制协议 (8.25) 下, 有如下关系式成立:

$$\lim_{k\to\infty}\sum_{j=1}^{N}(|d_{ij}|\,\boldsymbol{z}_i(k)-d_{ij}\boldsymbol{z}_j(k))=\mathbf{0}.$$

即 $\lim\limits_{k\to\infty}[(\boldsymbol{I}_N-\boldsymbol{\mathcal{D}})\otimes\boldsymbol{I}_{2n-q}]\,\boldsymbol{z}(k)=\mathbf{0}$, 其中矩阵 $\boldsymbol{\mathcal{D}}$ 在定义 8.4 中给出.

定理 8.4 表明, 在一定的条件下, 每个领航者子图中的领航者达成二分一致. 接下来, 研究闭环群体智能系统 (8.23) 在控制协议 (8.25) 下的二分包含行为.

定理 8.5　假设群体智能系统 (8.23) 的信息交互由强连通的有向符号图 $\mathcal{G}$ 描述, 且假设 8.2 成立. 则在由算法 8.2 所构造的包含控制协议 (8.25) 下, 有如下关系式成立:

$$\lim_{k\to\infty}\boldsymbol{x}_f(k)=\left((\boldsymbol{I}_{N-M}-\boldsymbol{\mathcal{D}}_3)^{-1}\boldsymbol{\mathcal{D}}_2\otimes\boldsymbol{I}_n\right)\boldsymbol{x}_l(k),$$

其中, $\boldsymbol{x}_l(k)=[\boldsymbol{x}_1(k)^{\mathrm{T}},\boldsymbol{x}_2(k)^{\mathrm{T}},\cdots,\boldsymbol{x}_M(k)^{\mathrm{T}}]^{\mathrm{T}}$, $\boldsymbol{x}_f(k)=[\boldsymbol{x}_{M+1}(k)^{\mathrm{T}},\boldsymbol{x}_{M+2}(k)^{\mathrm{T}},\cdots,\boldsymbol{x}_N(k)^{\mathrm{T}}]^{\mathrm{T}}$, 矩阵 $\boldsymbol{\mathcal{D}}_2$ 和 $\boldsymbol{\mathcal{D}}_3$ 在式 (8.24) 中定义.

证明:　令 $\boldsymbol{z}_i(k)=\left[\boldsymbol{x}_i(k)^{\mathrm{T}},\boldsymbol{v}_i(k)^{\mathrm{T}}\right]^{\mathrm{T}},i=1,2,\cdots,N$, 定义 $\boldsymbol{z}_l(k)=[\boldsymbol{z}_1(k)^{\mathrm{T}},\boldsymbol{z}_2(k)^{\mathrm{T}},\cdots,\boldsymbol{z}_M(k)^{\mathrm{T}}]^{\mathrm{T}}$, $\boldsymbol{z}_f(k)=[\boldsymbol{z}_{M+1}(k)^{\mathrm{T}},\boldsymbol{z}_{M+2}(k)^{\mathrm{T}},\cdots,\boldsymbol{z}_N(k)^{\mathrm{T}}]^{\mathrm{T}}$, 则闭环群体智能系统 (8.23) 可以写成如下紧凑形式:

$$\begin{aligned}\boldsymbol{z}_f(k+1)&=(\boldsymbol{I}_{N-M}\otimes\boldsymbol{S}+(\boldsymbol{I}_{N-M}-\boldsymbol{\mathcal{D}}_3)\otimes\boldsymbol{H})\boldsymbol{z}_f(k)-(\boldsymbol{\mathcal{D}}_2\otimes\boldsymbol{H})\boldsymbol{z}_l(k),\\ \boldsymbol{z}_l(k+1)&=(\boldsymbol{I}_M\otimes\boldsymbol{S}+(\boldsymbol{I}_M-\boldsymbol{\mathcal{D}}_1)\otimes\boldsymbol{H})\boldsymbol{z}_l(k),\end{aligned}$$

其中, $\boldsymbol{S}=\begin{bmatrix}\boldsymbol{A}&\boldsymbol{0}\\ \boldsymbol{GC}&\boldsymbol{F}\end{bmatrix},\boldsymbol{H}=\begin{bmatrix}\boldsymbol{BKQ}_1\boldsymbol{C}&\boldsymbol{BKQ}_2\\ \boldsymbol{TBKQ}_1\boldsymbol{C}&\boldsymbol{TBKQ}_2\end{bmatrix}$.

令 $\boldsymbol{\xi}_i(k)=\sum\limits_{j\in\mathbb{F}\cup\mathbb{L}}(|d_{ij}|\,\boldsymbol{z}_i(k)-d_{ij}\boldsymbol{z}_j(k)),i\in\mathbb{F},\boldsymbol{\xi}(k)=\left[\boldsymbol{\xi}_{M+1}(k)^{\mathrm{T}},\boldsymbol{\xi}_{M+2}(k)^{\mathrm{T}},\cdots,\boldsymbol{\xi}_N(k)^{\mathrm{T}}\right]^{\mathrm{T}}$, 则有

$$\boldsymbol{\xi}(k)=((\boldsymbol{I}_{N-M}-\boldsymbol{\mathcal{D}}_3)\otimes\boldsymbol{I}_{2n-q})\,\boldsymbol{z}_f(k)-(\boldsymbol{\mathcal{D}}_2\otimes\boldsymbol{I}_{2n-q})\,\boldsymbol{z}_l(k).$$

此外, $\boldsymbol{\xi}(k)$ 的动力学满足

$$\begin{aligned}\boldsymbol{\xi}(k+1)&=((\boldsymbol{I}_{N-M}-\boldsymbol{\mathcal{D}}_3)\otimes\boldsymbol{I}_{2n-q})\,\boldsymbol{z}_f(k+1)-(\boldsymbol{\mathcal{D}}_2\otimes\boldsymbol{I}_{2n-q})\,\boldsymbol{z}_l(k+1)\\ &=\left[(\boldsymbol{I}_{N-M}-\boldsymbol{\mathcal{D}}_3)\otimes\boldsymbol{S}+(\boldsymbol{I}_{N-M}-\boldsymbol{\mathcal{D}}_3)^2\otimes\boldsymbol{H}\right]\boldsymbol{z}_f(k)\end{aligned}$$

$$
\begin{aligned}
&- ((\boldsymbol{I}_{N-M} - \boldsymbol{\mathcal{D}}_3) \boldsymbol{\mathcal{D}}_2 \otimes \boldsymbol{H}) \boldsymbol{z}_l(k) \\
&- (\boldsymbol{\mathcal{D}}_2 \otimes \boldsymbol{S}) \boldsymbol{z}_l(k) - (\boldsymbol{D}_2 (\boldsymbol{I}_M - \boldsymbol{\mathcal{D}}_1) \otimes \boldsymbol{H}) \boldsymbol{z}_l(k) \\
=& [\boldsymbol{I}_{N-M} \otimes \boldsymbol{S} + (\boldsymbol{I}_{N-M} - \boldsymbol{\mathcal{D}}_3) \otimes \boldsymbol{H}] \boldsymbol{\xi}(k) - (\boldsymbol{\mathcal{D}}_2 (\boldsymbol{I}_M - \boldsymbol{\mathcal{D}}_1) \otimes \boldsymbol{H}) \boldsymbol{z}_l(k).
\end{aligned}
$$

下面证明矩阵 $\boldsymbol{I}_{N-M} \otimes \boldsymbol{S} + (\boldsymbol{I}_{N-M} - \boldsymbol{\mathcal{D}}_3) \otimes \boldsymbol{H}$ 是 Schur 稳定的. 事实上, 存在一个酉矩阵 $\boldsymbol{U} \in \mathbb{C}^{(N-M)\times(N-M)}$ 满足 $\boldsymbol{U}^{\mathrm{H}}(\boldsymbol{I}_{N-M} - \boldsymbol{\mathcal{D}}_3)\boldsymbol{U} = \boldsymbol{\Lambda}$, $\boldsymbol{\Lambda}$ 是一个上三角矩阵, 其对角元素为 $1 - \hat{\lambda}_i, i = 1, 2, \cdots, N-M$, 其中, $\hat{\lambda}_i (i = 1, 2, \cdots, N-M)$ 是矩阵 $\boldsymbol{\mathcal{D}}_3$ 的特征值. 因为假设 8.2 成立, 所以矩阵 $\boldsymbol{I}_{N-M} - \boldsymbol{\mathcal{D}}_3$ 的所有特征值都具有正实部, 由此可得出矩阵 $\boldsymbol{\mathcal{D}}_3$ 的所有特征值的模都小于 1. 另一方面, 可得

$$
\begin{aligned}
&\left(\boldsymbol{U}^{\mathrm{H}} \otimes \boldsymbol{I}_{2n-q}\right) (\boldsymbol{I}_{N-M} \otimes \boldsymbol{S} + (\boldsymbol{I}_{N-M} - \boldsymbol{\mathcal{D}}_3) \otimes \boldsymbol{H}) (\boldsymbol{U} \otimes \boldsymbol{I}_{2n-q}) \\
=& \boldsymbol{I}_{N-M} \otimes \boldsymbol{S} + \boldsymbol{\Lambda} \otimes \boldsymbol{H}.
\end{aligned}
$$

注意, 矩阵 $\boldsymbol{I}_{N-M} \otimes \boldsymbol{S} + \boldsymbol{\Lambda} \otimes \boldsymbol{H}$ 是一个分块上三角矩阵, 分块对角元为 $\boldsymbol{S} + (1 - \hat{\lambda}_i)\boldsymbol{H}, i = 1, 2, \cdots, N-M$. 将矩阵 $\boldsymbol{S} + (1 - \hat{\lambda}_i)\boldsymbol{H}$ 前后分别乘以 $\boldsymbol{X} = \begin{bmatrix} \boldsymbol{I} & \boldsymbol{0} \\ -\boldsymbol{T} & \boldsymbol{I} \end{bmatrix}$ 和 $\boldsymbol{X}^{-1}$, 并借助式 (8.26), 得到

$$
\boldsymbol{X}\left(\boldsymbol{S} + (1 - \hat{\lambda}_i)\boldsymbol{H}\right)\boldsymbol{X}^{-1} = \begin{bmatrix} \boldsymbol{A} + (1 - \hat{\lambda}_i)\boldsymbol{B}\boldsymbol{K} & (1 - \hat{\lambda}_i)\boldsymbol{B}\boldsymbol{K}\boldsymbol{Q}_2 \\ \boldsymbol{0} & \boldsymbol{F} \end{bmatrix}.
$$

进一步, 根据算法 8.2 的步骤 (3) 可得

$$
\begin{aligned}
&(\boldsymbol{A} + (1 - \hat{\lambda}_i)\boldsymbol{B}\boldsymbol{K})^{\mathrm{H}}\boldsymbol{P}(\boldsymbol{A} + (1 - \hat{\lambda}_i)\boldsymbol{B}\boldsymbol{K}) - \boldsymbol{P} \\
=& \boldsymbol{A}^{\mathrm{T}}\boldsymbol{P}\boldsymbol{A} + (|\hat{\lambda}_i|^2 - 1)\boldsymbol{A}^{\mathrm{T}}\boldsymbol{P}\boldsymbol{B}(\boldsymbol{B}^{\mathrm{T}}\boldsymbol{P}\boldsymbol{B})^{-1}\boldsymbol{B}^{\mathrm{T}}\boldsymbol{P}\boldsymbol{A} - \boldsymbol{P} \\
\leqslant& \boldsymbol{A}^{\mathrm{T}}\boldsymbol{P}\boldsymbol{A} - (1 - \max_{|\lambda_i|<1} |\lambda_i|^2)\boldsymbol{A}^{\mathrm{T}}\boldsymbol{P}\boldsymbol{B}(\boldsymbol{B}^{\mathrm{T}}\boldsymbol{P}\boldsymbol{B})^{-1}\boldsymbol{B}^{\mathrm{T}}\boldsymbol{P}\boldsymbol{A} - \boldsymbol{P} \\
=& -\boldsymbol{Q} < \boldsymbol{0},
\end{aligned}
$$

其中, $\lambda_i (i = 1, 2, \cdots, N)$ 为矩阵 $\boldsymbol{\mathcal{D}}$ 的特征值. 这说明矩阵 $\boldsymbol{A} + \left(1 - \hat{\lambda}_i\right)\boldsymbol{B}\boldsymbol{K}$, $\forall i \in \{1, 2, \cdots, N-M\}$ 是 Schur 稳定的. 因为 $\boldsymbol{F}$ 是 Schur 稳定的, 所以矩阵 $\boldsymbol{I}_{N-M} \otimes \boldsymbol{S} + (\boldsymbol{I}_{N-M} - \boldsymbol{\mathcal{D}}_3) \otimes \boldsymbol{H}$ 也是 Schur 稳定的.

根据推论 8.1, 有

$$
\lim_{k\to\infty} ((\boldsymbol{I}_M - \boldsymbol{\mathcal{D}}_1) \otimes \boldsymbol{I}_{2n-q}) \boldsymbol{z}_l(k) = \boldsymbol{0}.
$$

因此, $\lim\limits_{k\to\infty}\boldsymbol{\xi}(k)=\mathbf{0}$. 由此可以得到 $\lim\limits_{k\to\infty}\boldsymbol{z_f}(k)=[(\boldsymbol{I}_{N-M}-\boldsymbol{\mathcal{D}}_3)^{-1}\boldsymbol{\mathcal{D}}_2\otimes\boldsymbol{I}_{2n-q}]\boldsymbol{z}_l(k)$. 以上分析表明,

$$\lim_{k\to\infty}\boldsymbol{x}_f(k)=[(\boldsymbol{I}_{N-M}-\boldsymbol{\mathcal{D}}_3)^{-1}\boldsymbol{\mathcal{D}}_2\otimes\boldsymbol{I}_n]\boldsymbol{x}_l(k).$$

■

注解 8.12　由引理 8.3 的结论可知, 矩阵 $(\boldsymbol{I}_{N-M}-\boldsymbol{\mathcal{D}}_3)^{-1}\boldsymbol{\mathcal{D}}_2$ 每行元素的绝对值之和不大于 1, 定理 8.5 意味着 $\lim\limits_{k\to\infty}\left[|x_{jl}(k)|-\max\limits_{i\in\mathbb{L}}|x_{il}(k)|\right]\leqslant 0, j\in\mathbb{F}$, 这符合定义 8.2 中二分包含的定义. 因此, 无论有向符号图 $\mathcal{G}$ 是否是结构平衡的, 群体智能系统 (8.23) 在控制协议 (8.25) 下都可以实现分布式二分包含.

8.2.3　仿真分析

考虑由 13 个智能体组成的群体智能系统 (8.23), 其通信拓扑图如图 8.6 所示. 根据定义 8.1, 由图 8.6 可以看出, 通信拓扑图 $\mathcal{G}$ 中有两个领航者子图, 即与结点 $\{1,2,3\}$ 相关联的子图和与结点 $\{4,5,6\}$ 相关联的子图. 并且, 与结点 $\{1,2,3\}$ 相关联的子图是结构平衡的, 与结点 $\{4,5,6\}$ 相关联的子图是结构不平衡的. 群体智能系统 (8.23) 的系统参数为

$$\boldsymbol{A}=\begin{bmatrix}0&1\\1&0\end{bmatrix},\quad\boldsymbol{B}=\begin{bmatrix}0\\1\end{bmatrix},\quad\boldsymbol{C}=\begin{bmatrix}1&0\end{bmatrix}.$$

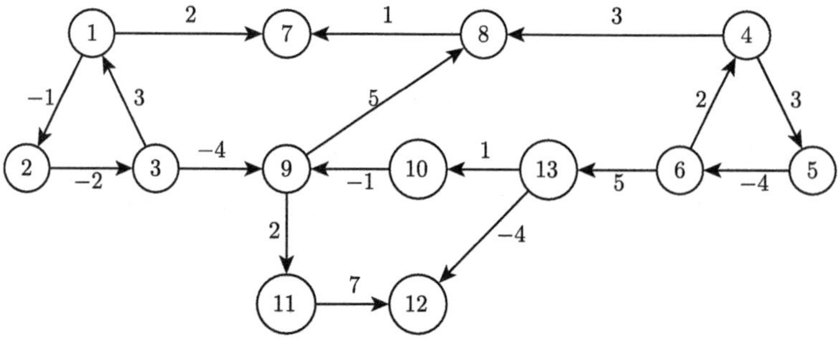

图 8.6　通信拓扑图 $\mathcal{G}$

为了得到与通信拓扑图 $\mathcal{G}$ 相关联的矩阵 $\boldsymbol{\mathcal{D}}$, 选择 $d_{ii}=\left(\sum\limits_{j\neq i}|a_{ij}|\right)\Big/\left(2\sum\limits_{j=1}^{N}|a_{ij}|\right)$, $d_{ij}=a_{ij}/\left(2\sum\limits_{j=1}^{N}|a_{ij}|\right), j\neq i$. 取 $\boldsymbol{F}=-2$ 和 $\boldsymbol{G}=-1$. 由算法 8.2 可得, $\boldsymbol{T}=$

$\begin{bmatrix} -0.4 & 0.2 \end{bmatrix}$, $\boldsymbol{Q}_1 = \begin{bmatrix} 1 \\ 2 \end{bmatrix}$, $\boldsymbol{Q}_2 = \begin{bmatrix} 0 \\ 5 \end{bmatrix}$. 矩阵 $\boldsymbol{\mathcal{D}}$ 的特征值为 0.5、0.5、0.5、0.5、0.5、0.5、0.5、0.25 + 0.433i、0.25 − 0.433i、1、0、0.75 + 0.433i、0.75 − 0.433i, 其中 i 表示虚数单位, $\max\limits_{|\lambda_i|<1} |\lambda_i|^2 = 0.75$. 根据修正的代数 Riccati 方程 (8.29), 可得

$$\boldsymbol{P} = \lim_{k\to\infty} \boldsymbol{P}(k) = \begin{bmatrix} 7 & 0 \\ 0 & 8 \end{bmatrix}, \quad \boldsymbol{K} = \begin{bmatrix} -1 & 0 \end{bmatrix}.$$

图 8.7~图 8.10 给出了仿真结果. 其中, 图 8.7 显示了结构平衡的领航者子

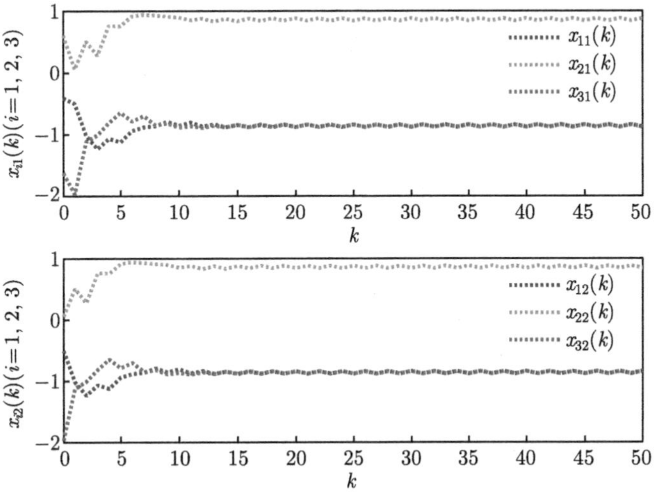

图 8.7 领航者 1, 2, 3 的二分一致性

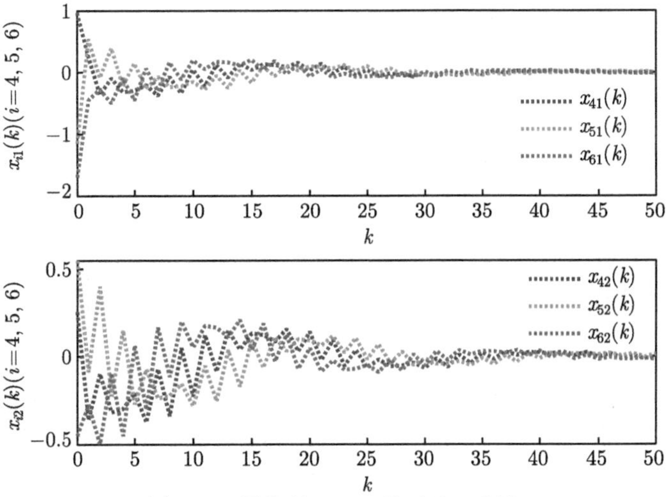

图 8.8 领航者 4, 5, 6 的平凡一致性

图中的领航者 $\{1,2,3\}$ 最终达成二分一致, 图 8.8 说明了结构不平衡的领航者子图中的领航者最终达成平凡一致. 此外, 图 8.9 和图 8.10 给出了二分包含控制协议 (8.25) 下闭环群体智能系统 (8.23) 的状态轨迹. 由图可以看出, 二分包含控制协议 (8.25) 下的群体智能系统 (8.23) 实现了二分包含, 由此验证了理论结果的有效性.

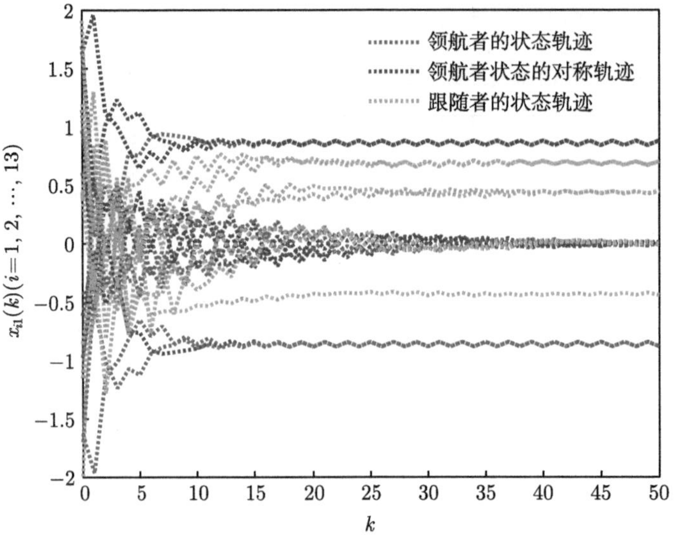

（扫码获取彩图）

图 8.9　二分包含控制协议 (8.25) 下闭环群体智能系统 (8.23) 的状态轨迹 ($x_{i1}(k)$)

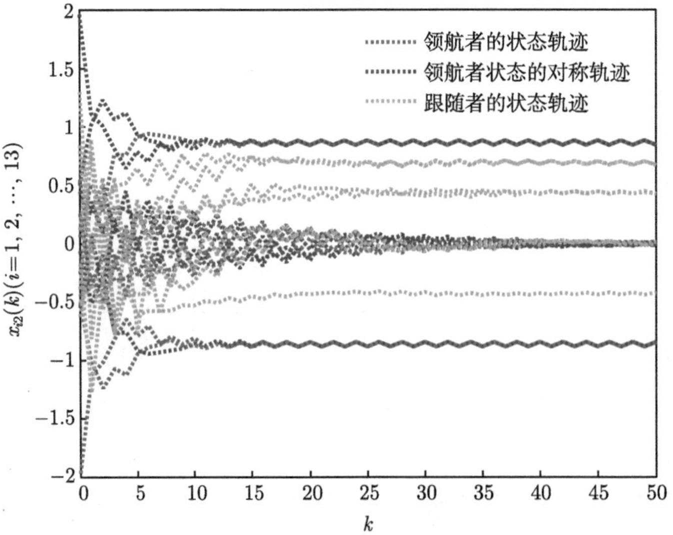

（扫码获取彩图）

图 8.10　二分包含控制协议 (8.25) 下闭环群体智能系统 (8.23) 的状态轨迹 ($x_{i2}(k)$)

8.3 具有未知动力学的群体智能系统鲁棒自适应包含控制

8.3.1 问题描述

考虑由 N 个动态智能体组成的群体智能系统, N 个智能体之间的信息交互用有向图 $\mathcal{G}$ 表示, 其邻接矩阵为 $\boldsymbol{\mathcal{A}}$. 假设所考虑的群体智能系统中有 M $(1 < M < N)$ 个领航者智能体和 $N-M$ 个跟随者智能体, 不失一般性, 假设领航者索引为 $1,2,\cdots,M$, 跟随者索引为 $M+1,M+2,\cdots,N$, 领航者集合和跟随者集合分别用 $\mathbb{L}=\{1,2,\cdots,M\}$ 和 $\mathbb{F}=\{M+1,M+2,\cdots,N\}$ 表示. 本节假设每个领航者的状态演化不受其他领航者或跟随者的状态影响, 即每个领航者没有邻居. 因此, 通信拓扑图 $\mathcal{G}$ 的 Laplace 矩阵 $\boldsymbol{L}$ 可写为如下分块矩阵的形式:

$$\boldsymbol{L}=\begin{bmatrix} \boldsymbol{0}_{M\times M} & \boldsymbol{0}_{M\times(N-M)} \\ \boldsymbol{L}_1 & \boldsymbol{L}_2 \end{bmatrix}\in\mathbb{R}^{N\times N}, \tag{8.31}$$

其中, $\boldsymbol{L}_1\in\mathbb{R}^{(N-M)\times M}$, $\boldsymbol{L}_2\in\mathbb{R}^{(N-M)\times(N-M)}$.

领航者和跟随者的动力学演化方程分别为

$$\dot{\boldsymbol{x}}_i(t)=\boldsymbol{A}\boldsymbol{x}_i(t)+\boldsymbol{B}\boldsymbol{u}_i(t),\quad i\in\mathbb{L}, \tag{8.32}$$

和

$$\dot{\boldsymbol{x}}_i(t)=\boldsymbol{A}\boldsymbol{x}_i(t)+\boldsymbol{B}\left[\boldsymbol{f}_i(\boldsymbol{x}_i(t))+\boldsymbol{g}_i(t)+\boldsymbol{u}_i(t)\right],\quad i\in\mathbb{F}, \tag{8.33}$$

其中, $\boldsymbol{x}_i(t)\in\mathbb{R}^n$ 为智能体 i 的状态向量; $\boldsymbol{A}\in\mathbb{R}^{n\times n}$ 为系统矩阵; $\boldsymbol{B}\in\mathbb{R}^{n\times m}$ $(n\geqslant m)$ 为控制输入矩阵; $\boldsymbol{u}_i(t)\in\mathbb{R}^m$ 为智能体 i 的控制输入向量; $\boldsymbol{f}_i(\boldsymbol{x}_i(t))$ 为未知的输入非线性项, 假设其为光滑的; $\boldsymbol{g}_i(t)\in\mathbb{R}^m$ 为有界的扰动, 满足

$$\|\boldsymbol{g}_i(t)\|_\infty\leqslant g_0, \tag{8.34}$$

其中, $g_0>0$ 为某个给定的标量. 因为式 (8.33) 中非线性函数 $\boldsymbol{f}_i(\boldsymbol{x}_i(t))(i\in\mathbb{F})$ 是光滑的, 根据 Stone-Weierstrass 逼近定理[214], 非线性项 $\boldsymbol{f}_i(\boldsymbol{x}_i(t))$ 在一个紧集 $\varPi\subset\mathbb{R}^n$ 上可以被任意地逼近, 即

$$\boldsymbol{f}_i(\boldsymbol{x}_i(t))=\boldsymbol{W}_i^{\mathrm{T}}\boldsymbol{\varphi}_i(\boldsymbol{x}_i(t))+\boldsymbol{\epsilon}_i(t),\quad \forall\boldsymbol{x}_i(t)\in\varPi, \tag{8.35}$$

其中, $\boldsymbol{\varphi}_i(\cdot):\mathbb{R}^n\to\mathbb{R}^h$ 是一个已知的激活函数; $\boldsymbol{W}_i\in\mathbb{R}^{h\times m}$ 为理想的神经网络权重矩阵; $\boldsymbol{\epsilon}_i(t)\in\mathbb{R}^m$ 为神经网络逼近误差向量, 对于所有 $i\in\mathbb{F}$ 满足

$$\|\boldsymbol{\epsilon}_i(t)\|_\infty\leqslant\epsilon_M.$$

假设对于所有的 $i=1,2,\cdots,N$, $\max\limits_{\boldsymbol{x}_i(t)\in\Pi}\{\|\boldsymbol{\varphi}_i(\boldsymbol{x}_i(t))\|\}$ 是有限值, 即存在一个正标量 $\varphi_{iM}>0$ 使得

$$\max_{\boldsymbol{x}_i(t)\in\Pi}\|\boldsymbol{\varphi}_i(\boldsymbol{x}_i(t))\|\leqslant\varphi_{iM},\quad i=1,2,\cdots,N.$$

定义 $\boldsymbol{W}=\mathrm{diag}\big(\boldsymbol{W}_{M+1},\boldsymbol{W}_{M+2},\cdots,\boldsymbol{W}_N\big)$, 可知存在一个正标量 W_M 使得 $\|\boldsymbol{W}\|_F\leqslant W_M$.

注解 8.13 Stone-Weierstrass 逼近定理表明, 对于相对温和的假设下的激活函数, 具有一个包含有限个神经元的隐藏层的前馈神经网络能够在 $\mathbb{R}^n$ 的紧子集上逼近一个连续函数. 基于此, 近年来提出了各种分布式神经自适应协同控制协议, 用于解决群体智能系统的协同控制问题[215-220].

假设 8.3 对于每个跟随者 $i\,(i\in\mathbb{F})$, 存在至少一个领航者 $j\,(j\in\mathbb{L})$ 使得该领航者有到跟随者 i 的有向路径.

假设 8.4 对于通信拓扑图 $\mathcal{G}$, 其结点集 $\mathbb{F}$ 的诱导子图 $\mathcal{G}_F$ 是细致平衡的, 即存在一个正向量 $\boldsymbol{\phi}=[\phi_{M+1},\phi_{M+2},\cdots,\phi_N]^{\mathrm{T}}>\boldsymbol{0}$ 使得 $\boldsymbol{\Phi}\boldsymbol{\mathcal{A}}_2=\boldsymbol{\mathcal{A}}_2^{\mathrm{T}}\boldsymbol{\Phi}$, 其中 $\boldsymbol{\mathcal{A}}_2$ 是诱导子图 $\mathcal{G}_F$ 的邻接矩阵, $\boldsymbol{\Phi}=\mathrm{diag}\big(\phi_{M+1},\phi_{M+2},\cdots,\phi_N\big)$.

注解 8.14 若假设 8.3 成立, 则由引理 8.1 可知, $\boldsymbol{L}_2$ 的所有特征值都具有正实部, $-\boldsymbol{L}_2^{-1}\boldsymbol{L}_1$ 的所有元素都是非负的, 且 $-\boldsymbol{L}_2^{-1}\boldsymbol{L}_1$ 的所有行和等于 1.

本节首先研究分布式拟包含控制问题, 其控制目标是使跟随者的状态向量的每个分量以一定的误差 $\varpi>0$ 收敛于领航者的状态分量张成的凸包中. 然后, 研究分布式渐近包含控制问题, 其控制目标是使跟随者的状态向量的每个分量渐近收敛于由领航者的状态分量张成的凸包中.

本节所考虑的拟包含和渐近包含分别由如下定义描述.

定义 8.5 考虑领航者动力学为 (8.32) 和跟随者动力学为 (8.33) 的群体智能系统, 若对于给定的正标量 ϖ, 存在某些非负标量 $p_{ij}\geqslant 0,\sum\limits_{j=1}^{M}p_{ij}=1$, 使得

$$\lim_{t\to\infty}\left\|\boldsymbol{x}_i(t)-\sum_{j=1}^{M}p_{ij}\boldsymbol{x}_j(t)\right\|\leqslant\varpi,\quad i\in\mathbb{F},$$

则称该群体智能系统实现拟包含.

定义 8.6 考虑领航者动力学为 (8.32) 和跟随者动力学为 (8.33) 的群体智能系统, 若存在某些非负标量 $p_{ij}\geqslant 0,\sum\limits_{j=1}^{M}p_{ij}=1$, 使得

$$\lim_{t\to\infty}\left\|\boldsymbol{x}_i(t)-\sum_{j=1}^{M}p_{ij}\boldsymbol{x}_j(t)\right\|=0,\quad i\in\mathbb{F},$$

则称该群体智能系统实现了渐近包含.

注解 8.15 尽管目前能够对各种群体智能系统[215-220] 设计良好的一致最终有界的协同控制协议, 但仍然缺乏对实现渐近协同行为的控制协议设计准则的理解. 为解决这个具有挑战的问题, 本节将设计和采用一种新的基于神经网络的分布式自适应控制协议, 以解决具有未知动力学的群体智能系统的渐近包含控制问题.

8.3.2 鲁棒自适应拟包含控制协议设计理论与分析

通常情况下, 式 (8.35) 中描述的神经网络的理想权重矩阵无法获知, 这意味着不能直接利用 $\boldsymbol{W}_i$ 设计包含控制协议. 为了有效补偿未知的非线性项和外部扰动, 本节提出一种基于神经网络的包含控制协议:

$$\boldsymbol{u}_i(t) = -\alpha\boldsymbol{K}\boldsymbol{\delta}_i(t) - \beta\mathrm{sgn}(\boldsymbol{K}\boldsymbol{\delta}_i(t)) - \hat{\boldsymbol{W}}_i(t)^{\mathrm{T}}\boldsymbol{\varphi}_i(\boldsymbol{x}_i(t)), \quad i \in \mathbb{F}, \tag{8.36}$$

其中, $\boldsymbol{\delta}_i(t) = \sum\limits_{j=1}^{N} a_{ij}(\boldsymbol{x}_i(t) - \boldsymbol{x}_j(t))$; α 和 β 为待确定的耦合强度; $\boldsymbol{K} \in \mathbb{R}^{m\times n}$ 为待设计的反馈增益矩阵; 时变矩阵 $\hat{\boldsymbol{W}}_i(t)$ 为智能体 i 在 t 时刻对理想权重矩阵的估计.

为实现拟包含控制目标, 对式 (8.36) 中的 $\hat{\boldsymbol{W}}_i(t)$ 提出如下神经自适应律:

$$\dot{\hat{\boldsymbol{W}}}_i(t) = \nu_i\left[\phi_i\boldsymbol{\varphi}_i(t)\boldsymbol{\delta}_i(t)^{\mathrm{T}}(\boldsymbol{P}^{-1}\boldsymbol{B}) - c_i\hat{\boldsymbol{W}}_i(t)\right], \quad i \in \mathbb{F}, \tag{8.37}$$

其中, ν_i 和 c_i 为两个正标量; ϕ_i 满足假设 8.4; $\boldsymbol{P}$ 为随后将被设计的正定矩阵; $\hat{\boldsymbol{W}}_i(0)$ 为具有适当维数的常实矩阵.

为便于表示, 令 $\boldsymbol{\delta}(t)=\left[\boldsymbol{\delta}_{M+1}(t)^{\mathrm{T}}, \boldsymbol{\delta}_{M+2}(t)^{\mathrm{T}}, \cdots, \boldsymbol{\delta}_N(t)^{\mathrm{T}}\right]^{\mathrm{T}}$, $\boldsymbol{x}_f(t)=\left[\boldsymbol{x}_{M+1}(t)^{\mathrm{T}}, \boldsymbol{x}_{M+2}(t)^{\mathrm{T}}, \cdots, \boldsymbol{x}_N(t)^{\mathrm{T}}\right]^{\mathrm{T}}$, $\boldsymbol{x}_l(t) = \left[\boldsymbol{x}_1(t)^{\mathrm{T}}, \boldsymbol{x}_2(t)^{\mathrm{T}}, \cdots, \boldsymbol{x}_M(t)^{\mathrm{T}}\right]^{\mathrm{T}}$. 显然, $\boldsymbol{\delta}(t) = (\boldsymbol{L}_1 \otimes \boldsymbol{I}_n)\boldsymbol{x}_l(t) + (\boldsymbol{L}_2 \otimes \boldsymbol{I}_n)\boldsymbol{x}_f(t)$. 设 $\hat{\boldsymbol{e}}(t) = \boldsymbol{x}_f(t) - (-\boldsymbol{L}_2^{-1}\boldsymbol{L}_1 \otimes \boldsymbol{I}_n)\boldsymbol{x}_l(t)$ 为所考虑的群体智能系统的包含误差向量. 通过分析可得, $\hat{\boldsymbol{e}}(t) = (\boldsymbol{L}_2^{-1} \otimes \boldsymbol{I}_n)\boldsymbol{\delta}(t)$. 这意味着

$$\|\hat{\boldsymbol{e}}(t)\| \leqslant \varrho\|\boldsymbol{\delta}(t)\|, \tag{8.38}$$

其中, ϱ 为 $\boldsymbol{L}_2^{-1}$ 的最大奇异值, 即 $\varrho = \sqrt{\lambda_{\max}\left((\boldsymbol{L}_2^{-1})^{\mathrm{T}}\boldsymbol{L}_2^{-1}\right)}$. 结合式 (8.36) 及式 (8.32)~ 式(8.35), 可得

$$\begin{aligned}\dot{\boldsymbol{\delta}}(t) =& \left[(\boldsymbol{I}_{N-M} \otimes \boldsymbol{A}) - \alpha(\boldsymbol{L}_2 \otimes \boldsymbol{B}\boldsymbol{K})\right]\boldsymbol{\delta}(t) + (\boldsymbol{L}_1 \otimes \boldsymbol{B})\boldsymbol{u}_l(t)\\ &+ (\boldsymbol{L}_2 \otimes \boldsymbol{B})\boldsymbol{g}(t) - (\boldsymbol{L}_2 \otimes \boldsymbol{B})(\tilde{\boldsymbol{W}}(t)^{\mathrm{T}}\boldsymbol{\varPsi}(t) - \boldsymbol{\epsilon}(t))\\ &- \beta(\boldsymbol{L}_2 \otimes \boldsymbol{B})\mathrm{sgn}\big((\boldsymbol{I}_{N-M} \otimes \boldsymbol{K})\boldsymbol{\delta}(t)\big),\end{aligned} \tag{8.39}$$

其中, $\boldsymbol{u}_l(t) = \left[\boldsymbol{u}_1(t)^{\mathrm{T}}, \boldsymbol{u}_2(t)^{\mathrm{T}}, \cdots, \boldsymbol{u}_M(t)^{\mathrm{T}}\right]^{\mathrm{T}}$, $\boldsymbol{g}(t) = \left[\boldsymbol{g}_{M+1}(t)^{\mathrm{T}}, \boldsymbol{g}_{M+2}(t)^{\mathrm{T}}, \cdots, \boldsymbol{g}_N(t)^{\mathrm{T}}\right]^{\mathrm{T}}$, $\tilde{\boldsymbol{W}}(t) = \mathrm{diag}\left(\tilde{\boldsymbol{W}}_{M+1}(t), \tilde{\boldsymbol{W}}_{M+2}(t), \cdots, \tilde{\boldsymbol{W}}_N(t)\right)$, $\tilde{\boldsymbol{W}}_i(t) = \hat{\boldsymbol{W}}_i(t) - \boldsymbol{W}_i, i = M+1, M+2, \cdots, N$, $\boldsymbol{\epsilon}(t) = [\boldsymbol{\epsilon}_{M+1}(t)^{\mathrm{T}}, \boldsymbol{\epsilon}_{M+2}(t)^{\mathrm{T}}, \cdots, \boldsymbol{\epsilon}_N(t)^{\mathrm{T}}]^{\mathrm{T}} \in \mathbb{R}^{(N-M)m}$, $\boldsymbol{\Psi}(t) = [\boldsymbol{\varphi}_{M+1}(t)^{\mathrm{T}}, \boldsymbol{\varphi}_{M+2}(t)^{\mathrm{T}}, \cdots, \boldsymbol{\varphi}_N(t)^{\mathrm{T}}]^{\mathrm{T}} \in \mathbb{R}^{(N-M)h}$. 为便于分析, 提出如下假设.

假设 8.5　对于任意给定的 $\boldsymbol{x}_l(0) \in \mathbb{R}^{Mn}$, 存在两个正标量 $\eta(\boldsymbol{x}_l(0))$ 和 $\hat{\eta}$ 使得如下条件成立:

$$\|\boldsymbol{x}_l(t)\|_\infty \leqslant \eta(\boldsymbol{x}_l(0)), \quad \|\boldsymbol{u}_l(t)\|_\infty \leqslant \hat{\eta}, \quad \forall t \geqslant 0.$$

注解 8.16　假设 8.5 是一个温和的假设. 例如, 若系统矩阵 $\boldsymbol{A}$ 是临界稳定的且对于 $i \in \mathbb{L}$, 将 $\boldsymbol{u}_i(t)$ 设为 $\boldsymbol{0}_m$, 则假设 8.5 成立. 另外, 在 $(\boldsymbol{A}, \boldsymbol{B})$ 是可镇定的条件下, 若对于每个 $i \in \mathbb{L}$, 控制输入 $\boldsymbol{u}_i(t)$ 设计为 $\boldsymbol{u}_i(t) = \boldsymbol{F}\boldsymbol{x}_i(t), i \in \mathbb{L}$, 且 $\boldsymbol{A} + \boldsymbol{B}\boldsymbol{F}$ 是临界稳定的或 Hurwitz 的, 则假设 8.5 成立.

为简化符号, 令

$$\phi_{\min} = \min_{i \in \{M+1, M+2, \cdots, N\}} \{\phi_i\}.$$

下面, 给出本节的主要结论.

定理 8.6　设假设 8.3~假设 8.5 成立且矩阵对 $(\boldsymbol{A}, \boldsymbol{B})$ 是可镇定的. 则对任意给定的 $\boldsymbol{x}_i(0) \in \mathbb{R}^n$, 通过适当地设计控制参数, 具有领航者动力学 (8.32) 和跟随者动力学 (8.33) 的群体智能系统在具有自适应律 (8.37) 的控制协议 (8.36) 下可以实现分布式拟包含. 具体地, 对于给定的 $\chi_0 > 0$, 求解如下线性矩阵不等式:

$$\boldsymbol{A}\boldsymbol{P} + \boldsymbol{P}\boldsymbol{A}^{\mathrm{T}} - \chi_0 \boldsymbol{B}\boldsymbol{B}^{\mathrm{T}} + \theta_1 \boldsymbol{P} < \boldsymbol{0}, \tag{8.40}$$

得到正定解矩阵 $\boldsymbol{P}$, 其中, θ_1 是正标量, 选择反馈增益矩阵 $\boldsymbol{K} = \boldsymbol{B}^{\mathrm{T}}\boldsymbol{P}^{-1}$, 选择 $\alpha > (\chi_0 \lambda_{\max}(\boldsymbol{\Phi}\boldsymbol{L}_2^{-1}))/(2\phi_{\min})$, $\beta > \epsilon_M + \hat{\eta} + g_0$, 其中, g_0 在式 (8.34) 中定义. 特别地, 神经网络逼近域 $\varPi$ 可以选择为

$$\varPi = \left\{\boldsymbol{z} \in \mathbb{R}^n \middle| \|\boldsymbol{z}\| \leqslant \tau_0\right\},$$

其中, $\tau_0 = \dfrac{\varrho\left(\sqrt{V_1(0)} + \bar{c}_0/c_0\right)}{\sqrt{\lambda_{\min}\left(\boldsymbol{\Phi}\boldsymbol{L}_2^{-1} \otimes \boldsymbol{P}^{-1}\right)}} + \sqrt{M}\left\|\boldsymbol{L}_2^{-1}\boldsymbol{L}_1 \otimes \boldsymbol{I}_n\right\|_F \eta(\boldsymbol{x}_l(0))$, ϱ 为 $\boldsymbol{L}_2^{-1}$ 的最大奇异值, $c_0 = \min\{\theta_1, 2c_m\nu_m\}$, $\bar{c}_0 = 2c_M W_M \sqrt{\nu_M}$, $c_M = \max\limits_{i \in \{M+1, M+2, \cdots, N\}} \{c_i\}$, $c_m = \min\limits_{i \in \{M+1, M+2, \cdots, N\}} \{c_i\}$, $\nu_m = \min\limits_{i \in \{M+1, M+2, \cdots, N\}} \{\nu_i\}$, $\eta(\boldsymbol{x}_l(0))$ 由假设 8.5 给

定, 且

$$V_1(0)=\boldsymbol{\delta}(0)^{\mathrm{T}}\big(\boldsymbol{\Phi}\boldsymbol{L}_2^{-1}\otimes\boldsymbol{P}^{-1}\big)\boldsymbol{\delta}(0)+\sum_{i=M+1}^{N}\mathrm{tr}\Big(\frac{1}{\nu_i}\tilde{\boldsymbol{W}}_i(0)^{\mathrm{T}}\tilde{\boldsymbol{W}}_i(0)\Big).$$

证明: 根据假设 8.4, 可知存在一个正向量 $\boldsymbol{\phi}=[\phi_{M+1},\phi_{M+2},\cdots,\phi_N]^{\mathrm{T}}>\boldsymbol{0}$ 使得 $\boldsymbol{\Phi}\boldsymbol{L}_2=\boldsymbol{L}_2^{\mathrm{T}}\boldsymbol{\Phi}$, 其中, $\boldsymbol{\Phi}=\mathrm{diag}(\phi_{M+1},\phi_{M+2},\cdots,\phi_N)>\boldsymbol{0}$. 另外, 由假设 8.3 和注解 8.14 可得 $\boldsymbol{L}_2$ 是非奇异的. 因为 $\boldsymbol{\Phi}>\boldsymbol{0}$, 可知 $\boldsymbol{\Phi}\boldsymbol{L}_2$ 也是非奇异矩阵. 上述分析表明, $\boldsymbol{\Phi}\boldsymbol{L}_2$ 是一个非奇异对称实矩阵. 因此, $\boldsymbol{\Phi}\boldsymbol{L}_2$ 是正定的. 因为 $\boldsymbol{L}_2\boldsymbol{\Phi}^{-1}=\boldsymbol{\Phi}^{-1}(\boldsymbol{\Phi}\boldsymbol{L}_2)\boldsymbol{\Phi}^{-1}$, 可知 $\boldsymbol{L}_2\boldsymbol{\Phi}^{-1}$ 也是正定的. 基于上述分析, 为系统 (8.39) 选择如下 Lyapunov 函数:

$$V_1(t)=\boldsymbol{\delta}(t)^{\mathrm{T}}\big(\boldsymbol{\Phi}\boldsymbol{L}_2^{-1}\otimes\boldsymbol{P}^{-1}\big)\boldsymbol{\delta}(t)+\sum_{i=M+1}^{N}\mathrm{tr}\Big(\frac{1}{\nu_i}\tilde{\boldsymbol{W}}_i(t)^{\mathrm{T}}\tilde{\boldsymbol{W}}_i(t)\Big),\tag{8.41}$$

其中, $\tilde{\boldsymbol{W}}_i(t)=\hat{\boldsymbol{W}}_i(t)-\boldsymbol{W}_i$, $i=M+1,M+2,\cdots,N$, $\boldsymbol{P}>\boldsymbol{0}$ 是线性矩阵不等式 (8.40) 的一个解. $V_1(t)$ 沿着系统 (8.39) 轨迹的时间导数为

$$\begin{aligned}\dot{V}_1(t)=&\boldsymbol{\delta}(t)^{\mathrm{T}}\big[\boldsymbol{\Phi}\boldsymbol{L}_2^{-1}\otimes(\boldsymbol{P}^{-1}\boldsymbol{A}+\boldsymbol{A}^{\mathrm{T}}\boldsymbol{P}^{-1})-\alpha\boldsymbol{\Phi}\otimes(\boldsymbol{P}^{-1}\boldsymbol{B}\boldsymbol{K}+\boldsymbol{K}^{\mathrm{T}}\boldsymbol{B}^{\mathrm{T}}\boldsymbol{P}^{-1})\big]\boldsymbol{\delta}(t)\\&+2\boldsymbol{\delta}(t)^{\mathrm{T}}\big(\boldsymbol{\Phi}\boldsymbol{L}_2^{-1}\boldsymbol{L}_1\otimes\boldsymbol{P}^{-1}\boldsymbol{B}\big)\boldsymbol{u}_l(t)+2\boldsymbol{\delta}(t)^{\mathrm{T}}\big(\boldsymbol{\Phi}\otimes\boldsymbol{P}^{-1}\boldsymbol{B}\big)\boldsymbol{g}(t)\\&-2\boldsymbol{\delta}(t)^{\mathrm{T}}(\boldsymbol{\Phi}\otimes\boldsymbol{P}^{-1}\boldsymbol{B})(\tilde{\boldsymbol{W}}(t)^{\mathrm{T}}\boldsymbol{\Psi}(t)-\boldsymbol{\epsilon}(t))\\&-2\beta\boldsymbol{\delta}(t)^{\mathrm{T}}\big(\boldsymbol{\Phi}\otimes\boldsymbol{P}^{-1}\boldsymbol{B}\big)\mathrm{sgn}\big((\boldsymbol{I}_{N-M}\otimes\boldsymbol{K})\boldsymbol{\delta}(t)\big)\\&+2\sum_{i=M+1}^{N}\mathrm{tr}\Big(\frac{1}{\nu_i}\tilde{\boldsymbol{W}}_i(t)^{\mathrm{T}}\dot{\hat{\boldsymbol{W}}}_i(t)\Big).\end{aligned}\tag{8.42}$$

由对角矩阵 $\boldsymbol{\Phi}$ 是正定的, 可得 $\mathrm{sgn}((\boldsymbol{I}_{N-M}\otimes\boldsymbol{K})\boldsymbol{\delta}(t))=\mathrm{sgn}((\boldsymbol{\Phi}\otimes\boldsymbol{K})\boldsymbol{\delta}(t))$. 而且, 对于任意给定的一个实列向量 $\boldsymbol{\eta}$, 等式 $\boldsymbol{\eta}\mathrm{sgn}(\boldsymbol{\eta})=\|\boldsymbol{\eta}\|_1$ 成立. 将 $\boldsymbol{K}=\boldsymbol{B}^{\mathrm{T}}\boldsymbol{P}^{-1}$ 代入式 (8.42) 得

$$\begin{aligned}\dot{V}_1(t)=&\boldsymbol{\delta}(t)^{\mathrm{T}}\big[\boldsymbol{\Phi}\boldsymbol{L}_2^{-1}\otimes(\boldsymbol{P}^{-1}\boldsymbol{A}+\boldsymbol{A}^{\mathrm{T}}\boldsymbol{P}^{-1})-2\alpha\boldsymbol{\Phi}\otimes(\boldsymbol{P}^{-1}\boldsymbol{B}\boldsymbol{B}^{\mathrm{T}}\boldsymbol{P}^{-1})\big]\boldsymbol{\delta}(t)\\&+2\boldsymbol{\delta}(t)^{\mathrm{T}}\big(\boldsymbol{\Phi}\boldsymbol{L}_2^{-1}\boldsymbol{L}_1\otimes\boldsymbol{P}^{-1}\boldsymbol{B}\big)\boldsymbol{u}_l(t)+2\boldsymbol{\delta}(t)^{\mathrm{T}}\big(\boldsymbol{\Phi}\otimes\boldsymbol{P}^{-1}\boldsymbol{B}\big)\boldsymbol{g}(t)\\&-2\boldsymbol{\delta}(t)^{\mathrm{T}}(\boldsymbol{\Phi}\otimes\boldsymbol{P}^{-1}\boldsymbol{B})(\tilde{\boldsymbol{W}}(t)^{\mathrm{T}}\boldsymbol{\Psi}(t)-\boldsymbol{\epsilon}(t))\\&-2\beta\|(\boldsymbol{\Phi}\otimes\boldsymbol{B}^{\mathrm{T}}\boldsymbol{P}^{-1})\boldsymbol{\delta}(t)\|_1-2\sum_{i=M+1}^{N}\mathrm{tr}\Big(c_i\tilde{\boldsymbol{W}}_i(t)^{\mathrm{T}}\hat{\boldsymbol{W}}_i(t)\Big)\end{aligned}$$

$$+2\sum_{i=M+1}^{N}\mathrm{tr}\Big(\tilde{\boldsymbol{W}}_i(t)^{\mathrm{T}}\phi_i\boldsymbol{\varphi}_i(t)\boldsymbol{\delta}_i(t)^{\mathrm{T}}(\boldsymbol{P}^{-1}\boldsymbol{B})\Big). \tag{8.43}$$

因为对于任意具有兼容维数的矩阵 $\boldsymbol{C}$ 和 $\boldsymbol{D}$ 有 $\mathrm{tr}(\boldsymbol{CD})=\mathrm{tr}(\boldsymbol{DC})$ 成立, 通过数学计算可得

$$\boldsymbol{\delta}(t)^{\mathrm{T}}(\boldsymbol{\Phi}\otimes\boldsymbol{P}^{-1}\boldsymbol{B})(\tilde{\boldsymbol{W}}(t)^{\mathrm{T}}\boldsymbol{\Psi}(t))=\sum_{i=M+1}^{N}\mathrm{tr}\Big(\tilde{\boldsymbol{W}}_i(t)^{\mathrm{T}}\phi_i\boldsymbol{\varphi}_i(t)\boldsymbol{\delta}_i(t)^{\mathrm{T}}(\boldsymbol{P}^{-1}\boldsymbol{B})\Big). \tag{8.44}$$

此外, 利用 Hölder 不等式可得

$$\begin{aligned}2\boldsymbol{\delta}(t)^{\mathrm{T}}\big(\boldsymbol{\Phi}\boldsymbol{L}_2^{-1}\boldsymbol{L}_1\otimes\boldsymbol{P}^{-1}\boldsymbol{B}\big)\boldsymbol{u}_l(t)&\leqslant2\|\boldsymbol{\delta}(t)^{\mathrm{T}}\big(\boldsymbol{\Phi}\otimes\boldsymbol{P}^{-1}\boldsymbol{B}\big)(\boldsymbol{L}_2^{-1}\boldsymbol{L}_1\otimes\boldsymbol{I}_n)\boldsymbol{u}_l(t)\|_1\\&\leqslant2\|(\boldsymbol{L}_2^{-1}\boldsymbol{L}_1\otimes\boldsymbol{I}_n)\boldsymbol{u}_l(t)\|_\infty\|\big(\boldsymbol{\Phi}\otimes\boldsymbol{B}^{\mathrm{T}}\boldsymbol{P}^{-1}\big)\boldsymbol{\delta}(t)\|_1.\end{aligned} \tag{8.45}$$

基于 $\|(\boldsymbol{L}_2^{-1}\boldsymbol{L}_1\otimes\boldsymbol{I}_n)\boldsymbol{u}_l(t)\|_\infty\leqslant\|(\boldsymbol{L}_2^{-1}\boldsymbol{L}_1\otimes\boldsymbol{I}_n)\|_\infty\|\boldsymbol{u}_l(t)\|_\infty\leqslant\widehat{\eta}$ 的事实, 由式 (8.45) 可推出

$$2\boldsymbol{\delta}(t)^{\mathrm{T}}\big(\boldsymbol{\Phi}\boldsymbol{L}_2^{-1}\boldsymbol{L}_1\otimes\boldsymbol{P}^{-1}\boldsymbol{B}\big)\boldsymbol{u}_l(t)\leqslant2\widehat{\eta}\|\big(\boldsymbol{\Phi}\otimes\boldsymbol{B}^{\mathrm{T}}\boldsymbol{P}^{-1}\big)\boldsymbol{\delta}(t)\|_1. \tag{8.46}$$

类似地, 可以推出

$$\begin{aligned}2\boldsymbol{\delta}(t)^{\mathrm{T}}\big(\boldsymbol{\Phi}\otimes\boldsymbol{P}^{-1}\boldsymbol{B}\big)\boldsymbol{g}(t)&\leqslant2\|\boldsymbol{g}(t)\|_\infty\|\big(\boldsymbol{\Phi}\otimes\boldsymbol{B}^{\mathrm{T}}\boldsymbol{P}^{-1}\big)\boldsymbol{\delta}(t)\|_1\\&\leqslant2g_0\|\big(\boldsymbol{\Phi}\otimes\boldsymbol{B}^{\mathrm{T}}\boldsymbol{P}^{-1}\big)\boldsymbol{\delta}(t)\|_1.\end{aligned} \tag{8.47}$$

由式 (8.43)~式(8.47) 可得

$$\begin{aligned}\dot{V}_1(t)\leqslant&\,\boldsymbol{\delta}(t)^{\mathrm{T}}\left[\boldsymbol{\Phi}\boldsymbol{L}_2^{-1}\otimes\left(\boldsymbol{P}^{-1}\boldsymbol{A}+\boldsymbol{A}^{\mathrm{T}}\boldsymbol{P}^{-1}-\frac{2\alpha\phi_{\min}}{\lambda_{\max}(\boldsymbol{\Phi}\boldsymbol{L}_2^{-1})}\boldsymbol{P}^{-1}\boldsymbol{B}\boldsymbol{B}^{\mathrm{T}}\boldsymbol{P}^{-1}\right)\right]\boldsymbol{\delta}(t)\\&+2\epsilon_M\|\big(\boldsymbol{\Phi}\otimes\boldsymbol{B}^{\mathrm{T}}\boldsymbol{P}^{-1}\big)\boldsymbol{\delta}(t)\|_1+2\widehat{\eta}\|\big(\boldsymbol{\Phi}\otimes\boldsymbol{B}^{\mathrm{T}}\boldsymbol{P}^{-1}\big)\boldsymbol{\delta}(t)\|_1\\&+2g_0\|\big(\boldsymbol{\Phi}\otimes\boldsymbol{B}^{\mathrm{T}}\boldsymbol{P}^{-1}\big)\boldsymbol{\delta}(t)\|_1-2\beta\|\big(\boldsymbol{\Phi}\otimes\boldsymbol{B}^{\mathrm{T}}\boldsymbol{P}^{-1}\big)\boldsymbol{\delta}(t)\|_1\\&-2\sum_{i=M+1}^{N}\mathrm{tr}\Big(c_i\tilde{\boldsymbol{W}}_i(t)^{\mathrm{T}}\tilde{\boldsymbol{W}}_i(t)\Big)-2\sum_{i=M+1}^{N}\mathrm{tr}\Big(c_i\tilde{\boldsymbol{W}}_i(t)^{\mathrm{T}}\boldsymbol{W}_i\Big)\\\leqslant&-\theta_1\boldsymbol{\delta}(t)^{\mathrm{T}}\Big(\boldsymbol{\Phi}\boldsymbol{L}_2^{-1}\otimes\boldsymbol{P}^{-1}\Big)\boldsymbol{\delta}(t)-2\sum_{i=M+1}^{N}\mathrm{tr}\Big(c_i\tilde{\boldsymbol{W}}_i(t)^{\mathrm{T}}\tilde{\boldsymbol{W}}_i(t)\Big)\end{aligned}$$

$$-2\sum_{i=M+1}^{N}\operatorname{tr}\Big(c_i\tilde{\boldsymbol{W}}_i(t)^{\mathrm{T}}\boldsymbol{W}_i\Big), \tag{8.48}$$

其中, 最后一个不等式的推导利用了线性矩阵不等式 (8.40)、条件 $\beta > \epsilon_M + \widehat{\eta} + g_0$ 和 $-2\sum\limits_{i=M+1}^{N}\operatorname{tr}\Big(c_i\tilde{\boldsymbol{W}}_i(t)^{\mathrm{T}}\tilde{\boldsymbol{W}}_i(t)\Big) \leqslant 0$. 而且, 利用引理 2.2, 可得如下不等式:

$$\begin{aligned} 2\sum_{i=M+1}^{N}\operatorname{tr}\Big(c_i\tilde{\boldsymbol{W}}_i(t)^{\mathrm{T}}\boldsymbol{W}_i\Big) &\leqslant 2c_M W_M\|\tilde{\boldsymbol{W}}(t)\|_{\mathrm{F}}, \\ -2\sum_{i=M+1}^{N}\operatorname{tr}\Big(c_i\tilde{\boldsymbol{W}}_i(t)^{\mathrm{T}}\tilde{\boldsymbol{W}}_i(t)\Big) &\leqslant -2c_m\nu_m\sum_{i=M+1}^{N}\operatorname{tr}\Big(\frac{1}{\nu_i}\tilde{\boldsymbol{W}}_i(t)^{\mathrm{T}}\tilde{\boldsymbol{W}}_i(t)\Big), \end{aligned} \tag{8.49}$$

其中, $c_M = \max\limits_{i\in\{M+1,M+2,\cdots,N\}}\{c_i\}$, $c_m = \min\limits_{i\in\{M+1,M+2,\cdots,N\}}\{c_i\}$, $\nu_m = \min\limits_{i\in\{M+1,M+2,\cdots,N\}}\{\nu_i\}$. 结合式 (8.48) 和式 (8.49) 可得

$$\dot{V}_1(t) \leqslant -c_0V_1(t) + 2c_MW_M\|\tilde{\boldsymbol{W}}(t)\|_{\mathrm{F}},$$

其中, $c_0 = \min\{\theta_1,\ 2c_m\nu_m\}$. 通过一些数学计算可得

$$2c_MW_M\|\tilde{\boldsymbol{W}}(t)\|_{\mathrm{F}} \leqslant 2c_MW_M\sqrt{\nu_M}\sqrt{V_1(t)},$$

其中, $\nu_M = \max\limits_{i\in\{M+1,M+2,\cdots,N\}}\{\nu_i\}$. 根据上述分析, 可推出

$$\dot{V}_1(t) \leqslant -c_0V_1(t) + \bar{c}_0\sqrt{V_1(t)},$$

即

$$\frac{\mathrm{d}}{\mathrm{d}t}\left(\sqrt{V_1(t)}\right) \leqslant -(c_0/2)\sqrt{V_1(t)} + \bar{c}_0/2, \tag{8.50}$$

其中, $\bar{c}_0 = 2c_MW_M\sqrt{\nu_M}$. 对式 (8.50) 两边从 0 到 t 进行积分可得

$$\sqrt{V_1(t)} \leqslant \sqrt{V_1(0)}\mathrm{e}^{-\frac{c_0}{2}t} + \frac{\bar{c}_0}{c_0}(1-\mathrm{e}^{-\frac{c_0}{2}t}) \leqslant \sqrt{V_1(0)} + \frac{\bar{c}_0}{c_0}.$$

这表明对于任意给定的 $V_1(0)$, $\|\boldsymbol{\delta}(t)\|$ 都是一致有界的. 另外, 回顾 $\lambda_{\min}\Big(\boldsymbol{\Phi}\boldsymbol{L}_2^{-1}\otimes\boldsymbol{P}^{-1}\Big)\|\boldsymbol{\delta}(t)\|^2 \leqslant V_1(t)$, 可得

$$\|\boldsymbol{\delta}(t)\| \leqslant \frac{\sqrt{V_1(0)} + \dfrac{\bar{c}_0}{c_0}}{\sqrt{\lambda_{\min}\Big(\boldsymbol{\Phi}\boldsymbol{L}_2^{-1}\otimes\boldsymbol{P}^{-1}\Big)}}. \tag{8.51}$$

结合式 (8.38) 和式 (8.51) 可得

$$\|\hat{\boldsymbol{e}}(t)\| \leqslant \frac{\varrho\left(\sqrt{V_1(0)}+\dfrac{\bar{c}_0}{c_0}\right)}{\sqrt{\lambda_{\min}\left(\boldsymbol{\Phi}\boldsymbol{L}_2^{-1}\otimes\boldsymbol{P}^{-1}\right)}},$$

其中, $\varrho=\sqrt{\lambda_{\max}\left((\boldsymbol{L}_2^{-1})^{\mathrm{T}}\boldsymbol{L}_2^{-1}\right)}$. 根据 $\hat{\boldsymbol{e}}(t)$ 的定义, 可进一步推得

$$\begin{aligned}\|\boldsymbol{x}_f(t)\| &\leqslant \frac{\varrho\left(\sqrt{V_1(0)}+\dfrac{\bar{c}_0}{c_0}\right)}{\sqrt{\lambda_{\min}\left(\boldsymbol{\Phi}\boldsymbol{L}_2^{-1}\otimes\boldsymbol{P}^{-1}\right)}}+\left\|\boldsymbol{L}_2^{-1}\boldsymbol{L}_1\otimes\boldsymbol{I}_n\right\|_{\mathrm{F}}\|\boldsymbol{x}_l(t)\|\\ &\leqslant \frac{\varrho\left(\sqrt{V_1(0)}+\dfrac{\bar{c}_0}{c_0}\right)}{\sqrt{\lambda_{\min}\left(\boldsymbol{\Phi}\boldsymbol{L}_2^{-1}\otimes\boldsymbol{P}^{-1}\right)}}+\sqrt{M}\left\|\boldsymbol{L}_2^{-1}\boldsymbol{L}_1\otimes\boldsymbol{I}_n\right\|_{\mathrm{F}}\|\boldsymbol{x}_l(t)\|_\infty\\ &\leqslant \tau_0,\end{aligned}$$

其中, $\tau_0=\dfrac{\varrho\left(\sqrt{V_1(0)}+\bar{c}_0/c_0\right)}{\sqrt{\lambda_{\min}\left(\boldsymbol{\Phi}\boldsymbol{L}_2^{-1}\otimes\boldsymbol{P}^{-1}\right)}}+\sqrt{M}\left\|\boldsymbol{L}_2^{-1}\boldsymbol{L}_1\otimes I_n\right\|_{\mathrm{F}}\eta(\boldsymbol{x}_l(0))$, $\eta(\boldsymbol{x}_l(0))$ 在假设 8.5 中定义. 基于上述分析, 可得对于每个 $i\in\mathbb{F}$ 和 $t\geqslant 0$ 有 $\boldsymbol{x}_i(t)\in\Pi$, 其中,

$$\Pi=\left\{\boldsymbol{z}\in\mathbb{R}^n\,\middle|\,\|\boldsymbol{z}\|\leqslant\tau_0\right\}.$$

■

值得注意的是, 若 $N-M$ 个跟随者之间的通信子图为无向图, 则假设 8.4 成立. 由此可得到如下推论.

推论 8.2 设假设 8.3 和假设 8.5 成立, $N-M$ 个跟随者之间的通信子图为无向图, 且矩阵对 (A, B) 是可镇定的. 则对于任意给定的 $\boldsymbol{x}_i(0)\in\mathbb{R}^n$, $i\in\mathbb{L}\cup\mathbb{F}$, 通过适当地设计控制参数, 具有领航者动力学 (8.32) 和跟随者动力学 (8.33) 的群体智能系统在具有自适应律 (8.37) 的控制协议 (8.36) 下可以实现分布式拟包含. 具体地, 对于给定的 $\widehat{\chi}_0>0$, 求解如下线性矩阵不等式:

$$\boldsymbol{AP}+\boldsymbol{PA}^{\mathrm{T}}-\widehat{\chi}_0\boldsymbol{BB}^{\mathrm{T}}+\widehat{\theta}_1\boldsymbol{P}<\boldsymbol{0}, \tag{8.52}$$

得到正定解矩阵 $\boldsymbol{P}$, 其中, $\widehat{\theta}_1$ 是正标量, 选择反馈增益矩阵 $\boldsymbol{K}=\boldsymbol{B}^{\mathrm{T}}\boldsymbol{P}^{-1}$, 选择 $\alpha>(\widehat{\chi}_0\lambda_{\max}(\boldsymbol{L}_2^{-1}))/2$, $\beta>\epsilon_M+\widehat{\eta}+g_0$, 其中, g_0 在式 (8.34) 中定义. 特别地,

神经网络逼近域可以选择为

$$\varPi=\left\{\boldsymbol{z}\in\mathbb{R}^n\middle|\,\|\boldsymbol{z}\|\leqslant\widehat{\tau}_0\right\},$$

其中,

$$\widehat{\tau}_0=\frac{\varrho\left(\sqrt{\widehat{V}_1(0)}+\bar{c}_0/c_0\right)}{\sqrt{\lambda_{\min}\left(\boldsymbol{L}_2^{-1}\otimes\boldsymbol{P}^{-1}\right)}}+\sqrt{M}\left\|\boldsymbol{L}_2^{-1}\boldsymbol{L}_1\otimes\boldsymbol{I}_n\right\|_{\mathrm{F}}\eta(\boldsymbol{x}_l(0)),$$

$$\widehat{V}_1(0)=\boldsymbol{\delta}^{\mathrm{T}}(0)\big(\boldsymbol{L}_2^{-1}\otimes\boldsymbol{P}^{-1}\big)\boldsymbol{\delta}(0)+\sum_{i=M+1}^{N}\mathrm{tr}\Big(\frac{1}{\nu_i}\tilde{\boldsymbol{W}}_i^{\mathrm{T}}(0)\tilde{\boldsymbol{W}}_i(0)\Big),$$

其余参数的定义与定理 8.6 相同.

证明: 因为描述 $N-M$ 个跟随者间信息交互的通信子图是无向图, 由假设 8.3 可知 $\boldsymbol{L}_2$ 是正定的. 为系统 (8.39) 选择如下 Lyapunov 函数:

$$\widehat{V}_1(t)=\boldsymbol{\delta}(t)^{\mathrm{T}}\big(\boldsymbol{L}_2^{-1}\otimes\boldsymbol{P}^{-1}\big)\boldsymbol{\delta}(t)+\sum_{i=M+1}^{N}\mathrm{tr}\Big(\frac{1}{\nu_i}\tilde{\boldsymbol{W}}_i(t)^{\mathrm{T}}\tilde{\boldsymbol{W}}_i(t)\Big),$$

其中, $\boldsymbol{P}>\boldsymbol{0}$ 是线性不等式 (8.52) 的解, 其余符号的定义与式 (8.41) 相同. 利用与定理 8.6 的证明类似的分析可以证明该推论. ■

注解 8.17 下面给出线性矩阵不等式 (8.40) 的可行性分析. 由定理 8.6 可知, 若对于某些给定的正标量 θ_1, 线性矩阵不等式 (8.40) 是可解的, 则通过合理地设置控制协议 (8.36) 的控制参数可以使群体智能体系统实现拟包含. 注意, θ_1 的特定选择不影响定理 8.6 的定性结果. 因此, 在可行性分析中, 可以选择尽可能小的 θ_1. 由连续性可得, 若对于某些 $\chi_0>0$ 和 $\boldsymbol{P}>\boldsymbol{0}$, 线性矩阵不等式 $\boldsymbol{AP}+\boldsymbol{PA}^{\mathrm{T}}-\chi_0\boldsymbol{BB}^{\mathrm{T}}<\boldsymbol{0}$ 是可行的, 则对于某些 $\theta_1>0$, 线性矩阵不等式 (8.40) 是可行的. 值得注意的是, 对于某些 $\chi_0>0$ 和矩阵 $\boldsymbol{P}>\boldsymbol{0}$, 线性矩阵不等式 $\boldsymbol{AP}+\boldsymbol{PA}^{\mathrm{T}}-\chi_0\boldsymbol{BB}^{\mathrm{T}}<\boldsymbol{0}$ 是可行的, 当且仅当如下线性矩阵不等式

$$\boldsymbol{AP}+\boldsymbol{PA}^{\mathrm{T}}-\boldsymbol{BB}^{\mathrm{T}}<\boldsymbol{0}\tag{8.53}$$

是可行的. 由 Finsler 引理[170] 可知, 线性矩阵不等式 (8.53) 是可行的当且仅当矩阵对 $(\boldsymbol{A},\boldsymbol{B})$ 是可镇定的. 此外, 还可以得出, 若矩阵对 $(\boldsymbol{A},\boldsymbol{B})$ 是完全可控的, 则对于任意给定的 $\theta_1>0$, 总存在一个正定矩阵 $\boldsymbol{P}$ 和一个正标量 χ_0, 使得线性矩阵不等式 (8.40) 成立. 线性矩阵不等式 (8.52) 的可行性分析可通过类似的分析得到, 故在此省略.

8.3.3 鲁棒自适应渐近包含控制协议设计理论与分析

本节研究具有模型不确定的群体智能系统的渐近包含控制，控制目标是使跟随者的状态渐近收敛于由领航者的状态所张成的凸包中.

为了实现渐近包含的控制目标，为每个跟随者所设计的控制协议需要能够准确补偿跟随者的外界干扰项和未知非线性项. 基于 8.3.2 节的分析，以及受文献 [217]、[221] 和 [160] 中自适应控制协议设计的启发，本节对式 (8.36) 中的 $\hat{\boldsymbol{W}}_i(t)$ 提出如下神经自适应律:

$$
\begin{aligned}
\dot{\hat{\boldsymbol{W}}}_i(t) &= \nu_i \left[\phi_i \boldsymbol{\varphi}_i(t)\boldsymbol{\delta}_i(t)^{\mathrm{T}}(\boldsymbol{P}^{-1}\boldsymbol{B}) - c_i\left(\hat{\boldsymbol{W}}_i(t) - \overline{\boldsymbol{W}}_i(t)\right)\right], \\
\dot{\overline{\boldsymbol{W}}}_i(t) &= c_i d_0 \left(\hat{\boldsymbol{W}}_i(t) - \overline{\boldsymbol{W}}_i(t)\right), \quad i \in \mathbb{F},
\end{aligned} \tag{8.54}
$$

其中，ν_i、c_i、d_0 是正标量; ϕ_i 由假设 8.4 给定; $\overline{\boldsymbol{W}}_i(t)$ 为 “伪” 理想神经网络权重矩阵; $\boldsymbol{P}$ 是一个待设计的正定矩阵; $\hat{\boldsymbol{W}}_i(0)$ 和 $\overline{\boldsymbol{W}}_i(0)$ 设定为具有合适维数的常实矩阵. 定义权重误差矩阵 $\tilde{\boldsymbol{W}}_i(t) = \hat{\boldsymbol{W}}_i(t) - \boldsymbol{W}_i$, $\tilde{\overline{\boldsymbol{W}}}_i(t) = \overline{\boldsymbol{W}}_i(t) - \boldsymbol{W}_i, i = M+1, M+2, \cdots, N$. 下面给出如下定理来概括本节的主要分析结果.

定理 8.7 设假设 8.3~假设 8.5 成立且矩阵对 $(\boldsymbol{A}, \boldsymbol{B})$ 是可镇定的. 则对于任意给定的 $\boldsymbol{x}_i(0) \in \mathbb{R}^n$, $i \in \mathbb{L} \cup \mathbb{F}$, 具有领航者动力学 (8.32) 和跟随者动力学 (8.33) 的群体智能系统在自适应律为 (8.54) 的控制协议 (8.36) 下可以实现渐近包含. 具体地，需要合理地设计控制参数使得 $\beta > \epsilon_M + \hat{\eta} + g_0$, 对于给定的 $\chi_1 > 0$, 选择 $\alpha > (\chi_1 \lambda_{\max}(\boldsymbol{\Phi}\boldsymbol{L}_2^{-1}))/(2\phi_{\min})$, 并且选择 $\boldsymbol{K} = \boldsymbol{B}^{\mathrm{T}}\boldsymbol{P}^{-1}$, 其中 $\boldsymbol{P} > \boldsymbol{0}$ 是如下线性矩阵不等式的一个正定解:

$$
\boldsymbol{A}\boldsymbol{P} + \boldsymbol{P}\boldsymbol{A}^{\mathrm{T}} - \chi_1 \boldsymbol{B}\boldsymbol{B}^{\mathrm{T}} + \theta_2 \boldsymbol{P} < \boldsymbol{0}, \tag{8.55}
$$

其中, θ_2 是正标量. 而且, $\lim\limits_{t\to\infty} \|\hat{\boldsymbol{W}}_i(t) - \overline{\boldsymbol{W}}_i(t)\| = 0, \forall i \in \mathbb{F}$. 特别地，神经网络逼近域 $\mathit{\Pi}$ 可以选择为

$$
\mathit{\Pi} = \left\{\boldsymbol{z} \in \mathbb{R}^n \,\middle|\, \|\boldsymbol{z}\| \leqslant \tau_1\right\},
$$

其中, $\tau_1 = \dfrac{\varrho\sqrt{V_2(0)}}{\sqrt{\lambda_{\min}\left(\boldsymbol{\Phi}\boldsymbol{L}_2^{-1} \otimes \boldsymbol{P}^{-1}\right)}} + \sqrt{M}\left\|\boldsymbol{L}_2^{-1}\boldsymbol{L}_1 \otimes \boldsymbol{I}_n\right\|_{\mathrm{F}} \eta(\boldsymbol{x}_l(0))$, ϱ 为 $\boldsymbol{L}_2^{-1}$ 的最大奇异值, $\eta(\boldsymbol{x}_l(0))$ 由假设 8.5 给定, 且

$$
\begin{aligned}
V_2(0) = {}& \boldsymbol{\delta}(0)^{\mathrm{T}}\left(\boldsymbol{\Phi}\boldsymbol{L}_2^{-1} \otimes \boldsymbol{P}^{-1}\right)\boldsymbol{\delta}(0) + \sum_{i=M+1}^{N} \mathrm{tr}\left(\frac{1}{\nu_i}\tilde{\boldsymbol{W}}_i(0)^{\mathrm{T}}\tilde{\boldsymbol{W}}_i(0)\right) \\
& + \frac{1}{d_0}\sum_{i=M+1}^{N} \mathrm{tr}\left(\tilde{\overline{\boldsymbol{W}}}_i(0)^{\mathrm{T}}\tilde{\overline{\boldsymbol{W}}}_i(0)\right).
\end{aligned}
$$

证明: 基于假设 8.3 和假设 8.4, 由定理 8.6 证明中的分析可知, $\boldsymbol{\Phi L}_2^{-1}$ 是一个正定矩阵. 为系统 (8.39) 选择如下 Lyapunov 函数:

$$
\begin{aligned}
V_2(t) = & \boldsymbol{\delta}(t)^{\mathrm{T}}\left(\boldsymbol{\Phi L}_2^{-1} \otimes \boldsymbol{P}^{-1}\right)\boldsymbol{\delta}(t) + \sum_{i=M+1}^{N} \operatorname{tr}\left(\frac{1}{\nu_i}\tilde{\boldsymbol{W}}_i(t)^{\mathrm{T}}\tilde{\boldsymbol{W}}_i(t)\right) \\
& + \frac{1}{d_0}\sum_{i=M+1}^{N} \operatorname{tr}\left(\tilde{\overline{\boldsymbol{W}}}_i(t)^{\mathrm{T}}\tilde{\overline{\boldsymbol{W}}}_i(t)\right).
\end{aligned} \tag{8.56}
$$

在自适应律为 (8.54) 的控制协议 (8.36) 下, $V_2(t)$ 沿系统 (8.39) 轨迹的时间导数为

$$
\begin{aligned}
\dot{V}_2(t) = & \boldsymbol{\delta}(t)^{\mathrm{T}}\left[\boldsymbol{\Phi L}_2^{-1} \otimes (\boldsymbol{P}^{-1}\boldsymbol{A} + \boldsymbol{A}^{\mathrm{T}}\boldsymbol{P}^{-1}) - 2\alpha\boldsymbol{\Phi} \otimes (\boldsymbol{P}^{-1}\boldsymbol{B}\boldsymbol{B}^{\mathrm{T}}\boldsymbol{P}^{-1})\right]\boldsymbol{\delta}(t) \\
& + 2\boldsymbol{\delta}(t)^{\mathrm{T}}\left(\boldsymbol{\Phi L}_2^{-1}\boldsymbol{L}_1 \otimes \boldsymbol{P}^{-1}\boldsymbol{B}\right)\boldsymbol{u}_l(t) + 2\boldsymbol{\delta}(t)^{\mathrm{T}}\left(\boldsymbol{\Phi} \otimes \boldsymbol{P}^{-1}\boldsymbol{B}\right)\boldsymbol{g}(t) \\
& - 2\boldsymbol{\delta}(t)^{\mathrm{T}}(\boldsymbol{\Phi} \otimes \boldsymbol{P}^{-1}\boldsymbol{B})(\tilde{\boldsymbol{W}}(t)^{\mathrm{T}}\boldsymbol{\Psi}(t) - \boldsymbol{\epsilon}(t)) \\
& - 2\beta\boldsymbol{\delta}(t)^{\mathrm{T}}\left(\boldsymbol{\Phi} \otimes \boldsymbol{P}^{-1}\boldsymbol{B}\right)\operatorname{sgn}((\boldsymbol{I}_{N-M} \otimes \boldsymbol{K})\boldsymbol{\delta}(t)) \\
& + 2\sum_{i=M+1}^{N} \operatorname{tr}\left(\tilde{\boldsymbol{W}}_i(t)^{\mathrm{T}}\phi_i\boldsymbol{\varphi}_i(t)\boldsymbol{\delta}_i(t)^{\mathrm{T}}(\boldsymbol{P}^{-1}\boldsymbol{B})\right) \\
& - 2\sum_{i=M+1}^{N} \operatorname{tr}\left(c_i\tilde{\boldsymbol{W}}_i(t)^{\mathrm{T}}\left(\hat{\boldsymbol{W}}_i(t) - \overline{\boldsymbol{W}}_i(t)\right)\right) \\
& + 2\sum_{i=M+1}^{N} \operatorname{tr}\left(c_i\tilde{\overline{\boldsymbol{W}}}_i(t)^{\mathrm{T}}\left(\hat{\boldsymbol{W}}_i(t) - \overline{\boldsymbol{W}}_i(t)\right)\right).
\end{aligned} \tag{8.57}
$$

利用式 (8.48) 中一些类似的分析, 以及利用 $\tilde{\overline{\boldsymbol{W}}}_i(t) - \tilde{\boldsymbol{W}}_i(t) = -(\hat{\boldsymbol{W}}_i(t) - \overline{\boldsymbol{W}}_i(t))$ 的事实, 结合式 (8.57) 可推得

$$
\begin{aligned}
\dot{V}_2(t) \leqslant & -\theta_2\boldsymbol{\delta}(t)^{\mathrm{T}}\left(\boldsymbol{\Phi L}_2^{-1} \otimes \boldsymbol{P}^{-1}\right)\boldsymbol{\delta}(t) \\
& - 2\sum_{i=M+1}^{N} \operatorname{tr}\left(c_i\left(\hat{\boldsymbol{W}}_i(t) - \overline{\boldsymbol{W}}_i(t)\right)^{\mathrm{T}}\left(\hat{\boldsymbol{W}}_i(t) - \overline{\boldsymbol{W}}_i(t)\right)\right) \\
\leqslant & -\theta_2\boldsymbol{\delta}(t)^{\mathrm{T}}\left(\boldsymbol{\Phi L}_2^{-1} \otimes \boldsymbol{P}^{-1}\right)\boldsymbol{\delta}(t).
\end{aligned} \tag{8.58}
$$

由式 (8.58) 可知, $V_2(t)$ 是非增的, 即对于所有的 $t \geqslant 0$, 有 $V_2(t) \leqslant V_2(0)$. 因为 $\lambda_{\min}(\boldsymbol{\Phi L}_2^{-1} \otimes \boldsymbol{P}^{-1})\boldsymbol{\delta}(t)^{\mathrm{T}}\boldsymbol{\delta}(t) \leqslant V_2(t), \forall t \geqslant 0$, 可以得出 $\boldsymbol{\delta}(t)$ 在时间 t 上

是一致有界的. 因为 $V_2(t)$ 是非增的, 由式 (8.56) 可得 $\tilde{\boldsymbol{W}}_i(t)$ 和 $\tilde{\overline{\boldsymbol{W}}}_i(t)$ 的所有元素也都是一致有界的. 注意到对于每个 $i \in \mathbb{F}$, $\boldsymbol{W}_i$ 是一个常矩阵, 因此可得 $\hat{\boldsymbol{W}}_i(t)$ 和 $\overline{\boldsymbol{W}}_i(t)$ 的元素在时间 t 上是一致有界的. 根据式 (8.39) 及 $\boldsymbol{u}_l(t)$ 是一致有界的假设, 由上述分析可知, $\dot{\boldsymbol{\delta}}(t)$ 在时间 t 上是一致有界的. 由于 $V_2(t) \leqslant V_2(0)$ 及 $V_2(t)$ 是非增的, 则当 $t \to \infty$ 时, $V_2(t)$ 存在一个有限的极限值 V_2^{∞}. 对式 (8.58) 两边进行积分得

$$\int_0^{\infty} \theta_2 \boldsymbol{\delta}(t)^{\mathrm{T}} \left(\boldsymbol{\Phi} \boldsymbol{L}_2^{-1} \otimes \boldsymbol{P}^{-1}\right) \boldsymbol{\delta}(t) \mathrm{d}t \leqslant V_2(0) - V_2^{\infty}.$$

由 $\dot{\boldsymbol{\delta}}(t)$ 在时间 t 上是一致有界的可知, $\theta_2 \boldsymbol{\delta}(t)^{\mathrm{T}} \left(\boldsymbol{\Phi} \boldsymbol{L}_2^{-1} \otimes \boldsymbol{P}^{-1}\right) \boldsymbol{\delta}(t)$ 是一致连续的. 利用 Barbalat 引理[174], 可得当 $t \to \infty$ 时, $\theta_2 \boldsymbol{\delta}(t)^{\mathrm{T}} \left(\boldsymbol{\Phi} \boldsymbol{L}_2^{-1} \otimes \boldsymbol{P}^{-1}\right) \boldsymbol{\delta}(t) \to 0$, 即当 $t \to \infty$ 时, $\|\boldsymbol{\delta}(t)\| \to 0$.

另外, 由式 (8.54) 及令 $\boldsymbol{W}_i^e(t) = \hat{\boldsymbol{W}}_i(t) - \overline{\boldsymbol{W}}_i(t)$ 可得

$$\dot{\boldsymbol{W}}_i^e(t) = -(\nu_i c_i + c_i) \boldsymbol{W}_i^e(t) + \nu_i \phi_i \boldsymbol{\varphi}_i(t) \boldsymbol{\delta}_i(t)^{\mathrm{T}} (\boldsymbol{P}^{-1} \boldsymbol{B}), \quad i \in \mathbb{F}. \tag{8.59}$$

因为 ν_i、c_i、ϕ_i 是给定的正标量, $\boldsymbol{\varphi}_i(t)$ 是一致有界的, 且当 $t \to \infty$ 时, $\|\boldsymbol{\delta}(t)\| \to 0$. 通过将项 $\nu_i \phi_i \boldsymbol{\varphi}_i(t) \boldsymbol{\delta}_i(t)^{\mathrm{T}} (\boldsymbol{P}^{-1} \boldsymbol{B})$ 作为系统 (8.59) 的控制输入, 可知系统 (8.59) 是输入状态稳定的, 并且由 $\lim\limits_{t\to\infty} \|\boldsymbol{\delta}(t)\| = 0$ 可推得

$$\lim_{t\to\infty} \|\hat{\boldsymbol{W}}_i(t) - \overline{\boldsymbol{W}}_i(t)\| = 0, \quad \forall i \in \mathbb{F}.$$

此外, 根据 $V_2(t) \leqslant V_2(0)$, $\forall t \geqslant 0$, 可得

$$\|\boldsymbol{\delta}(t)\| \leqslant \frac{\sqrt{V_2(0)}}{\sqrt{\lambda_{\min}\left(\boldsymbol{\Phi} \boldsymbol{L}_2^{-1} \otimes \boldsymbol{P}^{-1}\right)}}, \quad \forall\, t \geqslant 0. \tag{8.60}$$

结合式 (8.38) 和式 (8.60) 可得

$$\|\hat{\boldsymbol{e}}(t)\| \leqslant \frac{\varrho \sqrt{V_2(0)}}{\sqrt{\lambda_{\min}\left(\boldsymbol{\Phi} \boldsymbol{L}_2^{-1} \otimes \boldsymbol{P}^{-1}\right)}}, \quad \forall\, t \geqslant 0,$$

其中, $\varrho=\sqrt{\lambda_{\max}\left((\boldsymbol{L}_2^{-1})^{\mathrm{T}}\boldsymbol{L}_2^{-1}\right)}$. 根据 $\hat{\boldsymbol{e}}(t)$ 的定义进一步可得

$$
\begin{aligned}
\|\boldsymbol{x}_f(t)\| &\leqslant \frac{\varrho\sqrt{V_2(0)}}{\sqrt{\lambda_{\min}\left(\boldsymbol{\Phi}\boldsymbol{L}_2^{-1}\otimes\boldsymbol{P}^{-1}\right)}}+\left\|\boldsymbol{L}_2^{-1}\boldsymbol{L}_1\otimes\boldsymbol{I}_n\right\|_{\mathrm{F}}\|\boldsymbol{x}_l(t)\| \\
&\leqslant \frac{\varrho\sqrt{V_2(0)}}{\sqrt{\lambda_{\min}\left(\boldsymbol{\Phi}\boldsymbol{L}_2^{-1}\otimes\boldsymbol{P}^{-1}\right)}}+\sqrt{M}\left\|\boldsymbol{L}_2^{-1}\boldsymbol{L}_1\otimes\boldsymbol{I}_n\right\|_{\mathrm{F}}\|\boldsymbol{x}_l(t)\|_\infty \\
&\leqslant \tau_1,
\end{aligned}
$$

其中, $\tau_1=\dfrac{\varrho\sqrt{V_2(0)}}{\sqrt{\lambda_{\min}\left(\boldsymbol{\Phi}\boldsymbol{L}_2^{-1}\otimes\boldsymbol{P}^{-1}\right)}}+\sqrt{M}\left\|\boldsymbol{L}_2^{-1}\boldsymbol{L}_1\otimes\boldsymbol{I}_n\right\|_{\mathrm{F}}\eta(\boldsymbol{x}_l(0))$, $\eta(\boldsymbol{x}_l(0))$ 由假设 8.5 给定. 基于上述分析, 可知对每个 $i\in\mathbb{F}$ 和 $t\geqslant 0$ 有 $\boldsymbol{x}_i(t)\in\varPi$, 其中 $\varPi=\{\boldsymbol{z},\ \boldsymbol{z}\in\mathbb{R}^n|\ \|\boldsymbol{z}\|\leqslant\tau_1\}$. ■

若描述 $N-M$ 个跟随者之间信息交互的通信子图是无向图, 则由定理 8.7 可得如下推论.

推论 8.3 设假设 8.3 和假设 8.5 成立, 描述 $N-M$ 个跟随者之间信息交互的通信子图为无向图, 且矩阵对 (A, B) 是可镇定的. 则对于任意给定的 $\boldsymbol{x}_i(0)\in\mathbb{R}^n$, $i\in\mathbb{L}\cup\mathbb{F}$, 具有领航者动力学 (8.32) 和跟随者动力学 (8.33) 的群体智能系统在自适应律为 (8.54) 的控制协议 (8.36) 下可以实现渐近包含. 具体地, 需要合理地设计控制参数使得对于给定的 $\widehat{\chi}_1>0$, 满足 $\alpha>(\widehat{\chi}_1\lambda_{\max}(\boldsymbol{L}_2^{-1}))/2$, 且满足 $\beta>\epsilon_M+\widehat{\eta}+g_0$, $\boldsymbol{K}=\boldsymbol{B}^{\mathrm{T}}\boldsymbol{P}^{-1}$, 其中 $\boldsymbol{P}>\mathbf{0}$ 是如下线性矩阵不等式的解:

$$
\boldsymbol{AP}+\boldsymbol{PA}^{\mathrm{T}}-\widehat{\chi}_1\boldsymbol{BB}^{\mathrm{T}}+\widehat{\theta}_2\boldsymbol{P}<\mathbf{0},
$$

其中, $\widehat{\theta}_2$ 是正标量. 而且, $\lim\limits_{t\to\infty}\|\hat{\boldsymbol{W}}_i(t)-\overline{\boldsymbol{W}}_i(t)\|=0, \forall i\in\mathbb{F}$. 特别地, 神经网络逼近域 $\varPi$ 可以选择为

$$
\varPi=\left\{\boldsymbol{z}\in\mathbb{R}^n\middle|\ \|\boldsymbol{z}\|\leqslant\widehat{\tau}_1\right\},
$$

其中, $\widehat{\tau}_1=\dfrac{\varrho\sqrt{\widehat{V}_2(0)}}{\sqrt{\lambda_{\min}\left(\boldsymbol{L}_2^{-1}\otimes\boldsymbol{P}^{-1}\right)}}+\sqrt{M}\left\|\boldsymbol{L}_2^{-1}\boldsymbol{L}_1\otimes\boldsymbol{I}_n\right\|_{\mathrm{F}}\eta(\boldsymbol{x}_l(0))$, $\eta(\boldsymbol{x}_l(0))$ 由假

设 8.5 给定, 且

$$\widehat{V}_2(0)=\boldsymbol{\delta}(0)^{\mathrm{T}}\left(\boldsymbol{L}_2^{-1}\otimes\boldsymbol{P}^{-1}\right)\boldsymbol{\delta}(0)+\sum_{i=M+1}^{N}\mathrm{tr}\left(\frac{1}{\nu_i}\tilde{\boldsymbol{W}}_i(0)^{\mathrm{T}}\tilde{\boldsymbol{W}}_i(0)\right)$$
$$+\frac{1}{d_0}\sum_{i=M+1}^{N}\mathrm{tr}\left(\tilde{\overline{\boldsymbol{W}}}_i(0)^{\mathrm{T}}\tilde{\overline{\boldsymbol{W}}}_i(0)\right).$$

注解 8.18　与定理 8.6 中使用自适应律 (8.37) 实现拟包含的结论相比, 具有自适应律 (8.54) 的控制协议 (8.36) 可以实现群体智能系统的渐近包含. 显然, 自适应律 (8.54) 中设计的神经网络逼近的权重矩阵 $\hat{\boldsymbol{W}}_i(t)$ 比式 (8.37) 中的复杂, 因为在设计自适应律 (8.54) 时引入了“伪”理想神经网络权重矩阵. 这表明相比于具有自适应律 (8.37) 的包含控制协议 (8.36), 具有自适应律 (8.54) 的包含控制协议 (8.36) 具有更高的计算复杂度. 这表明深入研究如何针对计算能力有限的群体智能系统在各种环境下实现拟包含控制具有重要意义. 而且, 在群体智能系统中实现渐近包含控制意味着当时间趋近于无穷大时, 包含误差向量的欧几里得范数将收敛到零.

注解 8.19　根据定理 8.6 和定理 8.7, 以及推论 8.2 和推论 8.3, 可知对于任意给定的 $\boldsymbol{x}_i(0)\in\mathbb{R}^n$, $i\in\mathbb{L}\cup\mathbb{F}$, 可行的神经网络逼近域可以在假设 8.3~假设 8.5 下确定. 因此, 定理 8.6 和定理 8.7 及推论 8.2 和推论 8.3 的理论结果是半全局的. 而且, 由定理 8.6 和定理 8.7 的证明可知, 控制协议 (8.36) 中的非光滑项被用来消除有界扰动 $\boldsymbol{g}_i(t)$ 和作用于领航者的有界未知输入 $\boldsymbol{u}_l(t)$ 的影响. 然而, $\boldsymbol{g}_i(t)$ 和 $\boldsymbol{u}_l(t)$ 的界需要明确已知并且在选择控制协议 (8.36) 中非光滑项的参数时纳入考虑. 为实现所考虑的群体智能系统的包含控制, 控制协议 (8.36) 中设计了神经网络自适应项来补偿具有未知界的完全不确定项 $\boldsymbol{f}_i(\boldsymbol{x}_i(t))$ 的影响. 关于通过设计不使用神经网络自适应项的分布式控制协议能否实现由式 (8.32) 和式 (8.33) 所描述的群体智能系统的拟包含控制或渐近包含控制问题, 仍然是一个尚待研究的开放性问题.

注解8.20　尽管在定理 8.7 和推论 8.3 中都证明了 $\lim\limits_{t\to\infty}\|\hat{\boldsymbol{W}}_i(t)-\overline{\boldsymbol{W}}_i(t)\|=0$, $\forall i\in\mathbb{F}$, 但仍然不能确定估计权重矩阵 $\hat{\boldsymbol{W}}_i(t)$ 是否收敛到了理想权重矩阵 $\boldsymbol{W}_i$, $i\in\mathbb{F}$. 还需要注意的是, “伪”理想神经网络权重矩阵 $\overline{\boldsymbol{W}}_i(t)$ 的引入, 以及包含控制协议中非光滑反馈项的使用使得跟随者状态能够渐近地收敛于由多个领航者的状态所张成的凸包中. 此外, 由式 (8.33) 所描述的跟随者的动力学演化受到未知非线性动力学和外部有界干扰的影响. 因此, 定理 8.7 和推论 8.3 中包含控制的实现意味着具有不同的 $\boldsymbol{f}_i(\boldsymbol{x}_i(t))$ 和 $\boldsymbol{g}_i(t)$ 的跟随者的状态半全局鲁棒收敛于由多个领航者的状态所张成的凸包中.

注解 8.21 在实施所提出的包含非光滑项的控制协议时，一个实际问题是在闭环群体智能系统演化过程中可能会出现抖振现象. 然而，在实际应用时，可以借助边界层技术来避免耦合的非连续性和执行器的快速切换. 特别地，控制协议 (8.36) 中的符号函数可以被替换为饱和函数 sat(·) 以减小抖振的影响[222]. 还需注意的是，若为群体智能系统设计控制协议时使用边界层技术，则只能实现全局有界的包含.

8.3.4 仿真分析

本节提供两个数值仿真来验证所推导的理论结果的有效性.

首先验证定理 8.6 中的理论结果. 假设所考虑的群体智能系统中有 6 个智能体，其中 2 个为领航者. 领航者标记为 1 和 2，跟随者标记为 3~6，智能体之间的通信拓扑图如图 8.11 所示（边上的数字表示通信权重）. 由式 (8.31) 可得

$$\boldsymbol{L}_2=\begin{bmatrix}3.5 & -1.5 & 0 & 0\\ -1 & 4 & 0 & 0\\ 0 & 0 & 3 & -1\\ 0 & 0 & -2 & 4\end{bmatrix},\quad \boldsymbol{\mathcal{A}}_2=\begin{bmatrix}1.5 & -1.5 & 0 & 0\\ -1 & 1 & 0 & 0\\ 0 & 0 & 1 & -1\\ 0 & 0 & -2 & 2\end{bmatrix}.$$

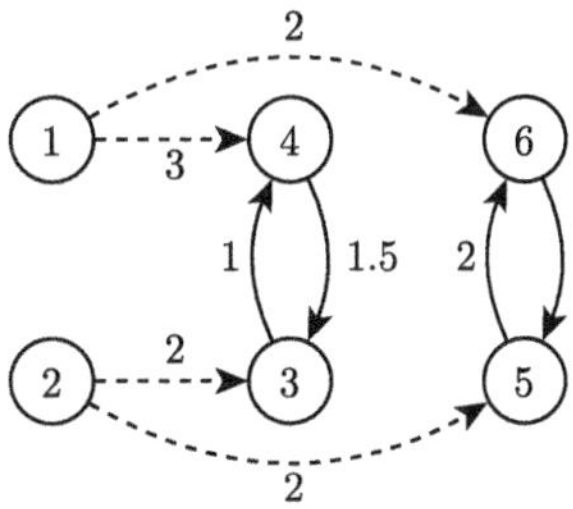

图 8.11 具有多领航者的领从通信拓扑图

可以验证，所考虑的群体智能系统满足假设 8.3 和假设 8.4，对应假设 8.4 中的正向量 $\boldsymbol{\phi}=[1,1.5,2,1]^{\mathrm{T}}$. 领航者智能体的固有动力学由飞行器纵向动力学的线性化模型描述[223]，式 (8.32) 中的系统矩阵定义为

$$\boldsymbol{A}=\begin{bmatrix}-0.2770 & 1.0000 & -0.0002\\ -17.1000 & -0.1780 & -12.2000\\ 0 & 0 & -6.6700\end{bmatrix},\quad \boldsymbol{B}=\begin{bmatrix}0\\ 0\\ 6.67\end{bmatrix}.$$

状态向量为 $\boldsymbol{x}_i(t)=[x_{i1}(t),x_{i2}(t),x_{i3}(t)]^{\mathrm{T}}\in\mathbb{R}^3$，其中对于每个 $i\in\mathbb{L}$，$x_{i1}(t)$ 表示攻角，$x_{i2}(t)$ 表示俯仰率，$x_{i3}(t)$ 表示升降舵偏转角. 设置 $u_1(t)=0$，$u_2(t)=-1$，

$\boldsymbol{x}_1(0) = [-1,-1,1]^{\mathrm{T}}$, $\boldsymbol{x}_2(0) = [0.5,0,-0.5]^{\mathrm{T}}$. 然后选择 $\widehat{\eta} = 1$. 根据神经网络逼近理论, 可以任意选择正标量 ϵ_M. 在仿真中, 对于 $i \in \mathbb{F}$, 设置 $f_i(\boldsymbol{x}_i(t)) = 4x_{i1}(t)\sin(x_{i1}(t)) + 2\cos(x_{i2}(t))$, $g_i(t) = 0.5\sin(it)$, $\epsilon_M = 0.01$, $\alpha = 0.25$, $\beta = 1.52$, $\nu_i = 200$, $c_i = 0.5$. 此外, 每个神经网络逼近器使用 3 个神经元. 采用 Sigmoid 激活函数, 并将估计权重矩阵 $\hat{\boldsymbol{W}}_i(t)(i \in \mathbb{F})$ 的初始值设为零矩阵. 由此可知, 定理 8.6 的条件满足, 表明闭环群体智能系统可以实现分布式拟包含控制. 图 8.12~图 8.14 给出了智能体的状态轨迹.

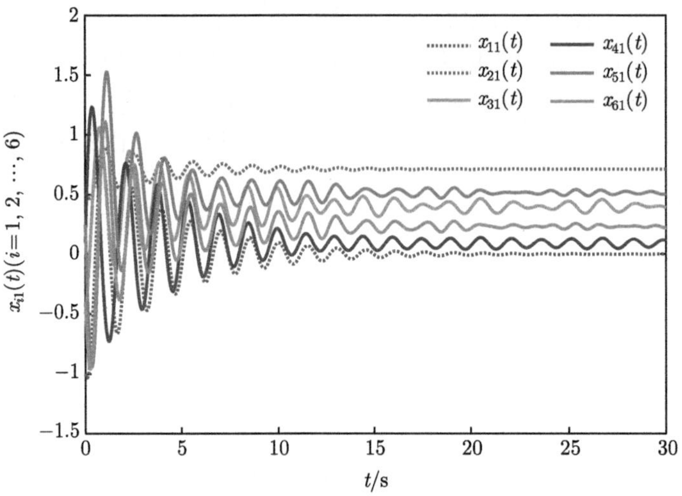

图 8.12　拟包含控制中群体智能系统的 $x_{i1}(t)(i = 1, 2, \cdots, 6)$ 的轨迹

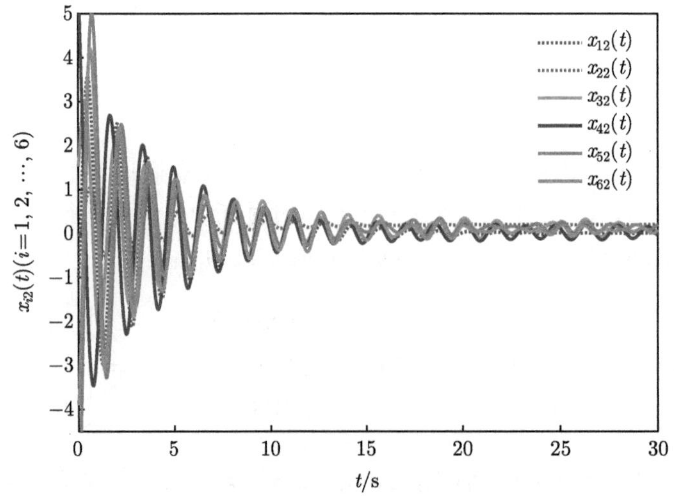

图 8.13　拟包含控制中群体智能系统的 $x_{i2}(t)(i = 1, 2, \cdots, 6)$ 的轨迹

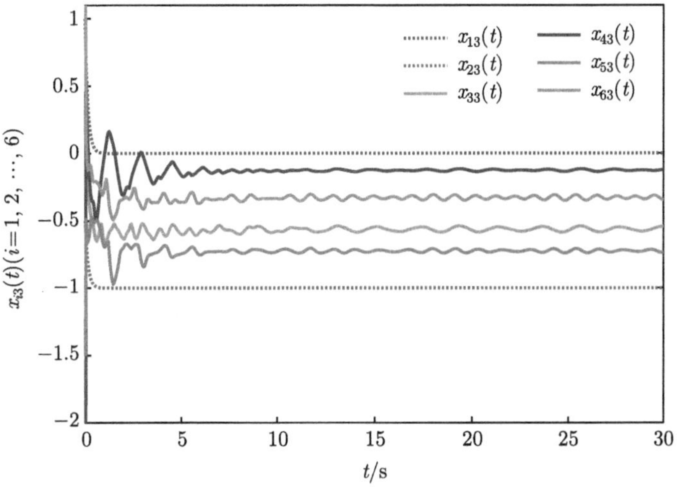

图 8.14 拟包含控制中群体智能系统的 $x_{i3}(t)(i=1,2,\cdots,6)$ 的轨迹

下面验证定理 8.7 中的理论结果. 智能体的固有动力学、通信拓扑图及领航者智能体的控制输入设置保持不变. 在该仿真中, 设置 $d_0 = 25$. 此外, 仿真中每个神经网络逼近器使用 3 个神经元. 采用 Sigmoid 激活函数, 并将估计权重矩阵 $\hat{\boldsymbol{W}}_i(t)(i = 3,4,5,6)$ 的初始值设为零矩阵. 由此可知, 定理 8.7 的条件满足, 表明所考虑的群体智能系统可以实现渐近包含控制. 图 8.15~图 8.17 给出了智能体的状态轨迹. 此外, $\boldsymbol{W}_i^e(t) = \hat{\boldsymbol{W}}_i(t) - \overline{\boldsymbol{W}}_i(t)(i = 3,4,5,6)$ 的欧几里得范

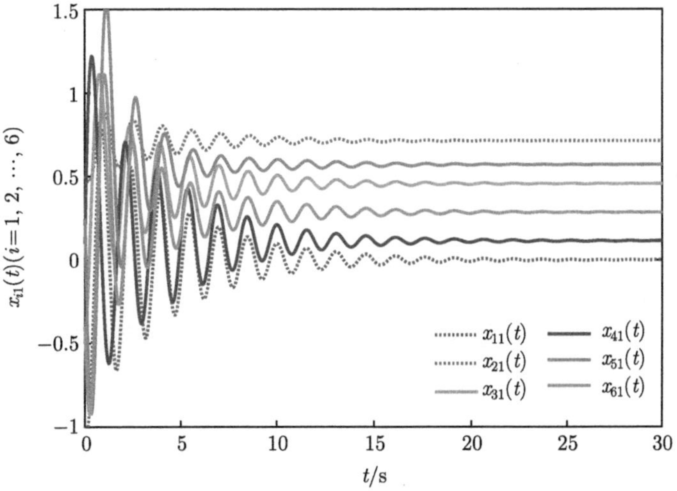

图 8.15 渐近包含控制中群体智能系统的 $x_{i1}(t)(i=1,2,\cdots,6)$ 的轨迹

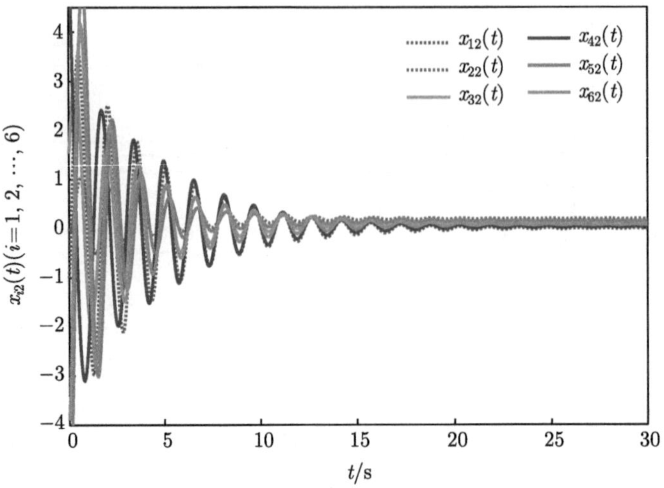

图 8.16　渐近包含控制中群体智能系统的 $x_{i2}(t)(i=1,2,\cdots,6)$ 的轨迹

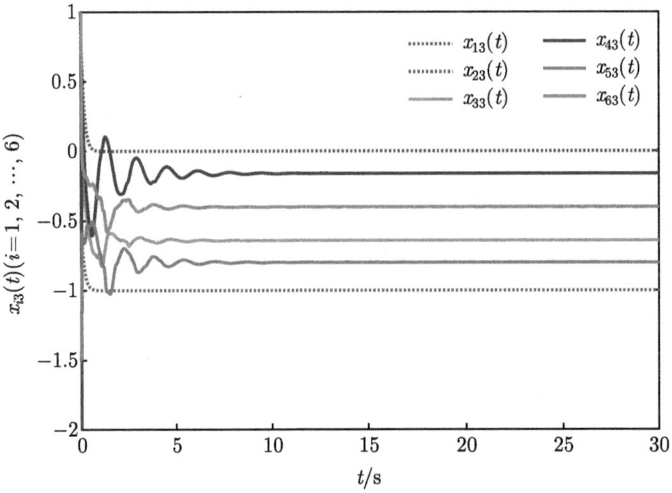

图 8.17　渐近包含控制中群体智能系统的 $x_{i3}(t)(i=1,2,\cdots,6)$ 的轨迹

数如图 8.18 所示. 另外, 拟包含控制与渐近包含控制的 $\|\hat{e}(t)\|$ 的轨迹如图 8.19 所示, 表明与拟包含控制相比, 渐近包含控制可以产生更小的稳定包含误差. 该仿真很好地验证了定理 8.7 中的分析结果.

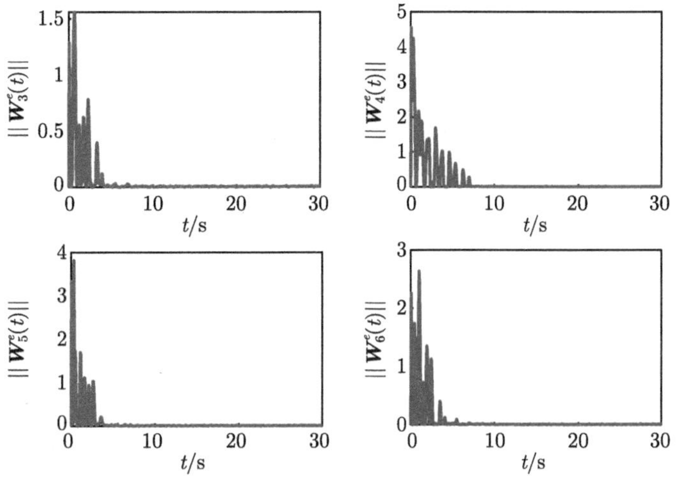

图 8.18 渐近包含控制中 $||\boldsymbol{W}_i^e(t)||(i=3,4,5,6)$ 的轨迹

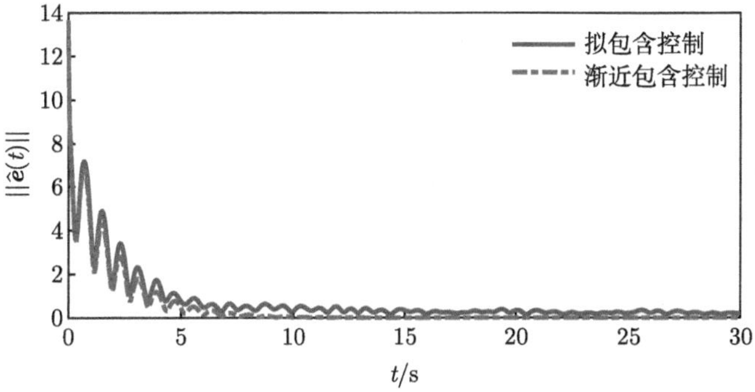

图 8.19 拟包含控制和渐近包含控制中 $||\hat{\boldsymbol{e}}(t)||$ 的轨迹

8.4 本 章 小 结

本章研究了具有多个动态领航者的群体智能系统包含控制问题. 首先, 研究了具有有向通信拓扑图的连续时间线性多领航者群体智能系统的分布式包含控制问题, 提出了一种新的分布式观测器类型的包含协议, 得到了保证跟随者状态渐近收敛于由动态领航者状态张成的凸包中的充分条件. 其次, 对于有向符号图上的离散时间线性群体智能系统的包含控制问题, 提出了分布式降维观测器类型的包含控制协议, 证明了所有跟随者的轨迹最终都能进入由领航者及其对称轨迹张成的凸包中. 最后, 研究了受未知非线性动力学和外部扰动的多领航者群体智能系统的鲁棒包含控制问题. 利用神经网络逼近理论和 Lyapunov 稳定性理论研究了非光滑系统的拟包含性, 进一步通过引入 "伪" 理想神经网络权重矩阵, 使闭环系统实现了渐近包含.

第9章

群体智能系统弹性协同控制

利用通信网络实现分布式协同的控制方法使群体智能系统突破了地理位置的限制, 展示出良好的可扩展性. 但是, 开放的通信网络架构加剧了系统遭受攻击的风险, 智能体间的强耦合更是给攻击危害的传播提供了便利. 一个微小局部攻击的影响可能通过通信网络进行级联传播, 造成巨大危害, 导致整个群体智能系统的崩溃. 因此, 研究群体智能系统的弹性协同控制机制, 提高其应对意外事件的能力, 对群体智能系统理论的发展及其在军事民用领域的深入应用具有重要意义. 本章分别针对智能体和连边遭受智能化合谋攻击的情形, 设计基于观测器的攻击隔离算法, 进一步给出基于攻击隔离的弹性协同控制方案, 确保完成协同控制任务.

9.1 问题描述

考虑 N 个智能体组成的群体智能系统, 智能体 i 的动力学描述如下:

$$\begin{cases} \dot{\boldsymbol{x}}_i(t) = \boldsymbol{A}\boldsymbol{x}_i(t) + \boldsymbol{B}\boldsymbol{u}_i(t) + \boldsymbol{f}_i(t, T_{\boldsymbol{f}_i}), \\ \boldsymbol{y}_i(t) = \boldsymbol{C}\boldsymbol{x}_i(t) + \boldsymbol{\eta}_i(t, T_{\boldsymbol{\eta}_i}), \quad i = 1, 2, \cdots, N, \end{cases} \tag{9.1}$$

其中, $\boldsymbol{x}_i(t) \in \mathbb{R}^n$、$\boldsymbol{u}_i(t) \in \mathbb{R}^g$、$\boldsymbol{y}_i(t) \in \mathbb{R}^p$ 分别为状态向量、控制输入向量和测量输出向量; $\boldsymbol{f}_i(t, T_{\boldsymbol{f}_i})$ 和 $\boldsymbol{\eta}_i(t, T_{\boldsymbol{\eta}_i})$ 分别为攻击在智能体执行器和传感器端注入的虚假数据; $T_{\boldsymbol{f}_i}$ 和 $T_{\boldsymbol{\eta}_i}$ 分别为执行器和传感器端攻击发生的时间; $\boldsymbol{A}$、$\boldsymbol{B}$ 和 $\boldsymbol{C}$ 为系统矩阵. 系统 (9.1) 满足如下假设.

假设 9.1 系统矩阵 $(\boldsymbol{A}, \boldsymbol{B}, \boldsymbol{C})$ 是能观能控的.

根据智能体是否遭受攻击可以将系统中的智能体集合 $\mathcal{V}$ 分为两个子集: 正常智能体集合 $\mathcal{O}$ 和遭受攻击的智能体集合 $\mathcal{F}$, 则有 $\mathcal{O} \cap \mathcal{F} = \varnothing$ 和 $|\mathcal{O}| + |\mathcal{F}| = N$ 成立. 接下来给出遭受攻击智能体的数量模型.

定义 9.1 (F-整体攻击[147]) 若集合 $\mathcal{F}$ 中包含最多 F 个智能体, 则称该群体智能系统遭受了 F-整体攻击, 即 $|\mathcal{F}| \leqslant F$.

同理, 根据连边是否遭受攻击可以将系统中的连边集合 $\mathcal{E}$ 分为两个子集: 正常连边集合 $\mathcal{N}$ 和遭受攻击的连边集合 $\mathcal{M}$, 则有 $\mathcal{N} \cap \mathcal{M} = \varnothing$ 和 $|\mathcal{N}| + |\mathcal{M}| = |\mathcal{E}|$ 成立. 接下来给出遭受攻击连边的数量模型.

定义 9.2 (F-整体连边攻击[224]) 若集合 $\mathcal{M}$ 中包含最多 F 条连边, 则称该群体智能系统遭受了 F-整体连边攻击, 即 $|\mathcal{M}| \leqslant F$.

定义 9.3 (F-局部连边攻击[224]) 若任意智能体 i 关联的连边 $\mathcal{K}_i$ 中最多有 F 条连边遭受攻击, 即 $|\{(i,j) \in \mathcal{M}|(i,j) \in \mathcal{K}_i\}| \leqslant F$, $\forall i \in \mathcal{V}$, 则称该群体智能系统遭受了 F-局部连边攻击.

显然, 对于一个 F-局部连边攻击, 遭受攻击的连边总数可能会超过 F. 因此, F-整体连边攻击一定也是 F-局部连边攻击, 反之则不然. 这意味着如果可以设计控制算法使系统在 F-局部连边攻击下实现弹性协同, 则其必然可以实现 F-整体连边攻击下的弹性协同, 反之则不然.

本章考虑在群体智能系统的智能体或连边遭受攻击的情形下, 通过设计基于攻击隔离的弹性控制算法实现正常智能体的状态一致或稳定. 接下来给出弹性一致性/稳定性的定义.

定义 9.4 (弹性一致性/稳定性) 对于智能体或连边遭受任意攻击的群体智能系统, 若正常智能体从任意初值出发, 均能实现状态渐近一致, 即 $\lim\limits_{t\to\infty}(\boldsymbol{x}_i(t) - \boldsymbol{x}_j(t)) = \mathbf{0}$, $\forall i,\ j \in \mathcal{O}$, 则称该群体智能系统实现了弹性一致性. 特别地, 若正常智能体的状态收敛至 $\mathbf{0}$, 即 $\lim\limits_{t\to\infty}\boldsymbol{x}_i(t) = \mathbf{0}$, $\forall i \in \mathcal{O}$, 则称该群体智能系统实现了弹性稳定性.

弹性协同控制的关键在于设计合适的攻击隔离算法将遭受攻击的智能体或连边隔离出来. 接下来分别针对智能体遭受虚假数据注入攻击和隐蔽攻击, 以及连边遭受攻击下的群体智能系统设计三种攻击隔离算法, 并在此基础上设计弹性协同控制算法, 实现系统的弹性一致性或稳定性.

9.2 面向合谋虚假数据注入攻击的弹性一致性控制

最常见也是最简单的攻击方式是虚假数据注入. 随着攻击的智能化发展, 入侵到不同智能体的攻击可能相互合谋以避免被检测, 进而对系统造成更大的破坏. 本节主要解决合谋虚假数据注入攻击下的弹性一致性控制问题. 首先, 介绍合谋虚假数据注入攻击的定义, 并设计抗合谋虚假数据注入攻击的隔离算法; 其次, 进行攻击隔离算法的正确性分析; 然后, 提出抗合谋虚假数据注入攻击的弹性一致性控制算法, 并进行收敛性分析; 最后, 给出仿真验证.

9.2.1 抗合谋虚假数据注入攻击的隔离算法

首先, 检测任意智能体 i 的内邻居 $\mathcal{J}_i$ 中是否存在智能体遭受攻击. 分别定义智能体 i 的状态一致性误差 $\boldsymbol{\varepsilon}_i(t) = \sum\limits_{j\in\mathcal{N}_i}(\boldsymbol{x}_i(t) - \boldsymbol{x}_j(t))$ 和输出一致性误差 $\boldsymbol{\xi}_i(t) =$

$\sum\limits_{j\in\mathcal{N}_i}(\boldsymbol{y}_i(t)-\boldsymbol{y}_j(t))$, 根据文献 [131] 和 [225] 引入如下有限时间观测器:

$$\begin{cases}\dot{\hat{\boldsymbol{z}}}_i(t)=\boldsymbol{A}_c\hat{\boldsymbol{z}}_i(t)+\boldsymbol{B}_c\sum\limits_{j\in\mathcal{N}_i}(\boldsymbol{u}_i(t)-\boldsymbol{u}_j(t))+\boldsymbol{H}_c\boldsymbol{\xi}_i(t),\\ \hat{\boldsymbol{\varepsilon}}_i(t)=\boldsymbol{D}_c[\hat{\boldsymbol{z}}_i(t)-\exp(\boldsymbol{A}_c\tau)\hat{\boldsymbol{z}}_i(t-\tau)],\end{cases}\tag{9.2}$$

其中, $\hat{\boldsymbol{z}}_i(t)\in\mathbb{R}^{2n}$ 为辅助变量, 且满足当 $t\in[-\tau,0]$ 时, 有 $\hat{\boldsymbol{z}}_i(t)=\mathbf{0}$ 成立, $\tau>0$ 是预先设定的收敛时间, 使得智能体 i 的状态一致性误差的估计值 $\hat{\boldsymbol{\varepsilon}}_i(t)$ 在时间 τ 内收敛至其状态一致性误差的真实值 $\boldsymbol{\varepsilon}_i(t)$, $\boldsymbol{A}_c=\begin{bmatrix}\boldsymbol{A}-\boldsymbol{H}_1\boldsymbol{C} & \mathbf{0}\\ \mathbf{0} & \boldsymbol{A}-\boldsymbol{H}_2\boldsymbol{C}\end{bmatrix}$, $\boldsymbol{B}_c=\begin{bmatrix}\boldsymbol{B}\\ \boldsymbol{B}\end{bmatrix}$, $\boldsymbol{H}_c=\begin{bmatrix}\boldsymbol{H}_1\\ \boldsymbol{H}_2\end{bmatrix}$, $\boldsymbol{H}_1,\ \boldsymbol{H}_2\in\mathbb{R}^{n\times p}$ 为观测器的增益, 使得 $\boldsymbol{A}-\boldsymbol{H}_1\boldsymbol{C}$ 和 $\boldsymbol{A}-\boldsymbol{H}_2\boldsymbol{C}$ 是 Hurwitz 稳定的, 且 $\boldsymbol{H}_1\neq\boldsymbol{H}_2$, $\boldsymbol{C}_c=\begin{bmatrix}\boldsymbol{I}_n & \boldsymbol{I}_n\end{bmatrix}^{\mathrm{T}}$, $\boldsymbol{D}_c=\begin{bmatrix}\boldsymbol{I}_n & \mathbf{0}\end{bmatrix}\begin{bmatrix}\boldsymbol{C}_c & \exp(\boldsymbol{A}_c\tau)\boldsymbol{C}_c\end{bmatrix}^{-1}$. 显然, 有 $\boldsymbol{D}_c\boldsymbol{C}_c=\boldsymbol{I}_n$ 和 $\boldsymbol{D}_c\exp(\boldsymbol{A}_c\tau)\boldsymbol{C}_c=\mathbf{0}$ 成立.

定义 $\tilde{\boldsymbol{z}}_i(t)=\hat{\boldsymbol{z}}_i(t)-\boldsymbol{C}_c\boldsymbol{\varepsilon}_i(t)$, 由于 $\boldsymbol{H}_c\boldsymbol{C}-\boldsymbol{C}_c\boldsymbol{A}=\boldsymbol{A}_c\boldsymbol{C}_c$, 则由式 (9.1) 和式 (9.2) 可知

$$\dot{\tilde{\boldsymbol{z}}}_i(t)=\boldsymbol{A}_c\tilde{\boldsymbol{z}}_i(t)+\boldsymbol{H}_c\boldsymbol{\epsilon}_{\boldsymbol{\eta}_i}(t)-\boldsymbol{C}_c\boldsymbol{\epsilon}_{\boldsymbol{f}_i}(t),\tag{9.3}$$

其中, $\boldsymbol{\epsilon}_{\boldsymbol{f}_i}(t)=\sum\limits_{j\in\mathcal{N}_i}\left(\boldsymbol{f}_i(t,T_{\boldsymbol{f}_i})-\boldsymbol{f}_j\left(t,T_{\boldsymbol{f}_j}\right)\right)$, $\boldsymbol{\epsilon}_{\boldsymbol{\eta}_i}(t)=\sum\limits_{j\in\mathcal{N}_i}\left(\boldsymbol{\eta}_i(t,T_{\boldsymbol{\eta}_i})-\boldsymbol{\eta}_j\left(t,T_{\boldsymbol{\eta}_j}\right)\right)$.

进一步求解式 (9.3) 可以得到

$$\tilde{\boldsymbol{z}}_i(t)-\exp\left(\boldsymbol{A}_c\tau\right)\tilde{\boldsymbol{z}}_i(t-\tau)=\int_{t-\tau}^{t}\exp\left(\boldsymbol{A}_c\left(t-s\right)\right)\left[\boldsymbol{H}_c\boldsymbol{\epsilon}_{\boldsymbol{\eta}_i}(s)-\boldsymbol{C}_c\boldsymbol{\epsilon}_{\boldsymbol{f}_i}(s)\right]\mathrm{d}s,\quad t\geqslant\tau.\tag{9.4}$$

由于 $\tilde{\boldsymbol{z}}_i(t)=\hat{\boldsymbol{z}}_i(t)-\boldsymbol{C}_c\boldsymbol{\varepsilon}_i(t)$, 结合式 (9.2) 和式 (9.4) 可得

$$\hat{\boldsymbol{\varepsilon}}_i(t)=\boldsymbol{\varepsilon}_i(t)+\int_{t-\tau}^{t}\exp\left(\boldsymbol{A}_c\left(t-s\right)\right)\left[\boldsymbol{H}_c\boldsymbol{\epsilon}_{\boldsymbol{\eta}_i}(s)-\boldsymbol{C}_c\boldsymbol{\epsilon}_{\boldsymbol{f}_i}(s)\right]\mathrm{d}s,\quad t\geqslant\tau.\tag{9.5}$$

由式 (9.5) 可知, 若 $\mathcal{J}_i$ 中没有智能体遭受攻击, 则一定有 $\hat{\boldsymbol{\varepsilon}}_i(t)=\boldsymbol{\varepsilon}_i(t)$, $\forall t\geqslant\tau$ 成立. 接下来定义智能体 i 的输出一致性误差的残差 $\tilde{\boldsymbol{\xi}}_i(t)=\boldsymbol{\xi}_i(t)-\boldsymbol{C}\hat{\boldsymbol{\varepsilon}}_i(t)$, 由式 (9.1) 和式 (9.5) 可得

$$\tilde{\boldsymbol{\xi}}_i(t)=\boldsymbol{C}\boldsymbol{D}_c\int_{t-\tau}^{t}\exp\left(\boldsymbol{A}_c\left(t-s\right)\right)\left[\boldsymbol{C}_c\boldsymbol{\epsilon}_{\boldsymbol{f}_i}(s)-\boldsymbol{H}_c\boldsymbol{\epsilon}_{\boldsymbol{\eta}_i}(s)\right]\mathrm{d}s+\boldsymbol{\epsilon}_{\boldsymbol{\eta}_i}(t),\quad t\geqslant\tau.\tag{9.6}$$

由式 (9.6) 可得到如下关于攻击检测的结果.

引理 9.1 考虑满足假设 9.1 的群体智能系统 (9.1), 若存在时间 $t \geqslant \tau$ 使得系统在观测器 (9.2) 的条件下有 $\left\|\tilde{\boldsymbol{\xi}}_i(t)\right\| \neq 0$ 成立, 则 $\mathcal{J}_i$ 中一定存在智能体遭受攻击.

同时, 由式 (9.6) 可知, 若 $\mathcal{J}_i$ 中存在多个智能体遭受攻击, 则其可能相互合谋使得存在 $t \geqslant \tau$ 有 $\left\|\tilde{\boldsymbol{\xi}}_i(t)\right\| = 0$ 成立. 此时, 残差 $\left\|\tilde{\boldsymbol{\xi}}_i(t)\right\|$ 无法检测出 $\mathcal{J}_i$ 中是否存在智能体遭受攻击. 接下来给出一个实例说明攻击合谋给攻击检测带来的挑战. 以图 9.1 为例, 若智能体 1 和 3 遭受的攻击满足 $\boldsymbol{f}_1(t, T_{\boldsymbol{f}_1}) = -\boldsymbol{f}_3(t, T_{\boldsymbol{f}_3})$, $\boldsymbol{\eta}_1(t, T_{\boldsymbol{\eta}_1}) = -\boldsymbol{\eta}_3(t, T_{\boldsymbol{\eta}_3})$, $T_{\boldsymbol{f}_1} = T_{\boldsymbol{f}_3}$, $T_{\boldsymbol{\eta}_1} = T_{\boldsymbol{\eta}_3}$, 则有 $\|\boldsymbol{\epsilon}_{\boldsymbol{f}_2}(t)\| = 0$ 和 $\|\boldsymbol{\epsilon}_{\boldsymbol{\eta}_2}(t)\| = 0$ 成立, 进一步可知 $\left\|\tilde{\boldsymbol{\xi}}_2(t)\right\| = 0$, $\forall t \geqslant \tau$. 此时, 残差 $\left\|\tilde{\boldsymbol{\xi}}_2(t)\right\|$ 无法检测出 $\mathcal{J}_2$ 中是否存在智能体遭受攻击. 接下来, 给出合谋虚假数据注入攻击的定义.

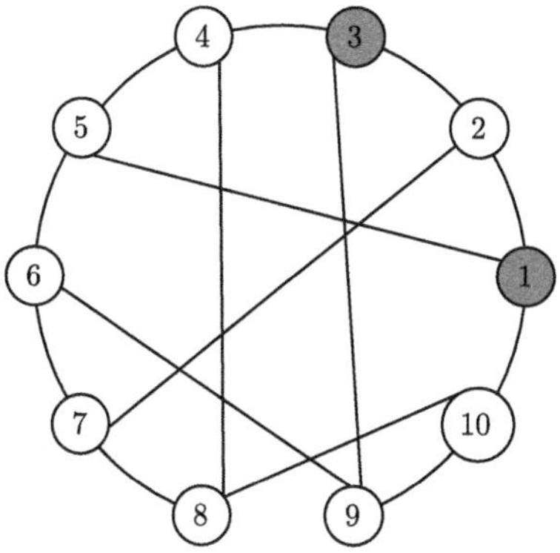

图 9.1 一个合谋虚假数据注入攻击的例子

其中智能体 1 和 3 遭受虚假数据注入攻击

定义 9.5 (合谋虚假数据注入攻击) 对满足假设 9.1 的群体智能系统 (9.1), 在观测器 (9.2) 条件下, 若存在智能体 i 和时间 $t \geqslant \tau$, 使得 $\mathcal{J}_i \cap \mathcal{F} \neq \varnothing$, $\|\boldsymbol{\epsilon}_{\boldsymbol{f}_i}(t)\| = 0$ 和 $\|\boldsymbol{\epsilon}_{\boldsymbol{\eta}_i}(t)\| = 0$ 成立, 则称攻击 $\bigcup\limits_{j \in \mathcal{F}} (\boldsymbol{f}_j(t), \boldsymbol{\eta}_j(t))$ 是合谋的.

注解 9.1 与内部随机故障相比 [129,226], 外部攻击的形式是由攻击者精心设计的 [125], 使得攻击在破坏系统的同时避免被检测. 例如, 在智能电网中, 总线负载和线路测量单元的攻击可以合谋导致无法检测出线路的停电 [227].

接下来在攻击检测的基础上设计抗合谋虚假数据注入攻击的隔离算法. 首先给出一些必要的符号说明. 定义智能体 i 及其邻居的残差形成的栈矩阵为 $\tilde{\boldsymbol{\xi}}_{|\mathcal{J}_i|}(t) = \left[\tilde{\boldsymbol{\xi}}_i(t), \tilde{\boldsymbol{\xi}}_{N_{i1}}(t), \cdots, \tilde{\boldsymbol{\xi}}_{N_{i|\mathcal{N}_i|}}(t)\right] \in \mathbb{R}^{p \times |\mathcal{J}_i|}$. 安全指标 $S_i \in \{0, 1\}$ 表示智能体 i 是否被隔离为遭受攻击的智能体, 其中, $S_i = 1$ 表示 i 被隔离为遭受攻击的智能体,

$S_i = 0$ 表示其为正常智能体. 智能体 i 的信息集定义为 $\varPhi_i(t) = \left\{ \left\|\tilde{\boldsymbol{\xi}}_{|\mathcal{J}_i|}(t)\right\|_0, \left\|\tilde{\boldsymbol{\xi}}_i(t)\right\|, i, S_i \right\}$. 特别地, 若下面两个论述之一成立: ① $\left\|\tilde{\boldsymbol{\xi}}_{|\mathcal{J}_i|}(t)\right\|_0 > \left\|\tilde{\boldsymbol{\xi}}_{|\mathcal{J}_j|}(t)\right\|_0$; ② $\left\|\tilde{\boldsymbol{\xi}}_{|\mathcal{J}_i|}(t)\right\|_0 = \left\|\tilde{\boldsymbol{\xi}}_{|\mathcal{J}_j|}(t)\right\|_0$ 且 $\left\|\tilde{\boldsymbol{\xi}}_i(t)\right\| > \left\|\tilde{\boldsymbol{\xi}}_j(t)\right\|$, 则称 $\varPhi_i(t) > \varPhi_j(t)$.

若 $\mathcal{J}_i$ 中的多个攻击之间不存在合谋, 则由文献 [137] 和式 (9.6) 可知, 在 $(F+1)$-可隔离图的条件下, 若智能体 i 遭受攻击, 则有 $\left\|\tilde{\boldsymbol{\xi}}_{|\mathcal{J}_i|}(t)\right\|_0 = |\mathcal{J}_i| > \left\|\tilde{\boldsymbol{\xi}}_{|\mathcal{J}_j|}(t)\right\|_0$, $\forall j \in \mathcal{N}_i$ 成立. 合谋会导致某些遭受攻击的智能体 i 和正常智能体 j 出现 $\left\|\tilde{\boldsymbol{\xi}}_{|\mathcal{J}_i|}(t)\right\|_0 < \left\|\tilde{\boldsymbol{\xi}}_{|\mathcal{J}_j|}(t)\right\|_0$ 的情况, 因此不能保证一次把所有遭受攻击的智能体都隔离出来. 若在攻击合谋的条件下, 所有遭受攻击智能体栈矩阵的 l_0 范数的最大值大于正常智能体栈矩阵的 l_0 范数的最大值, 即 $\max\limits_{i\in\mathcal{F}}\left\{\left\|\tilde{\boldsymbol{\xi}}_{|\mathcal{J}_i|}(t)\right\|_0\right\} > \max\limits_{j\in\mathcal{O}}\left\{\left\|\tilde{\boldsymbol{\xi}}_{|\mathcal{J}_j|}(t)\right\|_0\right\}$, 则可以先隔离出整个系统中栈矩阵 l_0 范数最大的智能体, 即把满足 $\varPhi_i(t) = \max\limits_{j\in\mathcal{V}}\{\varPhi_j(t)\}$ 的智能体 i 隔离为遭受攻击的智能体. 然后, 修改智能体 i 的所有内邻居的信息集, 用于解耦攻击间的合谋, 便于其他遭受攻击智能体的隔离. 按照上述步骤循环, 直到隔离所有遭受攻击的智能体. 基于这样的思想, 本节提出抗合谋虚假数据注入攻击的隔离算法, 见算法 9.1. 需要注意的是, 为了分布式地得到最大信息集, 定义一个临时集合 $M_i(k)$, 并初始化为 $M_i(0) = \varPhi_i(t)$. 然后, 邻居智能体的临时集合 $M_i(k)$ 进行 $N-1$ 次交互, 从而使得所有智能体都满足 $M_i(N-1) = \max\limits_{i\in\mathcal{V}}\{M_i(0)\}$, $\forall i \in \mathcal{V}$.

注解 9.2　在算法 9.1 中, 智能体 i 在每一步迭代中都让自身的 $M_i(k)$ 等于上一步时其内邻居中最大的 $M_j(k-1)$, $j \in \mathcal{J}_i$. 如果通信拓扑图 $\mathcal{G}$ 是连通的, 那么经过 $N-1$ 次迭代后, 所有智能体的 $M_i(N-1)$ 会达到一致, 且满足 $M_i(N-1) = \max\limits_{i\in\mathcal{V}}\{M_i(0)\}$. 因此, 在每一轮隔离中, 满足 $M_j(0) = \max\limits_{i\in\mathcal{V}}\{M_i(0)\}$ 的智能体 j 会被隔离为遭受攻击的智能体. 为分布式地得到最大的 M_i, 需要付出的代价是在每一轮攻击隔离中, 邻居智能体之间的 M_i 需要进行 $N-1$ 次交互.

注解 9.3　由算法 9.1 可知, 智能体 j 被隔离后, 其所有内邻居的残差被重置为 $\left\|\tilde{\boldsymbol{\xi}}_m(t)\right\| \neq 0$, $m \in \mathcal{J}_j$, 目的在于解耦攻击间的合谋, 便于隔离其他遭受攻击的智能体. 需要说明的是, 算法 9.1 也可以用来隔离非合谋攻击.

注解 9.4　算法 9.1 的思想是将系统中最可疑的 F 个智能体隔离为遭受攻击的智能体. 在这种情况下, 如果系统中遭受攻击的智能体数量小于 F, 那么一定会有部分正常智能体被误隔离; 而如果系统中遭受攻击的智能体数量大于 F, 那么一定会有部分遭受攻击的智能体无法被正确隔离.

算法 9.1 抗合谋虚假数据注入攻击的隔离算法

```
初始化: S_i = 0, i ∈ V; v = F.
输入: Φ_i, i ∈ V.
if t > τ then
    while v > 0 do
        M_i(0) = Φ_i(t), i ∈ V.
        for k = 1 : N − 1 do
            M_i(k) = max{M_i(k−1), M_{N_{i1}}(k−1), ⋯, M_{N_{i|N_i|}}(k−1)}, i ∈ V.
        end
        找到 M_i(N−1), i ∈ V 中的智能体, 假设其标号为 j;
        S_j = 1.
        for ∀m ∈ J_j do
            ‖ξ̃_m(t)‖ ≠ 0;
        end
        更新 Φ_i(t), i ∈ V\j 中的相关参数.
        Φ_j(t) = {0, ‖ξ̃_j(t)‖, j, 1}.
        v = v − 1.
    end
end
输出: S_i, i ∈ V.
```

9.2.2 攻击隔离算法分析

本节将给出算法 9.1 隔离合谋攻击所需的通信拓扑图的充分条件. 首先, 给出图的 (r,s)-可隔离性概念.

定义 9.6 ((r,s)-可隔离性) 对一个由 N 个结点组成的图 $\mathcal{G}=(\mathcal{V},\mathcal{E})$, 如果下面三条论述同时成立:

(1) 图 $\mathcal{G}$ 是连通的.

(2) 所有结点的邻居数量都不少于 $r+1$, 即 $|\mathcal{N}_i|\geqslant r+1$, $\forall i\in\mathcal{V}$.

(3) 图 $\mathcal{G}$ 中所有的环都至少包含 s 个结点, 即 $\mathcal{C}_k$ 满足 $k\geqslant s$.

则称图 $\mathcal{G}$ 是 (r,s)-可隔离的 $(r\geqslant 1, s\geqslant 3)$.

注解 9.5 所有结点的邻居数量都不少于 $r+1$, 说明图中所有的环都至少包含 3 个结点. 也就是说, 如果所有结点的邻居数量都不少于 $r+1$, 那么图 $\mathcal{G}$ 一定是 $(r,3)$-可隔离的.

注解 9.6 如果图 $\mathcal{G}$ 是 (r,s)-可隔离的, 那么它也是 (r',s')-可隔离的, 其中, r' 和 s' 满足 $1\leqslant r'\leqslant r$ 和 $3\leqslant s'\leqslant s$.

下面两个引理给出了图的 (r,s)-可隔离性和文献 [137] 中 r-可隔离性之间的关系.

引理 9.2 如果图 $\mathcal{G}=(\mathcal{V},\mathcal{E})$ 是 $(1,4)$-可隔离的, 那么它一定是 1-可隔离的.

证明: 采用反证法进行证明. 假设图 $\mathcal{G}$ 不是 1-可隔离的, 则存在两个结点 i 和 j 满足 $\mathcal{J}_i\subseteq\mathcal{J}_j$. 考虑如下两种情况: ① $|\mathcal{N}_i|=1$; ② $|\mathcal{N}_i|\geqslant 2$. 显然, 情况 ① 与定义 9.6 中的条件 $|\mathcal{N}_i|\geqslant r+1$ 违背. 对于情况 ②, 定义 N_{i^1} 为结点 i 的一个邻居, 且满足 $N_{i^1}\neq j$, 则有 $N_{i^1}\in\mathcal{J}_j$, 这意味着结点 i、N_{i^1}、j 形成了一个 3 结点的环, 违背了 $(1,4)$-可隔离性的定义. ■

引理 9.3 如果图 $\mathcal{G}=(\mathcal{V},\mathcal{E})$ 是 $(r,5)$-可隔离的, 那么它一定是 r-可隔离的.

证明: 采用反证法进行证明. 假设图 $\mathcal{G}$ 不是 r-可隔离的, 则存在结点 i 和其他 r 个结点, 表示为 $R_1,R_2,\cdots,R_r$, 满足 $\mathcal{J}_i\subseteq\{\mathcal{J}_{R_1}\cup\mathcal{J}_{R_2}\cup\cdots\cup\mathcal{J}_{R_r}\}$. 考虑如下两种情况: ① $|\mathcal{N}_i|=r$, 且 $R_1,R_2,\cdots,R_r$ 是结点 i 的邻居; ② 至少存在结点 i 的两个邻居, 表示为 N_{i^1} 和 N_{i^2}, 是某个结点 R_k 的内邻居, 即 $\mathcal{J}_{R_k}\supseteq\{N_{i^1},N_{i^2}\}$. 显然, 情况 ① 与定义 9.6 中的条件 $|\mathcal{N}_i|\geqslant r+1$ 违背. 对于情况 ②, 必然存在 i、N_{i^1}、N_{i^2}、R_k 形成的 4 结点环 (若有 $R_k=N_{i^1}$ 或 $R_k=N_{i^2}$ 成立, 则存在 i、N_{i^1}、N_{i^2} 形成的 3 结点环), 违背了 $(r,5)$-可隔离性的定义. ■

接下来, 给出算法 9.1 隔离 1-整体攻击需要满足的通信拓扑图的条件.

定理 9.1 *考虑满足假设 9.1 的群体智能系统 (9.1), 假设存在时间 $t\geqslant\tau$ 使得 $\left\|\tilde{\boldsymbol{\xi}}_k(t)\right\|\neq 0,\ \forall i\in\mathcal{F},\ k\in\mathcal{J}_i$ 成立. 算法 9.1 隔离 1-整体攻击的充要条件是系统的通信拓扑图 $\mathcal{G}$ 是 $(1,3)$-可隔离的.*

证明: (充分性). 在 1-整体攻击模型下, 如果图 $\mathcal{G}$ 是 $(1,3)$-可隔离的, 那么遭受攻击的智能体 i 满足 $\left\|\tilde{\boldsymbol{\xi}}_{|\mathcal{J}_i|}\right\|_0=|\mathcal{J}_i|$, 正常智能体 j 满足 $\left\|\tilde{\boldsymbol{\xi}}_{|\mathcal{J}_j|}\right\|_0\leqslant|\mathcal{J}_j|$. 注意到只有当 $|\mathcal{N}_j|=|\mathcal{N}_i|$, 智能体 j 是智能体 i 的邻居, 且 i 的其他邻居都是 j 的邻居时, 即 $\mathcal{J}_i\subseteq\mathcal{J}_j$, 才有 $\left\|\tilde{\boldsymbol{\xi}}_{|\mathcal{J}_j|}\right\|_0=|\mathcal{J}_j|$. 此时, 有 $\left\|\tilde{\boldsymbol{\xi}}_j\right\|=\dfrac{1}{|\mathcal{N}_i|}\left\|\tilde{\boldsymbol{\xi}}_i\right\|$, 也就是说, $\left\|\tilde{\boldsymbol{\xi}}_{|\mathcal{J}_i|}\right\|_0=\left\|\tilde{\boldsymbol{\xi}}_{|\mathcal{J}_j|}\right\|_0$ 且 $\left\|\tilde{\boldsymbol{\xi}}_i\right\|>\left\|\tilde{\boldsymbol{\xi}}_j\right\|$, 这意味着遭受攻击的智能体 i 可以被算法 9.1 隔离出来.

(必要性). 假设图 $\mathcal{G}$ 不是 $(1,3)$-可隔离的, 则存在一个遭受攻击的智能体 i 满足 $|\mathcal{N}_i|=1$. 令智能体 j 是智能体 i 的唯一邻居, 则有 $\left\|\tilde{\boldsymbol{\xi}}_{|\mathcal{J}_i|}\right\|_0=\left\|\tilde{\boldsymbol{\xi}}_{|\mathcal{J}_j|}\right\|_0=2$, 且 $\left\|\tilde{\boldsymbol{\xi}}_i\right\|=\left\|\tilde{\boldsymbol{\xi}}_j\right\|$, 这说明算法 9.1 无法隔离遭受攻击的智能体. ■

注解 9.7 定理 9.1 说明算法 9.1 可以在任意 3 结点及以上的环形图中完成 1-整体攻击的隔离. 但是文献 [137] 中的算法只能在 4 结点及以上的环形图中完成 1-整体攻击的隔离. 这说明算法 9.1 降低了隔离 1-整体攻击所需的通信

拓扑条件. 相应地, 其所付出的代价是需要所有邻居智能体进行 $N-1$ 次临时集合 M_i 的交互.

对 $F \geqslant 2$ 的 F-整体攻击, 多个攻击可能相互合谋, 导致某个智能体 i 的内邻居 $\mathcal{J}_i$ 中的部分智能体 j 满足 $\left\|\tilde{\boldsymbol{\xi}}_j(t)\right\| = 0$, $\exists t \geqslant \tau$. 接下来, 给出隔离 2-整体攻击的充分条件.

定理 9.2 考虑满足假设 9.1 的群体智能系统 (9.1), 算法 9.1 隔离 2-整体攻击的充分条件是系统的通信拓扑图 $\mathcal{G}$ 是 $(2,5)$-可隔离的.

证明: 假设系统中有 F_0 ($F_0 \in \{1,2\}$) 个智能体遭受攻击. 接下来分别分析 $F_0=1$ 和 $F_0=2$ 时的攻击隔离.

当 $F_0=1$ 时, 由注解 9.6 和定理 9.1 易知, 算法 9.1 可以在 $(2,5)$-可隔离图中完成攻击隔离.

当 $F_0=2$ 时, 攻击只有两种合谋的方式, 如图 9.2 所示. 无论哪种合谋方式, 遭受攻击的智能体 i 都满足 $\left\|\tilde{\boldsymbol{\xi}}_{|\mathcal{J}_i|}(t)\right\|_0 \geqslant |\mathcal{J}_i|-1 \geqslant F+1=3$. 对于图 9.2(a) 所示的合谋方式, 所有正常的智能体 j 和遭受攻击的智能体 i 都满足 $\left\|\tilde{\boldsymbol{\xi}}_{|\mathcal{J}_j|}(t)\right\|_0 \leqslant 2 < \left\|\tilde{\boldsymbol{\xi}}_{|\mathcal{J}_i|}(t)\right\|_0$, $\forall j \in \mathcal{O}, i \in \mathcal{F}$; 对于图 9.2(b) 所示的合谋方式, 所有正常的智能体 j 都满足 $\left\|\tilde{\boldsymbol{\xi}}_{|\mathcal{J}_j|}(t)\right\|_0 \leqslant 3$, $\forall j \in \mathcal{O}$. 为表述方便, 用 i_1 和 i_2 分别表示两个遭受攻击的智能体. 注意到只有当 $|\mathcal{N}_{i_1}| = |\mathcal{N}_{i_2}| = |\mathcal{N}_j| = 3$, 且正常智能体 j 是一个遭受攻击智能体的邻居并且是另一个遭受攻击智能体的两步邻居时, 才有 $\left\|\tilde{\boldsymbol{\xi}}_{|\mathcal{J}_j|}(t)\right\|_0 = \left\|\tilde{\boldsymbol{\xi}}_{|\mathcal{J}_{i_1}|}(t)\right\|_0 = \left\|\tilde{\boldsymbol{\xi}}_{|\mathcal{J}_{i_2}|}(t)\right\|_0 = 3$. 此时, 有 $\left\|\tilde{\boldsymbol{\xi}}_{i_1}(t)\right\| = \left\|\tilde{\boldsymbol{\xi}}_{i_2}(t)\right\| = 3\left\|\tilde{\boldsymbol{\xi}}_j(t)\right\|$. 这意味着无论在哪种合谋方式下, 算法 9.1 都可以隔离所有遭受攻击的智能体. ∎

(a) 方式一

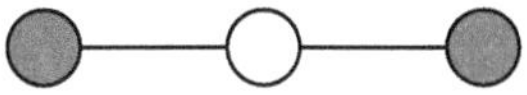

(b) 方式二

图 9.2 2-整体攻击的合谋方式

定理 9.2 给出了隔离 2-整体攻击的充分条件, 下面的命题说明该充分条件的保守性非常小.

命题 9.1 考虑满足假设 9.1 的群体智能系统 (9.1), 存在只包含一个 4 结点环的 $(2,4)$-可隔离图, 使得算法 9.1 不能隔离所有遭受攻击的智能体.

证明: 通过举一个反例来证明上述命题. 对于图 9.3 所示的 (2,4)-可隔离图, 智能体 1 和 2 的攻击满足 $\boldsymbol{f}_1(t,T_{\boldsymbol{f}_1}) = -\boldsymbol{f}_2(t,T_{\boldsymbol{f}_2})$, $\boldsymbol{\eta}_1(t,T_{\boldsymbol{\eta}_1}) = -\boldsymbol{\eta}_2(t,T_{\boldsymbol{\eta}_2})$, $T_{\boldsymbol{f}_1} = T_{\boldsymbol{f}_2}$ 和 $T_{\boldsymbol{\eta}_1} = T_{\boldsymbol{\eta}_2}$. 此时, 遭受攻击的智能体 1 和 2 满足 $\left\|\tilde{\boldsymbol{\xi}}_{|\mathcal{J}_1|}(t)\right\|_0 =$

$\left\|\tilde{\boldsymbol{\xi}}_{|\mathcal{J}_2|}(t)\right\|_0 = 3$, 而正常智能体 j (最上方智能体) 满足 $\left\|\tilde{\boldsymbol{\xi}}_{|\mathcal{J}_j|}(t)\right\|_0 = 4$. 这意味着算法 9.1 无法隔离所有遭受攻击的智能体.

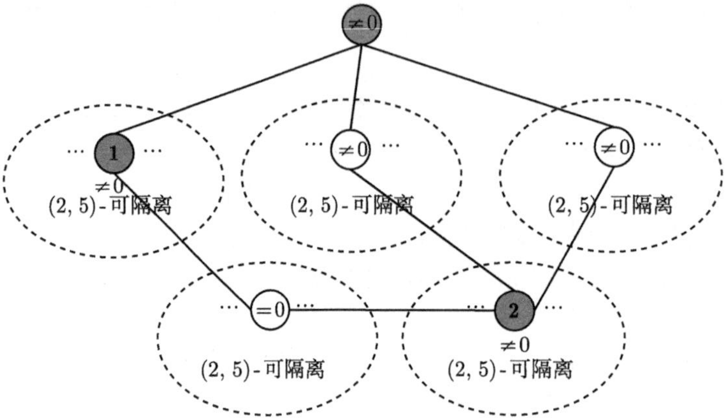

图 9.3　一个 (2,4)-可隔离图的例子

图 9.3 中, "$= 0$" 和 "$\neq 0$" 分别代表 $\left\|\tilde{\boldsymbol{\xi}}_i(t)\right\| = 0$ 和 $\left\|\tilde{\boldsymbol{\xi}}_i(t)\right\| \neq 0$. 图中只有一个 4 结点的环, 其他未画出的环都满足 $\mathcal{C}_k(k \geqslant 5)$, 且所有结点的邻居个数都满足 $|\mathcal{N}_i| = 3,\ \forall i \in \mathcal{V}$. 遭受攻击的智能体 1 和 2 满足 $\left\|\tilde{\boldsymbol{\xi}}_{|\mathcal{J}_1|}(t)\right\|_0 = \left\|\tilde{\boldsymbol{\xi}}_{|\mathcal{J}_2|}(t)\right\|_0 = 3$, 正常智能体 j 满足 $\left\|\tilde{\boldsymbol{\xi}}_{|\mathcal{J}_j|}(t)\right\|_0 = \max\limits_{j\in\mathcal{O}}\left\{\left\|\tilde{\boldsymbol{\xi}}_{|\mathcal{J}_j|}(t)\right\|_0\right\} = 4$.

对于 $F \geqslant 3$ 的 F-整体攻击, $(F, 5)$-可隔离图并不能确保算法 9.1 隔离出所有遭受攻击的智能体. 图 9.4 给出了一个 (3,6)-可隔离图中存在 3 个结点遭受攻击的示例. 图 9.4 中只有一个 6 结点的环, 其他未画出的环都满足 $\mathcal{C}_k(k \geqslant 7)$, 且所有结点的邻居个数都满足 $|\mathcal{N}_i| = 4,\ \forall i \in \mathcal{V}$. 遭受攻击的智能体 1, 2, 3 的残差满足 $\left\|\tilde{\boldsymbol{\xi}}_1(t)\right\| > 4\left\|\tilde{\boldsymbol{\xi}}_2(t)\right\|, \left\|\tilde{\boldsymbol{\xi}}_2(t)\right\| = \left\|\tilde{\boldsymbol{\xi}}_3(t)\right\|$. 注意到图中正常智能体 j (最上方智能体) 满足 $\left\|\tilde{\boldsymbol{\xi}}_{|\mathcal{J}_j|}(t)\right\|_0 = 4$ 且 $\left\|\tilde{\boldsymbol{\xi}}_j(t)\right\| = \dfrac{1}{4}\left\|\tilde{\boldsymbol{\xi}}_1(t)\right\|$, 而遭受攻击的智能体 2 和 3 满足 $\left\|\tilde{\boldsymbol{\xi}}_{|\mathcal{J}_2|}(t)\right\|_0 = \left\|\tilde{\boldsymbol{\xi}}_{|\mathcal{J}_3|}(t)\right\|_0 = 4$ 且 $\left\|\tilde{\boldsymbol{\xi}}_2(t)\right\| = \left\|\tilde{\boldsymbol{\xi}}_3(t)\right\| < \left\|\tilde{\boldsymbol{\xi}}_j(t)\right\|$. 在这种情况下, 算法 9.1 会将正常智能体 j 误隔离为遭受攻击的智能体, 这会导致遭受攻击的智能体 2 或者 3 不能被正确隔离, 此时, 算法 9.1 不能完成攻击隔离. 因此, 需要探究更严苛的条件解决一般 F-整体攻击的隔离问题. ■

接下来给出算法 9.1 隔离一般 F-整体攻击的充分条件.

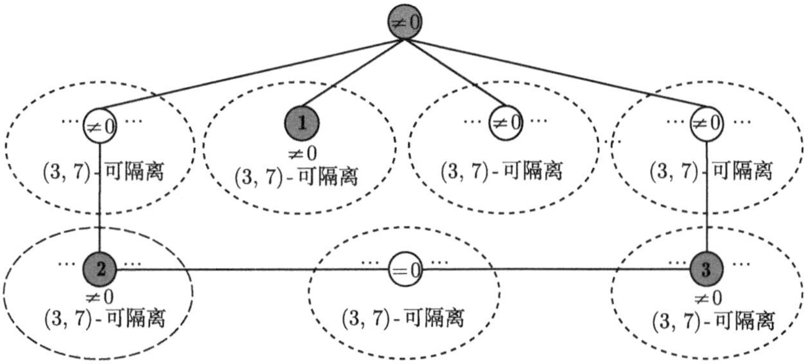

图 9.4 一个 (3,6)-可隔离图的例子

定理 9.3 *考虑满足假设 9.1 的群体智能系统 (9.1), 算法 9.1 隔离 F-整体攻击的充分条件是系统的通信拓扑图 $\mathcal{G}$ 是 $(F,7)$-可隔离的.*

证明: 定义 $\bar{M}_{\mathcal{O}}=\max\limits_{i\in\mathcal{O},t\geqslant\tau}\left\{\left\|\tilde{\boldsymbol{\xi}}_{|\mathcal{J}_i|}(t)\right\|_0\right\}$, 并假设 $\bar{M}_{\mathcal{O}}=|\mathcal{J}_i|-h$, 其中, $h\in[0,|\mathcal{J}_i|]$, 且系统中有 F_0 $(F_0\leqslant F)$ 个智能体遭受攻击. 通过说明任意一个遭受攻击的智能体都比所有正常智能体更早被算法 9.1 隔离来进行证明.

对于满足 $\left\|\tilde{\boldsymbol{\xi}}_{|\mathcal{J}_i|}(t)\right\|_0=\bar{M}_{\mathcal{O}}$ 的正常智能体 i, 需要考虑以下三种情况: ① $\left\|\tilde{\boldsymbol{\xi}}_i(t)\right\|=0$, 且智能体 i 的所有邻居都是正常的, 即 $\mathcal{F}\cap\mathcal{N}_i=\varnothing$; ② $\left\|\tilde{\boldsymbol{\xi}}_i(t)\right\|=0$, 且智能体 i 的部分邻居遭受攻击, 即 $\mathcal{F}\cap\mathcal{N}_i\neq\varnothing$; ③ $\left\|\tilde{\boldsymbol{\xi}}_i(t)\right\|\neq 0$, 此时必然有部分邻居遭受攻击, 即 $\mathcal{F}\cap\mathcal{N}_i\neq\varnothing$. 接下来分别讨论上述三种情况.

情况 ① 如图 9.5 所示. 图 9.5 中, $\Omega_{1i}^1=\left\{j|j\in\mathcal{O},j\in\mathcal{N}_i,\left\|\tilde{\boldsymbol{\xi}}_j(t)\right\|\neq 0\right\}$, $|\Omega_{1i}^1|=|\mathcal{J}_i|-h$; $\Omega_{2i}^1=\left\{j|j\in\mathcal{O},j\in\mathcal{N}_i\cap\mathcal{N}_m,m\in\mathcal{F},\left\|\tilde{\boldsymbol{\xi}}_j(t)\right\|=0\right\}$, $|\Omega_{2i}^1|=s$; $\Omega_{3i}^1=\left\{j|j\in\mathcal{O},j\in\mathcal{N}_i,j\notin\Omega_{1i}^1\cup\Omega_{2i}^1,\left\|\tilde{\boldsymbol{\xi}}_j(t)\right\|=0\right\}$, $|\Omega_{3i}^1|=|\mathcal{N}_i|-|\Omega_{1i}^1|-|\Omega_{2i}^1|$; $\Theta_{1i}^1=\{m|m\in\mathcal{F},m\in\mathcal{N}_j,j\in\Omega_{1i}^1\}$, $|\Theta_{1i}^1|\geqslant|\mathcal{J}_i|-h$; $\Theta_{2i}^1=\{m|m\in\mathcal{F},m\in\mathcal{N}_j,j\in\Omega_{2i}^1\}$, $|\Theta_{2i}^1|=s^*\geqslant 2s$; $\Theta_{3i}^1=\{q|q\in\mathcal{F},q\notin\Theta_{1i}^1\cup\Theta_{2i}^1\}$, $|\Theta_{3i}^1|=F_0-|\Theta_{1i}^1|-|\Theta_{2i}^1|$. 由于智能体 i 满足 $\left\|\tilde{\boldsymbol{\xi}}_{|\mathcal{J}_i|}(t)\right\|_0=|\mathcal{J}_i|-h$, 且 $\left\|\tilde{\boldsymbol{\xi}}_i(t)\right\|=0$, 则其一定有 $|\mathcal{J}_i|-h$ 个邻居满足 $\left\|\tilde{\boldsymbol{\xi}}_j(t)\right\|\neq 0$, $j\in\mathcal{N}_i$, 将这些邻居所在的集合定义为 Ω_{1i}^1. 对于满足 $\left\|\tilde{\boldsymbol{\xi}}_j(t)\right\|=0$ 的邻居, 假设其中有 s 个是由攻击合谋引起的, 并将它们所在的邻居集合定义为 Ω_{2i}^1, 剩下的邻居所在的集合定义为 Ω_{3i}^1. 对于集合 Ω_{1i}^1 中的智能体, 它们各自必然有至少一个遭受攻击的邻居, 将其邻居所在的集合定义为 Θ_{1i}^1. 对于

集合 Ω_{2i}^1 中的智能体, 它们各自必然有至少两个遭受攻击的邻居, 将其邻居所在的集合定义为 Θ_{2i}^1, 并假设该集合中有 s^* 个遭受攻击的智能体. 最后, 将所有剩下的遭受攻击的智能体所在的集合定义为 Θ_{3i}^1. 通信拓扑图中没有 7 结点以下的环, 因此集合 $\Theta_{1i}^1 \cup \Theta_{2i}^1$ 中的所有智能体在集合 $\Omega_{1i}^1 \cup \Omega_{2i}^1$ 中有且只有一个邻居, 且集合 $\Theta_{1i}^1 \cup \Theta_{2i}^1$ 中的任意两个智能体在集合 $\Omega_{1i}^1 \cup \Omega_{2i}^1$ 之外都没有共同邻居. 对于智能体 $m \in \Theta_{1i}^1 \cup \Theta_{2i}^1$, 只有集合 Θ_{3i}^1 中的智能体才能通过与 m 合谋减小 $\left\|\tilde{\boldsymbol{\xi}}_{|\mathcal{J}_m|}(t)\right\|_0$. 因此, 有 $\left\|\tilde{\boldsymbol{\xi}}_{|\mathcal{J}_m|}(t)\right\|_0 \geqslant |\mathcal{J}_m| - |\Theta_{3i}^1| - 1 \geqslant |\mathcal{J}_m| - (F_0 - (|\mathcal{J}_i| - h) - s^*) - 1$. 由于 $|\mathcal{J}_m| \geqslant F + 2$ 和 $F \geqslant F_0$, 因此 $\left\|\tilde{\boldsymbol{\xi}}_{|\mathcal{J}_m|}(t)\right\|_0 \geqslant |\mathcal{J}_i| - h + s^* + 1$. 此外, 由算法 9.1 可知, 集合 Θ_{2i}^1 中智能体的隔离会将集合 Ω_{2i}^1 中的智能体 j 重置为 $\left\|\tilde{\boldsymbol{\xi}}_j(t)\right\| \neq 0$, 进而导致 $\left\|\tilde{\boldsymbol{\xi}}_{|\mathcal{J}_i|}(t)\right\|_0$ 的增大, 而集合 $\Theta_{1i}^1 \cup \Theta_{3i}^1$ 中智能体的隔离不会引起 $\left\|\tilde{\boldsymbol{\xi}}_{|\mathcal{J}_i|}(t)\right\|_0$ 的变化. 综上, 可以得到集合 $\Theta_{1i}^1 \cup \Theta_{2i}^1$ 中的智能体 m 满足 $\left\|\tilde{\boldsymbol{\xi}}_{|\mathcal{J}_i|}(t)\right\|_0 \leqslant |\mathcal{J}_i| - h + s < |\mathcal{J}_i| - h + s^* + 1 \leqslant \left\|\tilde{\boldsymbol{\xi}}_{|\mathcal{J}_m|}(t)\right\|_0$. 也就是说, 集合 $\Theta_{1i}^1 \cup \Theta_{2i}^1$ 中遭受攻击智能体的隔离都早于智能体 i.

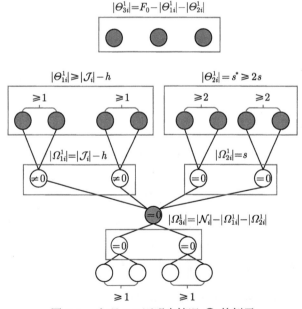

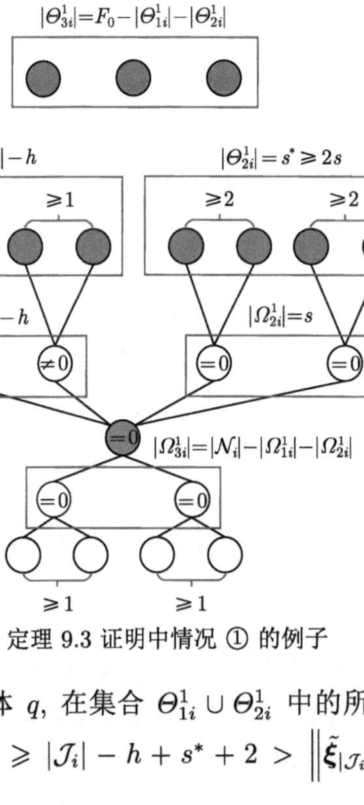

图 9.5　定理 9.3 证明中情况 ① 的例子

对于集合 Θ_{3i}^1 中的智能体 q, 在集合 $\Theta_{1i}^1 \cup \Theta_{2i}^1$ 中的所有智能体被隔离后, 有 $\left\|\tilde{\boldsymbol{\xi}}_{|\mathcal{J}_q|}(t)\right\|_0 \geqslant |\mathcal{J}_q| - |\Theta_{3i}^1| \geqslant |\mathcal{J}_i| - h + s^* + 2 > \left\|\tilde{\boldsymbol{\xi}}_{|\mathcal{J}_i|}(t)\right\|_0$. 这意味着集

合 Θ_{3i}^1 中遭受攻击智能体的隔离都早于智能体 i.

综上, 情况 ① 中所有遭受攻击智能体的隔离都早于智能体 i.

情况 ② 如图 9.6 所示. 图 9.6 中, $\Omega_{1i}^2=\left\{j|j\in\mathcal{O},j\in\mathcal{N}_i,\left\|\tilde{\boldsymbol{\xi}}_j(t)\right\|\neq 0\right\}$, $|\Omega_{1i}^2|=|\mathcal{J}_i|-h-k_1$; $\Omega_{2i}^2=\{j|j\in\mathcal{O},j\in\mathcal{N}_i\cap\mathcal{N}_m,m\in\mathcal{F},\left\|\tilde{\boldsymbol{\xi}}_j(t)\right\|=0\}$, $|\Omega_{2i}^2|=s$; $\Omega_{3i}^2=\left\{j|j\in\mathcal{O},j\in\mathcal{N}_i,j\notin\Omega_{1i}^2\cup\Omega_{2i}^2,\left\|\tilde{\boldsymbol{\xi}}_j(t)\right\|=0\right\}$, $|\Omega_{3i}^2|=|\mathcal{N}_i|-|\Theta_{1i}^2|-|\Theta_{2i}^2|-|\Omega_{1i}^2|-|\Omega_{2i}^2|$; $\Theta_{1i}^2=\left\{m|m\in\mathcal{F},m\in\mathcal{N}_i,\left\|\tilde{\boldsymbol{\xi}}_m\right\|\neq 0\right\}$, $|\Theta_{1i}^2|=k_1$; $\Theta_{2i}^2=\{m|m\in\mathcal{F}, m\in\mathcal{N}_i,\left\|\tilde{\boldsymbol{\xi}}_m(t)\right\|=0\right\}$, $|\Theta_{2i}^2|=k-k_1$; $\Theta_{3i}^2=\{m|m\in\mathcal{F},m\in\mathcal{N}_j,\ j\in\Omega_{1i}^2\}$, $|\Theta_{3i}^2|\geqslant|\mathcal{J}_i|-h-k_1$; $\Theta_{4i}^2=\{m|m\in\mathcal{F},m\in\mathcal{N}_j,j\in\Omega_{2i}^2\}$, $|\Theta_{4i}^2|=s^*\geqslant 2s$; $\Theta_{5i}^2=\{q|q\in\mathcal{F},q\notin\Theta_{1i}^2\cup\Theta_{2i}^2\cup\Theta_{3i}^2\cup\Theta_{4i}^2\}$, $|\Theta_{5i}^2|=F_0-|\Theta_{1i}^2|-|\Theta_{2i}^2|-|\Theta_{3i}^2|-|\Theta_{4i}^2|$. 假设智能体 i 有 k_1 个遭受攻击的邻居满足 $\left\|\tilde{\boldsymbol{\xi}}_m(t)\right\|\neq 0$, $m\in\mathcal{N}_i\cap\mathcal{F}$, 将其所在的集合定义为 Θ_{1i}^2, 有 $k-k_1$ 个遭受攻击的邻居满足 $\left\|\tilde{\boldsymbol{\xi}}_m(t)\right\|=0$, $m\in\mathcal{N}_i\cap\mathcal{F}$, 将其所在的集合定义为 Θ_{2i}^2, 则必然有 $|\mathcal{J}_i|-h-k_1$ 个正常邻居满足 $\left\|\tilde{\boldsymbol{\xi}}_j(t)\right\|\neq 0$, $j\in\mathcal{N}_i\cap\mathcal{O}$, 且其所在的集合定义为 Ω_{1i}^2, 假设有 s 个正常邻居因攻击合谋导致 $\left\|\tilde{\boldsymbol{\xi}}_j(t)\right\|=0$, $j\in\mathcal{N}_i\cap\mathcal{O}$, 且其所在的集合定义为 Ω_{2i}^2, 剩下的正常邻居所在的集合定义为 Ω_{3i}^2. 对于集合 Ω_{1i}^2 中的智能体, 它们各自必然有至少一个遭受攻击的邻居, 将其邻居所在的集合定义为 Θ_{3i}^2. 对于集合 Ω_{2i}^2 中的智能体, 它们各自必然有至少两个遭受攻击的邻居, 将其邻居所在的集合定义为 Θ_{4i}^2, 并假设该集合中有 s^* 个遭受攻击的智能体. 最后, 将剩下的遭受攻击的智能体所在的集合定义为 Θ_{5i}^2. 与情况 ① 的分析类似, 集合 $\Theta_{1i}^2\cup\Theta_{2i}^2\cup\Theta_{3i}^2\cup\Theta_{4i}^2$ 中的智能体在集合 $\{i\}\cup\Omega_{1i}^2\cup\Omega_{2i}^2$ 中有且仅有一个邻居, 且集合 $\Theta_{1i}^2\cup\Theta_{2i}^2\cup\Theta_{3i}^2\cup\Theta_{4i}^2$ 中的任意两个智能体在集合 $\{i\}\cup\Omega_{1i}^2\cup\Omega_{2i}^2$ 外都没有共同邻居. 因此, 对于集合 $\Theta_{1i}^2\cup\Theta_{2i}^2\cup\Theta_{3i}^2\cup\Theta_{4i}^2$ 中的智能体 m, 有 $\left\|\tilde{\boldsymbol{\xi}}_{|\mathcal{J}_m|}(t)\right\|_0\geqslant|\mathcal{J}_m|-|\Theta_{5i}^2|-1\geqslant|\mathcal{J}_i|-h+k-k_1+s^*+1$. 类似于情况 ① 的分析, 集合 $\Theta_{2i}^2\cup\Theta_{4i}^2$ 中遭受攻击智能体的隔离会引起 $\left\|\tilde{\boldsymbol{\xi}}_{|\mathcal{J}_i|}(t)\right\|_0$ 的增大, 且集合 $\Theta_{1i}^2\cup\Theta_{2i}^2\cup\Theta_{3i}^2\cup\Theta_{4i}^2$ 中的智能体 m 和 i 满足 $\left\|\tilde{\boldsymbol{\xi}}_{|\mathcal{J}_i|}(t)\right\|_0\leqslant|\mathcal{J}_i|-h+k-k_1+s+1\leqslant\left\|\tilde{\boldsymbol{\xi}}_{|\mathcal{J}_m|}(t)\right\|_0$. 不难发现, 只有当 $\left\|\tilde{\boldsymbol{\xi}}_q(t)\right\|\neq 0$, $\forall q\in\{i\}\cup\Theta_{2i}^2\cup\Omega_{2i}^2$ 成立时, 才有 $\left\|\tilde{\boldsymbol{\xi}}_{|\mathcal{J}_i|}(t)\right\|_0=|\mathcal{J}_i|-h+k-k_1+s+1$. 此时, 有 $\left\|\tilde{\boldsymbol{\xi}}_{|\mathcal{J}_m|}(t)\right\|_0\geqslant|\mathcal{J}_m|-|\Theta_{5i}^2|\geqslant|\mathcal{J}_i|-h+k-k_1+s^*+2>|\mathcal{J}_i|-h+k-k_1+s+1$. 也就是说, 集合 $\Theta_{1i}^2\cup\Theta_{2i}^2\cup\Theta_{3i}^2\cup\Theta_{4i}^2$ 中遭受攻击智能体的隔离都早于智能体 i.

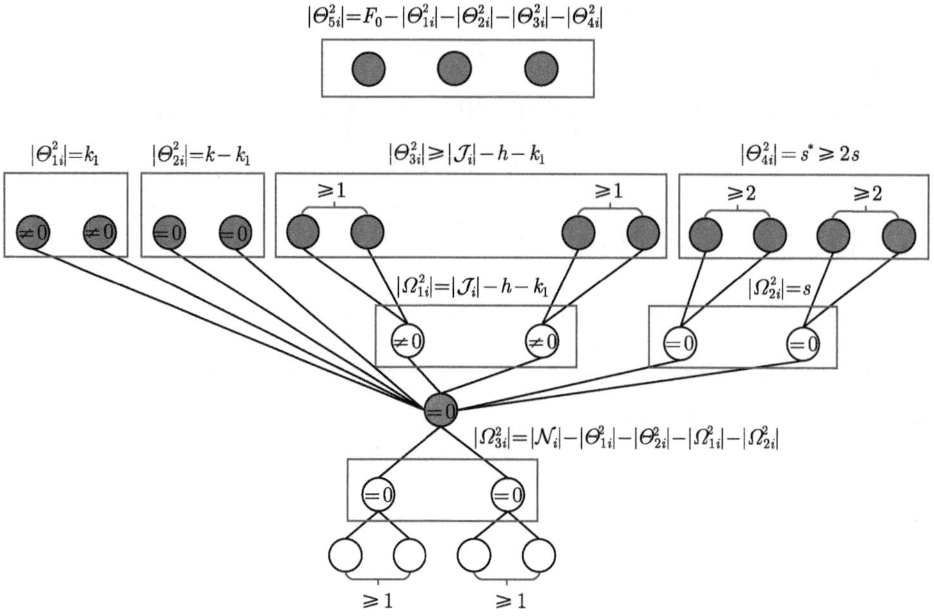

图 9.6　定理 9.3 证明中情况 ② 的例子

对于集合 Θ_{5i}^2 中的智能体 q, 在集合 $\Theta_{1i}^2\cup\Theta_{2i}^2\cup\Theta_{3i}^2\cup\Theta_{4i}^2$ 中所有智能体被隔离后, 有 $\left\|\tilde{\boldsymbol{\xi}}_{|\mathcal{J}_q|}(t)\right\|_0\geqslant|\mathcal{J}_q|-|\Theta_{5i}^2|\geqslant|\mathcal{J}_i|-h+k-k_1+s^*+2>\left\|\tilde{\boldsymbol{\xi}}_{|\mathcal{J}_i|}(t)\right\|_0$. 这意味着集合 Θ_{5i}^2 中遭受攻击智能体的隔离都早于智能体 i.

综上, 情况 ② 中所有遭受攻击智能体的隔离都早于智能体 i.

情况 ③ 如图 9.7 所示. 图 9.7 中, $\Omega_{1i}^3=\left\{j|j\in\mathcal{O},j\in\mathcal{N}_i,\left\|\tilde{\boldsymbol{\xi}}_j(t)\right\|\neq 0\right\}$, $|\Omega_{1i}^3|=|\mathcal{J}_i|-h-k_1-1$; $\Omega_{2i}^3=\{j|j\in\mathcal{O},j\in\mathcal{N}_i\cap\mathcal{N}_m,m\in\mathcal{F},\left\|\tilde{\boldsymbol{\xi}}_j(t)\right\|=0\}$, $|\Omega_{2i}^3|=s$; $\Omega_{3i}^3=\{j|j\in\mathcal{O},j\in\mathcal{N}_i,j\notin\Omega_{1i}^3\cup\Omega_{2i}^3,\left\|\tilde{\boldsymbol{\xi}}_j(t)\right\|=0\}$, $|\Omega_{3i}^3|=|\mathcal{N}_i|-|\Theta_{1i}^3|-|\Theta_{2i}^3|-|\Omega_{1i}^3|-|\Omega_{2i}^3|$; $\Theta_{1i}^3=\left\{m|m\in\mathcal{F},m\in\mathcal{N}_i,\left\|\tilde{\boldsymbol{\xi}}_m(t)\right\|\neq 0\right\}$, $|\Theta_{1i}^3|=k_1$; $\Theta_{2i}^3=\{m|m\in\mathcal{F},m\in\mathcal{N}_i,\left\|\tilde{\boldsymbol{\xi}}_m(t)\right\|=0\}$, $|\Theta_{2i}^3|=k-k_1$; $\Theta_{3i}^3=\{m|m\in\mathcal{F},m\in\mathcal{N}_j,j\in\Omega_{1i}^3\}$, $|\Theta_{3i}^3|\geqslant|\mathcal{J}_i|-h-k_1-1$; $\Theta_{4i}^3=\{m|m\in\mathcal{F},m\in\mathcal{N}_j,j\in\Omega_{2i}^3\}$, $|\Theta_{4i}^3|=s^*\geqslant 2s$; $\Theta_{5i}^3=\{q|q\in\mathcal{F},q\notin\Theta_{1i}^3\cup\Theta_{2i}^3\cup\Theta_{3i}^3\cup\Theta_{4i}^3\}$, $|\Theta_{5i}^3|=F_0-|\Theta_{1i}^3|-|\Theta_{2i}^3|-|\Theta_{3i}^3|-|\Theta_{4i}^3|$. 对于集合 $\Theta_{1i}^3\cup\Theta_{2i}^3\cup\Theta_{3i}^3\cup\Theta_{4i}^3$ 中的智能体 m, 有 $\left\|\tilde{\boldsymbol{\xi}}_{|\mathcal{J}_m|}(t)\right\|_0\geqslant|\mathcal{J}_m|-|\Theta_{5i}^3|-1\geqslant|\mathcal{J}_m|-(F_0-(|\mathcal{J}_i|-h+k-k_1+s^*-1))-1\geqslant|\mathcal{J}_i|-h+k-k_1+s^*$. 类似于情况 ② 的分析, 集合 $\Theta_{2i}^3\cup\Theta_{4i}^3$ 中遭受攻击智能体的隔离会引起 $\left\|\tilde{\boldsymbol{\xi}}_{|\mathcal{J}_i|}(t)\right\|_0$ 的

增大, 且智能体 m 和 i 满足 $\left\|\tilde{\boldsymbol{\xi}}_{|\mathcal{J}_i|}(t)\right\|_0 \leqslant |\mathcal{J}_i|-h+k-k_1+s \leqslant \left\|\tilde{\boldsymbol{\xi}}_{|\mathcal{J}_m|}(t)\right\|_0$. 注意到只有当 $\left\|\tilde{\boldsymbol{\xi}}_q(t)\right\| \neq 0, \forall q \in \{i\}\cup\Theta_{2i}^3\cup\Omega_{2i}^3$ 成立时, 才有 $\left\|\tilde{\boldsymbol{\xi}}_{|\mathcal{J}_i|}(t)\right\|_0 = |\mathcal{J}_i|-h+k-k_1+s$. 此时, 有 $\left\|\tilde{\boldsymbol{\xi}}_{|\mathcal{J}_m|}(t)\right\|_0 \geqslant |\mathcal{J}_m|-|\Theta_{5i}^3|\geqslant|\mathcal{J}_i|-h+k-k_1+s^*+1 > |\mathcal{J}_i|-h+k-k_1+s$. 也就是说, 集合 $\Theta_{1i}^3 \cup \Theta_{2i}^3 \cup \Theta_{3i}^3 \cup \Theta_{4i}^3$ 中遭受攻击智能体的隔离都早于智能体 i.

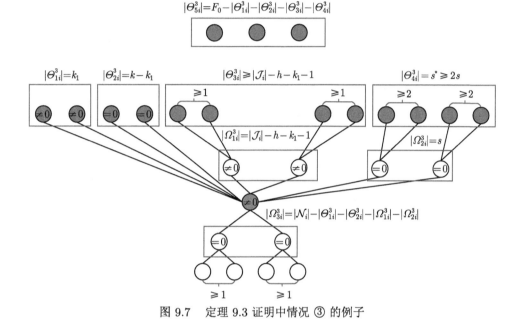

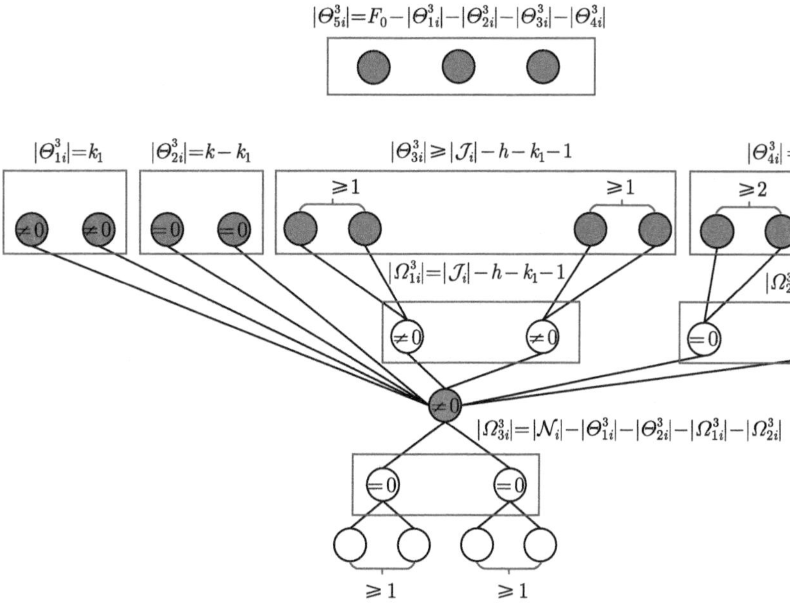

图 9.7　定理 9.3 证明中情况 ③ 的例子

对于集合 Θ_{5i}^3 中的智能体 q, 在集合 $\Theta_{1i}^3\cup\Theta_{2i}^3\cup\Theta_{3i}^3\cup\Theta_{4i}^3$ 中所有遭受攻击的智能体被隔离后, 有 $\left\|\tilde{\boldsymbol{\xi}}_{|\mathcal{J}_q|}(t)\right\|_0 \geqslant |\mathcal{J}_q|-|\Theta_{5i}^3| \geqslant |\mathcal{J}_i|-h+k-k_1+s^*+1 > \left\|\tilde{\boldsymbol{\xi}}_{|\mathcal{J}_i|}(t)\right\|_0$. 这意味着集合 Θ_{5i}^3 中遭受攻击智能体的隔离都早于智能体 i.

综上, 情况 ③ 中所有遭受攻击智能体的隔离都早于智能体 i. ■

类似于命题 9.1, 下面的结论说明了定理 9.3 给出的隔离一般 F-整体攻击所要求的拓扑条件保守性很小.

命题 9.2 *考虑满足假设 9.1 的群体智能系统 (9.1), 对 $F \geqslant 3$ 的 F-整体攻击, 存在仅包含一个 6 结点环的 $(F,6)$-可隔离图使得算法 9.1 不能隔离所有遭受攻击的智能体.*

证明: 通过一个反例来证明上述结论. 如图 9.8 所示, 图中只有一个 6 结点的环, 其他未画出的环都满足 $\mathcal{C}_k$, $k \geqslant 7$, 且所有结点的邻居个数都满足 $|\mathcal{N}_i| =$

$F+1$, $\forall i\in\mathcal{V}$. 遭受攻击的智能体满足 $\left\|\tilde{\boldsymbol{\xi}}_{|\mathcal{J}_1|}(t)\right\|_0=\left\|\tilde{\boldsymbol{\xi}}_{|\mathcal{J}_2|}(t)\right\|_0=F+1$, $\left\|\tilde{\boldsymbol{\xi}}_{|\mathcal{J}_i|}(t)\right\|_0=F+2$, $i\in\mathcal{F}\backslash\{1,2\}$, $\left\|\tilde{\boldsymbol{\xi}}_1(t)\right\|=\left\|\tilde{\boldsymbol{\xi}}_2(t)\right\|$, $\left\|\tilde{\boldsymbol{\xi}}_3(t)\right\|=\cdots=\left\|\tilde{\boldsymbol{\xi}}_F(t)\right\|$ 且 $\left\|\tilde{\boldsymbol{\xi}}_3(t)\right\|>\dfrac{F+1}{F-2}\left\|\tilde{\boldsymbol{\xi}}_1(t)\right\|$. 正常智能体 j (最上面的智能体) 满足 $\left\|\tilde{\boldsymbol{\xi}}_{|\mathcal{J}_j|}(t)\right\|_0=F+1$, 且 $\left\|\tilde{\boldsymbol{\xi}}_j(t)\right\|=\dfrac{1}{F+1}\sum\limits_{i=3}^{F}\left\|\tilde{\boldsymbol{\xi}}_i(t)\right\|$. 此时, 正常智能体 j 会早于遭受攻击的智能体 1 和 2 被隔离, 这意味着算法 9.1 不能隔离所有遭受攻击的智能体. ■

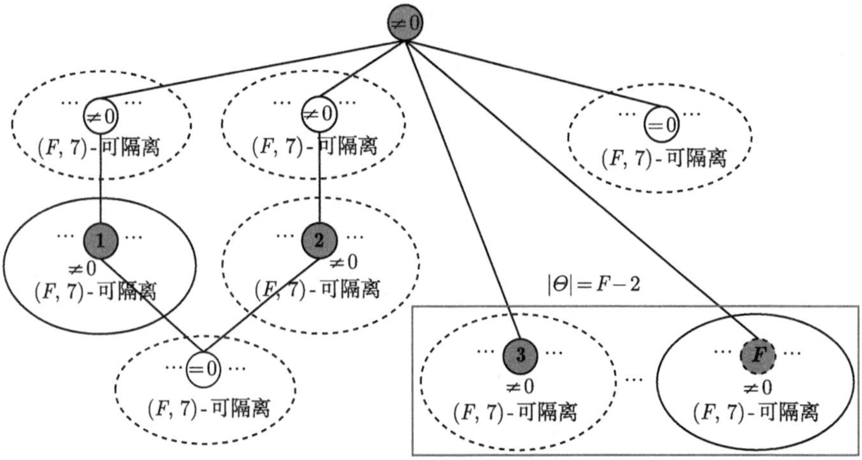

图 9.8 一个满足 $(F,6)$-可隔离图的例子

实际中, 由于资源受限, 攻击并不是无所不知的, 其只能通过局部信息交互进行合谋并对系统造成影响, 因此给出如下关于攻击的假设.

假设 9.2 对于遭受攻击的智能体 i 和 j, 只有当智能体 i 和 j 之间存在一条遭受攻击的通路, 即存在一条有限通路 $(i,i_1),(i_1,i_2),\cdots,(i_k,j)$ 时, 其中 $i_m\in\mathcal{F}$, $m=1,2,\cdots,k$, 智能体 i 和 j 的攻击才可以合谋.

显然, 在假设 9.2 成立的条件下, 图 9.2(b)、图 9.3、图 9.4 和图 9.8 中的合谋将无法成立. 通过类似于定理 9.3 的分析可以得到如下关于 F-整体攻击模型的隔离结果.

定理 9.4 考虑满足假设 9.1 和假设 9.2 的群体智能系统 (9.1), 对 $F\geqslant 3$ 的 F-整体攻击, 算法 9.1 完成攻击隔离的充分条件是系统的通信拓扑图 $\mathcal{G}$ 是 $(F,6)$-可隔离的.

类似地, 下边的命题说明定理 9.4 的充分条件保守性很小.

命题 9.3 考虑满足假设 9.1 和假设 9.2 的群体智能系统 (9.1), 对 $F\geqslant 3$ 的 F-

整体攻击, 存在仅包含一个 5 结点环的 $(F,5)$-可隔离图使得算法 9.1 不能隔离所有遭受攻击的智能体.

证明: 通过图 9.9 中的反例来证明上述结论. 图中只有一个 5 结点的环, 其他未画出的环都满足 $\mathcal{C}_k$, $k \geqslant 6$, 且所有结点的邻居个数都满足 $|\mathcal{N}_i| = F+1$, $\forall i \in \mathcal{V}$. 遭受攻击的智能体满足 $\left\|\tilde{\boldsymbol{\xi}}_{|\mathcal{J}_1|}(t)\right\|_0 = \left\|\tilde{\boldsymbol{\xi}}_{|\mathcal{J}_2|}(t)\right\|_0 = F+1$, $\left\|\tilde{\boldsymbol{\xi}}_{|\mathcal{J}_i|}(t)\right\|_0 = F+2$, $i \in \mathcal{F}\backslash\{1,2\}$, 且它们的残差满足 $\left\|\tilde{\boldsymbol{\xi}}_3(t)\right\| = \cdots = \left\|\tilde{\boldsymbol{\xi}}_F(t)\right\|$, $\left\|\tilde{\boldsymbol{\xi}}_3(t)\right\| > \dfrac{F+1}{F-2}\left\|\tilde{\boldsymbol{\xi}}_2(t)\right\|$. 由于图中正常智能体 j (最上面的智能体) 满足 $\left\|\tilde{\boldsymbol{\xi}}_{|\mathcal{J}_j|}(t)\right\|_0 = F+1$, 且有 $\left\|\tilde{\boldsymbol{\xi}}_j(t)\right\| = \dfrac{1}{F+1}\sum\limits_{i=3}^{F}\left\|\tilde{\boldsymbol{\xi}}_i(t)\right\|$, 正常智能体 j 会早于遭受攻击的智能体 1 和 2 被隔离, 这意味着算法 9.1 不能隔离所有遭受攻击的智能体. ■

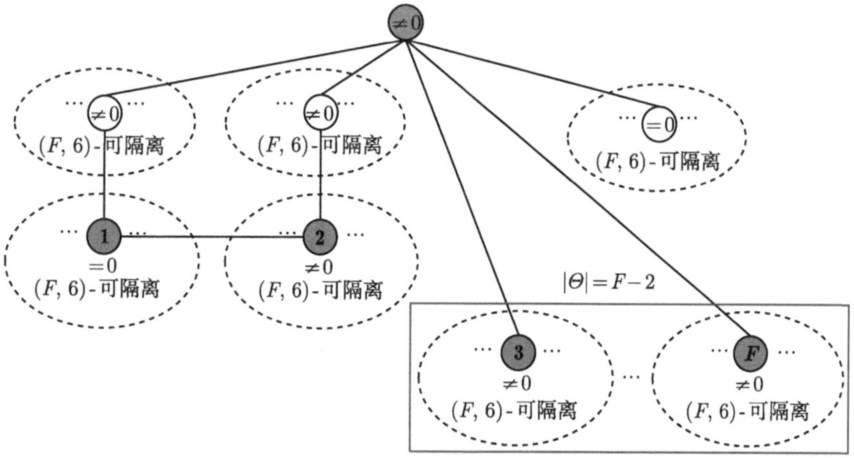

图 9.9 一个满足 $(F,5)$-可隔离图的例子

9.2.3 抗合谋攻击的弹性一致性算法

本节通过设计弹性一致性算法来排除遭受攻击的邻居对正常智能体的影响. 首先, 回顾文献 [131] 中提出的基于观测器的一致性协议:

$$\begin{cases} \boldsymbol{u}_i(t) = (\rho_i(t) + \varrho_i(t))\, K\hat{\boldsymbol{\varepsilon}}_i(t), \\ \dot{\rho}_i = \hat{\boldsymbol{\varepsilon}}_i^{\mathrm{T}}(t)QBB^{\mathrm{T}}Q\hat{\boldsymbol{\varepsilon}}_i(t), \end{cases} \tag{9.7}$$

其中, $\varrho_i(t) = \hat{\boldsymbol{\varepsilon}}_i^{\mathrm{T}}(t)Q\hat{\boldsymbol{\varepsilon}}_i(t)$, $K = -B^{\mathrm{T}}Q$, Q 是满足 $Q^{-1}A^T + AQ^{-1} - 2BB^T < \mathbf{0}$ 的正定矩阵.

由文献 [131] 可知, 对于满足假设 9.1 的群体智能系统 (9.1), 在通信拓扑图中存在一棵有向生成树的前提下, 如果存在遭受攻击的智能体, 那么系统无法实现一致性. 当系统中存在遭受攻击的智能体时, 为了实现正常智能体的弹性一致性, 正常智能体 i 可以通过重置 $a_{ij}=0$ 来消除遭受攻击的邻居 j 对自身的影响. 基于上述思想, 本节提出抗合谋虚假数据注入攻击的弹性一致性算法, 见算法 9.2.

算法 9.2　抗合谋虚假数据注入攻击的弹性一致性算法

```
对每一个智能体 i 及其邻居 j, j ∈ N_i:
for j = N_{i1}:N_{i|N_i|} do
    if S_j = 1 then
        a_{ij} = 0;
        N_i = N_i \ j.
    end
end
设计形如 (9.7) 的控制协议.
```

注解 9.8　*注解 9.4 表明算法 9.1 可能会导致某些正常智能体被误隔离, 因此所有智能体都需要执行算法 9.2 才能保证被误隔离的正常智能体实现一致性. 假设有部分正常智能体被误隔离, 如果删除被算法 9.1 隔离的智能体后形成的通信拓扑图 $\mathcal{G}'$ 是连通的, 由于被误隔离的正常智能体仍能接收到其他正常智能体的信息, 那么所有正常智能体 (包括被误隔离的正常智能体) 所形成的通信拓扑图中仍包含一棵有向生成树.*

结合定理 9.2 容易得到如下关于 2-整体攻击下的弹性一致性结果.

推论 9.1　*考虑满足假设 9.1 的群体智能系统 (9.1), 对于存在合谋的 2-整体攻击, 算法 9.1 和 9.2 实现弹性一致性的充分条件是下述两个论述同时成立:*

(1) 通信拓扑图 $\mathcal{G}$ 是 $(2,5)$-可隔离的.

(2) 删除已隔离的智能体及其相关的连边后形成的通信拓扑子图 $\mathcal{G}'$ 是连通的.

证明: 用 $\mathcal{G}''$ 表示所有正常智能体 (包括被算法 9.1 误隔离的正常智能体) 及其连边形成的子图. 由文献 [131] 可知, 若子图 $\mathcal{G}''$ 中包含一棵有向生成树, 则正常智能体可以实现弹性一致性. 因此, 只需要证明执行了算法 9.1 后所形成的子图 $\mathcal{G}''$ 中包含一棵有向生成树即可. 定义被算法 9.1 误隔离的正常智能体所在的集合为 $\Psi=\{i\in\mathcal{O}|S_i=1\}$, 其他正常智能体所在的集合为 $\Psi'=\{i\in\mathcal{O}|S_i=0\}$. 集合 Ψ' 中的智能体会丢弃集合 Ψ 中邻居的信息, 因此, 若 $\Psi\neq\varnothing$, 则子图 $\mathcal{G}''$ 为有向图. 注意到每个智能体都有不少于 $F+1$ 个邻居. 这意味着在子图 $\mathcal{G}'$ 中, 集合 Ψ 中的每个智能体仍然有至少一个邻居. 因此, 如果图 $\mathcal{G}'$ 是连通的, 那么集合 Ψ 中的所有智能体都和集合 Ψ' 中的智能体之间存在有向路径, 即子图 $\mathcal{G}''$ 中包含一棵有向生成树. ■

类似地, 可以得到如下关于一般 F-整体攻击下的弹性一致性结果.

推论 9.2 考虑满足假设 9.1 的群体智能系统 (9.1), 对于 F-整体攻击, 算法 9.1 和 9.2 实现弹性一致性的充分条件是下述两个论述同时成立:

(1) 通信拓扑图 $\mathcal{G}$ 是 $(F,7)$-可隔离的.

(2) 删除已隔离的智能体及其相关的连边后形成的子图 $\mathcal{G}'$ 是连通的.

9.2.4 数值仿真

本节通过两个例子来验证 9.2.2 节和 9.2.3 节中理论结果的正确性. 考虑由 10 个三阶智能体组成的群体智能体系统, 智能体的动力学如式 (9.1) 所示, 系统矩阵描述如下:

$$\boldsymbol{A}=\begin{bmatrix}2.25 & 9 & 0\\ 1 & -1 & 0\\ 0 & -18 & 0\end{bmatrix},\quad \boldsymbol{B}=\begin{bmatrix}1\\0\\0\end{bmatrix},\quad \boldsymbol{C}=\begin{bmatrix}1 & 0 & 0\\ 0 & 1 & 0\end{bmatrix}.$$

设置收敛时间 $\tau=1$, 增益矩阵 $\boldsymbol{H}_1=\begin{bmatrix}5 & 5\\ 3 & 6\\ 0 & -17\end{bmatrix}$, $\boldsymbol{H}_2=\begin{bmatrix}2 & 2\\ 3 & 9\\ 0 & -16\end{bmatrix}$, $\boldsymbol{Q}=$

$$\begin{bmatrix}2.4286 & 0.7890 & 1.0875\\ 0.7890 & 9.1303 & 0.0416\\ 1.0875 & 0.0416 & 0.8601\end{bmatrix},\quad \boldsymbol{K}=\begin{bmatrix}-2.4286\\ -0.7890\\ -1.0875\end{bmatrix}^{\mathrm{T}}.$$

例 9.1 本例主要验证抗合谋攻击隔离算法对通信拓扑图的要求. 分别考虑图 9.10 所示的 (2, 4)-可隔离图和图 9.1 所示的 (2, 5)-可隔离图. 假设智能

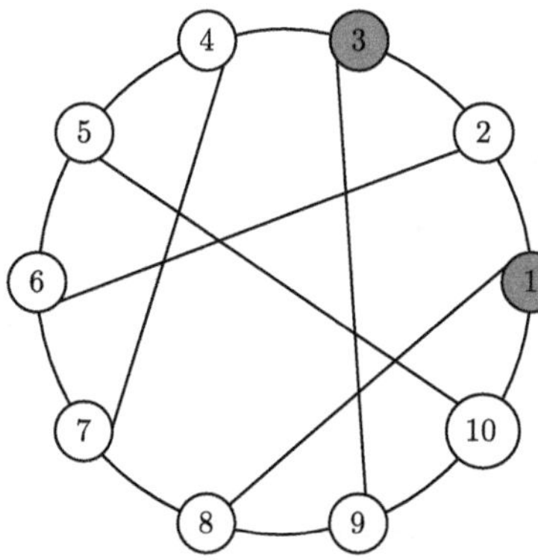

图 9.10 (2, 4)-可隔离图

体 1 和 3 在时刻 $T_{\boldsymbol{\eta}_1} = T_{\boldsymbol{\eta}_3} = 1.5\text{s}$ 遭受攻击. 攻击仅注入传感器通道, 注入的虚假数据分别描述为 $\boldsymbol{\eta}_1(t, T_{\boldsymbol{\eta}_1}) = \begin{bmatrix} -0.05t^2 & -\sin(t) \end{bmatrix}^{\mathrm{T}}$ 和 $\boldsymbol{\eta}_3(t, T_{\boldsymbol{\eta}_3}) = \begin{bmatrix} 0.05t^2 & \sin(t) \end{bmatrix}^{\mathrm{T}}$. 显然, 攻击在智能体 1 和 3 注入的虚假数据相互合谋使得在时间 $t \geqslant 1\text{s}$ 时有 $\left\|\tilde{\boldsymbol{\xi}}_2(t)\right\| = 0$ 成立.

图 9.11和图 9.12 给出了 (2, 4)-可隔离图下系统的攻击隔离及弹性一致性结

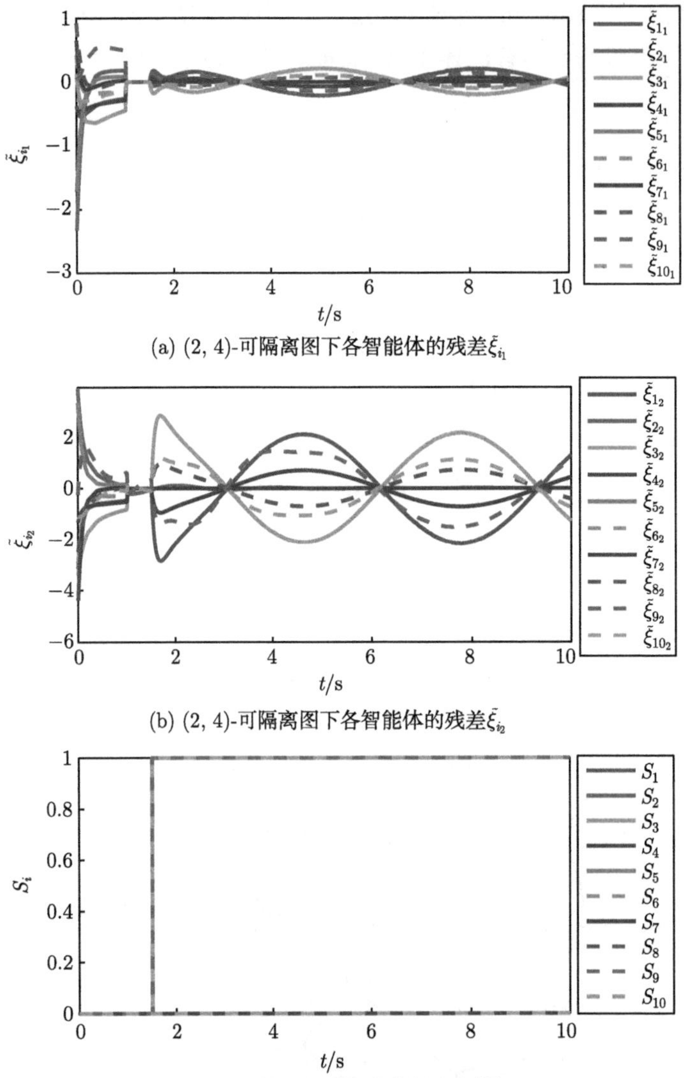

(a) (2, 4)-可隔离图下各智能体的残差$\tilde{\xi}_{i_1}$

(b) (2, 4)-可隔离图下各智能体的残差$\tilde{\xi}_{i_2}$

(c) (2, 4)-可隔离图下各智能体的安全指标S_i

（扫码获取彩图）

图 9.11 (2, 4)-可隔离图下各智能体的残差 $\tilde{\boldsymbol{\xi}}_i$ 和安全指标 S_i

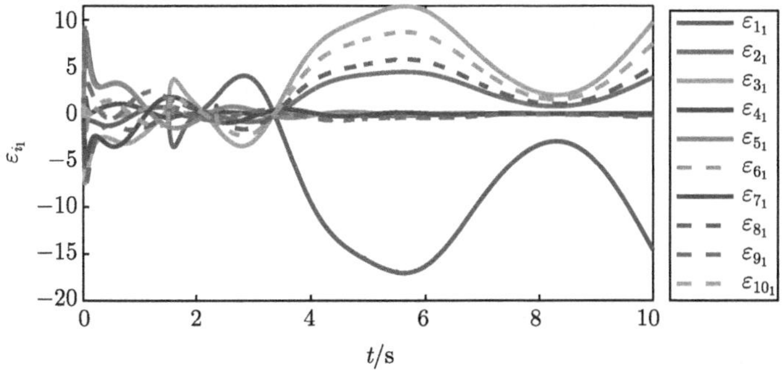

(a) (2, 4)-可隔离图下各智能体的状态一致性误差 ε_{i_1}

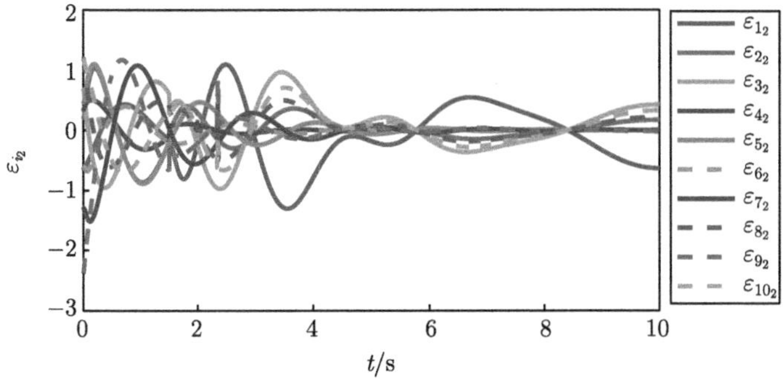

(b) (2, 4)-可隔离图下各智能体的状态一致性误差 ε_{i_2}

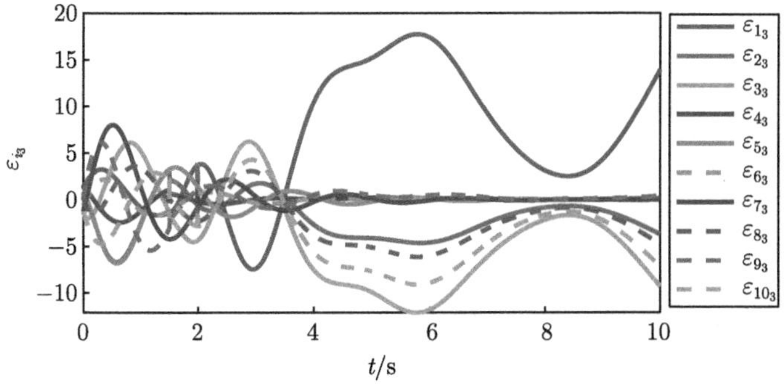

(c) (2, 4)-可隔离图下各智能体的状态一致性误差 ε_{i_3}

（扫码获取彩图）

图 9.12 (2, 4)-可隔离图下各智能体的状态一致性误差 $\boldsymbol{\varepsilon}_i$

果. 由图 9.11(a) 和 (b) 可以看出, 当时间 $t > 1.5$s 时, 有 $\left\|\tilde{\boldsymbol{\xi}}_i(t)\right\| \neq 0$, $i \in \{1,3,4,8,9,10\}$ 成立. 进一步可以得到 $\left\|\tilde{\boldsymbol{\xi}}_{|\mathcal{J}_9|}(t)\right\|_0 = 4$, $\left\|\tilde{\boldsymbol{\xi}}_{|\mathcal{J}_1|}(t)\right\|_0 = \left\|\tilde{\boldsymbol{\xi}}_{|\mathcal{J}_3|}(t)\right\|_0 = \left\|\tilde{\boldsymbol{\xi}}_{|\mathcal{J}_8|}(t)\right\|_0 = \left\|\tilde{\boldsymbol{\xi}}_{|\mathcal{J}_{10}|}(t)\right\|_0 = 3$, 以及 $\left\|\tilde{\boldsymbol{\xi}}_{|\mathcal{J}_i|}(t)\right\|_0 < 3$, $i \in \mathcal{V} \setminus \{1,3,8,9,10\}$. 由图 9.11(c) 可以看出, 正常智能体 9 被算法 9.1 误隔离为遭受攻击的智能体, 而遭受攻击的智能体 1 无法被隔离. 图 9.12 表明, 由于没有隔离所有遭受攻击的智能

体, 部分正常智能体无法与其他正常智能体实现弹性一致性.

(2,5)-可隔离通信拓扑图下系统的攻击隔离及弹性一致性结果如图 9.13 和图 9.14 所示. 由图 9.13(a) 和 (b) 可以看出, 当时间 $t > 1.5\text{s}$ 时, 有 $\left\|\tilde{\boldsymbol{\xi}}_i(t)\right\| \neq 0, i \in \{1,3,4,5,9,10\}$ 成立. 进一步可以得到 $\left\|\tilde{\boldsymbol{\xi}}_{|\mathcal{J}_1|}(t)\right\|_0 = \left\|\tilde{\boldsymbol{\xi}}_{|\mathcal{J}_3|}(t)\right\|_0 = \left\|\tilde{\boldsymbol{\xi}}_{|\mathcal{J}_4|}(t)\right\|_0 = \left\|\tilde{\boldsymbol{\xi}}_{|\mathcal{J}_5|}(t)\right\|_0 = \left\|\tilde{\boldsymbol{\xi}}_{|\mathcal{J}_9|}(t)\right\|_0 = \left\|\tilde{\boldsymbol{\xi}}_{|\mathcal{J}_{10}|}(t)\right\|_0 = 3$, 且 $\left\|\tilde{\boldsymbol{\xi}}_1(t)\right\| = \left\|\tilde{\boldsymbol{\xi}}_3(t)\right\| > \left\|\tilde{\boldsymbol{\xi}}_4(t)\right\| =$

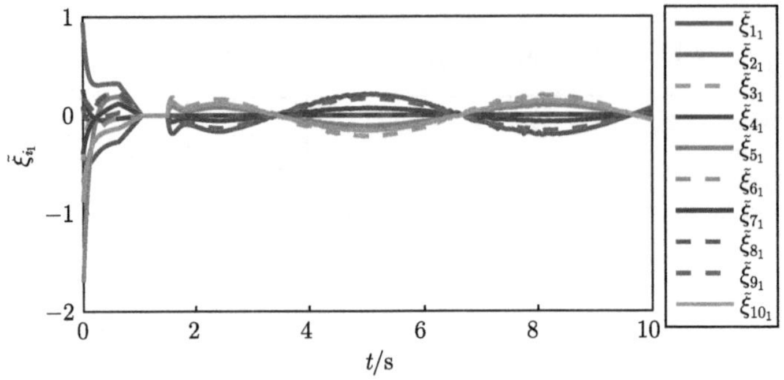

(a) (2, 5)-可隔离图下各智能体的残差$\tilde{\xi}_{i_1}$

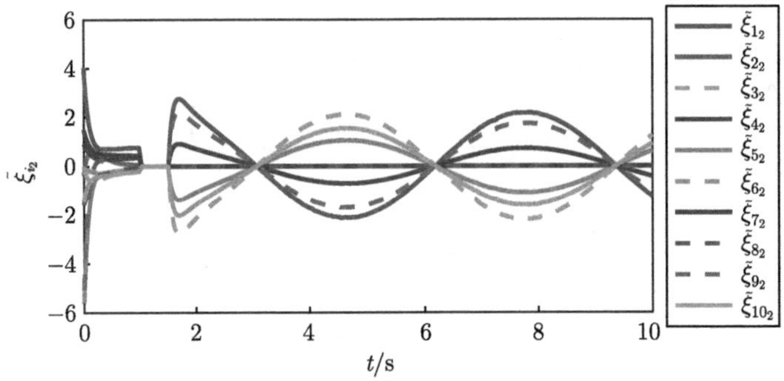

(b) (2, 5)-可隔离图下各智能体的残差$\tilde{\xi}_{i_2}$

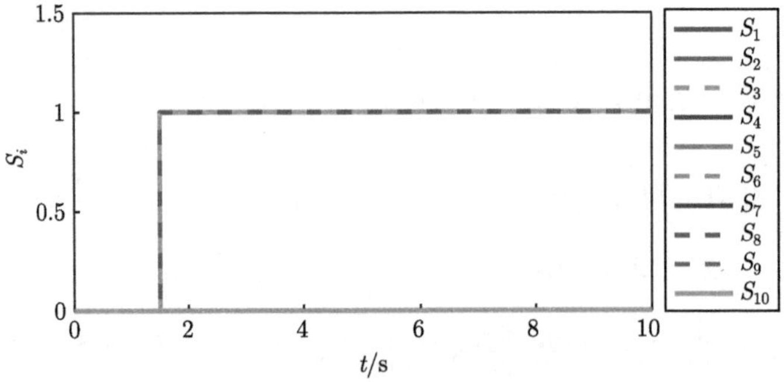

(c) (2, 5)-可隔离图下各智能体的安全指标S_i

（扫码获取彩图）

图 9.13 (2, 5)-可隔离图下各智能体的残差 $\tilde{\boldsymbol{\xi}}_i$ 和安全指标 S_i

$\left\|\tilde{\boldsymbol{\xi}}_5(t)\right\| = \left\|\tilde{\boldsymbol{\xi}}_9(t)\right\| = \left\|\tilde{\boldsymbol{\xi}}_{10}(t)\right\|$, 其他智能体满足 $\left\|\tilde{\boldsymbol{\xi}}_{|\mathcal{J}_i|}(t)\right\|_0 < 3,\ \forall i \in \mathcal{V}\backslash\{1,3,4,5,9,10\}$. 由图 9.13(c) 可以看出, 遭受攻击的智能体 1 和 3 被算法 9.1 正确隔离, 说明了定理 9.2 的正确性. 此外, 图 9.14 表明, 系统可以实现正常智能体的弹性一致性.

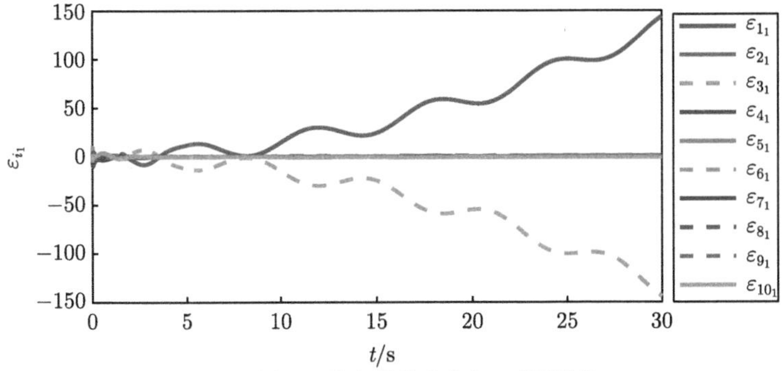

(a) (2, 5)-可隔离图下各智能体的状态一致性误差ε_{i_1}

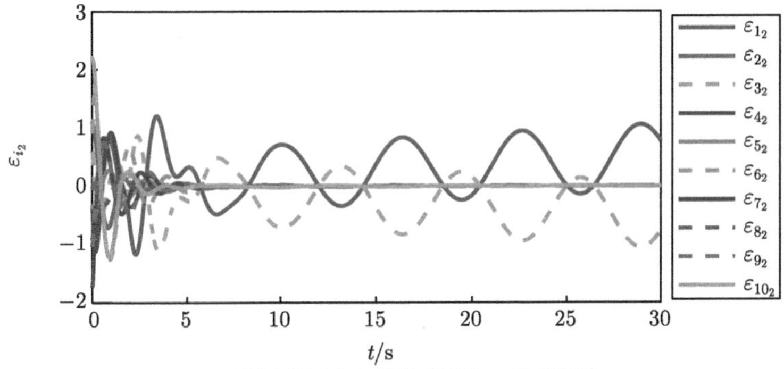

(b) (2, 5)-可隔离图下各智能体的状态一致性误差ε_{i_2}

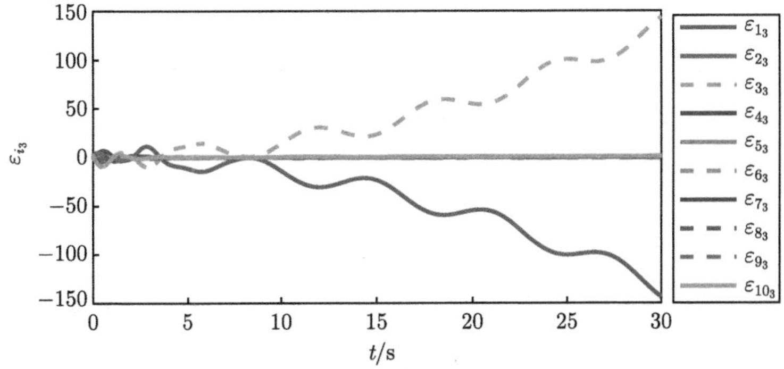

(c) (2, 5)-可隔离图下各智能体的状态一致性误差ε_{i_3}

（扫码获取彩图）

图 9.14 (2, 5)-可隔离图下各智能体的状态一致性误差 $\boldsymbol{\varepsilon}_i$

例 9.2 本例主要验证即使存在部分正常智能体被误隔离, 群体智能系统仍可以利用本节提出的算法实现弹性一致性. 考虑例 9.1 中的群体智能系统, 通信拓扑结构如图 9.10 所示, 已知系统遭受 2-整体攻击, 且实际仅智能体 1 遭受攻击. 由图 9.15 可知, 当时间 $t > 1.5\mathrm{s}$ 时, 有 $\left\|\tilde{\boldsymbol{\xi}}_i(t)\right\| \neq 0,\ i \in \{1,2,8,10\}$ 成立. 进一步可以得到 $\left\|\tilde{\boldsymbol{\xi}}_{|\mathcal{J}_1|}(t)\right\|_0 = 4,\ \left\|\tilde{\boldsymbol{\xi}}_{|\mathcal{J}_2|}(t)\right\|_0 = \left\|\tilde{\boldsymbol{\xi}}_{|\mathcal{J}_8|}(t)\right\|_0 = \left\|\tilde{\boldsymbol{\xi}}_{|\mathcal{J}_{10}|}(t)\right\|_0 =$

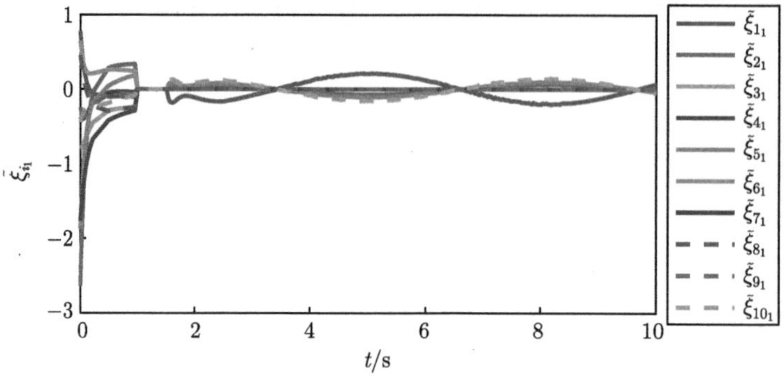

(a) 各智能体的残差$\tilde{\xi}_{i_1}$

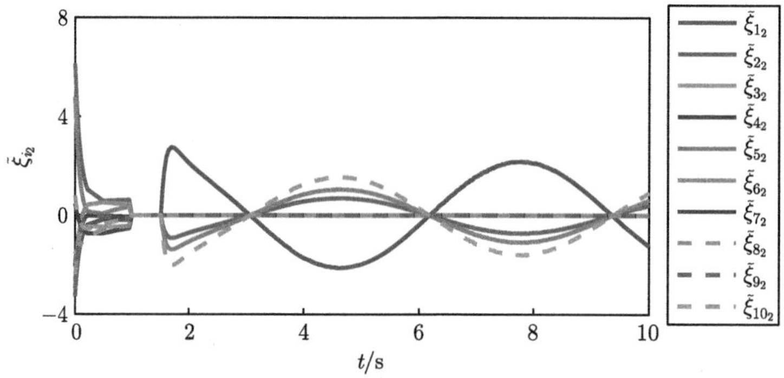

(b) 各智能体的残差$\tilde{\xi}_{i_2}$

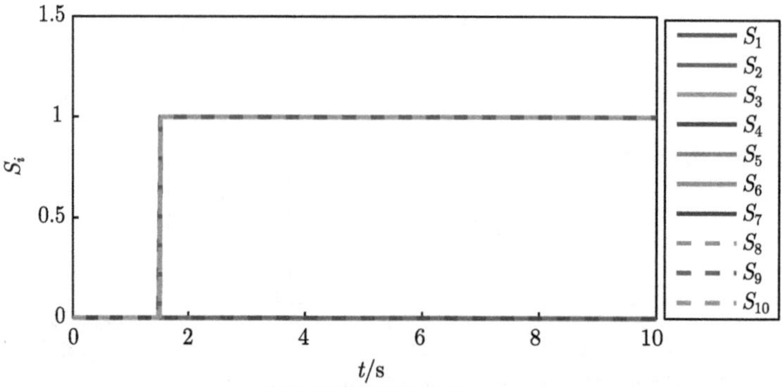

(c) 各智能体的安全指标S_i

图 9.15 各智能体的残差 $\tilde{\boldsymbol{\xi}}_i$ 和安全指标 S_i

（扫码获取彩图）

2 且 $\left\|\tilde{\boldsymbol{\xi}}_{|\mathcal{J}_i|}(t)\right\|_0 < 2,\ \forall i \in \mathcal{V} \setminus \{1,2,8,10\}$. 由式 (9.6) 可知, $\left\|\tilde{\boldsymbol{\xi}}_2(t)\right\| = \left\|\tilde{\boldsymbol{\xi}}_8(t)\right\| = \left\|\tilde{\boldsymbol{\xi}}_{10}(t)\right\|$. 图 9.15(c) 表明, 遭受攻击的智能体 1 和正常智能体 10 都被算法 9.1 隔离为遭受攻击的智能体. 图 9.16 表明, 被误隔离的正常智能体 10 仍能与其他正常智能体实现弹性一致性.

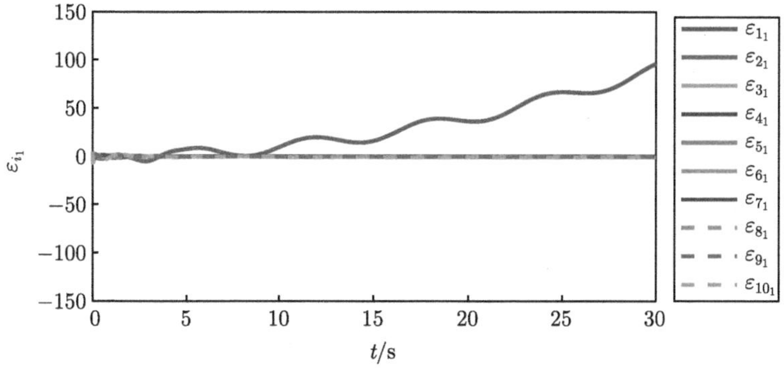

(a) 各智能体的状态一致性误差ε_{i_1}

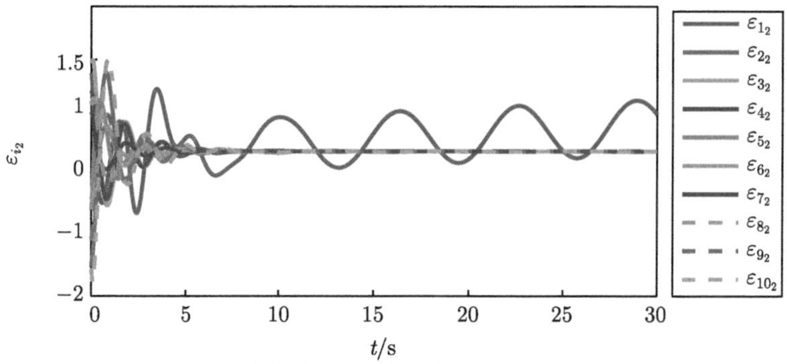

(b) 各智能体的状态一致性误差ε_{i_2}

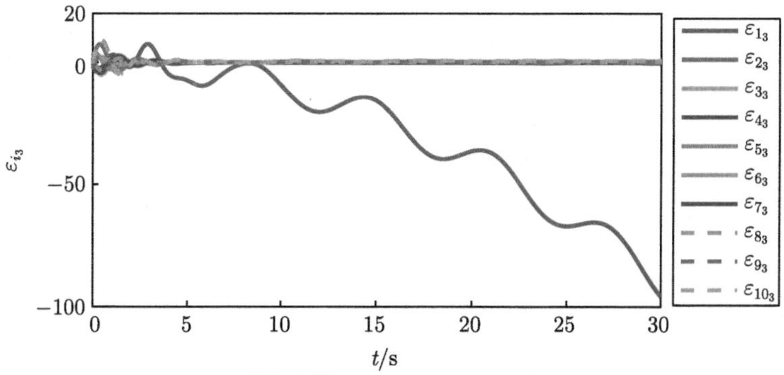

(c) 各智能体的状态一致性误差ε_{i_3}

（扫码获取彩图）

图 9.16　各智能体的状态一致性误差 $\boldsymbol{\varepsilon}_i$

9.3 合谋隐蔽攻击下异质群体智能系统的弹性稳定性控制

在 9.2 节中, 攻击在执行器和传感器端注入的虚假数据之间没有特定关系. 但隐蔽攻击通过在执行器端注入虚假数据干扰系统的状态, 同时, 在传感器端注入反向虚假数据补偿执行器端虚假数据对状态造成的影响, 使得系统的输出和无攻击下的情形保持一致, 从而增加攻击检测的难度. 本节研究合谋隐蔽攻击下异质群体智能系统的攻击隔离及弹性稳定性控制问题. 考虑物理结构存在耦合的异质群体智能系统, 智能体 i 的动力学描述如下:

$$\begin{cases} \dot{\boldsymbol{x}}_i(t) = \boldsymbol{A}_i\boldsymbol{x}_i(t) + \boldsymbol{B}_i\boldsymbol{u}_i(t) + \sum\limits_{i=1}^{N} a_{ij}\boldsymbol{F}_{ij}\boldsymbol{x}_j(t), \\ \boldsymbol{y}_i(t) = \boldsymbol{C}_i\boldsymbol{x}_i(t), \quad i = 1, 2, \cdots, N, \end{cases} \tag{9.8}$$

其中, $\boldsymbol{x}_i(t) \in \mathbb{R}^{n_i}$、$\boldsymbol{u}_i(t) \in \mathbb{R}^{m_i}$、$\boldsymbol{y}_i(t) \in \mathbb{R}^{p_i}$ 分别为智能体 i 的标称状态、控制输入和系统输出; $\boldsymbol{A}_i$、$\boldsymbol{B}_i$、$\boldsymbol{C}_i$ 为系统的常数矩阵; $\sum\limits_{i=1}^{N} a_{ij}\boldsymbol{F}_{ij}\boldsymbol{x}_j(t)$ 为智能体 i 与其邻居的物理耦合. 定义 $\boldsymbol{F}_i = (a_{i1}\boldsymbol{F}_{i1}, a_{i2}\boldsymbol{F}_{i2}, \cdots, a_{iN}\boldsymbol{F}_{iN})$, $\bar{\boldsymbol{B}}_i = [\boldsymbol{B}_i, \boldsymbol{F}_i]$, 并对智能体的动力学模型 (9.8) 及结构进行如下假设.

假设 9.3　$\mathrm{Rank}(\boldsymbol{C}_i\bar{\boldsymbol{B}}_i) = \mathrm{Rank}(\bar{\boldsymbol{B}}_i)$.

假设 9.4　$\mathrm{Rank}\left(\begin{bmatrix} s\boldsymbol{I}_{n_i} - \boldsymbol{A}_i & \bar{\boldsymbol{B}}_i \\ \boldsymbol{C}_i & \boldsymbol{0} \end{bmatrix}\right) = n_i + \mathrm{Rank}(\bar{\boldsymbol{B}}_i)$, $\forall s \in \mathbb{C}$.

假设 9.5　*异质群体智能系统 (9.8) 的物理耦合和通信网络的拓扑结构相同.*

隐蔽攻击的攻击方式如图 9.17 所示. 本节采用文献 [133] 中的隐蔽攻击模型, 其入侵智能体的方式及动力学描述如下:

$$\begin{aligned} &\bar{\boldsymbol{u}}_i(t) = \boldsymbol{u}_i(t) + \boldsymbol{u}_{ia}(t), \\ &\bar{\boldsymbol{y}}_i(t) = \boldsymbol{C}_i\bar{\boldsymbol{x}}_i(t) - \boldsymbol{y}_{ia}(t), \quad t \geqslant T_{ia}, \end{aligned} \tag{9.9}$$

$$\begin{cases} \dot{\boldsymbol{x}}_{ia}(t) = \boldsymbol{A}_i\boldsymbol{x}_{ia}(t) + \boldsymbol{B}_i\boldsymbol{u}_{ia}(t), \\ \boldsymbol{y}_{ia}(t) = \boldsymbol{C}_i\boldsymbol{x}_{ia}(t), \quad t \geqslant T_{ia},\ \boldsymbol{x}_{ia}(T_{ia}) = \boldsymbol{0}, \end{cases} \tag{9.10}$$

其中, $\boldsymbol{x}_{ia}(t) \in \mathbb{R}^{n_i}$、$\boldsymbol{u}_{ia}(t) \in \mathbb{R}^{m_i}$、$\boldsymbol{y}_{ia}(t) \in \mathbb{R}^{p_i}$ 分别为隐蔽攻击的状态变量、控制输入变量和输出变量; T_{ia} 为隐蔽攻击发生的时刻.

结合式 (9.8)~ 式 (9.10)可知, 遭受隐蔽攻击的智能体 i 的动力学描述如下:

$$
\begin{cases}
\dot{\bar{\boldsymbol{x}}}_i(t) = \boldsymbol{A}_i\bar{\boldsymbol{x}}_i(t) + \boldsymbol{B}_i\bar{\boldsymbol{u}}_i(t) + \sum\limits_{i=1}^{N} a_{ij}\boldsymbol{F}_{ij}\bar{\boldsymbol{x}}_j(t), \\
\bar{\boldsymbol{u}}_i(t) = \boldsymbol{u}_i(t) + \boldsymbol{u}_{ia}(t), \\
\bar{\boldsymbol{y}}_i(t) = \boldsymbol{C}_i\bar{\boldsymbol{x}}_i(t) - \boldsymbol{y}_{ia}(t), \\
\dot{\boldsymbol{x}}_{ia}(t) = \boldsymbol{A}_i\boldsymbol{x}_{ia}(t) + \boldsymbol{B}_i\boldsymbol{u}_{ia}(t), \\
\boldsymbol{y}_{ia}(t) = \boldsymbol{C}_i\boldsymbol{x}_{ia}(t), \quad t \geqslant T_{ia},\ \boldsymbol{x}_{ia}(T_{ia}) = \boldsymbol{0}.
\end{cases}
\tag{9.11}
$$

其中, $\bar{\boldsymbol{x}}_i(t)$、$\bar{\boldsymbol{u}}_i(t)$、$\bar{\boldsymbol{y}}_i(t)$ 分别为隐蔽攻击下智能体 i 的状态变量、控制输入变量和输出变量.

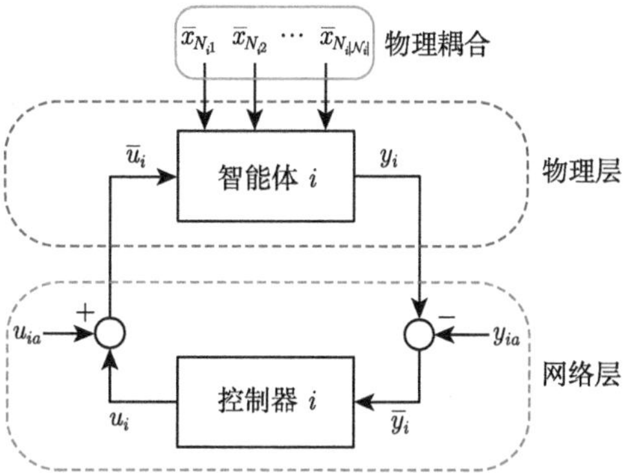

图 9.17 一个智能体遭受隐蔽攻击的例子

隐蔽攻击与 9.2 节中虚假数据注入攻击的区别在于, 虚假数据注入攻击可以通过单个观测器进行检测, 而任何一种单一的观测器都无法检测隐蔽攻击. 此外, 隐蔽攻击间的合谋给攻击检测带来更大的挑战. 本节首先提出抗合谋隐蔽攻击隔离算法, 并给出算法需满足的通信拓扑条件; 其次设计抗合谋隐蔽攻击的弹性稳定性控制算法并进行分析; 最后给出仿真实例验证所提算法的有效性.

9.3.1 基于双层观测器的攻击隔离算法设计

受文献 [133] 的启发, 本节设计基于双层有限时间观测器的攻击检测方法, 如图 9.18 所示. 该双层观测器由分散式有限时间未知输入观测器和分布式有限时间龙伯格观测器耦合而成. 首先, 智能体 i 与邻居的物理耦合作为其未知输入观测器的未知输入, 从而使未知输入观测器的状态值 $\hat{\boldsymbol{x}}_i^o$ 不受其邻居智能体的影响; 其次, 智能体 i 的龙伯格观测器利用其邻居智能体未知输入观测器的状态值 $\hat{\boldsymbol{x}}_j^o$, $j \in \mathcal{N}_i$ 得到整个双层观测器的输出 $\hat{\boldsymbol{y}}_i$; 最后, 将智能体 i 的输出 $\bar{\boldsymbol{y}}_i$ 与观测器输出 $\hat{\boldsymbol{y}}_i$ 之间的残差作为攻击检测的标准. 接下来给出利用双层有限时间观测器进行隐蔽攻击检测的具体步骤.

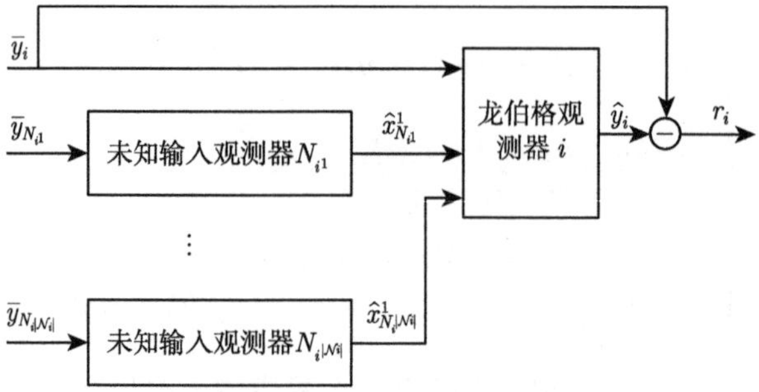

图 9.18 基于双层有限时间观测器的隐蔽攻击检测框架

智能体 i 的分散式有限时间未知输入观测器的结构描述如下:

$$\begin{cases} \dot{\boldsymbol{\omega}}_i^o(t) = \boldsymbol{A}_{ci}^o \boldsymbol{\omega}_i^o(t) + \boldsymbol{B}_{ci}^o \bar{\boldsymbol{y}}_i(t), \\ \boldsymbol{\chi}_i(t) = \boldsymbol{D}_{ci}^o \left[\boldsymbol{\omega}_i^o(t) - \exp\left(\boldsymbol{A}_{ci}^o \tau_{1i}\right) \boldsymbol{\omega}_i^o(t-\tau_{1i})\right], \\ \hat{\boldsymbol{x}}_i^o(t) = \boldsymbol{\chi}_i(t) - \boldsymbol{E}_i \bar{\boldsymbol{y}}_i(t), \\ \hat{\boldsymbol{y}}_i^o(t) = \boldsymbol{C}_i \hat{\boldsymbol{x}}_i^o(t), \end{cases} \tag{9.12}$$

其中, $\boldsymbol{\omega}_i^o(t) \in \mathbb{R}^{2n_i}$ 和 $\boldsymbol{\chi}_i(t) \in \mathbb{R}^{n_i}$ 为辅助变量, 且当时间 $t \in [-\tau_{1i}, 0]$ 时, 有 $\boldsymbol{\omega}_i^o(t) = \boldsymbol{0}$, $\tau_{1i} > 0$ 为预设的收敛时间, 使得当时间 $t \geqslant \tau_{1i}$ 时有 $\hat{\boldsymbol{y}}_i^o(t) = \bar{\boldsymbol{y}}_i(t)$ 成立, $\hat{\boldsymbol{x}}_i^o(t) \in \mathbb{R}^{n_i}$ 和 $\hat{\boldsymbol{y}}_i^o(t) \in \mathbb{R}^{p_i}$ 是未知输入观测器的状态变量和输出变量, $\boldsymbol{A}_{ci}^o = \begin{bmatrix} \boldsymbol{G}_i\boldsymbol{A}_i - \boldsymbol{H}_i^1\boldsymbol{C}_i & \boldsymbol{0} \\ \boldsymbol{0} & \boldsymbol{G}_i\boldsymbol{A}_i - \boldsymbol{H}_i^2\boldsymbol{C}_i \end{bmatrix}$, $\boldsymbol{B}_{ci}^o = \begin{bmatrix} \boldsymbol{B}_{ci}^1 \\ \boldsymbol{B}_{ci}^2 \end{bmatrix}$, $\boldsymbol{H}_i^1, \boldsymbol{H}_i^2 \in \mathbb{R}^{n_i \times p_i}$ 是使得 $\boldsymbol{G}_i\boldsymbol{A}_i - \boldsymbol{H}_i^1\boldsymbol{C}_i$ 和 $\boldsymbol{G}_i\boldsymbol{A}_i - \boldsymbol{H}_i^2\boldsymbol{C}_i$ Hurwitz 稳定的增益矩阵, 满足 $\boldsymbol{H}_i^1 \neq \boldsymbol{H}_i^2$, $\boldsymbol{B}_{ci}^1 = \boldsymbol{H}_i^1(\boldsymbol{I}_{p_i} + \boldsymbol{C}_i\boldsymbol{E}_i) - \boldsymbol{G}_i\boldsymbol{A}_i\boldsymbol{E}_i$, $\boldsymbol{B}_{ci}^2 = \boldsymbol{H}_i^2(\boldsymbol{I}_{p_i} + \boldsymbol{C}_i\boldsymbol{E}_i) - \boldsymbol{G}_i\boldsymbol{A}_i\boldsymbol{E}_i$, $\boldsymbol{E}_i = -\bar{\boldsymbol{B}}_i(\boldsymbol{C}_i\bar{\boldsymbol{B}}_i)^{\dagger}$, $\boldsymbol{G}_i = \boldsymbol{I}_{n_i} + \boldsymbol{E}_i\boldsymbol{C}_i$, $\boldsymbol{C}_{ci} = [\boldsymbol{I}_{n_i}\ \boldsymbol{I}_{n_i}]^{\mathrm{T}}$, $\boldsymbol{D}_{ci}^o = \begin{bmatrix} \boldsymbol{I}_{n_i} & \boldsymbol{0} \end{bmatrix} \begin{bmatrix} \boldsymbol{C}_{ci} & \exp(\boldsymbol{A}_{ci}^o\tau_{1i})\boldsymbol{C}_{ci} \end{bmatrix}^{-1}$. 则有 $\boldsymbol{G}_i\bar{\boldsymbol{B}}_i = \boldsymbol{0}$, $\boldsymbol{D}_{ci}^o\boldsymbol{C}_{ci} = \boldsymbol{I}_{n_i}$ 和 $\boldsymbol{D}_{ci}^o\exp(\boldsymbol{A}_{ci}^o\tau_{1i})\boldsymbol{C}_{ci} = \boldsymbol{0}$ 成立.

智能体 i 与其未知输入观测器之间的状态误差和输出误差分别定义为 $\tilde{\boldsymbol{x}}_i^o(t) = \bar{\boldsymbol{x}}_i(t) - \hat{\boldsymbol{x}}_i^o(t)$ 和 $\boldsymbol{r}_i^o(t) = \bar{\boldsymbol{y}}_i(t) - \hat{\boldsymbol{y}}_i^o(t)$, 则可以得到如下结论.

引理 9.4 考虑满足假设 9.3~假设 9.5 的异质群体智能系统 (9.11), 在分散式有限时间观测器 (9.12) 的条件下, 遭受隐蔽攻击的智能体 i 与其未知输入观测器之间的状态误差和输出误差满足如下表达式:

$$\begin{cases} \dot{\hat{\boldsymbol{x}}}_i^o(t) = \boldsymbol{A}_i\boldsymbol{x}_{ia}(t) + \boldsymbol{B}_i\boldsymbol{u}_{ia}(t), \\ \boldsymbol{r}_i^o(t) = \boldsymbol{0}, \quad \forall t \geqslant \tau_{1i}. \end{cases}$$

证明: 定义 $\tilde{\boldsymbol{\omega}}_i^o(t) = \boldsymbol{\omega}_i^o(t) - \boldsymbol{C}_{ci}\boldsymbol{G}_i(\bar{\boldsymbol{x}}_i(t) - \boldsymbol{x}_{ia}(t))$, 根据 $\boldsymbol{G}_i\bar{\boldsymbol{B}}_i = \boldsymbol{0}$ 和 $\boldsymbol{B}_{ci}^o\boldsymbol{C}_i - \boldsymbol{C}_{ci}\boldsymbol{G}_i\boldsymbol{A}_i = -\boldsymbol{A}_{ci}^o\boldsymbol{C}_{ci}\boldsymbol{G}_i$, 可知

$$\begin{aligned} \dot{\boldsymbol{\omega}}_i^o(t) = &\boldsymbol{A}_{ci}^o\boldsymbol{\omega}_i^o(t) + \boldsymbol{B}_{ci}^o\boldsymbol{C}_i(\bar{\boldsymbol{x}}_i(t) - \boldsymbol{x}_{ia}(t)) \\ &-\boldsymbol{C}_{ci}\boldsymbol{G}_i\left[\boldsymbol{A}_i\bar{\boldsymbol{x}}_i(t) + \boldsymbol{B}_i\bar{\boldsymbol{u}}_i(t) + \sum_{i=1}^{N} a_{ij}\boldsymbol{F}_{ij}\bar{\boldsymbol{x}}_j(t) - \boldsymbol{A}_i\boldsymbol{x}_{ia}(t) - \boldsymbol{B}_i\boldsymbol{u}_{ia}(t)\right] \\ = &\boldsymbol{A}_{ci}^o\tilde{\boldsymbol{\omega}}_i^o(t), \end{aligned}$$

进一步可以得到

$$\tilde{\boldsymbol{\omega}}_i^o(t) = \exp(\boldsymbol{A}_{ci}^o\tau_1)\tilde{\boldsymbol{\omega}}_i^o(t - \tau_{1i}), \quad \forall t \geqslant \tau_{1i}. \tag{9.13}$$

结合式 (9.12) 和式(9.13), 并根据 $\boldsymbol{D}_{ci}^o\boldsymbol{C}_{ci} = \boldsymbol{I}_{n_i}$ 和 $\boldsymbol{D}_{ci}^o\exp(\boldsymbol{A}_{ci}^o\tau_{1i})\boldsymbol{C}_{ci} = \boldsymbol{0}$ 可以得到

$$\begin{aligned} \boldsymbol{\chi}_i(t) = &\boldsymbol{D}_{ci}^o[\boldsymbol{C}_{ci}\boldsymbol{G}_i(\bar{\boldsymbol{x}}_i(t) - \boldsymbol{x}_{ia}(t)) - \exp(\boldsymbol{A}_{ci}^o\tau_{1i})\boldsymbol{C}_{ci}\boldsymbol{G}_i(\bar{\boldsymbol{x}}_i(t - \tau_{1i}) - \boldsymbol{x}_{ia}(t - \tau_{1i}))] \\ = &\boldsymbol{G}_i(\bar{\boldsymbol{x}}_i(t) - \boldsymbol{x}_{ia}(t)), \quad \forall t \geqslant \tau_{1i}. \end{aligned}$$

由此可知,

$$\dot{\hat{\boldsymbol{x}}}_i^o(t) = \dot{\boldsymbol{x}}_{ia}(t) = \boldsymbol{A}_i\boldsymbol{x}_{ia}(t) + \boldsymbol{B}_i\boldsymbol{u}_{ia}(t),$$

$$\boldsymbol{r}_i^o(t) = \boldsymbol{C}_i(\bar{\boldsymbol{x}}_i(t) - \boldsymbol{x}_{ia}(t) - \hat{\boldsymbol{x}}_i^o(t)) = \boldsymbol{0}, \quad \forall t \geqslant \tau_{1i}.$$

由引理 9.4 可知, 分散式未知输入观测器可以在有限时间 τ_{1i} 内估计到遭受隐蔽攻击智能体的状态, 即 $\hat{\boldsymbol{x}}_i^o(t) = \bar{\boldsymbol{x}}_i(t) - \boldsymbol{x}_{ia}(t)$, $t \geqslant \tau_{1i}$. 接下来, 龙伯格观测器利用邻居智能体未知输入观测器的状态值 $\hat{\boldsymbol{x}}_j^o$, $j \in \mathcal{N}_i$ 完成隐蔽攻击检测.

分布式龙伯格观测器在时间 $t \geqslant \tau_{1i}$ 时被激活, 其结构如下:

$$\begin{cases} \dot{\boldsymbol{\omega}}_i^l(t) = \boldsymbol{A}_{ci}^l\boldsymbol{\omega}_i^l(t) + \boldsymbol{B}_{ci}^l\boldsymbol{u}_i(t) + \boldsymbol{L}_{ci}\bar{\boldsymbol{y}}_i(t) + \boldsymbol{C}_{ci}\sum_{i=1}^{N} a_{ij}\boldsymbol{F}_{ij}\hat{\boldsymbol{x}}_j^o(t), \\ \hat{\boldsymbol{x}}_i^l(t) = \boldsymbol{D}_{ci}^l\left[\boldsymbol{\omega}_i^l(t) - \exp\left(\boldsymbol{A}_{ci}^l\tau_{2i}\right)\boldsymbol{\omega}_i^l(t - \tau_{2i})\right], \\ \hat{\boldsymbol{y}}_i(t) = \boldsymbol{C}_i\hat{\boldsymbol{x}}_i^l(t), \end{cases} \tag{9.14}$$

其中, $\boldsymbol{\omega}_i^l(t) \in \mathbb{R}^{2n_i}$ 为辅助变量, 且当时间 $t \in [\tau_{1i} - \tau_{2i}, \tau_{1i}]$ 时, 有 $\boldsymbol{\omega}_i^l(t) = \boldsymbol{0}$, $\tau_{2i} > 0$ 为预设的收敛时间, 使得在没有攻击的情况下有 $\hat{\boldsymbol{y}}_i(t) = \bar{\boldsymbol{y}}_i(t)$, $\forall t \geqslant$

$\tau_{1i}+\tau_{2i}$ 成立, $\hat{\boldsymbol{x}}_i^l(t)$ 和 $\hat{\boldsymbol{y}}_i(t)$ 分别是龙伯格观测器的状态变量和输出变量, $\boldsymbol{A}_{ci}^l=\begin{bmatrix}\boldsymbol{A}_i-\boldsymbol{L}_{1i}\boldsymbol{C}_i & \mathbf{0}\\ \mathbf{0} & \boldsymbol{A}_i-\boldsymbol{L}_{2i}\boldsymbol{C}_i\end{bmatrix}$, $\boldsymbol{L}_{ki}\in\mathbb{R}^{n_i\times p_i}(k=1,2)$ 是使得 $\boldsymbol{A}_i-\boldsymbol{L}_{ki}\boldsymbol{C}_i$ Hurwitz 稳定的增益矩阵, $\boldsymbol{B}_{ci}^l=\left[\boldsymbol{B}_i^{\mathrm{T}}\ \boldsymbol{B}_i^{\mathrm{T}}\right]^{\mathrm{T}}$, $\boldsymbol{L}_{ci}=\left[\boldsymbol{L}_{1i}^{\mathrm{T}}\ \boldsymbol{L}_{2i}^{\mathrm{T}}\right]^{\mathrm{T}}$, $\boldsymbol{D}_{ci}^l=\begin{bmatrix}\boldsymbol{I}_{n_i} & \mathbf{0}\end{bmatrix}\begin{bmatrix}\boldsymbol{C}_{ci} & \exp\left(\boldsymbol{A}_{ci}^l\tau_{2i}\right)\boldsymbol{C}_{ci}\end{bmatrix}^{-1}$. 由以上定义易得 $\boldsymbol{D}_{ci}^l\boldsymbol{C}_{ci}=\boldsymbol{I}_{n_i}$ 和 $\boldsymbol{D}_{ci}^l\exp(\boldsymbol{A}_{ci}^l\tau_{2i})\boldsymbol{C}_{ci}=\mathbf{0}$. ■

定义智能体 i 与其双层观测器之间的输出残差 $\boldsymbol{r}_i(t)=\bar{\boldsymbol{y}}_i(t)-\hat{\boldsymbol{y}}_i(t)$, 则有如下攻击检测结果.

引理 9.5 考虑满足假设 9.3~假设 9.5 的异质群体智能系统 (9.11), 在双层有限时间观测器 (9.12) 和 (9.14) 的条件下, 若存在时间 $t\geqslant\tau_{1i}+\tau_{2i}$ 使得 $\|\boldsymbol{r}_i(t)\|\neq 0$ 成立, 则智能体 i 的邻居 $\mathcal{N}_i$ 中存在隐蔽攻击. 特别地, 若 $\mathcal{N}_i$ 中最多只有一个智能体遭受隐蔽攻击, 则 $\mathcal{N}_i$ 中存在隐蔽攻击的充要条件是存在时间 $t\geqslant\tau_{1i}+\tau_{2i}$ 使得 $\|\boldsymbol{r}_i(t)\|\neq 0$ 成立.

证明: 定义 $\tilde{\boldsymbol{\omega}}_i^l(t)=\boldsymbol{\omega}_i^l(t)-\boldsymbol{C}_{ci}\left(\bar{\boldsymbol{x}}_i(t)-\boldsymbol{x}_{ia}(t)\right)$, 则有

$$
\begin{aligned}
\dot{\tilde{\boldsymbol{\omega}}}_i^l(t)=&\boldsymbol{A}_{ci}^l\boldsymbol{\omega}_i^l(t)+\boldsymbol{B}_{ci}^l\boldsymbol{u}_i(t)+\boldsymbol{L}_{ci}\boldsymbol{C}_i\left(\bar{\boldsymbol{x}}_i(t)-\boldsymbol{x}_{ia}(t)\right)+\boldsymbol{C}_{ci}\sum_{i=1}^N a_{ij}\boldsymbol{F}_{ij}\hat{\boldsymbol{x}}_j^o(t)\\
&-\boldsymbol{C}_{ci}\left(\boldsymbol{A}_i\bar{\boldsymbol{x}}_i(t)+\boldsymbol{B}_i\bar{\boldsymbol{u}}_i(t)+\sum_{i=1}^N a_{ij}\boldsymbol{F}_{ij}\bar{\boldsymbol{x}}_j(t)-\boldsymbol{A}_i\boldsymbol{x}_{ia}(t)-\boldsymbol{B}_i\boldsymbol{u}_{ia}(t)\right)\\
=&\boldsymbol{A}_{ci}^l\tilde{\boldsymbol{\omega}}_i^l(t)-\boldsymbol{C}_{ci}\sum_{i=1}^N a_{ij}\boldsymbol{F}_{ij}\tilde{\boldsymbol{x}}_j^o(t).
\end{aligned}
$$

根据 $\boldsymbol{D}_{ci}^l\boldsymbol{C}_{ci}=\boldsymbol{I}_{n_i}$ 和 $\boldsymbol{D}_{ci}^l\exp(\boldsymbol{A}_{ci}^l\tau_{2i})\boldsymbol{C}_{ci}=\mathbf{0}$, 可以得到

$$
\boldsymbol{r}_i(t)=-\boldsymbol{C}_i\boldsymbol{D}_{ci}^l\int_{t-\tau_i}^t\exp\left(\boldsymbol{A}_{ci}^l(t-s)\right)\boldsymbol{C}_{ci}\sum_{j=1}^N a_{ij}\boldsymbol{F}_{ij}\tilde{\boldsymbol{x}}_j^o(s)\mathrm{d}s,\quad t\geqslant\tau_i,\tag{9.15}
$$

其中, $\tau_i=\tau_{1i}+\tau_{2i}$.

由式 (9.15) 可知, 若存在时间 $t\geqslant\tau_i$ 使得 $\|\boldsymbol{r}_i(t)\|\neq 0$ 成立, 则 $\mathcal{N}_i$ 中必然存在智能体遭受隐蔽攻击. 特别地, 在 $\mathcal{N}_i$ 中最多只有一个智能体遭受攻击的前提下, $\|\boldsymbol{r}_i(t)\|\neq 0$ 是 $\mathcal{N}_i$ 中存在隐蔽攻击的充要条件. ■

值得注意的是, 当 $\mathcal{N}_i$ 中存在多个智能体遭受隐蔽攻击时, 由于多个攻击可以合谋使 $\sum\limits_{i=1}^N a_{ij}\boldsymbol{F}_{ij}\tilde{\boldsymbol{x}}_j^o(t)=\mathbf{0}$ 成立, 此时, $\|\boldsymbol{r}_i(t)\|=0$ 并不意味着 $\mathcal{N}_i$ 中不存在智能体遭受隐蔽攻击. 接下来给出合谋隐蔽攻击的定义.

定义 9.7 (合谋隐蔽攻击) 如果异质群体智能系统 (9.11) 中存在至少一个智能体 i 满足: ① i 有遭受隐蔽攻击的邻居, 即 $\mathcal{N}_i \cap \mathcal{F} \neq \varnothing$; ② 存在时间 $t \geqslant \tau_i$ 使得 $\sum\limits_{i=1}^{N} a_{ij}\boldsymbol{F}_{ij}\tilde{\boldsymbol{x}}_j^o(t) = \boldsymbol{0}$ 成立, 则称系统中的隐蔽攻击 $\bigcup_{k\in\mathcal{F}}(\boldsymbol{u}_{ka}(t), \boldsymbol{y}_{ka}(t))$ 是相互合谋的.

注解 9.9 9.2 节提出的观测器只能用来检测虚假数据注入攻击, 而本节中提出的双层有限时间观测器具有更广泛的适用性, 可用于检测虚假数据注入攻击[228]、匹配的执行器攻击[126] 及隐蔽攻击[133].

注解 9.10 检测阈值和噪声、干扰等其他问题都会影响攻击检测的效果. 本节在理想外部环境下提出有限时间观测器, 用于排除上述问题对攻击检测的影响, 从而研究攻击隔离与通信拓扑图之间的关系.

接下来给出抗合谋隐蔽攻击的隔离算法. 首先, 定义智能体 i 的邻居的输出残差形成的栈向量为 $\boldsymbol{\varepsilon}_i = \left[\left\|\boldsymbol{r}_{N_{i1}}\right\|, \left\|\boldsymbol{r}_{N_{i2}}\right\|, \cdots, \left\|\boldsymbol{r}_{N_{i|\mathcal{N}_i|}}\right\|\right] \in \mathbb{R}^{|\mathcal{N}_i|}$. 若 $\mathcal{N}_i$ 中的多个隐蔽攻击之间不存在合谋, 则由式 (9.15) 可知, 智能体 i 遭受攻击的充要条件是 $\|\boldsymbol{\varepsilon}_i(t)\|_0 = |\mathcal{N}_i| > \|\boldsymbol{\varepsilon}_j(t)\|_0, \forall j \in \mathcal{N}_i$ 成立. 类似于虚假数据注入攻击, 隐蔽攻击的合谋会导致某些遭受攻击的智能体 i 和正常智能体 j 出现 $\|\boldsymbol{\varepsilon}_i(t)\|_0 < \|\boldsymbol{\varepsilon}_j(t)\|_0$ 的情况. 根据算法 9.1 的思想, 本节提出抗合谋隐蔽攻击的隔离算法, 见算法 9.3.

注解 9.11 由算法 9.3 可知, 智能体 j 被隔离后, 其所有内邻居的输出残差都会被重置为非零, 即 $\|\boldsymbol{r}_k(t)\| \neq 0$, $k \in \mathcal{J}_j$. 之所以重置 j 的所有内邻居的输出残差为非零, 是因为 j 可能是另一个遭受攻击智能体 m 的邻居, 即 $j \in \mathcal{N}_m$, $m \in \mathcal{F}$. 在这种情况下, 重置智能体 j 的输出残差为非零有利于更快隔离出遭受攻击的智能体 m. 此外, 需要注意的是, 即使系统中有少于 F 个智能体遭受隐蔽攻击, 算法 9.3 仍然会隔离出 F 个遭受攻击的智能体, 这意味着会有部分正常智能体被误隔离.

根据算法 9.3 可以得到如下结论.

定理 9.5 考虑满足假设 9.3~假设 9.5 的异质群体智能系统 (9.11), 算法 9.3 隔离 F-整体攻击的充分条件是系统的通信拓扑图 $\mathcal{G}$ 是 $(F,7)$-可隔离的.

证明: 假设系统中有 F_0 $(1 \leqslant F_0 \leqslant F)$ 个遭受攻击的智能体, 且存在正常智能体 j 满足 $\|\boldsymbol{\varepsilon}_j\|_0 = \max\limits_{k\in\mathcal{O}}\{\|\boldsymbol{\varepsilon}_k\|_0\}$. 为方便分析, 假设 $\|\boldsymbol{\varepsilon}_j\|_0 = |\mathcal{N}_j| - h$, $h \in [1, |\mathcal{N}_j|]$. 对正常智能体 j 来说, 需要考虑以下两种情况: ① j 的所有邻居都是正常智能体, 即 $\mathcal{N}_j \cap \mathcal{F} = \varnothing$, 如图 9.19 所示; ② j 存在遭受攻击的邻居, 即 $\mathcal{N}_j \cap \mathcal{F} \neq \varnothing$, 如图 9.20 所示. 类似于定理 9.3 的证明, 无论是情况 ① 还是情况 ②, 任意一个遭受攻击的智能体都比所有正常智能体更早被算法 9.3 隔离, 说明算法 9.3 可以完成

攻击隔离.

算法 9.3　抗合谋隐蔽攻击的隔离算法

初始化: $S_i = 0, i \in \mathcal{V}$; $v = F$.

输入: $\boldsymbol{\varepsilon}_i$, $i \in \mathcal{V}$.

if $t \geqslant \max\limits_{i\in\mathcal{V}}\{\tau_i\}$ **then**

　while $v > 0$ **do**

　　$M_i(0) = \|\boldsymbol{\varepsilon}_i(t)\|_0, i \in \mathcal{V}$.

　　for $k = 1{:}N-1$ **do**

　　　$M_i(k) = \max\{M_i, M_{N_{i1}}(k-1), \cdots, M_{N_{i|\mathcal{N}_i|}}(k-1)\}, i \in \mathcal{V}$.

　　end

　　找到 $M_i, i \in \mathcal{V}$ 中的智能体, 假设其标号为 j;

　　$S_j = 1$.

　　for $\forall m \in \mathcal{J}_j$ **do**

　　　$\|\boldsymbol{r}_m(t)\| \neq 0$;

　　end

　　更新 $\|\boldsymbol{\varepsilon}_i(t)\|_0, i \in \mathcal{V}\backslash j$.

　　$\|\boldsymbol{\varepsilon}_j\|_0 = 0$.

　　$v = v - 1$.

　end

end

输出: $S_i, i \in \mathcal{V}$.

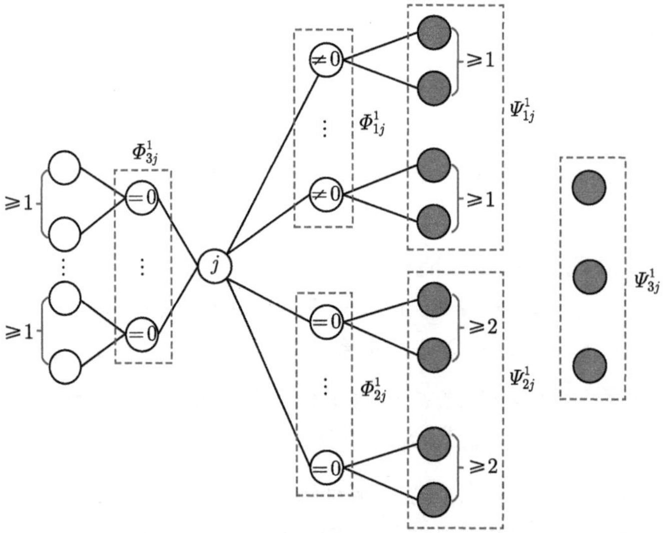

图 9.19　定理 9.5 证明中情况 ① 的例子

对于情况 ①, 图 9.19 中, $\Phi_{1j}^1 = \{p | p \in \mathcal{O}, p \in \mathcal{N}_j,\ \|\boldsymbol{r}_p(t)\| \neq 0\}$, $|\Phi_{1j}^1| = |\mathcal{N}_j| - h$;

$\varPhi_{2j}^1 = \{p|p \in \mathcal{O}, p \in \mathcal{N}_j \cap \mathcal{N}_m, m \in \mathcal{F}, \|\boldsymbol{r}_i(t)\| = 0\}$, $|\varPhi_{2j}^1| = s$; $\varPhi_{3j}^1 = \{p|p \in \mathcal{O}, p \in \mathcal{N}_j, p \notin \varPhi_{1j}^1 \cup \varPhi_{2j}^1, \|\boldsymbol{r}_p(t)\| = 0\}$, $|\varPhi_{3j}^1| = |\mathcal{N}_j| - |\varPhi_{1j}^1| - |\varPhi_{2j}^1|$; $\varPsi_{1j}^1 = \{m|m \in \mathcal{F}, m \in \mathcal{N}_p, p \in \varPhi_{1j}^1\}$, $|\varPsi_{1j}^1| \geqslant |\mathcal{N}_j| - h$; $\varPsi_{2j}^1 = \{m|m \in \mathcal{F}, m \in \mathcal{N}_p, p \in \varPhi_{2j}^1\}$, $|\varPsi_{2j}^1| = s^* \geqslant 2s$; $\varPsi_{3j}^1 = \{q|q \in \mathcal{F}, q \notin \varPsi_{1j}^1 \cup \varPsi_{2j}^1\}$, $|\varPsi_{3j}^1| = F_0 - |\varPsi_{1j}^1| - |\varPsi_{2j}^1|$. 由于智能体 j 满足 $\|\boldsymbol{\varepsilon}_j\|_0 = |\mathcal{N}_j| - h$, 则其一定有 $|\mathcal{N}_j| - h$ 个邻居满足 $\|\boldsymbol{r}_p\| \neq 0$, $p \in \mathcal{N}_j \cap \mathcal{O}$, 将这些邻居所在的集合定义为 $\varPhi_{1j}^1$. 对于满足 $\|\boldsymbol{r}_p\| = 0$, $p \in \mathcal{N}_j \cap \mathcal{O}$ 的邻居, 假设其中有 s 个是由攻击合谋引起的, 并将它们所在的集合定义为 $\varPhi_{2j}^1$, 剩下的邻居所在的集合定义为 $\varPhi_{3j}^1$. 对于集合 $\varPhi_{1j}^1$ 中的智能体, 它们各自必然有至少一个遭受攻击的邻居, 将其邻居所在的集合定义为 $\varPsi_{1j}^1$. 对于集合 $\varPhi_{2j}^1$ 中的智能体, 它们各自必然有至少两个遭受攻击的邻居, 将其邻居所在的集合定义为 $\varPsi_{2j}^1$, 并假设该集合中有 s^* 个遭受攻击的智能体. 最后, 将所有剩下的遭受攻击智能体所在的集合定义为 $\varPsi_{3j}^1$. 通信拓扑图中没有 7 结点以下的环, 所以集合 $\varPsi_{1j}^1 \cup \varPsi_{2j}^1$ 中的任意两个遭受攻击的智能体在集合 $\varPhi_{1j}^1 \cup \varPhi_{2j}^1$ 之外没有共同邻居. 因此, 对于集合 $\varPsi_{1j}^1 \cup \varPsi_{2j}^1$ 中的智能体 m, 只有当集合 $\varPsi_{3j}^1$ 中的智能体 q 与 m 以图 9.2(b) 的方式进行合谋时才能降低 $\|\boldsymbol{\varepsilon}_m\|_0$. 而由于 $F_0 \leqslant F$ 和 $|\mathcal{N}_m| \geqslant F+1$, 则有 $\|\boldsymbol{\varepsilon}_m\|_0 \geqslant |\mathcal{N}_m| - |\varPsi_{3j}^1| \geqslant |\mathcal{N}_j| - h + s^* + 1$. 另外, 由图 9.19 可知, 只有集合 $\varPsi_{2j}^1$ 中智能体的隔离会引起 $\|\boldsymbol{\varepsilon}_j\|_0$ 的增大, 且 $\max\{\|\boldsymbol{\varepsilon}_j\|_0\} = |\mathcal{N}_j| - h + s$. 综上, 可以得到集合 $\varPsi_{1j}^1 \cup \varPsi_{2j}^1$ 中的智能体 m 满足 $\|\boldsymbol{\varepsilon}_m\|_0 > \max\{\|\boldsymbol{\varepsilon}_j\|_0\}$. 也就是说, 集合 $\varPsi_{1j}^1 \cup \varPsi_{2j}^1$ 中遭受攻击智能体的隔离都早于智能体 j.

对于集合 $\varPsi_{3j}^1$ 中的智能体 q, 当集合 $\varPsi_{1j}^1 \cup \varPsi_{2j}^1$ 中所有的智能体被隔离后, 有 $\|\boldsymbol{\varepsilon}_q\|_0 \geqslant |\mathcal{N}_q| - (|\varPsi_{3j}^1| - 1) \geqslant |\mathcal{N}_j| - h + s^* + 2 > \max\{\|\boldsymbol{\varepsilon}_j\|_0\}$. 这意味着集合 $\varPsi_{3j}^1$ 中遭受攻击智能体的隔离都早于智能体 j.

综上, 情况 ① 中所有遭受攻击智能体的隔离都早于智能体 j.

对于情况 ②, 图 9.20 中, $\varPsi_{1j}^2 = \{m|m \in \mathcal{F}, m \in \mathcal{N}_j, \|\boldsymbol{r}_m(t)\| \neq 0\}$, $|\varPsi_{1j}^2| = k_1$; $\varPsi_{2j}^2 = \{m|m \in \mathcal{F}, m \in \mathcal{N}_j, \|\boldsymbol{r}_m(t)\| = 0\}$, $|\varPsi_{2j}^2| = k - k_1$; $\varPhi_{1j}^2 = \{p|p \in \mathcal{O}, p \in \mathcal{N}_j, \|\boldsymbol{r}_p(t)\| \neq 0\}$, $|\varPhi_{1j}^2| = |\mathcal{N}_j| - h - k_1$; $\varPhi_{2j}^2 = \{p|p \in \mathcal{O}, p \in \mathcal{N}_j \cap \mathcal{N}_m, m \in \mathcal{F}, \|\boldsymbol{r}_p(t)\| = 0\}$, $|\varPhi_{2j}^2| = s$; $\varPhi_{3j}^2 = \{p|p \in \mathcal{O}, p \in \mathcal{N}_j, p \notin \varPhi_{1j}^2 \cup \varPhi_{2j}^2, \|\boldsymbol{r}_p(t)\| = 0\}$, $|\varPhi_{3j}^2| = |\mathcal{N}_j| - |\varPsi_{1j}^2| - |\varPsi_{2j}^2| - |\varPhi_{1j}^2| - |\varPhi_{2j}^2|$; $\varPsi_{3j}^2 = \{m|m \in \mathcal{F}, m \in \mathcal{N}_p, p \in \varPhi_{1j}^2\}$, $|\varPsi_{3j}^2| \geqslant |\mathcal{N}_j| - h - k_1$; $\varPsi_{4j}^2 = \{m|m \in \mathcal{F}, m \in \mathcal{N}_p, p \in \varPhi_{2j}^2\}$, $|\varPsi_{4j}^2| = s^* \geqslant 2s$; $\varPsi_{5j}^2 = \{q|q \in \mathcal{F}, q \notin \varPsi_{1j}^2 \cup \varPsi_{2j}^2 \cup \varPsi_{3j}^2 \cup \varPsi_{4j}^2\}$, $|\varPsi_{5j}^2| = F_0 - |\varPsi_{1j}^2| - |\varPsi_{2j}^2| - |\varPsi_{3j}^2| - |\varPsi_{4j}^2|$. 假设智能体 j 有 k_1 个遭受攻击的邻居满足 $\|\boldsymbol{r}_m\| \neq 0$, $m \in \mathcal{N}_j \cap \mathcal{F}$, 且其所在的集合定义为 $\varPsi_{1j}^2$, 有 $k - k_1$ 个遭受攻击的邻居满足 $\|\boldsymbol{r}_m\| = 0$, $m \in \mathcal{N}_j \cap \mathcal{F}$, 且其所在的集合定义为 $\varPsi_{2j}^2$, 则必然有 $|\mathcal{J}_j| - h - k_1$ 个正常邻居满足 $\|\boldsymbol{r}_p\| \neq 0$, $p \in \mathcal{N}_j \cap \mathcal{O}$, 且其所在的集合定义为 $\varPhi_{1j}^2$, 假设有 s 个正常邻居因攻击合谋导致 $\|\boldsymbol{r}_p\| = 0$, $p \in \mathcal{N}_j \cap \mathcal{O}$, 且其所在的集合定义为 $\varPhi_{2j}^2$, 剩下的正常邻居所

在的集合定义为 Φ_{3j}^2. 对于集合 Φ_{1j}^2 中的智能体, 它们各自必然有至少一个遭受攻击的邻居, 将其所在的集合定义为 Ψ_{3j}^2. 对于集合 Φ_{2j}^2 中的智能体, 它们各自必然有至少两个遭受攻击的邻居, 将其所在的集合定义为 Ψ_{4j}^2, 并假设该集合中有 s^* 个遭受攻击的智能体. 最后, 将所有剩下的遭受攻击智能体所在的集合定义为 Ψ_{5j}^2. 类似于情况 ① 的分析, 隔离集合 $\Psi_{2j}^2 \cup \Psi_{4j}^2$ 中遭受攻击的智能体后, 有 $\max\{\|\varepsilon_j\|_0\} = |\mathcal{N}_j| - h + s + k - k_1$. 而对于集合 $\Psi_{1j}^2 \cup \Psi_{2j}^2 \cup \Psi_{3j}^2 \cup \Psi_{4j}^2$ 中的智能体 m, 只有当集合 Ψ_{5j}^2 中的智能体 q 与 m 以图 9.2(b) 的方式进行合谋时才能降低 $\|\varepsilon_m\|_0$. 在这种情况下, 有 $\|\varepsilon_m\|_0 \geqslant |\mathcal{N}_i| - |\Psi_{5j}^2| \geqslant |\mathcal{N}_j| - h + s^* + k - k_1 + 1 > \max\{\|\varepsilon_j\|_0\}$. 此外, 隔离集合 $\Psi_{1j}^2 \cup \Psi_{2j}^2 \cup \Psi_{3j}^2 \cup \Psi_{4j}^2$ 中遭受攻击的智能体会导致 $\|\varepsilon_q\|_0 \geqslant |\mathcal{N}_q| - (|\Psi_{5j}^2| - 1) \geqslant |\mathcal{N}_j| - h + s^* + k - k_1 + 2 > \max\{\|\varepsilon_j\|_0\}$, $\forall q \in \Psi_{5j}^2$. 这意味着情况 ② 中所有遭受攻击智能体的隔离都早于智能体 j. ■

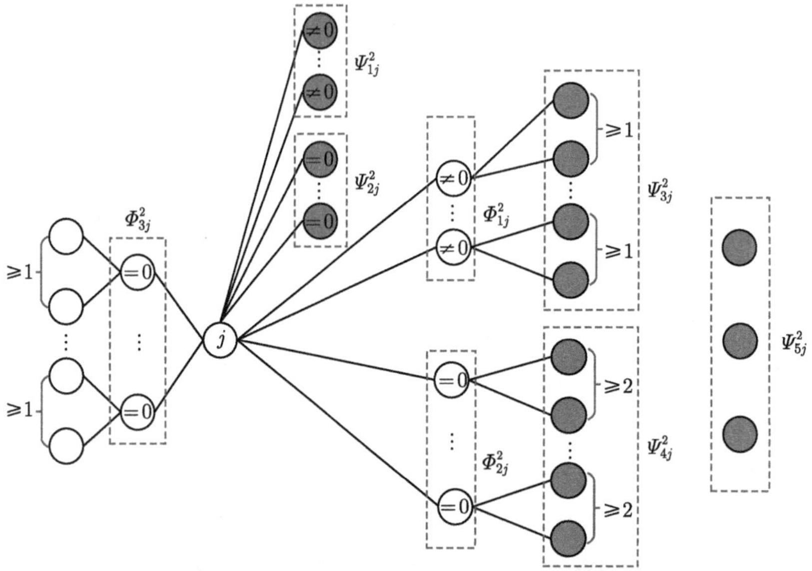

图 9.20 定理 9.5 证明中情况 ② 的例子

注解 9.12 相比较于 9.2 节中定理 9.3 的证明, 本节中定理 9.5 的证明更为简洁. 原因在于算法 9.1 考虑了智能体所有内邻居的残差, 因此需要考虑三种情况, 而算法 9.3 仅涉及智能体邻居的残差, 所以只需要考虑两种情况.

下面的结论说明了定理 9.5 给出的通信拓扑条件保守性很小.

命题 9.4 考虑满足假设 9.3~假设 9.5 的异质群体智能系统 (9.11), 对 $F \geqslant 3$ 的 F-整体攻击, 存在仅包含一个 6 结点环的 $(F, 6)$-可隔离图使得算法 9.3 不能隔离所有遭受攻击的智能体.

证明: 通过一个反例来证明上述结论. 以图 9.21 为例, 图 9.21 中, 只有一个 6 结点的环, 其他未画出的环都满足 $\mathcal{C}_k$, $k \geqslant 7$, 且所有结点的邻居个数都满足 $|\mathcal{N}_i|=4$, $\forall i \in \mathcal{V}$. 所有被攻击智能体的输出残差都满足 $\|\boldsymbol{r}_i\|=0$, $\forall i \in \mathcal{F}$. 图中正常智能体 j (最左侧智能体) 和遭受攻击的智能体 1 和 2 满足 $\|\boldsymbol{\varepsilon}_j(t)\|_0 = \|\boldsymbol{\varepsilon}_1(t)\|_0 = \|\boldsymbol{\varepsilon}_2(t)\|_0 = F$, 这意味着算法 9.3 不能隔离所有遭受攻击的智能体. ■

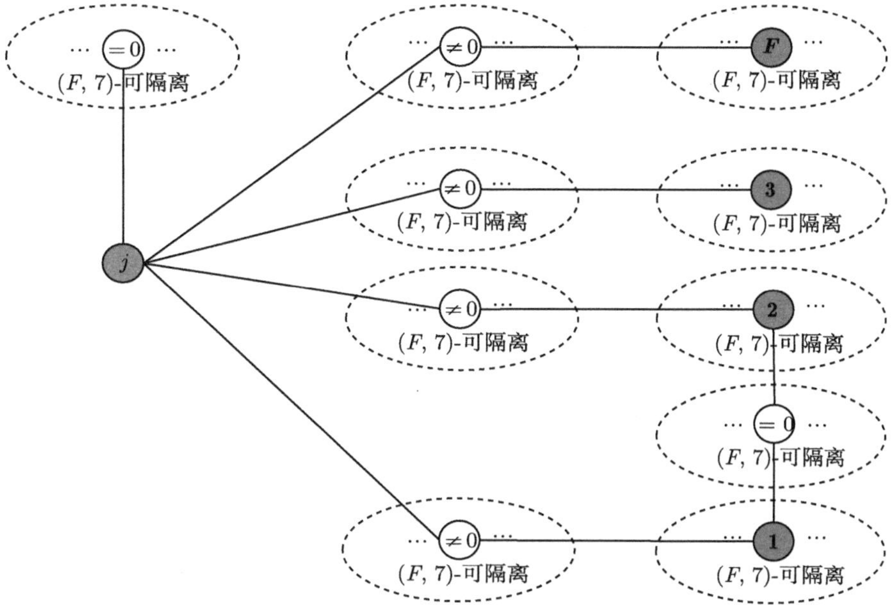

图 9.21 一个 $(F, 6)$-可隔离图的例子

9.3.2 抗合谋隐蔽攻击的弹性稳定性算法

首先, 简要回顾文献 [229] 提出的控制协议:

$$\boldsymbol{u}_i(t) = \boldsymbol{K}_{ii}\hat{\boldsymbol{x}}_i^l(t) + \sum_{j=1}^{N} \bar{a}_{ij}\boldsymbol{K}_{ij}\hat{\boldsymbol{x}}_j^l, \tag{9.16}$$

其中, $\boldsymbol{K}_{ii}$ 和 $\boldsymbol{K}_{ij}$ 为增益矩阵, 其最优选取可参考文献 [230]; $\bar{a}_{ij}$ 为算法 9.4 更新后的权重.

由于智能体之间存在物理耦合, 如果要删除遭受攻击的邻居对正常智能体的影响, 就必须要求遭受攻击的智能体退出系统运行. 基于此, 给出如下假设.

假设 9.6 *群体智能系统 (9.11) 允许对智能体的物理插拔.*

若智能体遭受攻击, 则需要该智能体退出系统运行以减少其危害在系统中的传播. 基于此, 本节提出抗合谋隐蔽攻击的弹性稳定性算法, 见算法 9.4.

算法 9.4　抗合谋隐蔽攻击的弹性稳定性算法

```
Input: S_i, i ∈ V.
for i = 1 : N do
    if S_i = 1 then
        for j = 1 : N do
            ā_ij = 0.
        end
        智能体 i 退出系统运行.
    end
    else
        for j = 1 : N do
            ā_ij = a_ij.
        end
    end
end
设计形如 (9.16) 的控制协议.
```

利用攻击隔离的结果和算法 9.4, 可以得到如下弹性稳定性的结论.

推论 9.3　考虑满足假设 9.3～假设 9.6 的异质群体智能系统 (9.11), 对于 F-整体攻击模型, 算法 9.3 和算法 9.4 实现 $N-F$ 个正常智能体弹性稳定性的充分条件是下列两个论述同时成立:

(1) 通信拓扑图 $\mathcal{G}$ 是 $(F,7)$-可隔离的.

(2) 删除已隔离的智能体及其相关的连边后形成的通信拓扑子图 $\mathcal{G}'$ 是连通的.

证明类似于推论 9.1, 此处略去.

9.3.3　数值仿真

考虑图 9.22 中 24 个智能体形成的异质群体智能系统, 智能体的系统矩阵描述如下:

$$\boldsymbol{A}_i=\begin{bmatrix}-2.25 & a_i & 0\\ 1 & -1 & 1\\ 0 & b_i & 0\end{bmatrix},\quad \boldsymbol{B}_i=\begin{bmatrix}1\\0\\0\end{bmatrix},$$

$$\boldsymbol{F}_{ij}=\begin{bmatrix}m_i f_{ij} & n_i f_{ij} & 0\\ 0 & 0 & 0\\ 0 & 0 & 0\end{bmatrix},\quad \boldsymbol{C}_i=\begin{bmatrix}1 & 0 & 0\\ 0 & 1 & 0\end{bmatrix}.$$

智能体 1, 2, 3, 6-24 的参数 $\{a_i, b_i, m_i, n_i\}$ 为 $\{9, -18, 4, 3\}$, 智能体 4, 5 的系统参数为 $\{8, -15, 0.5, 1\}$, 邻居智能体之间的耦合满足: 当 $a_{i2} = 1$ 时, 有 $f_{i2} = 0.2$; 当 $a_{i4} = 1$ 时, 有 $f_{i4} = 0.4$; 当 $a_{i5} = 1$ 时, 有 $f_{i5} = 0.6$; 当 $a_{i11} = 1$ 时, 有 $f_{i11} = 1.1$; 当 $a_{i14} = 1$ 时, 有 $f_{i14} = 1.4$; 当 $a_{i18} = 1$ 时, 有 $f_{i18} = 1.8$; 当 $a_{ij}= 1,\ j \notin \{2, 4, 5, 11, 14, 18\}$ 时, 有 $f_{ij} = 1$. 智能体 1 和 3 在时间 $T_{1a} = T_{3a} = 3$ 时遭受隐蔽攻击, 且隐蔽攻击的控制输入满足 $\boldsymbol{u}_{1a} = -\boldsymbol{u}_{3a} = (200\ 0\ 200)^{\mathrm{T}}$. 为便于分析, 所有智能体的双层有限时间观测器的预定收敛时间都一样, 且满足 $\tau_{1i} = 1.5,\ \tau_{2i} = 0.5, i \in \mathcal{V}$, 其他的参数设置为

$$\boldsymbol{L}_{1i} = \boldsymbol{H}_i^1 = \begin{bmatrix} 5 & 5 \\ 3 & 6 \\ 0 & -17 \end{bmatrix}, \quad \boldsymbol{L}_{2i} = \boldsymbol{H}_i^2 = \begin{bmatrix} 2 & 2 \\ 3 & 9 \\ 0 & -16 \end{bmatrix}, \quad i \in \mathcal{V}.$$

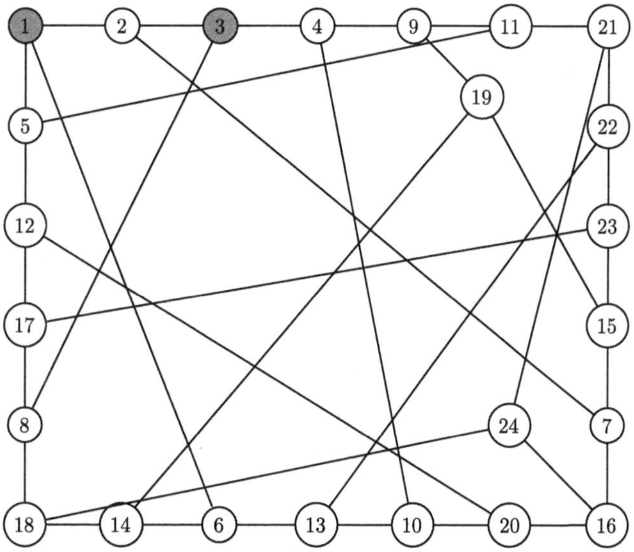

图 9.22 24 个智能体的通信拓扑图 (满足 (2, 7)-可隔离性)

各智能体在合谋隐蔽攻击下的输出残差如图 9.23(a) 和 (b) 所示. 可以看到, 智能体 1 和 3 的攻击相互合谋, 使得智能体 2 满足 $\|\boldsymbol{r}_2(t)\| = 0,\ t \geqslant 2\mathrm{s}$. 智能体 4、5、6 和 8 满足 $\|\boldsymbol{r}_i(t)\| \neq 0,\ t \geqslant 3\mathrm{s}$. 由此可知, 当时间 $t \geqslant 3\mathrm{s}$ 时, 智能体 1 和 3 满足 $\|\boldsymbol{\varepsilon}_1(t)\|_0 = \|\boldsymbol{\varepsilon}_3(t)\|_0 = 2$, 其他智能体满足 $\|\boldsymbol{\varepsilon}_i(t)\|_0 < 2,\ i \in \mathcal{V}\backslash\{1, 3\}$. 图 9.23(c) 中智能体的安全指标表明, 算法 9.3 将智能体 1 和 3 隔离为遭受攻击的智能体. 图 9.24 表明, 22 个正常智能体均实现了弹性稳定性, 说明了推论 9.3 的正确性.

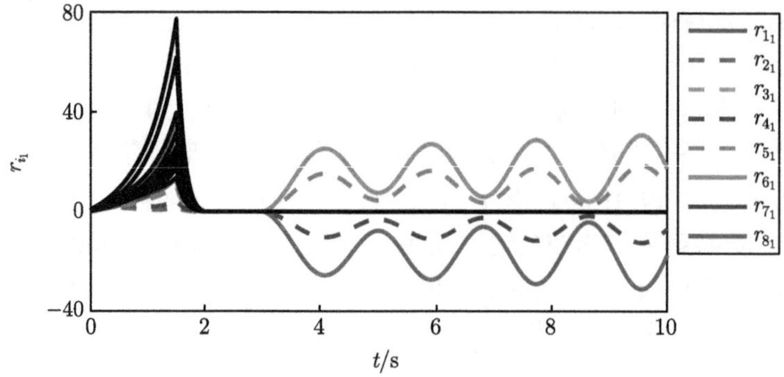

(a) 合谋隐蔽攻击下各个智能体的输出残差 r_{i_1}

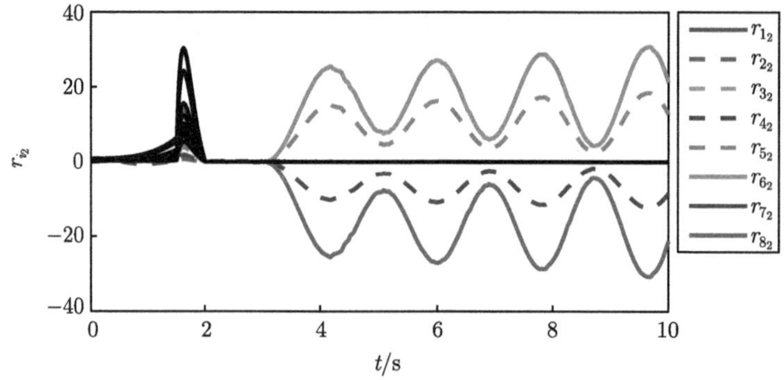

(b) 合谋隐蔽攻击下各个智能体的输出残差 r_{i_2}

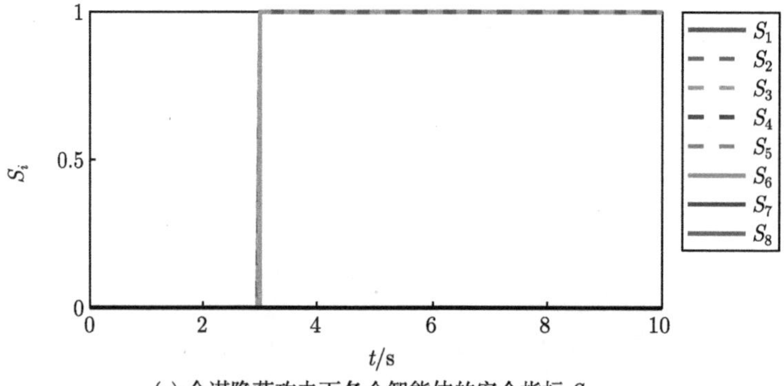

(c) 合谋隐蔽攻击下各个智能体的安全指标 S_i

（扫码获取彩图）

图 9.23　合谋隐蔽攻击下各个智能体的输出残差 $\boldsymbol{r}_i$ 和安全指标 S_i

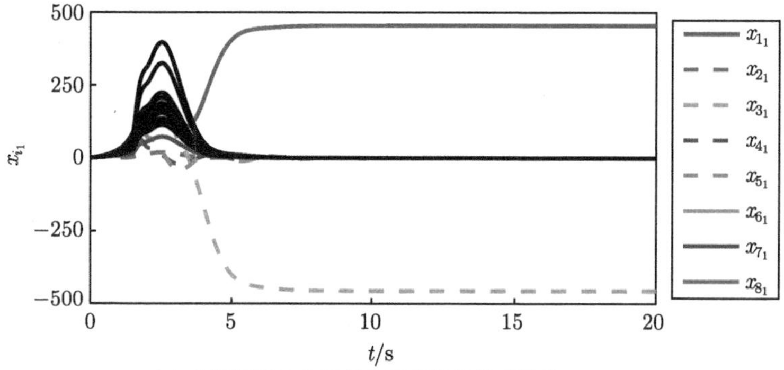

(a) 合谋隐蔽攻击下各个智能体的状态轨迹 x_{i_1}

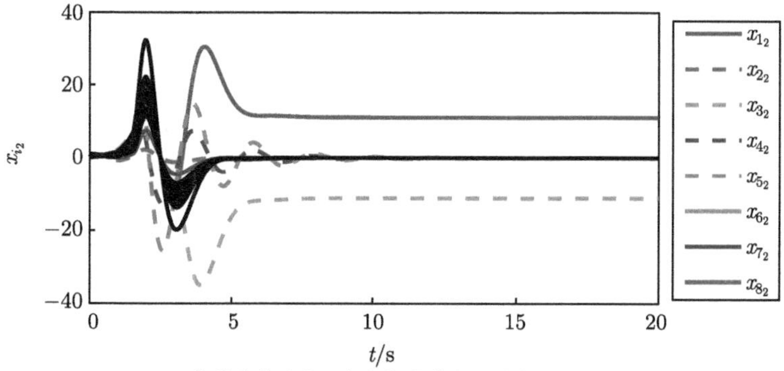

(b) 合谋隐蔽攻击下各个智能体的状态轨迹 x_{i_2}

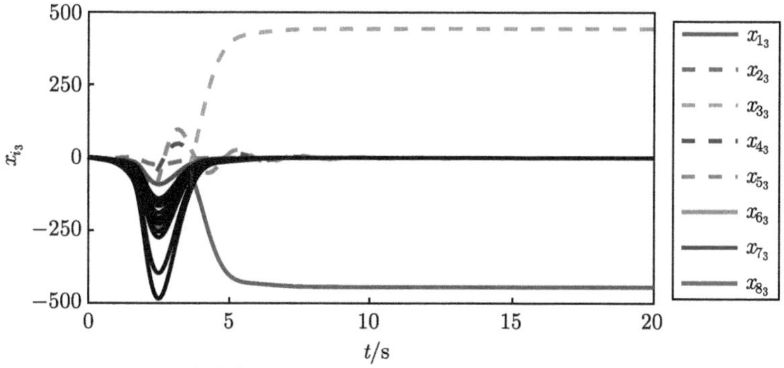

(c) 合谋隐蔽攻击下各个智能体的状态轨迹 x_{i_3}

（扫码获取彩图）

图 9.24 合谋隐蔽攻击下各个智能体的状态轨迹 $\boldsymbol{x}_i$

9.4 连边合谋攻击下群体智能系统的弹性一致性控制

攻击者不但可以入侵智能体, 还可以篡改连边上的数据, 进而对系统的安全性构成严重威胁. 此外, 同一智能体的多条连边上的攻击可能相互合谋以增强隐蔽性并扩大对系统的损害程度. 对于式 (9.1) 所示的群体智能系统, 采用基于观测

器 (9.2) 的控制协议 (9.7) 进行一致性控制时, 注意到智能体 i 的观测器 (9.2) 依赖于其邻居的输出信息, 即 $\boldsymbol{y}_j$, $j \in \mathcal{N}_i$. 若连边遭受攻击, 智能体 i 通过连边 (j,i) 收到的信息就不一定是 $\boldsymbol{y}_j(t)$. 定义智能体 i 通过连边 (j,i) 收到的邻居 j 的信息为 $\boldsymbol{y}_j^i(t)$, 则有

$$\boldsymbol{y}_j^i(t) = \begin{cases} \boldsymbol{y}_j(t), & (j,i) \text{ 正常通信}, \\ \boldsymbol{p}_j^i(t), & (j,i) \text{ 遭受攻击}, \end{cases} \tag{9.17}$$

其中, $\boldsymbol{p}_j^i(t)$ 为智能体 i 通过连边 (j,i) 收到攻击后的数据.

注解 9.13 通过对 $\boldsymbol{p}_j^i(t)$ 的合理定义, 式 (9.17) 可以用来描述各种不同攻击, 例如: ① 当 $\boldsymbol{p}_j^i(t)$ 为被注入的信号时, 其可以表示虚假数据注入攻击; ② 如果 $m \in \mathbb{N}^+$ 和 T 表示攻击的周期性, 且有 $\boldsymbol{p}_j^i(t) = \boldsymbol{y}_j(t-mT)$, 其可以表示重放攻击; ③ 在一个周期 T 内, 连边在一定时间内允许信息交互, 其他时间不允许信息交互, 即当 $(q-1)T \leqslant t < (q-1)T + t_{\text{off}}$ 时, 有 $\boldsymbol{p}_j^i(t) = \boldsymbol{y}_j(t)$, 当 $(q-1)T + t_{\text{off}} \leqslant t < qT$ 时, 有 $\boldsymbol{p}_j^i(t) = \boldsymbol{0}$, 其中 $q \in \mathbb{N}^+$, $t_{\text{off}} < T$ 表示切断信息传输的时刻, 其可以表示 DoS 攻击.

遭受连边攻击 (9.17) 的观测器 (9.2) 可以重写为

$$\begin{cases} \dot{\hat{\boldsymbol{z}}}_i'(t) = \boldsymbol{A}_c \hat{\boldsymbol{z}}_i'(t) + \boldsymbol{B}_c \sum\limits_{j \in \mathcal{N}_i} (\boldsymbol{u}_i(t) - \boldsymbol{u}_j(t)) + \boldsymbol{H}_c \boldsymbol{\xi}_i'(t), \\ \hat{\boldsymbol{\varepsilon}}_i'(t) = \boldsymbol{D}_c[\hat{\boldsymbol{z}}_i'(t) - \exp(\boldsymbol{A}_c \tau) \hat{\boldsymbol{z}}_i'(t-\tau)], \end{cases} \tag{9.18}$$

其中, $\hat{\boldsymbol{z}}_i'$ 为连边攻击下观测器的状态; $\hat{\boldsymbol{\varepsilon}}_i'$ 为连边攻击下智能体 i 的一致性误差估计; $\boldsymbol{\xi}_i'(t) = \sum\limits_{j \in \mathcal{N}_i} \left(\boldsymbol{y}_i(t) - \boldsymbol{y}_j^i(t)\right)$ 为连边攻击下智能体 i 的输出一致性误差.

定义智能体 i 在连边攻击下的输出一致性残差为 $\tilde{\boldsymbol{\xi}}_i'(t) = \boldsymbol{\xi}_i'(t) - \boldsymbol{C}\hat{\boldsymbol{\varepsilon}}_i'(t)$, 则有

$$\tilde{\boldsymbol{\xi}}_i'(t) = -\boldsymbol{C}\boldsymbol{D}_c \int_{t-\tau}^{t} \exp\left(\boldsymbol{A}_c (t-s)\right) \boldsymbol{H}_c \boldsymbol{\epsilon}_i(s) \mathrm{d}s, \quad t \geqslant \tau. \tag{9.19}$$

其中, $\boldsymbol{\epsilon}_i(s) = \sum\limits_{j \in \mathcal{N}_i} \left(\boldsymbol{y}_j^i(s) - \boldsymbol{y}_j(s)\right)$.

根据式 (9.19)容易得到如下引理.

引理 9.6 考虑满足假设 9.1 的群体智能系统 (9.1), 在连边攻击 (9.17) 和分布式有限时间观测器 (9.18) 下, 若 $\exists t \geqslant \tau$ 使得 $\left\|\tilde{\boldsymbol{\xi}}_i'(t)\right\| \neq 0$ 成立, 则智能体 i 相关的连边 $\mathcal{K}_i$ 中存在攻击. 特别地, 若 $\mathcal{K}_i$ 中最多只有一条连边遭受攻击, 则 $\mathcal{K}_i$ 中存在攻击的充要条件是 $\exists t \geqslant \tau$ 使得 $\left\|\tilde{\boldsymbol{\xi}}_i'(t)\right\| \neq 0$ 成立.

由式 (9.19) 可以看出, 若智能体 i 相关的连边 $\mathcal{K}_i$ 中存在多个攻击, 则攻击可能相互合谋使得 $\left\|\tilde{\boldsymbol{\xi}}_i'(t)\right\|=0$ 成立. 也就是说, $\left\|\tilde{\boldsymbol{\xi}}_i'(t)\right\|=0$ 并不意味着 $\mathcal{K}_i$ 中不存在攻击. 把上述情况下的攻击称为连边合谋攻击, 并给出其定义.

定义 9.8 (连边合谋攻击) 对于遭受连边攻击 (9.17) 的群体智能系统 (9.1), 若在观测器 (9.18) 下, 存在智能体 i 相关的连边 (j,i) 使得 $\left\|\tilde{\boldsymbol{\xi}}_i'(t)\right\|=0$ 成立, 则称连边攻击 $\bigcup\limits_{(j,i)\in\mathcal{M}}\boldsymbol{p}_j^i(t)$ 是合谋的.

9.4.1 抗连边合谋攻击的隔离算法

首先, 定义智能体 i 移除连边 (j,i) 后的状态一致性误差为 $\boldsymbol{\varepsilon}_i^j(t)=\sum\limits_{k\in\{\mathcal{N}_i\backslash j\}}(\boldsymbol{x}_i(t)-\boldsymbol{x}_k(t))$, 输出一致性误差为 $\boldsymbol{\xi}_i^j(t)=\sum\limits_{k\in\{\mathcal{N}_i\backslash j\}}(\boldsymbol{y}_i(t)-\boldsymbol{y}_k^i(t))$. 对于每条连边 (j,i), 智能体 i 移除从连边 (j,i) 收到的邻居智能体 j 的输出信息 $\boldsymbol{y}_j^i$ 后, 其配置的分布式有限时间观测器将更新为

$$\left\{\begin{aligned}&\dot{\hat{\boldsymbol{z}}}_i^j(t)=\boldsymbol{A}_c\hat{\boldsymbol{z}}_i^j(t)+\boldsymbol{B}_c\sum_{k\in\mathcal{N}_i\backslash j}(\boldsymbol{u}_i(t)-\boldsymbol{u}_k(t))+\boldsymbol{H}_c\boldsymbol{\xi}_i^j(t),\\&\hat{\boldsymbol{\varepsilon}}_i^j(t)=\boldsymbol{D}_c\big[\hat{\boldsymbol{z}}_i^j(t)-\exp(\boldsymbol{A}_c\tau)\hat{\boldsymbol{z}}_i^j(t-\tau)\big],\end{aligned}\right. \tag{9.20}$$

其中, $\hat{\boldsymbol{z}}_i^j(t)$ 为辅助变量, 满足在时间 $t\in[-\tau,0]$ 时有 $\hat{\boldsymbol{z}}_i^j(t)=\mathbf{0}$ 成立; $\hat{\boldsymbol{\varepsilon}}_i^j(t)$ 为状态一致性误差 $\boldsymbol{\varepsilon}_i^j(t)$ 的估计值.

定义新的输出一致性残差为 $\tilde{\boldsymbol{\xi}}_i^j(t)=\boldsymbol{\xi}_i^j(t)-C\hat{\boldsymbol{\varepsilon}}_i^j(t)$, 则通过对比智能体 i 的原输出一致性残差 $\tilde{\boldsymbol{\xi}}_i(t)$ 与新的输出一致性残差 $\tilde{\boldsymbol{\xi}}_i^j(t)$ 的区别可以判断连边 (i,j) 是否遭受攻击, 见算法 9.5.

算法 9.5 抗连边合谋攻击的隔离算法

```
Initialization: S_ji = 0, (j,i) ∈ ℰ.
Input: ξ̃_i(t), i ∈ 𝒱.
for ∀(j,i) ∈ ℰ do
  | 根据式 (9.20)计算 ξ̃_i^j(t).
  | if ‖ξ̃_i(t)‖ ≠ ‖ξ̃_i^j(t)‖ then
  |  |  S_ji = 1.
  | end
end
Output: S_ji, (j,i) ∈ ℰ.
```

接下来, 给出抗连边合谋攻击隔离的结果.

定理 9.6 考虑满足假设 9.1 的群体智能系统 (9.1), 在连边攻击 (9.17) 和分布式有限时间观测器 (9.18) 下, 算法 9.5 可以完成连边攻击隔离.

证明: 由式 (9.19) 可得, $\sum_{k\in\{\mathcal{N}_i\backslash j\}}(\boldsymbol{y}_k^i(t)-\boldsymbol{y}_k(t))\neq\sum_{k\in\mathcal{N}_i}(\boldsymbol{y}_k^i(t)-\boldsymbol{y}_k(t))$ 的充要条件是连边 (j,i) 遭受攻击. 因此, 算法 9.5 可以正确隔离所有遭受攻击的连边且不会引起正常连边的误隔离. ■

9.4.2 抗连边合谋攻击的弹性一致性算法

首先, 给出基于连边攻击隔离的弹性一致性算法, 见算法 9.6.

算法 9.6 基于连边攻击隔离的弹性一致性算法

```
Input: S_ji, (j,i) ∈ ℰ.
for ∀(j,i) ∈ ℰ do
    if S_ji = 1 then
        𝒩_i = 𝒩_i\j;
    end
end
设计形如 (9.16) 的控制协议.
```

定义 $\tilde{\mathcal{G}}=(\mathcal{V},\tilde{\mathcal{E}})$, $\tilde{\mathcal{E}}=\{(j,i)|(j,i)\in\mathcal{N}\}$ 为删除已隔离连边后形成的通信拓扑子图. 下面给出连边合谋攻击下的弹性一致性结果.

推论 9.4 考虑满足假设 9.1 的群体智能系统 (9.1), 在连边攻击 (9.17) 下, 算法 9.5 和算法 9.6 实现弹性一致性的充要条件是图 $\tilde{\mathcal{G}}$ 包含一棵有向生成树.

证明类似于推论 9.1, 此处略去.

最后, 给出图的 r-鲁棒性的概念, 并将文献 [224] 提出的 F-局部连边攻击下的弹性一致性算法和本章提出的基于连边攻击隔离的弹性一致性算法进行对比.

定义 9.9 (文献 [147]) 对一个由 N 个结点组成的图 $\mathcal{G}=(\mathcal{V},\mathcal{E})$, 若图中的每一对非空不相交的子集 $\mathcal{S}_1$ 和 $\mathcal{S}_2$ 中至少存在一个结点 $i\in\mathcal{S}_k, k\in\{1,2\}$ 使得 $|\mathcal{N}_i\backslash\mathcal{S}_k|\geqslant r$ 成立, 则称图 $\mathcal{G}$ 是 r-鲁棒的。

定理 9.7 考虑满足假设 9.1 的群体智能系统 (9.1), 在 F-局部连边攻击模型下, 算法 9.5 和算法 9.6 实现弹性一致性的充要条件是系统的通信拓扑图 $\mathcal{G}$ 是 $(F+1)$-鲁棒的.

证明: (必要性). 假设通信拓扑图 $\mathcal{G}$ 不是 $(F+1)$-鲁棒的, 那么存在至少两个子集 $\mathcal{S}_1,\mathcal{S}_2\subseteq\mathcal{V}$ 使得其中的所有智能体在其所属集合之外最多有 F 个邻居, 即对于 $\forall i\in\mathcal{S}_1$, 有 $|\{(j,i)\in\mathcal{K}_i|j\in\mathcal{V}\backslash\mathcal{S}_1\}|\leqslant F$ 成立; 对于 $\forall i\in\mathcal{S}_2$, 有 $|\{(j,i)\in\mathcal{K}_i|j\in\mathcal{V}\backslash\mathcal{S}_2\}|\leqslant F$ 成立. 在 F-局部连边攻击模型下, 可能会发生所有 $\{(j,i)\in\mathcal{K}_i|i\in\mathcal{S}_1,j\in\mathcal{V}\backslash\mathcal{S}_1\}$ 和 $\{(j,i)\in\mathcal{K}_i|i\in\mathcal{S}_2,j\in\mathcal{V}\backslash\mathcal{S}_2\}$ 的连边均

遭受攻击的情况. 此时, 对于图 $\tilde{\mathcal{G}}$, 集合 $\mathcal{S}_1$ 中的所有智能体都不存在集合 $\mathcal{S}_1$ 之外的邻居, 集合 $\mathcal{S}_2$ 中的所有智能体也不存在集合 $\mathcal{S}_2$ 之外的邻居, 即对于 $\forall i \in \mathcal{S}_1$, 有 $|(j,i) \in \mathcal{K}_i \cap \mathcal{N}| i \in \mathcal{S}_1, j \in \mathcal{V}\backslash\mathcal{S}_1| = 0$; 对于 $\forall i \in \mathcal{S}_2$, 有 $|(j,i) \in \mathcal{K}_i \cap \mathcal{N}| i \in \mathcal{S}_2, j \in \mathcal{V}\backslash\mathcal{S}_2| = 0$. 这意味着弹性一致将无法实现.

(充分性). 通信拓扑图 $\mathcal{G}$ 是 $(F+1)$-鲁棒的, 且每个智能体 i 相关的连边 $\mathcal{K}_i$ 中最多有 F 条遭受攻击, 因此图中任意两个非空不相交的子集 $\mathcal{S}_1, \mathcal{S}_2 \subseteq \mathcal{V}$ 在攻击隔离结束后, 都至少存在一个智能体 $i \in \mathcal{S}_j$, $j \in \{1,2\}$ 使得 $|\mathcal{N}_i \backslash \mathcal{S}_j| \geqslant 1$ 成立, 这意味着图 $\tilde{\mathcal{G}}$ 包含一棵有向生成树. 根据推论 9.4, 易知系统可以实现弹性一致性. ■

需要指出的是, 文献 [224] 中的算法使得系统实现弹性一致性的充分条件是图 $\mathcal{G}$ 是 $(2F+1)$-鲁棒的. 这个条件比定理 9.7 中的条件更严苛. 其主要原因在于文献 [224] 中的算法会删除一些正常连边的信息. 具体来说, 文献 [224] 中的智能体 i 最多可能删除 $\mathcal{K}_i$ 中 $2F$ 条连边的信息, 这意味着至少有 F 条正常连边的信息被删除. 反之, 算法 9.5 确保只有遭受攻击的连边被隔离, 智能体 i 在算法 9.6 下只删除被隔离邻居的信息. 也就是说, 在本节提出的算法中, 智能体不会删除任何正常连边的信息. 此外, 文献 [224] 中智能体 i 相关的连边 $\mathcal{K}_i$ 的信息需要按照值的大小进行排序, 使得其只适用于积分器型群体智能系统. 本节利用连边攻击隔离算法突破了这种限制, 广泛适用于一般高阶群体智能系统.

9.4.3 数值仿真

将本节提出的基于连边攻击隔离的弹性一致性算法和文献 [224] 中提出的算法进行对比, 考虑一组传感器网络协同测量环境温度的问题, 其通信拓扑结构如图 9.25 所示. 其中, 连边 $(2,1)$、$(4,5)$ 和 $(5,4)$ 遭受攻击, 且满足 $y_2^1(t) = 2$ 和 $y_4^5(t) = y_5^4(t) = 3$. 各传感器的初值满足 $x_i(0) \in [0,1]$, 观测器的预定收敛时间设置为 $\tau = 0.5$.

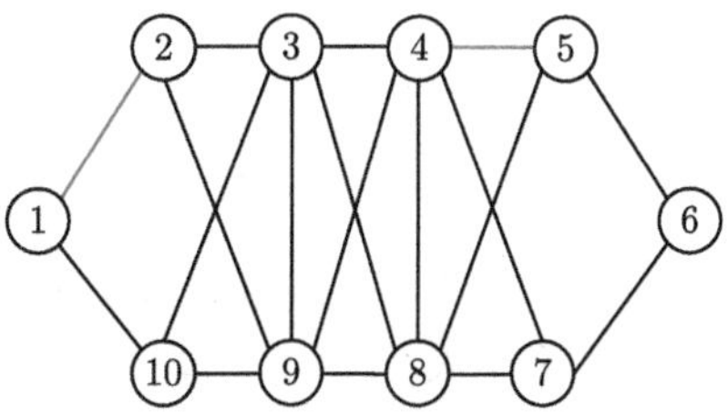

（扫码获取彩图）

图 9.25 传感器网络的通信拓扑结构

由定义 9.3 可知, 图 9.25 中的连边攻击是 1-局部连边攻击. 显然, 图 9.25 中的传感器网络拓扑结构是 2-鲁棒的, 但不是 3-鲁棒的. 图 9.26 表明, 文献 [224] 的弹性一致性算法无法使各传感器的温度测量达到一致. 而图 9.27 表明, 本节提出的算法 9.5 和算法 9.6 可以使各传感器的温度测量实现一致. 原因在于, 只有遭受攻击的连边被算法 9.5 隔离, 且删除被隔离的连边后传感器网络的通信拓扑图中仍包含一棵有向生成树. 上述结果表明, 基于攻击隔离的控制算法可以降低系统实现弹性一致性所需的拓扑条件.

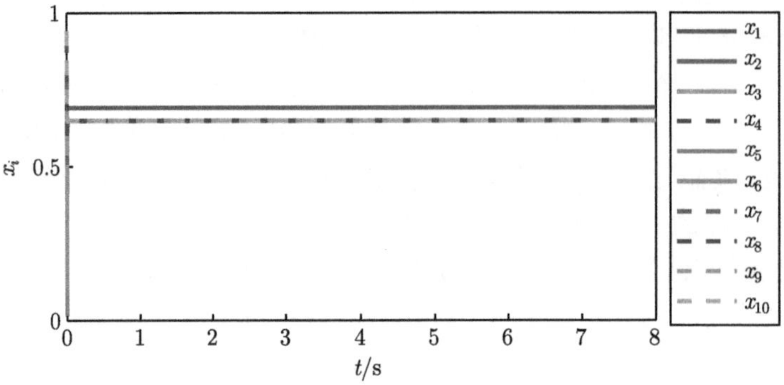

（扫码获取彩图）

图 9.26 采用文献 [224] 的弹性一致性算法时各传感器的温度变化

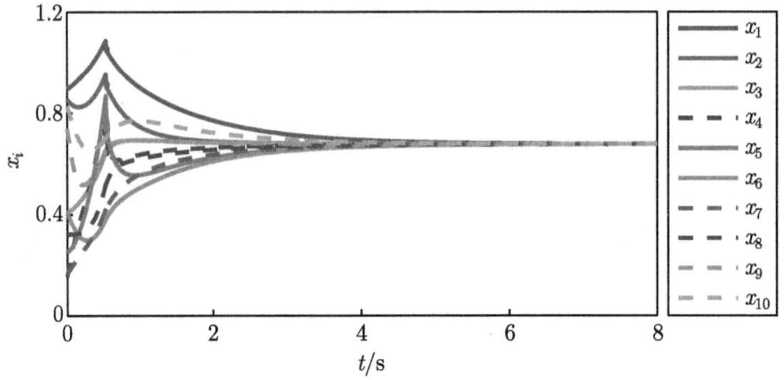

（扫码获取彩图）

图 9.27 采用本节的算法 9.5 和算法 9.6 时各传感器的温度变化

9.5 本 章 小 结

本章介绍了群体智能系统遭受合谋攻击的弹性协同控制问题. 针对智能体遭受合谋虚假数据注入攻击, 设计了基于内邻居残差栈矩阵的分布式隔离算法, 提出了图的可隔离性条件以确保攻击的零漏报, 在此基础上, 给出了基于攻击隔离的弹性一致性控制算法; 进一步地, 针对智能体遭受合谋隐蔽攻击, 引入了双层有限时间观测器克服隐蔽攻击的检测难题, 并给出了基于邻居残差的攻击隔离算法; 针对连边遭受合谋攻击, 通过改变通信拓扑结构并观察连边相关智能体的残差变化来完成攻击隔离, 进而提出基于连边攻击隔离的弹性一致性控制算法, 并分析了引入攻击隔离对系统实现弹性一致性所需通信拓扑结构的降低作用.

参 考 文 献

[1] Holland J H. Emergence: From Chaos to Order. Oxford: Oxford University Press, 1998.

[2] Minsky M. The Society of Mind. New York: Simon & Schuster, 1988.

[3] Ren W, Beard R W, McLain T W. Coordination variables and consensus building in multiple vehicle systems// Kumar V, Leonard N, Morse A S. Cooperative Control. Berlin: Springer, 2005: 171-188.

[4] Wen G H, Yu W W, Yu X H, et al. Complex cyber-physical networks: From cyber-security to security control. Journal of Systems Science and Complexity, 2017, 30(1): 46-67.

[5] Wen G H, Yu X H, Yu W W, et al. Coordination and control of complex network systems with switching topologies: A survey. IEEE Transactions on Systems, Man, and Cybernetics: Systems, 2021, 51(10): 6342-6357.

[6] Vicsek T, Czirók A, Ben-Jacob E, et al. Novel type of phase transition in a system of self-driven particles. Physical Review Letters, 1995, 75(6): 1226-1229.

[7] Jadbabaie A, Lin J, Morse A S. Coordination of groups of mobile autonomous agents using nearest neighbor rules. IEEE Transactions on Automatic Control, 2003, 48(6): 988-1001.

[8] Olfati-Saber R, Murray R M. Consensus problems in networks of agents with switching topology and time-delays. IEEE Transactions on Automatic Control, 2004, 49(9): 1520-1533.

[9] Fax J A, Murray R M. Information flow and cooperative control of vehicle formations. IEEE Transactions on Automatic Control, 2004, 49(9): 1465-1476.

[10] Ren W, Beard R W. Consensus seeking in multiagent systems under dynamically changing interaction topologies. IEEE Transactions on Automatic Control, 2005, 50(5): 655-661.

[11] Moreau L. Stability of multiagent systems with time-dependent communication links. IEEE Transactions on Automatic Control, 2005, 50(2): 169-182.

[12] Ren W, Beard R W. Distributed Consensus in Multi-vehicle Cooperative Control. London: Springer, 2008.

[13] Ren W, Atkins E. Distributed multi-vehicle coordinated control via local information exchange. International Journal of Robust and Nonlinear Control, 2007, 17(10/11): 1002-1033.

[14] Zhu J D, Tian Y P, Kuang J. On the general consensus protocol of multi-agent systems with double-integrator dynamics. Linear Algebra and Its Applications, 2009, 431(5/6/7): 701-715.

[15] Yu W W, Chen G R, Cao M. Some necessary and sufficient conditions for second-order consensus in multi-agent dynamical systems. Automatica, 2010, 46(6): 1089-1095.

[16] Ren W, Moore K L, Chen Y Q. High-order and model reference consensus algorithms in cooperative control of multi-vehicle systems. Journal of Dynamic Systems, Measurement, and Control, 2007, 129(5): 678-688.

[17] Kapitaniak M, Czolczynski K, Perlikowski P, et al. Synchronization of clocks. Physics Reports, 2012, 517(1/2): 1-69.

[18] Gupta V, Hassibi B, Murray R M. A sub-optimal algorithm to synthesize control laws for a network of dynamic agents. International Journal of Control, 2005, 78(16): 1302-1313.

[19] Wen G H, Fang X, Zhou J, et al. Robust formation tracking of multiple autonomous surface vessels with individual objectives: A noncooperative game-based approach. Control Engineering Practice, 2022, 119: 104975.

[20] Wen G H, Lam J, Fu J J, et al. Distributed MPC-based robust collision avoidance formation navigation of constrained multiple USVs. IEEE Transactions on Intelligent Vehicles, 2024, 9(1): 1804-1816.

[21] Ren W. Synchronization of coupled harmonic oscillators with local interaction. Automatica, 2008, 44(12): 3195-3200.

[22] Ma C Q, Zhang J F. Necessary and sufficient conditions for consensusability of linear multi-agent systems. IEEE Transactions on Automatic Control, 2010, 55(5): 1263-1268.

[23] Li Z K, Duan Z S, Chen G R, et al. Consensus of multiagent systems and synchronization of complex networks: A unified viewpoint. IEEE Transactions on Circuits and Systems I: Regular Papers, 2010, 57(1): 213-224.

[24] Li Z K, Duan Z S, Chen G R. Dynamic consensus of linear multi-agent systems. IET Control Theory & Applications, 2011, 5(1): 19-28.

[25] Zhang H W, Lewis F L, Das A. Optimal design for synchronization of cooperative systems: State feedback, observer and output feedback. IEEE Transactions on Automatic Control, 2011, 56(8): 1948-1952.

[26] Li Z K, Ren W, Liu X D, et al. Consensus of multi-agent systems with general linear and Lipschitz nonlinear dynamics using distributed adaptive protocols. IEEE Transactions on Automatic Control, 2013, 58(7): 1786-1791.

[27] Wen G H, Duan Z S, Chen G R, et al. Consensus tracking of multi-agent systems with Lipschitz-type node dynamics and switching topologies. IEEE Transactions on Circuits and Systems I: Regular Papers, 2014, 61(2): 499-511.

[28] Burbano Lombana D A, di Bernardo M. Multiplex PI control for consensus in networks of heterogeneous linear agents. Automatica, 2016, 67: 310-320.

[29] Burbano Lombana D A, di Bernardo M. Distributed PID control for consensus of homogeneous and heterogeneous networks. IEEE Transactions on Control of Network Systems, 2015, 2(2): 154-163.

[30] Seyboth G S, Dimarogonas D V, Johansson K H, et al. On robust synchronization of heterogeneous linear multi-agent systems with static couplings. Automatica, 2015, 53: 392-399.

[31] Song Q, Liu F, Cao J D, et al. M-matrix strategies for pinning-controlled leader-following consensus in multiagent systems with nonlinear dynamics. IEEE Transactions on Cybernetics, 2013, 43(6): 1688-1697.

[32] Wang X H, Wu H Q, Cao J D. Global leader-following consensus in finite time for fractional-order multi-agent systems with discontinuous inherent dynamics subject to nonlinear growth. Nonlinear Analysis: Hybrid Systems, 2020, 37: 100888.

[33] Ménard T, Ali Ajwad S, Moulay E, et al. Leader-following consensus for multi-agent systems with nonlinear dynamics subject to additive bounded disturbances and asynchronously sampled outputs. Automatica, 2020, 121: 109176.

[34] Wen G H, Huang T W, Yu W W, et al. Cooperative tracking of networked agents with a high-dimensional leader: Qualitative analysis and performance evaluation. IEEE Transactions on Cybernetics, 2018, 48(7): 2060-2073.

[35] Babenko S, Defoort M, Djemai M, et al. On the consensus tracking investigation for multi-agent systems on time scale via matrix-valued Lyapunov functions. Automatica, 2018, 97: 316-326.

[36] Movric K H, Lewis F L. Cooperative optimal control for multi-agent systems on directed graph topologies. IEEE Transactions on Automatic Control, 2014, 59(3): 769-774.

[37] Li Z K, Ren W, Liu X D, et al. Distributed consensus of linear multi-agent systems with adaptive dynamic protocols. Automatica, 2013, 49(7): 1986-1995.

[38] Wen G H, Yu X H, Liu Z W, et al. Adaptive consensus-based robust strategy for economic dispatch of smart grids subject to communication uncertainties. IEEE Transactions on Industrial Informatics, 2018, 14(6): 2484-2496.

[39] Wang C R, Wang X H, Ji H B. Leader-following consensus for an integrator-type nonlinear multi-agent systems using distributed adaptive protocol// 2013 10th IEEE International Conference on Control and Automation (ICCA), Hangzhou, 2013: 1166-1171.

[40] Li Z K, Wen G H, Duan Z S, et al. Designing fully distributed consensus protocols for linear multi-agent systems with directed graphs. IEEE Transactions on Automatic Control, 2015, 60(4): 1152-1157.

[41] Lü Y Z, Li Z K, Duan Z S, et al. Novel distributed robust adaptive consensus protocols for linear multi-agent systems with directed graphs and external disturbances. International Journal of Control, 2017, 90(2): 137-147.

[42] Lü Y Z, Li Z K, Duan Z S, et al. Distributed adaptive output feedback consensus protocols for linear systems on directed graphs with a leader of bounded input. Automatica, 2016, 74: 308-314.

[43] Lü Y Z, Fu J J, Wen G H, et al. Distributed adaptive observer-based control for output consensus of heterogeneous MASs with input saturation constraint. IEEE Transactions on Circuits and Systems I: Regular Papers, 2020, 67(3): 995-1007.

[44] Lü Y Z, Wen G H, Huang T W, et al. Adaptive attack-free protocol for consensus tracking with pure relative output information. Automatica, 2020, 117: 108998.

[45] Wen G H, Duan Z S, Li Z K, et al. Consensus and its $\mathcal{L}_2$-gain performance of multi-agent systems with intermittent information transmissions. International Journal of Control, 2012, 85(4): 384-396.

[46] Wen G H, Duan Z S, Yu W W, et al. Consensus in multi-agent systems with communication constraints. International Journal of Robust and Nonlinear Control, 2012, 22(2): 170-182.

[47] Wen G H, Duan Z S, Yu W W, et al. Consensus of second-order multi-agent systems with delayed nonlinear dynamics and intermittent communications. International Journal of Control, 2013, 86(2): 322-331.

[48] Huang N, Duan Z S, Zhao Y. Leader-following consensus of second-order non-linear multi-agent systems with directed intermittent communication. IET Control Theory & Applications, 2014, 8(10): 782-795.

[49] Wen G H, Duan Z S, Ren W, et al. Distributed consensus of multi-agent systems with general linear node dynamics and intermittent communications. International Journal of Robust and Nonlinear Control, 2014, 24(16): 2438-2457.

[50] Wen G H, Yu W W, Duan Z S, et al. Consensus of multi-agent systems with intermittent communication and its extensions// Handbook of Real-Time Computing. Singapore: Springer Nature, 2022: 1143-1197.

[51] Cao Y C, Ren W. Sampled-data discrete-time coordination algorithms for double-integrator dynamics under dynamic directed interaction. International Journal of Control, 2010, 83(3): 506-515.

[52] Cao Y C, Ren W. Multi-vehicle coordination for double-integrator dynamics under fixed undirected/directed interaction in a sampled-data setting. International Journal of Robust and Nonlinear Control, 2010, 20(9): 987-1000.

[53] Wen G H, Duan Z S, Yu W W, et al. Consensus of multi-agent systems with nonlinear dynamics and sampled-data information: A delayed-input approach. International Journal of Robust and Nonlinear Control, 2013, 23(6): 602-619.

[54] Liu Y F, Zhao Y, Chen G R. A decoupled designing approach for sampling consensus of multi-agent systems. International Journal of Robust and Nonlinear Control, 2018, 28(1): 310-325.

[55] Sun J, Wang Z S. Consensus of multi-agent systems with intermittent communications via sampling time unit approach. Neurocomputing, 2020, 397: 149-159.

[56] 温广辉, 周佳玲, 吕跃祖, 等. 多导弹协同作战中的分布式协调控制问题. 指挥与控制学报, 2021, 7(2): 137-145.

[57] Jeon I S, Lee J I, Tahk M J. Homing guidance law for cooperative attack of multiple missiles. Journal of Guidance, Control, and Dynamics, 2010, 33(1): 275-280.

[58] Zhou J L, Yang J Y, Li Z K. Simultaneous attack of a stationary target using multiple missiles: A consensus-based approach. Science China Information Sciences, 2017, 60(7): 070205.

[59] Zhang P, Liu H H T, Li X B, et al. Fault tolerance of cooperative interception using multiple flight vehicles. Journal of the Franklin Institute, 2013, 350(9): 2373-2395.

[60] Zhou J L, Yang J Y. Distributed guidance law design for cooperative simultaneous attacks with multiple missiles. Journal of Guidance, Control, and Dynamics, 2016, 39(10): 2439-2447.

[61] Wang Y J, Dong S, Ou L L, et al. Cooperative control of multi-missile systems. IET Control Theory & Applications, 2015, 9(3): 441-446.

[62] Zhao Q L, Dong X W, Liang Z X, et al. Distributed cooperative guidance for multiple missiles with fixed and switching communication topologies. Chinese Journal of Aeronautics, 2017, 30(4): 1570-1581.

[63] Liu X, Liu L, Wang Y J. Minimum time state consensus for cooperative attack of multi-missile systems. Aerospace Science and Technology, 2017, 69: 87-96.

[64] Chen X T, Wang J Z. Cooperative guidance law for missiles with field-of-view constraint// 2016 35th Chinese Control Conference (CCC), Chengdu, 2016: 5457-5462.

[65] Li W, Wen Q Q, He L, et al. Three-dimensional impact angle constrained distributed cooperative guidance law for anti-ship missiles. Journal of Systems Engineering and Electronics, 2021, 32(2): 447-459.

[66] Hou D L, Wang Q, Sun X J, et al. Finite-time cooperative guidance laws for multiple missiles with acceleration saturation constraints. IET Control Theory & Applications, 2015, 9(10): 1525-1535.

[67] Zhou J L, Lü Y Z, Wen G H, et al. Terminal-time synchronization of multivehicle systems under sampled-data communications. IEEE Transactions on Systems, Man, and Cybernetics: Systems, 2022, 52(4): 2625-2636.

[68] Zhou J L, Wu X J, Lü Y Z, et al. Terminal-time synchronization of multiple vehicles under discrete-time communication networks with directed switching topologies. IEEE Transactions on Circuits and Systems II: Express Briefs, 2020, 67(11): 2532-2536.

[69] Zhou J L, Lü Y Z, Li Z K, et al. Cooperative guidance law design for simultaneous attack with multiple missiles against a maneuvering target. Journal of Systems Science and Complexity, 2018, 31(1): 287-301.

[70] Zhou J L, Lü Y Z, Wen G H, et al. Three-dimensional cooperative guidance law design for simultaneous attack with multiple missiles against a maneuvering target// 2018 IEEE CSAA Guidance, Navigation and Control Conference (CGNCC), Xiamen, 2018: 1-6.

[71] Cartwright D, Harary F. Structural balance: A generalization of Heider's theory. Psychological Review, 1956, 63(5): 277-293.

[72] Hegselmann R, Krause U. Opinion dynamics and bounded confidence: Models, analysis and simulation. Journal of Artificial Societies and Social Simulation, 2002, 5(3): 1-33.

[73] Easley D, Kleinberg J. Networks, Crowds, and Markets: Reasoning about a Highly Connected World. New York: Cambridge University Press, 2010.

[74] Antal T, Krapivsky P L, Redner S. Dynamics of social balance on networks. Physical Review E, 2005, 72(3): 036121.

[75] Altafini C. Dynamics of opinion forming in structurally balanced social networks. PLoS One, 2012, 7(6): e38135.

[76] Harary F. On the notion of balance of a signed graph. Michigan Mathematical Journal, 1953, 2(2): 143-146.

[77] Heider F. Attitudes and cognitive organization. The Journal of Psychology, 1946, 21(1): 107-112.

[78] Altafini C. Consensus problems on networks with antagonistic interactions. IEEE Transactions on Automatic Control, 2013, 58(4): 935-946.

[79] Hu J P, Zheng W X. Bipartite consensus for multi-agent systems on directed signed networks// 52nd IEEE Conference on Decision and Control, Firenze, 2013: 3451-3456.

[80] Valcher M E, Misra P. On the consensus and bipartite consensus in high-order multi-agent dynamical systems with antagonistic interactions. Systems & Control Letters, 2014, 66: 94-103.

[81] Zhang H W, Chen J. Bipartite consensus of general linear multi-agent systems// 2014 American Control Conference, Portland, 2014: 808-812.

[82] Meng D Y, Du M J, Jia Y M. Interval bipartite consensus of networked agents associated with signed digraphs. IEEE Transactions on Automatic Control, 2016, 61(12): 3755-3770.

[83] Qin J H, Fu W M, Zheng W X, et al. On the bipartite consensus for generic linear multiagent systems with input saturation. IEEE Transactions on Cybernetics, 2017, 47(8): 1948-1958.

[84] Zhu Y R, Li S L, Ma J Y, et al. Bipartite consensus in networks of agents with antagonistic interactions and quantization. IEEE Transactions on Circuits and Systems II: Express Briefs, 2018, 65(12): 2012-2016.

[85] Zhang H W, Chen J. Bipartite consensus of multi-agent systems over signed graphs: State feedback and output feedback control approaches. International Journal of Robust and Nonlinear Control, 2017, 27(1): 3-14.

[86] Shao J L, Shi L, Zhang Y Z, et al. On the asynchronous bipartite consensus for discrete-time second-order multi-agent systems with switching topologies. Neurocomputing, 2018, 316: 105-111.

[87] Xu C J, Qin Y Y, Su H S. Observer-based dynamic event-triggered bipartite consensus of discrete-time multi-agent systems. IEEE Transactions on Circuits and Systems II: Express Briefs, 2023, 70(3): 1054-1058.

[88] Wen G H, Wang H, Yu X H, et al. Bipartite tracking consensus of linear multi-agent systems with a dynamic leader. IEEE Transactions on Circuits and Systems II: Express Briefs, 2018, 65(9): 1204-1208.

[89] Ning B D, Han Q L, Zuo Z Y. Bipartite consensus tracking for second-order multiagent systems: A time-varying function-based preset-time approach. IEEE Transactions on Automatic Control, 2021, 66(6): 2739-2745.

[90] Liu M, Wang X K, Li Z K. Robust bipartite consensus and tracking control of high-order multiagent systems with matching uncertainties and antagonistic interactions. IEEE Transactions on Systems, Man, and Cybernetics: Systems, 2020, 50(7): 2541-2550.

[91] Zhang J, Zhang H G, Liang Y L, et al. Adaptive bipartite output tracking consensus in switching networks of heterogeneous linear multiagent systems based on edge events. IEEE Transactions on Neural Networks and Learning Systems, 2023, 34(1): 79-89.

[92] Zhao M, Peng C, Tian E G. Finite-time and fixed-time bipartite consensus tracking of multi-agent systems with weighted antagonistic interactions. IEEE Transactions on Circuits and Systems I: Regular Papers, 2021, 68(1): 426-433.

[93] Shao J L, Zheng W X, Shi L, et al. Bipartite tracking consensus of generic linear agents with discrete-time dynamics over cooperation-competition networks. IEEE Transactions on Cybernetics, 2021, 51(11): 5225-5235.

[94] Notarstefano G, Egerstedt M, Haque M. Containment in leader-follower networks with switching communication topologies. Automatica, 2011, 47(5): 1035-1040.

[95] Mei J, Ren W, Ma G F. Distributed containment control for Lagrangian networks with parametric uncertainties under a directed graph. Automatica, 2012, 48(4): 653-659.

[96] Dimarogonas D V, Egerstedt M, Kyriakopoulos K J. A leader-based containment control strategy for multiple unicycles// Proceedings of the 45th IEEE Conference on Decision and Control, San Diego, 2006: 5968-5973.

[97] Dimarogonas D V, Tsiotras P, Kyriakopoulos K J. Leader-follower cooperative attitude control of multiple rigid bodies. Systems & Control Letters, 2009, 58(6): 429-435.

[98] Meng Z Y, Ren W, You Z. Distributed finite-time attitude containment control for multiple rigid bodies. Automatica, 2010, 46(12): 2092-2099.

[99] Lou Y C, Hong Y G. Multi-leader set coordination of multi-agent systems with random switching topologies// 49th IEEE Conference on Decision and Control (CDC), Atlanta, 2010: 3820-3825.

[100] Cao Y C, Stuart D, Ren W, et al. Distributed containment control for multiple autonomous vehicles with double-integrator dynamics: Algorithms and experiments. IEEE Transactions on Control Systems Technology, 2011, 19(4): 929-938.

[101] Meng D Y. Bipartite containment tracking of signed networks. Automatica, 2017, 79: 282-289.

[102] Liu H Y, Xie G M, Wang L. Necessary and sufficient conditions for containment control of networked multi-agent systems. Automatica, 2012, 48(7): 1415-1422.

[103] Liu H Y, Cheng L, Tan M, et al. Containment control of continuous-time linear multi-agent systems with aperiodic sampling. Automatica, 2015, 57: 78-84.

[104] Haghshenas H, Ali Badamchizadeh M, Baradarannia M. Containment control of heterogeneous linear multi-agent systems. Automatica, 2015, 54: 210-216.

[105] Zuo S, Song Y D, Lewis F L, et al. Adaptive output containment control of heterogeneous multi-agent systems with unknown leaders. Automatica, 2018, 92: 235-239.

[106] Qin J H, Ma Q C, Yu X H, et al. Output containment control for heterogeneous linear multiagent systems with fixed and switching topologies. IEEE Transactions on Cybernetics, 2019, 49(12): 4117-4128.

[107] Wen G H, Wang P J, Huang T W, et al. Robust neuro-adaptive containment of multileader multiagent systems with uncertain dynamics. IEEE Transactions on Systems, Man, and Cybernetics: Systems, 2019, 49(2): 406-417.

[108] Lü H, He W L, Han Q L, et al. Finite-time containment control for nonlinear multi-agent systems with external disturbances. Information Sciences, 2020, 512: 338-351.

[109] Fang X, Fu J J, Lv Y Z. Containment of linear multi-agent systems with reduced-order protocols over signed graphs// 2019 China-Qatar International Workshop on Artificial Intelligence and Applications to Intelligent Manufacturing (AIAIM), Doha, 2019: 6-10.

[110] Fang X, Wen G H, Wu Z G, et al. Designing observer-type controller for containment of discrete-time linear MASs over signed graph. IEEE Transactions on Circuits and Systems II: Express Briefs, 2020, 67(3): 511-515.

[111] Zhu Z H, Hu B, Guan Z H, et al. Observer-based bipartite containment control for singular multi-agent systems over signed digraphs. IEEE Transactions on Circuits and Systems I: Regular Papers, 2021, 68(1): 444-457.

[112] Zhang H G, Zhou Y, Liu Y, et al. Cooperative bipartite containment control for multiagent systems based on adaptive distributed observer. IEEE Transactions on Cybernetics, 2022, 52(6): 5432-5440.

[113] Zhou Q, Wang W, Liang H J, et al. Observer-based event-triggered fuzzy adaptive bipartite containment control of multiagent systems with input quantization. IEEE Transactions on Fuzzy Systems, 2021, 29(2): 372-384.

[114] Meng X Q, Gao H. High-order bipartite containment control in multi-agent systems over time-varying cooperation-competition networks. Neurocomputing, 2019, 359: 509-516.

[115] Liu Z H, Zhan X S, Han T, et al. Distributed adaptive finite-time bipartite containment control of linear multi-agent systems. IEEE Transactions on Circuits and Systems II: Express Briefs, 2022, 69(11): 4354-4358.

[116] Liu Y, Zhang H G, Shi Z, et al. Neural-network-based finite-time bipartite containment control for fractional-order multi-agent systems. IEEE Transactions on Neural Networks and Learning Systems, 2023, 34(10): 7418-7429.

[117] Wu Y, Ma H, Chen M, et al. Observer-based fixed-time adaptive fuzzy bipartite containment control for multiagent systems with unknown hysteresis. IEEE Transactions on Fuzzy Systems, 2022, 30(5): 1302-1312.

[118] Guo X Y, Ma H, Liang H J, et al. Command-filter-based fixed-time bipartite containment control for a class of stochastic multiagent systems. IEEE Transactions on Systems, Man, and Cybernetics: Systems, 2022, 52(6): 3519-3529.

[119] Electricity Information Sharing and Analysis Center. Analysis of the cyber attack on the ukrainian power grid. https://assets.contentstack.io/v3/assets/blt36c2e63521272fdc/blt6a77276749b76a40/607f235992f0063e5c070fff/E-ISAC_SA-NS_Ukraine_DUC_5[73].pdf[2016-03-18].

[120] Hobbs A. The Colonial Pipeline Hack: Exposing Vulnerabilities in U.S. Cybersecurity. New York: SAGE, 2021.

[121] 邬江兴. 鲁棒控制与内生安全. 网信军民融合, 2018, (3): 19-23.

[122] Stefanovski J D. Passive fault tolerant perfect tracking with additive faults. Automatica, 2018, 87: 432-436.

[123] Ding D R, Han Q L, Xiang Y, et al. A survey on security control and attack detection for industrial cyber-physical systems. Neurocomputing, 2018, 275: 1674-1683.

[124] He W L, Xu W Y, Ge X H, et al. Secure control of multiagent systems against malicious attacks: A brief survey. IEEE Transactions on Industrial Informatics, 2022, 18(6): 3595-3608.

[125] Pasqualetti F, Dörfler F, Bullo F. Attack detection and identification in cyber-physical systems. IEEE Transactions on Automatic Control, 2013, 58(11): 2715-2729.

[126] Lan J L, Patton R J. A new strategy for integration of fault estimation within fault-tolerant control. Automatica, 2016, 69: 48-59.

[127] Lan J L, Patton R J. A decoupling approach to integrated fault-tolerant control for linear systems with unmatched non-differentiable faults. Automatica, 2018, 89: 290-299.

[128] Davoodi M, Meskin N, Khorasani K. Simultaneous fault detection and consensus control design for a network of multi-agent systems. Automatica, 2016, 66: 185-194.

[129] Khalili M, Zhang X D, Polycarpou M M, et al. Distributed adaptive fault-tolerant control of uncertain multi-agent systems. Automatica, 2018, 87: 142-151.

[130] Liu C, Jiang B, Patton R J, et al. Hierarchical-structure-based fault estimation and fault-tolerant control for multiagent systems. IEEE Transactions on Control of Network Systems, 2019, 6(2): 586-597.

[131] Lv Y Z, Wen G H, Huang T W. Adaptive protocol design for distributed tracking with relative output information: A distributed fixed-time observer approach. IEEE Transactions on Control of Network Systems, 2020, 7(1): 118-128.

[132] Barboni A, Rezaee H, Boem F, et al. Distributed detection of covert attacks for interconnected systems// 2019 18th European Control Conference (ECC), Naples, 2019: 2240-2245.

[133] Barboni A, Rezaee H, Boem F, et al. Detection of covert cyber-attacks in interconnected systems: A distributed model-based approach. IEEE Transactions on Automatic Control, 2020, 65(9): 3728-3741.

[134] Kim J, Lee C, Shim H, et al. Detection of sensor attack and resilient state estimation for uniformly observable nonlinear systems having redundant sensors. IEEE Transactions on Automatic Control, 2019, 64(3): 1162-1169.

[135] Fawzi H, Tabuada P, Diggavi S. Secure estimation and control for cyber-physical systems under adversarial attacks. IEEE Transactions on Automatic Control, 2014, 59(6): 1454-1467.

[136] Pasqualetti F, Dörfler F, Bullo F. A divide-and-conquer approach to distributed attack identification// 2015 54th IEEE Conference on Decision and Control (CDC), Osaka, 2015: 5801-5807.

[137] Zhao D, Lv Y Z, Yu X H, et al. Resilient consensus of higher order multiagent networks: An attack isolation-based approach. IEEE Transactions on Automatic Control, 2022, 67(2): 1001-1007.

[138] Chen Z Y, Huang J. Attitude tracking and disturbance rejection of rigid spacecraft by adaptive control. IEEE Transactions on Automatic Control, 2009, 54(3): 600-605.

[139] Deng C, Yang G H. Distributed adaptive fault-tolerant control approach to cooperative output regulation for linear multi-agent systems. Automatica, 2019, 103: 62-68.

[140] Yu S H, Long X J. Finite-time consensus for second-order multi-agent systems with disturbances by integral sliding mode. Automatica, 2015, 54: 158-165.

[141] Zhang J, Lyu M, Shen T F, et al. Sliding mode control for a class of nonlinear multi-agent system with time delay and uncertainties. IEEE Transactions on Industrial Electronics, 2018, 65(1): 865-875.

[142] Kar S, Moura J M F. Distributed consensus algorithms in sensor networks with imperfect communication: Link failures and channel noise. IEEE Transactions on Signal Processing, 2009, 57(1): 355-369.

[143] Wen G H, Zheng W X. On constructing multiple Lyapunov functions for tracking control of multiple agents with switching topologies. IEEE Transactions on Automatic Control, 2019, 64(9): 3796-3803.

[144] Wen G H, Wang P J, Lv Y Z, et al. Secure consensus of multi-agent systems under denial-of-service attacks. Asian Journal of Control, 2023, 25(2): 695-709.

[145] Dolev D, Lynch N A, Pinter S S, et al. Reaching approximate agreement in the presence of faults. Journal of the ACM, 1986, 33(3): 499-516.

[146] Kieckhafer R M, Azadmanesh M H. Reaching approximate agreement with mixed-mode faults. IEEE Transactions on Parallel and Distributed Systems, 1994, 5(1): 53-63.

[147] LeBlanc H J, Zhang H T, Koutsoukos X, et al. Resilient asymptotic consensus in robust networks. IEEE Journal on Selected Areas in Communications, 2013, 31(4): 766-781.

[148] Dibaji S M, Ishii H. Resilient consensus of second-order agent networks: Asynchronous update rules with delays. Automatica, 2017, 81: 123-132.

[149] Zhang H T, Fata E, Sundaram S. A notion of robustness in complex networks. IEEE Transactions on Control of Network Systems, 2015, 2(3): 310-320.

[150] Abbas W, Laszka A, Koutsoukos X. Improving network connectivity and robustness using trusted nodes with application to resilient consensus. IEEE Transactions on Control of Network Systems, 2018, 5(4): 2036-2048.

[151] Wang Y, Ishii H. Resilient consensus through event-based communication. IEEE Transactions on Control of Network Systems, 2020, 7(1): 471-482.

[152] Wang Y, Ishii H, Bonnet F, et al. Resilient real-valued consensus in spite of mobile malicious agents on directed graphs. IEEE Transactions on Parallel and Distributed Systems, 2022, 33(3): 586-603.

[153] Fu W M, Qin J H, Zheng W X, et al. Resilient cooperative source seeking of double-integrator multi-robot systems under deception attacks. IEEE Transactions on Industrial Electronics, 2021, 68(5): 4218-4227.

[154] Saldaña D, Prorok A, Sundaram S, et al. Resilient consensus for time-varying networks of dynamic agents// 2017 American Control Conference (ACC), Seattle, 2017: 252-258.

[155] Huang J B, Wu Y M, Chang L P, et al. Resilient consensus with switching networks and double-integrator agents// 2018 IEEE 7th Data Driven Control and Learning Systems Conference(DDCLS), Enshi, 2018: 802-807.

[156] Usevitch J, Panagou D. Resilient leader-follower consensus to arbitrary reference values in time-varying graphs. IEEE Transactions on Automatic Control, 2020, 65(4): 1755-1762.

[157] Wen G H, Lv Y Z, Zheng W X, et al. Joint robustness of time-varying networks and its applications to resilient consensus. IEEE Transactions on Automatic Control, 2023, 68(11): 6466-6480.

[158] Horn R A, Johnson C R. Matrix Analysis. Cambridge: Cambridge University Press, 1985.

[159] Bernstein D S. Matrix Mathematics: Theory, Facts, and Formulas. 2nd ed. Princeton: Princeton University Press, 2009.

[160] Mei J, Ren W, Chen J. Distributed consensus of second-order multi-agent systems with heterogeneous unknown inertias and control gains under a directed graph. IEEE Transactions on Automatic Control, 2016, 61(8): 2019-2034.

[161] Lin Z Y, Francis B, Maggiore M. Necessary and sufficient graphical conditions for formation control of unicycles. IEEE Transactions on Automatic Control, 2005, 50(1): 121-127.

[162] Lu W L, Chen T P. New approach to synchronization analysis of linearly coupled ordinary differential systems. Physica D: Nonlinear Phenomena, 2006, 213(2): 214-230.

[163] Wu C W. Synchronization in networks of nonlinear dynamical systems coupled via a directed graph. Nonlinearity, 2005, 18(3): 1057-1064.

[164] Yu W W, Chen G R, Cao M. Consensus in directed networks of agents with nonlinear dynamics. IEEE Transactions on Automatic Control, 2011, 56(6): 1436-1441.

[165] Brualdi R A, Ryser H J. Combinatorial Matrix Theory. Cambridge: Cambridge University Press, 1991.

[166] 黄琳. 稳定性与鲁棒性的理论基础. 北京: 科学出版社, 2003.

[167] Zhou K, Doyle J C. Essentials of Robust Control. Upper Saddle River: Prentice Hall, 1998.

[168] Boyd S, El Ghaoui L, Feron E, et al. Linear Matrix Inequalities in System and Control Theory. Philadelphia: Society for Industrial and Applied Mathematics, 1994.

[169] Ogata K. Modern Control Engineering. 5th ed. Upper Saddle River: Prentice Hall, 2010.

[170] de Oliveira M C, Skelton R E. Stability tests for constrained linear systems// Moheimani S R. Perspectives in Robust Control. London: Springer, 2001: 241-257.

[171] 王茜, 周彬, 段广仁. 输入饱和系统的离散增益调度控制及其在在轨交会中的应用. 自动化学报, 2014, 40(2): 208-218.

[172] Ni W, Wang X L, Xiong C. Leader-following consensus of multiple linear systems under switching topologies: An averaging method. Kybernetika, 2012, 48(6): 1194-1210.

[173] Wang J Z, Duan Z S, Yang Y, et al. Analysis and Control of Nonlinear Systems with Stationary Sets: Time-Domain and Frequency-Domain Methods. Singapore: World Scientific, 2009.

[174] Slotine J J, Li W P. Applied Nonlinear Control. Englewood Cliffs: Prentice Hall, 1991.

[175] Sastry S. Nonlinear Systems: Analysis, Stability, and Control. New York: Springer, 1999.

[176] Ioannou P A, Sun J. Robust Adaptive Control. Englewood Cliffs: Prentice Hall, 1996.

[177] Yu S H, Yu X H, Shirinzadeh B, et al. Continuous finite-time control for robotic manipulators with terminal sliding mode. Automatica, 2005, 41(11): 1957-1964.

[178] Seo J H, Shim H, Back J. Consensus of high-order linear systems using dynamic output feedback compensator: Low gain approach. Automatica, 2009, 45(11): 2659-2664.

[179] Su H S, Chen G R, Wang X F, et al. Adaptive second-order consensus of networked mobile agents with nonlinear dynamics. Automatica, 2011, 47(2): 368-375.

[180] Qu Z H. Cooperative Control of Dynamical Systems: Applications to Autonomous Vehicles. London: Springer-Verlag, 2009.

[181] Teel A R. Semi-global stabilizability of linear null controllable systems with input nonlinearities. IEEE Transactions on Automatic Control, 1995, 40(1): 96-100.

[182] Teel A R, Kapoor N. The L2 anti-winup problem: Its definition and solution// 1997 European Control Conference (ECC), Brussels, 1997: 1897-1902.

[183] Teel A R. $\mathcal{L}_2$ performance induced by feedbacks with multiple saturations. ESAIM: Control, Optimisation and Calculus of Variations, 1996, 1: 225-240.

[184] Wieland P, Sepulchre R, Allgöwer F. An internal model principle is necessary and sufficient for linear output synchronization. Automatica, 2011, 47(5): 1068-1074.

[185] Saberi A, Stoorvogel A A, Sannuti P. Control of Linear Systems with Regulation and Input Constraints. London: Springer-Verlag, 2000.

[186] Lv Y Z, Fu J J, Wen G H, et al. On consensus of multiagent systems with input saturation: Fully distributed adaptive antiwindup protocol design approach. IEEE Transactions on Control of Network Systems, 2020, 7(3): 1127-1139.

[187] Lv Y Z, Fu J J, Wen G H, et al. Fully distributed anti-windup consensus protocols for linear MASs with input saturation: The case with directed topology. IEEE Transactions on Cybernetics, 2021, 51(5): 2359-2371.

[188] 黄立宏, 李雪梅. 细胞神经网络动力学. 北京: 科学出版社, 2007.

[189] Chua L O. The genesis of Chua's circuit. Archiv für Elektronik und Übertragungstechnik, 1992, 46(4): 250-257.

[190] 温广辉, 付俊杰, 吕跃祖, 等. 分布式安全协同控制与优化: 一致性理论框架. 北京: 科学出版社, 2023.

[191] Ren W, Atkins E. Second-order consensus protocols in multiple vehicle systems with local interactions// AIAA Guidance, Navigation, and Control Conference and Exhibit, San Francisco, 2005: 6238.

[192] Ren W. On consensus algorithms for double-integrator dynamics. IEEE Transactions on Automatic Control, 2008, 53(6): 1503-1509.

[193] Yu W W, Chen G R, Cao M, et al. Second-order consensus for multiagent systems with directed topologies and nonlinear dynamics. IEEE Transactions on Systems, Man, and Cybernetics, Part B(Cybernetics), 2010, 40(3): 881-891.

[194] Olshevsky A, Tsitsiklis J N. On the nonexistence of quadratic Lyapunov functions for consensus algorithms. IEEE Transactions on Automatic Control, 2008, 53(11): 2642-2645.

[195] Cai S M, Liu Z R, Xu F D, et al. Periodically intermittent controlling complex dynamical networks with time-varying delays to a desired orbit. Physics Letters A, 2009, 373(42): 3846-3854.

[196] Huang T W, Li C D, Yu W W, et al. Synchronization of delayed chaotic systems with parameter mismatches by using intermittent linear state feedback. Nonlinearity, 2009, 22(3): 569-584.

[197] Xia W G, Cao J D. Pinning synchronization of delayed dynamical networks via periodically intermittent control. Chaos: An Interdisciplinary Journal of Nonlinear Science, 2009, 19(1): 013120.

[198] Sun Z D, Ge S S. Switched Linear Systems: Control and Design. London: Springer, 2005.

[199] Zhang H W, Lewis F L, Qu Z H. Lyapunov, adaptive, and optimal design techniques for cooperative systems on directed communication graphs. IEEE Transactions on Industrial Electronics, 2012, 59(7): 3026-3041.

[200] 林来兴. 空间交会对接技术. 北京: 国防工业出版社, 1995.

[201] Smith R S, Hadaegh F Y. Control of deep-space formation-flying spacecraft; relative sensing and switched information. Journal of Guidance, Control, and Dynamics, 2005, 28(1): 106-114.

[202] 吴森堂. 导弹自主编队协同制导控制技术. 北京: 国防工业出版社, 2015.

[203] 张克, 刘永才, 关世义. 体系作战条件下飞航导弹突防与协同攻击问题研究. 战术导弹技术, 2005, (2): 1-7.

[204] Skjetne R, Fossen T I, Kokotović P V. Adaptive maneuvering, with experiments, for a model ship in a marine control laboratory. Automatica, 2005, 41(2): 289-298.

[205] Zhang Y Q, Hong Y G. Distributed control design for leader escort of multi-agent systems. International Journal of Control, 2015, 88(5): 935-945.

[206] Li Z K, Ren W, Liu X D, et al. Distributed containment control of multi-agent systems with general linear dynamics in the presence of multiple leaders. International Journal of Robust and Nonlinear Control, 2013, 23(5): 534-547.

[207] Scardovi L, Sepulchre R. Synchronization in networks of identical linear systems. Automatica, 2009, 45(11): 2557-2562.

[208] Khargonekar P P, Petersen I R, Zhou K. Robust stabilization of uncertain linear systems: Quadratic stabilizability and H^∞ control theory. IEEE Transactions on Automatic Control, 1990, 35(3): 356-361.

[209] Zhao Y, Wen G H, Duan Z S, et al. A new observer-type consensus protocol for linear multi-agent dynamical systems. Asian Journal of Control, 2013, 15(2): 571-582.

[210] Li Z K, Duan Z S, Ren W, et al. Containment control of linear multi-agent systems with multiple leaders of bounded inputs using distributed continuous controllers. International Journal of Robust and Nonlinear Control, 2015, 25(13): 2101-2121.

[211] Liu H Y, Xie G M, Wang L. Containment of linear multi-agent systems under general interaction topologies. Systems & Control Letters, 2012, 61(4): 528-534.

[212] Schenato L, Sinopoli B, Franceschetti M, et al. Foundations of control and estimation over lossy networks. Proceedings of the IEEE, 2007, 95(1): 163-187.

[213] Li Z K, Liu X D, Lin P, et al. Consensus of linear multi-agent systems with reduced-order observer-based protocols. Systems & Control Letters, 2011, 60(7): 510-516.

[214] Stone M H. The generalized weierstrass approximation theorem. Mathematics Magazine, 1948, 21(5): 237-254.

[215] Peng Z H, Wang D, Zhang H W, et al. Distributed neural network control for adaptive synchronization of uncertain dynamical multiagent systems. IEEE Transactions on Neural Networks and Learning Systems, 2014, 25(8): 1508-1519.

[216] Wen G X, Philip Chen C L, Liu Y J, et al. Neural-network-based adaptive leader-following consensus control for second-order non-linear multi-agent systems. IET Control Theory & Applications, 2015, 9(13): 1927-1934.

[217] Sun J Y, Geng Z Y. Adaptive consensus tracking for linear multi-agent systems with heterogeneous unknown nonlinear dynamics. International Journal of Robust and Nonlinear Control, 2016, 26(1): 154-173.

[218] He W, Dong Y T, Sun C Y. Adaptive neural impedance control of a robotic manipulator with input saturation. IEEE Transactions on Systems, Man, and Cybernetics: Systems, 2016, 46(3): 334-344.

[219] Li Z J, Xia Y Q, Wang D H, et al. Neural network-based control of networked trilateral teleoperation with geometrically unknown constraints. IEEE Transactions on Cybernetics, 2016, 46(5): 1051-1064.

[220] Wang W, Wang D, Peng Z H, et al. Prescribed performance consensus of uncertain nonlinear strict-feedback systems with unknown control directions. IEEE Transactions on Systems, Man, and Cybernetics: Systems, 2016, 46(9): 1279-1286.

[221] Yucelen T, Haddad W M. Low-frequency learning and fast adaptation in model reference adaptive control. IEEE Transactions on Automatic Control, 2013, 58(4): 1080-1085.

[222] Slotine J J E. Sliding controller design for non-linear systems. International Journal of Control, 1984, 40(2): 421-434.

[223] Heck B S, Ferri A A. Application of output feedback to variable structure systems. Journal of Guidance, Control, and Dynamics, 1989, 12(6): 932-935.

[224] Fu W M, Qin J H, Shi Y, et al. Resilient consensus of discrete-time complex cyber-physical networks under deception attacks. IEEE Transactions on Industrial Informatics, 2020, 16(7): 4868-4877.

[225] Engel R, Kreisselmeier G. A continuous-time observer which converges in finite time. IEEE Transactions on Automatic Control, 2002, 47(7): 1202-1204.

[226] Chen C, Lewis F L, Xie S L, et al. Resilient adaptive and H_∞ controls of multi-agent systems under sensor and actuator faults. Automatica, 2019, 102: 19-26.

[227] Li Z Y, Shahidehpour M, Alabdulwahab A, et al. Analyzing locally coordinated cyber-physical attacks for undetectable line outages. IEEE Transactions on Smart Grid, 2018, 9(1): 35-47.

[228] Sargolzaei A, Yazdani K, Abbaspour A, et al. Detection and mitigation of false data injection attacks in networked control systems. IEEE Transactions on Industrial Informatics, 2020, 16(6): 4281-4292.

[229] Boem F, Gallo A J, Raimondo D M, et al. Distributed fault-tolerant control of large-scale systems: An active fault diagnosis approach. IEEE Transactions on Control of Network Systems, 2020, 7(1): 288-301.

[230] Šiljak D D. Large-Scale Dynamic Systems: Stability and Structure. New York: North-Holland, 1978.

索　引

其他